ABC du BAC

Excellence
La mention en plus

Physique-Chimie
Term S
spécifique & spécialité

Programme 2012

Nicolas Coppens

Djafer Adeny | Laurent Moutet
Olivier Doerler | Christine Ruelleux
Mathieu Hebding | Vincent Villar

Nathan

Crédits photographiques

p. 143 : ht DR, b Sipa press/Crosnier/DPPI - p. 146 DR - p. 159 Ciel et Espace - p. 267 Andrew Brookes/S.P.L/Cosmos - p. 285 Frédéric Hanoteau - p. 306 Gamma Rapho/Philippe Royer - p. 308 Todd Gipstein/Getty Images France - p. 454 Taborna P-L, Miltra S, Poizot P, Simon P, Tarascon J-M, Nature Material, DR. Les photos des p. 26 et 62 sont de l'auteur.

Réalisation éditoriale : Roseline Messager
Édition : Marielle Muret-Baudoin
Conception graphique intérieur : Élise Launay
Couverture : Marc & Yvette
Schémas : Laurent Blondel, Corédoc
Compositeur : Facompo

ISBN : 978-2-09-188365-6

Mode d'emploi

Un ouvrage efficace pour réviser et aller plus loin

COURS

- Des rappels de cours **clairs et structurés**, pour mémoriser l'essentiel des connaissances à savoir.
- Des encadrés et des annotations en marge pour **vous aider à comprendre** certains points difficiles.

EXERCICES ET SUJETS

- **Nombreux et variés,** les exercices proposés couvrent l'ensemble des thèmes abordés dans le chapitre.
- Des **points de méthode** et des **conseils de résolution** enrichissent les énoncés.
- Différentes rubriques permettent un **entraînement progressif** :
  - QCM et questions courtes, pour une auto-évaluation simple des connaissances ;
  - Exercices d'entraînement ;
  - Exercices de type bac ;
  - Pour aller plus loin.
- Le **minutage** est donné pour chaque exercice, ainsi que le **niveau de difficulté** :
  - pas d'étoile : exercice de base ;
  - ★ : exercice de réflexion et de synthèse ;
  - ★★ : exercice présentant quelques difficultés ;
  - ★★★ : exercice de type bac faisant appel à des notions diversifiées.

CORRIGÉS

- Les corrigés sont entièrement rédigés, **très détaillés**, et présentent toutes les étapes du raisonnement et des calculs.
- Ils sont accompagnés de **commentaires**, de **remarques**, de **conseils**, de **compléments**… pour être « au top » en physique-chimie.

Des compléments sur Internet :
Exercices, tests, sujets de Bac…

SOMMAIRE

PARTIE 2 - COMPRENDRE, LOIS ET MODÈLES

ENSEIGNEMENT DE SPÉCIALITÉ

1 Comment s'organise l'épreuve ?

■ Le **coefficient** de l'épreuve de physique-chimie au baccalauréat est **de 6** ou **8** pour les candidats ayant choisi cette discipline comme enseignement de Spécialité.

■ Cette épreuve comporte deux parties :
– **une partie écrite** comptant pour **16 points** sur 20 ;
– **une partie pratique** comptant pour **4 points** sur 20.

Notation

Afin de rendre plus lisibles les résultats des évaluations de chaque partie, chaque partie est notée sur 20 points. La note globale de l'épreuve, donnée sur 20 points, est alors obtenue en multipliant par 0,8 la note sur 20 de la partie écrite et par 0,2 la note sur 20 de la partie pratique et en additionnant ces deux résultats.

2 L'épreuve écrite

■ **Durée :** 3 heures 30 minutes.

Top chrono !

Pour vous organiser efficacement, prévoyez environ :
– **5 minutes pour lire rapidement le sujet en entier**, ce qui vous permettra de commencer par traiter l'exercice qui vous paraît le plus facile ;
– **un peu moins de 10 minutes par point**, c'est-à-dire que vous devez répondre à un exercice noté sur 5 points en un peu moins de 50 minutes ;
– **10 minutes pour relire l'ensemble de la copie.**

■ Cette épreuve a pour objectif d'évaluer des **compétences portant essentiellement sur le programme de Terminale**. L'ensemble de l'épreuve écrite s'appuie de façon équilibrée sur différents domaines du programme.

Gagnez des points !

Vous devez aussi avoir assimilé les notions de Première non reprises en Terminale, comme l'oxydoréduction, l'optique ou la radioactivité, car vous pouvez avoir à les utiliser dans un exercice.

■ L'épreuve écrite est constituée de trois exercices :
– **deux exercices** communs à tous les candidats, notés sur 15 points ;
– un **troisième exercice**, noté sur 5 points, différent selon que le candidat a choisi ou non la physique-chimie comme enseignement de Spécialité. **L'exercice de Spécialité** sera très souvent une **résolution de problème** prenant appui sur les thèmes de l'enseignement de spécialité mais il ne demandera aucune connaissance supplémentaire par rapport à l'enseignement spécifique.

L'astuce du prof

Parmi ces exercices, il peut y avoir un exercice de **synthèse de documents** dont l'objectif sera **d'extraire et d'exploiter** des informations issues de documents, de **porter un jugement critique** sur les informations, de les **synthétiser** en un nombre de lignes limité. Une bonne expression écrite est alors essentielle.

Ce que les correcteurs apprécient

Référez-vous autant que possible aux données présentes dans les documents fournis en n'oubliant pas les unités s'il s'agit de données chiffrées.

Usage de la calculatrice

En fonction du contenu des exercices, l'usage des calculatrices peut être interdit ou autorisé. Cette précision sera portée sur le sujet de l'épreuve écrite. Dans ce livre, la résolution des exercices portant le sigle doit s'effectuer sans calculatrice.

■ **La présentation et le soin de la copie** sont très importants.
– Traitez chacun des trois exercices sur une copie double différente. Cela permet d'arrêter et de recommencer une partie sans que cela n'ait d'influence sur l'ensemble du travail.
– Précisez bien les numéros des questions (surtout si n'avez pas répondu aux questions dans l'ordre).
– Écrivez lisiblement. Si votre écriture est difficile à lire, essayez d'aérer votre devoir, de soigner votre typographie et de bien séparer les lettres.
– Soulignez à la règle les réponses ou les mots importants.
– Construisez des phrases simples et assez courtes. Si la réponse est longue, créez des paragraphes qui regrouperont des ensembles d'idées (ne créez pas de paragraphes au hasard de votre copie, juste pour l'aspect esthétique).
– Faites attention à la syntaxe, à la grammaire et à l'orthographe, notamment lors de la relecture : pas de phrase sans verbe conjugué, sans sujet, etc.

3 L'épreuve pratique

■ **Durée :** 1 heure.

■ Cette épreuve pratique a pour objectif d'**évaluer des compétences expérimentales** dans le cadre de l'environnement du laboratoire. Selon les situations, le candidat peut être conduit à :
- **s'approprier** et **analyser** une problématique en justifiant ou en proposant un protocole expérimental ;
- **réaliser** un protocole expérimental ;
- porter un jugement critique sur la pertinence des hypothèses et des résultats en vue de les **valider** ;
- **communiquer** en utilisant des langages et des outils pertinents ;
- **faire preuve d'initiative** en posant des questions, en demandant de l'aide à bon escient.

→ Évaluation des compétences expérimentales (ECE)

Dans la plupart des chapitres de ce livre, il y a au moins un exercice permettant de travailler une ou plusieurs des compétences expérimentales de l'épreuve pratique du baccalauréat : **s'approprier**, **analyser**, **valider** ou **communiquer**.

4 L'éventuelle épreuve orale de rattrapage

→ Quelle stratégie adopter ?

× Vous devez choisir deux matières et bien réfléchir à votre choix, de façon que cela vous permette de rattraper un maximum de points.

× Pour valider votre choix, faites des simulations de points en tenant compte des coefficients de chaque matière : calculez la note qu'il vous faut obtenir dans chacune des deux matières pour rattraper les points nécessaires et assurez-vous que c'est réaliste.

■ **Durée totale :** 40 minutes (temps de préparation : 20 minutes ; durée de l'oral : 20 minutes).

■ Vous tirerez au sort un sujet comportant **deux questions**, portant sur **deux domaines de natures différentes du programme**, et vous devrez traiter les deux questions.

■ Si vous n'avez pas choisi l'enseignement de Spécialité, les questions porteront sur le programme d'enseignement spécifique. Si vous avez choisi l'enseignement de Spécialité, une question portera sur le programme de l'enseignement spécifique et l'autre sur le programme de l'enseignement de Spécialité.

L'astuce du prof

L'oral de rattrapage aura lieu dans une salle comportant du matériel de physique-chimie. Vous devez donc être capable de répondre à des questions portant sur du matériel expérimental même si l'examinateur ne vous demandera pas de manipuler.

Conseils

- Gérez bien vos 20 minutes de préparation. Cela passe très vite !
- Notez sur un brouillon, sans rédiger, les éléments de réponses aux questions posées.
- Soignez votre brouillon : si le trac vient, vous pourrez vous raccrocher à des notes claires, concises, ordonnées. Numérotez vos feuilles pour ne pas vous tromper devant l'examinateur.
- Gardez du temps pour trier vos feuilles et vous mettre en condition.
- Lors de l'oral, votre attitude est très importante. Par exemple :

– ne présentez un air ni abattu, ni trop sûr de vous ;
– parlez clairement, posément, sans traîner ;
– employez un langage correct, évitez les chewing-gums et les familiarités.

CHAPITRE 1

Ondes et particules, des supports d'information

COMPÉTENCES EXIGIBLES

- Extraire et exploiter des informations sur l'absorption de rayonnements par l'atmosphère terrestre et ses conséquences sur l'observation des sources de rayonnements dans l'univers.
- Connaître des sources de rayonnement radio, infrarouge et ultraviolet.
- Extraire et exploiter des informations sur les manifestations des ondes mécaniques dans la matière.
- Connaître et exploiter la relation liant le niveau d'intensité sonore à l'intensité sonore.
- Extraire et exploiter des informations sur :
  – des sources d'ondes et de particules et leurs utilisations ;
  – un dispositif de détection.
- Pratiquer une démarche expérimentale mettant en œuvre un capteur ou un dispositif de détection.

1 Rayonnements dans l'Univers

1 Sources de rayonnements dans l'Univers

• Selon la théorie du Big-Bang, l'Univers est né il y a 13,7 milliards d'années suite à une expansion à partir d'un point de l'espace. Il s'en est suivi un refroidissement progressif et l'émergence de particules, de la lumière, des étoiles et des planètes.

L'Homme a commencé à observer l'Univers dans sa partie visible, ce qui représente une infime partie de l'ensemble (*doc.* 1). La construction d'instruments de plus en plus sophistiqués a permis d'accéder aux informations transportées par des **rayonnements électromagnétiques** appartenant à un domaine de plus en plus vaste (*doc.* 2).

> **Vocabulaire**
> Les rayonnements électromagnétiques sont des **ondes électromagnétiques**, c'est-à-dire des perturbations du champ électrique et du champ magnétique qui se propagent éventuellement dans le vide en transportant de l'énergie (mais pas de matière).

> **À retenir**
> Toutes les radiations électromagnétiques se propagent dans le **vide**, à la célérité $c = 3{,}00 \cdot 10^{8}$ **m·s**$^{-1}$.
> Elles sont caractérisées par leur fréquence ν (Hz) imposée par la source du rayonnement.

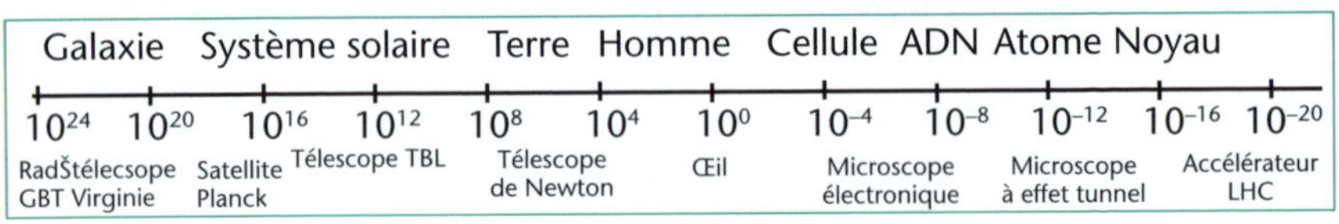

Doc. 1 **Échelles et domaines accessibles aux instruments**

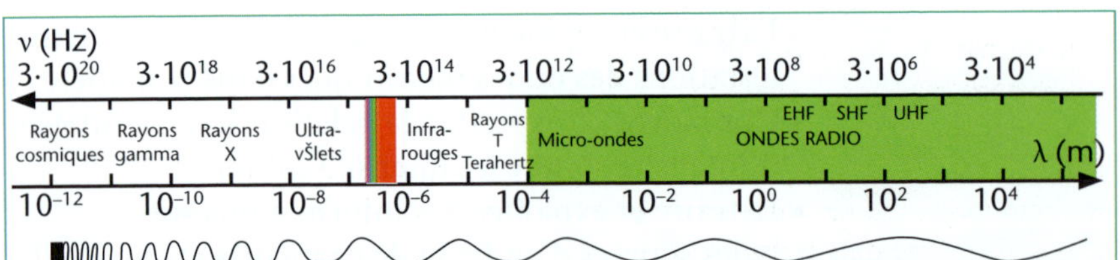

Doc. 2 **Spectre de radiations électromagnétiques. λ représente les longueurs d'ondes des radiations dans le vide et ν les fréquences des radiations. EHF : Extra Hautes Fréquences (S : Super ; U : Ultra).**

Remarque

La longueur d'onde λ (en m) associée à une radiation monochromatique se propageant dans le vide de fréquence ν (en Hz) est telle que $\lambda = \frac{c}{\nu}$. Cette grandeur est étudiée plus en détails dans le chapitre 2.

a. Sources de rayonnement radio

- Les **ondes radio** sont comprises dans la gamme de fréquences : $9 \cdot 10^3$ **Hz** $< \nu <$ $3 \cdot 10^{12}$ **Hz**.

Sur Terre, les sources d'ondes radio (antennes radio, télévision, GPS, GSM, Wi-Fi…) servent à la communication.

En radioastronomie, ces ondes sont étudiées car elles sont **émises par les astres**.

– **Le Soleil** est une source de rayonnements radio qui nous renseigne sur les activités du Soleil comme les tempêtes magnétiques.

– **Les noyaux actifs de galaxies (les quasars :** Quasi Stellar Astronomical Radiosource) sont formés d'un **trou noir** qui émet un jet de particules à grande vitesse selon un axe privilégié : c'est la source du rayonnement radio **synchrotron** (qui est le rayonnement produit par des charges électriques accélérées).

– **Les pulsars** (appelés également étoiles pulsantes) sont des **étoiles à neutrons** en rotation rapide pour vues d'intense champ magnétique. Les pulsars émettent un rayonnement radio selon un axe, l'axe radio. Cet axe est incliné par rapport à l'axe de rotation de l'étoile. On peut donc dire que l'axe radio « tourne » autour de l'axe de rotation. On a alors une émission radio sous forme de « pulses » périodiques, d'où le nom de pulsar. L'émission radio du pulsar est un **rayonnement synchrotron** produits par les **particules accélérées** le long des lignes de champ.

Remarque

Les ondes radio sont également appelées ondes hertziennes, car elles ont été mises en évidence par Hertz en 1888.

Vocabulaire

Un trou noir correspond à la fin de vie d'une étoile massive se contractant jusqu'à se condenser en un point.

Vocabulaire

Une étoile à neutrons est le résidu d'une étoile massive ($m > 10\, m_{soleil}$) qui s'effondre sur elle-même en fin de vie, en produisant une explosion connue sous le nom de supernova.

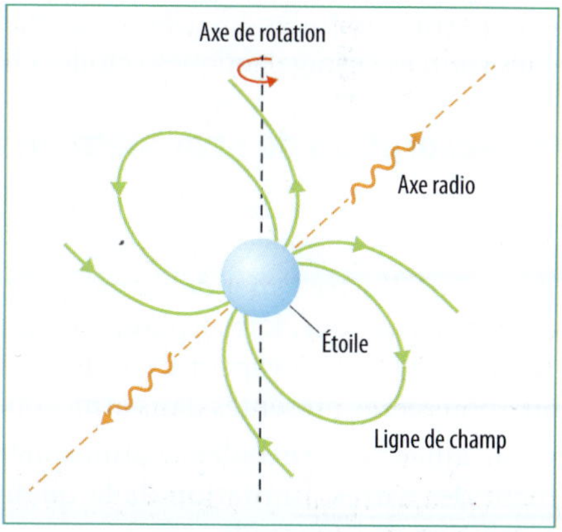

Doc. 3 Représentation d'un pulsar

– Le fond cosmique de rayonnement micro-onde (CMB : Cosmic Microwawe Background) est le vestige du premier rayonnement de l'Univers émis 380 000 ans après le Big-Bang. Ce rayonnement nous arrive avec une température qui a diminué avec la distance parcourue jusqu'à 2,73 K, ce qui correspond à une longueur d'onde d'environ 1 mm et une fréquence d'environ 10^{11} Hz.

À noter

L'Univers est demeuré **opaque** pendant 380 000 ans.

b. Sources de rayonnement infrarouge

- **Le rayonnement infrarouge (IR)** s'étend sur la gamme de fréquences : $\mathbf{3 \cdot 10^{12}\ Hz < \nu < 4 \cdot 10^{14}\ Hz}$. Tout corps chaud (de quelques centaines de Kelvins) émet dans l'infrarouge par suite de vibrations des particules qui le composent (atomes, ions ou molécules).

Les principales sources extraterrestres de ces rayonnements sont :
– le Soleil ;
– les régions de l'espace où les étoiles sont en formation.

Remarque

C'est l'observation dans l'infrarouge qui permet de déceler la présence de l'eau dans l'Univers.

c. Sources de rayonnement ultraviolet

- **Le rayonnement ultraviolet (UV)** s'étend sur la gamme de fréquences : $\mathbf{7{,}5 \cdot 10^{14}\ Hz < \nu < 3 \cdot 10^{16}\ Hz}$. Ces rayonnements sont émis lors des transitions des électrons de valence dans les atomes. Les principales sources extraterrestres sont :
– le Soleil ;
– les parties centrales des galaxies en particulier celle de la voie lactée ;
– les sources extragalactiques : étoiles chaudes en évolution…

2 Absorption de rayonnements par l'atmosphère terrestre

- Avant d'être détectés au sol, les rayonnements interagissent avec les constituants de l'atmosphère selon deux processus : l'**absorption** et la **diffusion**. Le *document* illustre l'effet de l'atmosphère sur la large gamme du rayonnement électromagnétique. L'absorption est due aux molécules de différents gaz (diazote N_2 , dioxygène O_2 ; vapeur d'eau H_2O ; dioxyde de carbone CO_2 ; ozone O_3) et aux poussières présentes dans atmosphère.

- Par ailleurs, la turbulence atmosphérique perturbe l'observation (scintillement des astres, limitation de la qualité des images indépendamment de la résolution de l'appareil).

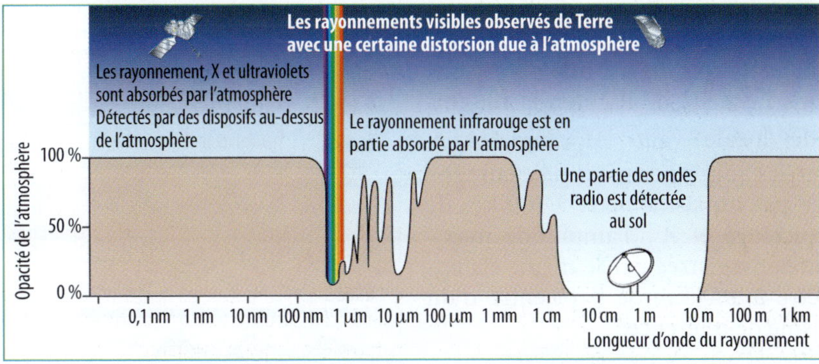

Doc. 4 Opacité de l'atmosphère terrestre aux différents rayonnements

Ceci a eu pour conséquence la construction de télescopes en altitude (atmosphère moins dense) et dans des régions très sèches (moins de vapeur d'eau). Autrement, pour s'affranchir totalement de l'atmosphère, il est nécessaire de disposer de satellites en orbite autour de la Terre afin d'analyser les rayonnements qui ne parviennent pas jusqu'au sol.

2 Ondes mécaniques dans la matière

Les ondes mécaniques de matière ont nécessairement **besoin de la matière pour se propager**, ce qui n'est pas le cas des ondes électromagnétiques.

1 La houle

- La houle est une onde de gravité périodique produisant, sous l'action du vent, un train de vagues sur la surface libre d'un liquide.

2 Les ondes sismiques

- Les ondes sismiques sont des ondes provenant des tremblements de Terre ou d'explosions souterraines. On peut distinguer, de la plus rapide à la moins rapide :

– les ondes P (Premières) de compression, de fréquence inférieure à 1,5 Hz ;

– les ondes S (Secondes) de cisaillement de fréquence inférieure à 1,5 Hz ;

– les ondes superficielles L (Longues) de fréquence inférieure à 0,1 Hz, appelées ondes de Love et ondes de Rayleigh.

Les ondes sismiques, comme toutes les ondes, transportent de l'énergie évaluée par la **magnitude** du séisme. Dans l'échelle de Richter, la **magnitude** locale vaut $M_L = \log(A/A_{réf})$ avec A l'amplitude maximale enregistrée par un sismomètre à 100 km de l'épicentre et $A_{réf}$ l'amplitude maximale enregistrée par le même sismomètre à 100 km de l'épicentre d'un séisme de référence.

Exemple

Si avec un sismomètre donné on choisit pour un séisme de référence une amplitude maximale $A_{réf} = 1$ µm, la magnitude serait de $M_L = \log(1/10^{-3}) = 3$ pour un séisme d'amplitude maximale $A = 1$ mm.

Remarques

- Les amplitudes A dans l'échelle de Richter concernent les ondes S et P ou ondes de volume.
- L'**épicentre** est le projeté orthogonal du foyer du séisme à la surface du sol.

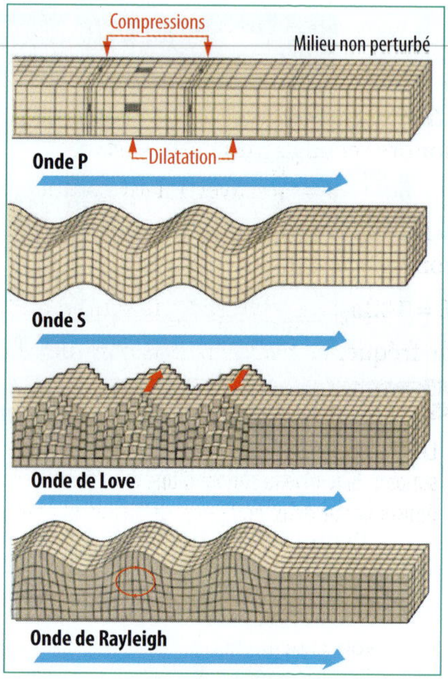

Doc. 5 Déformation des roches près de la surface lors du passage des quatre types d'ondes sismiques

3 Les ondes sonores

- Les ondes sonores sont des ondes produites par la vibration d'un corps matériel qui est transmise à l'air. Les fréquences audibles par l'oreille humaine sont comprises entre **20 Hz** et **20 kHz**.

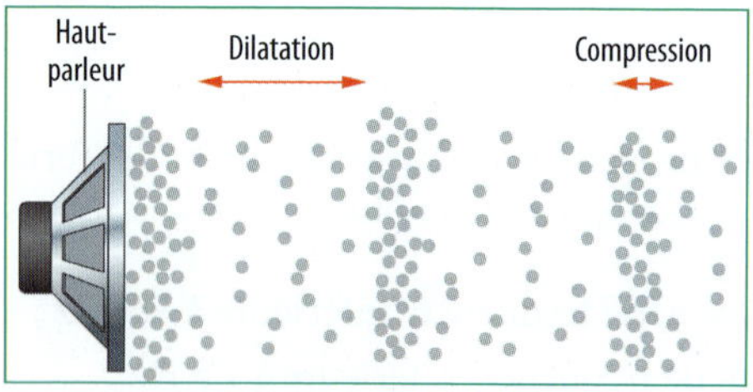

Doc. 6 Couches d'air subissant une succession de compression-dilatation lors de la propagation d'une onde sonore

À savoir

À 25 °C, les ondes sonores se déplacent dans l'air à la célérité $v = 340$ m·s^{-1}.

4 Niveau d'intensité sonore

- Un son est d'autant plus fort que l'amplitude de la vibration est grande. **L'intensité sonore (ou acoustique)** ***I***, exprimée en $W{\cdot}m^{-2}$, est la puissance sonore reçue par unité de surface :

$$I = \frac{P}{S}$$ avec P la puissance reçue par une surface d'aire S.

- **Le niveau sonore** ***L***, exprimé en décibels acoustiques (dBA et mesuré par un sonomètre), rend mieux compte de la sensation sonore de l'oreille. Il est défini par :

$L = 10.\log\left(\frac{I}{I_{réf}}\right)$ avec $I_{réf}$ le seuil d'audibilité de l'oreille humaine pour un son de fréquence 1 000 Hz pris comme référence $I_{réf} = 10^{-12}\ W{\cdot}m^{-2}$.

Piège à éviter

Les intensités sonores s'ajoutent (c'est une grandeur additive) mais ce n'est pas le cas des niveaux sonores. Si le niveau sonore d'une note émise par un violon est de 80 dBA, le niveau sonore des notes émises par de deux violons est de 83 dBA et celui des notes émises par 4 violons vaut 86 dBA.

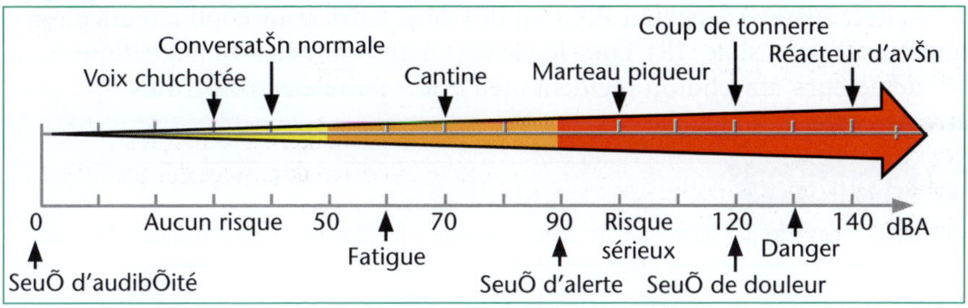

Doc. 7 Les niveaux sonores et leurs effets

3 Détecteurs d'ondes et de particules

La détection d'ondes et de particules se base sur l'interaction du rayonnement ou de la particule avec la matière du détecteur.

1 Détecteur d'ondes mécaniques

- La vibration engendrée par l'onde est traduite en tension électrique dont l'amplitude est reliée à l'amplitude de l'onde. C'est le cas des microphones (qui détectent les ondes sonores), des sismomètres ou des matériaux piézo-électriques (qui détectent les ondes sismiques).

2 Détecteur d'ondes électromagnétiques

- **Les antennes métalliques et les radiomètres** sont le siège de mouvements d'électrons sous l'effet d'un champ électrique variable véhiculé par l'onde. Le champ magnétique variable véhiculé par l'onde induit un courant dans cadre métallique, ce qui permet de détecter les ondes radio.

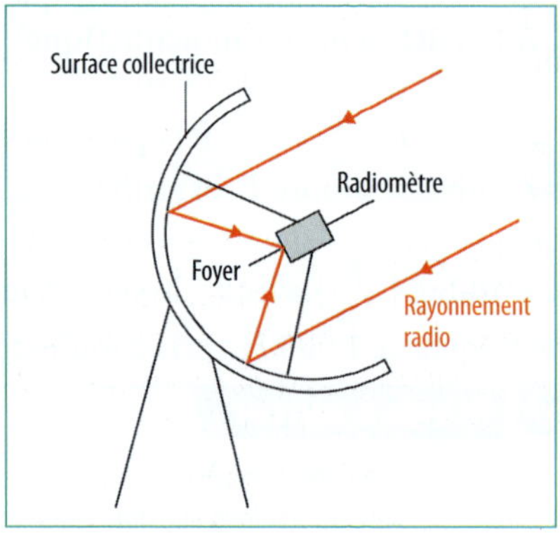

Doc. 8 Radiotélescope : les ondes sont focalisées sur le détecteur

Dualité onde-corpuscule

En physique, la lumière peut être modélisée par une onde électromagnétique mais également par un corps de masse nulle : le photon. Cette dualité est étudiée plus en détails dans le chapitre 15.

- **Les détecteurs à jonction PN** sont des détecteurs semi-conducteurs photosensibles (UV ; visible ; IR). Lors du passage d'une onde électromagnétique dans ces détecteurs, un photon incident crée une « paire électron-trou » qui peut être détectée.

Exemples

Les photodiodes et les phototransistors fonctionnent suivant ce principe des composants optoélectroniques.

- **Les détecteurs CCD** (Coupled Charge Dévice : dispositif à transfert de charge) sont de minuscules récepteurs à semi-conducteur appelés pixels : chaque photon induit une charge électrique qui est collectée. Ces capteurs sont utilisés dans les domaines du visible, de l'ultraviolet et de l'infrarouge. On les retrouve dans les spectrophotomètres, les caméscopes et les appareils photographiques.

- **Les bolomètres** sont des détecteurs à semi-conducteur constitués de capteurs dont la résistance électrique dépend de son échauffement.

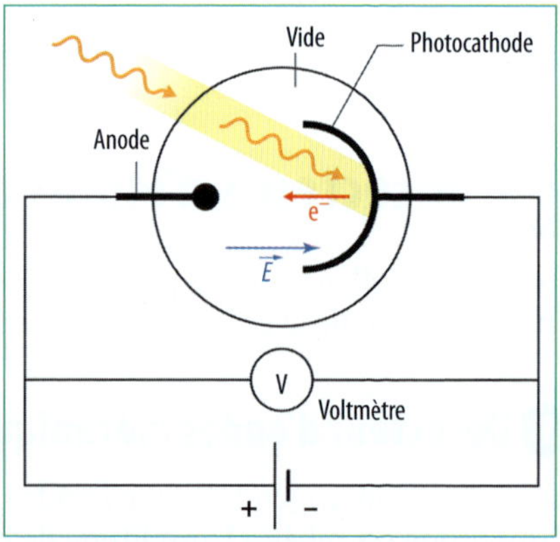

Doc. 9 Montage pour la détection de photons par effet photoélectrique

On les utilise pour détecter les rayons X et les rayonnements infrarouges (ils équipent les télescopes en orbite en particulier).

- **Dans les cellules photoélectriques :** un photon arrache un électron à une métal ou photocathode (c'est **l'effet photoélectrique**).

3 Détecteurs de particules

Les particules interagissent avec la matière des détecteurs selon deux processus.

- **L'ionisation du milieu** est mise à profit pour détecter des particules chargées. Celles-ci produisent des paires électron-ion qui sont collectés. C'est le cas des compteurs Geiger, des chambres à bulles, des chambres à brouillards et des chambres à fils. Dans le cas particulier des détecteurs à semi-conducteur, la particule chargée produit des paires électron-trous.
- **L'excitation du milieu** est utilisée lorsque la particule chargée traverse un milieu transparent. Cette particule chargée excite un atome ou une molécule du milieu transparent qui émet de la lumière en se désexcitant (par scintillation ou par fluorescence). Le phénomène est exploité dans les scintillateurs.

Piège à éviter
Un milieu transparent laisse passer de la lumière mais il n'est pas forcément incolore.

COURS

QCM et questions courtes

1 Comparaisons

Corrigé p. 30

1. Citer deux points communs à toutes les ondes électromagnétiques.

2. Citer deux différences entre les ondes dans la matière et les ondes électromagnétiques.

3. Qu'est-ce qui différencie les ondes radio des ondes sonores ?

2 Sources de rayonnement

Corrigé p. 30

1. Citer des sources de rayonnement d'ultraviolets dans l'Univers. Peut-on les détecter au sol ? Pourquoi ? Quelle solution envisage-t-on si les ultraviolets ne sont pas détectables au sol ?

2. Citer des sources de rayonnement radio dans l'Univers.

3 Niveau sonore

Corrigé p. 30

Le niveau sonore L d'une onde d'intensité I vaut :

a) $L = 10 \ln(I/I_{réf})$ **b)** $L = 10\log(I) - 10\log(I_{réf})$ **c)** $10 \log(I_{réf}/I)$

4 Détecteurs appropriés

Corrigé p. 30

1. Comment peut-on détecter les photons ?

2. Parmi les détecteurs suivants, lequel peut-on utiliser pour détecter des électrons ?

a) Un scintillateur **b)** Une cellule photoélectrique **c)** Un radiotélescope

Exercices d'entraînement

5 Les niveaux sonores

★★ 20 min Corrigé p. 31

Un spectateur assiste à un concert à deux instruments A et B. À 5,0 m de la scène, il mesure un niveau sonore de 65 dBA quand A joue seul, et un niveau sonore de 70 dBA quand B joue seul.

1. Quelle intensité mesure-t-il lorsque les instruments jouent en même temps ? *Donnée* : $I_{réf} = 10^{-12}$ W·m^{-2}.

2. Quel niveau sonore enregistre-t-il quand les instruments jouent en même temps ?

Méthode

Exprimer l'intensité I en fonction du niveau L : $L = 10\log(I/I_{réf})$

→ $I = I_{réf}.10^{L/10}$

On admet que la puissance sonore reçue à une distance r de la source est répartie sur une sphère de rayon r et d'aire $4\pi r^2$.

Astuce
Exprimez l'intensité I en fonction de la puissance P qui est constante.

3. Expliquer pourquoi, pour une surface donnée, l'intensité sonore reçue diminue en $1/r^2$ lorsqu'on s'éloigne de la source.

4. Montrer que les niveaux sonores L et L', mesurés respectivement à des distances r et r' de la source, sont reliés par $L' = L + 20\log(r/r')$. Que devient le niveau sonore calculé en **2.** quand le spectateur se tient à 10 m de la scène ?

6 Étude d'un séisme

★★★ 30 min ➔ Corrigé p. 31

Une station A, située à une distance d_A de l'épicentre E d'un séisme, enregistre le sismogramme représenté ci-dessous.

Rappel
Les ondes de volume sont les ondes P et S qui se propagent à l'intérieur de la Terre.

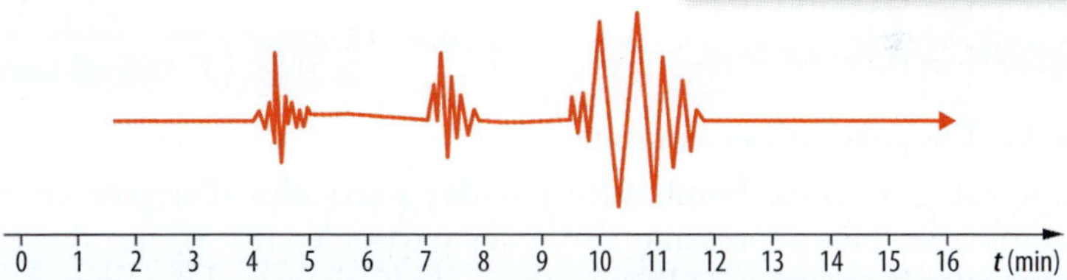

1. Identifier sur le sismogramme les deux ondes de volume ainsi que l'onde L. Justifier.

2. En vous aidant des courbes ci-contre, interpréter en comparant les variations des vitesses de propagation des trois ondes.

3. Déterminer la valeur v_L de la vitesse de propagation de l'onde L, sachant que la station C est située à 3 360 km de E.

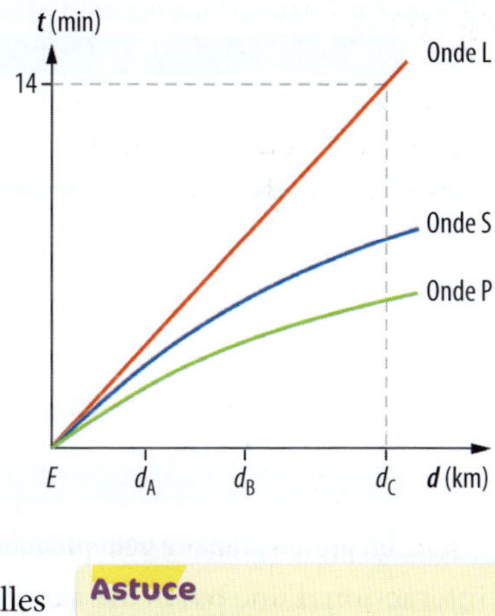

On suppose que les ondes P et S traversent des milieux de même nature avant d'atteindre la station A. Les vitesses respectives de ces ondes sont $v_P = 10{,}0\ \text{km·s}^{-1}$ et $v_S = 4{,}50\ \text{km·s}^{-1}$.

4. Indiquer sur la figure ci-dessus, les intervalles de temps $t_S - t_P$ séparant l'arrivée des ondes P et S aux trois stations A, B et C.

Astuce
Les points équidistants d'une station sont sur un cercle.

5. Exprimer, puis calculer en fonction de v_P, v_S et de $t_S - t_P$ la distance d_A.

6. Avec la même méthode, on trouve d_B = 2 500 km. Reproduire la figure ci-contre et localiser l'épicentre E.

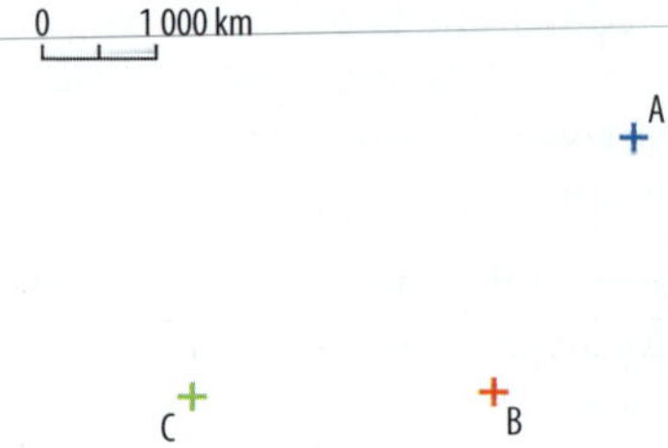

7. On lit sur le sismographe une amplitude maximale de 16 mm, ce qui correspond à une magnitude sur l'échelle de Richter de 5,2. Une réplique de ce même séisme a produit une amplitude de 1,0 mm. Déterminer la magnitude de la réplique.

Exercices de type bac

PRÉPARER L'ÉPREUVE ÉCRITE

7 Détection de rayons cosmiques

★★★ 50 min ➔ Corrigé p. 33

Partie A – Les particules cosmiques

La Terre est sans cesse bombardée par des particules d'origine cosmique. Les protons, les plus représentatifs de ces particules (87 %), produisent des collisions avec les noyaux de l'atmosphère et engendrent des gerbes de particules secondaires (*document* ci-dessous).

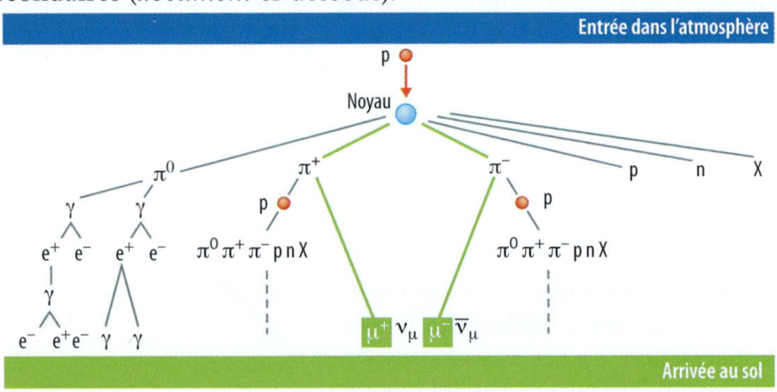

Doc. **Un proton primaire peut produire une gerbe de plusieurs milliards de particules**

L'interaction d'une particule avec les noyaux de l'atmosphère dépend des interactions auxquelles la particule est sensible, de son énergie (masse et vitesse) et de sa stabilité (tableau ci-après). Ainsi, on admettra qu'à charge électrique identique, plus une particule est massive, moins elle est influencée par une action mécanique (due à un champ électrique ou magnétique).

Famille	Hadrons			Leptons		
Particules	**Proton p**	**Neutron n**	**Pion $\pi\pm$**	**Électron e^-**	**Muons $\mu^\pm$**	**Neutrinos ν**
Équivalent énergie m_0c^2	938,27 MeV	939,56 MeV	139,57 MeV	0,511 MeV	105,66 MeV	Faible
Stabilité et temps de vie moyen	Stable	Instable $n \rightarrow p + e^- + \bar{\nu}_e$ $T = 881{,}5\ s$	Instables $\pi^- \rightarrow \mu^- + \bar{\nu}_\mu$ $\pi^+ \rightarrow \mu^+ + \nu_\mu$ $\tau = 2{,}603 \cdot 10^{-8}\ s$	Stable	Instables $\mu^- \rightarrow e^- + \bar{\nu}_e + \upsilon_\mu$ $\mu^+ \rightarrow e^+ + \nu_e + \bar{\upsilon}_\mu$ $\tau = 2{,}197 \cdot 10^{-6}$	Considérés comme stables
Interactions*	Forte, électromagnétique et faible			Électromagnétique et faible		Faible

* *l'interaction gravitationnelle est négligeable.*

1. Pourquoi les rayons cosmiques primaires sont-ils composés en majorité de protons ?

2. Sachant que les particules voyagent à des vitesses proches de celle de la lumière, expliquer pourquoi les muons et les neutrinos constituent le flux majoritaire des particules arrivant au niveau du sol.

Partie B – Détection des particules

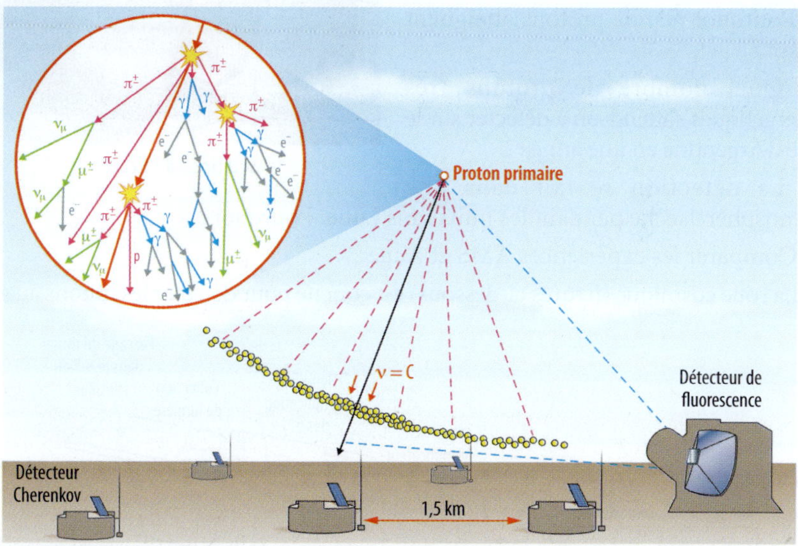

Doc. Expérience Auger

Pour détecter des particules, on a commencé par envoyer à 5 km d'altitude des ballons sondes équipés d'électroscopes à feuilles d'or (V. Hess 1912), puis à utiliser les compteurs Geiger et les chambres à brouillards. De nos jours, pour étudier les particules cosmiques de faible énergie, on place un détecteur sur un satellite (AMS) ; pour les particules de haute énergie, on utilise des détecteurs au sol répartis sur de très grandes surfaces (Auger) des détecteurs sous-marins (Antarès).

1. L'expérience Auger s'intéresse aux gerbes engendrées par les protons très énergétiques (> 10^{19} eV) de taux de détection extrêmement faible (1 particule détectée par km^2 par siècle). La reconstitution des trajectoires des protons primaires permettrait de corréler les directions des protons avec les sources des particules cosmiques. Plus de 1 600 détecteurs sont répartis dans la Pampa d'Argentine sur 3 000 km^2. On détecte les lumières de très faible intensité, dans la limite du visible et dans l'ultraviolet, induites par l'interaction des particules avec l'eau des cuves (effet Cherenkov) et les molécules d'azote (fluorescence).

Rappel
1 eV = $1{,}602 \cdot 10^{-19}$ J.

a) Que peut-on détecter avec un électroscope ?

b) Citer trois détecteurs évoqués dans la partie **B** qui se basent sur les processus d'ionisation et d'excitation.

c) Pourquoi peu de protons atteignent le sol ?

d) Quel nombre de protons très énergétiques s'attend-on à détecter sur le site d'Argentine en une année ?

Sciences à l'École

e) La détection se fait dans une atmosphère sèche pendant les nuits sans Lune. Pourquoi ?

f) Comparer les expériences AMS et Auger.

1. La roue cosmique (figures ci-dessous) est conçue pour détecter les muons au sol.

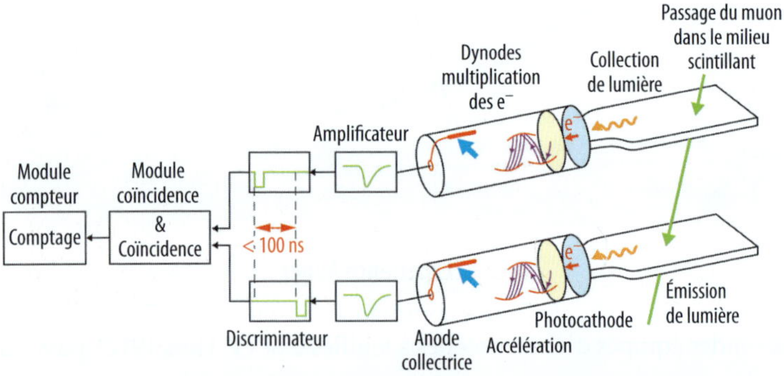

Quand un muon (voir tableau des particules de la partie A) traverse le scintillateur, il excite les molécules de ce dernier qui émettent par désexcitation des photons. La lumière ainsi produite est guidée vers la photocathode qui libère des électrons sous l'impact des photons incidents. Un champ électrique permet d'accélérer les électrons vers un photomultiplicateur qui est constitué d'une dizaine de dynodes en séries portées à des potentiels électriques croissants. Pour s'affranchir des signaux qui ne correspondent pas au passage d'un muon (bruits, faux événements...), on utilise deux scintillateurs travaillant en coïncidence. On valide les événements engendrant deux signaux consécutifs qui arrivent dans un intervalle très court de 100 ns.

Lors d'une expérience, on compte toutes les 5 s le nombre *N* de muons arrivant en coïncidence pendant une durée totale de 10 min. On obtient :

N	1	2	3	4	5	6	7	8	9	10
Fréquence *f*	4	15	22	26	23	11	6	5	1	1

a) Quelles sont les différentes interactions qui donnent lieu à la détection de particules et/ou de rayonnements dans la roue cosmique ?

b) Quel est le rôle du photomultiplicateur ?

c) En quoi consiste une mesure en coïncidence ?

d) Combien de muons ont été détectés pendant l'expérience ?

e) Conclure quant au nombre de muons détectés par seconde.

PRÉPARER L'ÉPREUVE PRATIQUE

8 Détection des infrarouges

★★ 30 min ➔ Corrigé p. 34

Compétence expérimentale évaluée : valider

La figure donne le profil spectral d'une lampe de chauffage.

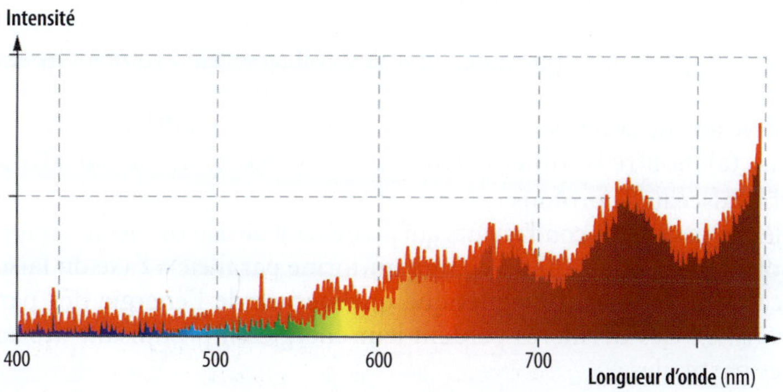

1. Dans quel domaine émet la lampe, sachant que l'enregistrement est fait en lumière ambiante ?

On intercale divers matériaux entre le détecteur et la source. Le tableau qui suit donne les éclairements E mesurés en lux.

Matériau	Air	Bécher vide	Bécher rempli d'eau	Polystyrène	Mousse noire	Carton	Plexiglas	Feuille en aluminium
Éclairement E (en lux)	314	220	190	40	0	30	280	34

Quel est le milieu le plus absorbant ? le moins absorbant ?

Est-ce que l'eau absorbe les rayonnements ?

2. Pour différentes distances r séparant la source du luxmètre, on mesure l'éclairement E. On obtient les résultats suivants :

r (en m)	0,50	0,45	0,40	0,35	0,30	0,25	0,20	0,15	0,10	0,050
E (en lux)	94,0	114	129	154	184	249	329	409	559	1045

a) Calculer l'incertitude ΔE sachant que la précision sur les mesures de E est de 2 %. Utiliser un tableur et ajouter une ligne ΔE au tableau précédent.

b) Tracer la courbe $E = f(r)$.

c) Modéliser la courbe précédente avec la fonction $E = \frac{a}{r} + b$.

Que représente le paramètre b ?

Pour aller plus loin

9 Détecteur Atlas

★★★ 25 min Corrigé p. 35

Le détecteur Atlas fait partie des quatre détecteurs installés long de l'accélérateur LHC (Large Hadron Collider ou le Grand Collisionneur de Hadrons) du CERN. Il détecte les particules produites lors des collisions de protons circulant à la vitesse proche de c en sens opposés, chacun avec une énergie de 7 TeV (14 TeV de disponible lors de la collision : 1,0 TeV = $1{,}0 \cdot 10^{12}$ eV = $1{,}6 \cdot 10^{-7}$ J).

La figure (a) montre les différentes couches du détecteur, soit dans l'ordre :

– le tube faisceau de protons ;

– des détecteurs à semi-conducteurs qui permettent de déterminer des trajectoires ;

– un solénoïde produisant un champ uniforme parallèle à l'axe du faisceau ;

– un calorimètre électromagnétique qui mesure de l'énergie des particules (électrons…). Ces dernières perdent leur énergie en produisant des cascades d'autres particules ;

– un calorimètre hadronique qui mesure l'énergie des hadrons (nucléons et pions) qui perdent leur énergie en donnant des cascades de particules chargées ;

– des détecteurs de muons : avec les neutrinos, les muons sont les seules particules à atteindre ce dispositif d'où les neutrinos s'échappent.

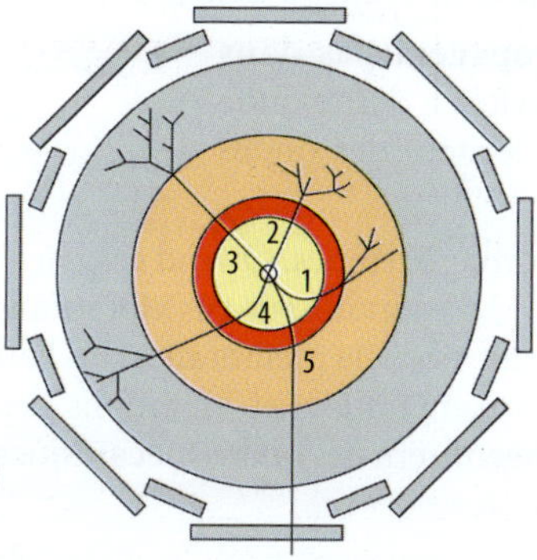

(a)

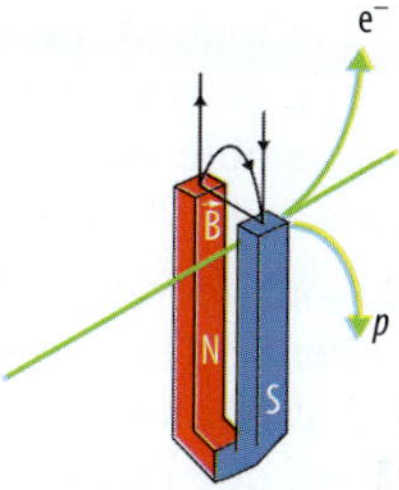

(b) : Les particules chargées sont déviées par $\vec{B}$ (*p* vers le bas)

1. Peut-on déterminer les trajectoires de toutes les particules dans les premiers détecteurs à semi-conducteurs ?

Vocabulaire

p est un proton e^- un électron, μ^+ un muon portant une charge positive, γ une particule gamma et *n* un neutron

2. Sachant que le vecteur champ magnétique est dirigé vers l'avant sur la figure (a), relier en justifiant les trajectoires 1 à 5 aux particules suivantes : p, e^-, μ^+, γ et n.

3. On s'attend à détecter de nouvelles particules comme le boson de Higgs dont les masses sont comprises entre 100 GeV et 1,00 TeV.

Pourquoi est-ce possible avec le LHC ?

À noter

Le boson de Higgs est une particule introduite par le physicien P. Higgs dans le modèle standard qui serait à l'origine des masses des particules. Le boson de Higgs est traqué au centre européen de recherche nucléaire (CERN) en observant ses produits de désintégration au sein de deux détecteurs : ATLAS et CMS.

Le modèle standard est un modèle très élaboré de physique des particules qui intègre toutes les interactions à l'exception de l'interaction gravitationnelle.

4. Les muons produisent le long de leur passage des paires électrons-ions en perdant 1,0 MeV·mm^{-1} dans les métaux. À partir de quelle épaisseur de matériau métallique les muons de 6,0 GeV sont-ils arrêtés ?

QCM et questions courtes

1 Comparaisons

1. Les ondes électromagnétiques se propagent toutes dans le vide **à la même célérité**. Elles **transportent de l'énergie** sans transport de matière.

2. Les ondes dans la matière **ne se propagent pas dans le vide**. La vitesse de propagation (célérité) v d'une onde mécanique est **très faible** devant la célérité c des ondes électromagnétiques.

À savoir

$v_{\text{son dans l'air}} = 340\ \text{m·s}^{-1}$;
$c = 3{,}00 \cdot 10^{8}\ \text{m·s}^{-1}$.

3. Les ondes radio sont des ondes **électromagnétiques**. Quand ces dernières sont captées par une antenne d'un poste radio, elles induisent des vibrations des électrons et donc une tension alternative qui fait vibrer la membrane d'un haut-parleur à la même fréquence que l'onde électromagnétique. Les vibrations des couches d'air (ou de tout autre milieu matériel) engendrent des ondes **mécaniques** sonores.

2 Sources de rayonnements

1. Les sources d'ultraviolets (UV) sont **le Soleil, la voie lactée, les étoiles en évolution**.

Les UV sont **totalement absorbés** dans l'atmosphère par la couche d'ozone. Comme ils ne sont pas détectables au sol, on s'affranchit de l'atmosphère en utilisant des détecteurs embarqués sur les satellites.

2. Les pulsars, le Soleil, le fond diffus cosmologique émettent des ondes électromagnétiques radio.

3 Le niveau sonore

b) Le niveau sonore est égal à :
$\boldsymbol{L = 10\log(I/I_{\text{réf}})} = 10\log(I) - 10\log(I_{\text{réf}})$.

Rappel mathématique

$\log\left(\frac{a}{b}\right) = \log a - \log b$.

4 Détecteurs appropriés

1. Les photons n'étant pas chargés électriquement, on les détecte à l'aide de **capteurs photosensibles** : photocathodes, photodiodes…

2. a) Seul le **scintillateur** convient. Les électrons excitent les molécules du scintillateur et la désexcitation se fait par émission de photons.

À savoir

Le scintillateur est utilisé pour la détection de particules chargées.

CORRIGÉS

Exercices d'entraînement

5 Les niveaux sonores

1. Les intensités sonores s'ajoutent : $I_{\text{tot}} = I_A + I_B$.

Or $L_A = 10 \cdot \log(\frac{I_A}{I_{\text{réf}}}) \Rightarrow I_A = I_{\text{réf}} \cdot 10^{\frac{L_A}{10}}$

D'où $I_{\text{tot}} = I_{\text{réf}} \cdot (10^{\frac{L_A}{10}} + 10^{\frac{L_B}{10}})$.

$I_{\text{tot}} = 10^{-12} \cdot (10^{\frac{65}{10}} + 10^{\frac{70}{10}}) = \mathbf{1{,}310^{-5}\ W{\cdot}m^{-2}}$.

2. Quand les deux instruments jouent en même temps, on mesure un niveau sonore $\boldsymbol{L = 10.\log(I_{tot}/I_{réf})} = 10 \log(1{,}3{\cdot}10^{-5}/10^{-12}) = \mathbf{71\ dBA}$.

3. La puissance rayonnée par la source est constante $\boldsymbol{P = IS}$.
En s'éloignant de la source, cette puissance se répartit sur des surfaces de plus en plus grandes : $S = 4\pi.r^2$.

Piège à éviter
Les niveaux sonores ne s'additionnent pas.

Donc $\boldsymbol{I} = \frac{P}{(4\pi \cdot r^2)} = \boldsymbol{\frac{K}{r^2}}$ où K désigne une constante. I varie bien en $\frac{1}{r^2}$.

4. Le niveau sonore change avec l'intensité sonore.

La puissance P rayonnée est inchangée :

$L' = 10 \cdot \log\left(\frac{I'}{I_{\text{réf}}}\right)$ avec $I' = \frac{K}{r'^2}$ et $I = \frac{K}{r^2} \Rightarrow \frac{I'}{I} = \frac{K \cdot r^2}{K \cdot r'^2} \Rightarrow I' = I \cdot \frac{r^2}{r'^2}$

$L' = 10 \cdot \log\left(\frac{I}{I_{\text{réf}}} \cdot \frac{r^2}{r'^2}\right) = L + 20 \cdot \log\left(\frac{r}{r'}\right)$

$L' = 71 + 20 \cdot \log\left(\frac{5{,}0}{10}\right) = \mathbf{65\ dBA}$.

6 Étude d'un séisme

1. Les ondes de volumes P et S arrivent avant les ondes de surface L.

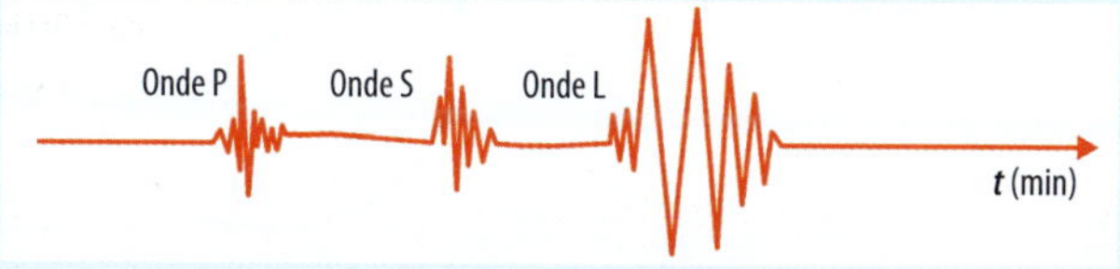

2. Pendant un intervalle de temps Δt, on peut estimer la célérité de l'onde : $\boldsymbol{v} = \boldsymbol{\frac{\Delta d}{\Delta t}}$, ce qui correspond à l'inverse du coefficient directeur de la tangente à la courbe $t = f(d)$.
Ainsi, on voit que $\boldsymbol{v_P > v_S > v_L}$.

Remarque
La vitesse est d'autant plus grande que la pente de la tangente à la courbe est faible.

CORRIGÉS

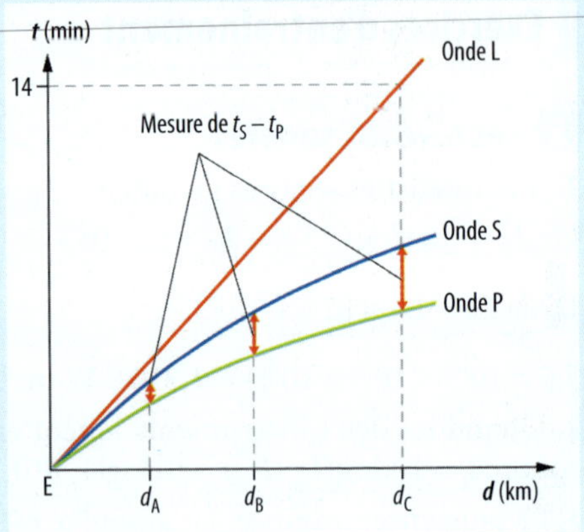

De plus, **la célérité de l'onde L est constante** alors que les **célérités des ondes de volume augmentent avec la distance parcourue *d*.** Ceci est dû au fait que les ondes de surface sont moins affectées par la nature du milieu traversé que les ondes de volume.

3. La célérité de l'onde L étant constante, on peut écrire que $v_L = \frac{d_c}{t_c}$.

Comme on lit sur le graphe t_C= 14 min, on en déduit que :

v_L = 3 360/(14 × 60) = 4,0·10³ m·s⁻¹ = **4,0 km·s⁻¹**.

4. Les intervalles de temps $t_S - t_P$ séparant l'arrivée des ondes P et S aux trois stations A, B et C sont notés sur la figure ci-dessus.

5. La distance d_A entre l'épicentre d'un séisme et la station A est égale à :

$$\left.\begin{array}{l} d_A = v_P \cdot t_P \\ d_A = v_S \cdot t_S \end{array}\right\} \Rightarrow t_S - t_P = \frac{d_A}{v_S} - \frac{d_A}{v_P} = d_A \cdot \frac{v_P - v_S}{v_P \cdot v_S} \Rightarrow d_A = (t_S - t_P) \cdot \frac{v_P \cdot v_S}{v_P - v_S}$$

$d_A = (3,0 \times 60) \cdot \frac{10,0 \times 4,50}{10,0 - 4,50} = 1,5 \cdot 10^3$ km ($t_S - t_P$ est lue sur le sismogramme).

6. En sachant que d_B = 2 500 km et que d_C = 3 360 km, on peut localiser l'épicentre E en mettant les différentes distances à l'échelle comme ci-dessous.

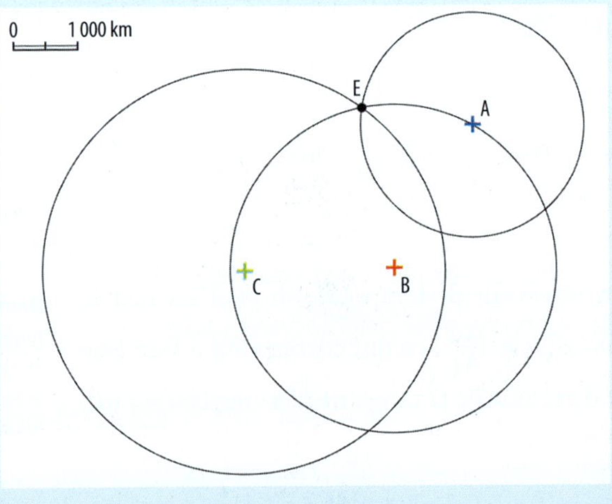

7. Les magnitudes du séisme M_L et de sa réplique M'_L sont données par :
$M_L = \log(A_{max}/A_0) = \log A_{max} - \log A_0$ et $M'_L = \log(A'_{max}/A_0) = \log A'_{max} - \log A_0$.
$M'_L = \log A'_{max} + (M_L - \log A_{max})$. Donc $\mathbf{M'_L = \log(A'_{max}/A_{max}) + M_L}$.
Ainsi $M'_L = \log(1{,}0/16) + 5{,}2 = \mathbf{4{,}0}$.

CORRIGÉS

Exercices de type bac

PRÉPARER L'ÉPREUVE ÉCRITE

7 Détection de particules cosmiques

A. 1. Le tableau de l'énoncé montre que les protons sont des **particules stables** (qui ne se désintègrent pas), elles peuvent donc parcourir de très grandes distances à partir de leur lieu de production.

Remarque
Les électrons et les noyaux, qui également sont stables, représentent respectivement, 1 % et 12 % des particules cosmiques.

2. Les muons sont sensibles aux interactions faibles et aux interactions électromagnétiques comme les électrons. Cependant, comme **la masse du muon est 200 fois plus grande que celle de l'électron**, le muon présente une **plus grande inertie** vis-à-vis d'une action extérieure (champs électrique et magnétique des noyaux des molécules de l'atmosphère).

Le neutrino, quant à lui, **n'interagit pas avec l'atmosphère**, puisqu'il est seulement sensible à l'interaction faible.

B. 1. a) Un électroscope permet de détecter les **particules chargées**.

Note
L'électroscope, utilisé en électrostatique en 1re S, est préalablement chargé par contact. Il se décharge plus ou moins vite en fonction du taux d'ionisation de l'air dû au passage de particules ionisantes (particule cosmique dans notre cas).

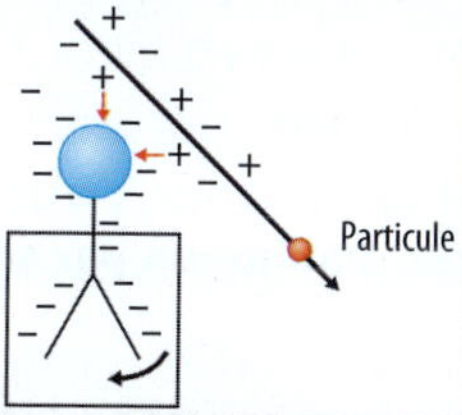

L'électroscope attire les ions positifs et se décharge.

b) Les trois détecteurs évoqués dans la partie B sont :

– les **compteurs Geiger**, les **chambres à brouillard** qui se basent sur l'ionisation par le passage de particules chargées ;

– les **scintillateurs** qui se basent sur l'excitation du milieu (fluorescence).

c) Les **protons sont sensibles à l'interaction forte** et interagissent par conséquent avec les noyaux de l'atmosphère pour donner des gerbes de particules secondaires.

d) On s'attend à détecter 1 particule par km^2 par siècle, soit 3 000 particules en moyenne pour une surface de 3 000 km^2 par siècle ou encore **30 protons par an** !

e) Une atmosphère sèche est pauvre en vapeur d'eau, ce qui **limite les interactions avec l'atmosphère**. Les lumières détectées sont de très faibles intensités. Toute autre source de lumière, comme la lumière diffusée par la Lune, pourrait perturber leur détection.

f) L'expérience AMS permet de s'affranchir des **interactions avec l'atmosphère**. En particulier, des **protons cosmiques de faibles énergies** peuvent être détectés. Le **coût** limite l'embarcation de grands détecteurs.
Pour l'expérience Auger, le flux de **protons très énergétiques** est extrêmement faible, mais elle déploie un **grand nombre de détecteurs**.

2. a) La particule incidente excite les molécules du **scintillateur**, celles-ci se désexcitent en émettant des photons. Ces derniers arrachent des électrons à la photocathode par **effet photoélectrique**.

b) Les électrons produits par effet photoélectrique ne sont pas suffisants pour engendrer un signal électrique significatif. Le photomultiplicateur à pour rôle de **multiplier** ($\times 10^6$) les électrons produits par la photocathode.

c) Détecter un muon en coïncidence, c'est **valider l'événement** si les deux détecteurs fournissent chacun un signal dans un intervalle de temps très court.

Remarque
Des signaux parasites engendrent très rarement deux signaux en coïncidence sur les deux détecteurs.

d) Le nombre de muons détectés pendant l'expérience est égal à :

$$N_{tot} = 1 \times 4 + 2 \times 15 + 3 \times 22 + 4 \times 26 + 5 \times 23 + 6 \times 11 + 7 \times 6 + 8 \times 5 + 9 \times 1 + 10 \times 1 = \mathbf{486}.$$

e) En moyenne, on dénombre 4,3 muons toutes les 5 s, ce qui correspond environ à **un muon par seconde**.

PRÉPARER L'ÉPREUVE PRATIQUE

8 Détection des infrarouges

1. Les courtes longueurs d'ondes des rayonnements émis sont dues au rayonnement ambiant. La contribution de la lampe est dans la gamme des **radiations rouges et infrarouges**.

2. D'après le tableau, la mousse noire est le milieu le plus absorbant. Le milieu le **moins absorbant** est **l'air. L'eau** absorbe **une partie des radiations.**

3. a) et **b)**

E (lux)	r (m)	ΔE (lux)
96	0,5	1,92
112	0,45	2,24
129	0,4	2,58
152	0,35	3,04
189	0,3	3,78
246	0,25	4,92
331	0,2	6,62
406	0,15	8,12
561	0,1	11,22
1024	0,05	20,48

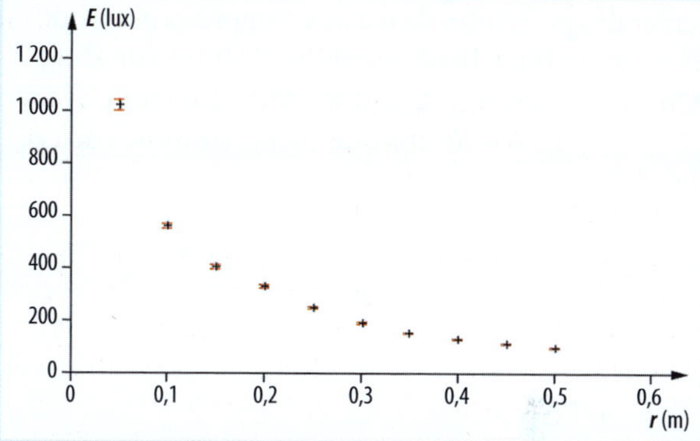

À savoir
Les points expérimentaux ne doivent pas être reliés.
En revanche, on peut proposer une courbe de tendance.

c) La modélisation donne $E = \frac{a}{r} + b$ avec $\boldsymbol{a}$ **= 51,5 lux·m** et $\boldsymbol{b}$ **= 23 lux**.
Quand r tend vers l'infini (source éloignée), $E = b = 23$ lux est **l'éclairement résiduel de la lumière ambiante**.

Pour aller plus loin

9 Détecteur Atlas

1. Les détecteurs à semi-conducteurs permettent de reconstituer uniquement les trajectoires des **particules chargées.**

2. Les particules neutres n et γ ne sont pas déviées. Les particules portant une charge positive sont déviées à gauche : p et μ^+. Les nucléons (hadrons) perdent leurs énergies en engendrant des cascades de particules dans le calorimètre hadronique. Le muon traverse facilement la matière. Les trajectoires 1 à 5 correspondent donc aux particules :
μ^+(5) ; p(4) ; n(3) ; γ(2) et e^-(1).

Rappel
La particule chargée crée par ionisation le long de sa trajectoire des paires électron-trou qui sont collectées, ce qui permet de reconstruire la trajectoire de la particule.

3. La relation d'Einstein $\boldsymbol{E = m.c^2}$ montre qu'une énergie disponible E est équivalente à une masse m.

Avec une **énergie disponible de quelques TeV**, il serait évidemment possible de créer des particules de masses comprises entre 100 GeV et 1,00 TeV comme c'est le cas de la particule attendue : le boson de Higgs.

4. Un muon incident de $6{,}0 \cdot 10^3$ MeV s'arrêtera après avoir parcouru $6{,}0 \cdot 10^3$ mm de métal (comme l'acier), soit **6,0 m** !

Unité
1 GeV = 10^3 MeV = 10^9 eV.

CORRIGÉS

CHAPITRE 2

Caractéristiques des ondes

COMPÉTENCES EXIGIBLES

- Définir une onde progressive à une dimension.
- Connaître et exploiter la relation entre retard, distance et vitesse de propagation (célérité).
- Pratiquer une démarche expérimentale visant à étudier qualitativement et quantitativement un phénomène de propagation d'une onde.
- Définir, pour une onde progressive sinusoïdale, la période, la fréquence et la longueur d'onde.
- Connaître et exploiter la relation entre la période ou la fréquence, la longueur d'onde et la célérité.
- Pratiquer une démarche expérimentale pour déterminer la période, la fréquence, la longueur d'onde et la célérité d'une onde progressive sinusoïdale.
- Réaliser l'analyse spectrale d'un son musical et l'exploiter pour en caractériser la hauteur et le timbre.

1 Notion d'onde progressive

1 Définition d'une onde progressive

- Lorsqu'on jette une pierre dans l'eau, il se crée une vague qui se propage circulairement à la surface de l'eau à partir du point de chute de la pierre : ce phénomène est une **onde progressive**.
- Une onde progressive est définie comme **la propagation d'une perturbation sans transport de matière**. En effet, les molécules du milieu matériel élastique (ici l'eau) se déplacent lorsque la perturbation (la vague) les atteint, puis elles reprennent leur position initiale après le passage de la perturbation.

Remarque
Le terme « progressive » permet d'insister sur le fait que la perturbation se propage, progresse en s'éloignant de sa source.

Rappel
Le phénomène de propagation d'une vague est une onde progressive **mécanique**, car la perturbation a **besoin d'un milieu matériel élastique** (ici l'eau) pour se propager.

2 Directions de propagation d'une onde

- Une perturbation se propage, à partir de sa source, dans **toutes les directions qui lui sont offertes**.
- Une onde progressive à **une dimension** correspond à la propagation d'une perturbation suivant une **droite**, comme par exemple le phénomène de déformation d'une corde tendue se propageant le long d'une corde ou le phénomène de propagation de la compression d'un ressort.

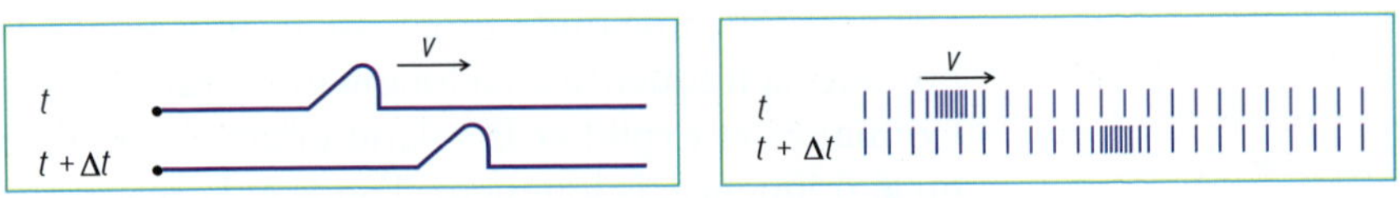

Doc. Ondes progressives à une dimension

- Une onde progressive **à deux dimensions** correspond à la propagation d'une perturbation sur un **plan**, comme par exemple une vague se propageant à la surface de l'eau.
- Une onde progressive **à trois dimensions** correspond à la propagation d'une perturbation dans **tout l'espace**.

À savoir

Une onde progressive à une dimension est définie comme la propagation d'une perturbation suivant une droite sans transport de matière.

③ Vitesse de propagation (célérité) d'une onde

- **La célérité** V d'une onde, appelée aussi la vitesse de propagation d'une onde, est **le rapport entre la distance d parcourue par l'onde et la durée Δt de la propagation** de cette onde : $V = \frac{d}{\Delta t}$ avec V en $m{\cdot}s^{-1}$, d en mètres et Δt en secondes.

Vocabulaire

Le terme « vitesse » est utilisé pour un corps qui se déplace. Lorsqu'on s'intéresse aux ondes, la matière ne se déplace pas, seule l'énergie se propage : on emploie donc les termes « célérité » ou « vitesse de propagation ».

④ Notion de retard

- S'il n'y a pas d'amortissement, tout point M du milieu de propagation d'une onde subit la même perturbation que la source S avec un **retard** τ : $\boldsymbol{\tau = \frac{SM}{V}}$ avec τ le retard en secondes, SM la distance entre la source S et le point M en mètres et V la célérité de l'onde en $m{\cdot}s^{-1}$.

2 Notion d'onde progressive périodique

① Exemple d'une onde progressive périodique

- Si des gouttes d'eau tombent régulièrement à la surface de l'eau, le phénomène est **périodique** car la chute des gouttes d'eau se reproduit **identique à elle-même au cours du temps**.
- Le phénomène de propagation des vagues créées par la chute régulière des gouttes à la surface de l'eau est appelé onde progressive **périodique** à deux dimensions.

② Périodicité temporelle d'une onde progressive sinusoïdale

- **Une onde progressive périodique sinusoïdale** peut être définie par sa **période temporelle** T, mesurée en

Remarque

Une onde progressive sinusoïdale est forcément périodique.

secondes, qui correspond à **la durée au bout de laquelle un point du milieu de propagation se retrouve dans le même état.**

- **La période temporelle T d'une onde progressive périodique**, identique en tout point du milieu de propagation, **est égale à celle de sa source.**

Remarque
Dans l'exemple précédent, la période temporelle T correspond aussi à la durée entre la chute de deux gouttes dans l'eau.

- La **fréquence** temporelle f d'une onde progressive sinusoïdale est égale à :

$$f = \frac{1}{T} \text{ avec } T \text{ en secondes et } f \text{ en hertz.}$$

3 Périodicité spatiale d'une onde progressive sinusoïdale

- Une onde progressive périodique sinusoïdale peut aussi être définie par sa période spatiale, appelée **longueur d'onde λ** et mesurée en **mètres**, qui correspond à **la distance, constante, séparant deux motifs consécutifs de l'onde progressive périodique à un instant donné.**

4 Relation entre la période temporelle et la longueur d'onde

- La **longueur d'onde λ** d'une onde périodique sinusoïdale est la **distance parcourue par cette onde pendant une période temporelle** T : $\boldsymbol{\lambda = v \times T}$ avec λ en mètres, T en secondes et la célérité v de l'onde en m·s^{-1}.

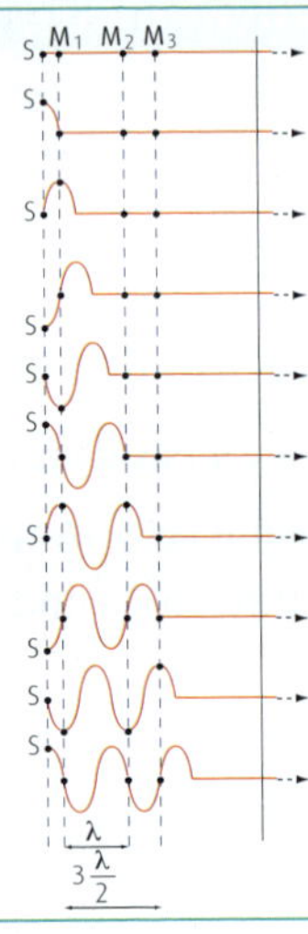

Doc. Périodicité spatiale d'une onde sinusoïdale

3 Notion d'onde sonore musicale

1 Définition d'un son musical

- **Un son musical** (émis par un instrument de musique) se propage sous la forme d'une **onde mécanique progressive périodique de fréquence comprise entre 20 Hz et 20 kHz.**

Remarque
La fréquence des ultrasons est supérieure à 20 kHz.

- **Un son pur** (émis par un diapason) se propage sous la forme d'une onde mécanique progressive périodique **sinusoïdale.**

2 Caractéristiques d'un son musical

- Un son musical est notamment caractérisé par :

– sa **hauteur** (la note) qui se détermine grâce à la **fréquence** du signal ;

– son **timbre** (qui dépend de l'instrument de musique) qui se détermine grâce à la **forme du motif élémentaire du signal**.

Remarque
Plus la fréquence est élevée, plus le son est aigu.

Remarque
Si le motif élémentaire du signal est une sinusoïde, le son musical est un son pur.

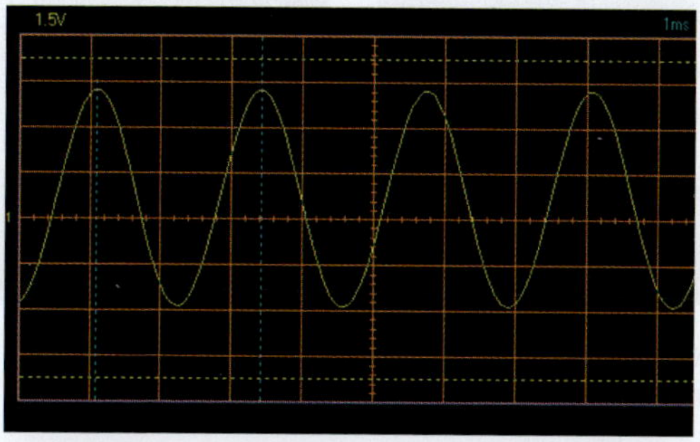

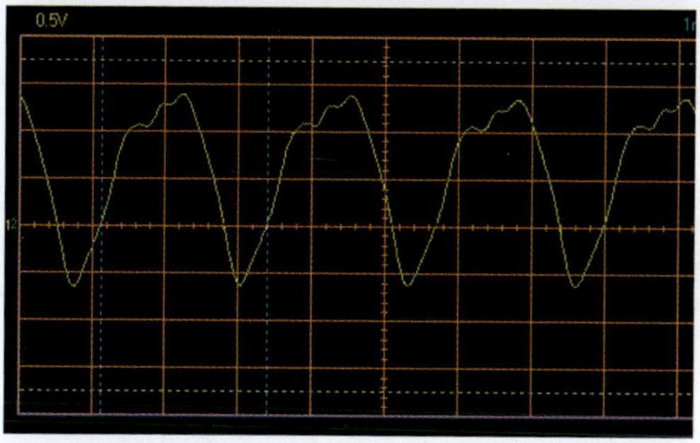

Doc. Comparaison des oscillogrammes d'un son pur (émis par un diapason) et d'un son musical (émis par une guitare) ayant une même hauteur et un timbre différent

Bien comprendre

Deux mêmes notes jouées par deux instruments de musique différents ont la même hauteur mais un timbre différent : les deux oscillogrammes ci-dessus correspondent donc à la même note.

③ Analyse spectrale d'un son musical

- Un son musical de **fréquence *f*** est une **somme de sons purs** de fréquence *f* pour le **fondamental** et de fréquences ***k* × *f*** (*k* étant un entier naturel) pour les **harmoniques**.
- **L'analyse spectrale** d'un son musical permet d'**identifier les fréquences du fondamental et des harmoniques** et de caractériser ainsi la hauteur et le timbre du son.

Astuce
La fréquence du son pur la plus faible correspond à la fréquence du fondamental.

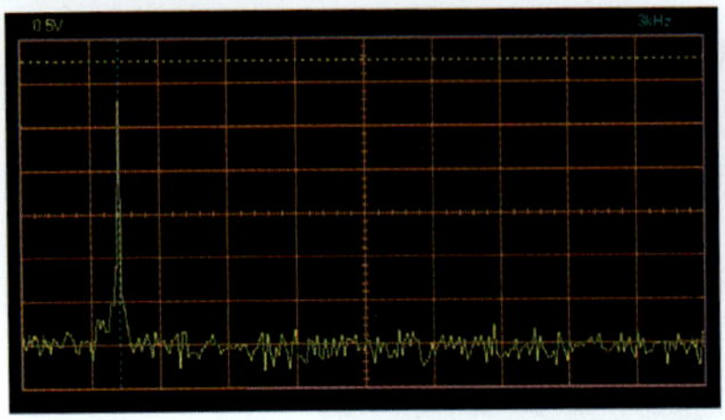

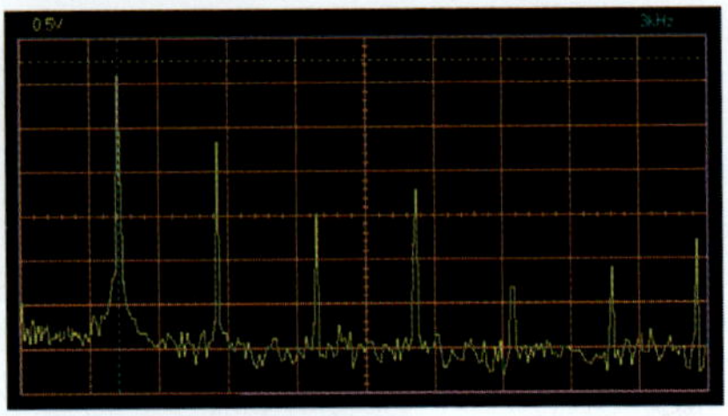

Doc. **Comparaison des analyses spectrales du son pur et du son musical de la page précédente ayant une même hauteur et un timbre différent**

- Les deux sons ont même hauteur et correspondent à la même note, car la fréquence de leur fondamental est identique.
- Les deux sons ont des timbres différents, car leurs harmoniques sont différents.
- Le premier son est le son pur, car il n'a pas d'harmoniques.
- Le second son est le son musical, car il a des harmoniques.

→ À savoir

La hauteur d'un son musical est mesurée par la fréquence de son fondamental.
Le timbre d'un son musical est caractérisé par ses harmoniques.

QCM et questions courtes

1 Questions à réponse courte

➔ Corrigé p. 52

La propagation du son peut être caractérisée de la manière suivante :

– le son se propage dans l'air, dans l'eau, dans l'acier mais il ne se propage pas dans le vide ;

– un son émis dans l'air se propage dans toutes les directions de l'atmosphère.

1. Définir le plus précisément possible le phénomène de propagation du son dans l'air en utilisant plusieurs termes parmi les suivants : onde, à une dimension, à deux dimensions, à trois dimensions, progressive, mécanique.

2. Justifier chacun des termes choisis précédemment à l'aide des caractéristiques du son données ci-dessus.

2 Faites votre choix !

➔ Corrigé p. 52

Cocher la ou les réponse(s) exacte(s).

L'oscillogramme d'un son émis par un clavecin est le suivant :

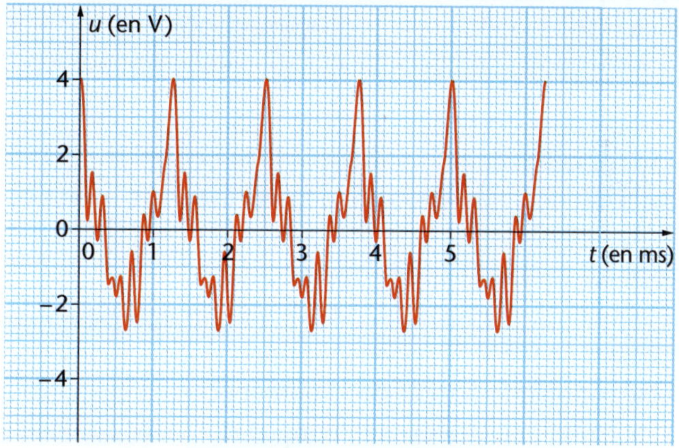

1. La période du son émis par le clavecin est égale à :

a) ☐ 1,25 ms **b)** ☐ 0,60 ms **c)** ☐ 1,0 ms **d)** ☐ 2,5 ms **e)** ☐ 5,0 ms

2. La fréquence du son émis par le clavecin est égale à :

a) ☐ 0,800 Hz **b)** ☐ 1,6 Hz **c)** ☐ 800 Hz **d)** ☐ 1 600 Hz **e)** ☐ 1 000 Hz

Exercices d'entraînement

3 Calcul d'un retard

★ 10 min ➔ Corrigé p. 53

Un bouchon de liège flotte à 15 m de la berge d'un étang. Sur la berge, Paul veut viser ce bouchon avec une pierre mais il le rate lamentablement : la pierre tombe dans l'eau à une distance $d = 3,0$ m du bouchon.
Paul regarde sa montre à l'instant où la vague créée par la chute de la pierre dans l'eau atteint le bouchon de liège : la montre indique $t_1 = 11$ h 12 min 38 s. Sachant que la perturbation se propage à la célérité $V = 0,50\ \text{m·s}^{-1}$, déterminer l'instant t_0 où la pierre est tombée dans l'eau.

Méthode

On calcule le retard avec lequel la vague a atteint le bouchon de liège, puis on soustrait ce retard à l'instant indiqué par la montre pour connaître l'instant où la pierre est tombée à l'eau.

4 Analyse spectrale de sons musicaux

★ 10 min ➔ Corrigé p. 53

Voici l'analyse spectrale de deux sons musicaux :

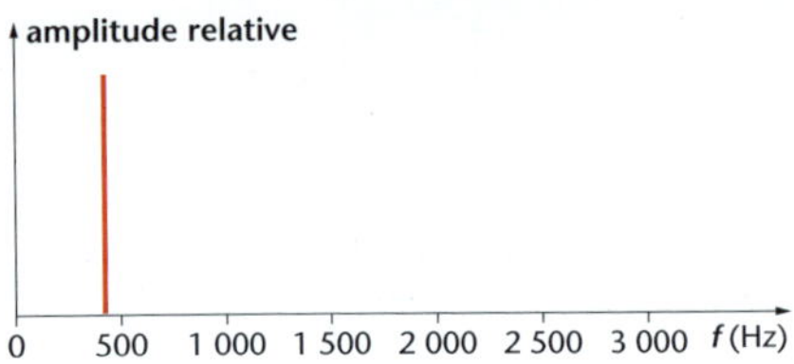

spectre 1

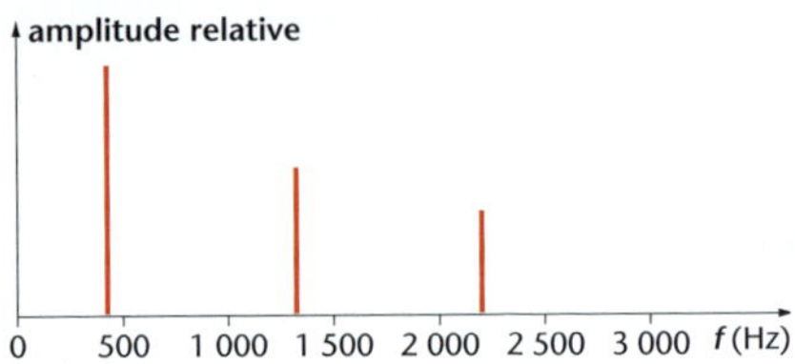

spectre 2

1. Ces deux sons correspondent-ils à la même note ?

2. Les deux sons musicaux analysés ci-dessus ont été émis par un saxophone et par un diapason.
Quel son a été émis par le saxophone ? Pourquoi ?
Quel son a été émis par le diapason ? Pourquoi ?

Rappels

1. Deux sons correspondent à la même note s'ils ont la même hauteur.

2. Les sons émis par un saxophone sont des sons complexes.
Le son émis par un diapason est un son pur.

5 Calculs de longueurs d'onde

★★ 15 min ➔ Corrigé p. 53

Un haut-parleur émet un son pur, la note la_3, en vibrant à la fréquence $f = 440$ Hz. Le phénomène de propagation de cette note est une onde mécanique progressive périodique sinusoïdale.

1. Quelle est la longueur d'onde de cette onde sonore sinusoïdale émise dans l'air, sachant que sa célérité dans l'air V_{air} est égale à $3{,}4 \cdot 10^2$ m·s^{-1} ?

2. On place le haut-parleur, émettant toujours la note la_3, sous l'eau. Sachant que la célérité des ondes sonores dans l'eau V_{eau} est égale à $1{,}5 \cdot 10^3$ m·s^{-1}, calculer la longueur d'onde de cette onde sonore dans l'eau.

3. Est-il possible de caractériser une onde sinusoïdale en connaissant uniquement sa longueur d'onde ? Justifier votre réponse.

6 Calcul d'une célérité

★★ 10 min ➔ Corrigé p. 54

Safia observe la propagation de la compression des spires d'un ressort. Elle prend deux photographies du phénomène à 500 ms d'intervalle.

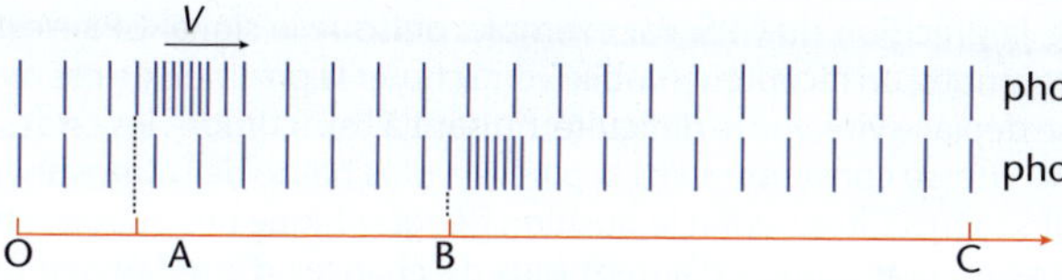

Sachant que la longueur du ressort OC est égale à 2,0 m, déterminer la célérité de l'onde se propageant le long du ressort à l'aide des photographies réalisées.

> **Méthode**
>
> On mesure la distance parcourue par la vague avec une règle sur les photographies, puis on calcule cette distance à l'échelle réelle.

Exercices de type bac

PRÉPARER L'ÉPREUVE ÉCRITE

7 Le GPS

★★★ 35 min ➔ Corrigé p. 54

Extrait du baccalauréat ; conforme au nouveau programme

De nombreuses activités humaines demandent un repérage précis (latitude, longitude, altitude) sur le globe terrestre ou dans son voisinage. Actuellement, le Global Positioning System (GPS) a supplanté toutes les autres tecÚologies permettant de repérer sur le globe terrestre, avec une précision voisine de 20 m, un mobile équipé d'un récepteur.

Un texte paru dans la revue « *La Recherche* », dont des extraits sont donnés ci-dessous, permet de comprendre le fonctionnement de cette tecÚologie.

> Toutes les millisecondes, les satellites émettent des signaux codés sous forme d'ondes radio émises sur deux fréquences différentes (1,6 et 1,2 GHz) et dont la réception au sol va permettre de calculer la position. Un certain nombre de facteurs limite encore, et de façon systématique, la précision du GPS. Par exemple, puisque le signal GPS n'est émis que toutes les millisecondes, un récepteur mobile verra chuter la précision de ces mesures d'autant plus qu'il se déplace vite. Autre difficulté, nuisant à l'exactitude : les ondes ne se propagent pas à une vitesse constante dans la partie la plus haute de l'atmosphère, car celle-ci n'est pas homogène. Citons enfin la position géographique des quatre satellites utilisés par le récepteur : la mesure a d'autant plus de chances d'être faussée que les satellites visibles sont près de l'horizon. En effet, les signaux traversent alors une couche plus épaisse d'une atmosphère parfois non homogène. Tous ces éléments font que les récepteurs vendus aujourd'hui dans le commerce affichent une erreur standard de l'ordre de 20 mètres.
>
> Plus complexes encore, les récepteurs géodésiques (donnant une précision de l'ordre du centimètre) corrigent eux-mêmes les erreurs dues aux variations de la vitesse des ondes dans la partie la plus haute de l'atmosphère. Pour cela, ils enregistrent les deux signaux […] que chaque satellite émet simultanément… Ces deux signaux se propagent à des vitesses légèrement différentes.

Les ondes radio sont des ondes électromagnétiques comme les ondes lumineuses et se propagent à la célérité $c = 3{,}00 \cdot 10^8\ \text{m·s}^{-1}$ dans le vide.

Dans les quatre premières questions, on négligera les perturbations introduites par l'atmosphère sur la durée du trajet des ondes.

1. Calculer les longueurs d'onde dans le vide des ondes émises par les satellites.

2. Quelle est la durée *t* émise par le signal pour aller du satellite S au récepteur R si le satellite est situé à la verticale de R à l'altitude de 20 180 km ?

3. Pour une mesure unique, l'erreur sur la distance verticale est de 20 m en standard. Calculer (en nanosecondes) l'erreur Δt sur la durée de propagation du signal. Comparer *t* et Δt, puis commenter.

> **Rappels**
> 1 gigahertz (GHz) = 10^9 Hz ;
> 1 nanoseconde (ns) = 10^{-9} s.

4. Pour une série de *N* mesures, les lois de la statistique montrent que l'erreur est divisée par un facteur $\sqrt{N}$. Calculer *N* pour que l'erreur passe de 20 m à 20 cm. Le signal GPS étant émis toutes les millisecondes, calculer la durée nécessaire pour effectuer ces *N* mesures. Discuter l'intérêt d'une telle précision pour un récepteur mobile.

5. En fait, entre le récepteur et le satellite, le signal traverse les couches successives de l'atmosphère et se propage à une célérité différente de *c*. La fréquence et la longueur d'onde du signal sont-elles modifiées lors de la traversée de l'atmosphère ? Justifier.

PRÉPARER L'ÉPREUVE PRATIQUE

8 Protocole expérimental permettant de déterminer une longueur d'onde et une célérité

★★★ 20 min ➔ Corrigé p. 55

Compétences expérimentales évaluées : s'approprier et analyser

Un haut-parleur relié à un générateur basse fréquence (GBF) produit une onde sonore **continue** de fréquence $f = 880$ Hz.

Proposer un protocole expérimental permettant de déterminer la longueur d'onde dans l'air, puis la célérité dans l'air de cette onde sonore.

Liste du matériel à disposition : Un haut-parleur relié à un générateur basse fréquence (GBF), deux microphones, un oscilloscope, une règle, des fils de connexion.

➔ Méthode

- Proposer un protocole expérimental ne signifie pas donner la valeur de la longueur d'onde dans l'air mais plutôt donner la « recette » permettant de la mesurer expérimentalement.
- Pour cela, il n'est pas nécessaire de faire des phrases complètes. La réponse peut être donnée sous forme de tirets et il peut être intéressant de dessiner un ou plusieurs schémas si nécessaire.

▸ Aides pour définir le protocole expérimental

- L'oscilloscope est un voltmètre qui permet de visualiser sur un écran l'évolution temporelle des tensions aux bornes des deux microphones.

- L'oscillogramme obtenu permet de visualiser si l'onde sonore émise est dans le même « état » lors de sa réception par les deux microphones (on dit alors que les vibrations reçues par les deux microphones sont en coïncidence ou en phase).
- En déplaçant les microphones et en observant l'oscillogramme, on peut mesurer la longueur d'onde de l'onde sonore.
- La célérité de l'onde sonore se calcule ensuite à partir des données de l'énoncé et des résultats expérimentaux.

Pour aller plus loin

9 Le principe de l'échographie

★★★ 1 h ➔ Corrigé p. 56

Extrait du baccalauréat ; conforme au nouveau programme

En médecine, l'échographie est un examen courant, indolore et non dangereux permettant l'observation « directe » d'organes internes. La tecÚique de l'échographie utilise des ondes ultrasonores produites par une sonde jouant le rôle d'émetteur et de récepteur. Les fréquences utilisées dépendent des organes ou des tissus biologiques à sonder (2 MHz à 15 MHz).

Pour obtenir une image par échographie, on exploite entre autres les propriétés suivantes des ondes ultrasonores :

– la célérité et l'absorption de l'onde ultrasonore dépendent du milieu traversé ;

– lorsqu'elle change de milieu, une partie de l'onde incidente est réfléchie, l'autre est transmise (elle continue son chemin). On dit qu'il y a réflexion partielle lorsqu'il y a changement de milieu aux interfaces tissulaires.

Connaissant les temps de retour des échos, leurs amplitudes et leurs célérités, on en déduit des informations sur la nature et l'épaisseur des tissus traversés. Un ordinateur compile toutes les informations et fournit des images de synthèse des organes sondés.

L'objectif de cet exercice est d'illustrer le principe de l'échographie linéaire unidimensionnelle par la mesure de l'épaisseur d'un obstacle. Pour cela, on place dans un récipient rempli d'eau une plaque de Plexiglas® d'épaisseur *e*. L'eau simule le corps humain dont la composition est de 65 à 90 % d'eau (excepté pour les os et les dents). La plaque de Plexiglas® simule un muscle dense.

Une sonde échographique constituée d'un émetteur et d'un récepteur est plongée dans l'eau (*figure* 1). Les signaux émis et reçus par la sonde sont très brefs. Sur les oscillogrammes, on représentera par un pic simple les signaux nécessaires à l'exploitation. On choisit sur les oscillogrammes l'origine des dates à l'instant de l'émission du signal.

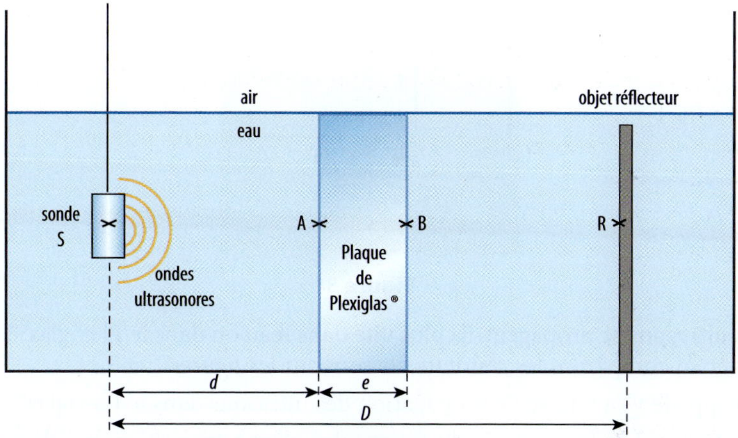

Figure 1

1. L'oscillogramme de la *figure* 2 est obtenu sans la plaque de Plexiglas®. À l'instant $t = 0$ s, on visualise le signal émis par la sonde. À l'instant t_R, on visualise l'écho réfléchi sur l'objet réflecteur : on l'appellera écho de référence.

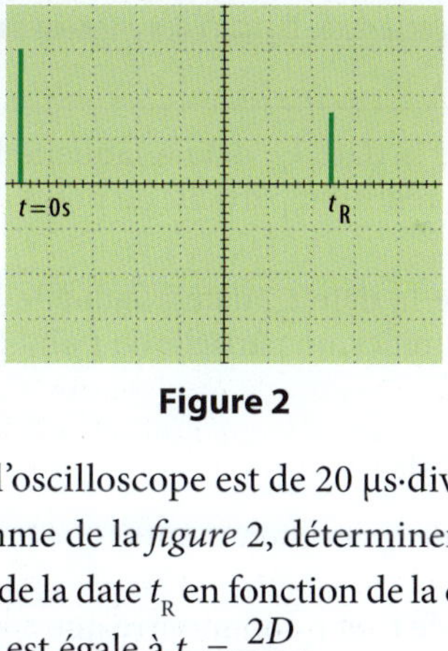

Figure 2

La durée de balayage de l'oscilloscope est de 20 µs·div⁻¹.

a) À l'aide de l'oscillogramme de la *figure* 2, déterminer la date t_R.

b) Établir que l'expression de la date t_R en fonction de la distance D et de la célérité v des ultrasons dans l'eau est égale à $t_R = \frac{2D}{v}$.

2. L'oscillogramme de la *figure* 3 (page suivante) est obtenu avec la plaque de Plexiglas®.

t_A et t_B sont les dates auxquelles la sonde détecte les ondes réfléchies par les faces de la plaque de Plexiglas®.

Le nouvel écho de référence arrive à la date t'_R.

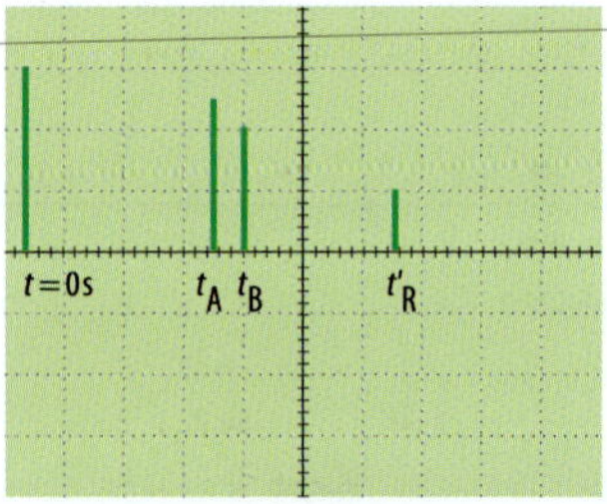

Figure 3

a) Les ultrasons se propagent-ils plus vite dans l'eau ou dans le Plexiglas® ? Justifier en comparant les résultats obtenus sur les *figures* 2 et 3.

b) On appelle v' la vitesse de propagation des ultrasons dans le Plexiglas®.

- Montrer que la longueur L du trajet total aller-retour du signal dans l'eau uniquement est égale à $L = 2(D - e)$.
- À l'aide de la question précédente, exprimer t'_R en fonction de D, e, v et v'.

Méthode

Pour déterminer t'_R, il faut calculer la durée du trajet des ultrasons dans l'eau et la durée du trajet des ultrasons dans le plexiglas®.

c) Donner l'expression de la date t_A, date à laquelle la sonde reçoit l'écho dû à la réflexion partielle au point A, en fonction de d et v.

d) Donner l'expression de la date t_B, date à laquelle la sonde reçoit l'écho dû à la réflexion partielle au point B, en fonction de d, e, v et v'.

Remarque

D'après la *figure* 1, d correspond à la distance entre la sonde et la plaque de Plexiglas®.

3. Exploitation des résultats

À partir des expressions de t_R et t'_R, on montre que $t_R - t'_R = \frac{2e}{v} - \frac{2e}{v'}$ (relation 1).

À partir des expressions de t_A et t_B, on montre que $t_A - t_B = \frac{2e}{v'}$ (relation 2).

a) En utilisant les *relations* 1 et 2, montrer que l'épaisseur e de la plaque a pour expression $e = \frac{v}{2}(t_R - t'_R + t_B - t_A)$.

b) Connaissant les dates $t'_R = 1{,}2 \cdot 10^{-4}$ s, $t_A = 6{,}2 \cdot 10^{-5}$ s et $t_B = 7{,}2 \cdot 10^{-5}$ s, calculer la valeur de l'épaisseur de la plaque en prenant $v = 1{,}43 \cdot 10^3$ m·s^{-1}.

Astuce

La valeur numérique de la date t_R a été trouvée dans la question **1. a)**.

c) À partir de la *relation* 2, exprimer v' en fonction de e, t_A et t_B puis calculer sa valeur. Ce résultat est-il en accord avec la question **2. a)** ?

4. Principe de l'échographie

On place dans la cuve remplie d'eau un objet en Plexiglas® présentant quatre épaisseurs différentes (voir la *figure* 4 ci-dessous) simulant la forme d'un muscle.

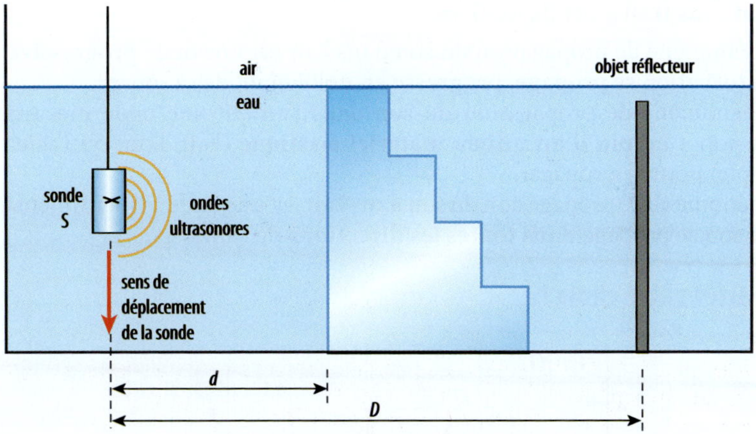

Figure 4

a) Comment varie t'_R au fur et à mesure que la sonde descend ? Justifier.

b) Comment varie l'écart $t_B - t_A$ entre l'écho réfléchi à l'entrée de l'objet simulant le muscle et l'écho réfléchi à sa sortie lorsque la sonde descend ? Justifier.

> **Astuce**
> L'écart $t_B - t_A$ est donné par la *relation* 2.

QCM et questions courtes

1 Questions à réponse courte

1. Le phénomène de propagation du son dans l'air est une **onde progressive mécanique à trois dimensions**.

2. Le phénomène de propagation du son est une **onde**, car les molécules vibrent, puis reviennent à leur position initiale. Il y a donc **propagation d'une perturbation sans transport de matière**.

Le phénomène de propagation du son dans l'air est une onde **progressive**, car la perturbation **se propage**, **progresse** en s'éloignant de sa source.

Le phénomène de propagation du son dans l'air est une onde **mécanique**, car le son a **besoin d'un milieu matériel élastique** (l'air, l'eau ou l'acier par exemple) pour se propager.

Le phénomène de propagation du son dans l'air est une onde à trois dimensions, car le son se propage **dans toutes les directions** de l'atmosphère.

2 Faites votre choix !

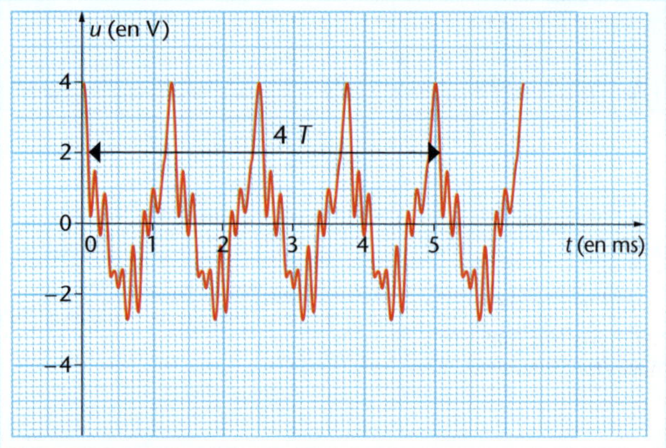

1. a) T est égale à 1,25 ms.

D'après l'oscillogramme : $4\ T = 5{,}0$ ms.

La période T est donc égale à :

$T = \frac{5{,}0}{4} = 1{,}25$ ms $=$ **1,3 ms** (avec deux chiffres significatifs).

2. c) f est égale à 800 Hz.

$f = \frac{1}{T} = \frac{1}{1{,}25.10^{-3}} = \mathbf{800\ Hz}$.

Remarque
Le calcul d'une fréquence s'effectue à partir d'une période **en secondes**.

Exercices d'entraînement

3 Calcul d'un retard

La vague créée à l'instant t_0 par la chute de la pierre atteint le bouchon de liège, situé à une distance $d = 3{,}0$ m de la source, avec un retard τ. L'instant t_1 indiqué sur la montre de Paul est donc égal à $t_1 = t_0 + \tau$ avec $\tau = \dfrac{d}{V}$.
Ainsi $t_0 = t_1 - \dfrac{d}{V}$ = **11 h 12 min 32 s.**

4 Analyse spectrale de sons musicaux

1. D'après l'analyse spectrale des deux sons, la **fréquence du fondamental** de ces deux sons est **identique** (de l'ordre de 440 Hz). Cela signifie que ces deux sons ont la **même hauteur** : ils correspondent donc à **la même note**.

2. Le son émis par un saxophone est un son musical **complexe**, c'est-à-dire qu'il est **constitué d'un fondamental et d'harmoniques** : c'est le son correspondant au **spectre 2**.

Le son émis par un diapason est **pur**, c'est-à-dire qu'il est constitué uniquement **d'un fondamental** : c'est le son correspondant au **spectre 1**.

> **Remarque**
> On peut dire que ces deux sons n'ont pas le même timbre.

5 Calculs de longueurs d'onde

1. La longueur d'onde dans l'air de l'onde sonore correspondant à la note la_3 est égale à $\lambda_{\text{air}} = V_{\text{air}} \times T = \dfrac{V_{\text{air}}}{f} = 7{,}7{\cdot}10^{-1}$ m = **77 cm.**

> **Chiffres significatifs**
> La célérité ($V_{\text{air}} = 3{,}4{\cdot}10^2$ m·s^{-1}) est donnée avec deux chiffres significatifs et la fréquence ($f = 440$ Hz) est donnée avec trois chiffres significatifs. Le résultat ne peut pas être plus précis que la donnée la moins précise : il doit donc être exprimé avec deux chiffres significatifs.

2. La longueur d'onde dans l'eau de la même onde sonore, correspondant à la note la_3, est égale à $\lambda_{\text{eau}} = v_{\text{eau}} \times T = \dfrac{V_{\text{eau}}}{f}$ = **3,4 m.**

3. Comme la célérité d'une onde sinusoïdale dépend de son milieu de propagation, la longueur d'onde d'une onde dépend elle aussi du milieu de propagation. Il est donc **impossible de caractériser une onde sinusoïdale si on connaît uniquement sa longueur d'onde**, sans savoir dans quel milieu de propagation se propage cette onde. **Pour caractériser une onde sinusoïdale, il faut connaître sa période temporelle ou sa fréquence** car celles-ci ne varient pas suivant le milieu de propagation.

CORRIGÉS

6 Calcul d'une célérité

La célérité V de l'onde se propageant le long du ressort est égale à $V = \frac{AB}{t_1 - t_0}$.

Sachant que la longueur du ressort OC est égale à 2,0 m, on peut trouver la distance AB réelle : $AB_{réelle} = \frac{AB_{\text{mesurée sur le schéma}} \times OC_{\text{réelle}}}{OC_{\text{mesurée sur le schéma}}}$.

Ainsi $V = \frac{AB_{\text{mesurée sur le schéma}} \times OC_{\text{réelle}}}{(t_1 - t_0) \times OC_{\text{mesurée sur le schéma}}}$ = **1,3 m·s^{-1}** (avec $t_1 - t_0 = 5{,}00 \cdot 10^{-1}$ s).

Exercices de type bac

PRÉPARER L'ÉPREUVE ÉCRITE

7 Le GPS

1. Calculs des longueurs d'onde dans le vide λ des ondes émises par les satellites : $\lambda = \frac{c}{f}$.

Pour f = 1,6 GHz, $\lambda = \frac{3{,}00 \cdot 10^8}{1{,}6 \cdot 10^9}$ = **0,19 m.**

Pour f = 1,2 GHz, $\lambda = \frac{3{,}00 \cdot 10^8}{1{,}2 \cdot 10^9}$ = **0,25 m.**

→ Chiffres significatifs

La fréquence est donnée avec une précision de deux chiffres significatifs et la célérité des ondes radio ($3{,}00 \cdot 10^8$ m·s^{-1}) est donnée avec trois chiffres significatifs. Le résultat du calcul ne peut pas être plus précis que les données, il doit donc être exprimé avec deux chiffres significatifs.

2. Durée t mise par le signal pour aller du satellite S au récepteur R

Comme la célérité d'une onde est égale à $c = \frac{d}{t}$, on peut écrire que $t = \frac{d}{c}$ avec d la distance entre le satellite et le récepteur.

La durée nécessaire pour que le signal se déplace du satellite au récepteur est donc égale à $t = \frac{20180 \cdot 10^3}{3{,}00 \cdot 10^8}$ = **6,73 · 10^{-2} s.**

Rappel
$1 \cdot 10^{-9}$ s = 1 ns.

3. Erreur Δt sur la durée de propagation du signal : $\Delta t = \frac{\Delta h}{c}$ avec Δh l'erreur sur la distance verticale.

$\Delta t = \frac{20}{3{,}00 \cdot 10^8} = 6{,}7 \cdot 10^{-8}$ s = **67 ns.**

Une erreur sur la distance verticale de 20 m correspond à une erreur de durée Δt d'environ un million de fois (10^6) plus petite que la durée t de propagation du signal. La durée t doit donc être mesurée avec une précision très importante, sinon l'erreur sur la distance verticale sera importante.

4. Diminution de l'erreur

On veut diminuer l'erreur sur la distance verticale de 20 m à 20 cm, c'est-à-dire qu'on veut diminuer l'erreur sur la distance par 100.

> **Astuce**
> $1\ \text{cm} = 1 \cdot 10^{-2}\ \text{m}$.

Pour une série de N mesures, l'erreur est divisée par un facteur -.

Ainsi $\sqrt{N} = \dfrac{20}{20 \cdot 10^{-2}} = 1{,}0 \cdot 10^2$ et $\boldsymbol{N = (1{,}0 \cdot 10^2)^2 = 1{,}0 \cdot 10^4}$ **mesures.**

Pour avoir une grande précision sur la distance verticale, il faut que le satellite émette $1{,}0 \cdot 10^4$ fois le signal GPS, ce qui correspond à une durée de $1{,}0 \cdot 10^4 \cdot 1{,}0 \cdot 10^{-3} = \mathbf{10\ s}$ étant donné qu'un signal est émis toutes les millisecondes.

Or, pendant ces 10 secondes, le récepteur mobile peut se déplacer sur une distance importante, surtout si sa vitesse est élevée. Une telle précision est donc **très difficile à obtenir avec un récepteur mobile**.

5. Traversée des couches successives de l'atmosphère

La fréquence f du signal n'est pas modifiée par la traversée de l'atmosphère étant donné que la fréquence du signal est égale à la fréquence de la source.

En revanche, **la longueur d'onde λ est modifiée**. En effet, la longueur d'onde est égale à $\lambda = \dfrac{v}{f}$. Comme la fréquence f est constante et que la célérité v de l'onde varie lors de la traversée des couches successives de l'atmosphère, la longueur d'onde λ varie également.

PRÉPARER L'ÉPREUVE PRATIQUE

8 Protocole expérimental permettant de déterminer une longueur d'onde et une célérité

Pour déterminer la longueur d'onde dans l'air puis la célérité dans l'air de l'onde sonore de fréquence $f = 880$ Hz produite par un haut-parleur de façon continue, il faut suivre le protocole expérimental suivant :

– relier les deux microphones à l'oscilloscope et les placer côte à côte face au haut-parleur émettant l'onde sonore ;

– régler l'oscilloscope de façon à observer convenablement sur l'oscillogramme les signaux émis

> **Remarque**
> Lorsque les vibrations reçues sont dans le même « état », on dit que les vibrations reçues sont en coïncidence ou en phase.

par les deux microphones (les deux microphones étant côte à côte, on observe sur l'oscillogramme que les vibrations reçues par les deux microphones sont en coïncidence) ;

– éloigner lentement le deuxième microphone : on observe sur l'oscillogramme que les vibrations reçues par les deux microphones ne sont plus en coïncidence ;

– éloigner le deuxième microphone jusqu'à ce que les vibrations reçues par les deux microphones soient à nouveau en coïncidence ;

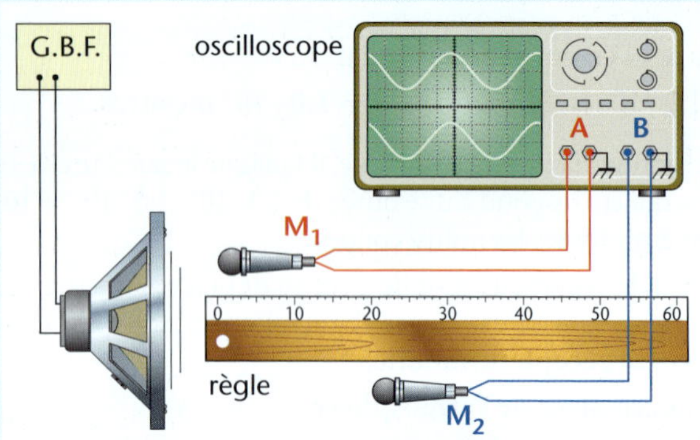

Astuce

Pour augmenter la précision de la mesure de la longueur d'onde, on peut mesurer la distance correspondant à plusieurs longueurs d'onde et diviser la mesure obtenue par le nombre de longueurs d'onde observées.

– mesurer précisément avec une règle la distance entre les microphones lorsque les vibrations reçues par les deux microphones sont en coïncidence : la distance mesurée est égale à la longueur d'onde de l'onde sonore ;

Rappels

La longueur d'onde correspond à la distance, constante, séparant deux motifs consécutifs d'une onde progressive périodique à un instant donné.

– sachant que la célérité v d'une onde est reliée à sa longueur d'onde λ et à sa fréquence f par la relation $v = \lambda \times f$, on peut ensuite calculer la célérité de l'onde avec les données de l'énoncé et les résultats expérimentaux mesurés.

Pour aller plus loin

9 Le principe de l'échographie

1. a) Sur la *figure* 2, on mesure 7,0 divisions entre $t = 0$ s et t_R.

La durée de balayage de l'oscilloscope étant de 20 μs·div^{-1}, la date t_R est égale à :

$$t_R = 7{,}0 \times 20 = \mathbf{1{,}4 \cdot 10^2\ \mu s = 1{,}4 \cdot 10^{-4}\ s.}$$

Rappel

1 μs = 1 · 10^{-6} s.

b) Les ondes ultrasonores sont réfléchies sur l'objet : elles effectuent donc un aller-retour et parcourent la distance $2D$ pendant la durée t_R.

Ainsi, la célérité v des ultrasons est égale à $v = \frac{2D}{v}$ et on trouve donc que $t_R = \frac{2D}{v}$.

2. a) D'après les oscillogrammes des *figures* 2 et 3 : $\boldsymbol{t_R > t_R'}$ alors que la distance parcourue par les ultrasons est la même pour les deux expériences ($2D$). Comme une partie de l'eau est remplacée par un morceau de Plexiglas® dans la deuxième expérience, cela signifie que **les ultrasons se propagent plus vite dans le Plexiglas® que dans l'eau**.

Remarque

La vitesse de propagation des ultrasons est d'autant plus grande que la densité du milieu traversé est importante. Comme le Plexiglas® est plus dense que l'eau, il est normal que les ultrasons se propagent plus vite dans le Plexiglas®.

b) • La longueur du trajet aller-retour des ultrasons est égale à $2D$. Sachant que les ultrasons traversent durant ce trajet deux fois la plaque de Plexiglas® d'épaisseur e (aller et retour), la longueur L du trajet total des ultrasons dans l'eau est égale à $\boldsymbol{L = 2D - 2e = 2 \times (D - e)}$.

• Soit t_{eau} la durée du trajet des ultrasons dans l'eau et $t_{plexiglas}$ la durée du trajet des ultrasons dans le Plexiglas®.

La durée totale du trajet t'_R est égale à :

$$t'_R = t_{eau} + t_{plexiglas} = \frac{L}{v} + \frac{2e}{v'} = \frac{2(D-e)}{v} + \frac{2e}{v'}.$$

c) Lorsque la sonde reçoit à la date t_A l'écho dû à la réflexion partielle au point A, les ultrasons ont parcouru dans l'eau la distance $2d$ (d correspondant à la distance entre la sonde S et la plaque de Plexiglas® d'après la *figure* 1). Ainsi $t_A = \frac{2d}{v}$.

d) Lorsque la sonde reçoit à la date t_B l'écho dû à la réflexion partielle au point B, les ultrasons ont parcouru la distance $2d$ dans l'eau (à la vitesse de propagation v) et la distance $2e$ dans le Plexiglas® (à la célérité v'). Ainsi $t_B = \frac{2d}{v} + \frac{2e}{v'}$.

3. a) Si on additionne les *relations 1* et *2*, on obtient la relation suivante :

$$(t_R - t'_R) + (t_B - t'_A) = \frac{2e}{v} + \frac{2e}{v'} + \frac{2e}{v'} = \frac{2e}{v}.$$

Ainsi, on trouve que l'épaisseur e de la plaque de Plexiglas® est égale à :

$$e = \frac{v}{2}(t_R - t'_R + t_B - t_A).$$

b) L'application numérique donne le résultat suivant pour que l'épaisseur de la plaque de Plexiglas® :

$$e = \frac{1{,}43 \cdot 10^3}{2}(14 \cdot 10^{-4} - 1{,}2 \cdot 10^{-4} + 7{,}2 \cdot 10^{-5} - 6{,}2 \cdot 10^{-5}) = \mathbf{2{,}1 \cdot 10^{-2}\ m = 2{,}1\ cm}.$$

c) La *relation* 2 s'écrit $t_B - t_A = \frac{2e}{v'}$.

On trouve donc que $v' = \frac{2e}{(t_B - t_A)}$.

Application numérique : $v' = \frac{2 \times 2{,}145 \cdot 10^{-2}}{(7{,}2 \cdot 10^{-5} - 6{,}2 \cdot 10^{-5})}$ = $\mathbf{4{,}3 \cdot 10^3\ m{\cdot}s^{-1}}$.

Ce résultat est **en accord** avec la question **2. a)** car la vitesse v' de propagation des ultrasons dans le Plexiglas® est bien supérieure à la vitesse v de propagation des ultrasons dans l'eau.

> **Remarque**
> D'après les données de la question **3. b)**, $v = 1{,}43 \cdot 10^3\ m{\cdot}s^{-1}$.

4. a) Plus la sonde descend, plus l'épaisseur de l'objet en Plexiglas® est importante et plus les ultrasons parcourent une distance importante dans le Plexiglas®. Or, les ultrasons se propagent plus vite dans le Plexiglas® que l'eau.

Ainsi, **plus la sonde descend**, plus les ultrasons parcourent rapidement l'aller-retour et **plus la date de retour t'_R** de l'écho réfléchi sur l'objet réflecteur **diminue**.

→ Autre méthode (numérique) pour répondre à cette question

D'après la réponse à la question **2. b)**, la durée totale du trajet t'_R est égale à :

$$t'_R = \frac{2(D-e)}{v} + \frac{2e}{v'} = \frac{2D}{v} - \frac{2e}{v} + \frac{2e}{v'} = \frac{2D}{v} + 2e\left(\frac{1}{v'} - \frac{1}{v}\right) \quad (\textit{relation } 3).$$

Or $\frac{2D}{v}$ est une constante positive et $\left(\frac{1}{v'} - \frac{1}{v}\right)$ est une constante négative car, comme $v' > v$, $\frac{1}{v'} < \frac{1}{v}$ et $\frac{1}{v'} - \frac{1}{v} < 0$.

Plus la sonde descend, plus l'épaisseur e de l'objet en Plexiglas® augmente et plus la relation $2e\left(\frac{1}{v'} - \frac{1}{v}\right)$ diminue (étant donné que $\left(\frac{1}{v'} - \frac{1}{v}\right) < 0$). Ainsi, d'après la *relation* 3, plus la sonde descend, plus t_R' diminue.

b) La *relation* 2 s'écrit $t_B - t_A = \frac{2e}{v'}$.

Ainsi, **plus la sonde descend**, plus l'épaisseur e de l'objet en Plexiglas® est importante et **plus $(t_B - t_A)$ augmente** d'après la *relation* 2 car v' est une constante positive (c'est la célérité des ultrasons dans le Plexiglas®).

Le principe de l'échographie est donc le suivant :

Plus l'épaisseur du muscle (modélisé ici par le Plexiglas®) est grande, plus l'écart entre les dates de réflexion à la sortie et à l'entrée du muscle est grand, et plus la date de retour t'_R de l'écho réfléchi sur l'objet réflecteur diminue.

CHAPITRE 3

Propriétés des ondes

COMPÉTENCES EXIGIBLES

- Savoir que l'importance du phénomène de diffraction est liée au rapport de la longueur d'onde aux dimensions de l'ouverture de l'obstacle.
- Connaître et exploiter la relation $\theta = \frac{\lambda}{a}$.
- Identifier les situations physiques où il est pertinent de prendre en compte le phénomène de diffraction.
- Pratiquer une démarche expérimentale visant à étudier ou utiliser le phénomène de diffraction dans le cas des ondes lumineuses.
- Connaître et exploiter les conditions d'interférences constructives et destructives pour les ondes monochromatiques.
- Pratiquer une démarche expérimentale visant quantitativement le phénomène d'interférence dans le cas des ondes lumineuses.
- Mettre en œuvre une démarche expérimentale pour mesurer une vitesse en utilisant l'effet Doppler.
- Exploiter l'expression du décalage Doppler de la fréquence dans le cas des faibles vitesses.
- Utiliser des données spectrales et un logiciel de traitement d'images pour illustrer l'utilisation de l'effet Doppler comme moyen d'investigation en astrophysique.

1 La diffraction

1 Mise en évidence

• Le *document* 1a montre qu'en réduisant la dimension de la fente, on élargit le faisceau de lumière monochromatique. L'éparpillement de la lumière qui se produit quand on essaye de réduire la largeur du faisceau (*doc.* 1a) est la manifestation d'un phénomène qui **caractérise les ondes : la diffraction**. Si l'on réduit la largeur du passage des ondes à la surface de l'eau, celles-ci se diffractent en produisant des rides circulaires au-delà de l'étroit passage (*doc.* 1b).

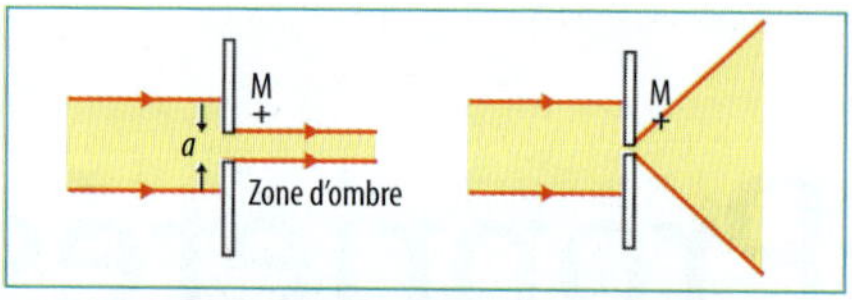

Doc. 1a Cas des ondes lumineuses

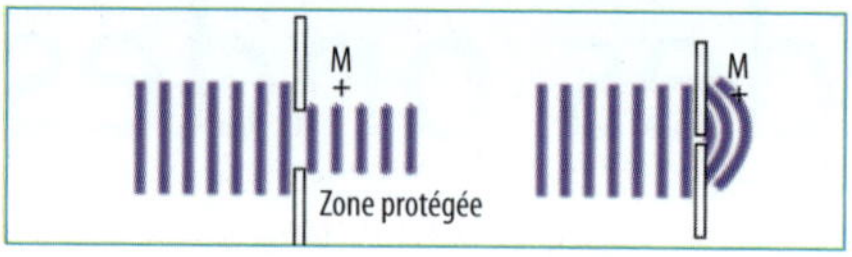

Doc. 1b Cas des ondes à la surface de l'eau

2 Paramètres influençant la diffraction

• L'expérience montre que plus la largeur a de l'ouverture ou de l'obstacle est petite, plus le phénomène de diffraction s'accentue. Pour une même ouverture, la diffraction est d'autant plus importante que la longueur d'onde λ est grande.

Le phénomène de diffraction d'une onde est d'autant plus important que le rapport $\frac{\lambda}{a}$ est grand.

À savoir
La figure de diffraction est perpendiculaire à la fente (ou au fil).

3 Cas des ondes lumineuses

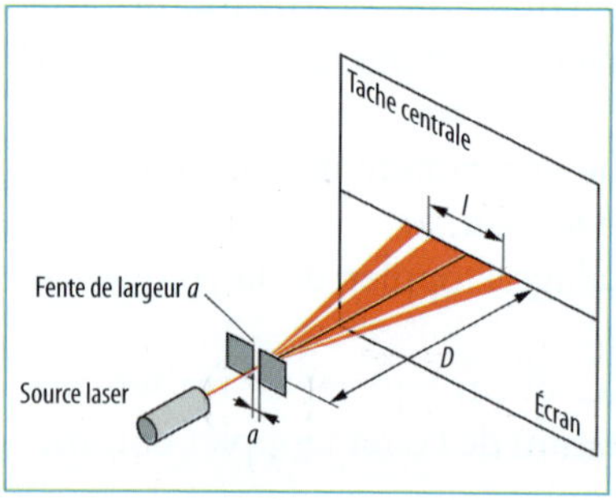

Doc. 2 Diffraction par une fente

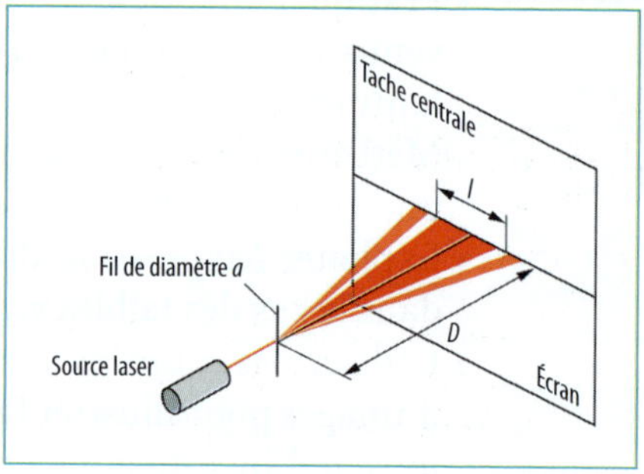

Doc. 3 Diffraction par un fil

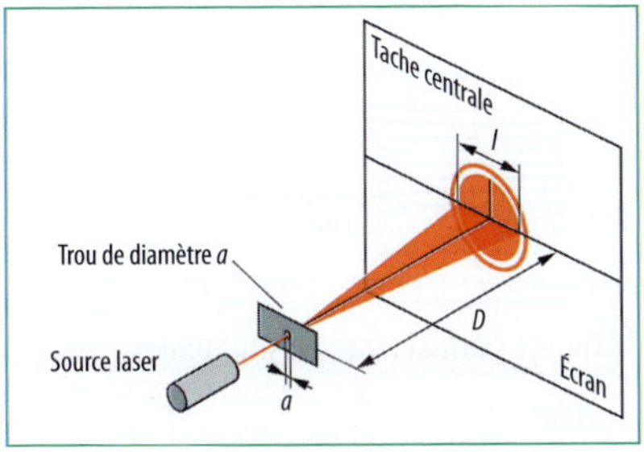

Doc. 4 Diffraction par un trou

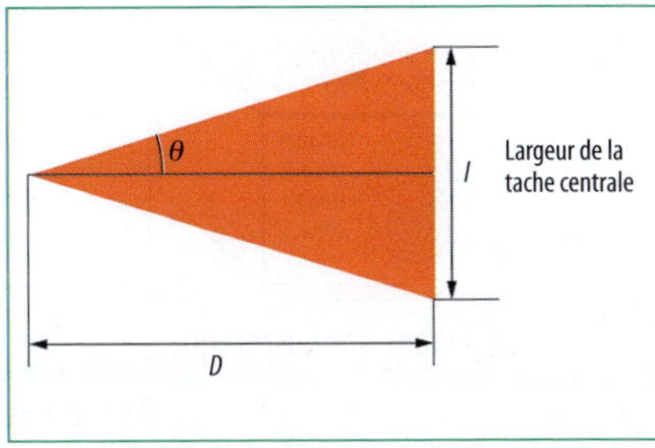

Doc. 5 Diffraction par une fente (ou un fil)

• Pour une lumière monochromatique de longueur d'onde λ, on admettra que dans le cas de la diffraction par une fente ou un fil (figures 2, 3 et 5), le demi-angle *de diffraction* **θ, exprimé en radians,** est donné par $\boldsymbol{\theta} \approx \frac{\lambda}{a}$ (avec λ et a exprimés avec la même unité).

Par ailleurs, à partir du *document* 5, on voit que $\tan\theta = \frac{\frac{l}{2}}{D}$ avec $\tan\theta \approx \theta$ pour les petits angles.

Finalement : $\theta = \frac{\lambda}{a} = \frac{l}{2D}$.

Unités

Les angles s'expriment en radians :

π radians = 180°.

Remarques

• Dans le cas de la diffraction par un trou de diamètre *a*, le demi-angle du disque central (*doc.* 4) est donné par $\theta \approx 1{,}22 = \frac{\lambda}{a}$.

• La diffraction limite le pouvoir résolution des lunettes et télescopes. L'image d'une étoile ponctuelle n'est pas un point mais une image entourée d'une tache de diffraction.

2 Interférences

1 Mise en évidence

• Les *documents* suivants montrent un autre **phénomène propre aux ondes : les interférences**. Il y a **superposition des vibrations** dans les zones où deux ondes synchrones se rencontrent.

Vocabulaire

Deux vibrations sont synchrones si elles ont la même fréquence.

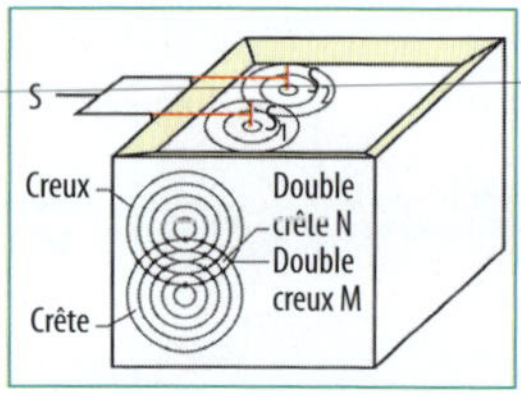

a. Éclairage stroboscopique

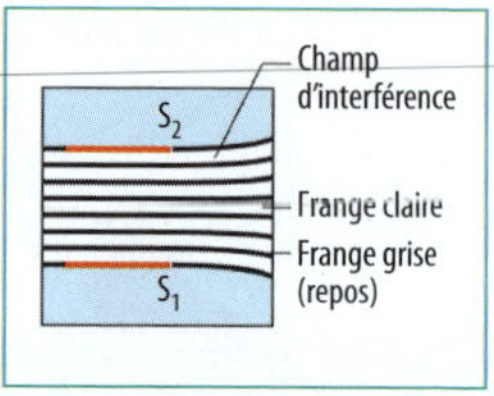

b. Éclairage normal : franges immobiles

Doc. 6 Cuve à ondes

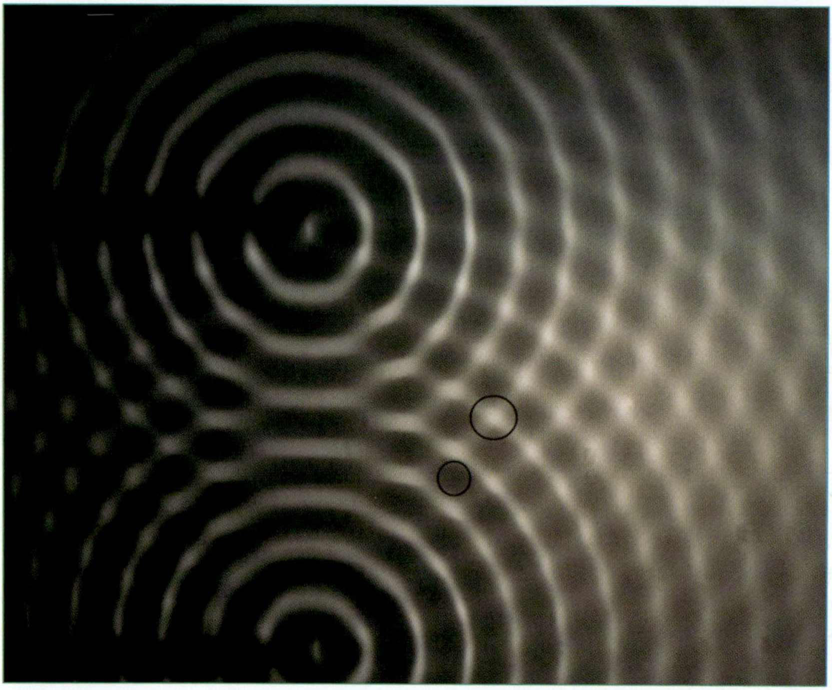

Note

L'éclairage stroboscopique consiste à éclairer un phénomène rapide à des intervalles de temps Δt multiples de la période T du phénomène périodique. On obtient ainsi une immobilité apparente.

● Le *document* 6 montre des interférences entre deux ondes à la surface de l'eau. Une zone de franges immobiles apparaît sous éclairage normal. Il y a succession de franges grises (points au repos) et de franges claires (points vibrant avec la plus grande amplitude). Les sources S_1 et S_2, identiques synchrones, reproduisent les vibrations d'une même source S. Le *document* 7 représente l'expérience dite des fentes de Young. **À partir d'une même source lumineuse S, on obtient deux sources S_1 et S_2 cohérentes.** Le lieu de superposition des deux lumières diffractées, issues de S_1 et S_2, est le siège d'interférences lumineuses.

- Le *document* 8 utilise deux haut-parleurs identiques alimentés par le même générateur de basses fréquences (GBF), ce qui fait de ces haut-parleurs **des sources cohérentes.** En A, le micro détecte une vibration de grande amplitude. L'amplitude détectée en B est insignifiante.

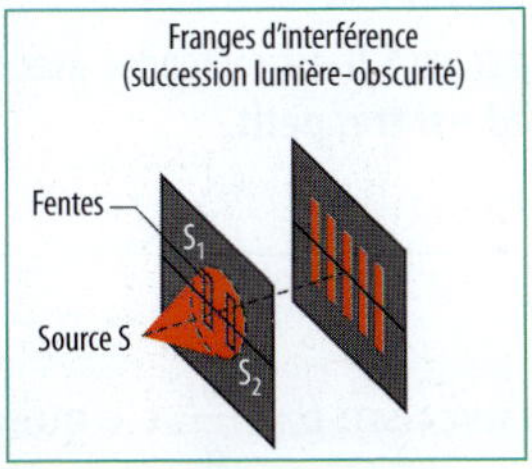

Doc. 7 Fentes de Young

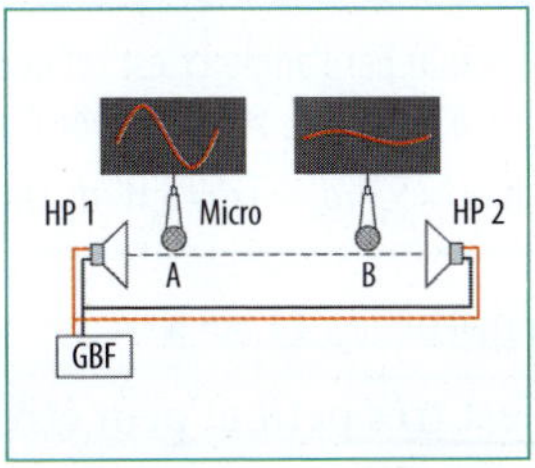

Doc. 8 Interférences acoustiques

2 Conditions d'interférences constructives et destructives des ondes lumineuses monochromatiques

- L'expérience montre qu'il est impossible de réaliser des interférences avec deux sources indépendantes. Il est nécessaire d'obtenir les **deux sources à partir d'une source unique**. Les deux sources sont dites **cohérentes**.

Considérons une source S ponctuelle de lumière monochromatique éclairant les deux fentes des figures 7 et 9. Les deux sources S_1 et S_2, cohérentes et distantes de a éclairent un écran situé à une distance D de ces sources.

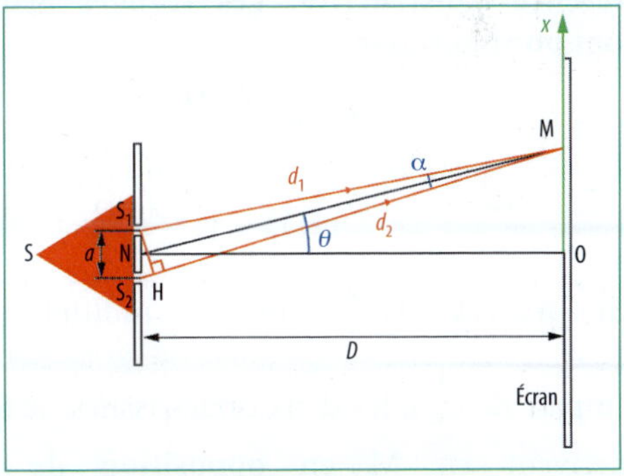

Doc. 9 Interférences lumineuses

- **La différence de marche δ**

Les ondes issues de S_2 effectuent des trajets plus longs pour atteindre le point M d'abscisse x que celles issues de S_1. **L'écart $d_2 - d_1$ porte le nom de différence de marche notée δ.**

Première hypothèse : ***D* >> *a***

Le cercle de centre M et de rayon d_1 coupe S_2M en un point H' tout proche du point H du *document* 9.

D'après la première hypothèse, H' peut être considéré comme confondu avec H et par suite : $\boldsymbol{d_2 - d_1 = S_2H = \delta}$.

On peut en déduire en particulier que (MN) // (MH). Les angles MNO et HS_1S_2 sont alors à côtés perpendiculaires : ils valent θ.

→ Démonstration mathématique

L'arc S_1H' sous-tendu par l'angle α est tel que $S_1H' = ad_1$ (la corde S_1H' est confondue avec l'arc S_1H').
Comme $D >> a$, à fortiori $d_1 >> S_1H'$ donc l'angle $\alpha = S_1H'/d_1$ **est très petit**.
Par ailleurs, $\sin \alpha = S_1H/d_1 \approx \alpha = S_1H'/d_1$. On a bien $S_1H \approx S_1H'$.

Seconde hypothèse : ***D* >> *x***

tan $\theta = \dfrac{x}{D}$ est très petit et peut être confondu avec $\sin \theta = \dfrac{\delta}{a}$. Ce qui donne la différence de marche : $\boldsymbol{\delta = a \cdot \dfrac{x}{D}}$.

- **L'interfrange *i***

Si $\boldsymbol{\delta = k\lambda}$ (*k* un entier relatif et λ la longueur d'onde commune aux radiations monochromatiques), les deux ondes issues de S_1 et S_2 arrivent **en phase** (*doc.* 10) en M. Les deux vibrations correspondantes s'ajoutent et donnent en M une frange brillante (*doc.* 9). On parle alors **d'interférence constructive. Les franges brillantes ont pour abscisse :**

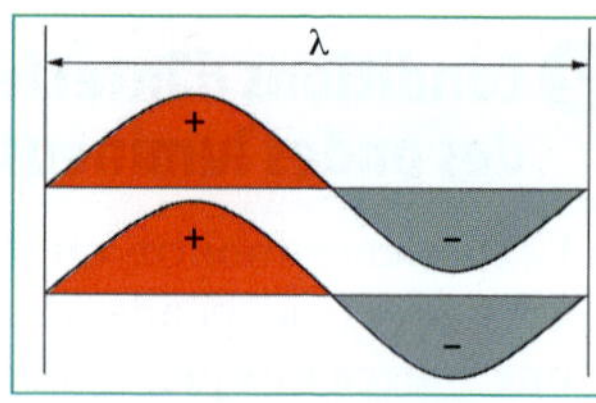

Doc. 10 Deux vibrations en phase

$$\boldsymbol{x = k \cdot \frac{\lambda \cdot D}{a}}.$$

Deux franges brillantes consécutives sont séparées de l'**interfrange** :

$$i = (k+1) \cdot \frac{\lambda \cdot D}{a} - k \cdot \frac{\lambda \cdot D}{a} \Rightarrow i = \frac{\lambda \cdot D}{a}.$$

Si $\boldsymbol{\delta = (2k+1)\dfrac{\lambda}{2}}$ (δ est multiple entier impair de $\dfrac{\lambda}{2}$), les deux ondes issues de S_1 et S_2 arrivent en M **en opposition de phase** (*doc.* 11). Les deux vibrations annulent leurs

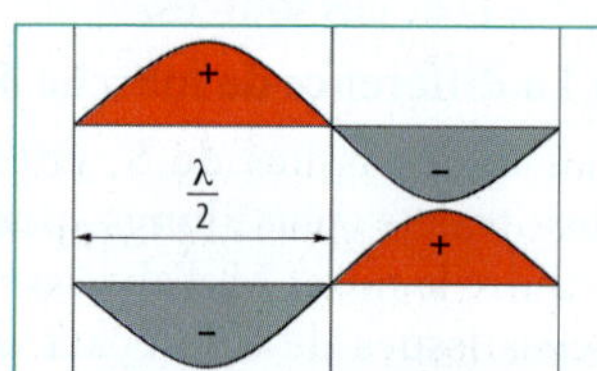

Doc. 11 Opposition de deux vibrations en phase

effets en M et donne une frange sombre (*doc.* 9). On parle **d'interférence destructive. Les franges sombres ont pour abscisse :**

$$x = \frac{2k+1}{2} \cdot \frac{\lambda \cdot D}{a} = (k + \frac{1}{2}) \cdot \frac{\lambda \cdot D}{a}$$ et l'**interfrange** vaut $i = \frac{\lambda \cdot D}{a}$.

Vocabulaire

Le rapport $p = \delta/\lambda$ porte le nom d'ordre d'interférence. Si p est entier, l'interférence est constructive, si p est demi-entier l'interférence est destructive.

3 Cas de la lumière blanche – Couleurs interférentielles

• On remplace, dans l'expérience des fentes de Young, la source de lumière monochromatique par une source de lumière blanche. Chaque radiation composant la lumière blanche contribue avec son propre système de franges. Comme l'interfrange $i = \frac{\lambda \cdot D}{a}$ dépend de la longueur d'onde λ, les systèmes de franges sont décalés les uns par rapports aux autres.

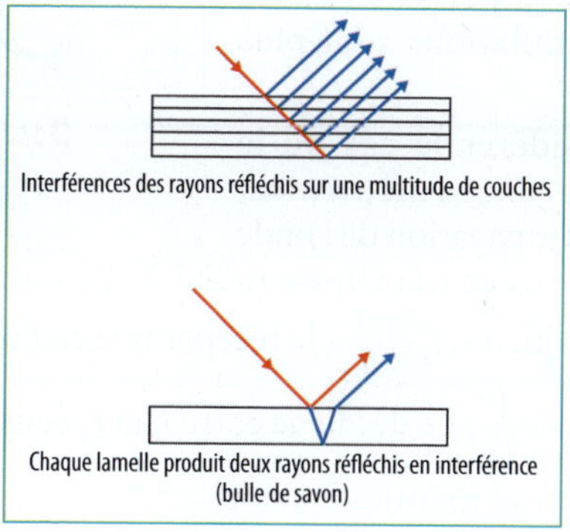

Doc. 12 Interférence rayons réfléchis

• Quand la lumière blanche atteint une surface présentant une structure périodique composée de lamelles transparentes extrêmement fines (ailes de certains papillons et oiseaux, bulle de savon…), on observe des couleurs qui changent en fonction de l'angle d'éclairage ou d'observation. L'origine de ces couleurs est due aux **interférences des rayons réfléchis** par les séries de lamelles équivalentes à un réseau. On parle de **couleurs interférentielles** distinctes des couleurs d'origine pigmentaire.

3 Effet Doppler

● Imaginons qu'une personne, qui représente notre récepteur, est dans une mare d'eau de faible profondeur, siège d'une succession de rides. Il est atteint par des ondes de fréquence f_S égale à la fréquence de la source. S'il se met à courir vers la source à une vitesse inférieure à la célérité des ondes en surface, il sentira les « vagues » monter et descendre à une fréquence $f_{R1} > f_S$ (les ondulations sont plus resserrées : $\lambda_{R1} < \lambda_S$). Si la personne se met à courir dans la direction de propagation de l'onde en s'éloignant de la source, il sentira que l'eau monte et descend avec une fréquence plus faible $f_{R2} < f_S < f_{R1}$ (les ondulations sont plus étalées $\lambda_{R2} > \lambda_S$).

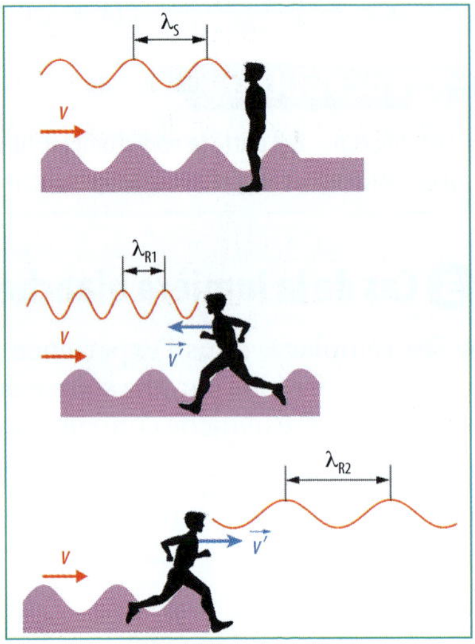

Doc. 13 Effet Doppler

● Nous allons considérer le cas où le récepteur et la source sont en mouvement relatif selon l'axe de propagation de l'onde O*x*, à la vitesse $v << c$ (avec v la vitesse radiale). La source émet une onde de fréquence $f_S = \frac{1}{T_S}$, le récepteur reçoit une onde de fréquence $f_R = \frac{1}{T_R}$. Le décalage entre f_S et f_R constitue l'effet Doppler qui se manifeste aussi dans le cas des ondes électromagnétiques.

À savoir
La vitesse radiale suit l'axe source-récepteur.

On distingue deux cas.

– Si une **source** d'onde de fréquence f_S est **mobile, un récepteur fixe** reçoit une onde de fréquence f_R égale à $f_R = \dfrac{f_S}{1 \pm \frac{v}{c}}$

(+ v si la source s'éloigne et – v si la source s'approche du récepteur).

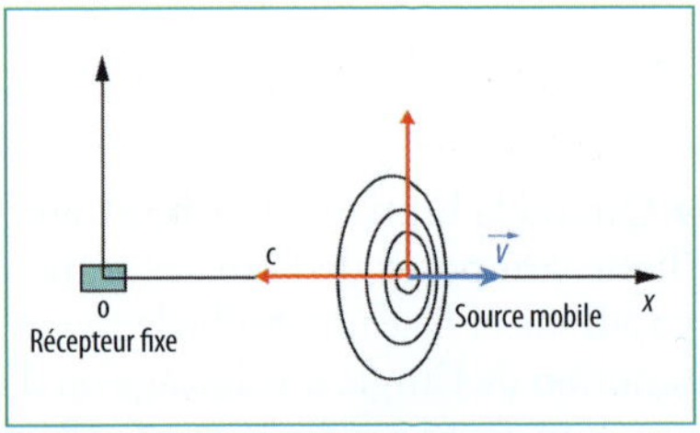

Doc. 14 La source s'éloigne du récepteur

Démonstration mathématique

Durant T_R, l'onde parcourt, pour un observateur muni du récepteur fixe, une distance égale à la longueur d'onde λ_R. De plus, pendant T_R, l'onde se déplace de $\lambda_S = c\,T_S$, distance à laquelle il faut ajouter la distance parcourue par la source pendant T_S si la source s'éloigne. Il vient donc :

$$\lambda_R = \lambda_S + v\,T_S \text{ ou encore } c\,T_R = c\,T_S + v\,T_S \text{ soit } T_R/T_S = (1 + v/c) = f_S/f_R.$$

D'où $f_R = f_S/(1 + v/c)$. Dans le cas où la source s'approche de l'observateur, on remplace v par $-v$. On trouve donc $f_R = \dfrac{f_S}{1 \pm \dfrac{v}{c}}$.

– Si une **source** d'onde de fréquence f_S est **fixe, un récepteur** (appelé aussi cible) **mobile** reçoit une onde de fréquence f_R égale à $f_R = f_S \cdot (1 \pm \frac{v}{c})$
(+ v si le récepteur s'éloigne et – v si le récepteur s'approche de la source).

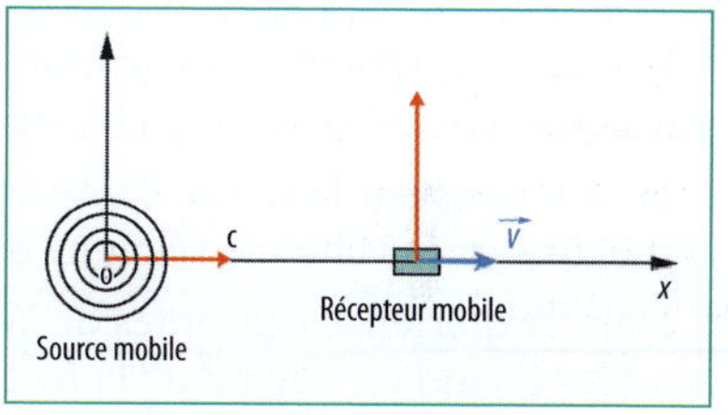

Doc. 15 Le récepteur s'éloigne de la source

Démonstration mathématique

Au bout d'une durée T_R, la cible a parcouru une distance $d = vT_R$. Pour atteindre sa cible, l'onde a dû se propager pendant $T_R = T_S + d/c$ en parcourant $\lambda_R = \lambda_S + d$.

On a donc $1/f_R = 1/f_S + (v/c)/f_R$ soit, $f_R = f_S(1 - v/c)$.

Si le récepteur s'approche de la source, on remplace v par $-v$, ce qui donne $f_R = f_S \cdot (1 \pm \frac{v}{c})$.

- **Applications de l'effet Doppler**

– **Vélocimétrie :** mesure de vitesses (échographie Doppler, radars…).

– **Astrophysique :** l'observation du décalage des raies du spectre d'absorption d'une étoile est la manifestation de l'Effet Doppler dû à la variation de la vitesse radiale de l'étoile.

- Un décalage vers le rouge (redshift) des spectres des étoiles des galaxies environnantes est la preuve de **l'expansion de l'Univers** prédite par la loi de Hubble.
- Une alternance de décalages des raies traduit des variations régulières de la vitesse radiale de l'étoile dues à la présence d'une exoplanète gravitant autour d'une étoile.

QCM et questions courtes

1 Vrai ou faux ?

Corrigé p. 74

1. Les sons graves sont plus diffractés que les sons aigus par une même ouverture. ☐ Vrai ☐ Faux
2. Les ondes ultrasonores peuvent être diffractées par des ouvertures de 3,0 mm. ☐ Vrai ☐ Faux
3. On peut observer la diffraction d'une radiation de longueur d'onde $\lambda = 625$ nm par un fil d'épaisseur $a = 0{,}15$ mm. ☐ Vrai ☐ Faux
4. Les raies du spectre d'absorption d'une étoile qui s'approche de la Terre se décale vers le rouge ☐ Vrai ☐ Faux
5. Le son émis par la sirène d'une ambulance devient aiguë lorsque le véhicule s'éloigne de nous. ☐ Vrai ☐ Faux
6. Dans l'expérience des fentes de Young, les franges sont plus écartées quand on augmente la fréquence de la source. ☐ Vrai ☐ Faux

2 Figure d'interférence

Corrigé p. 74

Expliquer pourquoi la frange centrale de la figure d'interférence en lumière blanche est blanche.

Exercices d'entraînement

3 Diffraction par un cheveu

★ 5 min Corrigé p. 74

À quelle distance d'un cheveu de 0,16 mm d'épaisseur, faut-il placer un écran pour observer une tache centrale de diffraction de largeur $l = 22$ mm lorsqu'on utilise une lumière laser de longueur d'onde égale à 630 nm ?

4 Différence de marche

★ 5 min Corrigé p. 75

Un point M, de la figure d'interférence de deux sources cohérentes S_1 et S_2 émettant une lumière monochromatique de longueur d'onde $\lambda = 600$ nm, est tel que $S_2M - S_1M = 2{,}7 \cdot 10^{-6}$ m.

S'agit-il d'une interférence constructive ou destructive ?

5 Longueur d'onde inconnue

★★ 10 min ➔ Corrigé p. 75

On réalise l'expérience des fentes de Young distantes de 800 µm éclairées par une radiation monochromatique de longueur d'onde λ. La mesure de la distance de dix interfranges donne 4,0 mm. Elle passe à 6,8 mm quand on éloigne l'écran de 40 cm.

Calculer la longueur d'onde λ.

> **Astuce**
> Pensez à faire la différence ou le rapport de deux grandeurs bien choisies quand un paramètre est modifié.

6 Miroirs de Fresnel

★★ 30 min ➔ Corrigé p. 75

Le dispositif représenté sur le *document* 1, conçu par Fresnel (1815), est constitué de deux miroirs plan M_1 et M_2 formant un angle α très petit. L'ensemble est éclairé à l'aide d'une source ponctuelle S de lumière monochromatique de longueur d'onde λ. Les miroirs donnent de la source S deux images virtuelles S_1 et S_2 respectivement les symétriques de S par rapport à M_1 et de S par rapport à M_2. Les vibrations lumineuses qui semblent venir de S_1 et S_2 produisent des interférences visibles sur l'écran E tel que $R >> a$ et $R >> x$.

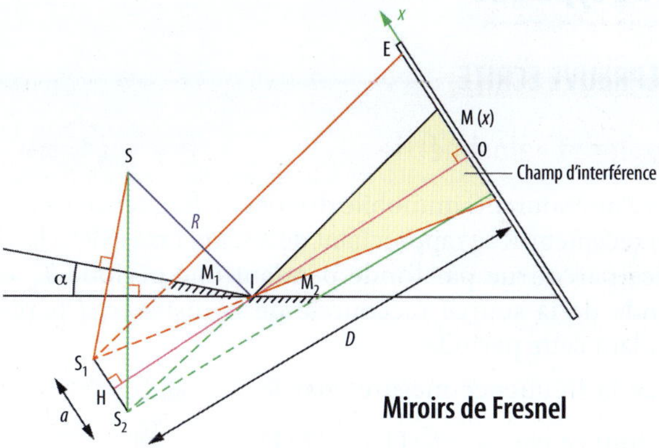

Miroirs de Fresnel

1. Pourquoi le dispositif produit-il des interférences ?

2. Montrer que les points S, S_1 et S_2 sont situés sur un cercle dont on donnera le centre et le rayon.

3. Montrer que l'angle S_1SS_2 vaut α.

4. Déduire des questions **2** et **3** que l'angle S_1IS_2 vaut 2α.

5. Montrer que $a \approx 2\alpha R$.

6. Montrer que l'on est dans les mêmes conditions de l'expérience des fentes de Young. Exprimer alors l'interfrange i en fonction de D, R, λ et α.

7 Expansion de l'Univers

★★★ 25 min ➔ Corrigé p. 75

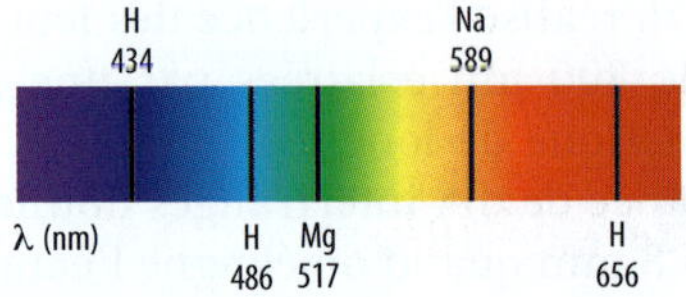

1. Interpréter le spectre d'absorption ci-contre obtenu en laboratoire.

2. Montrer que la longueur d'onde λ_E d'une radiation émise par une galaxie A s'éloignant avec une vitesse radiale V_r est telle que $\frac{(\lambda_R - \lambda_E)}{\lambda_R} = \frac{V_r}{c}$ où λ_R est la longueur d'onde mesurée à sa réception sur la Terre.

3. Comment serait modifié le spectre précédent s'il correspondait à la galaxie A ?

4. La longueur d'onde mesurée de la raie de sodium du spectre de la galaxie A est $\lambda_R = 595$ nm. Montrer que $V_r = cz$ avec $z + 1 = \frac{\lambda_E}{\lambda_R}$.

En déduire la vitesse radiale de la galaxie (z est appelé redshift).

Donnée : $c = 3{,}00 \cdot 10^8\ \text{m} \cdot \text{s}^{-1}$.

Exercices de type bac

PRÉPARER L'ÉPREUVE ÉCRITE

8 Effet Doppler et vélocimétrie

★★★ 45 min ➔ Corrigé p. 76

A. On considère une source S immobile d'ondes de fréquence f_S émettant dans la direction d'un récepteur R se rapprochant de S selon l'axe (SR) à la vitesse radiale V_r. La distance parcourue par l'onde pendant une période T_R est égale à la longueur d'onde de la source raccourcie de la distance d parcourue par le récepteur pendant cette période.

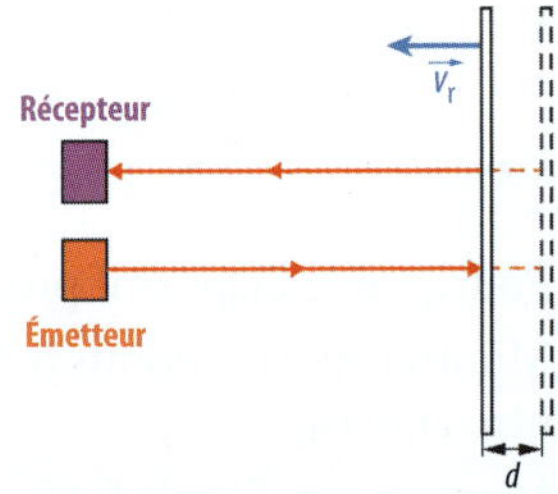

1. Montrer que la fréquence mesurée par le récepteur est donnée par $f_R = f_S \cdot (1 + \frac{V_r}{v})$ **(1)** où v désigne la célérité de l'onde dans l'air.

En déduire l'expression de la vitesse V_r en fonction du décalage Doppler $\Delta f = f_R - f_S$, de f_S et de v.

2. Dans le cas où $v >> V_r$, on montre que, quand la vitesse du récepteur fait un angle θ avec la direction (SR), l'effet Doppler est dû à la seule composante radiale de $\vec{V_r}$.

Montrer alors que **(1)** devient $f_R = f_S \cdot \left(1 + \frac{V \cdot \cos(\theta)}{v}\right)$.

B. Dans le cas d'une mesure de vitesse d'une cible mobile, l'émetteur et le récepteur font partie du même dispositif immobile. L'onde incidente est réfléchie sur la cible par écho (voir figure).

1. Montrer que la fréquence mesurée par le récepteur est $f_R = f_S \cdot (1 + \frac{2V_r}{v})$.

> **Méthode**
>
> On raisonne sur une période mesurée par le récepteur T_R. L'onde se propage vers la cible réfléchissante pendant $T_R/2$ et est immédiatement réfléchie pour atteindre le récepteur au bout de T_R. Si la cible est immobile, $T_R = T_S$ et $\lambda_R = \lambda_S$. Comme la cible se rapproche de d au moment de la réflexion, l'onde parcourt une distance diminuée de $2d$.

2. En déduire que la vitesse du mobile est $V_r = v\frac{\Delta f}{2f_s}$.

3. Application aux radars routiers

Un radar est orienté de telle sorte que la direction radar-véhicule fasse un angle $\theta = 25{,}0°$ avec la direction de la route (celle du vecteur vitesse du véhicule). Il émet des ondes radio de fréquence 24,1 GHz.

Calculer la vitesse du véhicule sachant que le radar mesure un décalage Doppler de 5 800 Hz.

4. Application à la Médecine

On utilise des ondes ultrasonores réfléchies sur les globules rouges pour mesurer le débit sanguin dans les vaisseaux. On suppose que le vaisseau concerné est dans l'axe de l'appareil émettant des ondes de fréquence 4,0 MHz.

Montrer que l'on peut écrire $V_r = v\,\frac{|\Delta f|}{2f_s}$.

En déduire la vitesse de circulation du sang dans le vaisseau pour un écart mesuré $\Delta f = 1\,800$ Hz sachant que la célérité des ultrasons dans le sang est de $1\,600\ \text{m·s}^{-1}$.

Donnée : $c = 3{,}00 \cdot 10^8\ \text{m·s}^{-1}$.

PRÉPARER L'ÉPREUVE PRATIQUE

9 Diffraction et interférence

★★ 40 min Corrigé p. 77

Compétences expérimentales évaluées : analyser, valider

Partie A. On utilise le dispositif schématisé sur le *document* 1 pour déterminer la longueur d'onde λ d'un faisceau laser.

1. Dessiner l'aspect de la figure de diffraction telle qu'elle apparaît sur l'écran situé à $D = 2{,}00$ m de la fente de largeur a.

2. Que peut-on prévoir pour le sens de variation de largeur de la tache centrale l quand a varie ?

3. En utilisant les notations du *document* 2, montrer que $l = 2D\dfrac{\lambda}{a}$. On supposera que $\tan\theta \approx \theta$.

4. Les mesures de l en fonction de a sont données dans le tableau suivant, à compléter.

a (mm)	0,080	0,10	0,14	0,18	0,20	0,22
l (mm)	31	25	18	14	12	11
x = 1/a						

Tracer la courbe $l = f(x)$. Est-elle en accord avec l'expression de l trouvée en **3.** ? Justifier.

5. Déduire de la courbe la valeur de λ.

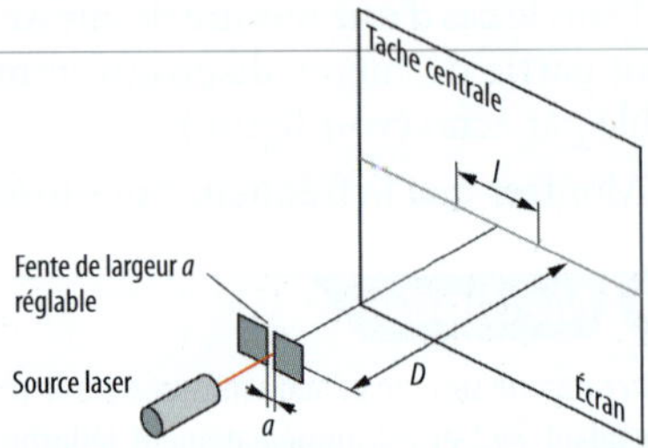

Doc. 1

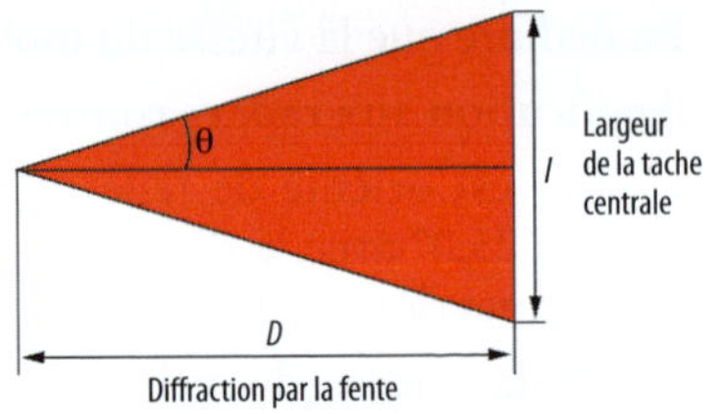

Doc. 2

Partie B. On remplace la fente précédente par des fentes de Young distantes de $b = 500$ µm et éclairées par la même source que dans la partie **A**. On observe des taches de diffraction obtenues dans la partie **A** mais striées par des franges noires (*doc.* 3).

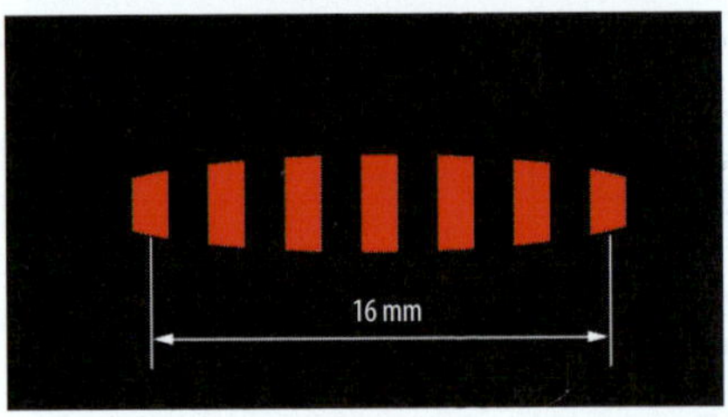

Doc. 3

1. Interpréter le *document* obtenu.

2. Calculer l'interfrange et en déduire la valeur de longueur d'onde λ. Comparer avec le résultat obtenu en **A. 5**.

Pour aller plus loin

10 Diffraction de Bragg

★★★ 25 min Corrigé p. 78

La diffraction des rayons X est exploitée pour étudier l'agencement régulier des atomes dans les cristaux. On fait tomber sur un cristal un faisceau monochromatique de rayons X parallèles de longueur $\lambda = 0{,}15$ nm (*doc.* ci-dessous). Les rayons, de longueur d'onde λ, réfléchis par les différents plans parallèles d'atomes (plans réticulaires) interfèrent au niveau du plan du détecteur.

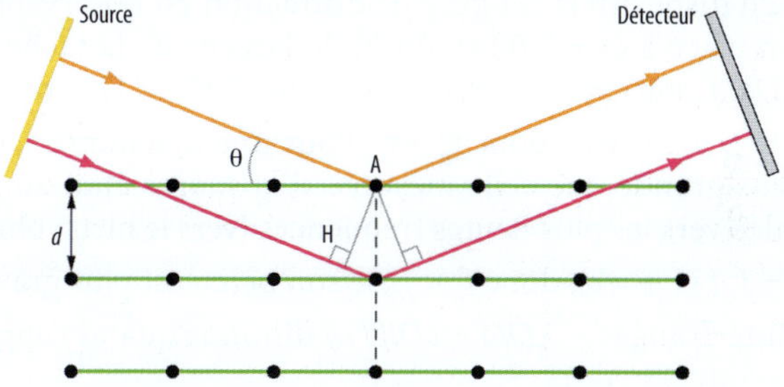

1. À quelle fréquence dans le vide correspondent ces rayons X ?

2. Expliquer le choix des rayons X pour obtenir des diffractions par les atomes d'un cristal.

3. Montrer que la différence de marche entre deux rayons arrivant sur deux plans réticulaires consécutifs est :

$$\delta = 2d\sin(\theta).$$

> **À savoir**
> L'ordre de grandeur des dimensions d'un atome est 10^{-10} m.

4. À quelle condition sur δ obtient-on des interférences constructives au niveau du détecteur (correspondant à des maximums d'intensité) ?

5. En déduire l'expression de la distance inter-réticulaire d en fonction de θ, λ et d'un entier k.

Donnée : $c = 3{,}00 \cdot 10^{8}\ \text{m} \cdot \text{s}^{-1}$.

QCM et questions courtes

1 Vrai ou faux ?

1. Vrai → Comme $\lambda = v/f$, aux petites fréquences correspond de grandes longueurs d'onde, donc un rapport λ/a plus grand.

2. Vrai → Pour les ultrasons de $f > 20$ kHz , avec $v = 340$ m·s^{-1}, $\lambda < 17$ mm. Donc tant que f ne dépasse pas la centaine de kHz, $a < \lambda$.

3. Vrai → Dans le cas de la lumière, il faut estimer le demi-angle $\theta = \lambda/a$ et voir en fonction du dispositif si la figure de diffraction est observable.
Sur un écran placé à $D = 2{,}00$ m du fil, la largeur de la tache centrale serait $l = 2D\,\theta = 2D\lambda/a$, soit $l = 2 \times 2{,}00 \times 625{\cdot}10^{-9}/0{,}15{\cdot}10^{-3} = 17$ mm.

4. Faux → $f_R = f_S\ /\ (1 - v/c)$, donc $f_R > f_S$. Pour une raie donnée, on mesure une fréquence plus grande que celle mesurée si la source était au repos. Donc la raie est décalée vers les plus hautes fréquences (vers le bleu : blueshift).

5. Faux → $f_R = f_S\ /\ (1 + v/c)$, donc $f_R < f_S$, le son perçu est plus grave.

6. Faux → L'interfrange $i = \lambda D/a = cD/(f\,a)$ diminue quand f augmente.

2 Figure d'interférence

Pout toute radiation monochromatique de longueur d'onde λ, les franges brillantes ont pour abscisse $x = k\lambda D/a$. Ainsi pour $k = 0$, nous obtenons **quelque soit la longueur d'onde $x = 0$.** Autrement dit, il n'y a pas de différence de marche entre les rayons atteignant l'axe $x = 0$. **Toutes les radiations se superposent en $x = 0$ en donnant une frange blanche.**

Exercices d'entraînement

3 Diffraction par un cheveu

En s'appuyant sur un schéma, on établit que $\tan\theta = (l/2)/D \approx \theta$ avec $\theta \approx \lambda/a$, a désigne l'épaisseur du cheveu. La distance demandée est $D = a.l/2\,\lambda$.
D'où $D = 0{,}16{\cdot}10^{-3} \times 22{\cdot}10^{-3}/(2 \times 630{\cdot}10^{-9})$
$=$ **2,8 m.**

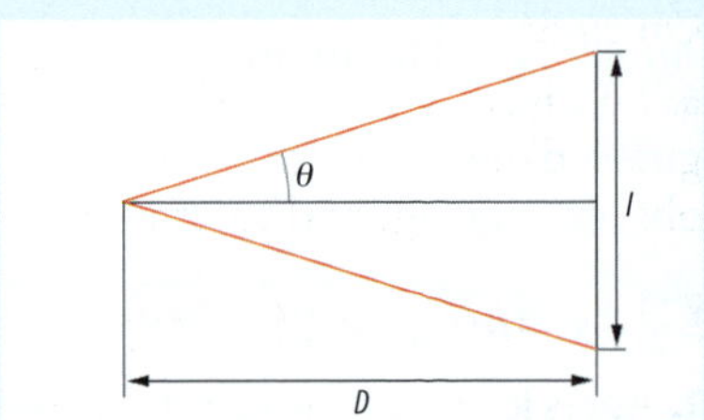

Piège à éviter
θ désigne le **demi-angle** sous lequel on voit la tache centrale à une distance D.

4 Différence de marche

Selon que la différence de marche $\delta = S_2M - S_1M$ soit un multiple entier ou demi-entier de λ, l'interférence en M est constructive ou destructive.

Il faut donc calculer l'ordre d'interférence $p = \delta/\lambda$ qui donne $2{,}7 \cdot 10^{-6}/600 \cdot 10^{-9} = 4{,}5$.
Donc $\delta = (2 \times 4 + 1)\lambda/2 = (2 \times 2 + 1/2)\lambda = 4{,}5\ \lambda$.
Il s'agit d'une **interférence destructive d'ordre 4,5 en M.**

5 Longueur d'onde inconnue

On écrit l'expression de l'interfrange i dans les deux situations :
$i_1 = \lambda.D_1/a$ et $i_2 = \lambda.D_2/a$. En soustrayant, on obtient $i_2 - i_1 = \dfrac{\lambda}{a}(D_2 - D_1)$ ce qui donne $\lambda = \dfrac{i_2 - i_1}{D_2 - D_1} \cdot a$

Ainsi $\lambda = \dfrac{(0{,}68 - 0{,}40) \cdot 10^{-3}}{40 \cdot 10^{-2}} \cdot 0{,}80 \cdot 10^{-3}$ **= $5{,}6 \cdot 10^{-7}$ m.**

6 Miroirs de Fresnel

1. Les deux sources **S_1 et S_2 sont cohérentes,** car elles sont obtenues à partir d'une source unique S. Elles produisent donc des interférences dans la zone où les ondes se superposent.

2. Les segments $[S_1I]$ et $[S_2I]$ sont les symétriques de [SI] rapport respectivement aux miroirs M_1 et M_2. Comme la symétrie axiale conserve les distances, on a $[SI] = [S_1I] = [S_2I] = R$. Par conséquent, **les points S, S_1 et S_2 sont situés sur le cercle de centre I et de rayon *R*.**

3. Les côtés limitant l'angle α sont perpendiculaires aux côtés de l'angle S_1SS_2. Les deux angles sont donc égaux.

4. Dans le cercle de centre I et de rayon *R*, **l'angle au centre S_1IS_2** sous-tend le même arc S_1S_2 que **l'angle inscrit $S_1SS_2 = \alpha$** $\Rightarrow S_1IS_2 = 2\alpha$.

5. Le triangle S_1IS_2 étant isocèle, l'angle S_1IH vaut α. Dans le triangle rectangle S_1IH, on a **$\tan \alpha = S_1S_2/R = a/2R$**. Comme $R >> a$, on peut confondre $\tan \alpha$ et α. On en déduit que $a \approx 2\ \alpha R$.

6. Le dispositif se ramène à deux fentes, éclairées par une radiation de longueur d'onde λ, distantes de a et situées à une distance D d'un écran où l'on observe une figure d'interférence d'interfrange **$i = \lambda D/a = \lambda D/2\ \alpha R$**.

7 Expansion de l'Univers

1. Après le passage de la lumière blanche à travers une enceinte contenant un **gaz d'atomes** (H, Mg, Na) sous très faible pression, le spectre de la lumière transmise présente des raies d'absorption correspondant aux radiations absorbées par le gaz.

CORRIGÉS

2. Pendant une période mesurée T_R, la lumière parcours une distance λ_E augmentée de la distance parcourue par la galaxie pendant T_E. On écrit :

$$\lambda_R = \lambda_E + V_r T_E = \lambda_E + V_r \lambda_E/c \text{ donc } \boldsymbol{(\lambda_R - \lambda_E)/\lambda_E = V_r/c}.$$

3. L'expression précédente peut s'écrire $\lambda_R = \lambda_E\,(1 + V_r/c)$, ce qui montre que pour chacune des radiations on aurait $\boldsymbol{\lambda_R > \lambda_E}$: les raies du spectre seraient **décalées vers la droite, vers le rouge** (c'est le redshift).

4. De l'égalité $\lambda_R = \lambda_E\,(1 + V_r/c)$, on peut déduire que $\lambda_R/\lambda_E = 1 + V_r/c$.
Par identification $z = V_r/c$ ou encore $\boldsymbol{V_r = z.c = (\lambda_R/\lambda_E - 1)c}$.

Ainsi, la vitesse radiale de la galaxie est égale à :

$$\boldsymbol{V_r} = (595/589 - 1) \times 3{,}00 \cdot 10^8 = \boldsymbol{3{,}06 \cdot 10^6\ m \cdot s^{-1} = 3{,}06 \cdot 10^3\ km \cdot s^{-1}}.$$

Exercices de type bac

PRÉPARER L'ÉPREUVE ÉCRITE

8 Effet Doppler et vélocimétrie

A. 1. La distance parcourue par l'onde pendant la durée T_R est par définition égale à λ_R. On écrit donc que $\boldsymbol{\lambda_R = \lambda_S - d = \lambda_S - V_r T_R}$ soit :

$$\frac{V}{f_R} = \frac{V}{f_S} - \frac{V_R}{f_R} \Rightarrow \frac{V}{f_R} + \frac{V_R}{f_R} = \frac{V}{f_S} \Rightarrow \frac{1}{f_R}(1 + \frac{V_R}{v}) = \frac{1}{f_S} \Rightarrow f_R = f_S(1 + \frac{V_R}{v}).$$

$$\Delta f = f_R - f_S = f_S(1 + \frac{V_r}{v}) - f_S = f_S \cdot \frac{V_r}{v} \Rightarrow V_r = v \cdot \frac{\Delta f}{f_S}.$$

2. On prend compte la composante longitudinale du vecteur vitesse $\vec{V}$, c'est-à-dire la vitesse radiale $V_r = V\cos\theta$. En remplaçant dans l'expression **(1)** V_r par $V\cos\theta$, on obtient :

$$f_R = f_S \cdot \left(1 + \frac{V \cdot \cos\theta}{v}\right).$$

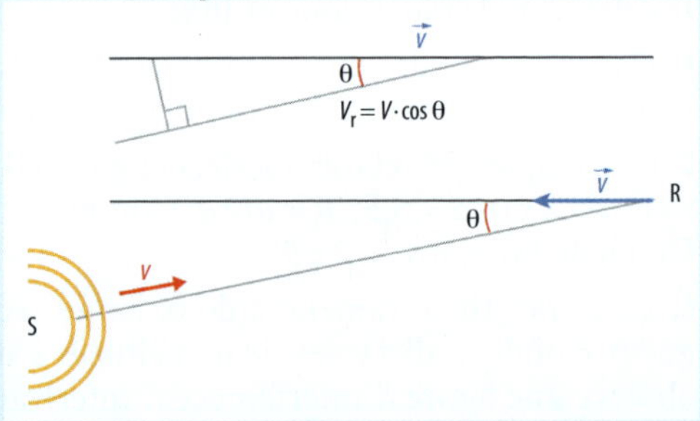

B. 1. En reprenant le raisonnement fait en **A.1**, pendant l'intervalle T_R l'onde parcourt λ_S (longueur d'onde mesurée si la cible était immobile) diminuée de la distance $2d$, car la cible s'est rapprochée d'une distance d au moment de la réflexion. On écrit donc $\boldsymbol{\lambda_R = \lambda_S - 2d}$ **et d'autre part** $\boldsymbol{d = V_r.T_R}$.

$\lambda_R = \boldsymbol{\lambda_S - (2V_r)d}$. Il suffit de remplacer dans l'expression **(1)** V_r par $2V_r$ et on obtient $f_R = f_S \cdot (1 + \frac{2V_r}{v})$.

2. $\Delta f = f_R - f_S = f_S(1 + \frac{2V_r}{v}) - f_S = f_S \cdot \frac{2V_r}{v} \Rightarrow V_r = v \cdot \frac{\Delta f}{2f_s}$.

3. Dans ce cas $V_r = V\cos\theta$, ce qui donne :

$$V = c \cdot \frac{\Delta f}{2f_s \cdot \cos\theta}.$$

La vitesse du véhicule vaut donc :

$$V = 3{,}00 \cdot 10^8 \cdot \frac{5\,800}{2 \times 24{,}1 \times 10^9 \times \cos(25°)} = \mathbf{40{,}0\ m{\cdot}s^{-1}}, \text{ soit } \mathbf{144\ km{\cdot}h^{-1}}.$$

> **Astuce**
> Il s'agit d'ondes électromagnétiques (radio), elles se propagent dans l'air à la célérité $v \approx c$.

4. Dans la formule trouvée en **B.3**, on prendra $\theta = 0°$ car le vecteur vitesse des globules rouges est dans l'axe de l'appareil. Selon que la cible s'approche ou s'éloigne du détecteur, on écrit : $f_R = f_S \cdot (1 \pm \frac{2V_r}{v})$.

$$\Delta f = f_R - f_S = \pm\frac{2V_r}{v} f_S \Rightarrow V_r = v \cdot \frac{|\Delta f|}{2f_S} = 1\,600 \cdot \frac{1\,800}{2 \times 4{,}0 \times 10^6} = 0{,}36\ \text{m} \cdot \text{s}^{-1}.$$

La vitesse de circulation du sang dans le vaisseau est égale à **0,36 m·s⁻¹**.

PRÉPARER L'ÉPREUVE PRATIQUE

9 Diffraction et interférence

A. 1. La figure de diffraction est perpendiculaire à la fente.

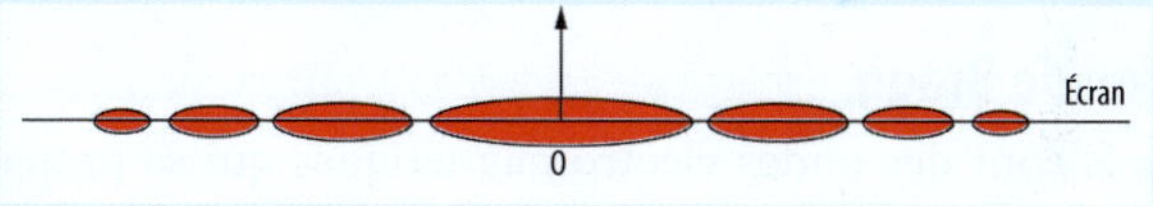

2. Qualitativement, l augmente avec le demi-angle θ. La diffraction est d'autant plus importante que le rapport $\lambda/a \approx \theta$ est grand. Donc, pour une même longueur d'onde λ, **θ et l augmentent quand a diminue.**

3. Comme $\tan\theta = (l/2)/D \approx \theta$. Par ailleurs, $\theta \approx \lambda/a$, on a alors $\boldsymbol{l = 2D\,\lambda/a}$.

4. l est proportionnel à x. Il s'agit d'une fonction linéaire : $\boldsymbol{l = k\,x = k/a}$, expression compatible avec $\boldsymbol{l = 2D\,\lambda/a}$, avec $k = 2D = 2\Delta\,\lambda$ une constante.

Les mesures expérimentales sont donc **bien en accord** avec l'expression de l trouvée en **3**.

5. On calcule la pente de la droite en choisissant deux points :

$k = (29 - 10)/(12 - 5) = 2{,}7\ \text{mm}^2$. D'où $\lambda = k/2D$.

$\boldsymbol{\lambda} = 2{,}7 \cdot (10^{-3})^2/2 \times 2{,}00 = \mathbf{6{,}7 \cdot 10^{-7}\ m}$.

a (mm)	0,080	0,10	0,14	0,18	0,20	0,22
l (mm)	31	25	18	14	12	11
x = 1/a	13	10	7,1	5,6	5,0	4,5

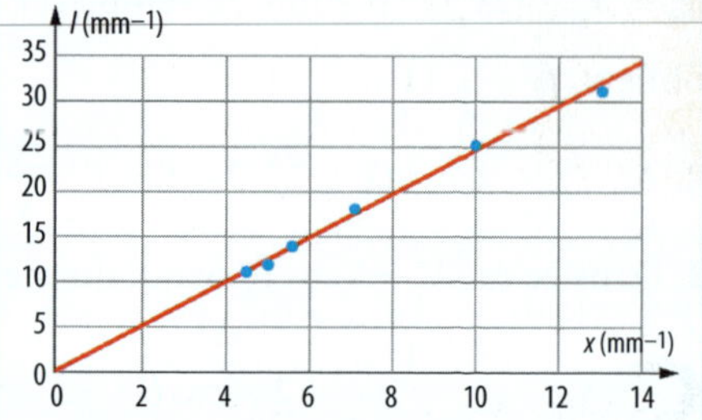

Méthode

- Ajuster la droite de façon à passer par le maximum de points tout en essayant d'avoir autant de points au-dessus et en dessous de la courbe.
- Pour calculer la pente, choisir les points de la droite dont les coordonnées sont facilement lisibles.

B. 1. En plus de la **diffraction**, le phénomène d'**interférence** se produit car les deux sources que sont les fentes sont cohérentes.

2. L'interfrange est donnée par $\boldsymbol{i = \lambda D/b}$ avec $6i = 16$ mm.

On a donc $\boldsymbol{\lambda = ib/D} = 16 \times 10^{-3} \times 500 \times 10^{-6}/(6 \times 2{,}00) = \mathbf{6{,}7 \cdot 10^{-7}}$ **m.**

Les résultats sont similaires.

Pour aller plus loin

10 Diffraction de Bragg

1. Les rayons X sont des ondes électromagnétiques qui se propagent dans le vide à la célérité c. On peut donc écrire que $\boldsymbol{\lambda = c/\nu}$ ou encore $\nu = c/\lambda$.

La fréquence dans le vide correspondant à ces rayons X est donc égale à :

$$\nu = 3{,}00 \cdot 10^{8}/0{,}15 \cdot 10^{-3} = \mathbf{2{,}0 \cdot 10^{12}\ Hz.}$$

2. Le diamètre de l'atome est de l'ordre de 10^{-10} m, c'est-à-dire de l'ordre de grandeur de λ. **Les atomes peuvent donc diffracter les rayons X.**

3. La différence de marche δ vaut $2HB$. Les angles BAH et θ ont le même complémentaire, ils sont donc égaux : sin BAH = sin $\theta = HB/d$.

Soit sin $\alpha = (\delta/2)/d$ et donc $\boldsymbol{\delta = 2d \sin\theta}$.

4. Il y a interférence constructive si $\boldsymbol{\delta = k\lambda}$ avec k un entier.

5. $\delta = 2d \sin\theta = k\lambda$.

L'expression de la distance interréticulaire d est donc $\boldsymbol{d = k\,\lambda/2\sin\theta}$.

CHAPITRE 4

Spectres UV, IR et RMN du proton

COMPÉTENCES EXIGIBLES

- Mettre en œuvre un protocole expérimental pour caractériser une espèce colorée.
- Exploiter des spectres UV-visible.
- Exploiter un spectre IR pour déterminer des groupes caractéristiques à l'aide de tables de données ou de logiciels.
- Associer un groupe caractéristique à une fonction dans le cas des alcool, aldéhyde, cétone, acide carboxylique, ester, amine, amide.
- Connaître les règles de nomenclature de ces composés ainsi que celles des alcanes et des alcènes.
- Relier un spectre RMN simple à une molécule organique donnée, à l'aide de tables de données ou de logiciels.
- Identifier les protons équivalents. Relier la multiplicité du signal au nombre de voisins.
- Extraire et exploiter des informations sur différents types de spectres et sur leurs utilisations.

1 Groupe caractéristique et fonction organique

1 Les alcanes

• Un alcane est composé **uniquement d'atomes de carbone et d'atomes d'hydrogène**. Les atomes de carbone sont liés entre eux uniquement par des **liaisons simples**.

Les premiers alcanes non ramifiés sont les suivants :

Méthane : CH_4 Éthane : CH_3-CH_3 Propane : CH_3-CH_2-CH_3

Butane : CH_3-CH_2-CH_2-CH_3 Pentane : CH_3-CH_2-CH_2-CH_2-CH_3

Hexane : CH_3-CH_2-CH_2-CH_2-CH_2-CH_3

Heptane : CH_3-CH_2-CH_2-CH_2-CH_2-CH_2-CH_3

• Pour connaître le nom d'un groupe alkyle, il suffit de remplacer la terminaison « -ane » par « -yle ».

Méthyle : CH_3- Éthyle : CH_3-CH_2- Propyle : CH_3-CH_2-CH_2-

• Pour trouver le nom d'un alcane, il faut trouver la chaîne principale qui contient le plus grand nombre d'atomes de carbone, puis rajouter les substituants ayant le plus petit indice de position.

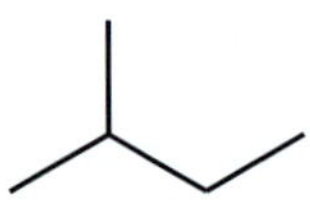

2-Méthylbutane

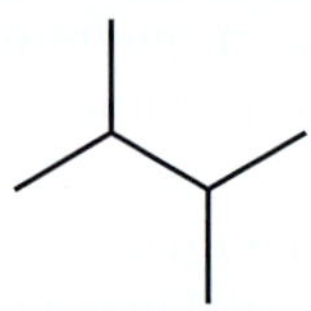

2,3-Diméthylbutane

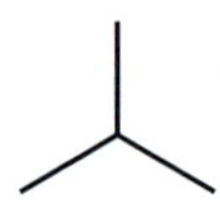

Méthylpropane

→ La représentation des molécules

Les molécules sont décrites ici par des formules topologiques. Ces formules font abstraction de la représentation des atomes d'hydrogène et de carbone ainsi que des liaisons carbone-hydrogène.

Remarque

Il ne faut pas rajouter d'indice de position au substituant dans le cas de situations suffisamment claires.

2 Les alcènes

• Un alcène possède une **double liaison carbone-carbone C=C**. Pour trouver le nom d'un alcène, il faut prendre la chaîne carbonée la plus longue comportant la double liaison et remplacer la terminaison « -ane » de l'alcane correspondant par « -ène ». La position de la double liaison est repérée avec le numéro le plus faible.

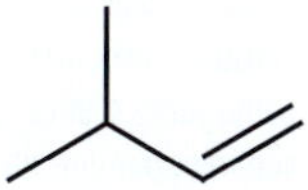
3-Méthylbut-1-ène

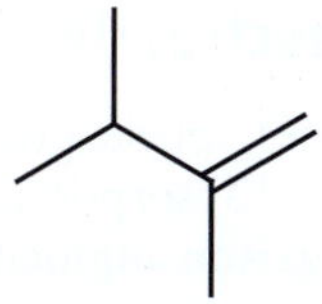
2,3-Diméthylbut-1-ène

Méthylpropène

3 Autres groupes caractéristiques et fonctions organiques

• Les groupes caractéristiques des fonctions alcool, aldéhyde, cétone, acide carboxylique, ester, amine et amide sont décrits dans le chapitre 12 sur les transformations en chimie organique.

2 Spectres UV-visible

1 Description des spectres UV-visible

• Les spectrophotomètres UV-visible fonctionnent à **des longueurs d'onde de 200 à 400 nm pour l'UV et de 400 à 800 nm pour le domaine visible**. Un spectre UV-visible représente **l'absorbance *A* en fonction de la longueur d'onde λ**. On observe souvent des larges bandes d'absorption dont la valeur maximale d'absorbance est associée à la longueur d'onde λ_{max}.

> **Vocabulaire**
> UV est l'abréviation de « ultraviolet ».

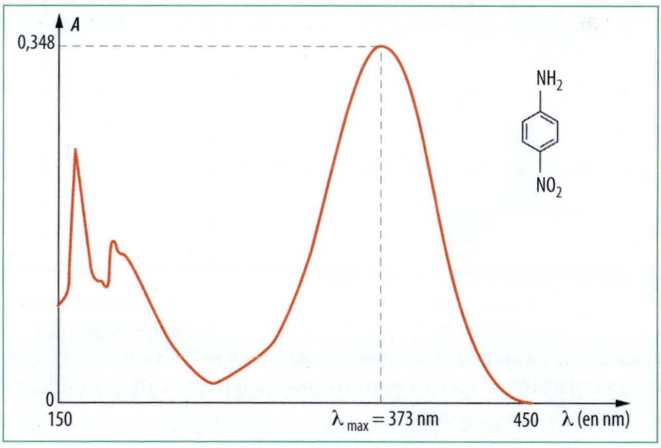

Doc. Spectre UV-visible de la 4-nitroaniline

2 Interprétation des spectres UV-visible

• Des groupes d'atomes conjugués, appelés groupes chromophores, sont responsables de l'absorption des radiations UV-visible. **Plus la conjugaison augmente, plus la longueur d'onde d'absorption augmente**.

Remarque
Deux doubles liaisons carbone-carbone sont conjuguées si elles sont séparées par une simple liaison carbone-carbone.

Chromophore	Molécule	λ_{max} (en nm)
Alcène	CH_3-CH=CH_2	170
Alcène conjugué	CH_2=CH-CH=CH_2	220
Aldéhyde	CH_3-CHO	180 et 290
Cétone	CH_3-CO-CH_3	190 et 280
Acide carboxylique	CH_3-COOH	200
Amide	CH_3-$CONH_2$	210
Amine	CH_3-NH_2	210
Aromatique	C_6H_6	200 et 260

Doc. Quelques exemples de chromophores

• Lorsque les molécules sont suffisamment conjuguées, les solutions sont colorées avec une couleur correspondant à la couleur complémentaire de la radiation absorbée.

Remarque
La couleur d'une solution correspond à la couleur de cette solution lorsqu'elle est éclairée en lumière blanche.

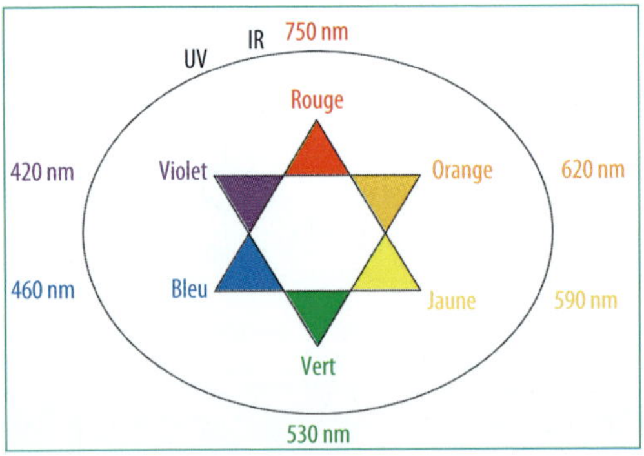

Doc. L'étoile des couleurs complémentaires

• Les couleurs complémentaires sont diamétralement opposées dans le schéma représentant l'étoile des couleurs.

3 Spectres IR

1 Nombre d'onde et spectre IR

• Les spectrophotomètres IR fonctionnent avec **des longueurs d'onde λ comprises entre 2,5 et 16 µm.**

Le nombre d'onde σ, exprimé en cm^{-1}, est défini par $\sigma = \frac{1}{\lambda}$ avec λ en cm. Dans le cas des spectres IR, cela correspond à un domaine de nombres d'onde compris entre 4 000 et 600 cm^{-1}.

• Les spectres IR représentent **la transmittance *T* (en pourcentage) en fonction du nombre d'onde σ.** Les bandes d'absorption observées sur les spectres IR sont moins larges qu'en UV-visible. Elles sont caractéristiques des liaisons présentes dans la molécule.

Vocabulaire
IR est l'abréviation de « infrarouge ».

Remarque
Une transmittance de 100 % signifie qu'il n'y a pas d'absorption. Les bandes d'absorption d'un spectre IR sont donc orientées vers le bas.

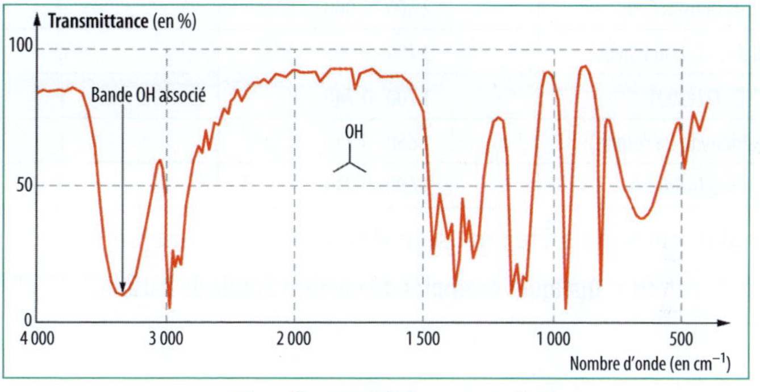

Doc. Spectre IR du propan-2-ol

2 Interprétation des spectres IR

• Deux zones existent dans un spectre IR.

– Une zone complexe comprise entre 600 et 1 400 cm^{-1} qui correspond à l'empreinte digitale de la molécule. C'est une zone très riche en pics et qui est caractéristique d'une molécule mais qui est généralement délicate à interpréter.

– Une zone comprise entre 1 400 et 4 000 cm^{-1} qui permet d'identifier des signaux caractéristiques de liaisons ou de groupes caractéristiques.

À noter
Les nombres d'onde sur l'axe des abscisses sont classés par ordre décroissant.

COURS

- **Plus une liaison est forte et plus le nombre d'onde augmente.** Par exemple, pour la liaison C-C, on observe σ = 1 000 à 1 250 cm^{-1} alors que pour la liaison C=C, σ = 1 625 à 1 685 cm^{-1}.

De même, la présence de liaisons hydrogène diminue la force de la liaison O-H et donc diminue la valeur de σ : sans liaisons hydrogène, le nombre d'onde relatif à la liaison O-H est compris entre 3 580 et 3 670 cm^{-1} alors qu'en présence de liaisons hydrogène il passe entre 3 200 et 3 400 cm^{-1}.

Remarque
Une liaison hydrogène dans un alcool correspond à l'attraction d'un atome d'hydrogène d'un groupe -OH d'une molécule par le doublet non liant de l'atome d'oxygène d'une autre molécule.

Liaison	σ (en cm^{-1})	Intensité(*)
O-H (libre)	3 580 - 3 670	F (bande large)
O-H (associé)	3 200 - 3 400	F (bande large)
O-H (acide)	2 500 - 3 200	F à m (bande large)
C=C-H (liaison C-H)	3 000 - 3 100	m
C-C-H (liaison C-H)	2 800 - 3 000	F
CHO (liaison C-H aldéhyde)	2 750 - 2 900	m
C=O (ester)	1 700 - 1 740	F
C=O (aldéhyde ou cétone)	1 650 - 1 730	F
C=O (acide)	1 680 - 1 710	F

(*) F : signal d'intensité forte ; m : signal moyen ; f : signal faible

Doc. Quelques exemples de nombre d'onde de liaisons

4 Spectres RMN

1 Déplacement chimique

- Un spectre RMN représente l'absorption d'une radiofréquence (de l'ordre de quelques dizaines ou centaines de MHz) par un noyau de l'atome d'hydrogène H d'une molécule en fonction du déplacement chimique, noté δ. C'est une grandeur sans unité liée à la fréquence de la radiofréquence et qui est exprimée en ppm (parties par million).

Vocabulaire
RMN est l'abréviation de « résonance magnétique nucléaire ».

● **Le déplacement chimique est caractéristique de l'environnement électronique d'un proton.** Il varie peu pour des noyaux d'atome d'hydrogène H intervenant dans des groupes caractéristiques identiques. Des tables de déplacement chimique permettent d'affecter les signaux RMN du proton aux groupes caractéristiques usuellement utilisés.

À savoir
Un proton est un noyau d'atome d'hydrogène.

Environnement des protons	Déplacement chimique δ (en ppm)
CH_3	0,9
CH_3-C=C	1,6
CH_3-C=O	2,0 - 2,6
CH_2-OH	3,6
ROH	0,7 - 5,5
C=CH	4,5 - 6,0
Ar-H(*)	6,5 - 8,2
O=C-H	9,5 - 10,5
RCOOH	10,5 - 12,5

Doc. Quelques exemples de déplacements chimiques

● Le déplacement chimique est **faible** lorsque la **densité électronique autour du proton est importante** (le proton est *blindé*).

De même, le déplacement chimique est **important** lorsque la **densité électronique autour du proton est faible** (le proton est *déblindé*).

Le déplacement chimique dépend du solvant et de la concentration de l'espèce chimique. C'est particulièrement marqué dans le cas du proton du groupe hydroxyle –O-H d'un alcool qui est souvent associé dans des liaisons hydrogène.

Remarque
(*) Ar représente un noyau aromatique (un cycle de six atomes de carbone avec trois doubles liaisons carbone-carbone qui alternent avec trois liaisons simples carbone-carbone).

2 Multiplicité des signaux

● Deux protons qui ont le même environnement électronique grâce à une symétrie dans la molécule sont dits isochrones ou équivalents. Ils possèdent le même déplacement chimique.

● Le signal d'absorption d'un proton ou d'un groupe de protons équivalents correspond à un seul pic, nommé **singulet**. Lorsque *n* protons équivalents

COURS

d'un autre type sont à proximité, le singulet devient un **multiplet**. La nature du multiplet ainsi que l'intensité relative de chaque pic dépendent de *n*. Elles sont précisées à l'aide du triangle de Pascal.

Singulet	$n=0$	1
Doublet	$n=1$	1 1
Triplet	$n=2$	1 2 1
Quadruplet	$n=3$	1 3 3 1

- Un **doublet** correspond à deux pics de même intensité, un **triplet** correspond à 3 pics d'intensité relative 1 2 1, un **quadruplet** correspond à 4 pics d'intensité relative 1 3 3 1, …

3 Intégration

- Les spectres RMN du proton comportent une courbe supplémentaire donnant l'intégration des signaux d'absorption des différents protons en fonction du déplacement chimique. **Les intégrations des signaux d'absorption sont proportionnelles au nombre de protons concernés par ces signaux**. Ici, le singulet **1** correspond à 3 H, le massif **2** à 4 H et le singulet élargi **3** à 1 H.

Remarque

Le signal à 0 ppm correspond à celui des protons du tétraméthylsilane : $(CH_3)_4Si$. C'est une espèce chimique permettant d'ajuster le signal de l'appareil RMN du proton.

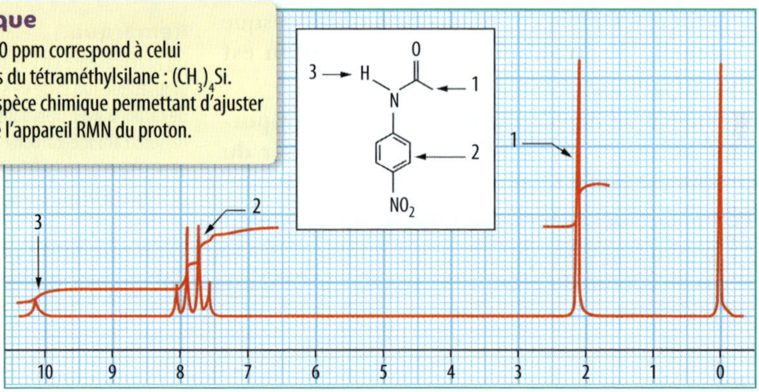

Doc. Spectre RMN du 4-nitroacétanilide

QCM et questions courtes

1 Vrai ou faux ?

Corrigé p. 93

Cocher la (ou les) bonne(s) réponse(s).

1. Le pentane comporte 6 atomes de carbone. ☐ Vrai ☐ Faux

2. La dénomination « butène-1 » est utilisée pour décrire un alcène.
☐ Vrai ☐ Faux

3. Les appareils UV-visible fonctionnent généralement de 200 à 800 nm.
☐ Vrai ☐ Faux

4. Une molécule pour laquelle l'absorption est maximale à la longueur d'onde 530 nm donne une solution de couleur verte. ☐ Vrai ☐ Faux

5. Un spectre IR permet d'identifier des signaux caractéristiques de liaisons ou de groupes caractéristiques. ☐ Vrai ☐ Faux

6. Plus la force d'une liaison augmente, plus le nombre d'onde diminue.
☐ Vrai ☐ Faux

7. Le déplacement chimique est fort lorsque la densité électronique autour du proton est importante. ☐ Vrai ☐ Faux

8. Lorsqu'un proton est à proximité de trois protons équivalents, son signal est un triplet. ☐ Vrai ☐ Faux

Exercices d'entraînement

2 La nomenclature des alcanes et des alcènes ★ 10 min

Corrigé p. 93

1. Donner la forme topologique des molécules suivantes :

a) 2-Méthylbutane **b)** But-2-ène **c)** Méthylpropène

2. Donner le nom des molécules suivantes :

a)

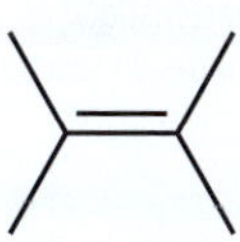

b)

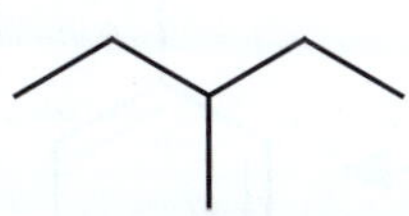

c)

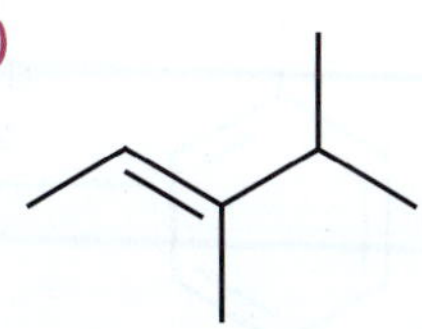

3 Spectre UV-visible du β-carotène

★ 5 min ➲ Corrigé p. 94

Le β-carotène est une espèce chimique présente dans certains fruits et certains végétaux.

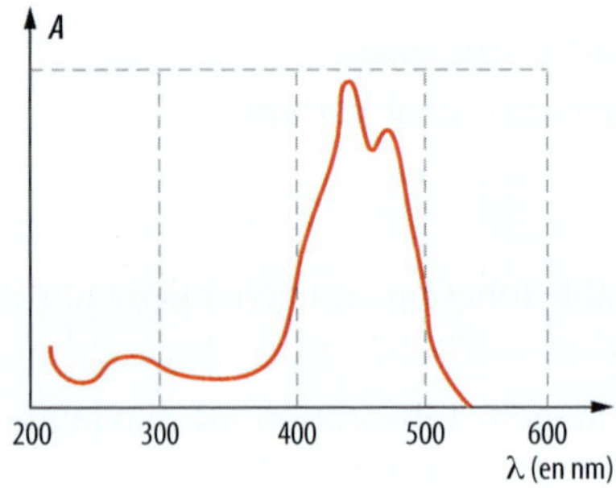

La formule topologique du β-carotène est la suivante :

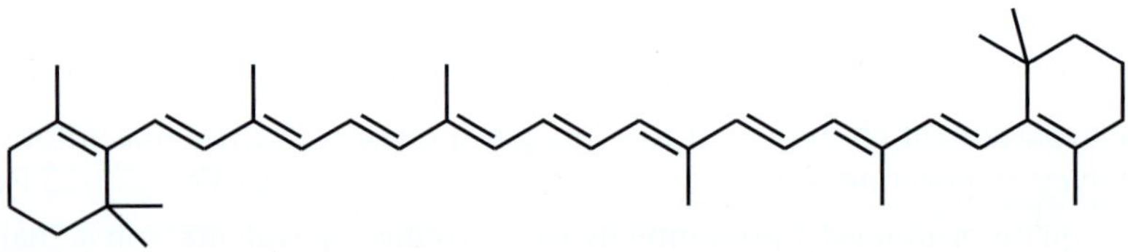

À partir du spectre UV-visible du β-carotène et de l'étoile des couleurs complémentaires, indiquer quelle est la couleur de ce colorant.

4 Spectre IR à la suite d'une oxydation

★★ 5 min ➲ Corrigé p. 94

On s'intéresse à l'oxydation de l'alcool benzylique en benzaldéhyde. Un produit inconnu est obtenu par distillation. Son spectre IR est réalisé.
L'équation de la réaction est représentée ci-dessous.

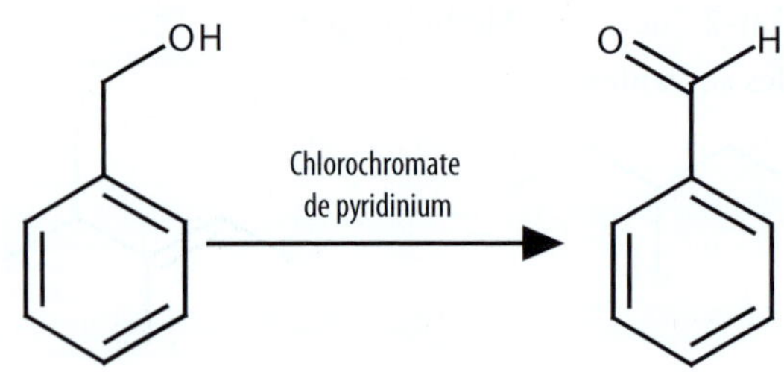

Alcool benzylique — Benzaldéhyde

Astuce
Il n'est pas nécessaire d'attribuer un groupe caractéristique à toutes les bandes du spectre IR ci-après.

Ne sachant pas si la transformation chimique a bien eu lieu, indiquer en analysant le spectre IR si le produit obtenu est l'alcool benzylique ou le benzaldéhyde.

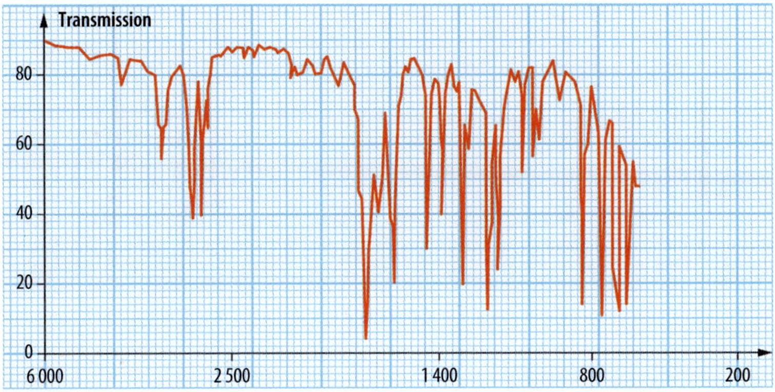

5 Utilisation des spectres RMN du proton

★★ 15 min Corrigé p. 94

Le propanal réagit avec le bromoéthane pour conduire au pentan-3-ol selon la réaction décrite ci-dessous.

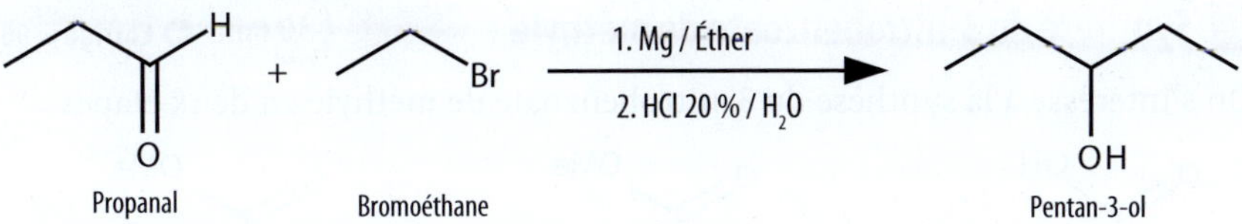

Les deux spectres de RMN du proton ci-dessous représentent les spectres du propanal et du pentan-3-ol. Affecter chaque spectre à chaque molécule et attribuer à chaque proton le signal correspondant.

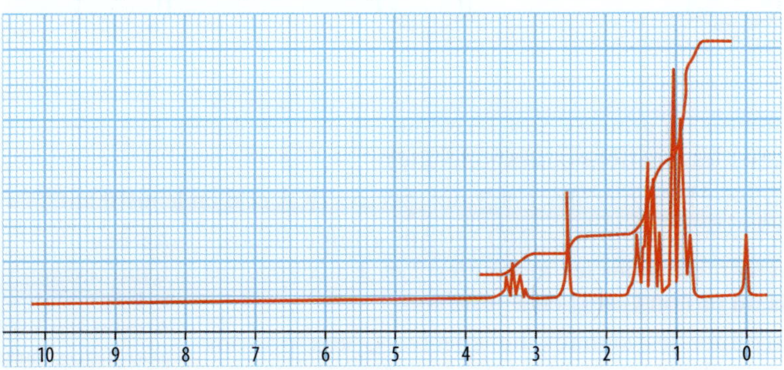

Spectre 1

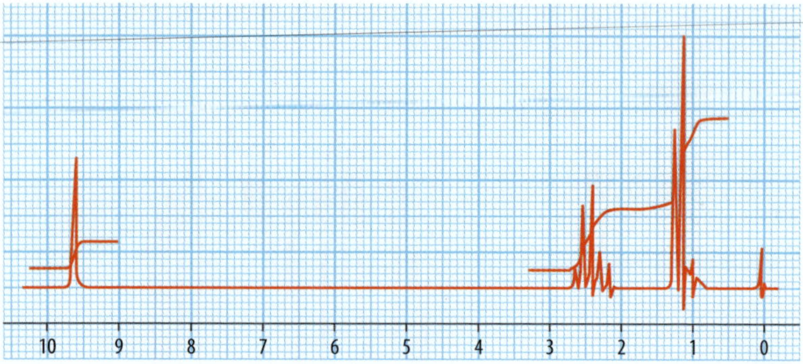

Spectre 2

Exercices de type bac

PRÉPARER L'ÉPREUVE ÉCRITE

6 Synthèse du 3-nitrobenzoate de méthyle ★★★ 30 min ➔ Corrigé p. 96

On s'intéresse à la synthèse du 3-nitrobenzoate de méthyle en deux étapes :

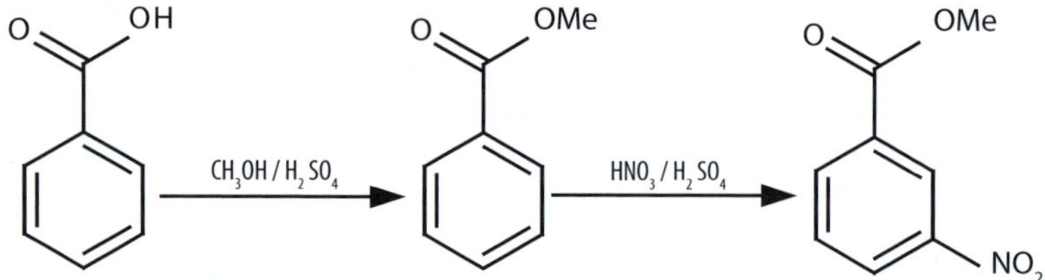

1 2 3

1. Entourer les groupes caractéristiques dans la molécule **1** et la molécule **2**. Nommer les fonctions correspondantes.

2. Attribuer les molécules **1** et **2** aux spectres IR **A** et **B** en le justifiant.

3. Sachant que le groupe NO_2 est un groupe électro-attracteur, attribuer les molécules **2** et **3** aux spectres RMN du proton **C** et **D** en le justifiant.

4. Attribuer les signaux du spectre **C** aux protons correspondants.

> **Astuce**
> **3.** Il faut comparer les déplacements chimiques des deux spectres de RMN du proton. Il est possible d'utiliser les courbes d'intégration.

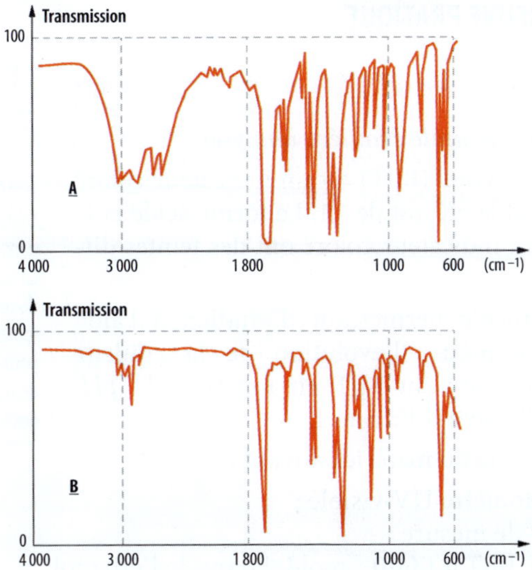

Doc. Spectre IR des espèces chimiques 1 et 2

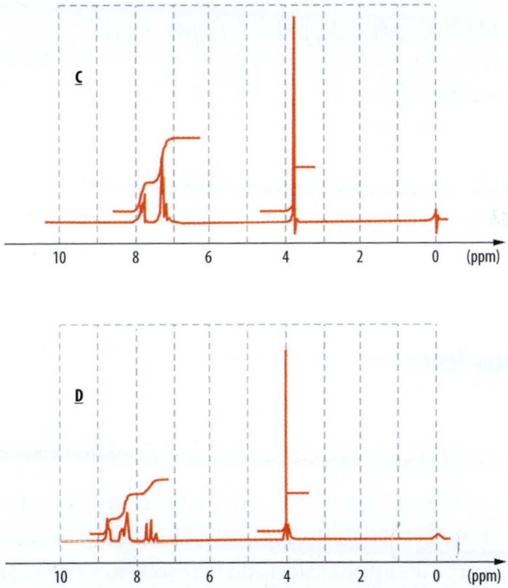

Doc. Spectre RMN du proton des espèces chimiques 2 et 3

PRÉPARER L'ÉPREUVE PRATIQUE

7 Étude d'un indicateur coloré

★★★ 20 min ➔ Corrigé p. 97

Compétence expérimentale évaluée : analyser

Le bleu de bromothymol (BBT) est un indicateur coloré acido-basique dont le pK_a est de 7,1. La forme acide et la forme basique de l'indicateur coloré ont des teintes différentes.

Rédiger un protocole permettant d'étudier, à l'aide d'un spectrophotomètre, l'évolution de la couleur de solutions contenant du BBT en fonction du pH. La solution de BBT sera diluée au 1/10.

Remarque
La notion de pK_a est étudiée dans le chapitre 13.
La connaissance de cette notion n'est toutefois pas essentielle ici pour être capable de répondre à la question posée.

On dispose pour cela du matériel suivant :

- un spectrophotomètre UV-visible ;
- quelques cuves de mesure ;
- une solution de BBT à $1{,}0 \cdot 10^{-3}$ mol·L^{-1} dans de l'éthanol ;
- deux pipettes en plastique ;
- un pH-mètre ;
- du papier essuie tout ;
- des solutions à pH fixé ($pH = 3$; $pH = 7{,}1$; $pH = 11$) ;
- trois béchers de 50 mL ;
- une pissette d'eau distillée ;
- une pipette graduée de 5 mL ;
- un entonnoir ;
- une fiole jaugée de 50 mL avec son bouchon ;
- un marqueur pour la verrerie.

Pour aller plus loin

8 Résonance magnétique nucléaire

★★ 30 min ➔ Corrigé p. 98

La résonance magnétique nucléaire est utilisée en chimie, mais aussi en physique, en biologie, en médecine et en informatique.

Quelles sont les différentes applications de la résonance magnétique nucléaire ?

Rechercher des informations pertinentes sur ce sujet, puis répondre à la question posée sans détailler les différents processus.

QCM et questions courtes

1 Vrai ou faux ?

1. Faux → Le pentane comporte cinq atomes de carbone.

2. Faux → Il s'agit du but-1-ène.

3. Vrai.

4. Faux → Il faut utiliser l'étoile des couleurs complémentaires. Lorsque l'absorption est maximale à 530 nm, c'est une radiation colorée verte qui est absorbée. La couleur de la solution est complémentaire de la couleur verte. La solution est donc de couleur rouge.

5. Vrai.

6. Faux → Lorsque la force de la liaison augmente, le nombre d'onde augmente.

7. Faux → Le déplacement chimique est faible lorsque la densité électronique autour du proton est importante. Le proton est blindé.

8. Faux → Le signal du proton à proximité de trois protons équivalents est un quadruplet.

Exercices d'entraînement

2 La nomenclature des alcanes et des alcènes

1. a)

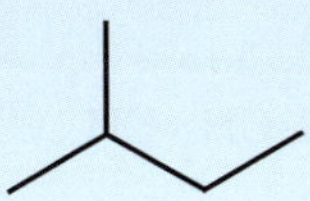

b)

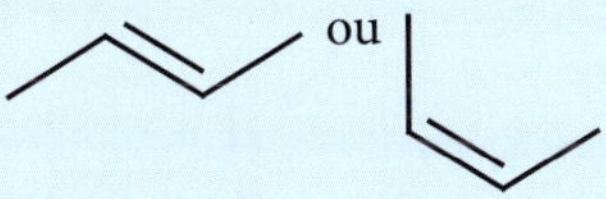

Remarque
Le but-2-ène comporte l'isomère Z (les deux atomes d'hydrogène du même côté de la double liaison) et E (les deux atomes d'hydrogène de part et d'autre de la double liaison).

c)

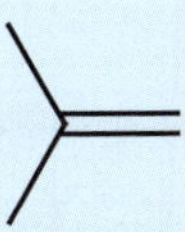

2. a) 2,3-Diméthylbut-2-ène.

b) 3-Méthylpentane.

c) 3,4-Diméthylpent-2-ène-(E).

3 Spectre UV-visible du β-carotène

On trouve sur le spectre λ_{max} = 440 nm et un second maximum à 470 nm. Cela correspond à une radiation colorée bleue qui est absorbée. Cela veut dire que le β-carotène est un **colorant orange**. On le trouve en particulier dans la carotte.

4 Spectre IR à la suite d'une oxydation

Il s'agit du **benzaldéhyde**. La bande **1** correspond au signal du carbonyle et on n'observe pas de bande OH forte dans la zone **2**.

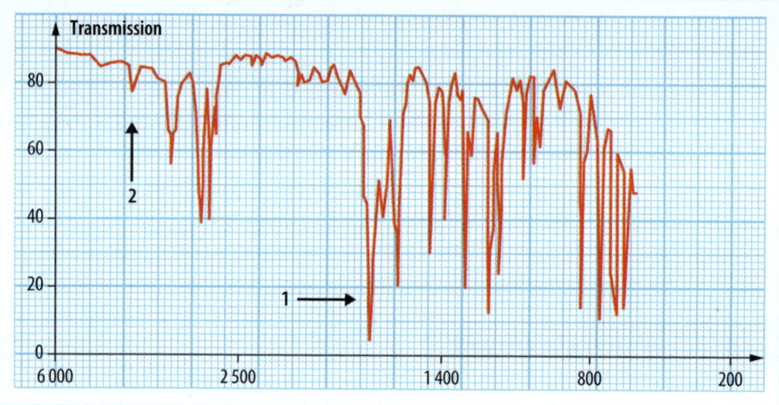

5 Utilisation des spectres RMN du proton

Le **spectre 1** correspond au **pentan-3-ol** : CH_3-CH_2-CHOH-CH_2-CH_3.

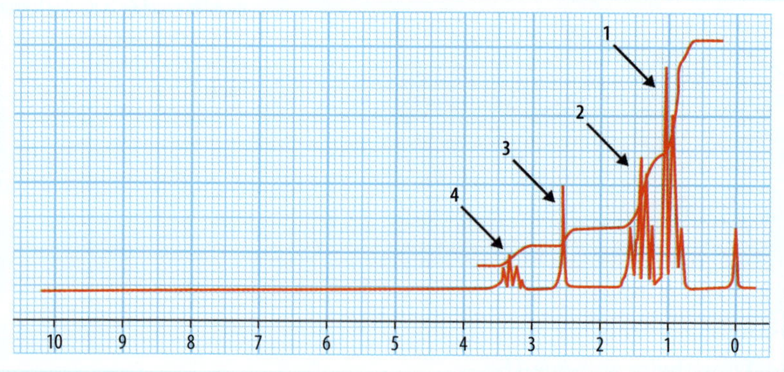

Le massif **1** est un triplet. L'intégration correspond à six protons. Cela correspond aux deux groupes CH_3 qui sont à proximité d'un groupe CH_2 dont les deux protons sont équivalents.

L'intégration du massif **2** correspond à quatre protons. Cela correspond aux deux groupes CH_2.

Le signal **3** correspond à un singulet qui se trouve vers 2,5 ppm. L'intégration correspond à un proton. Cela correspond au proton du groupe OH.

Le massif **4** correspond à un quintuplet vers 3,3 ppm. L'intégration correspond à un proton. Cela correspond au proton du groupe CH à proximité de deux groupes CH_2, c'est-à-dire 4 protons équivalents. Le signal de ce proton est le plus déblindé, car le carbone du groupe CH est lié à l'oxygène qui diminue la densité électronique du proton.

Le **spectre 2** correspond au **propanal** : CH_3-CH_2-CHO.

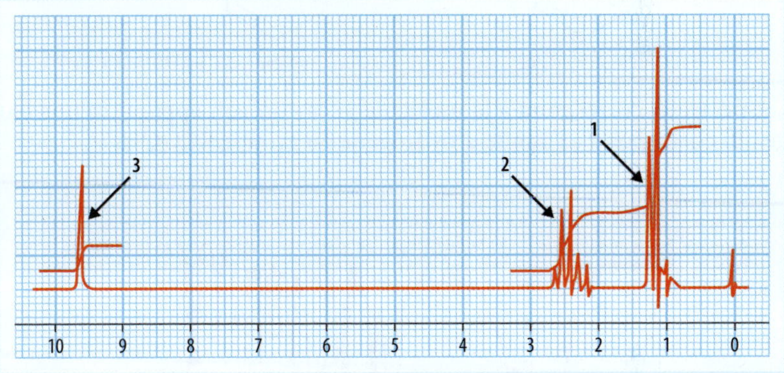

Le massif **1** est un triplet. L'intégration correspond à trois protons. Cela correspond au groupe CH_3 qui est à proximité du groupe CH_2 dont les deux protons sont équivalents.

Le massif **2** est un quadruplet. L'intégration correspond à deux protons. Cela correspond au groupe CH_2 qui est à proximité du groupe CH_3 dont les trois protons sont équivalents.

Le signal **3** correspond à un singulet. Cela correspond au proton du groupe CHO. Il a un déplacement chimique vers 9,7 ppm. Le proton est très déblindé, car le carbonyle diminue fortement sa densité électronique.

CORRIGÉS

Exercices de type bac

PRÉPARER L'ÉPREUVE ÉCRITE

6 Synthèse du 3-nitrobenzoate de méthyle

1. La molécule 1 est un **acide carboxylique** et la molécule 2 est un **ester**.

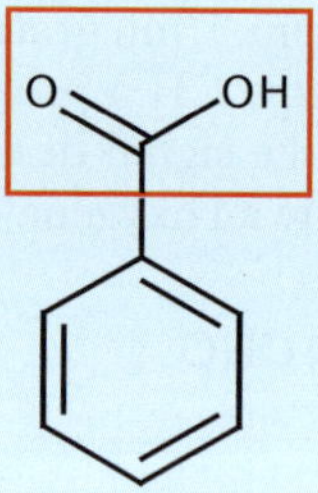

Acide carboxylique

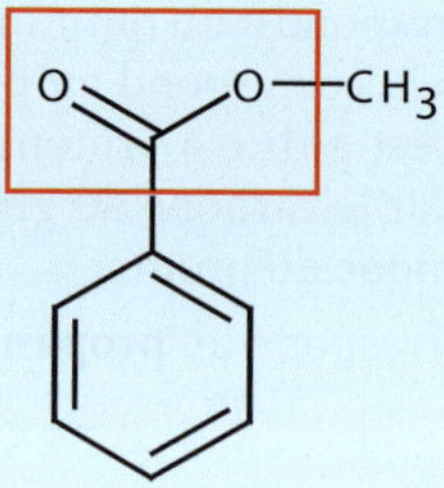

Ester

2. Le spectre **A** correspond à la molécule 1, car on voit apparaître une bande large qui correspond à l'atome d'hydrogène du groupe RCOOH.

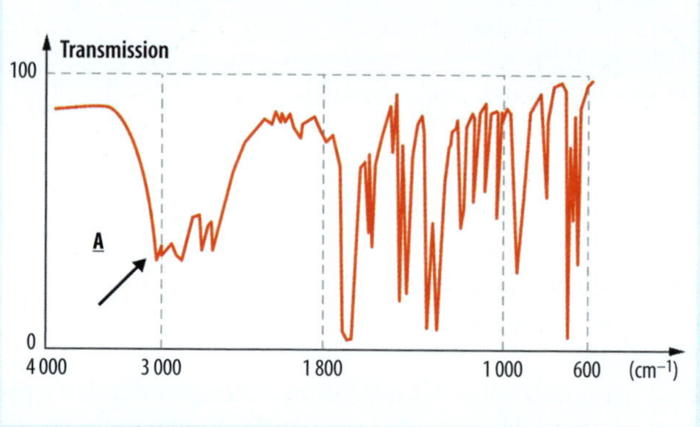

3. Les signaux du spectre **D** sont plus déblindés, car la densité électronique des protons est plus faible. Ce spectre correspond donc à la molécule 3.

> **Remarque**
> Un groupe électro-attracteur diminue la densité électronique des atomes placés à proximité de lui dans la molécule.

4. Le signal **1** correspond à un singulet associé à une intégration de trois protons. Il correspond au signal du groupe méthyle. Le massif **2** correspond aux protons du noyau aromatique associés à une intégration de cinq protons.

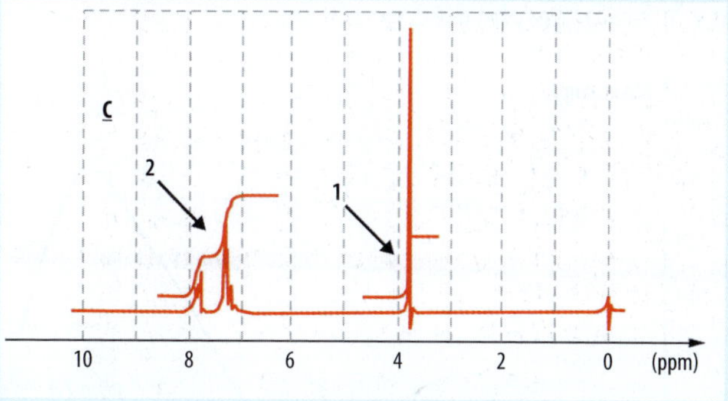

PRÉPARER L'ÉPREUVE PRATIQUE

7 Étude d'un indicateur coloré

Remplir une cellule de mesure avec une solution à $pH = 3$, puis faire le blanc en balayant toutes les longueurs d'onde. Prélever 5,0 mL de solution de BBT à $1{,}0 \cdot 10^{-3}$ mol·L^{-1} à l'aide de la pipette graduée et les verser dans la fiole jaugée de 50 mL. Ajuster au trait de jauge à l'aide de la solution à $pH = 3$ en utilisant un entonnoir et éventuellement une pipette en plastique. Boucher la fiole jaugée, puis homogénéiser la solution. Verser le contenu de la fiole jaugée dans un bécher de 50 mL, puis le repérer à l'aide d'un marqueur.

Vider la cellule de mesure, puis la rincer avec un peu de solution préalablement préparée. Remplir la cellule de mesure, puis essuyer les faces à l'aide du papier essuie-tout. Enregistrer le spectre UV-visible de la solution de BBT.

Refaire les mêmes opérations avec les solutions à $pH = 7{,}1$ et $pH = 11$.

On obtient à la fin un graphe du type :

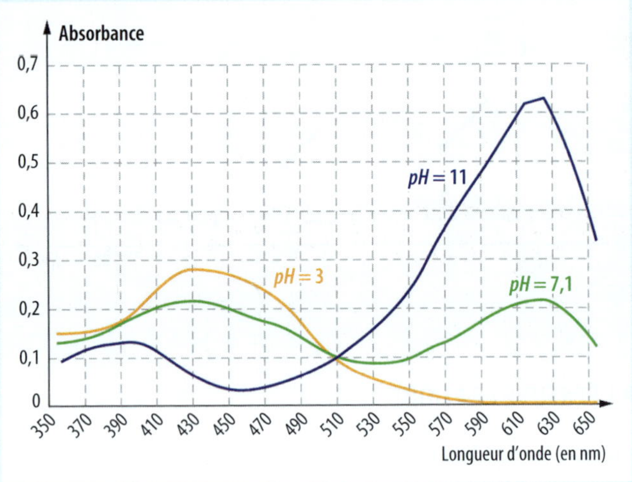

Pour aller plus loin

8 Résonance magnétique nucléaire

- La RMN est utilisée en chimie organique pour la détermination de structures de molécules. Les RMN du proton et du carbone sont particulièrement utilisées. Il existe aussi la RMN 2D permettant de visualiser les connexions entre atomes voisins.
- Elle est utilisée en biologie pour déterminer la structure de protéines ou d'acides nucléiques.
- Elle est aussi utilisée en phase solide ou gazeuse afin d'étudier les matériaux poreux par exemple.
- L'imagerie par résonnance magnétique nucléaire (IRM) permet d'avoir accès à des vues en 2D ou en 3D de parties du corps humain. Elle est plus particulièrement utilisée pour l'imagerie du cerveau.
- En géologie, la RMN sert à l'étude des roches et la prospection pétrolière.
- L'informatique quantique est une autre application de la RMN afin de créer des ordinateurs avec une puissance de calcul et un temps d'exécution inimaginables à l'heure actuelle.

CHAPITRE 5

Temps, cinématique et dynamique newtoniennes

COMPÉTENCES EXIGIBLES

- Choisir un référentiel d'étude.
- Définir et reconnaître des mouvements (rectiligne uniforme, rectiligne uniformément varié, circulaire uniforme, circulaire non uniforme) et donner dans chaque cas les caractéristiques du vecteur accélération.
- Définir la quantité de mouvement $\vec{p}$ d'un point matériel.
- Connaître et exploiter les trois lois de Newton ; les mettre en œuvre pour étudier des mouvements dans des champs de pesanteur et électrostatique uniformes.
- Mettre en œuvre une démarche expérimentale pour étudier un mouvement.
- Mettre en œuvre une démarche expérimentale pour interpréter un mode de propulsion par réaction à l'aide d'un bilan qualitatif de quantité de mouvement.

1 Évolution temporelle des systèmes mécaniques

L'étude du temps, de la cinématique et de la dynamique newtoniennes permettent de prévoir l'évolution d'un système mécanique, une fois connues les caractéristiques et les conditions initiales du système.

1 Définitions générales

- La mécanique classique s'intéresse à l'**étude des corps en mouvement ayant une masse et une dimension à notre échelle** et ayant **une vitesse faible devant la célérité de la lumière dans le vide**. De plus, pour étudier l'évolution temporelle d'un corps, on modélise souvent cet objet par un point (le centre d'inertie) auquel on attribue la masse de l'objet. On parle alors de mécanique classique du point.

Remarque

Si la vitesse s'approche de la célérité de la lumière dans le vide, la mécanique classique ne s'applique plus. Il faut alors travailler dans le cadre de la relativité restreinte (voir chapitre 9).

- La **cinématique** est la partie de la mécanique qui **étudie les mouvements des corps en fonction du temps**, abstraction faite des forces, et la **dynamique étudie les relations entre les forces et les mouvements**.

2 Relativité du mouvement

- Un mouvement est relatif, il dépend de l'observateur. Pour décrire un mouvement, il est indispensable de définir un **référentiel**, constitué d'un repère d'espace et d'un repère de temps.

- Par exemple, si on s'intéresse à une voiture se déplaçant de Paris à Marseille, il est équivalent de dire que :
– **dans le référentiel terrestre** (qui définit tout référentiel immobile par rapport à la surface de la Terre), le conducteur de la voiture et son passager sont **en mouvement** ;
– **dans le référentiel de la voiture** (dont le repère d'espace est fixe par rapport à la voiture), le conducteur de la voiture et son passager sont **immobiles**.

→ Histoire des sciences

Galilée (1564-1642) est l'un des premiers à avoir considéré la relativité du mouvement comme une notion fondamentale en mécanique.

COURS

3 Temps, position, vitesse, accélération et quantité de mouvement d'un point matériel

- En mécanique classique du point, la représentation du mouvement d'un objet est basée sur la position, la vitesse et l'accélération du centre d'inertie de cet objet à un instant donné. Ce ne sont pas des propriétés intrinsèques du centre d'inertie. Elles sont toujours définies par rapport à un référentiel donné.

- Si on appelle M le point modélisant l'objet et O l'origine du référentiel, le vecteur $\overrightarrow{OM}(t)$ est appelé **vecteur position** de M à l'instant t (la valeur du vecteur position OM est en mètres).

- La vitesse et l'accélération sont des grandeurs vectorielles. Le vecteur vitesse $\vec{v}(t)$ est défini comme la dérivée du vecteur position par rapport au temps : $\vec{v}(t) = \dfrac{\mathrm{d}\overrightarrow{OM}(t)}{\mathrm{d}t}$ (la valeur du vecteur vitesse v est en $m{\cdot}s^{-1}$).

- Le vecteur accélération $\vec{a}(t)$ est défini comme la dérivée du vecteur vitesse par rapport au temps : $\vec{a}(t) = \dfrac{\mathrm{d}\overrightarrow{v(t)}}{\mathrm{d}t}$ (la valeur du vecteur accélération est en $m{\cdot}s^{-2}$).

- La quantité de mouvement $\vec{p}$ d'un point matériel est égale au produit de la vitesse $\vec{v}$ et de la masse m associés à ce point :

$$\vec{p} = m \times \vec{v}$$

(la valeur de la quantité de mouvement est en $kg{\cdot}m{\cdot}s^{-1}$).

Rappel
L'unité légale de la masse est le kilogramme (kg).

- Certains mouvements particuliers sont à connaître.

– Si la trajectoire du point M est une droite et si la valeur de sa vitesse augmente ou diminue de manière constante, **le vecteur accélération est constant** (et non nul) : le point M décrit un **mouvement rectiligne uniformément varié.**

– Si la trajectoire du point M est une droite et si la valeur de sa vitesse est constante (schéma ⓐ), **le vecteur accélération est nul** et le vecteur vitesse est constant : le point M décrit un **mouvement rectiligne uniforme.**

– Si la trajectoire d'un point M est un **cercle** et si la **valeur du vecteur vitesse** est **constante** (schéma ⓑ), **le vecteur accélération** est **centripète** (vers le centre du cercle) : le point M décrit un **mouvement circulaire uniforme**.

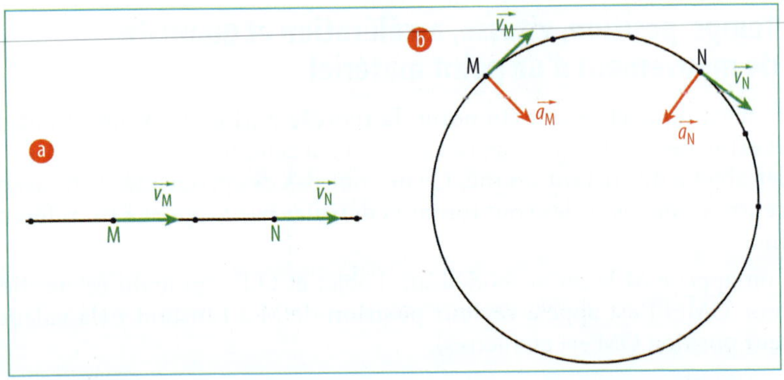

Doc. **a. Mouvement rectiligne uniforme b. Mouvement circulaire uniforme**

– Si la trajectoire d'un point M est un **cercle** et si la **valeur du vecteur vitesse** n'est **pas constante**, le vecteur accélération est constitué de deux composantes centripète et tangentielle, le point M décrit un **mouvement circulaire non uniforme**.

> **→ Bien comprendre**
>
> Le terme « uniforme » signifie que la valeur du vecteur vitesse est constante, mais cela ne signifie pas que le vecteur vitesse est constant.

2 Forces dans des champs de pesanteur et électrostatique uniformes

• Le concept central de la mécanique classique est celui **d'interaction** : tout phénomène, toute transformation peut être modélisé par **une relation entre les objets agissant les uns sur les autres**. En mécanique classique, il est d'usage de **modéliser ces interactions avec des forces**.

• Ces forces peuvent être représentées par une grandeur vectorielle : le vecteur force, dont la valeur est exprimée en newtons (N). Par exemple, $\vec{F}_{A/B}$ correspond au vecteur force modélisant l'action exercée par un corps (A) sur un corps (B).

• **Dans un champ de pesanteur uniforme** $\vec{g}$, l'action d'un astre (souvent la Terre) sur un objet de masse m est modélisée par une force, notée $\overrightarrow{P_{astre}}$, appelée le **poids de l'objet** à la surface de cet astre.

> **Notation**
>
> On note le poids $\overrightarrow{P_{astre}}$ pour ne pas le confondre avec la quantité de mouvement $\vec{P}$.

Doc. Champ de pesanteur uniforme : les vecteurs $\vec{g}$ sont identiques

- Cette force a :

– pour direction : la verticale du lieu ;
– pour sens : du haut vers le bas ;
– pour valeur (en N) : $P_{\text{astre}} = m \times g$ avec m la masse de l'objet en kg et g la valeur du champ de pesanteur de l'astre en $N{\cdot}kg^{-1}$.

Remarque

À la surface de la Terre, on peut considérer que le champ de pesanteur $\vec{g}$ est uniforme, c'est-à-dire constant jusqu'à une altitude de l'ordre du kilomètre. La valeur du champ de pesanteur g est alors égale à 9,8 $N{\cdot}kg^{-1}$.

- **Dans un champ électrostatique uniforme** $\vec{E}$, la force électrostatique $\vec{F}$ qui s'exerce sur un corps ponctuel A portant une charge électrique q a :

– pour direction : la même que celle du champ électrostatique $\vec{E}$;
– pour sens : le même que $\vec{E}$ si $q > 0$, le sens opposé à $\vec{E}$ si $q < 0$;
– pour valeur (en N) : $F = |q| \times E$ avec q en coulombs (C) et E en $N{\cdot}C^{-1}$.

Remarque
La valeur du champ électrostatique E peut s'exprimer en $N{\cdot}C^{-1}$ ou en $V{\cdot}m^{-1}$: ces deux unités sont équivalentes.

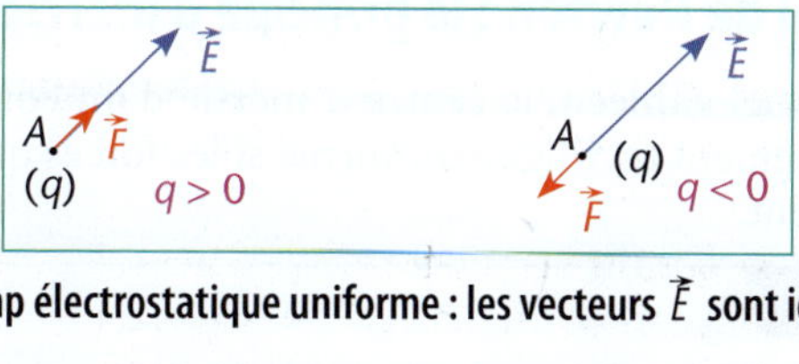

Doc. Champ électrostatique uniforme : les vecteurs $\vec{E}$ sont identiques.

3 Lois du mouvement de Newton

Histoire des sciences

En inventant de nouveaux outils mathématiques comme la dérivée, Newton (1642-1727) a donné un sens plus quantitatif aux notions de cinématique (vitesse, accélération) introduites par Galilée et il a défini le temps comme une grandeur physique fondamentale de sa mécanique. Il a été le premier à définir convenablement la notion de masse d'un objet (et à la dissocier du poids de cet objet), ce qui a permis d'introduire ensuite la notion de quantité de mouvement dans la deuxième loi de Newton.

1 Définition d'un référentiel galiléen

- **Le centre d'inertie d'un corps isolé peut avoir un mouvement rectiligne uniforme ou être immobile** par rapport à certains **référentiels** privilégiés, appelés **galiléens** (qui sont définis comme étant eux-mêmes en mouvement de translation rectiligne uniforme ou au repos par rapport à un autre référentiel galiléen).
- On peut très souvent considérer comme **galiléens** les référentiels **géocentrique et héliocentrique** ainsi que le **référentiel terrestre** si le mouvement étudié est de courte durée.

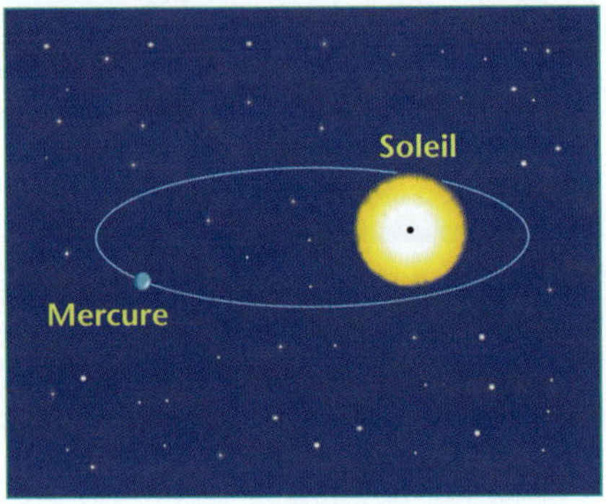

Doc. Le référentiel héliocentrique est un excellent référentiel galiléen

- Les deux premières lois de Newton sont valables uniquement dans les référentiels galiléens.
- La troisième loi de Newton est valable dans tous les référentiels, galiléens ou non.

2 Première loi de Newton : le principe d'inertie

- Dans un référentiel galiléen, le centre d'inertie d'un corps reste immobile ou garde un mouvement rectiligne uniforme si les forces qui s'exercent sur ce corps se compensent.

Rappel

Deux forces exercées sur un même corps se compensent si la somme de ces deux forces est nulle.

3 Deuxième loi de Newton : la relation fondamentale de la dynamique

• Dans un référentiel galiléen, le mouvement du centre d'inertie d'un corps de masse m, sur lequel sont appliquées des forces de résultante $\sum \vec{F}_{\text{ext}}$, est régi par l'équation $\sum \vec{F}_{\text{ext}} = \dfrac{d\vec{P}}{dt} = \dfrac{d(m \times \vec{v})}{dt}$.

Rappel
$\vec{P}$ correspond à la quantité de mouvement du centre d'inertie du corps étudié.

Si la masse m du corps ne varie pas en fonction du temps, on obtient l'équation :

$$\sum \vec{F}_{\text{ext}} = m\frac{d\vec{v}}{dt} = m \times \vec{a}.$$

Bien comprendre

Dans un système isolé, la résultante (la somme) des forces exercées sur ce système est nulle. La quantité de mouvement de ce système est donc constante.

4 Troisième loi de Newton : le principe des actions réciproques

• Si un corps (A) agit sur un corps (B), alors le corps (B) agit sur le corps (A) et dans ce cas, au même instant :

$$\vec{F}_{\text{A/B}} = -\vec{F}_{\text{B/A}}.$$

Cette loi s'applique quel que soit le type d'interaction (de contact ou à distance) et quels que soient les mouvements des corps (A) et (B). Par exemple, lors du décollage d'une fusée, la force exercée par les gaz sur la fusée est l'opposée de la force exercée par la fusée sur les gaz : les gaz sont projetés vers le bas et la fusée vers le ciel.

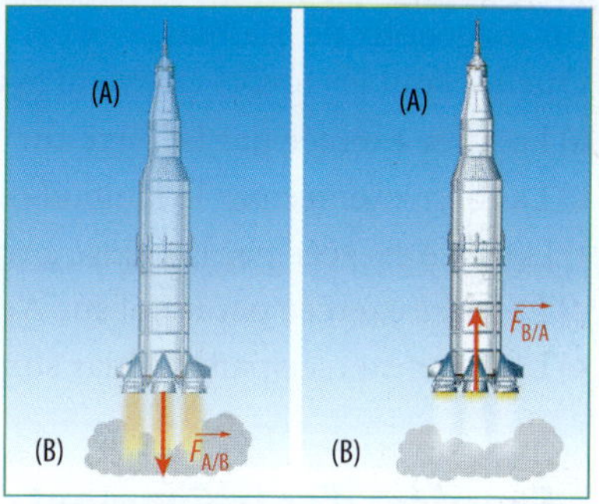

Doc. Propulsion par réaction d'une fusée

Remarque

Contrairement aux deux premières lois de Newton, le principe des actions réciproques est universel. Il ne dépend ni du référentiel, ni du mouvement des différents systèmes en interaction : il est directement lié à la définition des forces modélisant des interactions.

QCM et questions courtes

1 Vrai ou faux ?

➔ Corrigé p. 112

Un enfant est installé sans bouger sur un cheval de bois dans un manège. Le manège se met en route, puis atteint au bout d'un tour une vitesse constante. On étudie le mouvement de l'enfant après un tour.

1. L'enfant est immobile. ☐ Vrai ☐ Faux

2. L'enfant a un mouvement circulaire uniforme. ☐ Vrai ☐ Faux

2 Faites votre choix !

➔ Corrigé p. 112

1. Dans un référentiel galiléen, si la vitesse d'un corps de masse m est nulle à un instant donné.

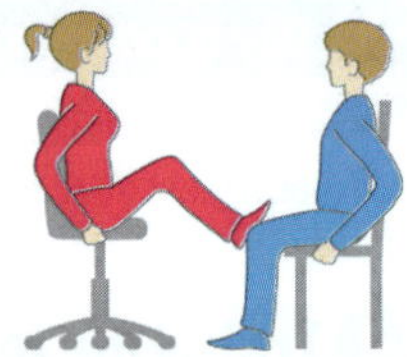

a) Son accélération est nulle à cet instant.

b) Son accélération ne peut pas être nulle.

c) On ne peut rien conclure sur son accélération.

2. Dans une salle de classe, Mathias, habillé en bleu, est assis sur un fauteuil. Anna, habillée en rouge, est assise sur une chaise à roulettes. Elle pousse avec ses pieds sur les genoux de Mathias.
Quelles sont les forces extérieures qui sont exercées sur Anna ?

a) La force exercée par la Terre sur Anna (appelée également le poids d'Anna).

b) La force exercée par le fauteuil sur Anna.

c) La force exercée par la chaise à roulettes sur Anna.

d) La force exercée par le sol sur Anna.

e) La force exercée par Mathias sur Anna.

Exercices d'entraînement

3 Mouvement d'un proton

★ 10 min ➔ Corrigé p. 112

Dans le référentiel terrestre supposé galiléen, un proton est animé d'un mouvement rectiligne uniforme. Ce proton pénètre alors dans une région de l'espace où existe un champ électrostatique uniforme. Le mouvement du proton peut-il rester rectiligne uniforme dans cette région de l'espace ? Justifier la réponse.

> **Rappel**
> Un proton est une particule chargé électriquement (positivement).

4 Mouvement d'un électron

★ 15 min ➔ Corrigé p. 113

Un électron (de charge électrique $-e = -1{,}6 \cdot 10^{-19}$ C et de masse $m = 9{,}1 \cdot 10^{-31}$ kg) se trouve dans un champ électrostatique uniforme (de valeur $E = 50$ N·C^{-1}) et dans le champ de pesanteur terrestre (de valeur $g = 9{,}81$ N·kg^{-1}). On néglige dans tout cet exercice l'action de l'air sur l'électron.

1. Dans le référentiel terrestre considéré comme galiléen, quelle est la valeur de l'accélération de l'électron si on néglige la force due au champ électrostatique ?

2. Dans le référentiel terrestre considéré comme galiléen, quelle est la valeur de l'accélération de l'électron si on néglige la force due au champ de pesanteur ?

3. Comparer ces deux accélérations et conclure.

5 Mouvement d'une balle

★★ 20 min ➔ Corrigé p. 114

Un homme fait tourner une balle au-dessus de sa tête avec une ficelle dans le sens inverse des aiguilles d'une montre. La balle tourne à vitesse constante dans le référentiel terrestre considéré comme galiléen.

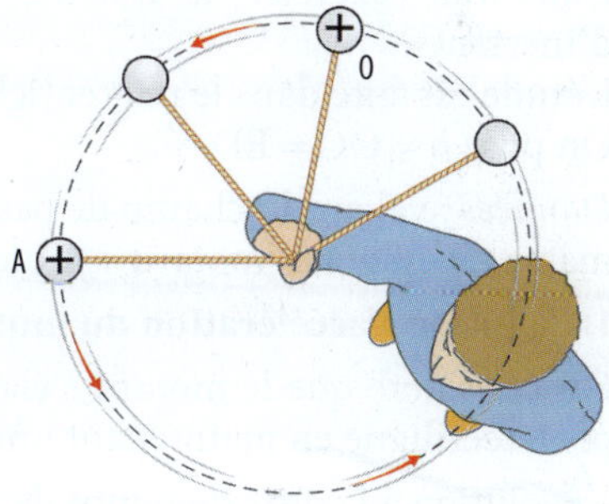

1. Effectuer un bilan des forces exercées sur la balle.

2. Tracer sur le schéma ci-contre la résultante des forces exercées sur la balle lorsqu'elle se trouve au point O.
Justifier votre réponse.

3. La ficelle se casse lorsque la balle arrive au point A. Tracer sur le schéma ci-dessus la trajectoire (vue de dessus) de la balle après que la ficelle se soit cassée. Justifier votre réponse.

Exercices de type bac

PRÉPARER L'ÉPREUVE ÉCRITE

6 Saut en longueur à moto

★★★ 40 min ➔ Corrigé p. 115

Extrait du baccalauréat ; conforme au nouveau programme

Le 31 mars 2008, l'Australien Robbie Maddison a battu son propre record de saut en longueur à moto à Melbourne. La Honda CR 500, après une phase d'accélération, a abordé le tremplin avec une vitesse de 160 km·h^{-1} et s'est envolée pour un saut d'une portée égale à 107 m.

Dans cet exercice, on étudie deux phases du mouvement (voir *figure* 1) :

– la phase d'accélération du motard (de A à B) ;

– le saut (au-delà de C).

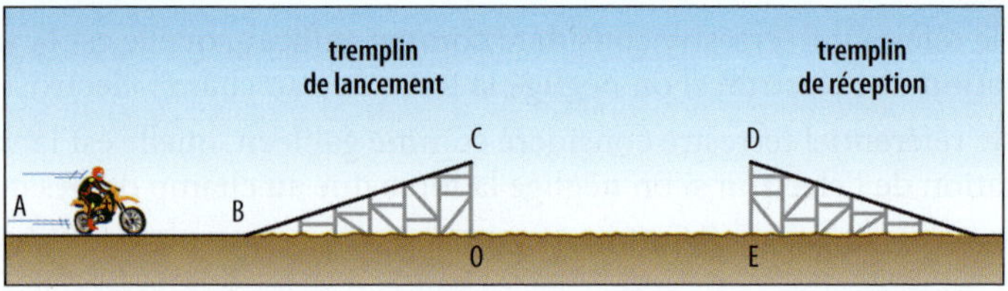

Figure 1

Dans tout l'exercice, le système {motard + moto} est assimilé à son centre d'inertie G.
L'étude est faite dans le référentiel terrestre considéré comme galiléen.
On pose h = OC = ED.

Données : valeur du champ de pesanteur terrestre : g = 9,81 m·s^{-2} ;
masse du système {motard + moto} : m = 180 kg.

1. La phase d'accélération du motard

On considère que le motard s'élance, avec une vitesse initiale nulle, sur une piste rectiligne en maintenant une accélération constante.

L'évolution au cours du temps de la valeur v de la vitesse du motard est représentée dans la *figure* 2.

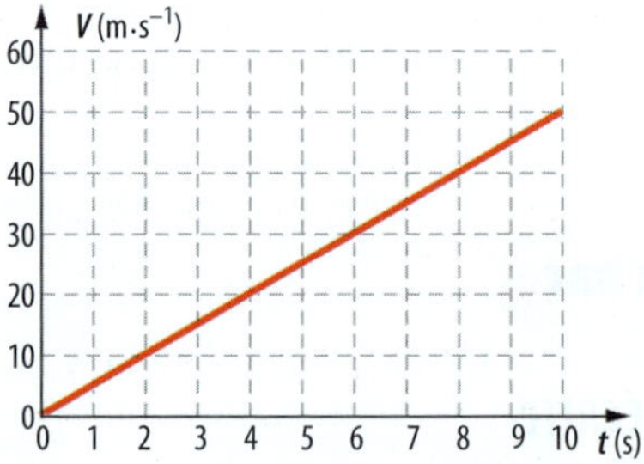

Figure 2 : Valeur v de la vitesse du système en fonction du temps

a) Montrer que la courbe donnée en *figure* 2 permet d'affirmer que la valeur de l'accélération est constante.

b) En utilisant la *figure* 2, estimer la valeur de l'accélération du motard.

2. Le saut

Le motard quitte le tremplin en C avec une vitesse initiale $v_0 = 160\ \text{km·h}^{-1}$.

Toutes les actions autres que le poids du système sont supposées négligeables. On souhaite étudier la trajectoire du centre G du système dans ces conditions.

Le repère $(O\ ;\ \vec{i}, \vec{k})$ et l'origine des dates est choisie à l'instant où le système quitte le point C (voir *figure* 3).

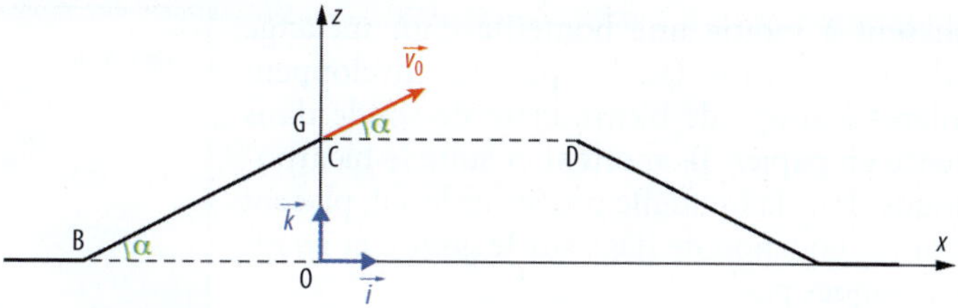

Figure 3

La vitesse initiale $\vec{v}_0$ du centre d'inertie G du système est incliné d'un angle $\alpha = 27°$ par rapport à l'horizontale.

a) Montrer que les équations horaires du mouvement du centre d'inertie G du système {motard + moto} s'écrivent :

$$x(t) = (v_0 \cos\alpha)\, t$$

$$z(t) = -\frac{1}{2} g\, t^2 + (v_0 \sin\alpha)\, t + h$$

Comment résoudre cette question ?

Il faut d'abord effectuer un bilan des forces exercées sur le système, appliquer la deuxième loi de Newton dans le référentiel galiléen, projeter le vecteur accélération dans le repère $(O\ ;\ \vec{i}, \vec{k})$, puis intégrer les résultats pour obtenir l'équation de la vitesse et les équations horaires du mouvement.

b) Montrer que l'équation de la trajectoire du système est :

$$z(x) = -\frac{g}{2v_0^2 \cos^2\alpha}\, x^2 + (\tan\alpha)\, x + h.$$

c) À quelle distance maximale de C doit se trouver le point D pour que « l'atterrissage » se fasse sur le tremplin ?

d) Comparer cette valeur avec celle donnée dans l'énoncé. Comment peut-on interpréter cet écart ?

Aide

Lors de l'application numérique, il faut utiliser la valeur de la vitesse initiale en m·s^{-1} :

$160\ \text{km·h}^{-1} = \frac{160}{3,6}\ \text{m·s}^{-1}$.

PRÉPARER L'ÉPREUVE PRATIQUE

Compétence expérimentale évaluée : analyser

7 Envol d'une fusée spatiale

★★ 15 min ➔ Corrigé p. 117

Dans la cour du lycée, des élèves, munis de blouses et de lunettes de protection, effectuent l'expérience suivante :

Ils remplissent à moitié une bouteille d'un mélange d'eau et de jus de citron (acide), puis ils enveloppent deux cuillères à soupe de bicarbonate de soude dans une serviette en papier. Ils mettent ensuite le bicarbonate de soude dans la bouteille posée sur le sol, placent rapidement un bouchon de liège sur le goulot et ils reculent de quelques pas.

La transformation chimique entre le bicarbonate et l'eau acide produit alors du gaz (du dioxyde de carbone) dans la bouteille et les élèves observent que le bouchon est éjecté dans les airs.

Faire le lien entre cette expérience et le décollage d'une fusée spatiale.

Pour aller plus loin

8 Déviation d'électrons dans le vide

★★★ 1 h ➔ Corrigé p. 118

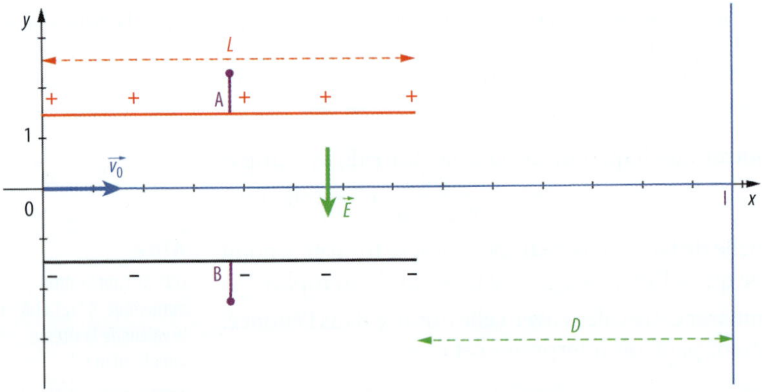

Des électrons pénètrent avec une vitesse horizontale $\vec{v_0}$ à l'intérieur d'un condensateur plan dans lequel règne le vide.

Entre les deux plaques horizontales A et B de ce condensateur de longueur L est appliqué un champ électrostatique uniforme $\vec{E}$.

On étudie le mouvement d'un électron de masse $m = 9{,}1 \cdot 10^{-31}$ kg et de charge $q = -e = -1{,}6 \cdot 10^{-19}$ C dans le référentiel terrestre supposé galiléen.

Ce référentiel est défini par un repère d'espace tel que :

– l'axe (Ox) est un axe horizontal de même direction et de même sens que $\vec{v_0}$;

– l'axe (Oy) est un axe vertical ascendant (le plan (xOy) contient le vecteur $\vec{v_0}$) ;

– l'axe (Oz) est perpendiculaire au plan (xOy).

On choisit comme origine des dates l'instant où l'électron pénètre dans le condensateur.

Données : $E = 5{,}0 \cdot 10^3$ N·C^{-1} ; $g = 9{,}81$ N·kg^{-1} ; $v_0 = 3{,}0 \cdot 10^7$ m·s^{-1} ;
$L = 15$ cm ;
$D = 10$ cm.

1. Définir les équation horaires du mouvement de l'électron lorsqu'il se trouve dans le condensateur et qu'il est soumis au champ électrostatique uniforme $\vec{E}$.

2. Après la sortie du condensateur, les électrons forment un point lumineux S sur un écran fluorescent placé à la distance D du condensateur. Calculer la distance IS entre le centre de l'écran I et le point lumineux S dû à l'interaction entre les électrons et l'écran fluorescent.

Astuce

Il est possible de négliger le poids de l'électron devant la force due au champ électrostatique (voir l'exercice 4).

Comment résoudre cette question ?

Pour résoudre cette question difficile, il faut d'abord :

– établir l'équation de la trajectoire du mouvement lorsque l'électron est soumis au champ électrostatique uniforme ;

– déterminer les coordonnées de l'électron à la sortie du condensateur ;

– trouver la trajectoire du mouvement de l'électron une fois sorti du condensateur en considérant que l'électron n'est alors soumis à aucune force.

QCM et questions courtes

1 Vrai ou faux ?

1. Vrai → Dans le référentiel du manège, l'enfant est immobile.

2. Vrai → Dans le référentiel terrestre, l'enfant a un mouvement circulaire uniforme.

> **→ À savoir**
>
> La trajectoire de l'enfant dépend du référentiel choisi. Il est donc indispensable de définir un référentiel dès que l'on veut définir un mouvement.

2 Faites votre choix !

1. c) On ne peut rien conclure sur l'accélération du corps si on connaît sa vitesse à un seul instant donné.

Dans un référentiel galiléen, si la vitesse d'un corps de masse m est nulle à un instant donné, **on ne peut rien conclure sur son accélération**. En effet, l'accélération d'un corps est égale à la dérivée de la vitesse en fonction du temps. Il est donc **nécessaire de connaître la vitesse du corps à au moins deux instants différents** pour être en mesure de déterminer son accélération.

> **Piège à éviter**
>
> Le fait que la vitesse soit nulle à un instant donné ne signifie pas que la fonction $v = f(t)$ soit nulle à chaque instant.

2. a), c) et e) Les forces extérieures exercées sur Anna sont :

– la force exercée par la Terre sur Anna (appelée également **le poids d'Anna**), car Anna se trouve dans le champ de pesanteur de la Terre ;

– **la force exercée par la chaise à roulettes sur Anna,** car Anna est en contact avec la chaise à roulettes ;

– **la force exercée par Mathias sur Anna,** car Anna est en contact avec Mathias.

Le fauteuil et le sol n'exercent pas de force avec Anna car ils ne sont pas en contact avec Anna.

> **Piège à éviter**
>
> Même si ce n'est pas Mathias qui « agit », il exerce tout de même une force sur Anna d'après la troisième loi de Newton.

Exercices d'entraînement

3 Mouvement d'un proton dans un champ électrostatique

Un proton a initialement un mouvement rectiligne uniforme dans un référentiel galiléen, ce qui signifie que les forces qui s'exercent sur lui se compensent d'après la première loi de Newton.

Ensuite, lorsque le proton pénètre dans une région de l'espace où existe une champ électrostatique uniforme $\vec{E}$, il subit une force supplémentaire :

$$\vec{F} = q \times \vec{E} \quad \text{avec } q \text{ la charge, positive, du proton.}$$

Les forces qui s'exercent sur le proton dans cette région de l'espace ne se compensent donc plus. Ainsi, d'après la première loi de Newton, **son mouvement n'est plus rectiligne uniforme**.

Remarque

Si le champ électrostatique est dans la même direction que la vitesse du proton, le proton aura un mouvement rectiligne uniformément varié dans cette région de l'espace.

Si le champ électrostatique est dans une autre direction, le mouvement du proton ne sera plus rectiligne.

4 Mouvement d'un électron

1. Si l'on néglige la force due au champ électrostatique, la seule force exercée sur l'électron est la force due au champ de pesanteur : le poids de l'électron : $\overrightarrow{F_{\text{Terre - électron}}}$.

Dans le référentiel terrestre considéré comme galiléen, $\frac{d\vec{P}}{dt} = m \times \vec{a} = \overrightarrow{F_{\text{Terre - électron}}}$ d'après la deuxième loi de Newton.

Comme $\overrightarrow{F_{\text{Terre - électron}}} = m \times \vec{g}$, on trouve que $m \times \vec{a} = m \times \vec{g}$.

Ainsi, $\vec{a} = \vec{g}$.

En projetant ces deux vecteurs suivant un axe colinéaire à $\vec{g}$, on trouve la valeur de l'accélération si on tient compte uniquement du champ de pesanteur :

$$a = g = 9{,}81 \text{ N·kg}^{-1} = \mathbf{9{,}81\ m·s^{-2}}.$$

Remarque

On peut utiliser indifféremment comme unité le N·kg^{-1} ou le m·s^{-2}.

2. Si l'on néglige la force due au champ de pesanteur, la seule force exercée sur l'électron est la force due au champ électrostatique :

$$\vec{F} = q \times \vec{E}.$$

Dans le référentiel terrestre considéré comme galiléen :

$$\frac{d\vec{P}}{dt} = m \times \vec{a} = \vec{F} = q \times \vec{E} \quad \text{d'après la deuxième loi de Newton.}$$

Ainsi, $\vec{a} = \frac{q \times \vec{E}}{m}$.

En projetant ces deux vecteurs suivant un axe colinéaire à $\vec{E}$, on trouve la valeur de l'accélération si on tient compte uniquement du champ électrostatique :

$$a = \frac{q \times E}{m} = \frac{1{,}6 \cdot 10^{-19} \times 50}{9{,}1 \cdot 10^{-31}} = \mathbf{8{,}8·10^{12}\ \ m·s^{-2}}.$$

CORRIGÉS

Chiffres significatifs

Les données sont exprimées avec deux chiffres significatifs : le résultat doit donc être lui aussi exprimé avec deux chiffres significatifs.

3. L'accélération due au champ électrostatique est environ 10^{12} fois plus importante que l'accélération due au champ de pesanteur terrestre. Il est donc **possible de négliger le poids d'une particule chargée dans un champ électrostatique uniforme devant la force due au champ électrostatique uniforme**.

5 Mouvement d'une balle

1. Les forces qui s'exercent sur la balle sont : la force exercée par la Terre sur la balle (**le poids de la balle**), **la force exercée par la ficelle sur la balle** et éventuellement la force (de frottements) exercée par l'air sur la balle.

Piège à éviter

L'homme n'exerce pas de force sur la balle, car il n'y a pas de contact entre l'homme et la balle.

2. Au point O, la résultante $\vec{F}$ des forces exercées sur la balle est **centripète** comme cela est indiqué sur le schéma. En effet, le mouvement de la balle étant circulaire et uniforme, l'accélération de la balle est centripète. De plus, dans le référentiel terrestre considéré comme galiléen, on peut appliquer la deuxième loi de Newton :

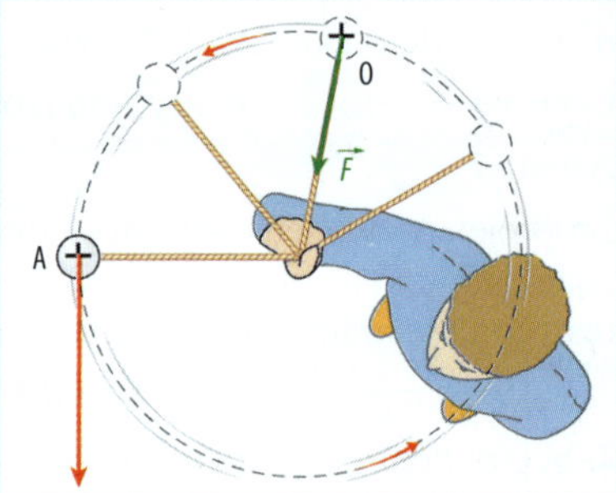

$$\frac{d\vec{P}}{dt} = \frac{d(m \times \vec{v})}{dt} = m \times \vec{a} = \sum \vec{F}_{ext} = \vec{F}.$$

Ainsi, comme m est une constante positive, si $\vec{a}$ est centripète, $\vec{F}$ l'est également.

3. Après que la ficelle se soit cassée au point A, une seule force ayant une composante non nulle dans le plan du cercle de la trajectoire peut encore éventuellement être exercée sur la balle : la force (de frottements) de l'air. Cette force étant forcément dans la direction de la balle, la trajectoire de la balle (vue de dessus) est **une ligne droite** d'après la deuxième loi de Newton.

Remarque

Il ne faut pas confondre sens et direction d'une force. Par exemple, la force de frottements est dans la direction de la vitesse de la balle mais elle est de sens opposé.

Bien comprendre

Le poids de la balle s'exerce aussi sur la balle mais la direction de cette force est verticale. On n'en tient donc pas compte dans cette question étant donné qu'on s'intéresse uniquement aux forces exercées sur la balle ayant une composante horizontale (on s'intéresse à la trajectoire vue de dessus).

Exercices de type bac

PRÉPARER L'ÉPREUVE ÉCRITE

6 Saut en longueur à moto

1. a) Le graphe (*figure* 2) $v = f(t)$ est une **droite passant par l'origine.**

La valeur de la vitesse est donc **proportionnelle au temps** : $v = k\,t$ avec k une constante positive égale au coefficient directeur de la droite : $k = \dfrac{\mathrm{d}v}{\mathrm{d}t}$.

Rappel

La valeur de l'accélération a est égale à $\dfrac{\mathrm{d}v}{\mathrm{d}t}$ uniquement si le mouvement est rectiligne.

Par définition l'accélération $\vec{a}(t)$ est égale à $\vec{a}(t) = \dfrac{\mathrm{d}\vec{v}(t)}{\mathrm{d}t}$.

Ainsi, si le mouvement est rectiligne, la valeur de l'accélération est égale à $a = \dfrac{\mathrm{d}v}{\mathrm{d}t} = k$ d'après la *figure* 2.

Comme k est une constante, la valeur de l'accélération du motard est constante.

b) Pour estimer la valeur de la valeur de l'accélération a, on mesure le coefficient directeur k de la droite à partir des coordonnées du point O (0 ; 0) et du point A (50 ; 10).

$a = k = \dfrac{v(\mathrm{A}) - v(\mathrm{O})}{t(\mathrm{A}) - t(\mathrm{O})} = \dfrac{50-0}{10-0} = \mathbf{5{,}0\ m{\cdot}s^{-2}}$.

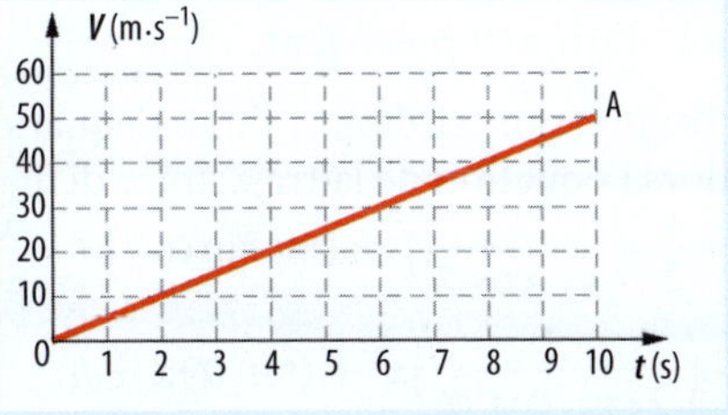

Figure 2 : Valeur v de la vitesse du système en fonction du temps

CORRIGÉS

2. a) Dans le référentiel terrestre supposé galiléen, le système {motard + moto} n'est soumis qu'à son poids : $\vec{P}_{\text{TERRE}} = m \times \vec{g}$ avec $\vec{g}$ le champ de pesanteur terrestre uniforme.

D'après la deuxième loi de Newton : $\dfrac{d\vec{P}}{dt} = \dfrac{d(m \times \vec{v})}{dt} = \sum \vec{F}_{\text{ext}}$ et comme la masse m du système ne varie pas en fonction du temps, on obtient l'équation :

$$m\frac{d\vec{v}}{dt} = m \times \vec{a} = \sum \vec{F}_{\text{ext}} = m \times \vec{g}.$$

Ainsi, $m \cdot \vec{a} = m \cdot \vec{g}$ et $\vec{a} = \vec{g}$.

En projetant les vecteurs dans le repère (O ; $\vec{i}$, $\vec{k}$) on trouve $\vec{a}\begin{cases} a_x = 0 \\ a_z = -g \end{cases}$.

Comme $\vec{a} = \dfrac{d\vec{v}}{dt}$, alors $\vec{a}\begin{cases} a_x = \dfrac{dv_x}{dt} = 0 \\ a_z = \dfrac{dv_z}{dt} = -g \end{cases}$ et $\vec{v}\begin{cases} v_x = \text{cte}_1 \\ v_z = -g \cdot t + \text{cte}_2 \end{cases}$.

D'après l'énoncé, $\vec{v}(0) = \vec{v}_0$, d'où $\begin{cases} v_x(0) = v_0 \cdot \cos\alpha = \text{cte}_1 \\ v_z(0) = v_0 \cdot \sin\alpha = 0 + \text{cte}_2 \end{cases}$.

Le vecteur vitesse du système s'écrit donc $\vec{v}\begin{cases} v_x = v_0 \cdot \cos\alpha \\ v_z = -g \cdot t + v_0 \cdot \sin\alpha \end{cases}$.

De plus, comme $\vec{v} = \dfrac{d\overrightarrow{OG}}{dt}$, on trouve que $\vec{v}\begin{cases} v_x = \dfrac{dx}{dt} = v_0 \cdot \cos\alpha \\ v_z = \dfrac{dz}{dt} = -g \cdot t + v_0 \cdot \sin\alpha \end{cases}$.

Ainsi, $\overrightarrow{OG}\begin{cases} x = (v_0 \cdot \cos\alpha)t + \text{cte}_3 \\ z = -\dfrac{1}{2}g \cdot t^2 + (v_0 \cdot \sin\alpha)t + \text{cte}_4 \end{cases}$.

Or, d'après les conditions initiales, $\overrightarrow{OG}(0) = h\vec{k}$ soit $\begin{cases} x(0) = 0 = \text{cte}_3 \\ z(0) = h = \text{cte}_4 \end{cases}$.

Ainsi, on trouve que les équations horaires du mouvement du point G s'écrivent :

$$\overrightarrow{OG}\begin{cases} x(t) = (v_0 \cdot \cos\alpha) \cdot t \\ z(t) = -\dfrac{1}{2}g \cdot t^2 + (v_0 \cdot \sin\alpha)t + h \end{cases}$$

b) D'après l'équation horaire $x(t)$ précédente : $t = \dfrac{x}{v_0 \cdot \cos\alpha}$.

On remplace t par l'expression ci-dessus dans l'équation horaire $z(t)$ précédente et on trouve alors l'équation de la trajectoire demandée :

$$z(x) = -\frac{1}{2}g\left(\frac{x}{v_0 \cdot \cos\alpha}\right)^2 + (v_0 \cdot \sin\alpha) \cdot \left(\frac{x}{v_0 \cdot \cos\alpha}\right) + h$$

$$z(x) = -\left(\frac{g}{2 \cdot v_0^2 \cdot \cos^2\alpha}\right)x^2 + (\tan\alpha)x + h.$$

c) « L'atterrissage » se fait sur le tremplin si $z(x_D) \geq h$ et la distance maximale du point D correspond à $z(x_D) = h$.

Rappel mathématique

$\dfrac{\sin \alpha}{\cos \alpha} = \tan \alpha$.

D'après l'équation de la trajectoire :

$$-\frac{g}{2 \cdot v_0^2 \cdot \cos^2 \alpha} x_D^2 + (\tan \alpha) x_D + h = h \Longleftrightarrow x_D \left(\tan \alpha - \frac{g \cdot x_D}{2 \cdot v_0^2 \cdot \cos^2 \alpha} \right) = 0.$$

La solution $x_D = 0$ n'étant « physiquement » pas possible, on trouve :

$$\left(\tan \alpha - \frac{g \cdot x_D}{2 \cdot v_0^2 \cdot \cos^2 \alpha} \right) = 0.$$

Ainsi, $x_D = \dfrac{2 \cdot v_0^2 \cdot \tan \alpha \cdot \cos^2 \alpha}{g} = \dfrac{2 \cdot v_0^2 \dfrac{\sin \alpha}{\cos \alpha} \cdot \cos^2 \alpha}{g} = \dfrac{2 \cdot v_0^2 \cdot \sin \alpha \cdot \cos \alpha}{g}$.

D'où $x_D = \dfrac{v_0^2 \cdot \sin(2\alpha)}{g}$.

Rappel mathématique

$2 \sin \alpha \times \cos \alpha = \sin 2\alpha$.

A. N. : $x_D = \dfrac{\left(\dfrac{160}{3,6} \right)^2 \times \sin(2 \times 27)}{9,81} = \mathbf{1{,}6 \cdot 10^2\ m}$.

Chiffres significatifs

Le résultat doit être exprimé avec deux chiffres significatifs étant donné que la donnée la moins précise (l'angle initial de 27°) est exprimée avec deux chiffres significatifs.

d) Cette valeur est supérieure à la valeur donnée dans l'énoncé (107 m). En effet, **les forces de frottements n'ont pas été prises en compte** lors de l'étude du système. Si on en avait tenu compte, la portée du saut calculée aurait été plus faible.

PRÉPARER L'ÉPREUVE PRATIQUE

7 Envol d'une fusée spatiale

Dans l'expérience réalisée par les élèves, la quantité de matière du dioxyde de carbone augmente dans la bouteille, la force pressante (verticale vers le haut) exercée par les gaz présents dans la bouteille sur le bouchon augmente donc et le bouchon s'envole.

Dans le cas d'une fusée spatiale, le décollage de celle-ci est **aussi dû à une augmentation de la force (verticale et vers le haut) exercée par les gaz de l'atmosphère sur la fusée**. En effet, lors de la mise en route des réacteurs de la fusée, les réacteurs exercent une force sur les gaz placés sous la fusée et, d'après la troisième loi de Newton, ces gaz exercent aussi une force sur les réacteurs et sur la fusée.

CORRIGÉS

Pour aller plus loin

8 La déviation d'électrons

1. Étant donné que l'on peut négliger le poids de l'électron devant la force due au champ électrostatique (voir l'*exercice* 4), la seule force qui s'exerce sur l'électron dans le condensateur est la force due au champ électrostatique uniforme :

$$\vec{F} = q \cdot \vec{E}.$$

Dans le référentiel terrestre considéré comme galiléen, l'application de la deuxième loi de Newton donne alors l'équation $\frac{d\vec{P}}{dt} = \frac{d(m \times \vec{v})}{dt} = \sum \vec{F}_{ext}$ et comme la masse m de l'électron ne varie pas en fonction du temps, on obtient l'équation $m\frac{d(\vec{v})}{dt} = m \times \vec{a} = \sum \vec{F}_{ext} = q \times \vec{E}$.

Ainsi $m \cdot \vec{a} = q \cdot \vec{E}$ et $\vec{a} = \frac{q}{m} \cdot \vec{E} = -\frac{e}{m} \cdot \vec{E}$.

Dans le repère de l'étude, les coordonnées du vecteur accélération s'écrivent donc :

$$\vec{a}\begin{cases} a_x = 0 \\ a_y = -\frac{e}{m} \times (-E) = \frac{e \times E}{m} \\ a_z = 0 \end{cases}.$$

Astuce

$E_y = -E$ car $\vec{E}$ est dans le sens opposé à l'axe (O*y*).

Comme $\vec{a} = \frac{d\vec{v}}{dt}$, alors $\vec{a}\begin{cases} a_x = \frac{dv_x}{dt} = 0 \\ a_y = \frac{dv_y}{dt} = \frac{e \times E}{m} \\ a_z = \frac{dv_z}{dt} = 0 \end{cases}$ et $\vec{v}\begin{cases} v_x = \text{cte}_1 \\ v_y = \frac{e \times E}{m}t + \text{cte}_2 \\ v_z = \text{cte}_3 \end{cases}$

D'après l'énoncé, $\vec{v}(0) = \vec{v}_0$, d'où $\vec{v}\begin{cases} v_x(0) = v_0 = \text{cte}_1 \\ v_y(0) = 0 = 0 + \text{cte}_2. \\ v_z(0) = 0 = \text{cte}_3 \end{cases}$

Le vecteur vitesse de l'électron s'écrit donc $\vec{v}\begin{cases} v_x = v_0 \\ v_y = \frac{e \times E}{m}t. \\ v_z = 0 \end{cases}$

Comme $\vec{v} = \frac{d\overrightarrow{OM}}{dt}$, on trouve que $\overrightarrow{OM}\begin{cases} x = v_0 t + \text{cte}_4 \\ y = \frac{1}{2} \times \frac{e \times E}{m}t^2 + \text{cte}_5. \\ z = \text{cte}_6 \end{cases}$

Or d'après les conditions initiales, $\overrightarrow{OM}(0) = \vec{0}$, d'où $cte_4 = cte_5 = cte_6 = 0$.
Ainsi, les équations horaires du mouvement de l'électron s'écrivent :

$$\overrightarrow{OM}\begin{cases} x = v_0 t \\ y = \dfrac{1}{2} \times \dfrac{e \times E}{m} t^2. \\ z = 0 \end{cases}$$

> **Remarque**
> Le mouvement de l'électron est plan (dans le plan (xOy)) car $z = 0$ quel que soit l'instant t.

2. Pour calculer la distance IS entre le centre de l'écran I et le point lumineux S dû à l'interaction entre les électrons et l'écran fluorescent, il faut d'abord établir l'équation de la trajectoire du mouvement $y = f(x)$ lorsque l'électron est soumis au champ électrostatique dans le condensateur. Pour cela, on remplace t par $\dfrac{x}{v_0}$ dans l'équation horaire $y(t)$ précédente (car $x = v_0\, t$) et on trouve l'équation de la trajectoire : $y(x) = \dfrac{1}{2}\dfrac{e \times E}{m} \cdot \left(\dfrac{x}{v_0}\right)^2$.

Ainsi, les coordonnées de l'électron à la sortie du condensateur sont :

$$\begin{cases} x_{\text{conden}} = L = \mathbf{15\ cm} \\ y_{\text{conden}} = \dfrac{1}{2}\dfrac{e \times E}{m} \cdot \left(\dfrac{L}{v_0}\right)^2 = \dfrac{1}{2} \times \dfrac{1{,}6 \cdot 10^{-19} \times 5{,}0 \cdot 10^3}{9{,}1 \cdot 10^{-31}} \times \left(\dfrac{1{,}5 \cdot 10^{-1}}{3{,}0 \cdot 10^7}\right) \end{cases}$$

$$y_{\text{conden}} = 1{,}1 \cdot 10^{-2}\,\text{m} = 1{,}1\,\text{cm}.$$

> **Chiffres significatifs**
> Le résultat doit être exprimé avec deux chiffres significatifs étant donné que toutes les données ont deux chiffres significatifs.

Une fois sorti du condensateur, on peut considérer que l'électron n'est soumis à aucune force car le champ électrostatique est nul en dehors du condensateur et on peut négliger l'effet du poids de l'électron sur son mouvement étant donné que sa vitesse est très grande. Ainsi, d'après la première loi de Newton dans le référentiel terrestre considéré comme galiléen, le mouvement de l'électron est rectiligne uniforme après la sortie du condensateur.

> **Remarque**
> Il n'y a pas non plus de forces de frottements exercées sur l'électron car le vide règne dans cette enceinte.

La direction du mouvement de l'électron à la sortie du condensateur est alors égale à celle de la tangente à la trajectoire de l'électron définie ci-dessus.

Dans le nouveau repère défini sur le schéma ci-contre, l'équation $y' = f(x')$ de cette tangente est égale à $y' = kx' + p$ avec :

$$k = \left(\frac{dy}{dx}\right)_{x=L} = \frac{e \times E}{m} \times \frac{L}{v_0^2}$$

$$p = y_{\text{conden}}.$$

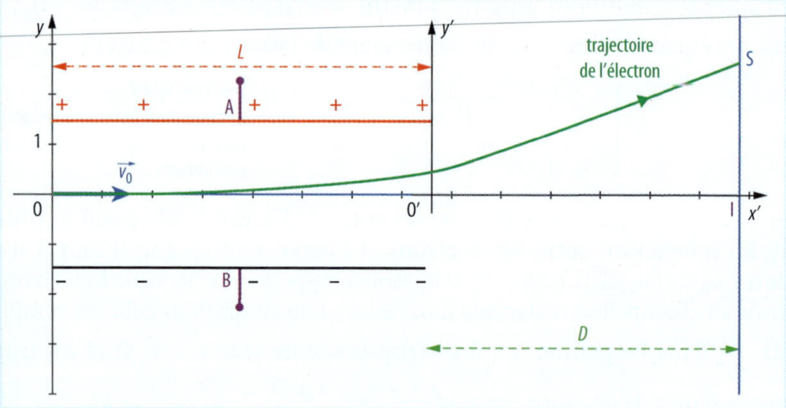

Ainsi, les coordonnées des points I et S dans ce nouveau repère sont :

$$I\begin{cases} x' = D \\ y' = 0 \end{cases} \quad \text{et} \quad S\begin{cases} x' = D \\ y' = k.D + p = \dfrac{e \times E}{m} \cdot \dfrac{L}{v_0^2} \cdot D + y_{\text{conden}} \end{cases}$$

Finalement : $I\begin{cases} x' = 1{,}0 \cdot 10^{-1} \\ y' = 0 \end{cases}$

$$\text{et } S\begin{cases} x' = 1{,}0 \cdot 10^{-1} \\ y' = \dfrac{1{,}6 \cdot 10^{-19} \times 5{,}0 \cdot 10^{3}}{9{,}1 \cdot 10^{-31}} \cdot \dfrac{1{,}5 \cdot 10^{-1}}{(3{,}0 \cdot 10^{7})^{2}} \cdot 1{,}0 \cdot 10^{-1} + 1{,}1 \cdot 10^{-2} = 2{,}6 \cdot 10^{-2}. \end{cases}$$

La distance IS est alors égale à IS = $2{,}6 \cdot 10^{-2}$ m = **2,6 cm**.

Ainsi, si les électrons sont soumis à un champ électrostatique uniforme égal à $5{,}0 \cdot 10^3$ N·C^{-1} dans le condensateur étudié, ils seront déviés de 2,6 cm sur l'écran fluorescent.

CHAPITRE 6

Étude des mouvements des planètes et des satellites

COMPÉTENCES EXIGIBLES

- Démontrer que, dans l'approximation des trajectoires circulaires, le mouvement d'un satellite, d'une planète, est uniforme.
- Établir l'expression de sa vitesse et de sa période.
- Connaître les trois lois de Kepler ; exploiter la troisième loi dans le cas d'un mouvement circulaire.

COURS

1 Théorie de la gravitation universelle

• De façon générale, deux corps ponctuels (ou assimilés comme tels) A et B, de masses m_A et m_B, s'attirent mutuellement : A exerce sur B une force $\vec{F}_{A/B}$ qui attire B ; B exerce sur A une force $\vec{F}_{B/A}$ qui attire A.

Ces forces, de portée infinie, sont :

– dirigées suivant la direction de la droite (AB) ;

– appliquées au centre de gravité des corps ;

– de valeur $F_{A/B} = F_{B/A} = G\dfrac{m_A m_B}{AB^2}$ avec G la constante de gravitation universelle ($G = 6{,}67 \cdot 10^{-11}$ SI), m_A et m_B les masses des corps (en kg), et AB la distance entre les deux corps (en m).

• Par exemple, si on étudie le mouvement d'un satellite autour de la Terre, la force de gravitation exercée par la Terre sur le satellite est égale à $\boldsymbol{\vec{F} = -G\dfrac{M_T m}{r^2}\vec{i}}$ avec G la constante de gravitation universelle, M_T et m les masses de la Terre et du satellite en kg et r la distance (centre de la Terre-centre du satellite) en m.

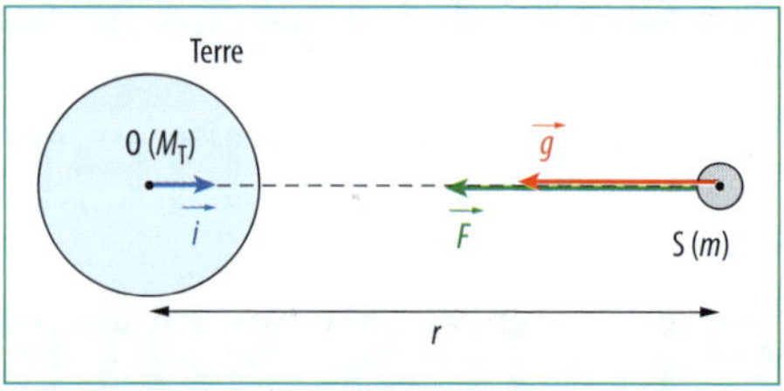

Doc. **Force de gravitation exercée par la Terre sur le satellite**

On peut alors assimiler cette force de gravitation à la force due au champ de pesanteur terrestre $\vec{g}$:

$$\vec{F} = \overrightarrow{P_{TERRE}} = m\vec{g} \quad \text{avec } \vec{g} = -G\frac{M_T}{r^2}\vec{i}.$$

Remarque

Contrairement au chapitre 5, le champ de pesanteur terrestre $\vec{g}$ n'est pas constant car il dépend de r.

2 Étude des mouvements des planètes

• Le mouvement de la Terre et des planètes du système solaire autour du Soleil s'étudie dans le référentiel **héliocentrique** supposé galiléen. Le repère d'espace de ce référentiel a pour origine le centre du Soleil et il est constitué de trois axes dirigés vers trois étoiles lointaines « fixes ».

Ces mouvements sont régis par des relations mathématiques : les **lois de Kepler**.

Histoire des sciences

Kepler (1571-1630) a découvert trois relations mathématiques qui régissent les mouvements des planètes sur leur orbite. Ces relations sont fondamentales car elles furent utilisées par Newton (1642-1727) pour construire la théorie de la gravitation universelle.

1 Première loi de Kepler

- Dans le référentiel héliocentrique, la trajectoire du centre d'une planète est une ellipse dont le centre du Soleil est l'un des foyers.

Remarque

Si on assimile l'ellipse à un cercle, les deux foyers de l'ellipse sont confondus avec le centre du cercle qui correspond alors au centre du Soleil.

2 Deuxième loi de Kepler

- Le rayon vecteur $\overrightarrow{SP}$ qui relie le centre du Soleil S au centre de la planète P balaie des aires égales pendant des durées égales.
- Sur le schéma ci-contre, $\Delta t = t_2 - t_1 = t_4 - t_3$, les aires colorées sont donc égales.
- Si on assimile l'ellipse à un cercle, on en déduit que le mouvement de la planète est circulaire uniforme (la valeur de la vitesse de la planète est constante dans ce cas).

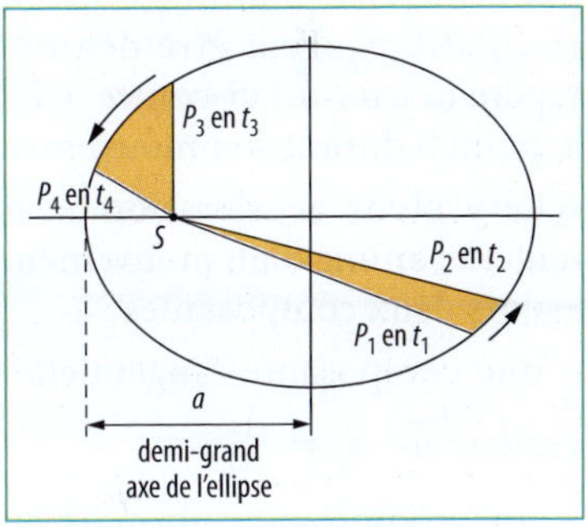

Doc. **Deuxième loi de Kepler : la loi des aires**

3 Troisième loi de Kepler

- Le rapport entre le carré de la période de révolution T d'une planète autour du Soleil et le cube du demi-grand axe a de son orbite elliptique est constant :

$$\frac{T^2}{a^3} = k.$$

- La constante k est la même pour toutes les planètes du système solaire. Ainsi, pour deux planètes différentes du système solaire, on peut écrire :

$$\frac{T^2}{a^3} = \frac{T'^2}{a'^3} = k.$$

3 Étude des mouvements circulaires des planètes ou des satellites

• On s'intéresse maintenant aux satellites ayant un mouvement circulaire autour de leur astre attracteur dans le référentiel supposé galiléen de l'astre et aux planètes pour lesquelles il est possible d'assimiler le mouvement elliptique à un mouvement circulaire dans le référentiel héliocentrique.

Remarque
Le mouvement d'un satellite autour de la Terre s'étudie dans le référentiel géocentrique supposé galiléen.

1 Éléments de cinématique pour les mouvements circulaires

• Les vecteurs vitesse et accélération d'un point matériel S animé d'un mouvement circulaire peuvent être définis suivant le repère (S ; $\vec{u}$, $\vec{n}$) ci-contre. Ce repère suit le point S durant son mouvement.

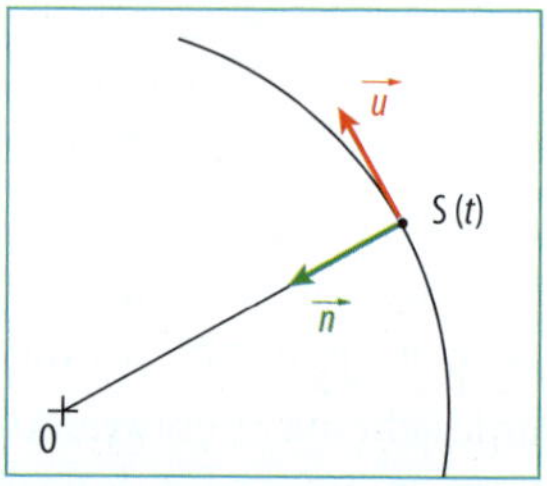

Doc. Repère (S ; $\vec{u}$, $\vec{n}$) à utiliser pour l'étude des mouvements circulaires

• Le vecteur accélération $\vec{a}$ d'un point matériel animé d'un mouvement circulaire a alors deux composantes :

– une composante tangentielle suivant le vecteur $\vec{u}$: $a_u = \dfrac{dv}{dt}$;

– une composante normale suivant le vecteur $\vec{n}$: $a_n = \dfrac{v^2}{r}$ avec v la valeur du vecteur vitesse (en m·s^{-1}) et r le rayon du cercle en m.

Notation
$\dfrac{dv}{dt}$ correspond à la dérivée de la valeur de la vitesse par rapport au temps.

2 Nature du mouvement circulaire des satellites et des planètes

• Une planète ou un satellite S attiré par un astre attracteur de masse M ne subit qu'une force : la force de gravitation $\vec{F} = G\dfrac{M\,m}{r^2}\vec{n}$.

Dans le référentiel de l'astre attracteur supposé galiléen, on applique la deuxième loi de Newton : $\dfrac{d\vec{p}}{dt} = \dfrac{d(m \times \vec{v})}{dt} = \sum \vec{F}_{ext} = \vec{F}$.

Comme la masse m de la planète ou du satellite ne varie pas en fonction du temps, on obtient l'équation $m\dfrac{d(\vec{v})}{dt} = m \times \vec{a} = \vec{F} = G\dfrac{M\,m}{r^2}\vec{n}$.

Ainsi, on trouve que $\vec{a} = G\frac{M}{r^2}\vec{n}$, ce qui signifie que la composante tangentielle de l'accélération est nulle : $a_u = \frac{dv}{dt} = 0$.

Si $\frac{dv}{dt} = 0$, la valeur de la vitesse du satellite est constante.

On en déduit qu'une planète ou un satellite à trajectoire circulaire a un mouvement **uniforme**.

3 Vitesse des satellites et des planètes

- D'après la deuxième loi de Newton : $\vec{a} = G\frac{M}{r^2}\vec{n}$.

L'accélération a donc uniquement une composante normale : $a_n = G\frac{M}{r^2}$.

Comme $a_n = \frac{v^2}{r}$, on trouve :

$$\frac{v^2}{r} = G\frac{M}{r^2}, \text{ soit } v^2 = G\frac{M}{r} \text{ et } v = \sqrt{G\frac{M}{r}}.$$

Remarque
La distance r entre les centres de l'astre attracteur et du satellite est égale à $r = R + h$ avec R le rayon de l'astre attracteur et h l'altitude du satellite.

- La valeur de la vitesse d'un satellite ayant un mouvement circulaire ne dépend pas de la masse m du satellite. Il dépend uniquement de la masse M de l'astre attracteur et de la distance le séparant du centre de cet astre : quand cette distance r augmente, la valeur de la vitesse v diminue.

4 Période de révolution des satellites et des planètes

- La période de révolution T est la durée mise par le satellite ou la planète pour faire un tour de l'astre attracteur, soit $T = \frac{2\pi r}{v} = 2\pi r\sqrt{\frac{r}{GM}} = 2\pi\sqrt{\frac{r^3}{GM}}$.
- En mettant au carré l'équation précédente, on retrouve la troisième loi de Kepler :

$$\frac{T^2}{r^3} = \frac{4\pi^2}{GM} = k$$

pour un même astre attracteur de masse M.

Remarque
Dans le cas de la troisième loi de Kepler, l'astre attracteur est le Soleil.

- Comme pour la valeur de la vitesse, la période de révolution d'un satellite ayant un mouvement circulaire dépend uniquement de M et de r : tous les satellites évoluant à la même altitude autour d'un même astre ont donc la même période de révolution, quelle que soit leur masse m.

QCM et questions courtes

1 Vrai ou faux ?

Corrigé p. 131

1. Référentiels

a) Le mouvement circulaire d'un satellite autour de la Terre s'étudie dans le référentiel héliocentrique. ☐ Vrai ☐ Faux

b) Dans le référentiel géocentrique, la Terre tourne sur elle-même. ☐ Vrai ☐ Faux

2. Forces de gravitation

a) Dans l'espace, la Terre n'est soumise à aucune force. ☐ Vrai ☐ Faux

b) Un homme assis sur un banc à la surface de la Terre exerce une force sur la Terre. ☐ Vrai ☐ Faux

Exercices d'entraînement

2 Satellites géostationnaires

★ 20 min Corrigé p. 131

Les satellites géostationnaires sont des satellites de télécommunication fixes dans le référentiel terrestre.

À quelle altitude doivent-ils être lancés pour être fixes dans le référentiel terrestre ?

Données : rayon de la Terre : $R_T = 6{,}4 \cdot 10^3$ km ; masse de la Terre : $M_T = 6{,}0 \cdot 10^{24}$ kg ; constante de gravitation universelle : $G = 6{,}67 \cdot 10^{-11}$ SI ; durée d'un jour sidéral : 23 h 56 min 4 s = 86 164 s.

Méthode

Pour répondre à cette question, il faut trouver les caractéristiques de la période de révolution d'un satellite géostationnaire dans le référentiel géocentrique.

3 Mesure de la masse de Saturne

★★ 20 min Corrigé p. 132

On peut assimiler le plus grand des satellites de Saturne, Titan, à un point ayant un mouvement circulaire uniforme dans le référentiel saturnocentrique supposé galiléen. On considère également que Titan est soumis à une seule force de gravitation due à Saturne.

1. Retrouver la masse M_S de Saturne en utilisant les données ci-dessous.

2. Calculer alors la valeur g_0 du champ de pesanteur de Saturne à sa surface.

Données : période de révolution de Titan autour de Saturne : $T = 16$ jours ; distance entre le centre de Titan et la surface de Saturne : $h = 1{,}16 \cdot 10^6$ km ; rayon de Saturne : $R_S = 6{,}0 \cdot 10^4$ km ; constante de gravitation universelle : $G = 6{,}67 \cdot 10^{-11}$ SI.

Exercice de type bac

PRÉPARER L'ÉPREUVE ÉCRITE

4 Des lois de Kepler à l'étude d'un astéroïde

★★★ 50 min Corrigé p. 133

Extrait du baccalauréat ; conforme au nouveau programmme

L'objectif de cet exercice est d'étudier le mouvement de quelques planètes du système solaire et de déterminer la masse de l'astéroïde Rhea Sylvia, récemment découvert par une équipe d'astronomes. Celui-ci a la forme d'une grosse pomme de terre mesurant quelques centaines de kilomètres.

Par souci de simplification, dans tout l'exercice, les astres étudiés sont considérés à répartition sphérique de masse.

Les représentations vectorielles demandées sont à effectuer sans souci d'échelle.

1. Planètes en orbite elliptique

La *figure* 1 ci-dessous représente la trajectoire elliptique du centre d'inertie M d'une planète du système solaire de masse m dans le référentiel héliocentrique considéré galiléen. Les deux foyers F_1 et F_2 de l'ellipse et son centre O sont indiqués.

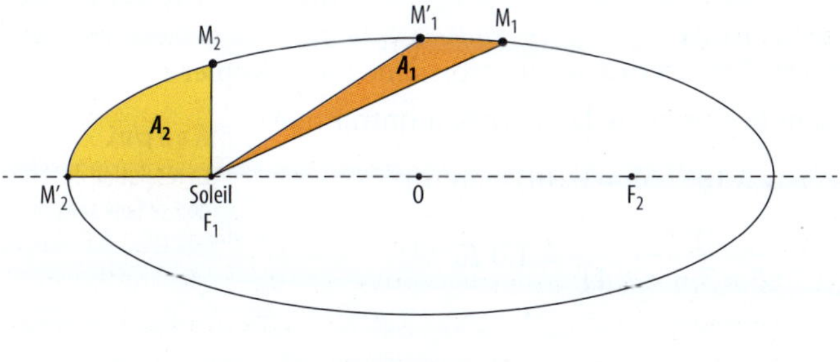

Figure 1

a) En utilisant une des lois de Kepler, justifier la position du Soleil indiquée sur la *figure* 1.

b) On suppose que les durées de parcours entre les points M_1 et M'_1 puis M_2 et M'_2 sont égales. En utilisant une des lois de Kepler, trouver la relation entre les aires hachurées A_1 et A_2 sur la *figure* 1.

c) La valeur de la vitesse moyenne entre les points M_1 et M'_1 est-elle inférieure, égale ou supérieure à celle entre les points M_2 et M'_2 ?
Justifier votre réponse.

2. Planètes en orbite circulaire

Dans cette partie, pour simplifier, on modélise les trajectoires des planètes du système solaire dans le référentiel héliocentrique par des cercles de rayon r dont le centre O est le Soleil de masse M_S.

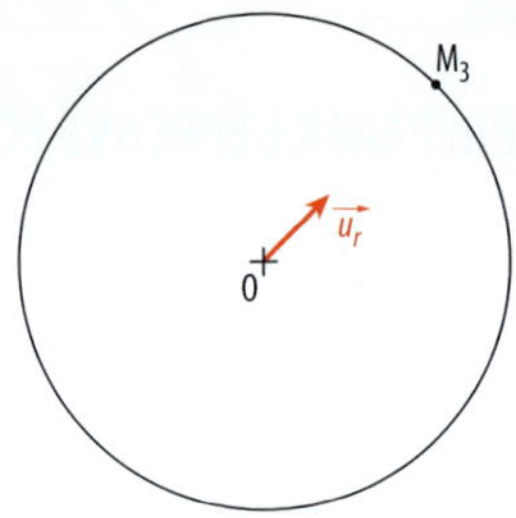

Figure 2

a) Représenter sur la *figure* 2 ci-contre la force de gravitation $\vec{F_3}$ exercée par le Soleil sur une planète quelconque du système solaire de masse m dont le centre d'inertie est situé au point M_3.

b) Donner l'expression vectorielle de cette force au point M_3, en utilisant le vecteur unitaire $\vec{u_r}$.

Pour la suite, on considère que les valeurs des autres forces de gravitation s'exerçant sur la planète sont négligeables par rapport à la valeur de $\vec{F_3}$.

c) En citant la loi de Newton utilisée, déterminer l'expression du vecteur accélération $\vec{a_3}$ du centre d'inertie d'une planète quelconque de masse m du système solaire dont le centre d'inertie est situé au point M_3.

d) En déduire la nature du mouvement du centre d'inertie d'une planète quelconque de masse m du système solaire.

e) Le graphe de la *figure* 3 ci-après représente l'évolution du carré de la période de révolution des planètes Terre, Mars et Jupiter en fonction du cube du rayon de leur orbite.
Ce graphe est-il en accord avec la troisième loi de Kepler ?

f) En utilisant le graphe de la *figure* 3, montrer que :

$$\frac{T^2}{r^3} = 3{\cdot}10^{-19}\ \text{SI} = 3{\cdot}10^{-34}\ \ \text{an}^2{\cdot}\text{m}^{-3}.$$

Donnée : $\dfrac{1}{(3,65 \times 3,6 \times 2,4)^2} = 1,0{\cdot}10^{-3}$.

Rappel
La résolution de cette question doit se faire sans calculatrice.

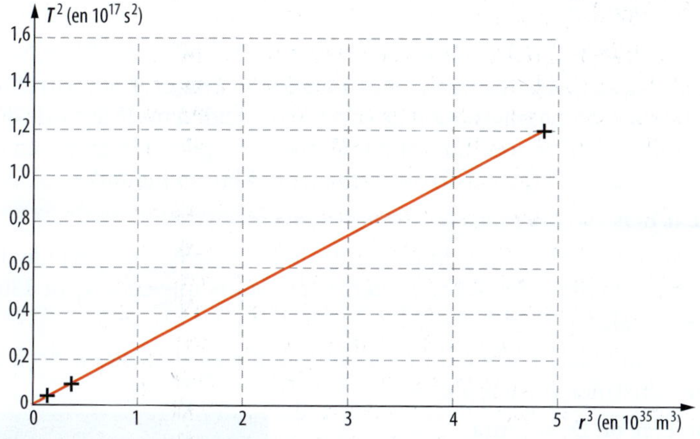

Figure 3 : $T^2 = f(r^3)$

g) *Une équipe composée de Franck Marchis (université de Californie à Berkeley) et de trois astronomes de l'Observatoire de Paris, Pascal Descamps, Daniel Hestroffer et Jérome Berthier, vient de découvrir un astéroïde, nommé Rhea Sylvia, qui gravite à une distance constante du Soleil avec une période de révolution de 6 ans. »*

D'après un article paru dans *Le Monde*, le 13.07.2005.

À l'aide des données de l'article précédent et du résultat de la question précédente, calculer la distance séparant les centres respectifs de Rhea Sylvia et du Soleil.

Donnée : $(1,2)^{1/3} = 1,1$.

Pour aller plus loin

5 Le cercle des planètes disparues

★★★ 40 min ➔ Corrigé p. 135

Extrait du baccalauréat ; conforme au nouveau programme

La planète Pluton, découverte par l'américain Clyde Tombaugh en 1930, était considérée comme la neuvième planète de notre système solaire. Le 5 janvier 2005, une équipe d'astronomes a découvert sur des photographies prises le 21 octobre 2003 un nouveau corps gravitant autour du Soleil. Provisoirement nommé 2003 UB313, cet astre porte maintenant le nom d'Éris du nom de la déesse grecque de la discorde. La découverte d'Éris et d'autres astres similaires

(2003 EL. 61, 2005 FY9...) a été le début de nombreuses discussions et controverses acharnées entre scientifiques sur la définition même du mot « planète ».

Au cours d'une assemblée générale, le 24 août 2006 à Prague, 2 500 astronomes de l'Union Astronomique Internationale (UAI) ont décidé à main levée de déclasser Pluton comme planète pour lui donner le rang de « planète naine » en compagnie d'Éris et de Cérès (gros astéroïde situé entre Mars et Jupiter).

1. Orbite d'Éris

Éris parcourt une orbite elliptique autour du Soleil avec une période de révolution T_E valant environ 557 années terrestres (alors que celle T_P de Pluton est égale à 248 ans).

Par rapport au Soleil, l'orbite d'Éris se situe-t-elle au-delà ou en-deçà de celle de Pluton ? Justifier votre réponse.

2. Découverte de Dysnomia

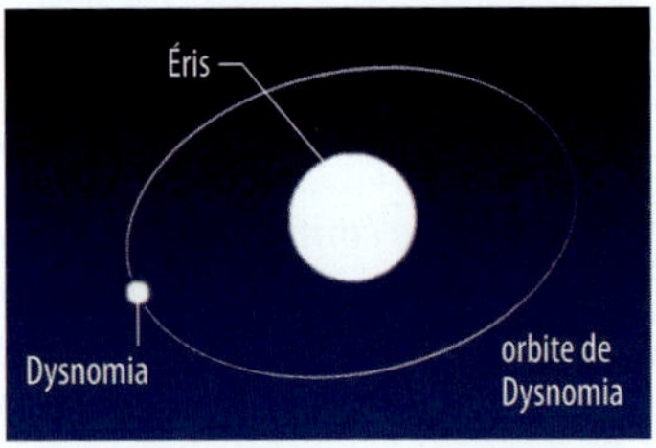

Les astronomes ont découvert ensuite qu'Éris possède un satellite naturel nommé Dysnomia.

Six nuits d'observation depuis la Terre ont permis de reconstituer l'orbite de Dysnomia, supposée circulaire et uniforme dans le référentiel « ériscentrique ».

Données : M_E et M_D sont les masses respectives d'Eris et de Dysnomia ;
masse de Pluton : $M_P = 1{,}31 \cdot 10^{22}$ kg ;
rayon de l'orbite circulaire de Dysnomia : $R_D = 3{,}60 \cdot 10^{7}$ m ;
période de révolution de Dysnomia : $T_D = 15{,}0$ jours $= 1{,}30 \cdot 10^{6}$ s ;
constante de gravitation universelle : $G = 6{,}67 \cdot 10^{-11}$ SI.

Le référentiel « ériscentrique », dont le centre est confondu avec le centre d'inertie d'Éris et dont les axes sont dirigés vers trois étoiles « fixes » lointaines, est supposé galiléen.

a) Déduire des données la masse M_E d'Éris.

Méthode

Pour déterminer la masse d'Éris, il faut appliquer la deuxième loi de Newton à Dysnomia.

b) Expliquer pourquoi la découverte d'Éris a remis en cause le statut de planète pour Pluton.

QCM et questions courtes

1 Vrai ou faux ?

1. a) Faux → Le mouvement circulaire d'un satellite autour de la Terre s'étudie dans le référentiel **géocentrique**. Dans le référentiel héliocentrique, le mouvement du satellite n'est pas circulaire.

b) Vrai → Dans le référentiel géocentrique, la Terre tourne sur elle-même car le repère d'espace de ce référentiel a pour origine le centre de la Terre et il est constitué de trois axes dirigés vers trois étoiles lointaines « fixes ».

Piège à éviter
La Terre est immobile dans le référentiel terrestre.

2. a) Faux → Dans l'espace, la Terre est notamment soumise aux forces de gravitation exercées par les différents astres du système solaire, car les forces de gravitation ont une portée infinie. La Terre tourne autour du Soleil, car la force de gravitation exercée par le Soleil est prépondérante par rapport aux autres forces de gravitation.

b) Vrai → Comme la Terre exerce une force de gravitation (le poids de l'homme) sur un homme assis sur un banc, l'homme exerce aussi une force sur la Terre d'après la troisième loi de Newton. Cette force exercée sur la Terre est toutefois négligeable devant d'autres forces comme la force de gravitation exercée par le Soleil sur la Terre.

Remarque
La valeur de la force exercée par la Terre sur l'homme est égale à celle exercée par l'homme sur la Terre. Cependant, les effets de ces deux forces sont différents car l'effet d'une force est d'autant plus grand que la masse de l'objet sur lequel s'exerce cette force est petite.

Exercices d'entraînement

2 Satellites géostationnaires

Les satellites géostationnaires sont des satellites de télécommunication fixes dans le référentiel terrestre.

Dans le référentiel géocentrique, leur période de révolution T est donc égale à la période de rotation propre de la Terre sur elle-même T_0.

Rappel
La période de rotation propre de la Terre sur elle-même T_0 est égale à un jour sidéral : 23 h 56 min 4 s = 86 164 s.

Or, dans la partie **3.3** du cours, on a trouvé que :

$$T = 2\pi\sqrt{\frac{r^3}{GM_T}}.$$

D'où $T = 2\pi\sqrt{\dfrac{r^3}{G \cdot M_T}} = 2\pi\sqrt{\dfrac{(R_T + h)^3}{G \cdot M_T}}$.

On met l'équation précédente au carré et on obtient alors :

$$T_0^2 = 4\pi^2 \frac{(R_T + h)^3}{GM_T}.$$

$$(R_T + h)^3 = \frac{T_0^2 \cdot G \cdot M_T}{4\pi^2} \Leftrightarrow R_T + h = \left(\frac{T_0^2 \cdot G \cdot M_T}{4\pi^2}\right)^{\frac{1}{3}}$$

D'où $h = \left(\dfrac{T_0^2 \cdot G \cdot M_T}{4\pi^2}\right)^{\frac{1}{3}} - R_T$.

Astuce

Pour trouver l'altitude h, il faut se rappeler que $r = R_T + h$ avec R_T le rayon de la Terre.

Rappel

Dans le système international (SI), la période de rotation propre T_0 est en s, la masse M_T est en kg et le rayon de la Terre R_T est en m.

Application numérique :

$$h = \left(\frac{86\,164^2 \cdot 6{,}67 \cdot 10^{-11} \cdot 6{,}0 \cdot 10^{24}}{4\pi^2}\right)^{\frac{1}{3}} - 6{,}4 \cdot 10^6 = \mathbf{3{,}6 \cdot 10^7\ m}.$$

On doit lancer un satellite à une altitude de **$3{,}6 \cdot 10^4$ km** pour que ce satellite soit géostationnaire (il faut aussi que sa trajectoire se trouve dans le plan équatorial de la Terre).

Chiffres significatifs

L'altitude est donnée avec une précision de deux chiffres significatifs car les données les moins précises ont deux chiffres significatifs.

3 Mesure de la masse de Saturne

1. Si on suppose que le satellite de Saturne, Titan, a un mouvement circulaire uniforme dans le référentiel saturno-centrique considéré comme galiléen, on peut retrouver la troisième loi de Kepler (partie **3.4** du cours) :

$$\frac{T^2}{r^3} = \frac{4\pi^2}{G \cdot M_S}.$$

La masse de Saturne est donc égale à $M_S = \dfrac{4\pi^2 \cdot r^3}{G \cdot T^2}$.

Cependant, les données de cet exercice ne précisent pas la distance r entre le centre de Saturne et le centre de Titan. Il faut donc trouver le lien entre cette grandeur et les données de l'énoncé non utilisées : la distance h entre le centre de Titan et la surface de Saturne et le rayon R_S de Saturne : $r = R_S + h$.

Remarque

La distance h entre le centre de Titan et la surface de Saturne correspond à l'altitude de Titan.

Ainsi $M_S = \dfrac{4\pi^2 \cdot (R_S + h)^3}{G \cdot T^2}$.

Application numérique : $M_S = \dfrac{4\pi^2(6{,}0 \cdot 10^7 + 1{,}16 \cdot 10^9)^3}{6{,}67 \cdot 10^{-11} \cdot (16 \times 24 \times 3\,600)^2} = \mathbf{5{,}6 \cdot 10^{26}\,kg}$.

La masse de la planète Saturne est égale à **5,6·10²⁶ kg**.

Unités et chiffres significatifs

Pour effectuer une application numérique correcte, les unités à utiliser sont le mètre pour le rayon de Saturne et l'altitude de Titan, la seconde pour la période de révolution de Titan et le kilogramme pour la masse de Saturne.

Le résultat doit être donné avec deux chiffres significatifs car les données les moins précises sont exprimées avec deux chiffres significatifs.

2. Pour calculer la valeur g_0 du champ de pesanteur de Saturne à sa surface, il faut savoir que l'on peut assimiler la force de gravitation exercée sur Titan à la force due au champ de pesanteur de Saturne $\vec{g}$: $\vec{F} = \overrightarrow{P_{Saturne}} = m\vec{g}$ avec $g_0 = G\dfrac{M_S}{r^2}$.

Ainsi, à la surface de Saturne, $g_0 = G\dfrac{M_S}{R_S^2}$.

Application numérique : $g_0 = 6{,}67 \cdot 10^{-11} \times \dfrac{5{,}6 \cdot 10^{26}}{(6{,}0 \cdot 10^7)^2} = \mathbf{10\ N{\cdot}kg^{-1}}$.

La valeur du champ de pesanteur de Saturne à sa surface est égale à **10 N·kg⁻¹**.

Exercice de type bac

PRÉPARER L'ÉPREUVE ÉCRITE

4 Des lois de Kepler à l'étude d'un astéroïde

1. a) D'après la première loi de Kepler, la trajectoire du centre d'une planète dans le référentiel héliocentrique est une ellipse dont le centre du Soleil est l'un des foyers. Sur la *figure* 1, le **Soleil se trouve sur le foyer F_1 de l'ellipse**.

b) D'après la deuxième loi de Kepler, le rayon vecteur $\overrightarrow{SM}$ balaye dans le référentiel héliocentrique des aires égales pendant des durées égales. **L'aire A_1 est donc égale à l'aire A_2** étant donné que les durées de parcours Δt entre les points M_1 et M'_1 puis entre les points M_2 et M'_2 sont égales.

c) La valeur de la vitesse moyenne entre les points M_1 et M'_1 est égale à $v_1 = \dfrac{M_1M'_1}{\Delta t}$ et celle entre M_2 et M'_2 est égale à $v_2 = \dfrac{M_2M'_2}{\Delta t}$ avec la même durée Δt.

D'après la *figure* 1, la distance $M_1M'_1$ est plus petite que la distance $M_2M'_2$. Ainsi, la vitesse moyenne v_1 entre les points M_1 et M'_1 est **inférieure** à la vitesse moyenne v_2 entre les points M_2 et M'_2.

À savoir

De façon plus générale, la vitesse moyenne d'une planète est d'autant plus grande qu'elle est proche du Soleil.

2. a) La force de gravitation $\vec{F_3}$ exercée par le Soleil sur une planète quelconque du système solaire de masse m dont le centre d'inertie est situé au point M_3 est représentée sur le schéma ci-contre.

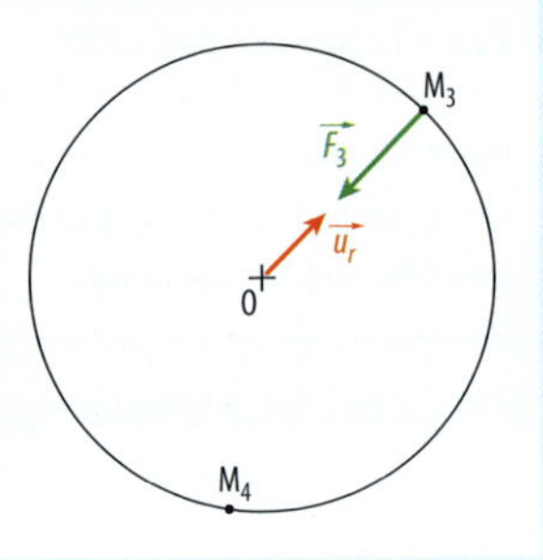

b) Son expression vectorielle s'écrit :

$$\vec{F_3} = -G \cdot \frac{m \cdot M_S}{r^2} \vec{u_r}.$$

c) Dans le référentiel héliocentrique supposé galiléen, on applique à la planète la deuxième loi de Newton.

Comme la seule force exercée sur la planète est la force de gravitation $\vec{F_3}$ et comme la masse de la planète est constante, on trouve que $m\vec{a_3} = \vec{F_3} = -G \cdot \frac{m \cdot M_S}{r^2}\vec{u_r}$ d'où $\vec{a_3} = -G \cdot \frac{M_S}{r^2}\vec{u_r}$.

d) Le vecteur accélération est normal ou radial (il est porté par le rayon r), ce qui signifie que sa composante tangentielle est nulle. Étant donné que la composante tangentielle du vecteur accélération est égale à $\frac{dv}{dt}$ (avec v la valeur de la vitesse de la planète), $\frac{dv}{dt} = 0$: la valeur de la vitesse v du satellite est donc constante.

Ainsi, le centre d'inertie d'une planète quelconque de masse m du système solaire ayant une orbite circulaire a un mouvement **uniforme**.

e) Le graphe $T^2 = f(r^3)$ est une droite passant par l'origine. Cela signifie que T^2 est proportionnelle à r^3, ce qui est bien en accord avec la troisième loi de Kepler pour laquelle $\frac{T^2}{r^3} = k$ avec k une constante.

f) On prend par exemple sur la droite le point de coordonnées ($r^3 = 2{,}0 \cdot 10^{35}$ m^3 ; $T^2 = 0{,}6 \cdot 10^{17}$ s^2).

$$\frac{T^2}{r^3} = \frac{0{,}6 \cdot 10^{17}}{2{,}0 \cdot 10^{35}} = \frac{6}{2{,}0} \times \frac{10^{16}}{10^{35}} = \mathbf{3 \cdot 10^{-19}\ s^2 \cdot m^{-3}}.$$

Remarque

L'unité SI est équivalente à $s^2 \cdot m^{-3}$ car la seconde et le mètre sont les unités légales du temps et de la longueur.

Pour convertir le résultat en an$^2 \cdot$m^{-3}, on multiplie le résultat précédent par :

$$\frac{1}{(365 \times 24 \times 3\,600)^2} = \frac{1}{(3{,}65 \times 2{,}4 \times 3{,}600 \times 10^6)^2} = \frac{1}{(3{,}65 \times 2{,}4 \times 3{,}600)^2 \times 10^{12}}$$

$$= \frac{10^{-12}}{(3{,}65 \times 2{,}4 \times 3{,}600)^2} = 1{,}0 \cdot 10^{-3} \times 10^{-12} = 1{,}0 \cdot 10^{-15}.$$

CORRIGÉS

CORRIGÉS

Ainsi, $\frac{T^2}{r^3} = \mathbf{3{\cdot}10^{-34}\ an^2{\cdot}m^{-3}}$.

Ce résultat est bien en accord avec les valeurs données dans la question.

g) D'après la question précédente, $\frac{T^2}{r^3} = 3{\cdot}10^{-34}$ an²·m⁻³, soit :

$r = \left(\frac{T^2}{3 \cdot 10^{-34}}\right)^{\frac{1}{3}}$ avec T en années.

On trouve donc :

$$r = \left(\frac{6^2}{3 \cdot 10^{-34}}\right)^{\frac{1}{3}} = \left(\frac{36}{30 \cdot 10^{-33}}\right)^{\frac{1}{3}}$$

$$= \left(\frac{1,2}{10^{-33}}\right)^{\frac{1}{3}} = \frac{(1,2)^{\frac{1}{3}}}{10^{-11}} = \frac{1,1}{10^{-11}} = \mathbf{1{\cdot}10^{11}\ m.}$$

Rappel

Pour résoudre cette question sans calculatrice, il faut utiliser l'aide au calcul de l'énoncé : $(1,2)^{1/3} = 1,1$.

Ainsi, la distance séparant les centres respectifs de Rhea Sylvia et du Soleil est égale à **1·10¹¹ m.**

→ Chiffres significatifs

La période de révolution T ainsi que la valeur de $\frac{T^2}{r^3}$ sont données avec un seul chiffre significatif.

Le résultat doit donc s'exprimer lui aussi avec un seul chiffre significatif.

Pour aller plus loin

5 Le cercle des planètes disparues

1. D'après la troisième loi de Kepler, le rapport entre le carré de la période de révolution T d'une planète autour du Soleil et le cube du demi-grand axe a de son orbite elliptique est constant : $\frac{T^2}{a^3} = \text{Cte}$. Si on applique cette loi à Pluton et Éris qui évoluent toutes les deux autour du Soleil, on trouve que :

$$\frac{T_E^2}{a_E^3} = \text{Cte} = \frac{T_P^2}{a_P^3}, \text{ soit } \frac{a_E^3}{a_P^3} = \frac{T_E^2}{T_P^2}.$$

Or, d'après l'énoncé, $T_E > T_P$ donc $\frac{T_E^2}{T_P^2} > 1$.

Ainsi $\frac{a_E^3}{a_P^3} > 1$, $a_E^3 > a_P^3$ et, finalement $\boldsymbol{a_E > a_P}$.

L'orbite d'Éris se situe donc **au-delà** de celle de Pluton.

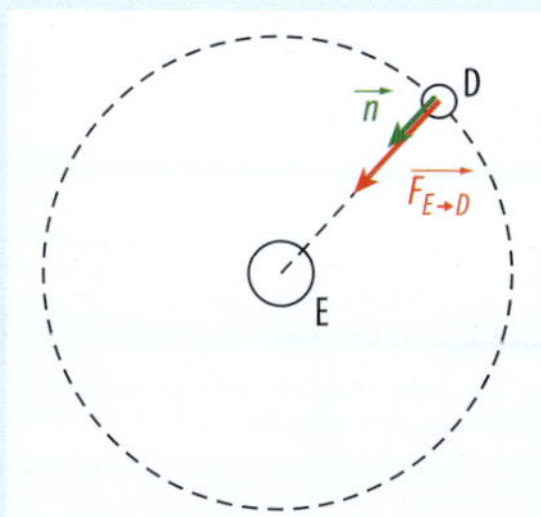

2. a) Dans le référentiel « ériscentrique » supposé galiléen, Dysnomia est soumis à la seule force de gravitation exercée par Éris : $\overrightarrow{F_{E \to D}}$.

CORRIGÉS

On applique alors la deuxième loi de Newton et, comme la masse de Dysnomia est constante, on trouve que :

$$M_D\vec{a} = G\frac{M_D \cdot M_E}{R_D^2}\vec{n} \Leftrightarrow \vec{a} = G\frac{M_E}{R_D^2}\vec{n}.$$

Comme la composante normale de l'accélération est égale à $a_n = \frac{v^2}{R_D}$, on a finalement $\frac{v^2}{R_D} = G\frac{M_E}{R_D^2}$.

Ainsi $M_E = \frac{v^2 \cdot R_D}{G} = \frac{4\pi^2 \cdot R_D^3}{GT_D^2}$.

Astuce

La valeur de la vitesse de Dysnomia est égale à :

$$v = \frac{2\pi R_D}{T_D}.$$

Application numérique :

$$M_E = \frac{4 \cdot \pi^2 \times (3{,}60 \cdot 10^7)^3}{6{,}67 \cdot 10^{-11} \times (1{,}30 \cdot 10^6)^2} = \mathbf{1{,}63 \cdot 10^{22}\ kg}.$$

La masse d'Éris est égale à **$1{,}63 \cdot 10^{22}$ kg.**

b) Éris tourne autour du Soleil comme Pluton et a une masse plus grande. Ainsi, si Pluton est considéré comme une planète du système solaire, Éris doit l'être également. Comme les moyens modernes de détection se développent sans cesse, on observe de plus en plus d'astres ayant des caractéristiques similaires à celles de Pluton ou d'Éris. Il faudrait donc sans cesse rallonger la liste des planètes du système solaire. Pour éviter cela, il a été décidé de déclasser Pluton et de lui donner le nom de « planète naine » comme pour Éris et d'autres astres.

Remarque

Les huit planètes du système solaire sont : Mercure, Vénus, Terre, Mars, Jupiter, Saturne, Uranus, Neptune.

CHAPITRE 7

Travail d'une force et énergie mécanique

COMPÉTENCES EXIGIBLES

- Établir et exploiter les expressions du travail d'une force constante (force de pesanteur, force électrique dans le cas d'un champ uniforme).
- Établir l'expression du travail d'une force de frottement d'intensité constante dans le cas d'une trajectoire rectiligne.
- Analyser les transferts énergétiques au cours d'un mouvement d'un point matériel.
- Pratiquer une démarche expérimentale pour étudier l'évolution des énergies cinétique, potentielle et mécanique d'un oscillateur.

COURS

1 Travail d'une force

1 Définition du travail d'une force constante

- Le mouvement, la vitesse et l'énergie d'un point matériel de masse m sur lequel s'exerce une force sont susceptibles d'être modifiés sous l'effet de cette force. Le travail de cette force (en joules) permet de caractériser cette modification.

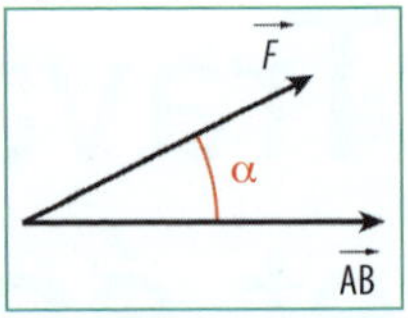

Doc. Angle α entre $\vec{F}$ et $\overrightarrow{AB}$

- Le travail $W_{AB}(\vec{F})$ d'une force **constante** $\vec{F}$ exercée sur un point matériel se déplaçant du point A au point B est égal à :

$$W_{AB}(\vec{F}) = \vec{F} \cdot \overrightarrow{AB} = F \times AB \times \cos\alpha$$

avec $W_{AB}(\vec{F})$ en joules (J), F en newtons (N) et AB en mètres (m).

- **Le travail d'une force constante ne dépend pas du trajet suivi pendant le déplacement du point matériel.** Il dépend uniquement du point de départ A et du point d'arrivée B. Une telle force, dont le travail ne dépend pas du trajet suivi, est appelée **force conservative**.

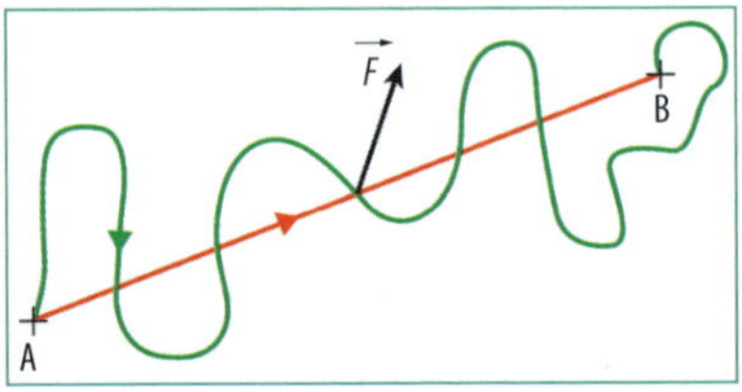

Doc. $W_{AB}(\vec{F}) = W_{AB}(\vec{F})$

- Le travail d'une force est une grandeur algébrique :

– si $W_{AB}(\vec{F}) > 0$, le travail de la force est moteur : la force favorise le déplacement d'un point matériel entre A et B ;

–si $W_{AB}(\vec{F}) < 0$, le travail de la force est résistant : la force s'oppose au déplacement d'un point matériel entre A et B.

2 Travail d'une force de pesanteur constante

- Dans un champ de pesanteur uniforme $\vec{g}$, la force de pesanteur d'un astre (souvent la Terre), qui est exercée sur un point matériel de masse m, est appelée le poids $\vec{P}$ du point matériel. Cette force verticale est constante et elle est égale à $\vec{P} = m \times \vec{g}$.

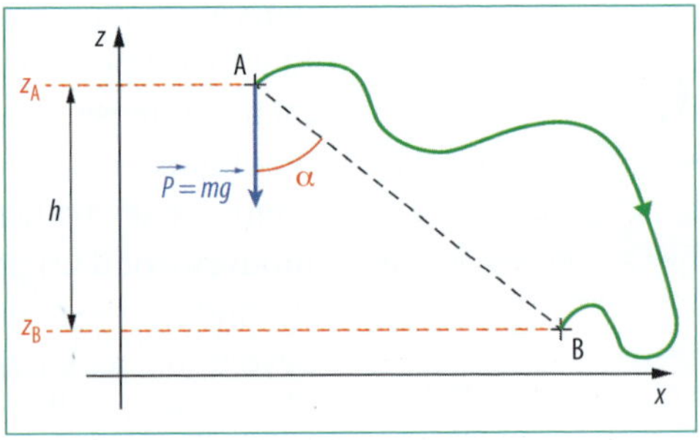

Doc. Poids d'un point matériel entre A et B

- Le travail du poids d'un point matériel se déplaçant du point A au point B s'écrit alors :

$$W_{AB}(\vec{P}) = \vec{P} \cdot \overrightarrow{AB} = m \times g \times AB \times \cos \alpha.$$

Or $AB \times \cos \alpha = h = z_A - z_B$.

D'où $\boldsymbol{W_{AB}(\vec{P}) = m \times g \times (z_A - z_B)}$

avec z_A l'altitude du point de départ A et z_B l'altitude du point d'arrivée B.

Unités

La masse m du point matériel est en kg, la valeur g du champ de pesanteur de l'astre est en $N.kg^{-1}$, z_A et z_B sont en m.

3 Travail d'une force électrique constante

- Dans un champ électrostatique uniforme $\vec{E}$, la force électrique $\vec{F}$ qui s'exerce sur un point matériel portant une charge électrique q est constante et est égale à $\vec{F} = q \times \vec{E}$.

- Le travail de la force électrique s'exerçant sur un point matériel se déplaçant du point A au point B s'écrit alors :

$$W_{AB}(\vec{F}) = \vec{F} \cdot \overrightarrow{AB}$$

$$W_{AB}(\vec{F}) = q \times E \times AB \times \cos \alpha$$

Or $AB \times \cos \alpha = d$ et $E \times d = U_{AB}$.

De plus, on admet que la tension U_{AB} est égale à la différence des potentiels électriques des points A et B. D'où

$$\boldsymbol{W_{AB}(\vec{F}) = q \times U_{AB} = q \times (V_A - V_B)}$$

avec q en coulombs (C), U_{AB} la tension électrique entre les points A et B en volts (V), V_A et V_B les potentiels électriques aux points A et B en volts (V).

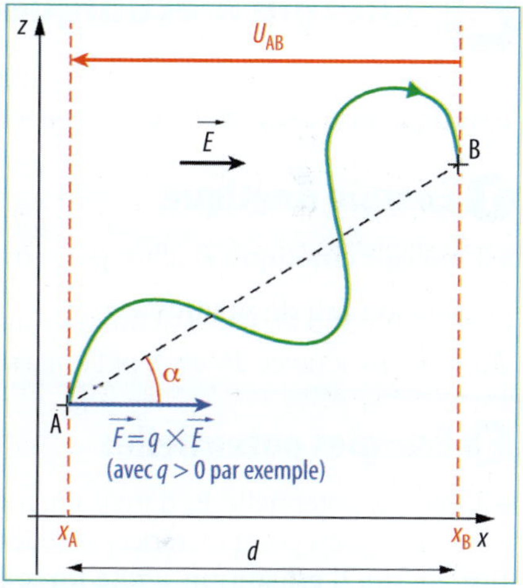

Doc. **Force électrique exercée sur un point matériel entre A et B**

4 Travail d'une force de frottement d'intensité constante

- Contrairement au travail des forces électrique et de pesanteur constantes, **le travail d'une force de frottement d'intensité constante dépend du trajet suivi**, car la direction et le sens d'une telle force dépendent du mouvement du point matériel sur lequel s'exerce cette force. Cette force n'est pas constante et elle est **non conservative**.

Piège à éviter

Seule la valeur de la force de frottement d'intensité constante est constante.
Le vecteur force n'est pas constant, car sa direction et son sens peuvent varier au cours du temps.

• **Dans le cas d'une trajectoire rectiligne** du point matériel entre A et B, **la force de frottement d'intensité constante est constante**, car sa direction et son sens ne varient pas. Le travail de cette force $\vec{f}$ est alors égal à :

$W_{AB}(\vec{f}) = \vec{f} \cdot \overrightarrow{AB} = -f \times AB$ car $\vec{f}$ et $\overrightarrow{AB}$ ont une même direction mais des sens opposés.

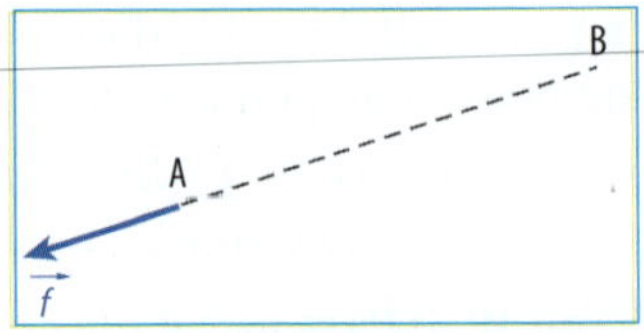

Doc. Force de frottement exercée sur un point matériel entre A et B

2 Énergie mécanique d'un point matériel

L'énergie mécanique d'un point matériel est égale à la **somme de son énergie cinétique et de ses énergies potentielles.**

1 Énergie cinétique

• **L'énergie cinétique** E_c d'un point matériel est la forme d'énergie que ce point possède **du fait de sa vitesse** v :

$E_c = \frac{1}{2} m \times v^2$ avec E_c en J, m la masse du point matériel en kg et v en m·s^{-1}.

2 Énergies potentielles

• L'énergie potentielle E_p d'un point matériel est la forme d'énergie qu'un point matériel possède **du fait de sa position lorsqu'il est soumis à une force conservative** (son poids ou une force électrique constante par exemple).

• **La variation d'énergie potentielle** d'un point matériel lorsqu'il se déplace entre A et B est **l'opposée du travail fourni par la force conservative** à laquelle ce point matériel est soumis durant son déplacement.

• Un point matériel **soumis à son poids** à une altitude z a une **énergie potentielle de pesanteur** E_{pp} égale à $E_{pp} = m \times g \times z$ avec E_{pp} en J, m la masse du point matériel en kg, la valeur g du champ de pesanteur en N·kg^{-1} et z en m.

• Un point matériel **soumis à une force électrique constante** à une position X a une **énergie potentielle électrostatique** E_{pe} égale à $E_{pe} = q \times V_X$ avec E_{pe} en J, q la charge du point matériel en C et V_X le potentiel électrique au point X en volts (V).

À savoir
L'énergie potentielle d'un point ne dépend pas de son mouvement ; elle dépend uniquement de sa position.

Remarque
L'origine des altitudes et des potentiels électriques peut être choisie arbitrairement. Très souvent, on prend l'origine des altitudes au niveau du sol.

3 Transferts énergétiques

- Au cours de son mouvement, **l'énergie potentielle d'un point matériel se transforme en énergie cinétique et réciproquement**.
- Si un point matériel est **soumis uniquement à des forces conservatives** (comme son poids ou une force électrique constante), son énergie mécanique est constante au cours du temps : il y a **conservation de l'énergie mécanique**.

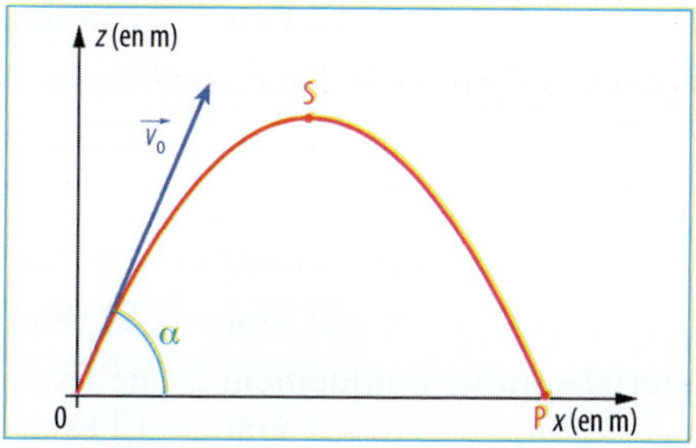

Doc. Trajectoire parabolique d'un projectile lors d'une chute libre avec une vitesse initiale non nulle

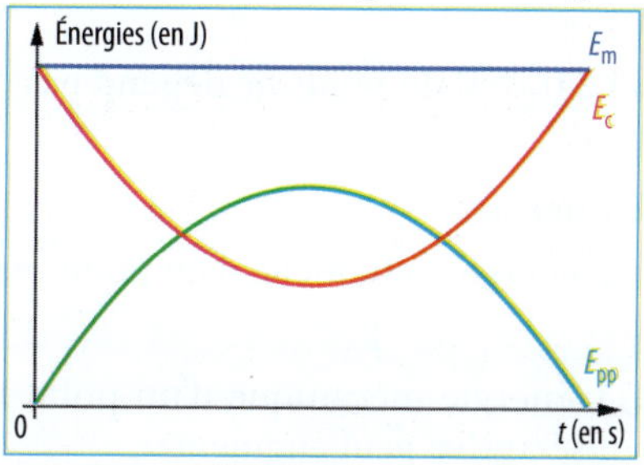

Doc. Évolution temporelle des énergies lors d'une chute libre

Par exemple, lors d'une chute libre avec une vitesse initiale non nulle, un projectile est soumis uniquement à son poids. Au cours du temps, l'énergie mécanique E_m du projectile se conserve alors qu'il y a des transferts entre l'énergie cinétique E_c et l'énergie potentielle de pesanteur E_{pp}.

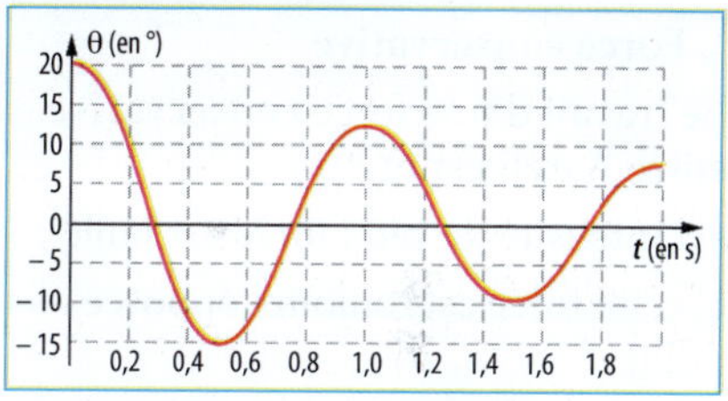

Doc. Évolution temporelle de l'abscisse angulaire θ du pendule pesant

- Si un point matériel est **soumis à une force non conservative** (comme une force de frottement), son énergie mécanique diminue au cours du temps : il y a **dissipation de l'énergie mécanique**.

Par exemple, un pendule pesant, constitué d'un objet accroché à l'extrémité d'un fil, oscille puis s'arrête au bout d'une certaine durée, car il est soumis à la force de frottement de l'air.

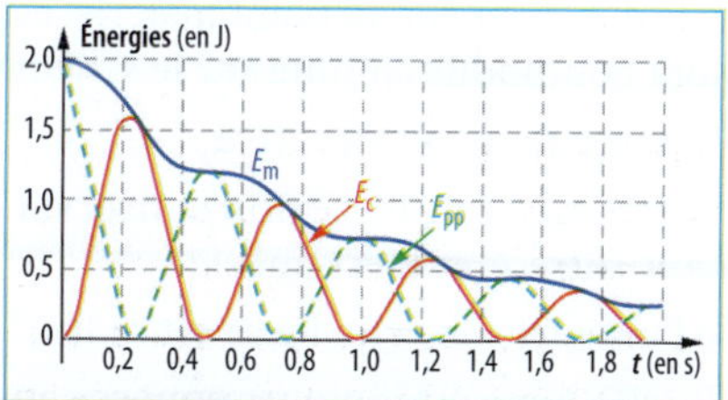

Doc. Évolution temporelle des énergies du pendule pesant

Il y a des transferts entre l'énergie cinétique E_c et l'énergie potentielle de pesanteur E_{pp} mais son **énergie mécanique diminue** au cours du temps.

QCM et questions courtes

1 Vrai ou faux ?

➲ Corrigé p. 148

1. Travail d'une force

a) L'unité du travail est le joule. ☐ Vrai ☐ Faux

b) Le travail d'une force électrique est forcément moteur. ☐ Vrai ☐ Faux

c) Le travail du poids ne dépend pas du choix de l'origine de l'axe des altitudes. ☐ Vrai ☐ Faux

2. Énergies

a) L'énergie potentielle d'un point matériel dépend du mouvement de ce point. ☐ Vrai ☐ Faux

b) L'énergie mécanique d'un point matériel soumis uniquement à une force conservative peut augmenter. ☐ Vrai ☐ Faux

2 Faites votre choix !

➲ Corrigé p. 148

1. Force conservative

Le travail d'une force **conservative** exercée sur un point matériel se déplaçant entre A et B est nul si :

a) l'intensité de cette force est nulle ;

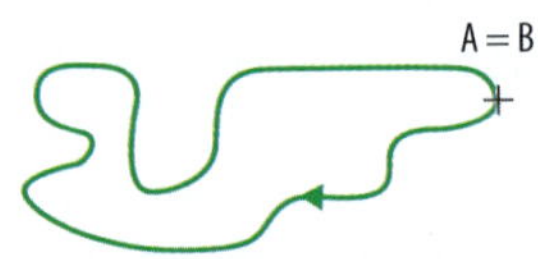

b) cette force est toujours opposée au mouvement du point ;

c) cette force est toujours perpendiculaire au mouvement du point ;

d) le déplacement du point matériel est tel que les points de départ A et d'arrivée B sont confondus comme sur le schéma ci-contre.

2. Force non conservative

Le travail d'une force **non conservative** exercée sur un point matériel se déplaçant entre A et B est nul si :

a) l'intensité de cette force est nulle ;

b) cette force est toujours opposée au mouvement du point ;

c) cette force est toujours perpendiculaire au mouvement du point ;

d) le déplacement du point matériel est tel que les points de départ A et d'arrivée B sont confondus comme sur le schéma ci-dessus.

Exercices d'entraînement

3 Travail de la force de pesanteur exercée sur un skieur

★ 20 min ➔ Corrigé p. 149

1. Établir l'expression littérale du travail de la force de pesanteur terrestre exercée sur Carole Montillet lors de sa victoire en descente aux Jeux Olympiques de Salt Lake City en 2002 entre le portique de départ D et la ligne d'arrivée L.

2. Sachant que le dénivelé de cette descente est de 1,5 km, calculer le travail de cette force entre le portique de départ et la ligne d'arrivée.

3. Ce travail est-il moteur ou résistant ?

Données : masse de Carole Montillet et de son équipement : 75 kg ;
valeur du champ de pesanteur terrestre : 9,8 N·kg^{-1}.·

Vocabulaire
Le dénivelé d'une descente correspond à la différence d'altitude entre le départ et l'arrivée de la course.

4 Travail de la force de pesanteur exercée sur un coureur

★ 5 min ➔ Corrigé p. 149

Quelle est la valeur du travail de la force de pesanteur terrestre exercée sur Usain Bolt lors de sa victoire aux Jeux Olympiques de Pékin en 2008 entre la ligne de départ D et la ligne d'arrivée A ? Justifier votre réponse.

Données : distance de la course : 100 m ;
masse d'Usain Bolt et de son équipement : 94 kg ;
valeur du champ de pesanteur terrestre : 9,8 N·kg^{-1}.

5 Énergie mécanique d'un objet

★ 10 min ➔ Corrigé p. 150

Dans le champ de pesanteur uniforme terrestre $\vec{g}$, on étudie un objet de masse m et de charge électrique q. Dans le référentiel terrestre supposé galiléen, on lance cet objet dans une enceinte constituée de vide dans laquelle existe un champ électrostatique uniforme $\vec{E}$.

1. Donner l'expression littérale de l'énergie mécanique de l'objet dans cette enceinte.

2. Cette énergie mécanique est-elle constante au cours du temps ?

Exercices de type bac

PRÉPARER L'ÉPREUVE ÉCRITE

6 Étude énergétique d'un pendule pesant ★★ 50 min ➔ Corrigé p. 150

Extrait du baccalauréat ; conforme au nouveau programme

On étudie un pendule pesant constitué d'une masse m, attachée à l'une des extrémités d'un fil inextensible, de masse négligeable et de longueur L dans le référentiel terrestre considéré comme galiléen. L'autre extrémité du fil est attachée en un point fixe A. Écarté de sa position d'équilibre G_0, le pendule oscille sans frottements avec une amplitude β_m.

Une position quelconque G est repérée par β, abscisse angulaire mesurée à partir de la position d'équilibre.

On prendra l'origine des énergies potentielles de pesanteur en G_0, origine de l'axe des z.

Données : $L = 41$ cm ; $m = 236$ g ; $g = 9,8$ m·s^{-2}.

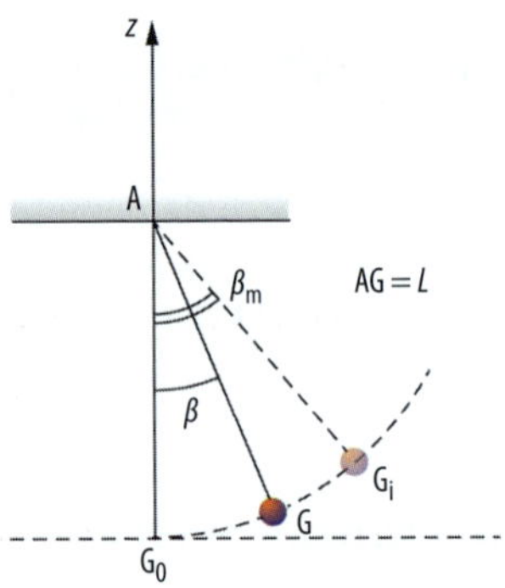

Un premier élève lâche le pendule sans vitesse initiale à la position initiale G_1, correspondant à une abscisse angulaire $\beta_1 = 0,32$ rad.

1. Donner l'expression de l'énergie cinétique de la masse en G.

2. On montre que l'énergie potentielle de pesanteur en G peut se mettre sous la forme $E_{pp} = m \times g \times L \times (1 - \cos\beta)$.

Donner l'expression de l'énergie mécanique en fonction de m, g, L, v et β.

3. Exprimer la valeur de la vitesse au passage par la position d'équilibre en fonction de g, L et β_1. Calculer sa valeur.

4. Un deuxième élève lâche ensuite le pendule sans vitesse initiale à la position initiale G_2.

En justifiant votre choix, attribuer l'énergie correspondant à chaque type de courbe ci-après.

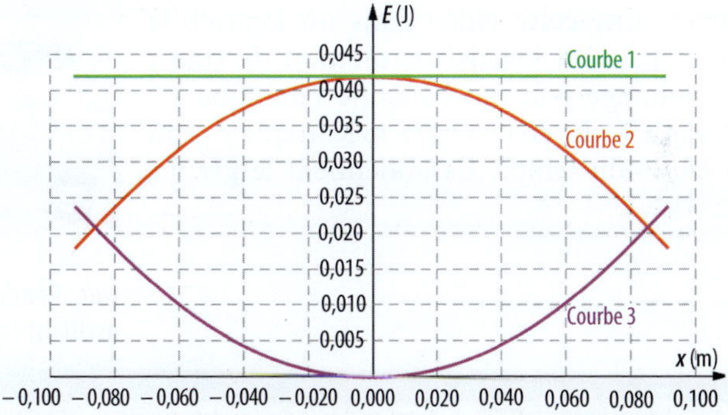

5. Expliquer brièvement ce qui se passe du point de vue énergétique lors des oscillations.

6. Calculer la valeur de l'abscisse angulaire initiale du pendule.

En réalité, au cours du temps, on constate que les oscillations sont légèrement amorties.

7. Quelle est l'origine de cet amortissement ?

8. Que devient l'énergie perdue ?

PRÉPARER L'ÉPREUVE PRATIQUE

7 Étude énergétique d'un pendule élastique

★★ 10 min Corrigé p. 152

Compétence expérimentale évaluée : valider

Pour étudier l'évolution des énergies d'un oscillateur, deux élèves, Maël et Djamila, filment pendant une seconde les oscillations d'un pendule élastique vertical, constitué d'une masse reliée à un ressort.

Ils exportent ensuite cette vidéo dans un logiciel de pointage, puis dans un logiciel permettant de tracer à partir du pointage effectué l'énergie cinétique E_c, l'énergie potentielle E_p et l'énergie mécanique E_m du pendule au cours du temps. Ils obtiennent le graphe ci-dessous.

Doc. Pendule élastique oscillant

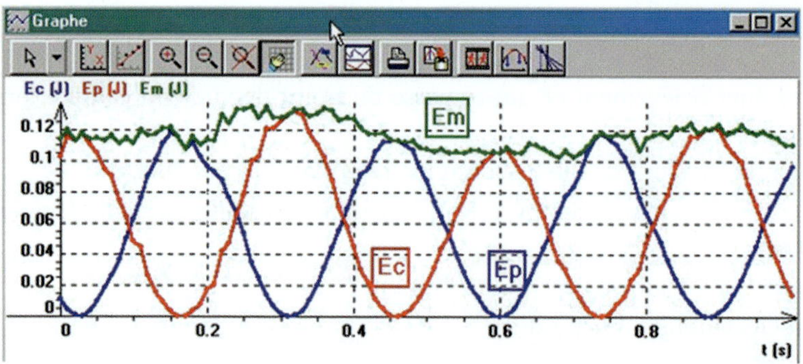

• Pour Maël : « *le résultat de cette expérience prouve que l'énergie mécanique n'est pas constante lors des oscillations d'un pendule élastique vertical pendant une seconde* ».

• Pour Djamila : « *le résultat de cette expérience peut montrer au contraire que l'énergie mécanique est constante lors des oscillations d'un pendule élastique vertical pendant une seconde* ».

Avec quel élève êtes-vous d'accord ? Justifier votre réponse.

Pour aller plus loin

8 Étude de la rétrodiffusion d'un noyau d'hélium

★★★ 40 min ➔ Corrigé p. 152

Dans le référentiel terrestre supposé galiléen, une particule α (un noyau d'hélium ${}^4_2\text{He}$) est lancée dans une enceinte vide d'air avec une vitesse initiale $\vec{v_0}$ dans un champ électrostatique supposé uniforme $\vec{E}$, telle que :

- $\vec{v_0}$ et $\vec{E}$ sont dans la même direction ;
- $\vec{v_0}$ et $\vec{E}$ sont de sens opposé ;
- $v_0 = 1{,}0 \cdot 10^7\ \text{m·s}^{-1}$;
- $E = 3{,}0 \cdot 10^5\ \text{V·m}^{-1}$.

La particule subit une rétrodiffusion de 180°, c'est-à-dire qu'elle revient sur elle-même après une certaine durée.

Astuce

Il est possible de négliger le poids du noyau devant la force due au champ électrostatique (voir l'exercice 6, chapitre 5).

1. Expliquer rapidement le phénomène.

2. Trouver, avec un raisonnement énergétique, la distance parcourue par le noyau d'hélium avant qu'il n'effectue une rétrodiffusion.

➔ Méthode

Il faut comparer les énergies mécaniques du noyau d'hélium à différents instants bien choisis et utiliser la relation entre les potentiels électriques et le champ électrostatique uniforme.

3. Au bout de combien de temps le noyau d'hélium effectue-t-il une rétrodiffusion ?

➔ Comment résoudre cette question ?

Il faut définir l'équation de la vitesse du noyau au cours du temps en appliquant la deuxième loi de Newton dans le référentiel terrestre considéré comme galiléen.

4. Quelle est la vitesse de la particule α lorsqu'elle se trouve à nouveau à sa position initiale après la rétrodiffusion ?

Données : masse d'un nucléon : $m_n = 1{,}66 \cdot 10^{-27}$ kg ;
charge électrique d'un proton : $e = 1{,}6 \cdot 10^{-19}$ C.

QCM et questions courtes

1 Vrai ou faux ?

1. a) Vrai → Le travail a la **dimension d'une énergie**, son unité est le **joule.**

b) Faux → Le travail d'une force électrique n'est pas forcément moteur. En effet, **le travail d'une force peut être positif ou négatif** suivant le sens de la force par rapport au mouvement du point matériel sur lequel s'exerce cette force.

c) Vrai → Le travail du poids ne dépend que de la différence entre l'altitude du point de départ et du point d'arrivée.

Piège à éviter
C'est l'énergie potentielle de pesanteur qui dépend du choix de l'origine de l'axe des altitudes.

2. a) Faux → L'énergie potentielle d'un point matériel dépend uniquement de **la position** de ce point.

b) Faux → L'énergie mécanique d'un point matériel soumis uniquement à une force conservative reste **constante** : l'énergie se conserve comme l'indique le nom de la force.

2 Faites votre choix !

1. a), c) et d) Le travail d'une force **conservative** exercée sur un point matériel se déplaçant entre A et B est nul :

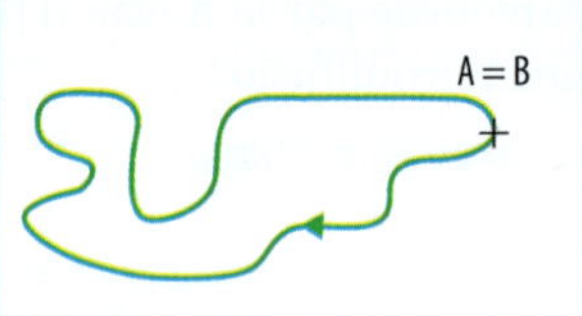

– si l'intensité de cette force est nulle ;

– si cette force est toujours perpendiculaire au mouvement du point ;

– si le déplacement du point matériel est tel que les points de départ A et d'arrivée B sont confondus comme sur le schéma ci-dessus.

2. a) et c) Le travail d'une force **non conservative** exercée sur un point matériel se déplaçant entre A et B est nul :

– si l'intensité de cette force est nulle ;

– si cette force est toujours perpendiculaire au mouvement du point.

→ À savoir

Le travail d'une force conservative ne dépend que du point de départ et du point d'arrivée alors que le travail d'une force non conservative dépend aussi du trajet suivi.

Exercices d'entraînement

3 Travail d'une force de pesanteur exercée sur un skieur

1. Dans le champ de pesanteur supposé uniforme $\vec{g}$, la force de pesanteur terrestre exercée sur Carole Montillet (et sur son équipement) de masse m est constante et elle est égale à :

$$\vec{P} = m \times \vec{g}.$$

Vocabulaire
La force de pesanteur terrestre exercée sur Carole Montillet est appelée son poids.

Le travail de cette force entre le portique de départ D et la ligne d'arrivée L est égal à :

$$W_{DL}(\vec{P}) = \vec{P} \cdot \overrightarrow{DL}$$
$$= m \times g \times DL \times \cos\alpha.$$

Or $DL \times \cos\alpha = d = z_D - z_L$.

D'où $\boldsymbol{W_{DL}(\vec{P}) = m \times g \times (z_D - z_L)}$ avec z_D l'altitude du portique de départ et z_L l'altitude de la ligne d'arrivée.

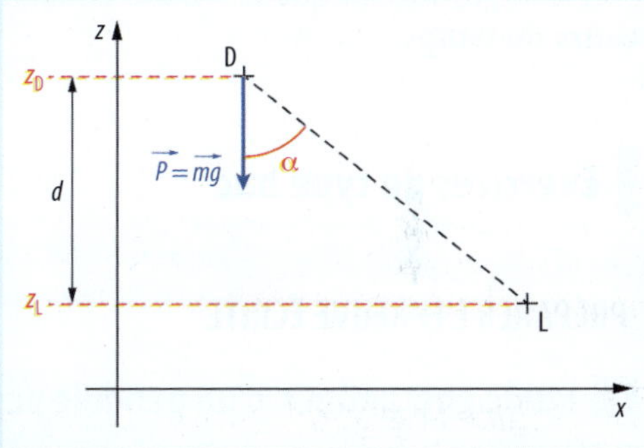

2. Le dénivelé d de la descente correspond à la différence d'altitude entre le départ et l'arrivée de la course : $d = z_D - z_L$.

Unités
Le dénivelé *d* doit être exprimé en m.

Ainsi, le travail de cette force est égal à :

$$W_{DL}(\vec{P}) = m \times g \times d$$
$$W_{DL}(\vec{P}) = 75 \times 9{,}8 \times 1{,}5 \cdot 10^3 = \mathbf{1{,}1 \cdot 10^6\ J}.$$

3. Ce travail est positif, il est donc **moteur** et il permet aux skieurs d'acquérir de l'énergie cinétique lors de la descente.

4 Travail de la force de pesanteur exercée sur un coureur

La force de pesanteur terrestre s'exerçant sur Usain Bolt (verticale) est **perpendiculaire** à son déplacement (horizontal). Le travail de cette force est donc **nul**.

→ Autre résolution (mathématique) de l'exercice

Le travail de cette force est égal à $W_{DA}(\vec{P}) = m \times g \times (z_D - z_A)$.
Or $z_D = z_A$ donc $W_{DA}(\vec{P}) = 0$.

5 Énergie mécanique d'un objet

1. L'énergie mécanique E_m de l'objet dans l'enceinte est égale à :

$$E_m = \frac{1}{2} m \times v^2 + m \times g \times z + q \times V$$

avec z l'altitude de l'objet et V le potentiel électrique à la position de l'objet.

2. L'objet est soumis uniquement à deux forces **conservatives** : son poids et la force électrique.

Son énergie mécanique est donc **constante au cours du temps.**

> **Remarque**
> Il n'y a pas de force de frottements et donc pas de dissipation d'énergie étant donné que l'enceinte dans laquelle évolue l'objet est constituée de vide.

Exercices de type bac

PRÉPARER L'ÉPREUVE ÉCRITE

6 Étude énergétique d'un pendule pesant

1. L'énergie cinétique E_c de la masse m animée de la vitesse v au point G est égale à $E_c = \frac{1}{2} m \times v^2$.

2. L'énergie mécanique E_m de la masse au point G est la somme de son énergie cinétique et de son énergie potentielle de pesanteur :

$$E_m = E_c + E_{pp} = \frac{1}{2} m \times v^2 + m \times g \times L \times (1 - \cos \beta).$$

3. Étant donné que le pendule oscille sans frottements, l'énergie mécanique de la masse est constante au cours du temps, quelle que soit la position de la masse. Ainsi, entre les positions G_1 et G_0 :

$$E_m(G_0) = E_m(G_1).$$

D'où $\frac{1}{2} m \times v_1^2 + m \times g \times L \times (1 - \cos \beta_1) = \frac{1}{2} m \times v_0^2 + m \times g \times L \times (1 - \cos \beta_0)$.

D'après l'énoncé, on trouve que :

- $\beta_0 = 0$, donc $\cos \beta_0 = \cos(0) = 1$ et $m \times g \times L \times (1 - \cos\beta_0) = 0$;
- $v_1 = 0$, donc $\frac{1}{2} m \times v_1^2 = 0$.

Ainsi $m \times g \times L \times (1 - \cos\beta_1) = \frac{1}{2} m \times v_0^2$.

En simplifiant par m, on en déduit que $v_0 = \sqrt{2 \times g \times L \times (1 - \cos \beta_1)}$.

La valeur de la vitesse au passage par la position d'équilibre est donc égale à :

$$v_0 = \sqrt{2 \times 9{,}8 \times 0{,}41 \times (1 - \cos 0{,}32)}$$

$$v_0 = \mathbf{6{,}4.10^{-1}\ m{\cdot}s^{-1}}$$

Unités

m est en kg, g est en $N{\cdot}kg^{-1}$ ou en $m{\cdot}s^{-2}$ et L est en m.

4. D'après l'énoncé, l'origine des énergies potentielles de pesanteur est en G_0, à l'origine de l'axe des z.

Ainsi, pour $x = 0$, $z = 0$ et $E_{pp} = 0$: la **courbe 3** correspond donc à **l'énergie potentielle de pesanteur E_{pp}**.

La **courbe 1** est la somme des courbes 2 et 3 : elle représente donc **l'énergie mécanique E_m**.

Par élimination, la **courbe 2** correspond à **l'énergie cinétique E_c**.

5. Lors des oscillations du pendule, des **transferts d'énergie** ont lieu. Lorsque l'altitude de la masse du pendule augmente, la masse gagne autant d'énergie potentielle de pesanteur qu'elle perd d'énergie cinétique (sa vitesse diminue).

Lorsque l'altitude diminue, elle perd autant d'énergie potentielle de pesanteur qu'elle gagne d'énergie cinétique (sa vitesse augmente).

Notons également que **l'énergie mécanique se conserve** étant donné qu'on néglige les frottements.

6. Initialement, la vitesse du pendule est nulle ainsi que son énergie cinétique. Comme $E_m = E_c + E_{pp}$ = cte quelle que soit la position du pendule, à l'instant initial : $E_{pp2} = E_m = 0{,}042$ J d'après la courbe donnée dans l'énoncé.

De plus, d'après l'énoncé de la question 2 : $E_{PP2} = m \times g \times L \times (1 - \cos\beta_2)$.

Ainsi $(1 - \cos\beta_2) = \dfrac{E_{pp2}}{m \times g \times L}$ et $\cos\beta_2 = 1 - \dfrac{E_{pp2}}{m \times g \times L}$.

On trouve donc que la valeur de l'abscisse angulaire initial β_2 du pendule est égale à $\boldsymbol{\beta_2 = \arccos(1 - \dfrac{E_{pp2}}{m \times g \times L})}$.

$$\beta_2 = \arccos\left(1 - \frac{0{,}042}{0{,}236 \times 9{,}8 \times 0{,}41}\right) = \mathbf{3{,}0{\cdot}10^{-1}\ rad.}$$

Astuce

arcos = $\cos^{-1}$ sur la calculatrice.

7. L'amortissement est dû à la **force de frottements de l'air** exercée sur le pendule lors de son déplacement. En effet, cette force est une force non conservative

8. L'énergie ne se perd pas, une partie de cette énergie est **convertie en énergie interne** du pendule (le pendule chauffe) et une autre partie est transférée au milieu extérieur (ici l'air) sous forme **de transfert thermique**.

PRÉPARER L'ÉPREUVE PRATIQUE

7 Étude énergétique d'un pendule élastique

Djamila a raison. En effet, étant donné que la vidéo ne dure qu'une seconde, on peut négliger la force de frottement de l'air. Toutes les forces exercées sur le pendule sont donc conservatives et **l'énergie mécanique est constante** pendant une seconde.

Les « oscillations » de l'énergie mécanique que l'on observe sur le graphe sont faibles et on peut les négliger car il existe des **incertitudes liées à cette expérience** (incertitudes lors de la mesure de la masse, lors du pointage, etc.).

Pour aller plus loin

8 Étude de la rétrodiffusion d'un noyau d'hélium

1. Un noyau d'hélium ${}^4_2He$ contient deux protons et deux neutrons, ce qui lui donne une charge électrique positive q égale à $q = 2e$. La **force électrique** exercée sur ce noyau $\vec{F} = q \times \vec{E}$ est donc **opposée au déplacement de cette particule** étant donné que $\vec{v_0}$ et $\vec{E}$ sont de sens opposé.

> **Remarque**
> On néglige le poids du noyau devant la force électrostatique et il n'y a pas de force de frottement car la particule α se trouve dans une enceinte vide d'air.

Ainsi, cette force électrique freine le noyau, puis le renvoie dans le sens opposé.

2. Le noyau d'hélium est soumis à une seule force, la force électrique, dans un champ $\vec{E}$ uniforme. **Comme cette force est conservative, l'énergie mécanique E_m de la particule α est constante**. Ainsi, l'énergie mécanique initiale du noyau E_{m0} est égale à l'énergie mécanique du noyau E_{m1} lors de sa rétrodiffusion à 180°.

D'où $\boldsymbol{E_{m0} = E_{m1}} \Leftrightarrow E_{c0} + E_{pe0} = E_{c1} + E_{pe1}$ avec E_c l'énergie cinétique et E_{pe} l'énergie potentielle électrostatique du noyau.

Soit $E_c = \frac{1}{2} m \times v^2$ avec m la masse et v la vitesse de la particule et $E_{pe} = q \times V$ avec q la charge électrique du noyau et V le potentiel électrique correspondant à sa position.

On trouve que $\frac{1}{2} m \times v_0^2 + q \times V_0 = \frac{1}{2} m \times v_1^2 + q \times V_1$.

Or, lors sa rétrodiffusion à 180°, la vitesse du noyau v_1 d'hélium est nulle. Ainsi :

$$\frac{1}{2} m \times v_0^2 + q \times V_0 = q \times V_1 \quad \text{et} \quad \frac{1}{2} m \times v_0^2 = q \times (V_1 - V_0).$$

De plus, d'après la définition du champ électrostatique :

$E \times d = V_1 - V_0$ avec d la distance parcourue par le noyau d'hélium avant qu'il n'effectue la rétrodiffusion.

On en déduit donc que $\frac{1}{2} m \times v_0^2 = q \times E \times d$.

D'où $d = \frac{m \times v_0^2}{2 \times q \times E} = \frac{4 \times m_n \times v_0^2}{2 \times 2 \times e \times E} = \frac{m_n \times v_0^2}{e \times E}$.

Application numérique : $d = \frac{1{,}66 \cdot 10^{-27} \times (1{,}0 \cdot 10^7)^2}{1{,}6 \cdot 10^{-19} \times 3{,}0 \cdot 10^5} = \mathbf{3{,}5\ m}$.

La rétrodiffusion du noyau d'hélium a lieu **3,5 m** après sa position initiale.

Chiffres significatifs

Le résultat doit être exprimé avec deux chiffres significatifs étant donné que les données les moins précises ont deux chiffres significatifs.

3. Un raisonnement énergétique ne permet pas de retrouver le temps t_1 mis par le noyau d'hélium avant d'effectuer la rétrodiffusion.

Pour cela, il faut définir l'équation de la vitesse du noyau au cours du temps en appliquant la deuxième loi de Newton dans le référentiel terrestre supposé galiléen : $\frac{d\vec{P}}{dt} = \frac{d(m \times \vec{v})}{dt} = \sum \vec{F}_{ext}$.

Remarque

On peut relire le chapitre 5 pour retrouver cette équation.

Comme la masse m du noyau ne varie pas en fonction du temps, on obtient l'équation $m\frac{d(\vec{v})}{dt} = m \times \vec{a} = \sum \vec{F}_{ext} = q \times \vec{E}$.

Ainsi $m \times \vec{a} = q \times \vec{E} \Leftrightarrow \vec{a} = \frac{q}{m}\vec{E} = \frac{2 \times e}{4 \times m_n}\vec{E} = \frac{e}{2 \times m_n}\vec{E}$.

En projetant les vecteurs sur un axe (Ox) orienté suivant la vitesse initiale $\vec{v_0}$, on trouve que :

$$a = -\frac{e}{2 \times m_n}E.$$

Aide

Suivant l'axe (Ox), la valeur algébrique de $\vec{E}$ est égale à $-E$.

Comme $\vec{a} = \frac{d\vec{v}}{dt}$ et comme le mouvement du noyau est linéaire suivant l'axe (Ox), on peut écrire que $a = \frac{dv}{dt}$.

D'où $v = -\frac{e}{2 \times m_n} \times E \times t + \text{cte}$.

À $t = 0$, $v = v_0$, donc cte $= v_0$ et $v = -\frac{e}{2 \times m_n} \times E \times t + v_0$.

Lors sa rétrodiffusion à 180°, la vitesse du noyau v_1 d'hélium est nulle.

Ainsi $0 = -\frac{e}{2 \times m_n} \times E \times t_1 + v_0 \Leftrightarrow \frac{e}{2 \times m_n} \times E \times t_1 = v_0$.

On en déduit finalement que le temps t_1 mis par le noyau d'hélium avant d'effectuer la rétrodiffusion est égal à :

$$t_1 = \frac{2 \times m_n \times v_0}{e \times E} = \frac{2 \times 1{,}66 \cdot 10^{-27} \times 1{,}0 \cdot 10^7}{1{,}6 \cdot 10^{-19} \times 3{,}0 \cdot 10^5} = \mathbf{6{,}9 \cdot 10^{-7} s.}$$

4. Soit la position 2 correspondant à la position du noyau d'hélium lorsqu'il se trouve à nouveau à sa position initiale après la rétrodiffusion.

Comme l'énergie mécanique se conserve :

$$\frac{1}{2} m \times v_0^2 + q \times V_0 = \frac{1}{2} m \times v_2^2 + q \times V_2.$$

De plus, la position 2 correspondant à la position initiale, on a :

$$V_0 = V_2, \text{ d'où } \frac{1}{2} m \times v_0^2 = \frac{1}{2} m \times v_2^2.$$

On en déduit que $v_0^2 = v_2^2 \Leftrightarrow |v_0| = |v_2|$.

La vitesse $\overrightarrow{v_2}$ de la particule α lorsqu'elle se trouve à nouveau à sa position initiale a donc :

– la même direction que la vitesse initiale $\overrightarrow{v_0}$;

– le sens opposé à la vitesse initiale $\overrightarrow{v_0}$;

– la même valeur $\overrightarrow{v_2}$ que celle de la vitesse initiale $\overrightarrow{v_0}$.

Vocabulaire

On dit que les vitesses $\overrightarrow{v_2}$ et $\overrightarrow{v_0}$ sont opposées.

CHAPITRE 8

Mesure du temps et oscillateur, amortissement

COMPÉTENCES EXIGIBLES

- Pratiquer une démarche expérimentale pour mettre en évidence :
  - les différents paramètres influençant la période d'un oscillateur mécanique ;
  - son amortissement.
- Extraire et exploiter des informations relatives à la mesure du temps pour justifier l'évolution de la définition de la seconde.
- Extraire et exploiter des informations sur l'influence des phénomènes dissipatifs sur la problématique de la mesure du temps et la définition de la seconde.
- Extraire et exploiter des informations pour justifier l'utilisation des horloges atomiques dans la mesure du temps.

1 Étude expérimentale de la période d'un oscillateur mécanique : le pendule simple

• Un pendule pesant est constitué d'un objet de masse m accroché à l'extrémité d'un fil de longueur L constante. Si l'on assimile l'objet de masse m à un point et si l'on considère que la masse du fil est nulle, on appelle ce pendule un **pendule simple**.

Remarque
Le pendule simple est une modélisation, idéalisée, du pendule pesant.

• Le mouvement d'un pendule simple est **périodique** : ses oscillations se reproduisent identiques à elles-mêmes au cours du temps.

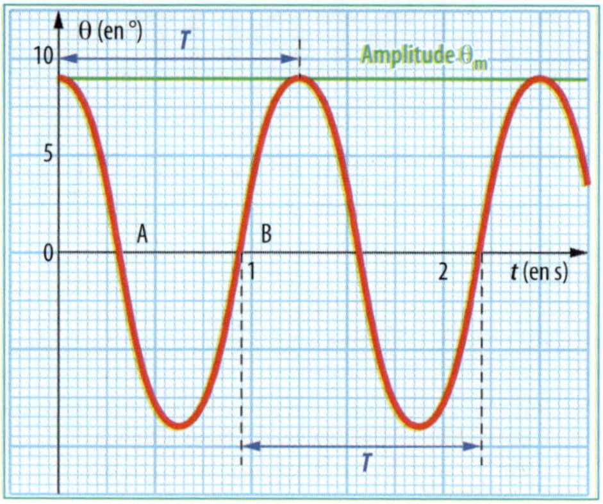

Doc. Évolution temporelle de l'amplitude d'un pendule simple

Rappel

Pour un oscillateur, la période propre de l'oscillateur représente la durée d'une oscillation. Il ne suffit pas de repérer ici le retour de l'oscillateur en une même position, il faut aussi que le mouvement se fasse dans le même sens (voir schéma ci-dessus). Les points A et B ne sont ainsi pas séparés par une période T mais par une demi-période.

• Si l'écartement angulaire initial varie, la période propre du pendule simple ne varie pas pour des angles « petits ». On parle **d'isochronisme des petites oscillations**.

Remarque
Isochronisme : du grec *iso*, même, et *chronos*, le temps.

• De même, la période propre d'un pendule simple ne dépend pas de la masse m de l'objet.

- En revanche, la période propre d'un pendule simple dépend de la longueur L du fil et de l'intensité de la pesanteur g :

$$T = 2\pi\sqrt{\frac{L}{g}} \text{ avec } T \text{ en secondes, } L \text{ en mètres et } g \text{ en m·s}^{-2}.$$

À savoir

Pour étudier l'influence d'un paramètre sur la période propre d'un pendule simple par exemple, il est nécessaire de ne faire varier qu'un paramètre à la fois.

- En choisissant une longueur de fil donnée à un endroit donné, il est donc possible de fabriquer un pendule qui « bat » la seconde pour mesurer le temps qui s'écoule.

2 Évolution de la définition de la seconde

1 La définition de la seconde

- L'origine du système actuel (heures, minutes, secondes) remonte aux XIVe-XVe siècles et aux travaux d'astronomes européens. Ils ont utilisé un système de *base 60* (remontant aux Babyloniens) et des travaux hindous et arabes pour définir l'heure comme étant constituée de 60 minutes ou 3 600 s.

Remarque

En latin, *secundus* signifie qui suit immédiatement. La seconde est donc « l'instant qui suit immédiatement » dans le sens étymologique.

- Dès 1875, le bureau des poids et des mesures (fondé le 20 mai 1875 par la *convention* du mètre) définit la seconde comme étant la 86 400e partie d'un jour solaire moyen. En 1911, cette définition donne naissance au temps universel, l'heure au méridien de Greenwich à laquelle on a ajouté 12 h pour faire coïncider le début du jour à minuit.

- L'existence de marées sur Terre entraîne cependant une grande irrégularité sur la durée de ce jour moyen. Les marées entraînent une dissipation de l'énergie mécanique de la Terre et un ralentissement de sa rotation.

- Des effets internes (manteau terrestre notamment) induisent également des dissipations et des variations du jour solaire moyen. Ces phénomènes sont toutefois plus imprévisibles et leurs conséquences moins importantes.

Remarque

Pour palier à cette variabilité du jour solaire moyen, on introduit en 1972 des « secondes intercalaires » qui sont « ajoutées » au temps universel, le 31 décembre à 23 h 59 min.
La dernière a été ajoutée en 2008.

Rappels : ne pas confondre

- La période de rotation propre de la Terre, mise en jeu dans la première définition (« jour solaire »), est la durée nécessaire à la Terre pour accomplir une rotation autour de son axe.
- La période de révolution de la Terre autour du soleil est la durée nécessaire à la Terre pour accomplir une orbite complète autour du Soleil.

● La définition de la seconde est modifiée en 1956. Cette fois, le Comité International des Poids et Mesures décida que la révolution de la Terre autour du Soleil servirait de base à la définition. L'année *tropique* (*doc.* ci-dessous) correspond à une orbite terrestre, la seconde est donc ***1/31556925,9747 de l'année tropique 1900***.

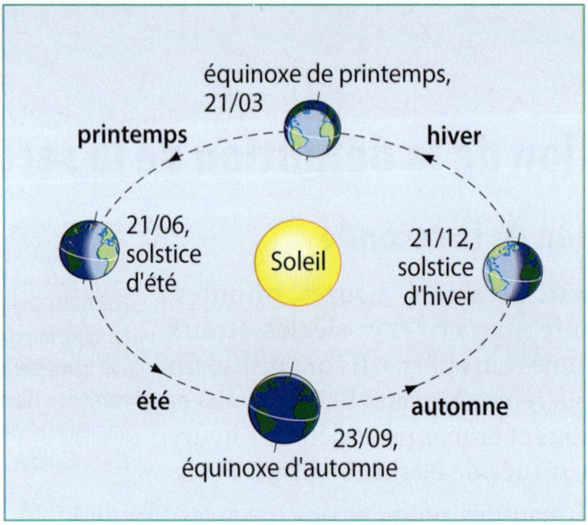

Doc. Le mouvement de la Terre règle la durée du jour et de l'année. L'année tropique est la durée entre deux équinoxes de printemps.

● La seconde ainsi définie était plutôt stable (dérive d'une seconde tous les dix ans) mais délicate à déterminer avec précision.

● Avec l'avancée tecÚologique et la mise au point des horloges atomiques, il fut décidé en 1967 d'une nouvelle définition. **La seconde est la durée de 9 192 631 770 périodes de la radiation correspondant à la transition entre les deux niveaux hyperfins de l'état fondamental de l'atome de césium 133** (dérive de l'ordre d'une seconde en trois milliards d'années).

Remarque

Pour une onde électromagnétique :

$$c = \frac{\lambda}{T} \text{ soit } T = \frac{\lambda}{c}$$

avec c la célérité de la lumière en $m{\cdot}s^{-1}$, λ la longueur d'onde en m et T la période en s.

Rappels de 1re S

L'énergie d'un atome est quantifiée. Une transition d'un niveau d'énergie plus élevé vers un niveau d'énergie plus bas s'accompagne de l'émission de photons d'énergie $E = h\nu = \frac{hc}{\lambda}$. Ces notions seront approfondies dans le chapitre 15.

2 Des dispositifs anciens pour mesurer le temps

• Des dispositifs basés sur l'utilisation d'une ombre portée (le gnomon, piquet planté verticalement dans le sol ; le cadran solaire, version plus élaborée) permettaient de mesurer l'écoulement du temps en plein jour.

D'autres, comme la clepsydre, pouvaient être utilisés la nuit, en mesurant l'écoulement régulier d'un liquide dans un récipient.

Doc. Un gnomon lunaire : le gnomon, simple tige verticale a été utilisée par des astronautes pour aligner leurs instruments de mesure.

3 Des dispositifs « plus récents » basés sur des oscillateurs

• L'introduction de pendules pesants et d'oscillateurs mécaniques dans les horloges permit d'améliorer la précision (comme, par exemple, le pendule cycloïdal d'Huygens construit en 1673).

• Plusieurs facteurs nuisaient toutefois à la précision de ces appareils :

– si l'horloge n'est pas fixe (par exemple dans un navire), l'amplitude des oscillations augmente et la période n'est plus constante (l'isochronisme n'est plus vérifié) ;

Remarque
Un pendule pesant diffère du pendule simple : la masse du fil n'est ici plus négligeable devant celle de l'objet.

– la présence de frottements entraîne un amortissement des oscillations : il faut adjoindre à l'horloge un dispositif d'entretien des oscillations qui peut modifier la période des oscillations ;

Rappels

Dans les oscillations libres non amorties, l'énergie mécanique du système se conserve. Il y a échanges périodiques entre deux formes d'énergie, l'énergie cinétique et l'énergie potentielle. Les oscillations mécaniques sont alors sinusoïdales. En présence de frottements, l'amplitude des oscillations diminue. L'énergie mécanique ne se conserve plus, les frottements entraînent une dissipation de l'énergie par transfert thermique.

– la sensibilité du balancier aux variations de température (dilatation ou contraction de la longueur de la tige) pose aussi problème : une même horloge, à l'heure par 15 °C, pouvait retarder de plus de dix minutes après deux mois d'été à plus de 30 °C ;

– l'intensité de la pesanteur influe également sur la période propre de l'oscillateur : une même horloge à l'heure au pôle nord ($g_{\text{pôle}} = 9{,}832\,2\ \text{m·s}^{-2}$) retarderait de près de 4 minutes à l'équateur ($g_{\text{éq}} = 9{,}780\,2\ \text{m·s}^{-2}$).

Remarque

Pour un pendule simple : $T = 2\pi\sqrt{\frac{L}{g}}$ si on passe du pôle à l'équateur, g diminue, donc T augmente et l'horloge retarde, car le nombre d'oscillations en un temps donné diminue.

4 Les horloges atomiques

- Les horloges atomiques corrigent les dérives des oscillations d'un cristal de quartz en utilisant les transitions d'énergie entre deux niveaux d'énergie de l'atome de césium 133. Elles mettent en jeu des faisceaux laser (pour plus de précisions sur l'étude des niveaux d'énergie et sur le laser, voir chapitre 15).

QCM et questions courtes

1 QCM

➔ Corrigé p. 166

Grâce à une cellule photoélectrique reliée à une interface d'acquisition, on enregistre l'évolution temporelle d'un pendule simple.
On obtient le résultat suivant (copie d'écran) :

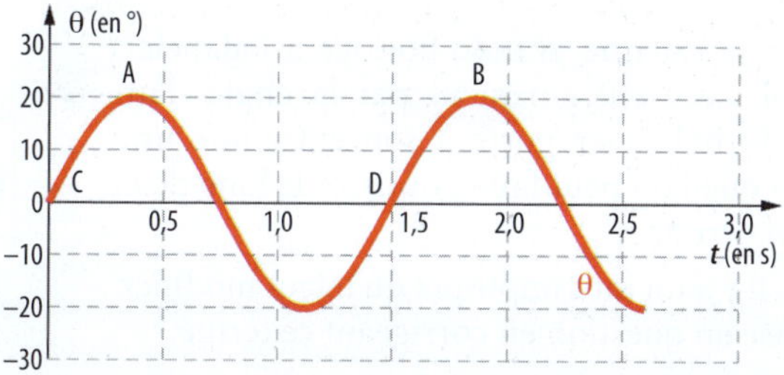

1. La période propre du pendule est de :

a) 1,0 s ; **b)** 1,5 s ; **c)** 2,5 s.

2. Si vous deviez mesurer cette période à l'écran à l'aide des fonctionnalités du logiciel lors de l'épreuve d'évaluation des compétences expérimentales, vous placeriez les deux curseurs (début et fin) :

a) en A et en B ; **b)** en C et en D.

3. À l'instant initial (à $t = 0$), le pendule passe par :

a) une des deux positions extrême ; **b)** la position d'équilibre.

4. Le pendule présenté ici :

a) ne met pas en jeu de phénomènes dissipatifs ;

b) met en jeu des phénomènes dissipatifs ;

c) va très certainement faire apparaître pour des dates suivantes des phénomènes dissipatifs.

2 Questions à réponse courte

➔ Corrigé p. 166

À la fin d'une manipulation sur un pendule simple, un élève remarque que le carré de la période semble proportionnel à la longueur du fil.

1. Quelle(s) précaution(s) particulières doit-il prendre dans sa démarche expérimentale pour pouvoir modéliser la relation entre la période et la longueur du fil ?

2. Que signifie « le carré de la période semble proportionnel à la longueur du fil » ?

3. Comment établir cette proportionnalité par le calcul ? par un graphique ?

Exercices d'entraînement

3 L'horloge comtoise

★ 20 min Corrigé p. 167

L'horloge comtoise est une grande horloge à balancier, posée sur le sol, avec entraînement par la chute d'un poids. La tige du balancier porte à son extrémité une masse de plomb que l'on peut faire coulisser le long de la tige à l'aide d'un écrou.

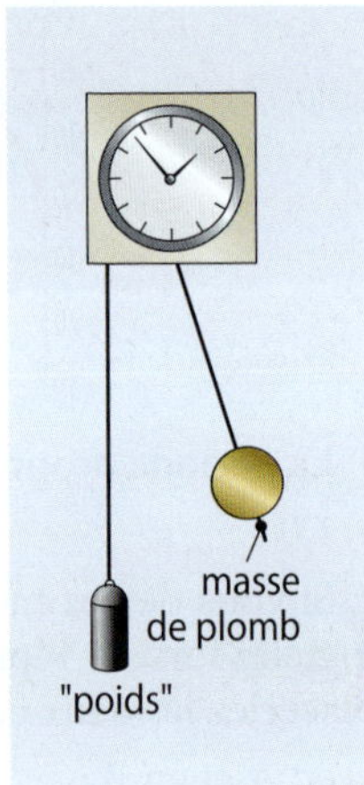

1. Dans ce texte, il y a un mot impropre qu'il faut modifier. Réécrire la phrase en question en corrigeant ce terme.

2. Le texte parle d'un « entraînement par la chute d'un poids ». Que se passerait-il en l'absence de ce dispositif ? Quelle en serait la conséquence sur l'heure indiquée par l'horloge ?

3. Le balancier de l'horloge doit effectuer $N = 52$ battements pour que l'aiguille avance d'une minute. Un battement correspond à une demi-oscillation.

Calculer la longueur L du pendule simple équivalent en supposant que l'horloge est parfaitement réglée.

4. On constate que, au bout d'une semaine, l'horloge a $\Delta t = 4$ min 30 s de retard. Exprimer sa précision sous forme d'un rapport.

5. Comment faudrait-il faire coulisser la masse de plomb pour régler cette horloge ?

4 Les définitions de la seconde

★★ 15 min Corrigé p. 168

Quelle est la définition de l'unité de temps « seconde » ?

À l'origine définie comme une fraction du jour solaire moyen, la définition de la seconde a pris son temps et fait son chemin...

La seconde, unité de temps, fut définie à l'origine comme la fraction 1/86 400 du jour solaire moyen. Pour donner plus de précision à la définition de l'unité de temps, la 11e CGPM (Conférence Générale des Poids et Mesures) sanctionna une définition, donnée par l'Union astronomique internationale, qui était fondée sur l'année tropique.

•••

Considérant qu'une définition de haute précision de l'unité de temps du Système International était indispensable, la 13e CGPM a remplacé la définition de la seconde par la suivante :

« La seconde est la durée de 9 192 631 770 périodes de la radiation correspondant à la transition entre les deux niveaux hyperfins de l'état fondamental de l'atome de césium 133 ».

D'après *BVI - AFNOR.*

1. Dans la première définition de la seconde, le texte mentionne « un jour solaire moyen ». Pourquoi cette précision est-elle nécessaire ?

2. Le texte mentionne « pour donner plus de précision à la définition de l'unité de temps ».

Pourquoi fut-il nécessaire de faire évoluer cette première définition ?

Quels phénomènes rendaient problématique cette définition initiale ?

3. Qu'est-ce qu'une année tropique ?

4. Comment nomme-t-on une horloge dont la tecÚologie repose sur la définition la plus récente de la seconde ?

Exercices de type bac

PRÉPARER L'ÉPREUVE ÉCRITE

5 Le temps et la longitude

★★★ 30 min Corrigé p. 168

Dès le xve siècle, les enjeux économiques et commerciaux liés au trafic maritime nécessitaient des cartes précises et des instruments permettant de se repérer sur le globe. La détermination de la latitude ne posait pas de problème ; en revanche, après de grosses erreurs de navigation et plusieurs naufrages tragiques, les grandes puissances recherchèrent une méthode fiable pour mesurer la longitude d'un lieu.

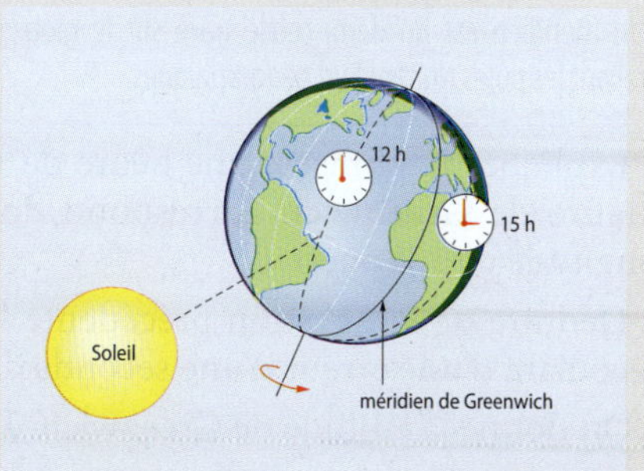

Pour les Britanniques, les longitudes étaient mesurées à partir de Greenwich, près de Londres.

Un concours, le *Longitude Act*, fut organisé par le Parlement anglais en 1714 : 20 000 livres (plusieurs millions d'euros) étaient promis à celui qui saurait mesurer une longitude à moins d'un demi-degré près.

La détermination de la longitude était inévitablement liée à une mesure de temps. En effet, la Terre effectue un tour (360°) sur elle-même d'est en ouest en 24 heures : une heure de retard sur l'heure de Greenwich correspond donc à une longitude de 15° ouest. Pour déterminer la longitude d'un lieu, il suffisait par conséquent de connaître le décalage entre l'heure locale et l'heure de Greenwich. Sur un bateau, l'heure locale était déterminée à midi, quand le Soleil passait au méridien.

Pour comparer cette heure à celle de Greenwich, deux voies de recherches furent explorées :

– l'embarquement d'un « garde-temps » (*time-keeper*), c'est-à-dire d'une horloge insensible aux mouvements du bateau et aux écarts de température et de pression, qui conservait l'heure de Greenwich ;

– l'établissement d'éphémérides précisant la position de la Lune par rapport aux étoiles à l'heure de Greenwich.

La voie astronomique donnait de bons résultats sur Terre mais s'avérait difficile à mettre en œuvre sur un bateau toujours en mouvement. La voie de l'horloge mécanique de référence, longtemps moins considérée, finit par donner satisfaction (JoÚ Harrison en 1759).

D'après Nathan, *Physique Term S*, 2002.

Données : rayon de la Terre, $R_T = 6{,}38 \cdot 10^3$ km ; un degré contient 60 minutes, $1° = 60'$.

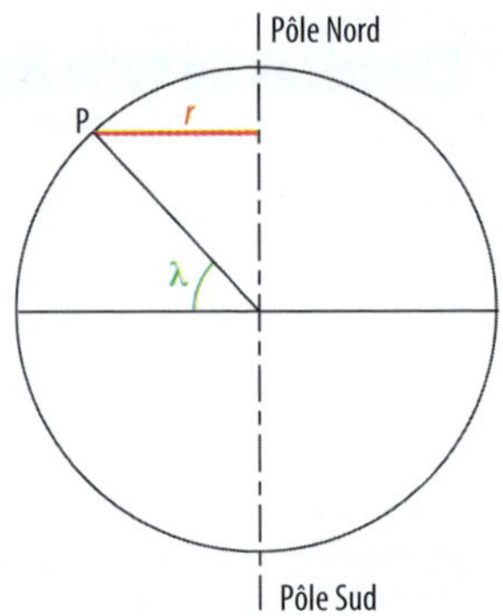

Indication

La latitude λ d'un point P est l'angle entre le plan de l'équateur et la droite joignant P au centre de la Terre. Un parallèle est un cercle de rayon *r* à la surface de la Terre. Tous les points de ce cercle sont à la même latitude λ.

Un méridien est un demi-cercle tracé sur le globe terrestre et reliant les pôles Nord et Sud géographiques.

1. Expliquer la phrase « une heure de retard sur l'heure de Greenwich correspond donc à une longitude de 15° ouest ».

2. Déduire de la question précédente l'erreur de détermination de longitude découlant d'une erreur d'une seconde dans la mesure du temps.

3. On donne la latitude de Greenwich, $\lambda \approx 51°$ nord. Montrer que $r = 4{,}0 \cdot 10^6$ m.

4. Le début du texte fait référence à des naufrages tragiques. Le dernier d'entre eux, celui qui précipita le lancement du concours, eût lieu en 1707 sur les rochers des îles Scilly à moins de 80 km des côtes anglaises.

a) Montrer que cette erreur de 80 km correspond à une erreur $\Delta\alpha = 1{,}1°$ dans la détermination de la longitude.

b) En déduire la valeur Δt de l'erreur de mesure de temps à l'origine du naufrage.

5. L'horloge fabriquée par JoÚ Harrison n'accusait que cinq secondes de retard, soit 1,25 minute de longitude.

Avec une telle horloge, le naufrage aurait-il eu lieu ? Justifier.

PRÉPARER L'ÉPREUVE PRATIQUE

6 Un pendule pour « battre la seconde » ★★ 20 min Corrigé p. 169

Compétences expérimentales évaluées : analyser, valider et communiquer

Lors d'une préparation à l'évaluation des compétences expérimentales, des élèves construisent une horloge à l'aide d'un pendule constitué d'une ficelle et d'une masse marquée. La période propre du pendule constituée doit être égale à une seconde. Ils vous demandent des conseils pour les aider dans cette réalisation… On donne $g = 9{,}81\ \text{m}\cdot\text{s}^{-2}$.

1. Première question d'un élève

« J'ai regardé dans le livre de Terminale et j'ai trouvé la formule $T = 2\pi\sqrt{\frac{L}{g}}$.

T est la période propre du pendule simple. Peut-on appliquer cette formule avec notre pendule ? ».

2. Deuxième question d'un élève

« Mais alors, on peut choisir n'importe quel objet pour l'accrocher à la ficelle ? Cela ne changera rien au résultat ? »

3. Troisième question d'un élève

« Je peux le lancer comme je veux, cela ne change rien ? »

4. Quatrième question d'un élève

« Bon… Comment faire pour trouver la longueur de fil à utiliser ? »

5. Une semaine plus tard…, cinquième question d'un élève

« On a essayé… En comparant avec un chronomètre, cela marche assez bien au début mais moins bien à la fin. Pourquoi ? Le professeur nous a conseillé de regarder, sans faire de calculs, le bilan énergétique du pendule…»

QCM et questions courtes

1 QCM

1. a) $T = 1{,}5$ s.

2. b)

Astuce pour l'évaluation des compétences expérimentales

Il est plus précis de mesurer la période entre C et D qu'entre A et B, car la courbe est plus pentue en ces points.

3. b) Par défaut, l'angle mesuré représente l'écart *par rapport* à la position d'équilibre. Ici, à $t = 0$, cet angle est nul, donc le pendule passe par la position d'équilibre.

4. a) L'amplitude des oscillations est constante pendant cette acquisition, donc l'énergie mécanique se conserve, il n'y a pas de phénomènes dissipatifs.

Piège à éviter

Il faut répondre précisément à la question posée. On ne demande pas si le pendule va s'amortir dans la suite du mouvement… Le texte mentionne « le pendule présenté ici ». Ne pas « imaginer » ou anticiper une autre question…

2 Questions à réponse courte

1. Il ne faut faire varier **qu'un seul paramètre à la fois**. Il faudra conserver la même masse (le même objet) et ne pas trop écarter le pendule de la position d'équilibre pour rester dans le cadre de l'isochronisme.

Remarque

Si les mesures sont réalisées manuellement, à l'aide d'un chronomètre, il faudra mesurer plusieurs périodes pour plus de précision. Compte tenu de la précision d'un chronomètre, l'isochronisme sera obtenu si l'angle reste raisonnable.

2. Si le carré de la période est proportionnel à la longueur du fil, le carré de la période double si on double la longueur du fil. Mathématiquement, on a une relation du type $\boldsymbol{T^2 = \alpha \times L}$ avec α **la constante de proportionnalité**.

3. Pour établir cette proportionnalité par le calcul, on commence par calculer T^2 en s^2 dans un tableau de mesure, puis on calcule le **rapport** $\boldsymbol{\frac{T^2}{L}}$ en $s^2 \cdot m^{-1}$.

On détermine ensuite α, la valeur moyenne de ce rapport, en écartant les valeurs manifestement aberrantes.

Pour établir la proportionnalité par un graphique, on calcule T^2 puis on représente **T^2 en fonction de L**. On obtient une fonction linéaire dont le coefficient directeur est α.

À savoir

Si A est proportionnelle à B, alors $A = \alpha \times B$ avec α constante. α est le coefficient de proportionnalité. La représentation graphique de A en fonction de B est alors une fonction linéaire, droite passant par l'origine, de coefficient directeur α.

3 L'horloge comtoise

1. « L'horloge comtoise est une grande horloge à balancier, posée sur le sol, avec entraînement par la chute **d'un objet de masse *m*** ».

Rappel

Ne pas confondre poids, force exercée par la Terre sur l'objet, et masse. En physique classique la masse est invariante, l'objet a même masse dans tout l'univers, contrairement au poids (qui est en fait la force gravitationnelle exercée par la Terre sur l'objet).

2. En l'absence du dispositif d'entraînement, on peut supposer que les oscillations de la tige **seraient amorties.** Si l'amortissement est élevé, l'horloge ne pourrait fonctionner que pour un temps très court et l'heure indiquée **risquerait de s'éloigner de « l'heure réelle »**.

3. Un battement correspond à une demi-oscillation, donc N battements correspondent à $\frac{N}{2}$ oscillations, soit $\frac{N}{2}$ périodes. On en déduit :

$\frac{N}{2} \times T = 60$ soit $T = \frac{60 \times 2}{N}$ avec T en secondes.

Pour un pendule simple, $T = 2\pi\sqrt{\frac{L}{g}}$.

D'où $T^2 = 4\pi^2 \times \frac{L}{g}$.

$T^2 \times g = 4\pi^2 \times L$, soit $L = \frac{T^2 \times g}{4\pi^2}$

$$\boldsymbol{L} = \frac{g}{4\pi^2} \times \left(\frac{60 \times 2}{N}\right)^2 = \frac{9,81}{4\pi^2} \times \left(\frac{60 \times 2}{52}\right)^2 = \mathbf{1,3\ m}.$$

Astuce

L se trouve « sous » une racine carrée. Pour exprimer L, on élèvera chaque membre de l'égalité au carré pour « faire disparaître » la racine carrée.

Remarque

La longueur obtenue paraît réaliste pour une horloge comtoise.

4. Notons $t_{tot} = 1$ semaine.

$t_{tot} = 1 \times 7 \times 24 \times 3\,600$ s.

Or, $\Delta t = 4$ min 30 s $= 4 \times 60 + 30$ s $= 270$ s.

Astuce

Utilisez la même unité de temps pour toutes les durées afin d'éviter les erreurs d'unités.

La précision de l'horloge pourra s'écrire $\frac{\Delta t}{t_{tot}} = \frac{270}{7 \times 24 \times 3600} = \mathbf{4{,}5 \cdot 10^{-4}}$.

Remarque

La précision est en fait un rapport de deux durées. Il s'agit d'un nombre sans unités, sans « dimensions » pour utiliser un vocabulaire de physicien.

5. 52 battements correspondent à une minute. Si l'horloge retarde, c'est qu'il « manque » des battements. Il faudrait donc diminuer la période propre pour obtenir plus de battements.

Comme $T = 2\pi\sqrt{\frac{L}{g}}$, diminuer T revient à **diminuer L**. Il faudrait donc **faire « remonter » la masse** de plomb pour que l'horloge ne retarde plus.

4 Les définitions de la seconde

1. Il est indispensable de préciser « un jour solaire moyen », car **la durée du jour varie considérablement** suivant le point du globe considéré et suivant la saison.

2. Cette première définition était trop imprécise car **la durée d'un jour moyen n'est pas constante**. Des **phénomènes dissipatifs** d'énergie, comme les marées océaniques (interaction gravitationnelle entre les océans et la Lune), finissent par ralentir la rotation terrestre autour de son axe propre et donc allonge la durée d'un jour moyen.

Remarque

Un autre effet de ces phénomènes dissipatifs est l'éloignement de la Lune de la Terre, à raison de 1 à 3 cm par an.

3. L'année tropique correspond à la **période de révolution** de la Terre autour du Soleil, c'est la durée d'une orbite terrestre complète.

4. La définition la plus récente de la seconde fait appel à des transitions entre niveaux d'énergie (d'atomes césium). Cette définition est mise en jeu dans les **horloges atomiques**.

Exercices de type bac

PRÉPARER L'ÉPREUVE ÉCRITE

5 Le temps et la longitude

1. En 24 h, le point P (voir schéma) balaie un angle de 360° (une rotation propre), donc en une heure, l'angle balayé sera de **360/24 = 15°**. D'après le sens de rotation de la Terre, on retrouvera les 15° ouest.

2. Si une heure entraîne une erreur de 15°, une seconde entraînera une erreur de $\frac{15}{3\,600°} = \mathbf{4{,}2{\cdot}10^{-3}\,°}$.

3. $r = R_T \times \cos(\lambda) = 6{,}38{\cdot}10^6 \times \cos(51) = \mathbf{4{,}0{\cdot}10^6\ m}$.

> **Remarque**
> On dit aussi 15″ (15 secondes d'arc) avec 1° = 60′ = 3 600″.

4. a) Si on se place le long du parallèle passant par le point P, $2\pi r$ correspond au périmètre du cercle de rayon r, donc à la « longueur » de ce parallèle et à une longitude de 360°. L'erreur cherchée sera donc :

$$\Delta\alpha = 360 \times \frac{80 \cdot 10^3}{2\pi \times r} = 360 \times \frac{80 \cdot 10^3}{2\pi \times 4{,}0 \cdot 10^6} = \mathbf{1{,}1°}.$$

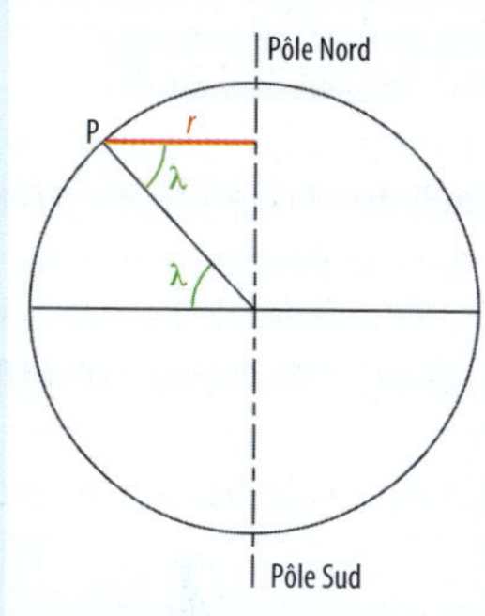

b) Il est ici possible de reprendre la proportionnalité une heure pour 15° ou le calcul de la question 2.

Si une seconde entraîne une erreur de $4{,}2{\cdot}10^{-3}$ °, l'erreur induite par $\Delta\alpha$ sera de $\frac{\Delta\alpha}{4{,}2 \cdot 10^{-3}}$ secondes, soit $\mathbf{2{,}6{\cdot}10^2\ s}$ (environ 4 min 20 s).

5. L'horloge fabriquée par JoÚ Harrison entraîne une erreur de 1,25' de longitude, soit $\frac{1{,}25}{60°}$ et donc $2{,}1{\cdot}10^{-2}$ °.

L'erreur induite sur la mesure de longitude (le long d'un parallèle) sera :

$$\frac{2{,}1 \cdot 10^{-2}}{360} \times 2\pi \times r = \frac{2{,}1 \cdot 10^{-2}}{360} \times 2\pi \times 4{,}0 \cdot 10^6 = 1{,}5 \cdot 10^3\,\text{m} = 1{,}5\ \text{km}.$$

A priori, par temps clair, **le naufrage n'aurait sans doute pas eu lieu**. En revanche, par temps de très faible visibilité, il est difficile de répondre !

PRÉPARER L'ÉPREUVE PRATIQUE

6 Un pendule pour « battre la seconde »

1. Il faut que **la masse du fil soit négligeable devant cette de l'objet** suspendu.

> **Remarque**
> En pratique, pour un objet de masse de l'ordre de 100 g à 200 g, le modèle du pendule simple sera vérifié de manière satisfaisante avec une ficelle usuelle.

2. D'après la question précédente, si la masse de l'objet est trop faible, les élèves courent le risque de s'éloigner du modèle du pendule simple.

De plus, si l'objet a une masse faible, l'influence des frottements de l'air sera plus grande sur son mouvement. L'amortissement sera plus rapide et la **période propre risque de s'écarter de sa valeur initiale**.

3. Si le pendule est abandonné avec un écart angulaire trop important par rapport à sa position d'équilibre, les élèves **sortent du cadre de l'isochronisme des petites oscillations**. La période propre du pendule simple n'est plus alors nécessairement donnée par la relation de la question **1**.

Remarque

En pratique, pour une amplitude de 30°, la période propre augmente en moyenne de 2 %. Il faut une amplitude de 50° pour que cette période propre augmente de 5 % ! On peut en conclure, compte tenu de la précision d'un chronomètre et de la mesure manuelle, que l'amplitude initiale n'influera pas sur la période propre si elle reste dans le domaine du raisonnable. Toutefois, si on observe un grand nombre d'oscillations, il peut apparaître des décalages liés au non-isochronisme.

4. On en déduit (*cf.* exercice 3 question **3**) :

$$L = \frac{T^2 \times g}{4\pi^2} = \frac{1{,}0^2 \times 9{,}81}{4\pi^2} = 2{,}4849 \cdot 10^{-1}\ \text{m}.$$

Remarque

Le texte donne « une seconde ». Il faut décider d'une précision pertinente. Le dixième de seconde paraît suffisant pour *T*. On est donc amené à écrire *L* avec deux chiffres significatifs.

$L = 2{,}5 \cdot 10^{-1}\text{m} =$ **25 cm** ; pour construire un pendule simple qui « bat » la seconde, il faut utiliser un fil de longueur *L* égale à 25 cm.

5. Pour le pendule simple, on peut écrire $E_m = E_c + E_{pp}$ avec E_m l'énergie mécanique du système (masse marquée) ; E_c l'énergie cinétique du système ; E_{pp} l'énergie potentielle de pesanteur du système.

L'amortissement observé implique que E_{pp} diminue, puisque le système est caractérisé par une altitude maximale qui diminue. En conséquence, **l'énergie mécanique du système diminue**. Cette énergie est **dissipée par les frottements** de l'air.

Lorsque les oscillations sont « faiblement » amorties, la pseudo période reste proche de la période propre du pendule simple mais **des écarts finissent par se manifester** lorsque l'amplitude devient trop faible, d'où les écarts constatés expérimentalement par les élèves.

Remarque

Si l'amortissement devient trop fort, le régime est apériodique et il n'y a plus d'oscillations.

CHAPITRE 9

Temps et relativité restreinte

COMPÉTENCES EXIGIBLES

- Savoir que la vitesse de la lumière dans le vide est la même dans tous les référentiels galiléens.
- Définir la notion de temps propre.
- Exploiter la relation entre durée propre et durée mesurée.
- Extraire et exploiter des informations relatives à une situation concrète, où le caractère relatif du temps est à prendre en compte.

1 Notion d'événement

- Pour spécifier un événement (passage d'un mobile, choc, émission de lumière…), tout observateur doit attribuer quatre coordonnées :

– trois coordonnés de position : $(x ; y ; z)$;

– une coordonnée de temps : t donnée par une horloge.

Attention
L'observateur lié au référentiel est toujours immobile par rapport à celui-ci.

- L'observateur, muni d'une horloge, se tient à proximité du point M, endroit où a lieu l'événement (*doc.* 1).

À savoir
Si les événements ne se produisent pas au même endroit, on fait appel à plusieurs observateurs (ou dispositifs) liés au même référentiel et se trouvant à proximité de l'événement à enregistrer.

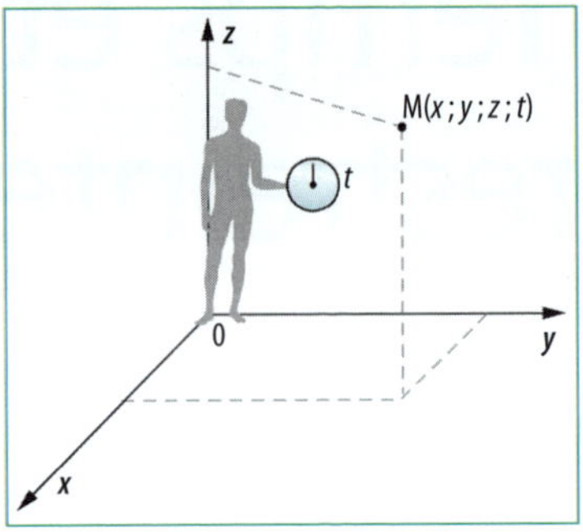

Doc. 1 Définition correcte d'un événement

2 Référentiels galiléens et mouvement relatif

- Les référentiels galiléens sont des référentiels en mouvement rectiligne uniforme les uns par rapport aux autres.

- Considérons deux observateurs en O et O', tel que O' ait un mouvement rectiligne uniforme de vitesse $\vec{v}$ le long de l'axe (Ox) (*doc.* 2).

L'observateur en O repère un événement ayant lieu en M à l'aide des coordonnées $(x ; y ; z ; t)$. L'observateur en O' repère le même événement ayant lieu en M à l'aide des coordonnées $(x' ; y' ; z' ; t')$. Auparavant, les deux observateurs synchronisent leur horloge $t = t' = 0$ quand $x = x' = 0$ (O' est en O).

Remarque
Une fois synchronisées, les deux horloges indiquent le même temps. On dit que le temps est absolu en mécanique classique.

Ainsi, et conformément à la mécanique classique, on écrit :

$x' = x - v.t$

$y' = y$

$z' = z$

$t' = t$

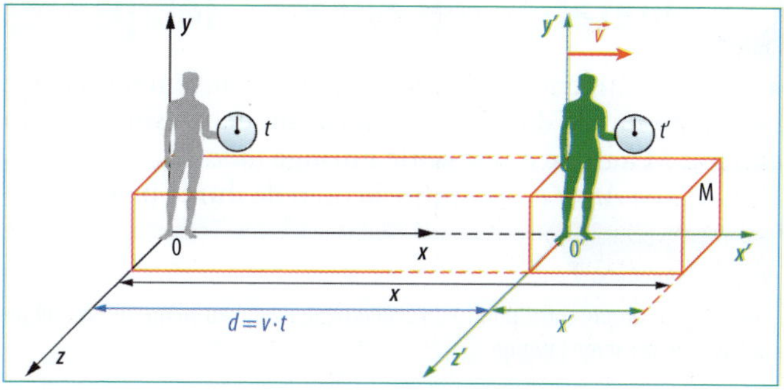

Doc. 2 **Transformations galiléennes des coordonnées**

• En dérivant ces expressions par rapport au temps, on obtient les transformations dites galiléennes des vitesses :

$$v'_x = v_x - v\ ;\quad v'_y = v_y\ ;\quad v'_z = v_z.$$

Attention
Il s'agit de mesures algébriques, c'est-à-dire qu'elles peuvent être positives ou négatives.

3 Postulat d'Einstein

• Si l'observateur en O' émet un rayon lumineux à la célérité c selon la direction (O'x'), l'expérience montre que l'observateur en O ne mesure pas une célérité $c + v$ conformément aux transformations galiléennes mais une célérité c invariante.

Rappel
La célérité de la lumière dans le vide est égale à $c = 3{,}0 \cdot 10^8\ \text{m} \cdot \text{s}^{-1}$.

• **Énoncé du postulat d'Einstein**

La vitesse de propagation de la lumière dans le vide est la même dans tous les référentiels galiléens.

Histoire des sciences

Albert Einstein (1879-1955) a publié la théorie de la relativité restreinte en 1905, et la théorie de la relativité générale en 1915. Il a reçu le prix Nobel de physique en 1921 pour d'autres travaux sur l'effet photoélectrique.

4 Dilatation des durées – Temps propre

• Dans le référentiel O' (considéré en mouvement par rapport à O), l'observateur mesure la durée $t'_2 - t'_1$ séparant deux événements ayant lieu **au même endroit M** à l'aide d'une **seule horloge** (*doc.* 3).
L'intervalle $\Delta t_p = t'_2 - t'_1$ porte le nom de **durée propre**.

À savoir

Tout temps propre correspond à un événement ayant lieu au même endroit pour l'observateur et relevé à l'aide de la même horloge.

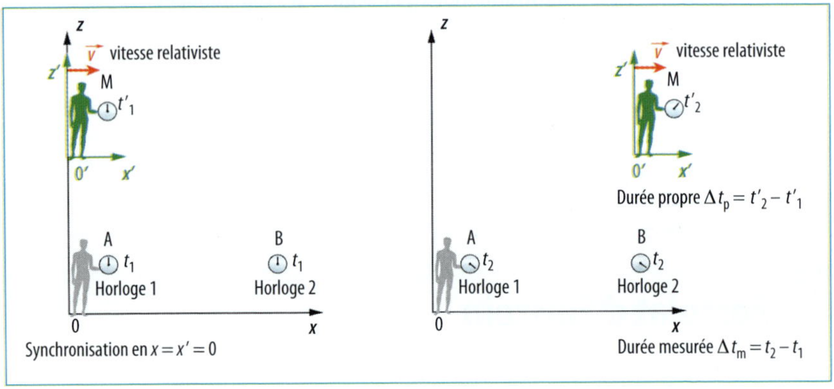

Doc. 3 Mesures de durées propre et impropre séparant deux événements

• Dans le référentiel O (au repos), l'observateur mesure à l'aide de **deux horloges différentes** (1 et 2), placées respectivement en A et B, la durée $t_2 - t_1$ séparant les deux événements ayant lieu pour lui à **deux endroits différents A et B**.
L'intervalle $\Delta t_m = t_2 - t_1$ n'est pas une durée propre, on parle de **durée mesurée** (ou impropre).
Les horloges indiquent que $\Delta t_m > \Delta t_p$.

Remarque

Les deux événements ont lieu au même endroit M pour l'observateur O'. L'observateur O doit faire appel à un autre observateur ou dispositif pour enregistrer l'événement en B (seconde position de M).

• Ceci est un fait général : la durée Δt_m mesurée par deux horloges disposées chacune en A (lieu de l'événement 1) et B (lieu de l'événement 2) est plus grande que la durée propre Δt_p mesurée par une seule horloge se déplaçant à vitesse relativiste de A vers B.

Vocabulaire

La vitesse est relativiste, c'est-à-dire que les effets commencent à être significatifs pour $v > 0{,}1\,c$.

On montre que :

$$\Delta t_{\mathrm{m}} = \gamma \cdot \Delta t_{\mathrm{p}}$$

avec $\gamma = \dfrac{1}{\sqrt{1 - \dfrac{v^2}{c^2}}}$.

Par exemple, si $v = 0{,}300\ c$, alors $\gamma = 1{,}05$ et Δt_{m} est 5 % plus grand que Δt_{p}.

Remarque

Le temps n'est plus absolu, mais une grandeur relative à l'observateur pour des vitesses v proches de celle de la lumière dans le vide.

À savoir

$v < c$ impose que $\gamma > 1$ et $\Delta t_{\mathrm{m}} > \Delta t_{\mathrm{p}}$. Ainsi, les durées mesurées par l'observateur 0 se dilatent, l'horloge en mouvement par rapport à 0 retarde et les durées propres Δt_{p} sont plus toujours courtes que les durées mesurées Δt_{m}.

COURS

QCM et questions courtes

1 Vrai ou faux ?

Corrigé p. 182

Une fusée est animée d'un mouvement rectiligne uniforme de vitesse v par rapport à un observateur terrestre A. Le pilote émet un faisceau lumineux vers l'avant, dans la direction du mouvement pendant 5 s.

1. Le pilote mesure la célérité du faisceau et trouve c. ☐ Vrai ☐ Faux

2. L'observateur A mesure une célérité $v + c$. ☐ Vrai ☐ Faux

3. L'observateur A mesure une célérité c. ☐ Vrai ☐ Faux

4. Pour l'observateur A, le signal lumineux dure moins de 5 s. ☐ Vrai ☐ Faux

Exercices d'entraînement

2 Relativité classique

★ 15 min Corrigé p. 182

Un passager d'un TGV roulant en ligne droite à une vitesse constante $v_T = 180\ \text{km·h}^{-1}$ passe devant une horloge fixée sur un quai indiquant 10 h 30 min. Un avion volant à une altitude constante de 5,0 km dans la même direction et le même sens que le train passe à la verticale de l'horloge qui indique 10 h 32 min. L'avion est à 13 km de la verticale de l'horloge quand celle-ci indique 10 h 34 min.

1. Déterminer les coordonnées de l'avion par rapport à l'horloge et par rapport au train aux deux dernières dates indiquées par l'horloge du quai (10 h 32 min et 10 h 34 min).

2. Quelle est la vitesse de l'avion (en km·h^{-1}) par rapport au quai ? Quelle est la vitesse de l'avion (en km·h^{-1}) par rapport au train ?

> **Méthode**
>
> Il faut **synchroniser** les horloges des deux référentiels d'étude à 10 h 30 min, puis préciser les coordonnées des **événements** ultérieurs dans chacun des référentiels.

3 Événements

★ 5 min Corrigé p. 183

Dans un référentiel donné, les coordonnées de trois événements A, B et C sont les suivantes : (0 m ; 5 m ; 2 m ; 3 s) ; (0 m ; 5 m ; 2 m ; 4 s) ; (9 m ; 5 m ; 2 m ; 6 s). Quel(s) type(s) de durées séparent ces événements ?

4 Synchronisation de deux horloges

★ 10 min Corrigé p. 183

Indiquer comment synchroniser deux horloges A et B séparées d'une distance *d*.

Conseil

Utiliser un signal lumineux émis par A et mettant à zéro l'horloge de B à la réception.

5 Durée d'un voyage stellaire

★★ 15 min Corrigé p. 183

L'étoile la plus proche du système solaire est Alpha du Centaure située à 4,3 a.l. de la Terre.
Quelle est la durée, mesurée par un observateur terrestre, d'un voyage Terre-Alpha du Centaure pour une fusée animée d'un mouvement rectiligne uniforme de vitesse $v = 0{,}995\ c$?
Quelle durée mesurera un astronaute présent dans la fusée ?

Rappel

Une année de lumière a.l. correspond à la distance parcourue par la lumière dans le vide en une année :
1 a.l. = 1 an × *c*.

6 Détection des pions

★★ 15 min Corrigé p. 183

Un pion π^- de vitesse $v = 0{,}70\ c$, issu d'une collision proton-deuton, est dirigé vers un système de détection situé à 7,0 m du lieu de production. Le pion n'étant pas une particule stable, il se désintègre très rapidement.

$$\pi^- \rightarrow \mu^- + \overline{\nu}_\mu$$

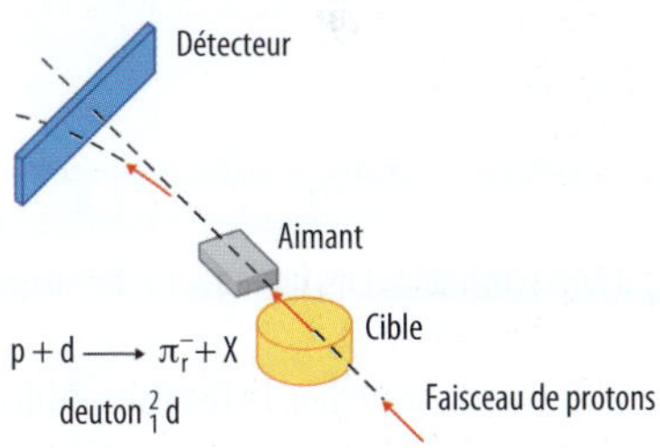

Ainsi, la durée de vie moyenne du pion dans un référentiel dans lequel il est au repos vaut $\tau = 2{,}60 \cdot 10^{-8}$ s.

1. Calculer la durée de vie mesurée par un observateur immobile dans le référentiel associé au laboratoire.

2. Le pion sera-t-il détecté ? On rappelle que la célérité de la lumière dans le vide est égale à $c = 3{,}00 \cdot 10^8\ \text{m} \cdot \text{s}^{-1}$.

7 Exploitation d'une photographie

★★★ 15 min ➔ Corrigé p. 184

Une fusée se déplace en mouvement rectiligne uniforme à la vitesse $v = 0{,}750\,c$ par rapport à un appareil photo disposé à proximité de la trajectoire de la fusée.

Vocabulaire

La toise est une règle fixe permettant de mesurer une longueur.

Une photo est prise au moment où la queue de la fusée coïncide avec l'origine d'une toise disposée dans le champ de la photo.

La photographie montre que la queue de la fusée coïncide avec la première extrémité de la toise alors que le nez de la fusée coïncide avec la graduation 80,0 cm.

Quelle est la longueur réelle de la fusée ?

➔ Indication

La queue est à proximité de l'appareil de telle façon que son image s'imprime spontanément. Les rayons en provenance du nez mettent une certaine durée à parvenir dans l'appareil.

8 Signal périodique : effet Doppler relativiste

★★★ 20 min ➔ Corrigé p. 184

Un observateur O' en mouvement rectiligne uniforme (avec une vitesse relativiste v) par rapport à un observateur O, émet deux signaux lumineux vers O espacés d'une durée T'. (O' s'éloigne de O.)

Montrer que la durée séparant les deux signaux reçus par O est égale à :

$$T = T' \cdot \sqrt{\frac{1+\beta}{1-\beta}}$$

avec $\beta = \frac{v}{c}$.

➔ Comment résoudre cet exercice ?

Il faut synchroniser les horloges $t = t' = 0$ quand O' est en O ($x_0 = x'_0 = 0$) et que O' émet le premier signal (c'est l'événement 1).

L'événement 2 correspond à l'émission du deuxième signal par O'.

L'événement 3 correspond à la réception par O du deuxième signal.

Exercice de type bac

PRÉPARER L'ÉPREUVE ÉCRITE

9 Réflexion sur un miroir en mouvement ★★★ 35 min Corrigé p. 185

Un dispositif mobile comportant un miroir et un émetteur de faisceau laser est embarqué à bord d'un mobile se déplaçant en mouvement rectiligne uniforme à la vitesse $v = 0{,}600\ c$ par rapport à un observateur O (figure ci-dessous).

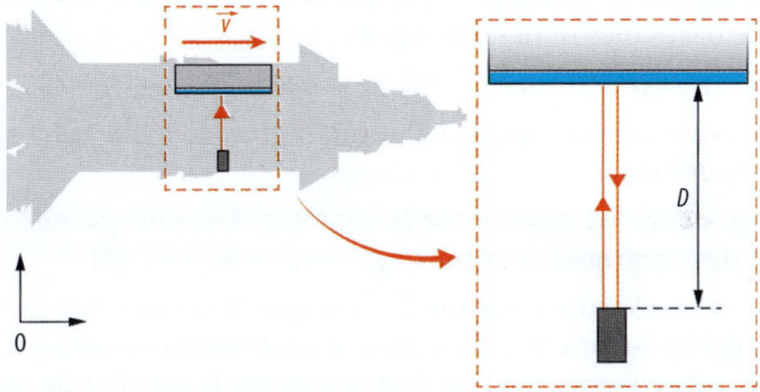

1. Exprimer la durée, qui sépare un aller retour de la lumière, enregistrée par un passager du mobile en fonction de c et de D.

2. S'agit-il d'une durée propre ? Justifier.

3. Représenter le chemin décrit par le faisceau tel qu'il est vu par l'observateur O. Celui-ci mesure une durée Δt correspondant à l'aller-retour de la lumière. S'agit-il d'une durée propre ? Justifier.

4. Exprimer la longueur du trajet de l'aller du faisceau pour l'observateur O en fonction de c et de Δt.

5. Exprimer la distance parcourue par le dispositif mobile durant le trajet aller du faisceau pour l'observateur O en fonction de v et de Δt.

6. En déduire l'expression Δt en fonction de la durée trouvée en **1.** et du rapport $\beta = \frac{v}{c}$. Comparer les deux durées.

Aide

Le trajet de la lumière vu par l'observateur O s'appuie sur un triangle isocèle.

Pour aller plus loin

10 Les Astroparticules

★★★ 35 min Corrigé p. 186

Partie A – Production de muons atmosphériques

Les rayons cosmiques sont constitués de particules d'origine galactique ou extragalactique. Les protons composent la majorité de ces particules cosmiques (environ 87 %).

À leur arrivée dans la haute atmosphère, les protons entrent en collision avec des noyaux d'espèces chimiques présentes dans l'atmosphère et produisent une gerbe de particules dont les pions π :

$$p + p \rightarrow p + n + \pi^+ \ \textbf{(1)} ; \quad p + n \rightarrow p + p + \pi^- \ \textbf{(2)}.$$

Les pions se désintègrent ensuite en donnant des muons μ accompagnés d'antineutrinos muoniques : $\pi^- \rightarrow \mu^- + \overline{\nu}_\mu$ **(3)**.

Les muons μ^- de masse environ deux cent sept fois plus grande que celle des électrons se désintègrent à leur tour : $\mu^- \rightarrow e^- + \overline{\nu}_e + \nu_\mu$ **(4)**.

Tout en respectant la conservation de l'énergie, de la quantité de mouvement, et de la charge, les équations citées doivent également conserver d'autres grandeurs. De la même façon que l'on doit conserver le nombre de nucléons dans de telles réactions (ou conservation du nombre baryonique B pour les particules), on doit également conserver les nombres de leptons électroniques L_e et muoniques L_μ (voir le tableau ci-dessous).

Particule	e^-	e^+	ν_e	$\overline{\nu}_e$	μ^-	ν_μ	$\overline{\nu}_\mu$	π
L	1	–1	1	–1	1	1	–1	0
Type	leptons électroniques				leptons muoniques			mésons

Particule	p	$\overline{p}$	n	$\overline{n}$	π
B	1	–1	1	–1	0

1. Quelles règles de conservation respectent l'écriture des équations **(1)** à **(4)** ? Est-ce que la réaction $p + p \rightarrow p + \pi^+ + \pi^0$ est possible ?

2. L'énergie totale du muon produit E (en joules) est telle que $E = \gamma.\ m_\mu.c^2$ avec m_μ la masse du muon (en kg) et c la célérité de la lumière dans le vide.

Sachant que l'énergie totale du muon produit E est égale à 1,20 GeV et que $m_\mu.c^2$ = 106 MeV, en déduire la valeur du facteur γ, ainsi que la vitesse des muons entrant dans l'atmosphère dans le référentiel terrestre en fonction de c.

Rappel
GeV et MeV sont des multiples de l'électron-volt : 1 eV = $1{,}6 \cdot 10^{-19}$ J.

Partie B – Détection des muons

On prendra comme valeur de la célérité de la lumière dans le vide : $c = 3{,}00\ \text{m·s}^{-1}$.

Les muons interagissent peu avec la matière (il y a uniquement des pertes par ionisation que l'on négligera ici). Ils sont facilement détectables au niveau du sol avant leur désintégration. Dans son référentiel propre (le référentiel où le muon est au repos), la durée de vie moyenne du muon est $\tau = 2{,}20\ \mu\text{s}$.

1. Quelle distance devrait parcourir *a priori* un muon animé d'une vitesse de $0{,}996\ c$? Sachant que les muons sont produits à des altitudes de quelques kilomètres minimum, montrer que la seule explication de détection des muons pour un observateur sur Terre est la dilatation de la durée de vie de ces particules dans le référentiel terrestre.

2. Dans une publication apparue en 1963, D.H. Frisch et J.H. Smith Hall exposèrent une méthode dont les résultats étaient en accord avec les prévisions de la relativité restreinte concernant la dilatation des durées. La mesure portait sur le flux de muons engendrés par les particules cosmiques.

Ils mesurèrent le nombre N_0 de muons détectés par heure à l'altitude de 1 910 m et le nombre N de muons détectés par heure à une altitude de 3,00 m en ne sélectionnant que les muons animés d'une vitesse $v = 0{,}995\ c$. Ils trouvèrent :

$$N_0 = (563 \pm 10)\ \text{h}^{-1} \quad \text{et} \quad N = (408 \pm 9)\ \text{h}^{-1}.$$

Supposant qu'à un instant pris comme origine du temps dans le référentiel propre du muon, on dénombre N_0 muons. À l'instant t, on ne dénombre que $N = N_0\ e^{(-t/\tau)}$ **(5)** avec τ la durée de vie propre du muon et t le temps nécessaire au muon animé d'une vitesse v de parcourir la distance $d = (1\ 910 - 3{,}00)$ m.

a. Montrer que les résultats expérimentaux sont incompatibles avec une application classique de la relation **(5)**.

b. Appliquer la relation **(5)** dans le cas relativiste pour un observateur terrestre, puis pour un observateur dans le référentiel propre du muon.

c. En supposant que seules les incertitudes ΔN sur la mesure des flux de muons N sont à prendre en compte, montrer que les résultats obtenus sont en bon accord avec les mesures.

Aide

Les erreurs sur les temps étant négligeables, on peut écrire à partir de la relation **(5)** : $\dfrac{\Delta N}{N} = \dfrac{\Delta N_0}{N_0}$.

QCM et questions courtes

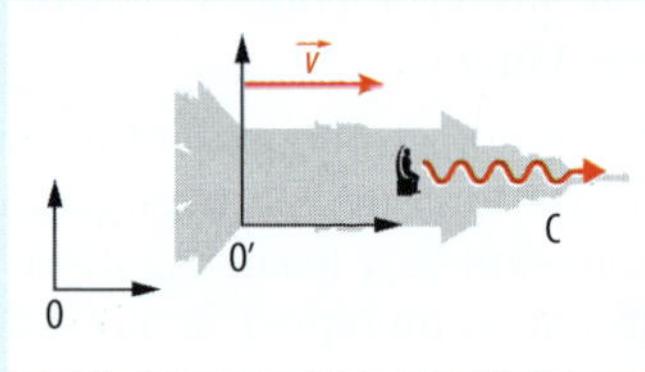

1 Vrai ou faux ?

1. Vrai → D'après le postulat d'Einstein.

2. Faux → D'après le postulat d'Einstein.

3. Vrai → D'après le postulat d'Einstein.

4. Faux → Le pilote mesure une durée propre $\Delta t_p \approx 5$ s. Par conséquent, l'observateur A mesure une durée $\Delta t_m = \gamma\, 5$ s. Comme $\gamma > 1$, $\Delta t_m > 5$ s.

Exercices d'entraînement

2 Relativité classique

1. On choisit les référentiels repérés par O pour le quai et par O' pour le train. On synchronise leur horloges à 10 h 30 min ($t_0 = t_0' = 0$, $x_0 = x_0' = 0$), puis on repère les événements ultérieurs comme indiqués ci-dessous.

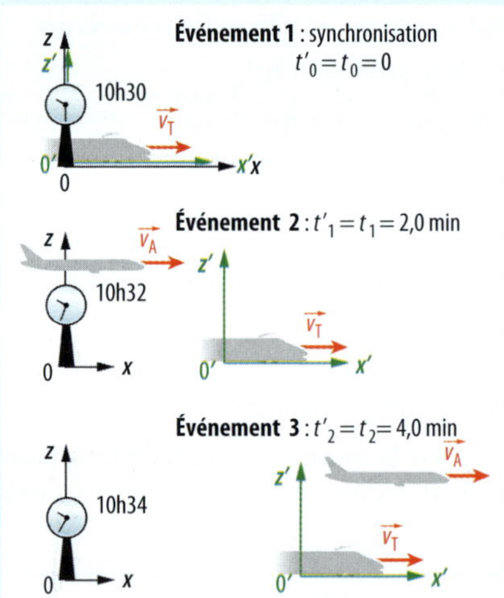

Date dans O	Événement 1 : t_1	Événement 2 : t_2
Coordonnées de l'avion dans O	(0 ; 0 ; 5,0 km ; 2,0 min) $(x_1 ; y_1 ; z_1 ; t_1)$	(13 km ; 0 ; 5,0 km ; 4,0 min) $(x_2 ; y_2 ; z_2 ; t_2)$
Coordonnées de l'avion dans O'	$t_1' = t_1 = 2{,}0$ min $x'_1 = x_1 - v_T t_1 = -6{,}0$ km $y_1' = 0$ $z'_1 = 5{,}0$ km	$t_2' = t_2 = 4{,}0$ min $x'_2 = x_2 - v_T t_2 = 1{,}0$ km $y_2' = 0$ $z'_2 = 5{,}0$ km

2. Comme les vitesses du train et de l'avion sont faibles devant la célérité de la lumière, le temps est absolu ($t = t'$) après synchronisation.

Ainsi :

$$v_A = \frac{\Delta x}{\Delta t}, \text{ soit } v_A = \frac{13 \times 60}{2{,}0} = \mathbf{3{,}9 \cdot 10^2\ km \cdot h^{-1}}.$$

Aide mathématique

Une vitesse en km·h⁻¹ est égale à v (en km·min⁻¹) × 60.

$v'_A = \dfrac{\Delta x'}{\Delta t'}$, soit $v'_A = \dfrac{1{,}0-(-6{,}0\times 60)}{2{,}0}$ = **$2{,}1 \cdot 10^2$ km·h^{-1}**.

Astuce

On peut aussi trouver v'_A grâce à la formule de composition de vitesses : $v'_A = v_A - v_T$.

3 Événements

La durée séparant les événements A et B est une **durée propre** : $t_B - t_A = \Delta t_p$ car elle est mesurée à l'aide d'une seule horloge au même endroit). Les durées séparant les événements A et C, et B et C sont des **durées mesurées (impropres)** car $t_B - t_C$ et $t_B - t_A$ sont des intervalles de temps mesurés avec des horloges différentes situées à des endroits différents.

4 Synchronisation de deux horloges

L'horloge A transmet un signal lumineux à l'horloge B à l'instant t_0.
La **réception du signal par B remet à zéro** cette dernière.
Pour l'horloge A, la remise à zéro à lieu à l'instant : $\boldsymbol{t_0 + \dfrac{d}{c}}$.

5 Durée d'un voyage stellaire

Pour un observateur terrestre, la durée mesurée du voyage Terre-Alpha du Centaure est égale à $\Delta t_m = \dfrac{\Delta x}{v}$, soit $\Delta t_m = \dfrac{4{,}3 \text{ an} \times c}{0{,}995\, c}$ = **4,3 années.**

La durée mesurée par l'astronaute est une durée propre :

$$\Delta t_p = \frac{\Delta t_m}{\gamma} = \Delta t_m \times \sqrt{1-\frac{v^2}{c^2}}, \text{ soit } \Delta t_p = 4{,}3 \times \sqrt{1-\frac{0{,}995^2 \times c^2}{c^2}} = 0{,}43 \text{ années}$$

$(1{,}6 \cdot 10^2$ jours !).

Chiffres significatifs

Les résultat doivent être exprimés avec deux chiffres significatifs étant donné que les données les moins précises sont exprimées avec deux chiffres significatifs.

6 Détection des pions

1. Le pion est une particule relativiste. Ainsi, la durée de vie mesurée dans le référentiel associé au laboratoire est supérieure à la durée de vie propre du pion. Elle vaut :

$$\Delta t_m = \Delta t_p \cdot \gamma = \frac{\tau}{\sqrt{1-\frac{v^2}{c^2}}}, \text{ soit } \Delta t_m = 2{,}60 \cdot 10^{-8} / \sqrt{1-0{,}70^2 \cdot \frac{c^2}{c^2}} = 3{,}6 \cdot 10^{-8}\,\text{s}.$$

2. Dans le référentiel du laboratoire, la distance parcourue pendant l'intervalle séparant la production du pion et sa désintégration est égale à $\Delta x_m = v\Delta t_m$.
Soit $\Delta x_m = 3{,}6 \times 10^{-8} \times 0{,}70 \times 3{,}00 \cdot 10^8 =$ **7,6 m.**

Le système de détection étant situé à 7,0 m du lieu de production, le pion **sera donc détecté**.

7 Exploitation d'une photographie

Pour avoir sur la photo la longueur réelle de la fusée, il aurait fallu que les rayons lumineux en provenance de Q et N arrivent instantanément dans le diaphragme.

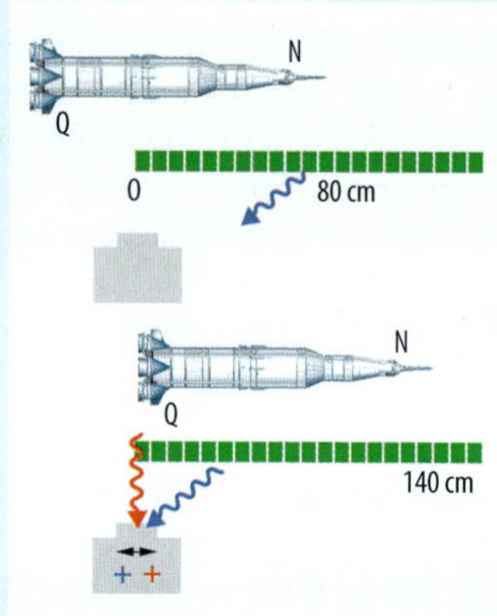

À l'ouverture du diaphragme, on peut considérer que l'image de Q est reçue instantanément mais l'image reçue de N est vieille du temps que met la lumière pour parcourir 80,0 cm, soit : $t = \dfrac{80{,}0 \cdot 10^{-2}}{c}$.

Ainsi, la position réelle de N s'est déplacée de

$$\Delta x = v \cdot t = \frac{80{,}0 \cdot 10^{-2}}{c} \times 0{,}750c$$

$$= 60{,}0 \cdot 10^{-2} \text{ m} = 60{,}0 \text{ cm}.$$

La longueur réelle de la fusée est donc égale à $L = 80{,}0 + 60{,}0 =$ **140 cm.**

Remarque

D'après le schéma ci-dessus, on observe que la distance parcourue par les rayons lumineux entre le point N et l'appareil photographique est en réalité un peu supérieure à 80,0 cm. Ainsi, la longueur réelle de la fusée est en fait un peu supérieure à 140 cm.

8 Signal périodique : effet Doppler relativiste

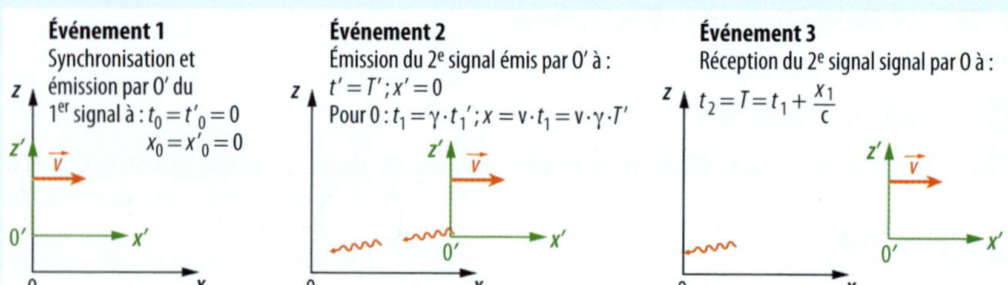

La réception du deuxième signal par O a donc lieu (voir la figure ci-dessus) à $t_2 = T = \gamma.T' + \frac{x_1}{c}$ avec $\gamma = \frac{1}{\sqrt{1-\frac{v^2}{c^2}}}$; et $\frac{x_1}{c}$ la durée mise par le signal lumineux de célérité invariante c pour parcourir une distance $x_1 = vt_1 = v\gamma T'$.

Attention

Nous avons pu écrire $t_1 = \gamma t'_1$ car t'_1 est bien une durée propre séparant la première émission du signal de la deuxième émission du signal par O'. La durée mesurée par O est dilatée du facteur γ. En revanche, t_2 est considérée comme une date (coordonnée temporelle) et non pas une durée !

Il apparaît donc que $T = \gamma T' + v\gamma\frac{T'}{c}$.

$$T = \frac{1}{\sqrt{1-\frac{v^2}{c^2}}} \cdot T' \cdot (1+\beta) = T' \cdot \frac{1+\beta}{\sqrt{1-\beta^2}} = T' \cdot \frac{\sqrt{1+\beta}\cdot\sqrt{1+\beta}}{\sqrt{(1-\beta)}\cdot\sqrt{1+\beta}} = T' \cdot \sqrt{\frac{1+\beta}{1-\beta}}$$

C'est l'expression de l'effet Doppler longitudinal relativiste.

Un signal de période T' est émis par une source mobile s'éloignant d'un observateur fixe O. Le signal reçu par O a une période $T > T'$ et par conséquent de fréquence $\nu < \nu'$.

Exercice de type bac

PRÉPARER L'ÉPREUVE ÉCRITE

9 Réflexion sur un miroir en mouvement

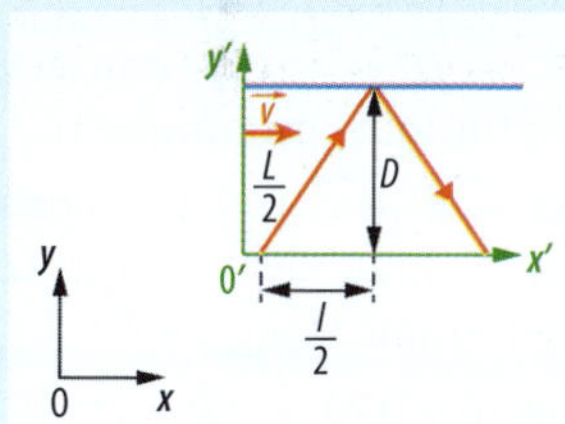

1. La durée, qui sépare un aller-retour de la lumière enregistrée par un passager du mobile, est égale à $\Delta t_p = \frac{2D}{c}$.

2. Il s'agit d'une **durée propre,** car elle est mesurée par **une seule horloge au même endroit**.

3. Le chemin décrit par le faisceau tel qu'il est vu par l'observateur O est représenté ci-contre.

La durée mesurée par O n'est **pas une durée propre,** car les deux événements (émission-réception) n'ont **pas lieu au même endroit pour O**.

4. La célérité c de la lumière étant indépendante du mouvement de la source, la longueur du trajet de l'aller du faisceau pour l'observateur O est égale à :

$$\frac{L}{2} = c\frac{\Delta t}{2}.$$

5. La distance $\frac{l}{2}$ parcourue par le dispositif mobile durant le trajet aller du faisceau pour l'observateur O est égale à $\frac{\boldsymbol{l}}{\mathbf{2}} = \boldsymbol{v}\ \frac{\Delta \boldsymbol{t}}{\mathbf{2}}$.

6. L'application du théorème de Pythagore dans le triangle rectangle ci-dessus donne $(\frac{L}{2})^2 = D^2 + (\frac{l}{2})^2$, soit $(c\ \frac{\Delta t}{2})^2 = (c\ \frac{\Delta t_p}{2})^2 + (v\ \frac{\Delta t}{2})^2$, en multipliant par $\frac{4}{c^2}$ il vient $\Delta t^2\ (1 - \frac{v^2}{c^2}) = \Delta t_p^{\ 2}$, soit $\Delta \boldsymbol{t} = \frac{\Delta t_p}{\sqrt{1-\frac{v^2}{c^2}}}$ / $= \gamma\ \Delta t_p = \mathbf{(1 - \beta^2)^{-1/2} \Delta \boldsymbol{t}_p}$.

Ainsi $\frac{\Delta t}{\Delta t_p} = (1 - 0{,}600^2)^{-1/2} = \mathbf{1{,}25}$.

La durée mesurée par l'observateur O est **1,25 fois plus grande la durée propre**.

Pour aller plus loin

10 Les Astroparticules

Partie A – Production de muons atmosphériques

1. Les règles de conservation suivantes ont été respectées lors de l'écriture des équations **(1)** à **(4)** :

$p + p \rightarrow p + n + \pi^+$ **(1)** : conservation des charges ($Z_{\text{avant}} = Z_{\text{après}} = +2$) et du nombre baryonique ($B_{\text{avant}} = B_{\text{après}} = 2$) (ou du nombre de nucléons A).

$p + n \rightarrow p + p + \pi^-$ **(2)** : conservation des charges ($Z_{\text{avant}} = Z_{\text{après}} = +1$) et du nombre baryonique ($B_{\text{avant}} = B_{\text{après}} = 2$).

$\pi^- \rightarrow \mu^- + \overline{\nu_\mu}$ **(3)** : conservation des charges ($Z_{\text{avant}} = Z_{\text{après}} = -1$) et du nombre leptonique muonique ($L_{\mu\ \text{avant}} = 0 = L_{\mu\ \text{après}} = 1 - 1$).

$\mu^- \rightarrow e^- + \overline{\nu_e} + \nu_\mu$ **(4)** : conservation des charges ($Z_{\text{avant}} = Z_{\text{après}} = -1$), du nombre leptonique électronique ($L_{e\ \text{avant}} = 0 = L_{e\ \text{après}} = 1 - 1$) et du nombre électronique muonique ($L_{\mu\ \text{avant}} = 1 = L_{\mu\ \text{après}} = 1$).

La réaction $p + p \rightarrow p + \pi^+ + \pi^0$ ne respecte pas la conservation du nombre baryonique ($B_{\text{avant}} = 2$ et $B_{\text{après}} = 1$). **Elle n'est donc pas possible**.

2. $E = \gamma\ m_\mu\ c^2$, d'où $\gamma = \frac{E}{m_\mu c^2}$ (*).

Par ailleurs, $\gamma = 1/\sqrt{1 - \frac{v^2}{c^2}} \Rightarrow \gamma^2 = \frac{1}{1-\frac{v^2}{c^2}} \Rightarrow v^2 = c^2 \cdot \left(1 - \frac{1}{\gamma^2}\right)$.

En utilisant l'équation (*), il vient alors $v = c.\sqrt{1-\frac{m_\mu^2 \cdot c^4}{E^2}}$.

Application numérique : $\gamma = 1,20/0,106 = 11,3$.

Rappel
1 MeV = 10^{-3} GeV = 10^{6} eV.

$$v = c \cdot \sqrt{1 - \frac{(0,106)^2}{(1,20)^2}} = 0,996 \cdot c.$$

La valeur du facteur γ est donc égale à **11,3** et la vitesse des muons entrant dans l'atmosphère égale à **0,996 *c*.**

Partie B – Détection des muons

1. Pendant sa durée de vie *τ*, un muon devrait parcourir normalement une distance : $d = v\,\tau$.

Soit $d = 0,996 \times 3,00 \cdot 10^{8} \times 2,20 \cdot 10^{-6}$ = **657 m.**

Cette distance est **inférieure à la distance entre le lieu de production des muons et la surface de la Terre**. Comme les muons interagissent très peu avec l'atmosphère, la seule explication permettant de comprendre pourquoi on peut détecter des muons sur Terre reste donc la dilatation du temps pour un observateur terrestre conformément aux prédictions de la relativité restreinte. Ainsi, à la surface de la Terre, un observateur terrestre mesure une distance parcourue par les muons égale à :

$$d_m = v \cdot (\gamma \cdot \tau) = v \cdot \tau \frac{1}{\sqrt{1 - \frac{v^2}{c^2}}}.$$

Application numérique : $d_m = \dfrac{0,9996 \cdot 3,00 \cdot 10^{8} \cdot 2,2 \cdot 10^{-6}}{\sqrt{1 - \frac{0,996^2 \cdot c^2}{c^2}}} = 7,36$ km.

Cette distance est **conforme** aux observations.

2. a) Dans la relation **(5)** : $N = N_0\, e^{(-t/\tau)}$, *τ* représente la durée de vie propre du muon et *t* le temps nécessaire au muon animé d'une vitesse *v* de parcourir une distance $d = (1\,910 - 3,00)$m.

Ainsi : $t = \dfrac{d}{v} = \dfrac{1\,907}{0,995 \times 3,00 \cdot 10^{8}} = 6,39$ µs.

En reportant ce résultat dans la relation **(5)**, on trouverait un flux : $N(t) = 563\, e^{(-6,39/2,20)}$ = **31 muons par heure au lieu des 408 muons par heure mesuré** !

b) Pour un observateur terrestre, les durées se dilatent, à l'instar de la durée de vie *τ* du muon mesurée dans le référentiel où la particule est au repos (référentiel propre). Ainsi $\tau_m = \tau\,\gamma$, alors que la durée du parcours calculée dans la réponse précédente reste égale à *t* pour un observateur terrestre.

Application numérique : $\tau_m = 2{,}20 \cdot 10^{-6} \cdot \dfrac{1}{\sqrt{1 - 0{,}995^2 \cdot \dfrac{c^2}{c^2}}} = 22{,}0\ \mu s.$

$$N = 563 \cdot \exp(-6{,}39/22{,}0) = 421 \text{ muons par heure.}$$

Un observateur dans **le référentiel propre du muon** mesurerait quant à lui une durée de vie $\tau = 2{,}20\ \mu s$. En revanche, la durée t_P correspond au parcours de 1 907 m et vaudrait : $t_P = \dfrac{t}{\gamma} = 6{,}39 \cdot 10^{-6} \times \sqrt{1 - 0{,}995^2 \cdot \dfrac{c^2}{c^2}} = 0{,}639\ \mu s. = 0{,}639\ \mu s.$

On retrouve alors le même résultat :

$$N = 563 \cdot \exp(-0{,}639/2{,}20) = 421 \text{muons par heure.}$$

Le flux de muons calculé par ces deux méthodes est bien **du même ordre de grandeur que le flux de muons mesuré** (408 h^{-1}).

c) À partir de la relation **(5)**, on peut écrire que $\dfrac{\Delta N}{N} = \dfrac{\Delta N_0}{N_0}$.

Ainsi, les incertitudes ΔN sur la mesure des flux de muons N sont égales à :

$$\Delta N = \frac{N \cdot \Delta N_0}{N_0}.$$

Application numérique : $\Delta N = \dfrac{421 \times 10}{563} = 7{,}5$ muons·h^{-1}.

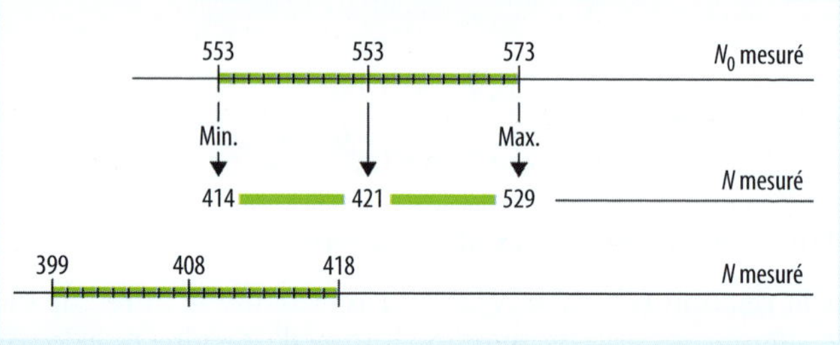

Au final : $\boldsymbol{N = (421 \pm 7)}$ **muons·h^{-1}** : cette plage comprend bien $N_{mesuré}$.

Remarque

Lorsque l'on écrit un résultat sous la forme $N \pm \Delta N$, ΔN ne doit pas avoir plus de chiffres après la virgule que N.

CHAPITRE 10

Temps et évolution chimique : cinétique et catalyse

COMPÉTENCES EXIGIBLES

- Mettre en œuvre une démarche expérimentale pour suivre dans le temps une synthèse organique par CCM (chromatographie sur couche mince) et en estimer la durée.
- Mettre en œuvre une démarche expérimentale pour mettre en évidence quelques paramètres influençant l'évolution temporelle d'une réaction chimique : concentration, température, solvant.
- Mettre en œuvre une démarche expérimentale pour mettre en évidence le rôle d'un catalyseur.
- Extraire et exploiter des informations sur la catalyse, notamment en milieu biologique et dans le domaine industriel, pour en dégager l'intérêt.
- Déterminer un temps de demi-réaction.

1 Durée d'une réaction chimique

1 Exemples de réactions lentes et rapides

- Certaines réactions chimiques, comme par exemple la réaction entre l'acide chlorhydrique et la soude, sont **instantanées** : on dit que ces réactions sont **rapides**.
- D'autres réactions chimiques, comme par exemple la formation de la rouille, sont **lentes**.

On peut alors suivre l'évolution de l'avancement x de la réaction au cours du temps.

Vocabulaire

L'avancement x d'une réaction est la quantité de matière formée d'un produit dont le coefficient stœchiométrique est égal à 1.

2 Suivi dans le temps d'une synthèse organique lente par CCM

- L'éthanoate de 3-méthylbutyle est un arôme de banane de synthèse. C'est le produit d'une réaction lente entre l'acide éthanoïque et le 3-méthylbutan-1-ol :

$$\underset{\textit{acide éthanoique}}{CH_3-COOH} + \underset{\text{3-méthylbutan-1-ol}}{CH_3-\overset{CH_3}{\overset{|}{CH}}-CH_2-CH_2-OH} \leftrightarrows \underset{\text{éthanoate de 3-méthylbutyle}}{CH_3-COO-CH_2-CH_2-\overset{CH_3}{\overset{|}{CH}}-CH_3} + \underset{\text{eau}}{H_2O}$$

- Dans cette réaction, l'avancement x est égal à la quantité de matière d'éthanoate de 3-méthylbutyle produit.
- Pour suivre l'évolution de l'avancement x de cette réaction au cours du temps, on peut analyser le mélange réactionnel grâce à une **chromatographie sur couche mince** (CCM) qui permet de **séparer et d'identifier** les différents composants du mélange réactionnel.
- Pour cela, on compare les rapports frontaux et les tailles des taches à différents instants du mélange réactionnel (1), des réactifs (2, 3) et d'un produit l'éthanoate de 3-méthylbutyle (4) :
  - à $t = 0$, on observe sur le chromatogramme ci-contre pour le mélange réactionnel (1) deux

Rappel

La CCM (chromatographie sur couche mince) est basée sur la différence d'affinité d'une espèce chimique entre une phase fixe et une phase mobile appelée éluant.

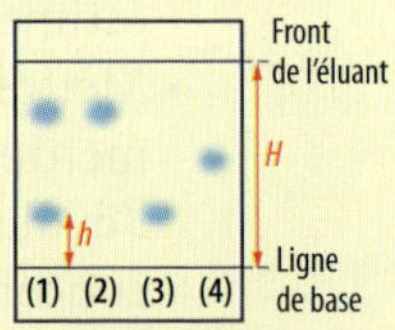

Chromatogramme à l'instant $t = 0$

L'éluant migre par capillarité et entraîne plus ou moins avec lui les espèces chimiques à analyser.

Le rapport frontal (sans unité) vaut $R_f = \dfrac{h}{H}$.

taches ayant les mêmes rapports frontaux que celles des deux réactifs : la réaction n'a pas encore commencé ($x = 0$) ;

• à $t > 0$: la réaction a commencé ($x > 0$) ; on observe sur le chromatogramme pour le mélange réactionnel trois taches ayant les mêmes rapports frontaux que celles des deux réactifs et que celle du produit, l'éthanoate de 3-méthylbutyle. On remarque qu'au cours du temps, les taches correspondant aux réactifs se réduisent alors que la tache correspondant au produit grossit ;

• après deux ou trois heures de réaction, les trois taches sont toujours présentes et leurs tailles ne varient plus : la réaction, équilibrée, est terminée ($x = x_f$).

2 Facteurs cinétiques

1 Paramètres influençant l'évolution temporelle d'une réaction

• Plusieurs paramètres, comme la température du mélange réactionnel, la concentration des réactifs ou le solvant utilisé, peuvent influencer l'évolution temporelle d'une réaction chimique lente. Par exemple, on atteint très souvent **plus rapidement l'état final** d'une réaction :

– en **chauffant le mélange réactionnel** ;

– en **augmentant la concentration des réactifs** ;

– en **choisissant un solvant adapté**.

Piège à éviter

Lorsque l'on fait varier un facteur cinétique, la durée de la réaction change mais l'avancement final x_f ne varie pas.

Définition

Un solvant est un liquide qui a la propriété de dissoudre et de diluer d'autres substances sans les modifier chimiquement et sans lui-même se modifier. L'eau est le solvant le plus courant.

2 Présence d'un catalyseur

• Un **catalyseur** est une espèce chimique qui **accélère une réaction sans intervenir dans le bilan de la réaction**.

• Par exemple, en ajoutant des ions hydronium H^+ au mélange réactionnel précédent, on diminue la durée de cette réaction alors que ces ions H^+ n'apparaissent pas dans l'équation de cette réaction.

Remarque

Un catalyseur ne disparaîssant pas en fin de réaction, il peut être introduit en petite quantité par rapport à la quantité de réactifs à transformer.

À savoir

Un catalyseur n'accélère une réaction que si celle-ci a lieu spontanément. Il ne rend pas possible une réaction non spontanée.

- Il existe différents types de catalyse :

– la catalyse est **homogène** si les réactifs et le catalyseur sont dans le **même état physique** (dissous dans un solvant, liquide, gazeux ou solide) ;

– la catalyse est **hétérogène** si les réactifs et le catalyseur sont dans des **états physiques différents** ;

– la catalyse est **enzymatique** si elle est réalisée par une **enzyme** (qui est une protéine élaborée par les systèmes vivants).

- En milieu biologique ou dans le domaine industriel, la catalyse permet d'accélérer une réaction et donc de **diminuer l'énergie consommée** et d'**abaisser les coûts de production**. Elle permet aussi de **sélectionner une réaction** lorsque plusieurs réactions sont susceptibles d'avoir lieu parallèlement car un catalyseur peut accélérer préférentiellement l'une d'elles.

Remarque

La catalyse joue un rôle essentiel dans la « chimie verte », respectueuse de l'environnement. En effet, les catalyseurs permettent grâce à leur sélectivité de diminuer les réactions parasites.

3 Temps de demi-réaction

- Le temps de demi-réaction $t_{1/2}$ est la **durée** au bout de laquelle l'avancement x d'une réaction atteint **la moitié de sa valeur finale** :

$$x\,(t_{1/2}) = \frac{x_f}{2}.$$

- La valeur du temps de demi-réaction $t_{1/2}$ est déterminée graphiquement :

Piège à éviter

Dans le cas d'une réaction équilibrée, il ne faut pas confondre x_f, l'avancement final de la réaction, et x_{max}, l'avancement maximal de la réaction si celle-ci était totale.

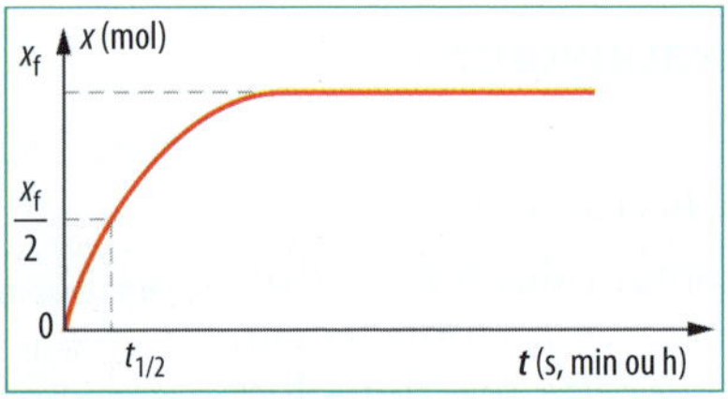

QCM et questions courtes

1 Vrai ou faux ?

➔ Corrigé p. 199

1. Sur un chromatogramme, le rapport frontal d'une espèce chimique peut être supérieur à 1. ☐ Vrai ☐ Faux

2. Une chromatographie sur couche mince (CCM) permet d'identifier des espèces chimiques. ☐ Vrai ☐ Faux

2 Question à réponse courte : la trempe

➔ Corrigé p. 199

Pour stopper ou ralentir une transformation chimique, on effectue une trempe, c'est-à-dire que l'on ajoute au mélange réactionnel un grand volume d'eau froide.

Pourquoi ce geste expérimental permet-il de ralentir ou de stopper une réaction chimique ?

Exercices d'entraînement

3 Transformation de l'urée

★ 10 min ➔ Corrigé p. 199

La réaction d'hydrolyse de l'urée est effectuée dans les mêmes conditions en présence d'un catalyseur inorganique puis en présence d'une enzyme : l'uréase.

L'évolution de la concentration c de l'urée au cours du temps est représentée sur le graphique ci-contre.

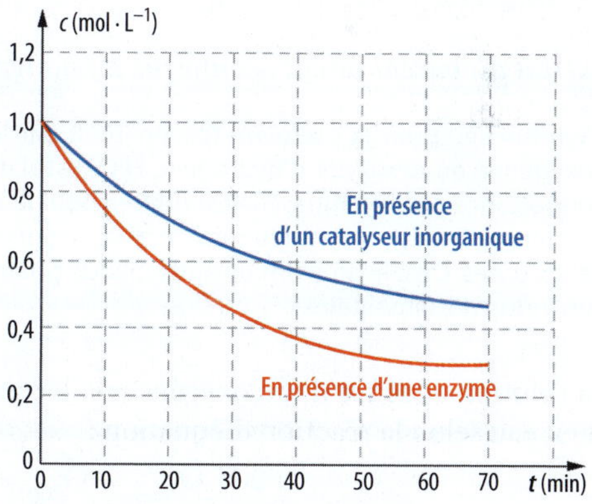

1. Quel est le catalyseur le plus efficace ?

2. Comparer les états finaux des deux réactions.

4 Transformations de l'éthanol

★ 10 min Corrigé p. 200

La réaction à 300 °C de l'éthanol $CH_3CH_2OH_{(g)}$ sur du cuivre $Cu_{(s)}$ produit de l'éthanal $CH_3CHO_{(g)}$. On appelle cette réaction une déshydrogénation.

Si le cuivre est remplacé par de l'alumine $Al_2O_{3(s)}$, la réaction ne produit plus d'éthanal mais de l'éthène $C_2H_{4(g)}$. On dit alors que cette réaction est une déshydratation.

1. Écrire les réactions de l'éthanol en présence de cuivre et d'alumine et expliquer pourquoi elles sont nommées déshydrogénation et déshydratation de l'éthanol.

> **Astuce**
> Il y a deux produits de réaction pour chaque transformation de l'éthanol.

2. Quel est le rôle du cuivre et de l'alumine dans ces réactions ?

Justifier votre réponse.

Exercices de type bac

PRÉPARER L'ÉPREUVE ÉCRITE

5 L'importance de l'eau oxygénée

★★★ 40 min Corrigé p. 200

Extrait du baccalauréat ; conforme au nouveau programme

> Synthétisée pour la première fois en 1818 par le baron Louis Jacques Thénard, l'eau oxygénée ou peroxyde d'hydrogène H_2O_2 est d'une très grande utilité et d'une grande importance économique. Elle est utilisée pour le blanchiment de la pâte à papier et des textiles naturels ou synthétiques, le désencrage des vieux papiers et le traitement des eaux usées. C'est également un antiseptique pharmaceutique et un agent de stérilisation en industrie alimentaire.

La solution aqueuse d'eau oxygénée se décompose lentement en dioxygène $O_{2(g)}$ et en eau selon la réaction d'équation :

$$2\,H_2O_{2(aq)} \rightarrow O_{2(g)} + 2\,H_2O_{(l)}$$

On veut effectuer le suivi cinétique de cette réaction, supposée totale, à la température de 25,0 °C. La décomposition de l'eau oxygénée étant très lente, celle-ci doit être catalysée par les ions fer III (Fe^{3+}).

À l'instant $t = 0$, on mélange :

- $V = 24$ mL de solution aqueuse d'eau oxygénée de concentration molaire en soluté apporté $c = 2{,}5$ mol·L^{-1} ;
- 6,0 mL de solution aqueuse de chlorure de fer III ($Fe^{3+}_{(aq)} + 3\ Cl^{-}_{(aq)}$) ;
- de l'eau distillée jusqu'à obtenir une solution de volume total $V_T = 1{,}0$ L.

Un dispositif permet de recueillir et de mesurer le volume de dioxygène V_{O_2} dégagé à la pression atmosphérique $P = 1{,}013 \cdot 10^5$ Pa.

Le volume total de la solution $V_T = 1{,}0$ L est supposé rester constant au cours de l'expérience.

Les résultats sont consignés dans le tableau suivant :

***t* (en min)**	0	5	10	15	20	25	30	35	40	60
V_{O_2} (en mL)	0	160	270	360	440	500	540	590	610	680

On admet que, dans les conditions de l'expérience, le dioxygène peut être considéré comme un gaz parfait.

On rappelle la loi des gaz parfaits : $PV = nRT$ avec :

- P la pression du gaz en Pa ;
- V le volume du gaz en m^3 ;
- n la quantité de matière de gaz en mol ;
- R la constante des gaz parfaits ; sa valeur est égale à 8,31 J·mol^{-1}·K^{-1} ;
- T la température absolue exprimée en Kelvin (K) ; T est reliée à θ, température exprimée en degré Celsius (°C) par la relation $T = 273{,}15 + \theta$.

1. Avancement de la réaction

a) Compléter le tableau d'avancement de la réaction ci-dessous

		$2\ H_2O_{2(aq)}$ →	$O_{2(g)}$ +	$2\ H_2O_{(l)}$
État	**Avancement *x***	**Quantités de matière en mol**		
État initial	0			Excès
En cours de transformation	x		x	Excès
État final	x_f			Excès

b) Calculer la valeur de l'avancement final x_f de la réaction.

c) Établir l'expression de l'avancement $x(t)$ de la réaction en fonction du volume de dioxygène $V_{O_2}(t)$ formé.

Piège à éviter

Il faut être attentif aux unités utilisées dans un calcul sur la loi des gaz parfaits.

d) Calculer sa valeur à l'instant $t = 30$ min.

2. Analyse du graphe $x = f(t)$

Le graphe représentant l'avancement x en fonction du temps t est donné ci-dessous.

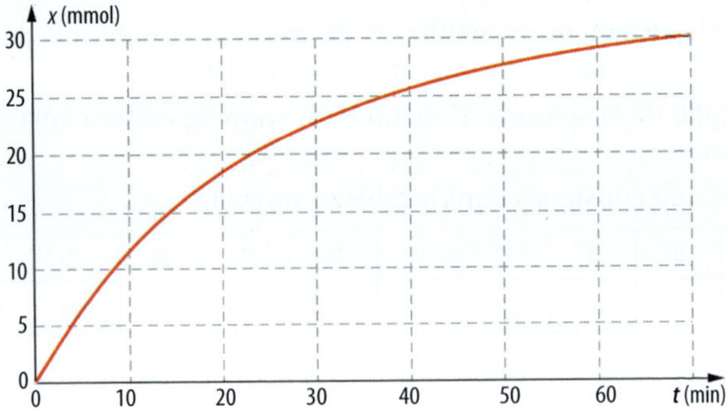

Définir le temps de demi-réaction $t_{1/2}$ et déterminer sa valeur à partir d'une construction graphique.

3. Facteurs cinétiques

a) Quel facteur cinétique permet d'expliquer l'évolution décroissante de la vitesse de la réaction au cours du temps ?

b) Dessiner sur le graphe précédent l'allure de la courbe que l'on aurait obtenue si l'expérience avait été réalisée à une température plus élevée.
Justifier.

c) Dire, en justifiant, si les propositions suivantes sont vraies ou fausses dans le cas où le même mélange initial est cette fois complété avec de l'eau distillée jusqu'à obtenir une solution de volume total $V'_T = 0,50$ L :

- *Proposition 1* : l'avancement final est divisé par deux ;
- *Proposition 2* : l'état final est atteint plus rapidement.

4. Importance du catalyseur

a) Rappeler la définition d'un catalyseur.

b) Lors de ce suivi cinétique, la catalyse mise en jeu est-elle homogène ou hétérogène ?
Justifier.

PRÉPARER L'ÉPREUVE PRATIQUE

6 Étude cinétique d'une synthèse organique ★★★ 30 min ➔ Corrigé p. 202

Compétences expérimentales évaluées : s'approprier, analyser, valider

On veut suivre dans le temps la réaction chimique (totale et lente) entre l'éthanoate d'éthyle et l'ion hydroxyde :

$$\underset{\text{éthanoate d'éthyle}}{C_4H_8O_{2(aq)}} + \underset{\text{ion hydroxyde}}{HO^-_{(aq)}} \rightarrow \underset{\text{ion éthanoate}}{C_2H_3O^-_{2(aq)}} + \underset{\text{éthanol}}{C_2H_6O_{(aq)}}$$

1. Proposer un protocole expérimental permettant d'effectuer le suivi cinétique de la réaction présentée ci-dessus dans le cas d'un mélange entre 25,0 mL de soude de concentration 1,0 mol·L^{-1} et 1 mL d'éthanoate d'éthyle pur (la soude étant en excès dans cette réaction).

Solutions à disposition : soude ($Na^+ + HO^-$) de concentration 1,0 mol·L^{-1} ; solution d'acide chlorhydrique ($H_3O^+ + Cl^-$) de concentration $5{,}0 \cdot 10^{-3}$ mol·L^{-1} ; éthanoate d'éthyle pur, éthanol pur.

Matériel à disposition : béchers de 50 mL, de 100 mL, de 150 mL et de 200 mL, agitateur magnétique et barreau aimanté, fiole jaugée de 25 mL, pipettes jaugées de 10 mL et de 25 mL, chronomètre, éprouvettes graduées de 5, 20 et 50 mL, pipette graduée de 5 mL, propipette, cuves à élution, éluant, plaques de chromatographie, micro-pipettes.

Sécurité : l'éthanoate d'éthyle doit être manipulé sous la hotte avec des gants et des lunettes ; la soude doit être manipulée avec des lunettes et des gants.

➔ Méthode

Proposer un protocole expérimental ne signifie pas déterminer la durée de la réaction mais plutôt donner la « recette » permettant de la mesurer expérimentalement.

Pour cela, il n'est pas nécessaire de faire des phrases complètes. La réponse peut être donnée sous forme de tirets et il peut être intéressant de dessiner un ou plusieurs schémas si nécessaire.

2. Il également possible d'effectuer un suivi dans le temps de cette réaction chimique en mesurant la conductivité de cette réaction au cours du temps. Cette méthode de suivi est-elle plus ou moins précise que celle proposée dans la question **1.** ? Justifier votre réponse.

Rappel

La mesure de la conductivité d'une solution permet de déterminer la concentration des ions présents en solution (voir chapitre 17 pour plus d'informations).

Pour aller plus loin

7 Un nouveau catalyseur enzymatique pour produire du biodiesel

★★★ 30 min ➔ Corrigé p. 204

La production d'**agrocarburants** offre une alternative aux **carburants d'origine fossile**. Les biodiesels, par exemple, sont des produits transformés à base d'huiles de plantes oléagineuses comme le colza, la palme, le tournesol ou le soja. Ils résultent d'une réaction chimique, catalysée en milieu acide ou préférentiellement en milieu basique, entre de l'huile végétale (90 %) et de l'alcool (10 %). Cette réaction, dite de transestérification, convertit le mélange en ester méthylique (principal constituant du biodiesel) et en glycérol.

Une réaction de **saponification** parasite (transformation de l'ester méthylique en sel de l'acide correspondant) limite ainsi le **rendement réactionnel** en ester méthylique.

Pour améliorer le taux de conversion, il était donc nécessaire de développer d'autres catalyseurs. Pour ce type de réaction, certains catalyseurs enzymatiques comme ceux appartenant à la famille des lipases (hydrolases triglycériques) sont particulièrement efficaces et sélectifs. Cependant, leur coût élevé et leur faible stabilité conformationnelle limitent leur utilisation industrielle. À moins de parvenir à les confiner, de manière irréversible, dans des matrices poreuses, permettant une bonne accessibilité et un transport de masse accru. C'est ce qu'est parvenu à faire l'équipe du professeur Rénal Backov (Université Bordeaux 1) au Centre de Recherches Paul Pascal (CRPP) du CNRS, en collaboration avec des chercheurs de l'équipe du docteur Hervé Deleuze à l'Institut des Sciences Moléculaires de Bordeaux (CNRS/Université Bordeaux 1/Institut PolytecÜique de Bordeaux) et du professeur Clément Sanchez au laboratoire de chimie de la matière condensée de Paris (CNRS/UPMC/ENSCP/Collège de France).

D'après www.2.cnrs.fr/presse/communique/2205.htm

1. Définir les mots en gras dans le texte : carburants d'origine fossile, agrocarburants, saponification, rendement réactionnel.

2. Rédiger un court argumentaire détaillé expliquant pourquoi les hydrolases triglycériques sont des catalyseurs efficaces pour produire du biodiesel.

QCM et questions courtes

1 Vrai ou faux ?

1. **Faux** → Le rapport frontal d'une espèce chimique est égal à $R_f = \frac{h}{H}$. Ce rapport est inférieur à 1 car *h*, la hauteur de la tache correspondant à l'espèce chimique, est toujours inférieure à *H*, la hauteur atteinte par l'éluant qui entraîne la tache.

2. **Vrai** → Une chromatographie sur couche mince (CCM) permet d'**identifier des espèces chimiques par comparaison**. Si deux taches sont à la même hauteur (ou ont le même rapport frontal) sur un même chromatogramme, on peut en déduire que ces deux espèces sont identiques et donc identifier une des taches si on connaît l'identité de l'autre.

2 Question à réponse courte : la trempe

Pour stopper ou ralentir une transformation chimique, on effectue une trempe, c'est-à-dire que l'on ajoute au mélange réactionnel un grand volume d'eau froide. En effectuant ce geste, on **diminue la concentration des réactifs ainsi que la température du mélange réactionnel qui sont deux facteurs cinétiques**.

Exercices d'entraînement

3 Transformation de l'urée

1. Le catalyseur le plus efficace est le **catalyseur enzymatique** car **la concentration de l'urée**, qui est un réactif, **diminue plus rapidement en présence de l'uréase** qu'en présence du catalyseur inorganique. La réaction est donc plus rapide en présence de l'enzyme.

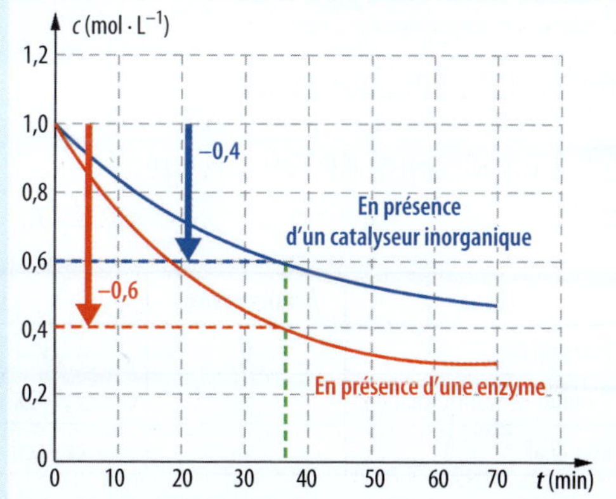

Par exemple, après 37 minutes de réaction, la concentration de l'urée a diminué de 0,6 mol·L^{-1}

en présence de l'enzyme et uniquement de 0,4 $mol \cdot L^{-1}$ en présence du catalyseur inorganique.

2. L'état final est atteint plus rapidement avec le catalyseur le plus efficace (l'uréase) mais **les états finaux des deux réactions** en présence d'un catalyseur enzymatique ou inorganique **sont identiques** car un catalyseur permet d'accélérer une réaction mais il ne modifie pas son état final.

Piège à éviter

Sur le graphique précédent, la réaction en présence du catalyseur inorganique n'est encore pas terminée après 70 minutes car cette réaction est très lente.

CORRIGÉS

4 Transformations de l'éthanol

1. En présence de cuivre à 300 °C, la réaction de l'éthanol est la suivante :

$$CH_3CH_2OH_{(g)} \leftrightarrows CH_3CHO_{(g)} + H_{2\,(g)}.$$

Cette réaction est une déshydrogénation, car il y a **élimination d'une molécule de dihydrogène**.

En présence d'alumine à 300 °C, la réaction de l'éthanol est la suivante :

$$CH_3CH_2OH_{(g)} \leftrightarrows C_2H_{4(g)} + H_2O\ (g).$$

Cette réaction est une déshydratation ; car il y a **élimination d'une molécule d'eau.**

2. Dans ces deux réactions, le cuivre et l'alumine, solides, sont des **catalyseurs hétérogènes** car leur état physique est différent de l'éthanol, qui est gazeux. Ce sont des catalyseurs **sélectifs**, car ils permettent de **sélectionner une réaction** donnée en accélérant préférentiellement celle-ci par rapport aux autres réactions possibles.

Exercices de type bac

PRÉPARER L'ÉPREUVE ÉCRITE

5 L'importance de l'eau oxygénée

1. a) $$2H_2O_{2(aq)} \rightarrow O_{2(g)} + 2\,H_2O_{(l)}$$

État	Avancement *x*	Quantités de matière (en mol)		
État initial	0	cV	0	Excès
En cours de transformation	x	$cV - 2x$	x	Excès
État final	x_f	$cV - 2xf$	x_f	Excès

b) La réaction étant totale, l'avancement final est atteint quand l'eau oxygénée est entièrement consommée :

$$cV - 2x_f = 0, \text{ d'où } x_f = \frac{c.V}{2} \quad \text{et} \quad \boldsymbol{x_f} = \frac{2,5 \times 24 \cdot 10^{-3}}{2} = \mathbf{3,0 \cdot 10^{-2}\ mol.}$$

c) D'après la loi des gaz parfaits : $n_{O_2}(t) = \dfrac{P.V_{O_2}(t)}{R.T}$.

De plus, d'après le tableau d'avancement du **b)** : $x(t) = n_{O_2}(t)$.

Ainsi $x(t) = \dfrac{P.V_{O_2}(t)}{R.T}$.

d) D'après le tableau donné dans l'énoncé, à la date $t = 30$ min :

$$V_{O_2}(t = 30) = 540 \text{ mL} = 540 \cdot 10^{-6} \text{ m}^3.$$

Ainsi $\mathbf{x(t = 30) = 2,21 \cdot 10^{-2}\ mol = 22,1\ mmol.}$

> **Astuce**
> L'unité légale d'un volume est le m^3. Il faut penser à convertir le volume du gaz dioxygène en m^3.

2. Analyse du graphe $x = f(t)$

a) Le temps de demi-réaction est la durée au bout de laquelle l'avancement a atteint la moitié de sa valeur finale : $x(t_{1/2}) = \dfrac{x_f}{2}$.

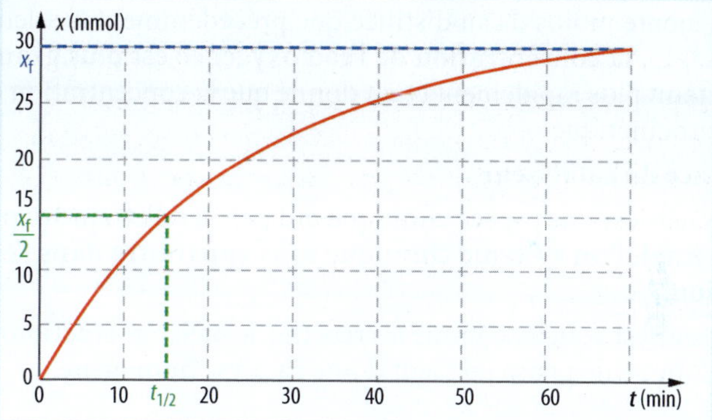

Graphiquement, on trouve que $\boldsymbol{t_{1/2}} = \mathbf{15\ min}$.

3. Facteurs cinétiques

a) La vitesse de réaction diminue au cours du temps, car la **concentration des réactifs** (ici l'eau oxygénée) diminue au cours du temps.

> **Interprétation microscopique**
> Si la concentration des réactifs diminue au niveau macroscopique, cela signifie qu'au niveau microscopique, les chocs entre molécules de réactifs sont de moins en moins nombreux. Il se forme donc de moins en moins de molécules de dioxygène au cours du temps.

b) La température est un facteur cinétique. Ainsi, si la température augmente, l'état final est atteint plus rapidement. La courbe bleue se trouve donc **au-dessus** de la courbe initiale mais elle a le même état final.

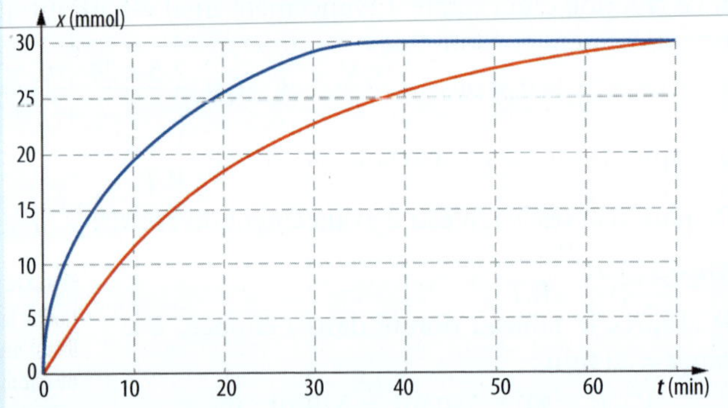

c) • ***Proposition 1*** (l'avancement final est divisé par deux) : **fausse.**

La quantité de matière d'eau oxygénée introduite initialement n'a pas été modifiée : l'état final est donc inchangé.

• ***Proposition 2*** (l'état final est atteint plus rapidement) : **vraie.**

Comme on ajoute moins d'eau distillée que précédemment (seulement 0,50 L au lieu de 1,0 L), **la concentration de l'eau oxygénée est plus grande** et l'état final sera atteint plus rapidement étant donné que la concentration des réactifs est un facteur cinétique.

4. Importance du catalyseur

a) Un catalyseur est une espèce chimique qui permet **d'atteindre plus rapidement l'état final d'un système chimique sans apparaître dans l'équation de cette réaction.**

b) Le catalyseur est aqueux comme les réactifs, le mélange réactionnel est donc constitué d'une seule phase : il s'agit d'une catalyse **homogène**.

PRÉPARER L'ÉPREUVE PRATIQUE

6 Étude cinétique d'une synthèse organique

1. Un protocole expérimental permettant de suivre dans le temps la réaction chimique entre l'éthanoate d'éthyle et l'ion hydroxyde peut être le suivant.

• Après avoir mis une blouse, des lunettes de protection et des gants, introduire, dans un bécher de 100 mL, 25,0 mL de soude de concentration 1,0 mol·L^{-1} avec une pipette jaugée.

• Placer le bécher sous une hotte et agiter la solution avec un agitateur magnétique.

• Toujours sous la hotte (avec des gants et des lunettes), prélever 1 mL d'éthanoate d'éthyle pur avec une éprouvette graduée de 5 mL.

• Verser l'éthanoate d'éthyle dans le bécher contenant la soude et lancer le chronomètre au même instant.

Astuce
Pour mesurer un volume au mL près, une éprouvette graduée suffit. L'utilisation d'une pipette jaugée n'est requise que si l'on veut mesurer un volume au dixième de mL près.

• Après avoir préparé plusieurs plaques de chromatographie sur couche mince (CCM), placer toutes les 5 minutes sur la ligne de base d'une plaque de CCM des micro-gouttes du mélange réactionnel (1), de l'éthanoate d'éthyle (2) et de l'éthanol (3), puis effectuer les CCM en déposant les plaques dans des cuves à élution (remplies d'éluant de telle sorte que la ligne de base se trouve au-dessus de l'éluant).

• Lorsque l'éluant se trouve à un centimètre du bord supérieur de la plaque, sortir la plaque de la cuve à élution, tracer le front de l'éluant et entourer les taches correspondant aux espèces chimiques (1), (2) et (3).

• L'étude des différents chromatogrammes permet de suivre dans le temps la réaction :

– sur le chromatogramme effectué à l'état initial, on observe plusieurs taches correspondant au mélange réactionnel dont une se trouve au niveau de l'éthanoate d'éthyle (2). En revanche, aucune tache ne se trouve au niveau de l'éthanol (3) étant donné que c'est un produit de la réaction et que la réaction n'a pas encore commencée ;

– sur les chromatogrammes effectués lors de la réaction, on observe plusieurs taches dont une au niveau de l'éthanoate d'éthyle (2) et une au niveau de l'éthanol (3) ;

– sur le chromatogramme correspondant à la fin de la réaction, on observe plusieurs taches dont une au niveau de l'éthanol. En revanche, il n'y a plus de tache au niveau de l'éthanoate d'éthyle, car la réaction est totale et l'éthanoate d'éthyle était le réactif limitant.

2. La méthode de suivi temporelle par CCM de la question **1** est **peu précise,** car elle permet uniquement de **connaître la durée de la réaction à 5 minutes près** environ (si on effectue une CCM toutes les 5 minutes) sans avoir d'avoir d'informations quantitatives sur les états intermédiaires.

En revanche, un **suivi conductimétrique serait beaucoup plus précis,** car la mesure de la conductivité au cours du temps permettrait de connaître précisément les concentrations des ions $HO^-_{(aq)}$ et $C_2H_3O^-_{2(aq)}$ au cours du temps et donc de quantifier les états intermédiaire et final.

Pour aller plus loin

7 Un nouveau catalyseur enzymatique pour produire du biodiesel

Remarque
Les agrocarburants peuvent aussi être appelés biocarburants.

1. Les carburants sont des espèces chimiques qui produisent des réactions chimiques permettant de faire fonctionner des moteurs de voiture par exemple. **Les carburants d'origine fossile proviennent le plus souvent du pétrole**, qui résulte de la transformation de matières organiques mortes mélangées à divers minéraux à de grandes profondeurs. Cette réaction nécessite plus d'un million d'années. Ainsi, les carburants d'origine fossile sont en quantité limitée sur Terre car leur matière première n'est **pas renouvelable** à l'échelle de temps humaine. Ce n'est pas le cas **des agrocarburants, qui proviennent de plantes** cultivées par les agriculteurs et qui sont donc une matière première **renouvelable.**

La **saponification** est une **hydrolyse basique d'un ester**. C'est une réaction totale. Si l'ester hydrolysé est un corps gras comme un triglycéride, l'un des produits de la saponification est un savon.

Le rendement réactionnel est le **pourcentage de produit réellement obtenu lors d'une réaction par rapport à la quantité théorique** qui aurait pu être obtenue si la réaction était totale.

2. D'après le document de l'énoncé, les hydrolases triglycériques sont des **catalyseurs plus sélectifs** que ceux utilisés précédemment. Ils permettent d'**accélérer** quasiment **uniquement la réaction de synthèse de l'ester méthylique** (principal constituant du biodiesel), tout **en limitant les réactions parasites** comme la réaction de saponification de l'ester méthylique par exemple.

Ainsi, on obtient une quantité de matière finale d'ester méthylique plus importante (le rendement réactionnel est plus grand) lorsque l'on utilise les hydrolases triglycérides comme catalyseurs.

CHAPITRE 11

Représentation spatiale des molécules

COMPÉTENCES EXIGIBLES

- Reconnaître des espèces chirales à partir de leur représentation.
- Utiliser la représentation de Cram.
- Identifier les atomes de carbone asymétriques d'une molécule donnée.
- À partir d'un modèle moléculaire ou d'une représentation, reconnaître si des molécules sont identiques, énantiomères ou diastéréoisomères.
- Pratiquer une démarche expérimentale pour mettre en évidence des propriétés différentes de diastéréoisomères.
- Visualiser, à partir d'un modèle moléculaire ou d'un logiciel de simulation, les différentes conformations d'une molécule.
- Utiliser la représentation topologique des molécules organiques.
- Extraire et exploiter des informations sur :
  – les propriétés biologiques de stéréoisomères ;
  – les conformations de molécules biologiques ;
  pour mettre en évidence l'importance de la stéréoisomérie dans la nature.

1 Représentation des molécules

① La représentation de Cram

• Les atomes de carbone de la chaîne principale sont représentés en zigzag et ils sont situés dans le plan de la page. Il faut ajouter ensuite à chaque atome de carbone deux liaisons supplémentaires :

– un trait en pointillé représente une liaison pointant vers l'arrière du plan de la feuille ;

– un trait en forme de triangle représente une liaison pointant vers l'avant du plan de la feuille.

> **Rappel**
> Un atome de carbone possède quatre liaisons covalentes.

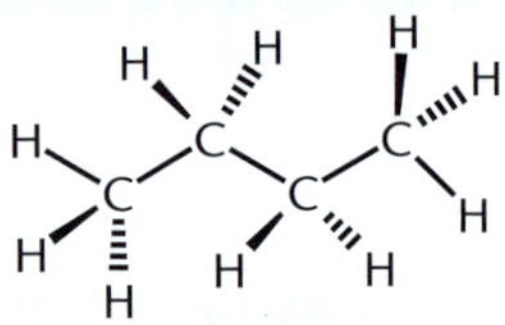

Butane

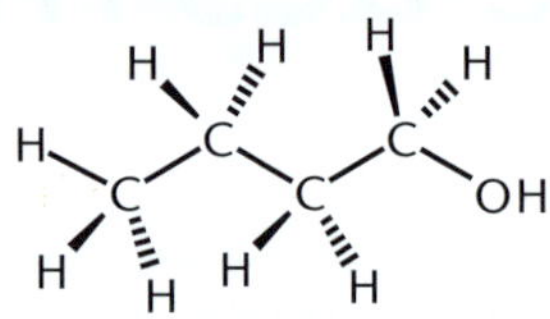

Butan-1-ol

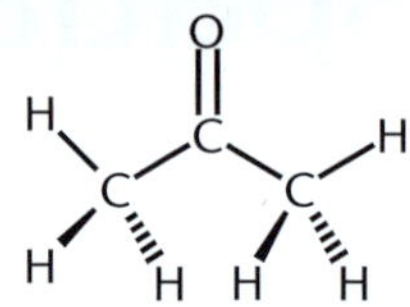

Propanone

② La représentation topologique

• Les atomes de carbone et d'hydrogène n'apparaissent pas dans cette représentation. La structure carbonée est représentée en zigzag. Chaque sommet correspond à un atome de carbone. Les atomes d'hydrogène sont associés à la structure de façon à ce que les atomes de carbone possèdent quatre liaisons covalentes.

Butane

Butan-1-ol

Propanone

> **Remarque**
> Chaque extrémité correspond à un groupe CH_3.

2 Conformation d'une molécule

• La libre rotation autour des liaisons simples conduit à des isomères conformationnels, aussi appelés conformères. **Il existe une infinité de conformères.**

- Dans la conformation éclipsée de l'éthane, les atomes d'hydrogène du premier atome de carbone sont positionnés en face des atomes d'hydrogène du second atome de carbone.
- Dans la conformation décalée de l'éthane, les atomes d'hydrogène du premier atome de carbone se trouvent entre deux atomes d'hydrogène du second atome de carbone.

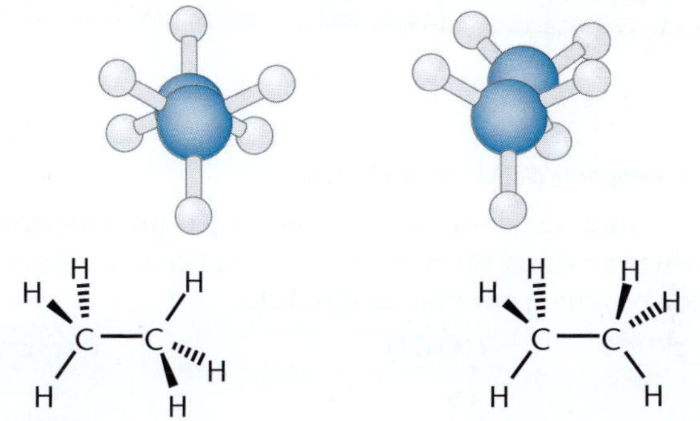

Conformation décalée de l'éthane — **Conformation éclipsée de l'éthane**

Doc. Les conformations de l'éthane

- La **conformation décalée** de l'éthane est la **plus stable** à cause du minimum de répulsions entre les électrons des liaisons C-H.

La **conformation éclipsée** de l'éthane est la **moins stable** à cause du maximum de répulsions entre les électrons des liaisons C-H.

> **Remarque**
> Pour des molécules plus compliquées, il suffit de remplacer les atomes d'hydrogène par d'autres groupes.

3 Chiralité

1 Atome de carbone asymétrique

- Un atome de carbone asymétrique, représenté par C*, **possède quatre substituants différents**.

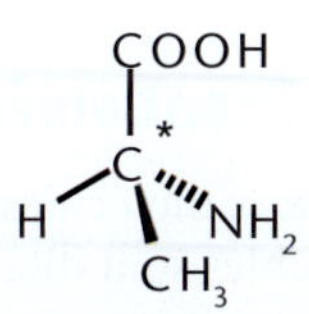

Acide 2-aminopropanoïque (Alanine)

2 Chiralité

- Le mot « chiral » vient du grec « *cheir* » qui signifie « main ». La main gauche et la main droite sont images l'une de l'autre par rapport à un miroir mais il n'est pas possible de les superposer.

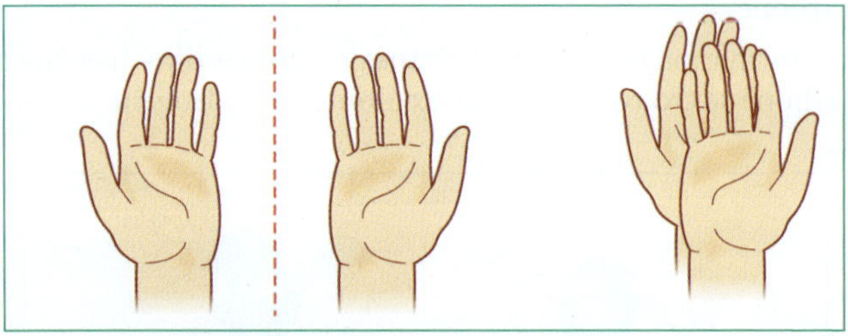

Doc. **Un exemple d'objet chiral : la main**

- **Une espèce chimique est donc chirale s'il n'est pas possible de la superposer à son image obtenue dans un miroir.** La présence d'un atome de carbone asymétrique est souvent synonyme de chiralité.

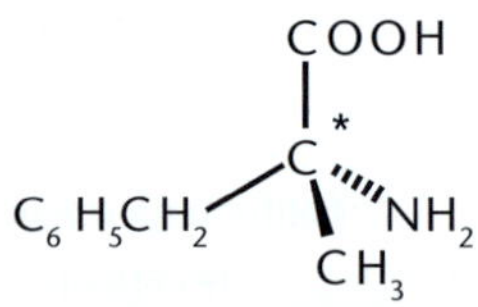

Phénylalanine
(molécule chirale)

> **Remarque**
> Si une molécule comporte **un seul** atome de carbone asymétrique, elle sera obligatoirement chirale.

- Pasteur a relié la chiralité à l'absence de plan de symétrie ou de centre de symétrie dans une molécule.

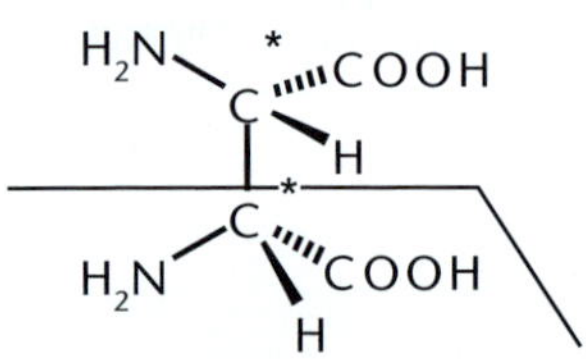

Molécule non chirale, présence d'un plan de symétrie

> **Remarque**
> Même si une molécule comporte plusieurs atomes de carbone asymétriques, elle ne sera pas chirale si elle possède un plan de symétrie ou un centre de symétrie.

3 Énantiomérie

- Deux molécules images l'une de l'autre par rapport à un miroir et non superposables sont dites **énantiomères**.

Molécule A

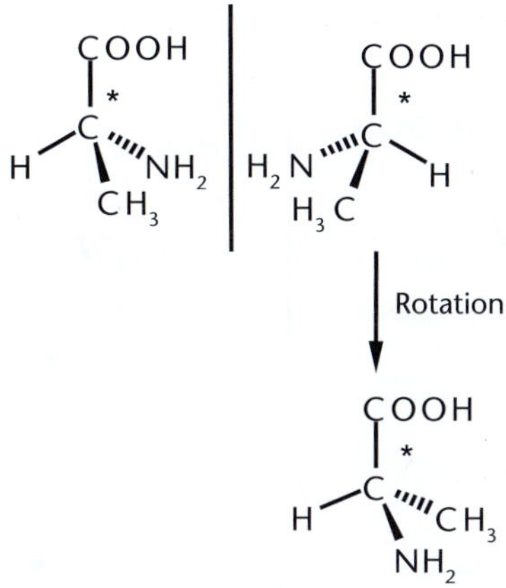

Molécule B

Rotation de 180° de la molécule

Molécule B

Dans l'exemple ci-dessus, les molécules A et B ne sont pas superposables, elles sont donc des énantiomères.

- Deux énantiomères ont les mêmes propriétés physiques (même température d'ébullition, température de fusion…) et chimiques. Ils ont en revanche un comportement différent avec la lumière polarisée.
- En règle générale, une réaction chimique conduit à **un mélange équimolaire entre deux énantiomères, aussi appelé mélange racémique**.

4 Diastéréoisomérie

- Des stéréoisomères qui ne sont pas énantiomères sont dits **diastéréoisomères**. Ce sont des molécules distinctes qui n'ont pas les mêmes propriétés physiques ou chimiques.

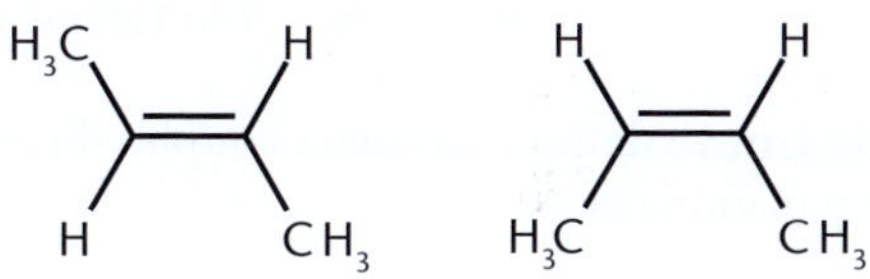

E (côté inversé) — Z (même côté)

- La double liaison C=C empêche les libres rotations autour de l'axe formé par ses deux atomes de carbone. Il est donc possible de trouver deux diastéréoisomères dans certains cas.

Dans le cas d'une molécule comportant deux atomes de carbone asymétriques, il est possible de dénombrer au maximum 4 stéréoisomères.

Remarque

Il est possible de ne trouver que 3 stéréoisomères dans le cas d'une molécule qui comporte deux atomes de carbone asymétriques et un plan de symétrie.

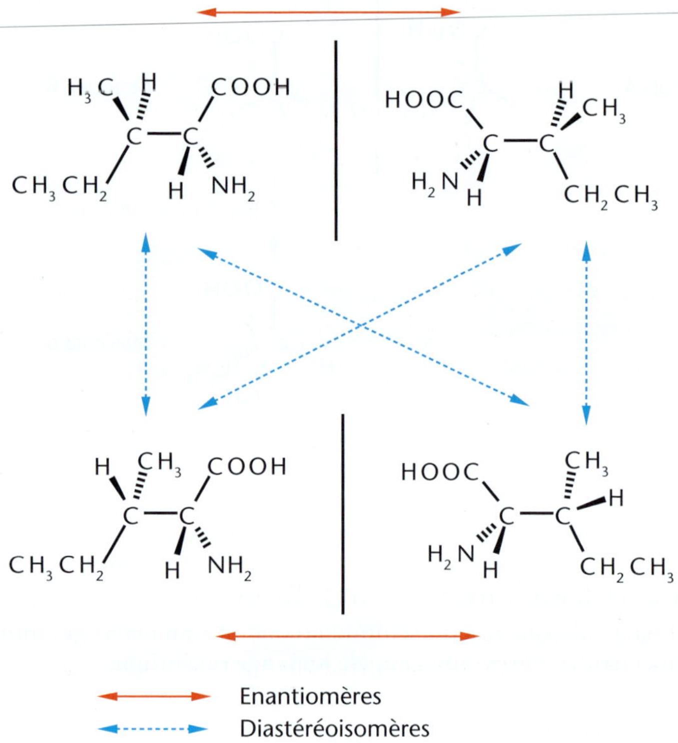

On trouve dans ce cas deux couples d'énantiomères et quatre couples de diastéréoisomères.

5 Propriétés biologiques et stéréoisomérie

• Les énantiomères ont des propriétés biologiques différentes. Ils peuvent conduire à deux médicaments de nature différente ou généralement à une molécule bénéfique associée à un énantiomère inoffensif. Dans de rares cas, un des deux énantiomères est toxique.

• Les structures des protéines observées dans la nature sont dues à des conformations particulières adoptées par ces molécules. Une protéine fibreuse, présente dans les cheveux ou les ongles, adopte par exemple une structure de superhélice, c'est-à-dire une hélice dans l'hélice.

QCM et questions courtes

1 Vrai ou faux ?

➔ Corrigé p. 216

1. Une représentation de Cram permet de visualiser les molécules dans l'espace. ☐ Vrai ☐ Faux

2. Les atomes de carbone d'une molécule sont tous alignés dans une représentation de Cram. ☐ Vrai ☐ Faux

3. Dans la représentation de Cram, un trait en pointillé représente une liaison pointant vers l'arrière du plan de la feuille. ☐ Vrai ☐ Faux

4. Il est possible d'isoler un seul conformère pour la molécule d'éthane. ☐ Vrai ☐ Faux

5. Dans la conformation éclipsée de l'éthane, les atomes d'hydrogène du premier atome de carbone sont positionnés en face des atomes d'hydrogène du second atome de carbone. ☐ Vrai ☐ Faux

6. Un atome de carbone asymétrique peut comporter deux substituants identiques. ☐ Vrai ☐ Faux

7. Lorsqu'une molécule possède un seul atome de carbone asymétrique, elle est automatiquement chirale. ☐ Vrai ☐ Faux

8. Une molécule qui possède un centre de symétrie peut être chirale. ☐ Vrai ☐ Faux

9. Deux molécules images l'une de l'autre par rapport à un miroir et non superposables sont dites énantiomères. ☐ Vrai ☐ Faux

10. Deux diastéréoisomères ont les mêmes propriétés physiques. ☐ Vrai ☐ Faux

11. Une molécule comportant une double liaison conduit automatiquement à deux diastéréoisomères. ☐ Vrai ☐ Faux

12. Un médicament peut contenir sans aucun risque les deux énantiomères de la même molécule. ☐ Vrai ☐ Faux

Exercices d'entraînement

2 Reconnaissance d'atomes de carbone asymétriques

★ 5 min ➔ Corrigé p. 216

Rechercher les atomes de carbone asymétriques dans les molécules ci-après.

a) 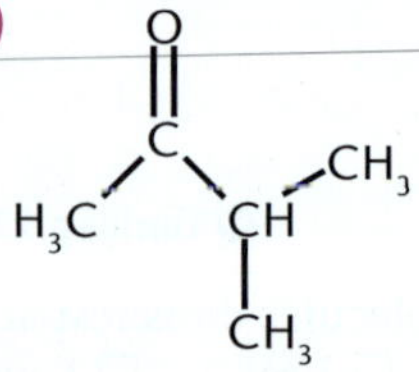

b) 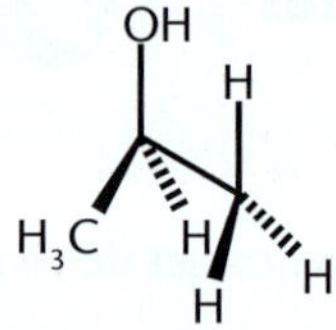

c) 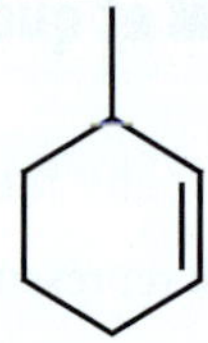

d) 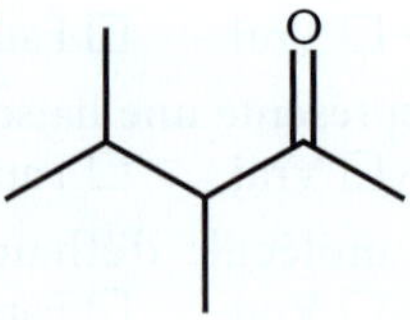

e) 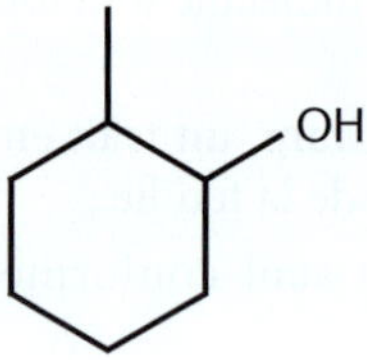

f) 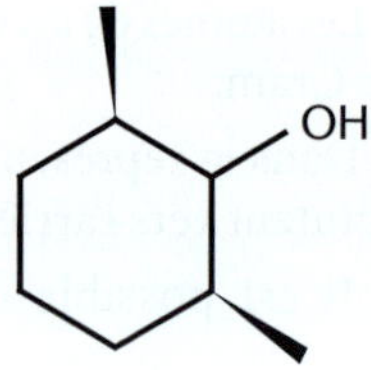

3 Utilisation de la représentation de Cram

★ 10 min ➔ Corrigé p. 217

1. Utiliser la représentation de Cram avec les molécules suivantes :

a) CH_3-CH_2-CH_3 **b)** CH_3-CCl_2-CH_2Br **c)** CCl_4

2. Représenter l'énantiomère des molécules suivantes :

a) 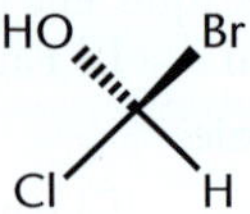

b) 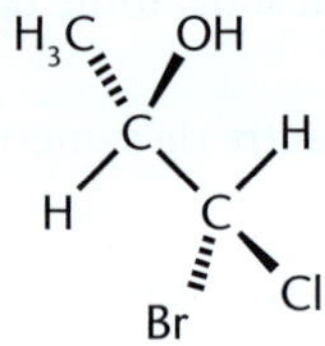

c) 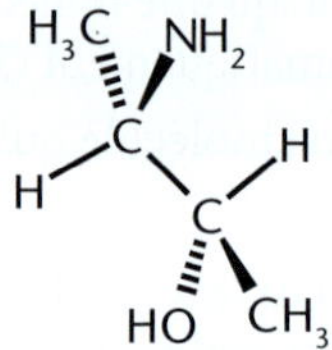

4 Reconnaître des espèces chirales

★ 10 min ➔ Corrigé p. 218

Indiquer si les molécules suivantes sont chirales ou non chirales.

a) 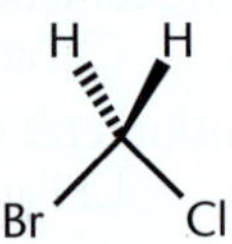

b) 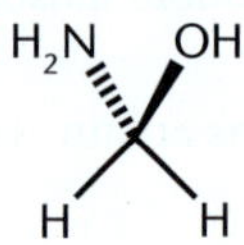

c) 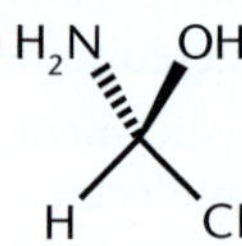

d) 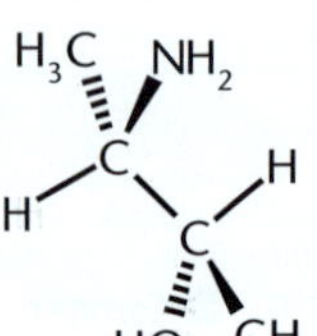

e) 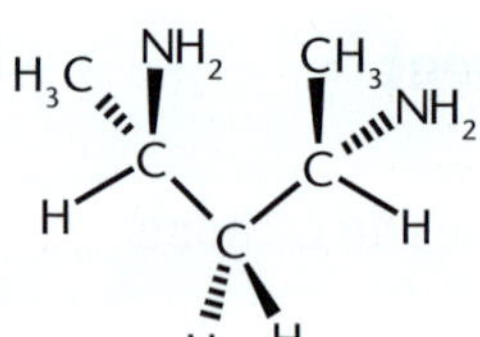

f) 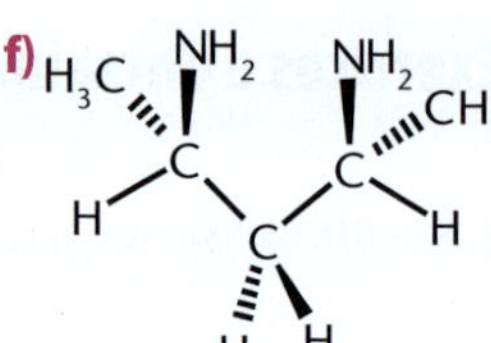

5 Molécules identiques, énantiomères ou diastéréoisomères

★★ 15 min ➔ Corrigé p. 219

Indiquer si les molécules suivantes sont identiques, énantiomères ou diastéréoisomères.

a) 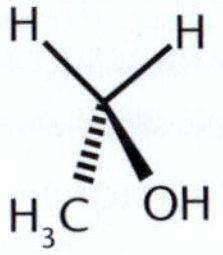 et 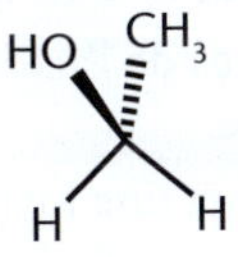

b) 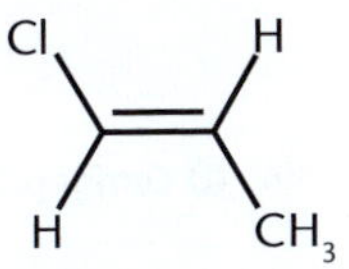 et 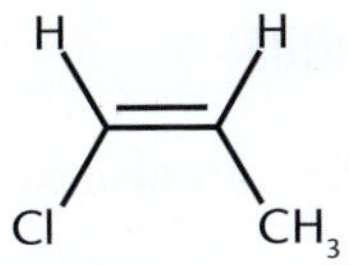

c) 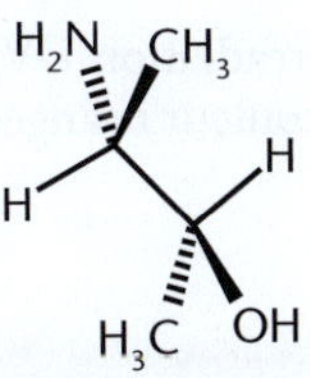 et 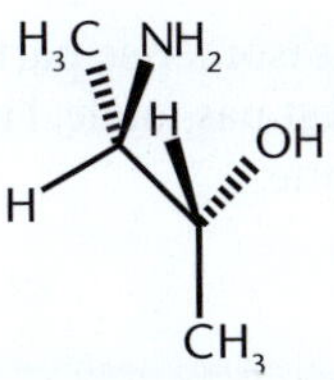

6 Conformations

★★ 15 min ➔ Corrigé p. 220

Utiliser la représentation de Cram pour trouver toutes les conformations éclipsées et décalées possibles pour la molécule suivante : $CH_2Cl\text{-}CH_2Cl$.

Exercices de type bac

PRÉPARER L'ÉPREUVE ÉCRITE

7 Étude de l'acide tartrique

★★★ 20 min ➔ Corrigé p. 221

L'acide tartrique est présent dans la nature sous forme racémique dans les grains de raisin. Sa formule développée est donnée ci-dessous :

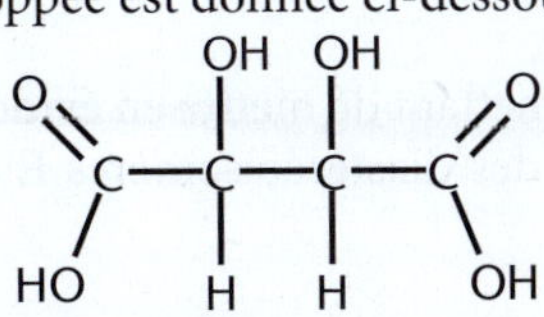

1. Trouver le(s) atome(s) de carbone asymétrique(s) dans la molécule d'acide tartrique.

2. Utiliser la représentation de Cram pour trouver les différents stéréoisomères de l'acide tartrique.

3. Indiquer les deux formes chirales et la forme achirale de l'acide tartrique.

4. Trouver le couple d'énantiomères de l'acide tartrique présent dans les grains de raisin sous forme de racémique.

5. Représenter une forme éclipsée et une forme décalée de l'acide tartrique.

PRÉPARER L'ÉPREUVE PRATIQUE

8 Mise en évidence de diastéréoisomères ★★★ 20 min ➔ Corrigé p. 223

Compétences expérimentales évaluées : s'approprier et analyser

L'isomère E de l'azobenzène s'isomérise partiellement, sous irradiation UV, en son isomère Z. La réaction n'est pas totale, l'isomère E est de couleur orangée et l'isomère Z est de couleur jaune.

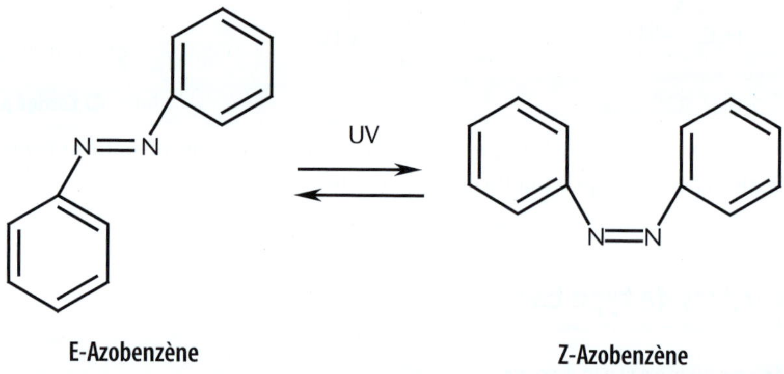

Le matériel suivant est mis à disposition : E-Azobenzène dissous dans du cyclohexane ; éluant constitué de toluène ; plaques CCM recouvertes de gel de silice ; lampe de bureau de type halogène ; bécher de 250 mL ; cuve à chromatographie ; pipettes pasteur, sèche-cheveux.

Rédiger un protocole permettant de mettre en évidence les propriétés différentes des diastéréoisomères E et Z de l'azobenzène.

Remarque
Le verre absorbe les radiations UV.

Pour aller plus loin

9 Les propriétés biologiques et la stéréoisomérie des molécules

★★★ 20 min Corrigé p. 223

Les molécules chirales de synthèse, employées couramment en médecine, sont essentiellement obtenues sous forme de mélanges racémiques. Dans la majorité des cas, les énantiomères ont des propriétés biologiques proches. Certaines fois, un des énantiomères est tout simplement inactif. Ce n'est malheureusement pas toujours le cas, car en 1960 la thalidomide, prescrite sous forme de mélanges racémiques à des femmes enceintes, a conduit à la naissance de centaines de bébés malades. Il a été montré que l'un des énantiomères de la thalidomide était responsable.

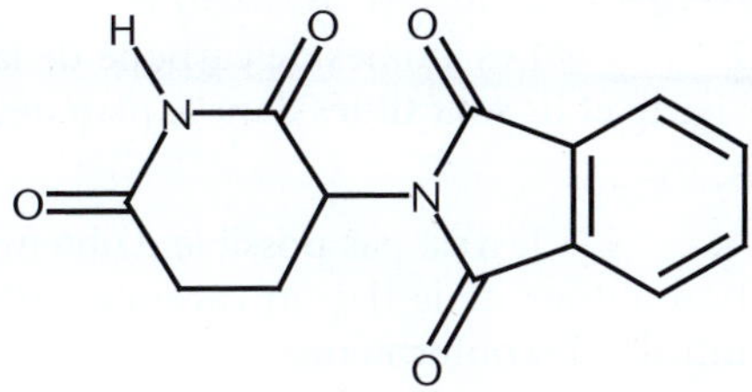

Thalidomide

À partir des informations mises à votre disposition et de vos connaissances, expliquer le comportement des médicaments vendus sous forme de mélanges racémiques.

QCM et questions courtes

1 Vrai ou faux ?

1. Vrai → Des liaisons sont représentées vers l'avant, l'arrière et le plan de la feuille.

2. Faux → Les atomes de carbone de la chaîne principale sont représentés en zigzag et ils sont situés dans le plan de la page.

3. Vrai.

4. Faux → Il n'est pas possible d'obtenir un seul conformère, car la libre rotation autour de la liaison carbone-carbone conduirait instantanément à une infinité de conformères.

5. Vrai.

6. Faux → Un atome de carbone asymétrique comporte quatre substituants différents.

7. Vrai → Comme la molécule comporte un seul atome de carbone asymétrique, elle ne peut pas posséder un centre de symétrie ou un plan de symétrie. Elle est donc automatiquement chirale.

8. Faux → Une molécule chirale ne possède ni centre de symétrie, ni plan de symétrie.

9. Vrai.

10. Faux → Deux diastéréoisomères ont des propriétés physiques et chimiques différentes.

11. Faux → Il faut que la molécule conduise aux diastéréoisomères Z et E. Ce n'est pas le cas de toutes les molécules comportant des doubles liaisons.

12. Faux → Dans certains cas, un des énantiomères est toxique.

Exercices d'entraînement

2 Reconnaissance d'atomes de carbone asymétriques

a)

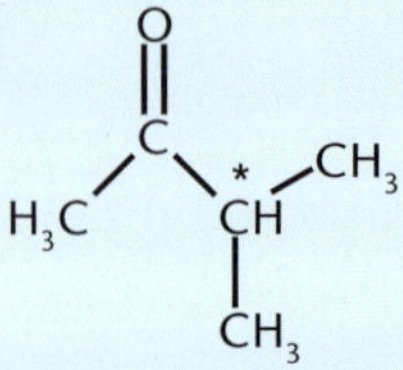

b)

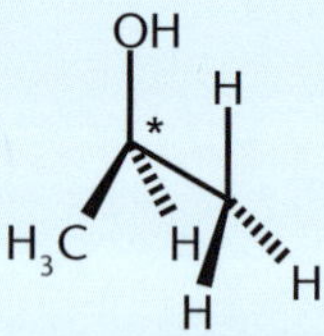

c)

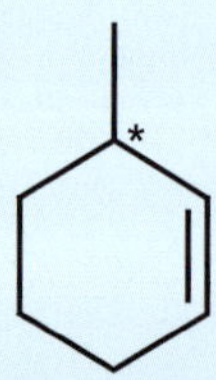

d)

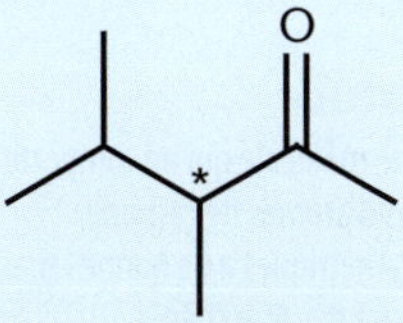

e)

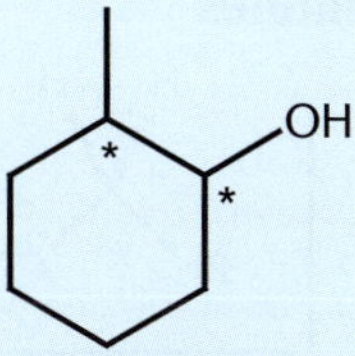

f)

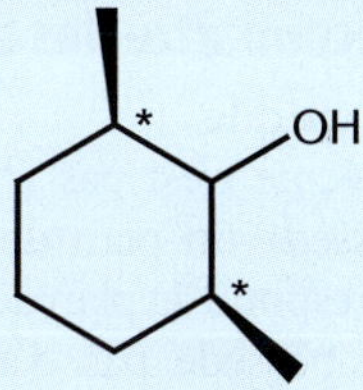

3 Utilisation de la représentation de Cram

1. a)

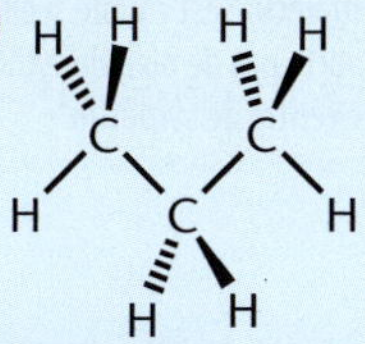

b)

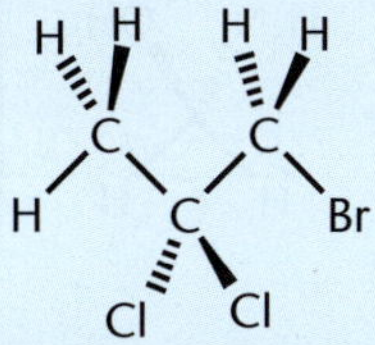

c)

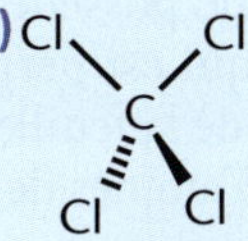

Il existe plusieurs représentations possibles dans le cas **b**. Elles correspondent toutes à la même molécule. Ce sont différents conformères.

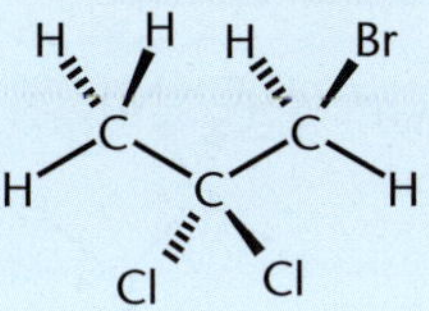

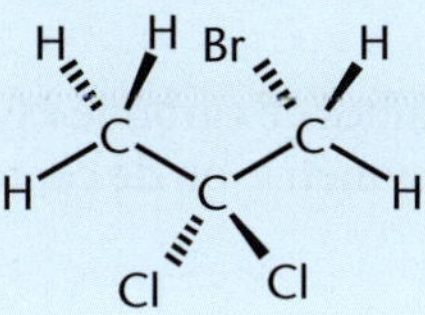

> **Astuce**
> Placez d'abord les deux liaisons dans le plan de la feuille, puis placez la liaison vers l'avant et celle vers l'arrière

2. a)

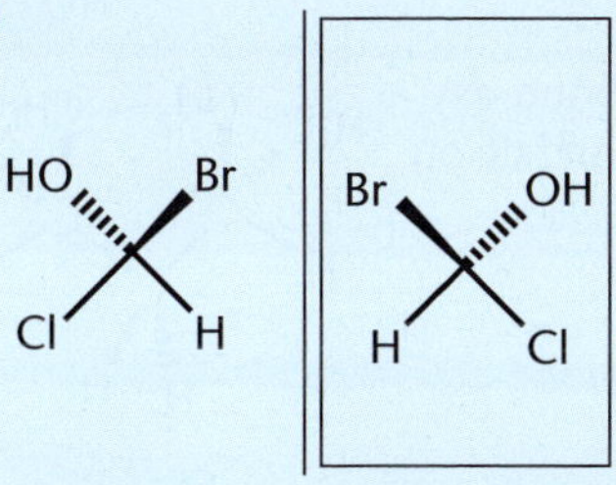

b)

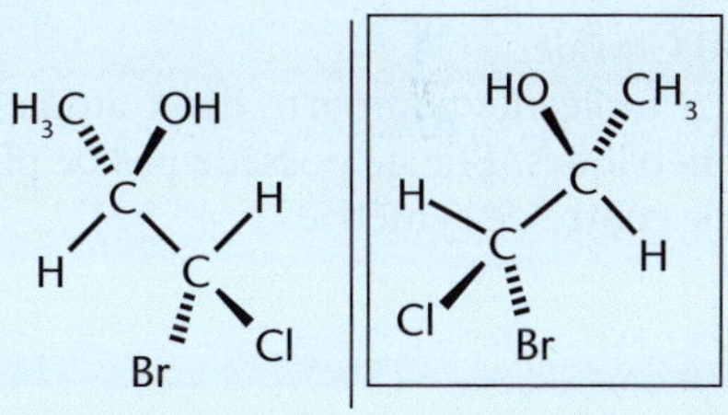

c)

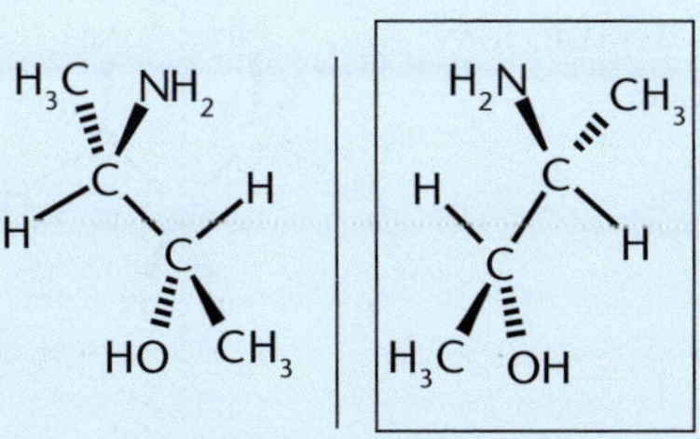

> **Astuce**
> Pour obtenir l'énantiomère des molécules représentées, il suffit de faire une symétrie par rapport à un plan.

4 Reconnaître des espèces chirales

a) Non chirale.

La molécule n'est pas chirale, car elle possède un plan de symétrie qui correspond au plan de la feuille. Elle ne possède pas d'atomes de carbone asymétriques.

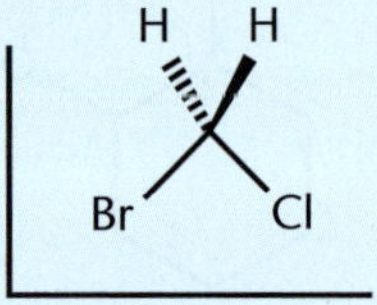

Astuce

Une molécule qui ne comporte pas d'atomes de carbone asymétriques a de bonnes chances de ne pas être chirale.

b) Non chirale.

Cette molécule possède un plan de symétrie qui est perpendiculaire au plan de la feuille. Elle ne possède pas d'atomes de carbone asymétriques.

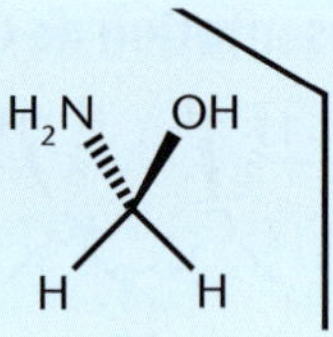

Astuce

Une molécule est chirale si elle ne comporte pas de plan de symétrie ou de centre de symétrie.

c) Chirale.

La molécule comporte un seul atome de carbone asymétrique. Elle est chirale (absence de plan de symétrie ou de centre de symétrie).

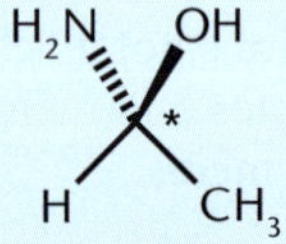

Astuce

Une molécule est automatiquement chirale si elle ne possède qu'un seul atome de carbone asymétrique.

d) Chirale.

La molécule comporte deux atomes de carbone asymétriques. Elle ne possède pas de plan de symétrie ou de centre de symétrie.

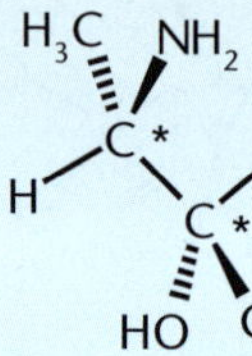

e) Chirale.

La molécule comporte deux atomes de carbone asymétriques. Elle ne possède pas de plan de symétrie ou de centre de symétrie.

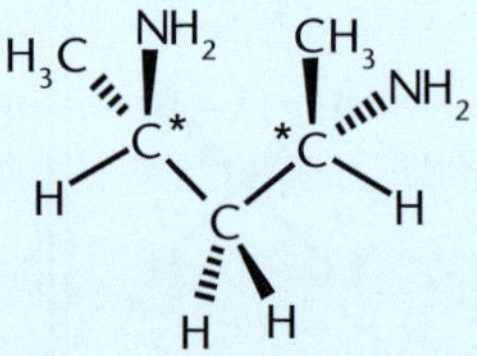

f) Non chirale.

La molécule comporte deux atomes de carbone asymétriques. Elle possède un plan de symétrie.

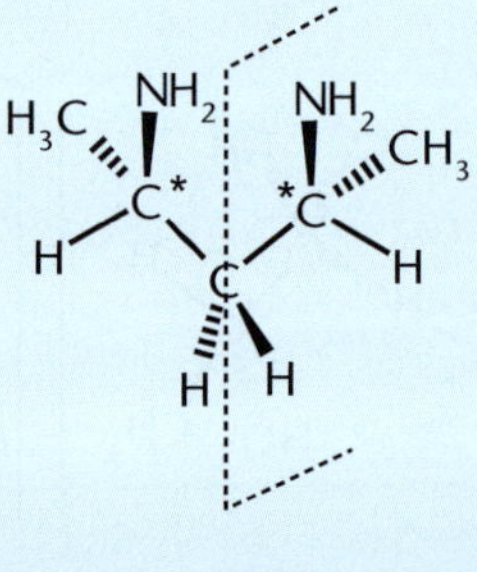

5 Molécules identiques, énantiomères ou diastéréoisomères

a) Identiques. Les molécules ne possèdent pas d'atomes de carbone asymétriques ni de doubles liaisons. Elles ne peuvent donc pas être énantiomères ou diastéréoisomères.

Il suffit de faire une rotation de 180° avec l'une des représentations pour retrouver l'autre.

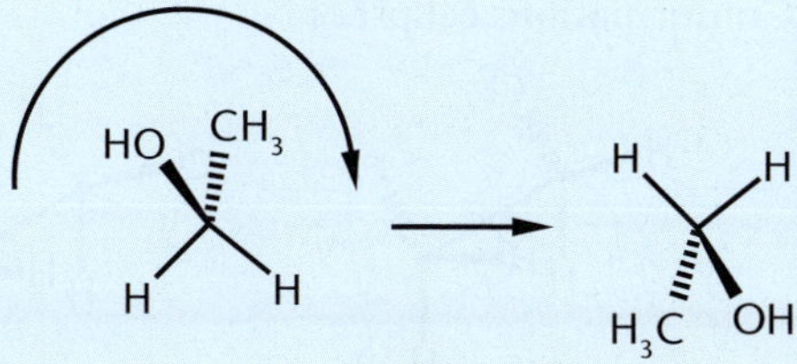

b) Diastéréoisomères. Une des représentations correspond à l'isomère Z et l'autre à l'isomère E.

> **Remarque**
> L'isomère Z correspond ici à l'isomère ayant les deux atomes d'hydrogène du même côté de la double liaison.

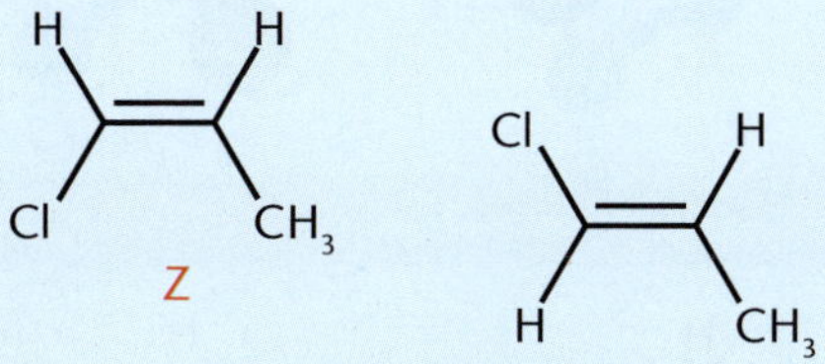

Z

E

c) Énantiomères.

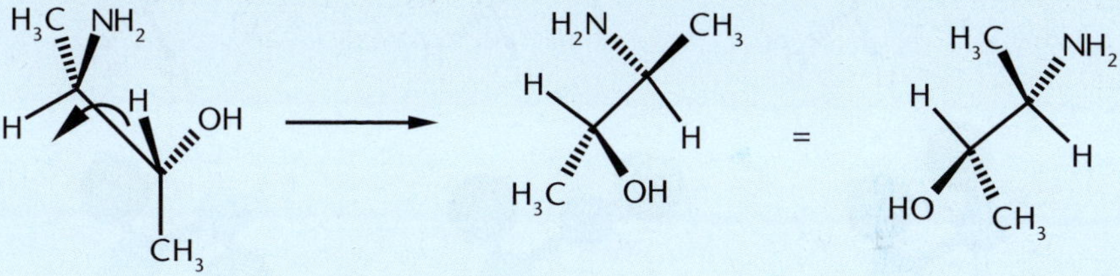

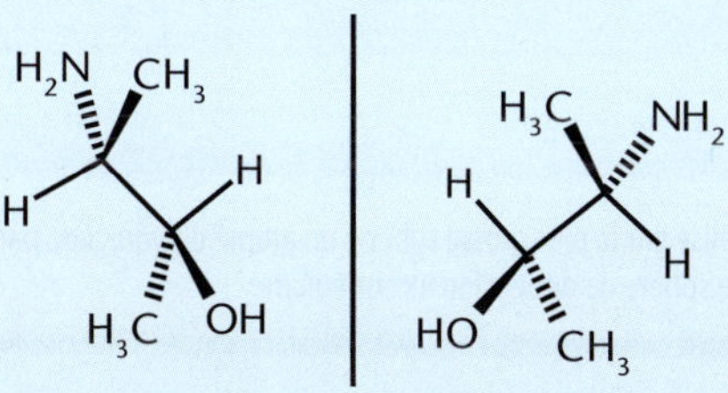

Les deux molécules sont ici images l'une de l'autre par rapport à un miroir.

6 Conformations

Conformations éclipsées :

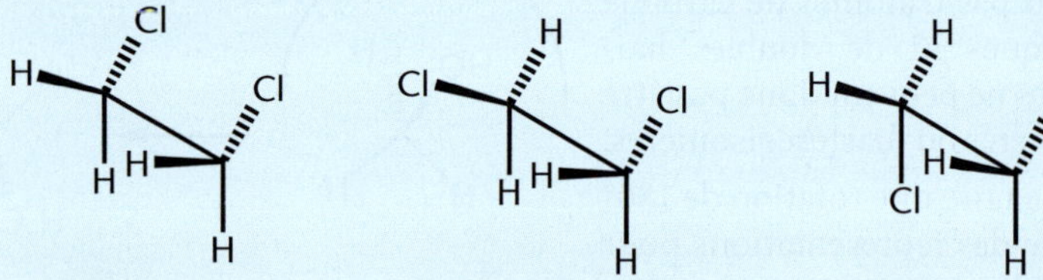

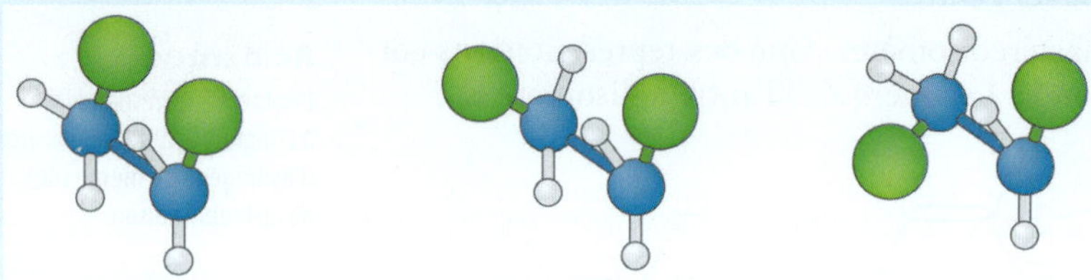

Conformations décalées :

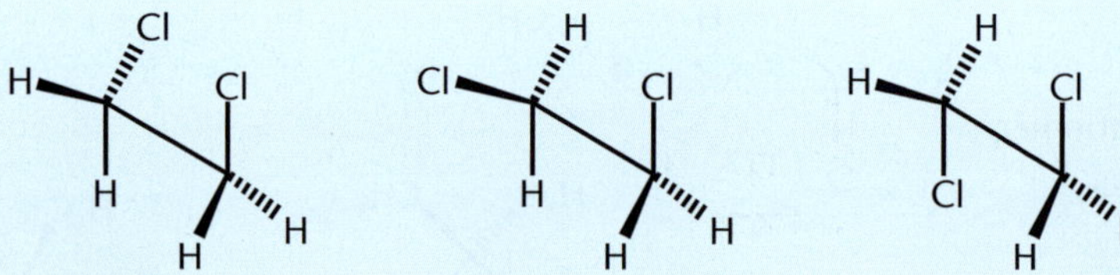

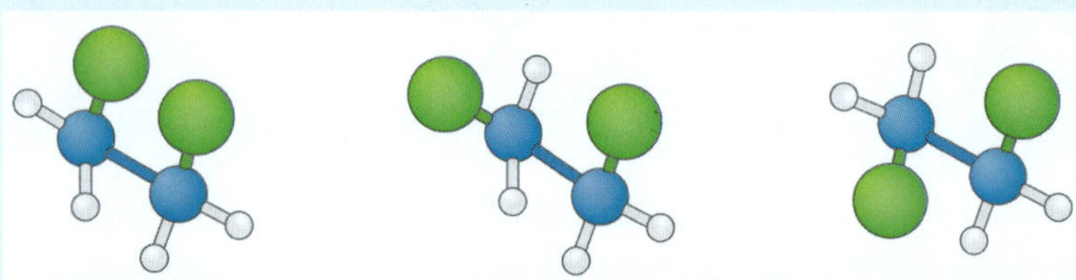

Remarque

Un atome de chlore est modélisé par la plus grosse sphère, un atome d'hydrogène par la plus petite sphère, un atome de carbone par une sphère de dimension intermédiaire.

Exercices de type bac

PRÉPARER L'ÉPREUVE ÉCRITE

7 Étude de l'acide tartrique

1. L'acide tartrique possède deux atomes de carbone asymétriques.

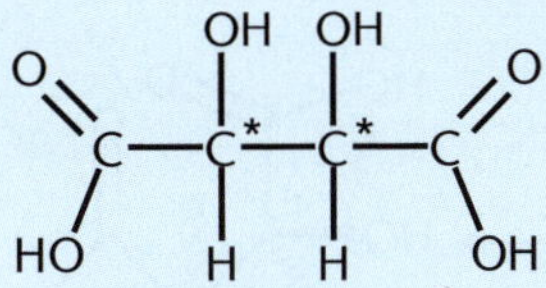

2. L'acide tartrique possède trois stéréoisomères.

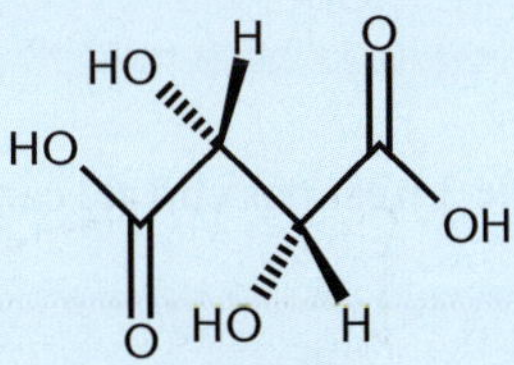

Forme 1

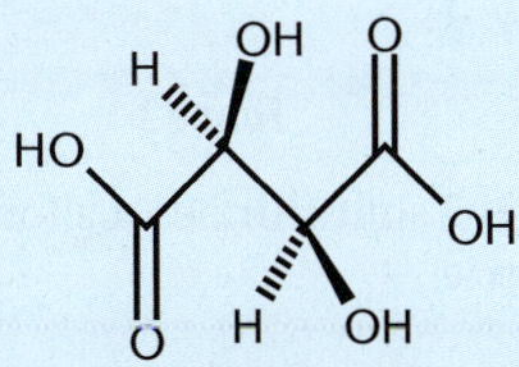

Forme 2

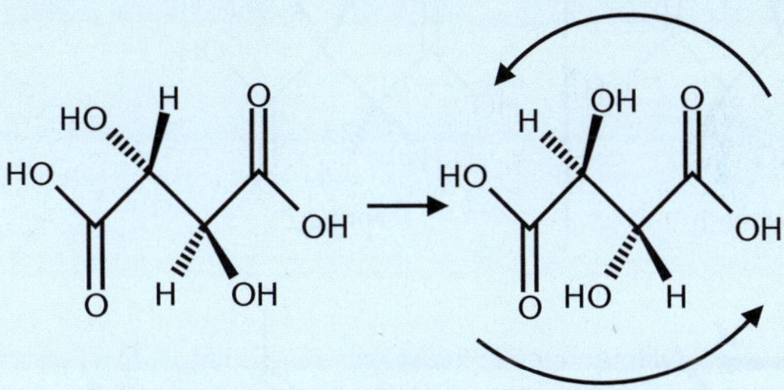

Deux molécules identiques par rotation de 180°.

Forme 3

3.

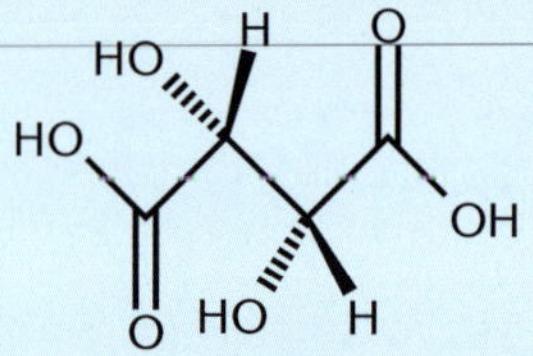

Forme 1

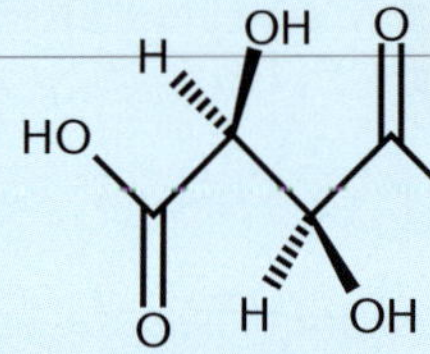

Forme 2

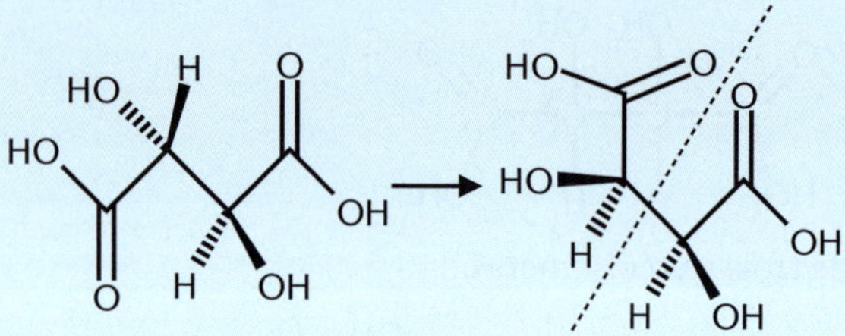

Forme 3

Les formes 1 et 2 sont chirales. La forme 3 n'est pas chirale car elle possède un plan de symétrie.

4.

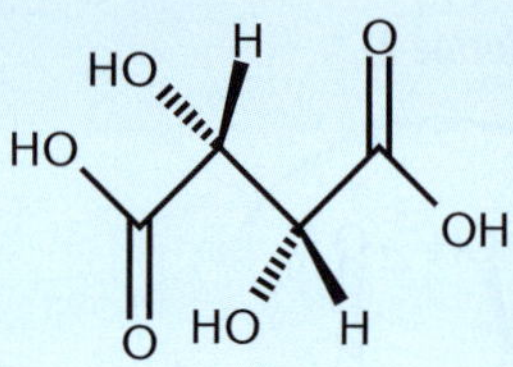

Forme 1

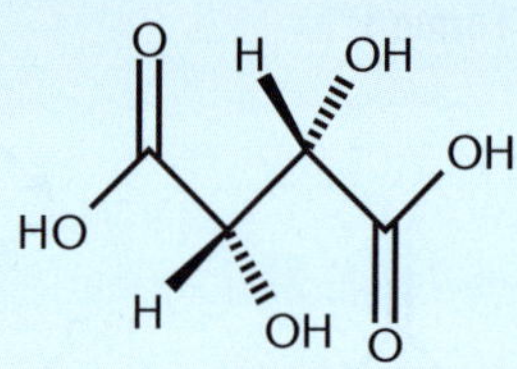

Forme 2

5.

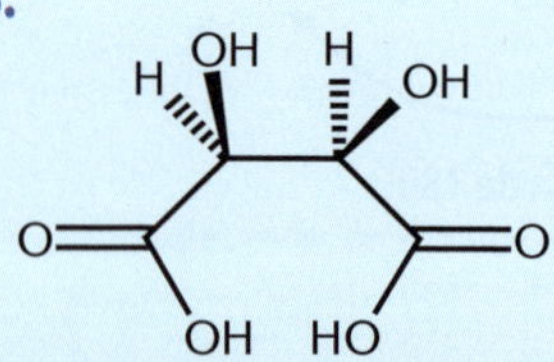

Conformation éclipsée

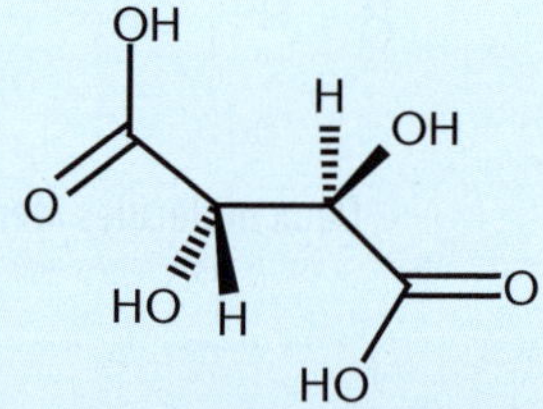

Conformation décalée

PRÉPARER L'ÉPREUVE PRATIQUE

8 Mise en évidence de diastéréoisomères

Une solution de E-Azobenzène est introduite dans un bécher de 250 mL. Une lampe de bureau est placée à proximité de la surface de la solution.

Du toluène est placé dans la cuve à chromatographie. Une ligne est tracée à un centimètre du bord inférieur de la plaque CCM. Cela correspond à la ligne de dépôt. Une pipette pasteur est utilisée pour prélever un peu de solution irradiée qui est par la suite déposée sur la ligne de dépôt. Une autre pipette pasteur est utilisée pour déposer un peu plus loin sur la même ligne un échantillon de E-Azobenzène qui n'a pas été irradié. La plaque CCM est placée dans la cuve à chromatographie en veillant à ce que le niveau de l'éluant ne dépasse pas celui de la ligne de dépôt. La plaque est sortie lorsque l'éluant arrive à un centimètre du haut de la plaque CCM. Une ligne est tracée afin de repérer le front de solvant. L'éluant est évaporé à l'aide du sèche-cheveux. L'isomère E apparaît orangé et l'isomère Z apparaît jaune sur la plaque CCM.

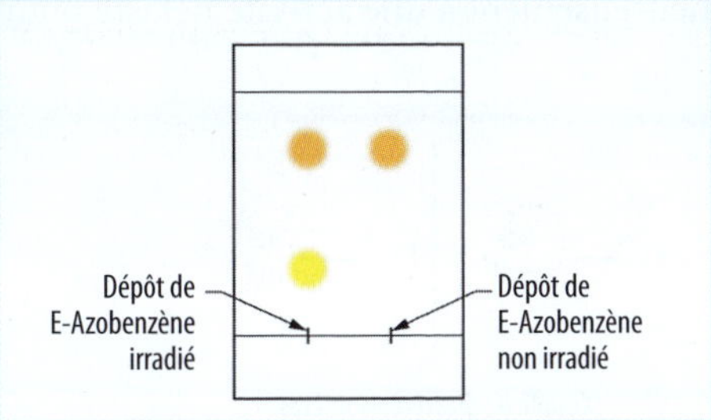

Remarque
Tout le matériel mis à disposition ne sera pas forcement utilisé.

Pour aller plus loin

9 Les propriétés biologiques et la stéréoisomérie des molécules

La thalidomide possède un atome carbone asymétrique. Il est possible d'écrire un couple d'énantiomères.

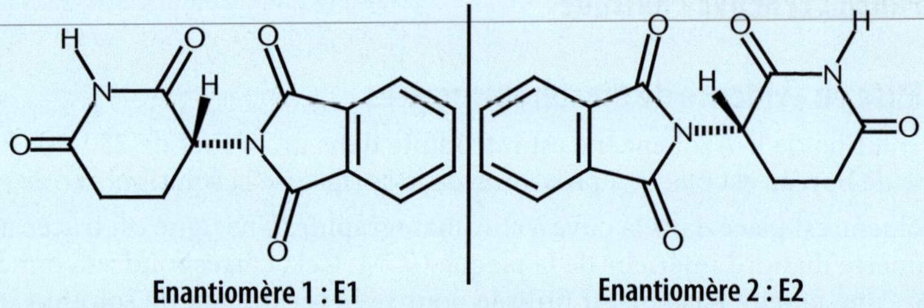

La molécule de médicament va réagir sur un site actif, généralement chiral, dans le corps humain. Dans le cas d'un mélange racémique, l'association médicament-site actif conduit très souvent à un couple de diastéréoisomères. Les diastéréoisomères ayant des propriétés physiques et chimiques différentes, les effets biologiques dépendront de l'énantiomère de la molécule du médicament.

Si les propriétés des diastéréoisomères obtenus sont proches, chaque énantiomère de la molécule de médicament aura une activité biologique comparable.

Si les propriétés sont trop différentes, cela peut conduire à une inactivité biologique d'un des énantiomères ou malheureusement à une activité néfaste pour l'organisme.

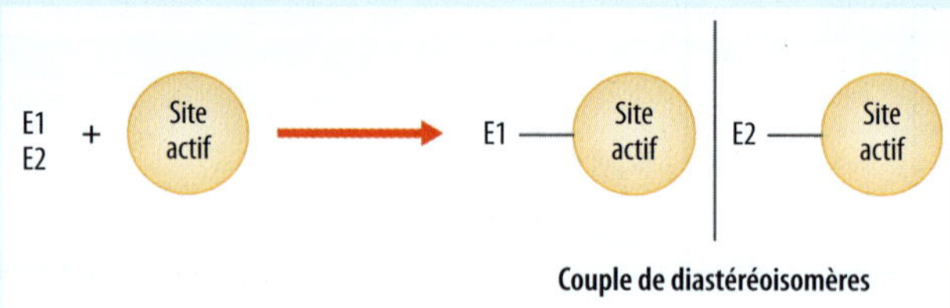

CHAPITRE 12

Transformations en chimie organique

COMPÉTENCES EXIGIBLES

- Reconnaître les groupes caractéristiques alcool, aldéhyde, cétone, acide carboxylique, ester, amine, amide.
- Utiliser le nom systématique d'une espèce chimique organique pour en déterminer les groupes caractéristiques et la chaîne carbonée.
- Distinguer une modification de chaîne d'une modification de groupe caractéristique.
- Déterminer la catégorie d'une réaction (substitution, addition, élimination) à partir de l'examen de la nature des réactifs et des produits.
- Déterminer la polarisation des liaisons en lien avec l'électronégativité (table fournie).
- Identifier un site donneur, un site accepteur de doublet d'électrons.
- Pour une ou plusieurs étapes d'un mécanisme réactionnel donné, relier par une flèche courbe les sites donneur et accepteur en vue d'expliquer la formation ou la rupture de liaisons.

1 Groupes caractéristiques

① Groupe caractéristique d'un alcool

- Le groupe caractéristique d'un alcool correspond au groupe hydroxyle –O-H. La formule générale d'un alcool est R-**O-H**, où R, signifiant « radical » ou « reste », représente un groupe hydrogénocarboné.
- Le nom d'un alcool est dérivé de celui d'un alcane en remplaçant le « e » final de l'hydrocarbure par « ol ».

Remarque
Il faut choisir la chaîne carbonée la plus longue. Elle doit contenir l'atome de carbone lié au groupe hydroxyle. Cet atome sera affecté du plus petit numéro.

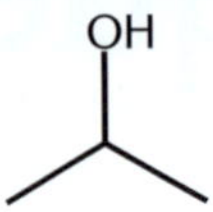

Propan-2-ol

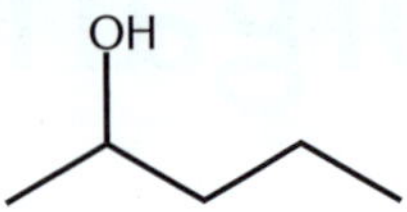

Pentan-2-ol

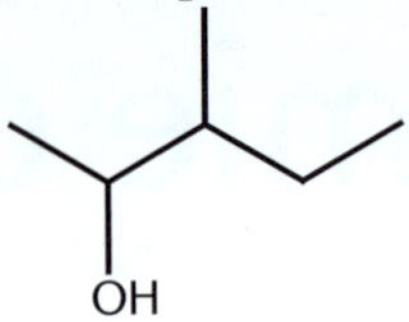

3-Méthylpentan-2-ol

② Groupe caractéristique d'un aldéhyde

- La fonction aldéhyde comporte le groupe carbonyle C=O lié au moins à un atome d'hydrogène. La formule générale d'un aldéhyde est R-**CHO**.
- Le nom d'un aldéhyde est dérivé de celui d'un alcane en remplaçant le « e » final de l'hydrocarbure par « al ».

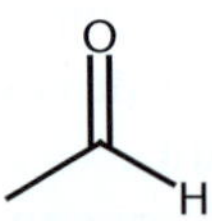

Éthanal

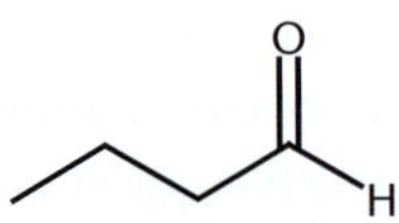

Butanal

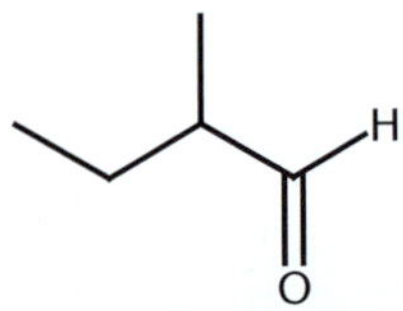

2-Méthylbutanal

③ Groupe caractéristique d'une cétone

- La fonction cétone comporte le groupe carbonyle C=O lié à deux atomes de carbone. La formule générale d'une cétone est R-**CO**-R', où R et R' représentent deux groupes hydrogénocarbonés.

• Le nom d'une cétone est dérivé de celui d'un alcane en remplaçant le « e » final de l'hydrocarbure par « one ».

Propanone

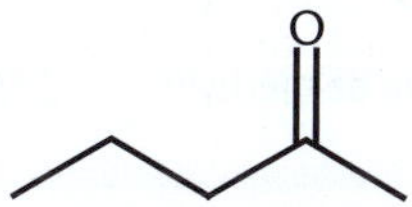

Pentan-2-one

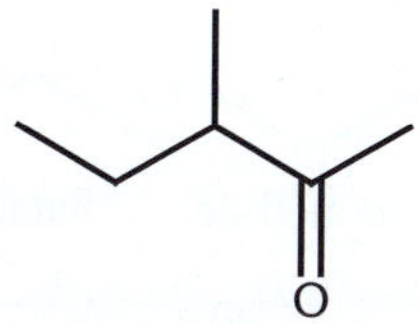

3-Méthylpentan-2-one

4 Groupe caractéristique d'un acide carboxylique

• La fonction acide carboxylique comporte le groupe caractéristique –**COOH**. La formule générale d'un acide carboxylique est R-**COOH**.

• Le nom d'un acide carboxylique est dérivé de celui d'un alcane en remplaçant le « e » final de l'hydrocarbure par « oïque » et en rajoutant le préfixe « acide ».

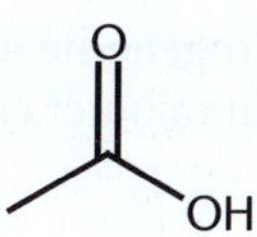

Acide éthanoïque

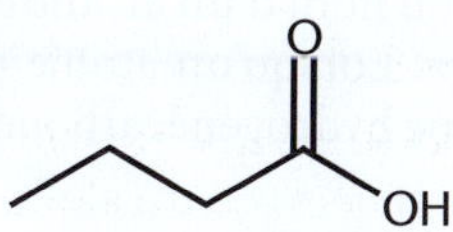

Acide butanoïque

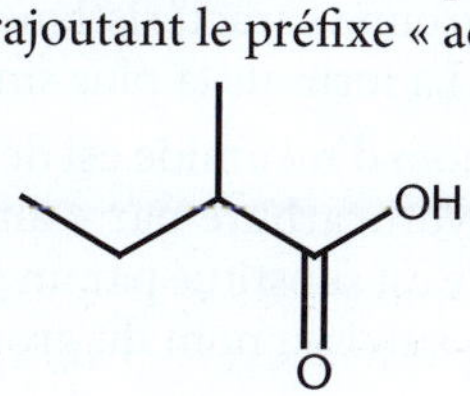

Acide 2-méthylbutanoïque

5 Groupe caractéristique d'un ester

• Le groupe caractéristique d'un ester est dérivé de celui de l'acide carboxylique. La formule générale d'un ester est R-**COO**-R', où R et R' sont deux groupes hydrogénocarbonés. R' ne peut pas être un atome d'hydrogène.

• Le nom d'un ester comporte deux parties. La première partie est dérivée du nom d'un alcane en remplaçant le « e » final de l'hydrocarbure par « oate ». La seconde partie du nom correspond au groupe hydrogénocarboné lié à l'atome d'oxygène.

> **Remarque**
> Le premier groupe hydrogénocarboné est numéroté à partir de l'atome de carbone doublement lié à l'atome d'oxygène.
> Le second groupe hydrogénocarboné est numéroté à partir de l'atome de carbone simplement lié à l'atome d'oxygène.

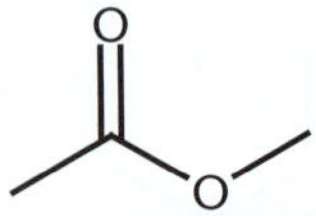

Éthanoate de méthyle

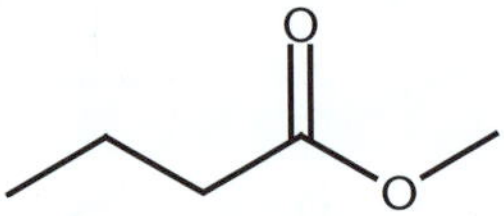

Butanoate de méthyle

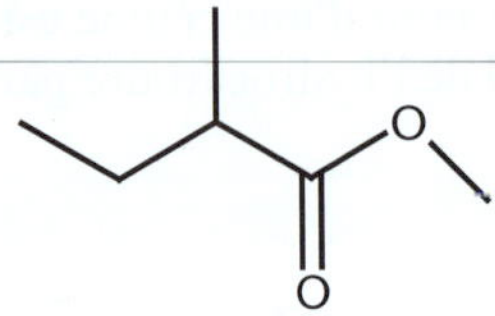

2-Méthylbutanoate de méthyle

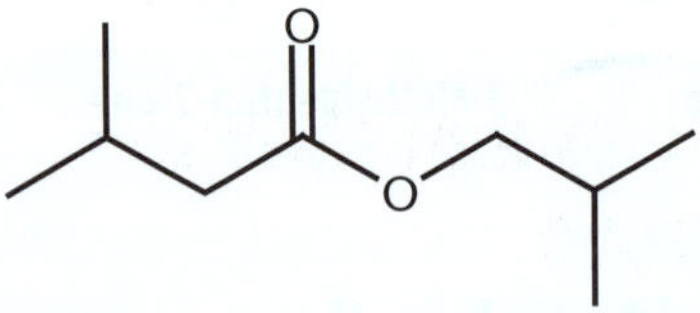

3-Méthylbutanoate de 2-méthylpropyle

> **Remarque**
> À la fin du nom, il faut rajouter un « e » au groupe simplement lié à l'atome d'oxygène.

6 Groupe caractéristique d'un amide

- Le groupe caractéristique d'un amide est dérivé de celui de l'acide carboxylique. La formule la plus simple d'un amide est R-$\mathbf{CONH_2}$.
- Le nom d'un amide est dérivé du nom d'un alcane en remplaçant le « e » final de l'hydrocarbure par « amide ». Lorsqu'un atome d'hydrogène lié à l'atome d'azote est substitué par un groupe hydrogénécarboné, il faut rajouter en préfixe « N- » suivi du nom du groupe.

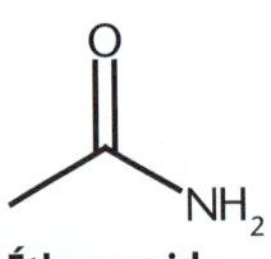

Éthanamide

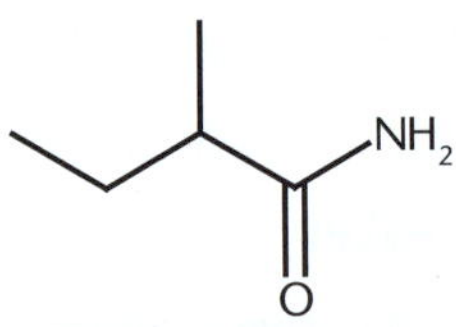

2-Méthylbutanamide

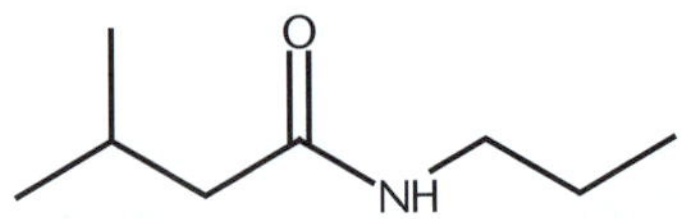

N-Propyl-3-méthylbutanamide

7 Groupe caractéristique d'une amine

> **Remarque**
> C'est la chaîne la plus longue qui définit l'amine de base, les autres sont des substituants.

- La fonction amine comporte le groupe caractéristique amino $-NH_2$. La formule la plus simple d'une amine est R-$\mathbf{NH_2}$.
- Le nom d'une amine est dérivé de celui d'un alcane en remplaçant le « e » final de l'hydrocarbure par « amine ». Lorsqu'un atome d'hydrogène lié à l'atome d'azote est substitué par un groupe hydrogénécarboné, il faut rajouter en préfixe « N- » suivi du nom du groupe.

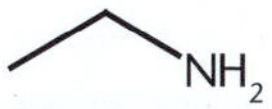

Éthanamine

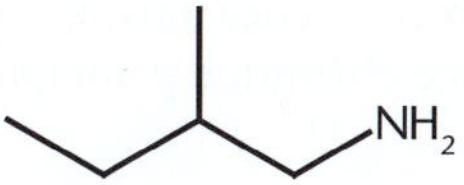

2-Méthylbutanamine

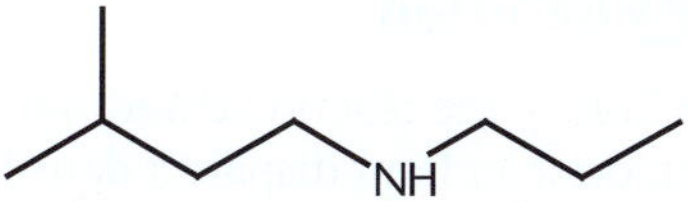

N-Propyl-3-méthylbutanamine

2 Modification de chaîne et modification de groupe caractéristique

Dans la suite du cours, on n'écrit pas des équations de réaction complètes. Il manque des réactifs et/ou des produits : on s'intéresse uniquement à l'espèce chimique « principale » modifiée.

1 Modification de chaîne

- Une modification de chaîne correspond à une étape d'une synthèse organique pendant laquelle il y a apparition ou disparition d'une liaison (simple, double ou triple) entre deux atomes de carbone au sein de l'espèce chimique principale.

Une modification de chaîne peut avoir comme conséquence la création, la modification ou la suppression de groupes caractéristiques.

2 Modification de groupe caractéristique

- Une modification de groupe caractéristique correspond à une étape d'une synthèse organique pendant laquelle il y a une création, une modification ou une suppression d'un groupe caractéristique, au sein de l'espèce chimique principale, sans apparition ou disparition de liaison carbone-carbone.

3 Détermination de la catégorie d'une réaction

1 Substitution

- Une réaction de substitution correspond au remplacement, dans l'espèce chimique principale, d'un atome ou d'un groupe d'atomes par un autre atome ou groupe d'atomes.

② Addition

• Lors d'une réaction d'addition, deux nouvelles liaisons simples sont créées et un doublet liant disparaît dans l'espèce chimique principale.

③ Élimination

• Lors d'une réaction d'élimination, deux liaisons simples disparaissent et un doublet liant est créé, dans l'espèce chimique principale.

COURS

4 Liaison polarisée, site donneur et site accepteur de doublet d'électrons, applications aux mécanismes réactionnels

① Liaison polarisée

• L'électronégativité est une grandeur qui permet de connaître l'aptitude d'un atome à attirer vers lui les électrons lorsqu'il est engagé dans une liaison avec un atome de nature différente.

• L'électronégativité augmente, suivant une ligne du tableau périodique, de gauche à droite et, suivant une colonne du tableau périodique, de bas en haut.

H 2,20						
Li 0,98	Be 1,57	B 2,04	C 2,55	N 3,04	O 3,44	F 3,98
Na 0,93	Mg 1,31	Al 1,61	Si 1,93	P 2,19	S 2,58	Cl 3,16
						Br 2,96
						I 2,66

Doc. Électronégativité de quelques éléments suivant Pauling

• Lorsque deux atomes ont des électronégativités différentes, l'atome le plus électronégatif va attirer préférentiellement les électrons de la liaison et il va porter une charge partielle $-\delta e$. L'atome le moins électronégatif portera la charge $+\delta e$. δ est compris entre 0 et 1. Lorsque les deux atomes ont des électronégativités comparables, alors $\delta \approx 0$; lorsque les électronégativités sont très éloignées, alors δ se rapproche de 1.

Lorsque $\delta \approx 0$, le doublet de liaison se répartit symétriquement par rapport au centre de la liaison. La liaison est alors dite **apolaire**.

C'est le cas, par exemple, de la liaison dans le dihydrogène : H-H. C'est aussi le cas de la liaison entre les deux atomes de carbone dans l'éthane : CH_3-CH_3.

Lorsque $\delta \neq 0$, le doublet de liaison ne se répartit plus symétriquement par rapport au centre de la liaison. La liaison est alors dite **polaire**.

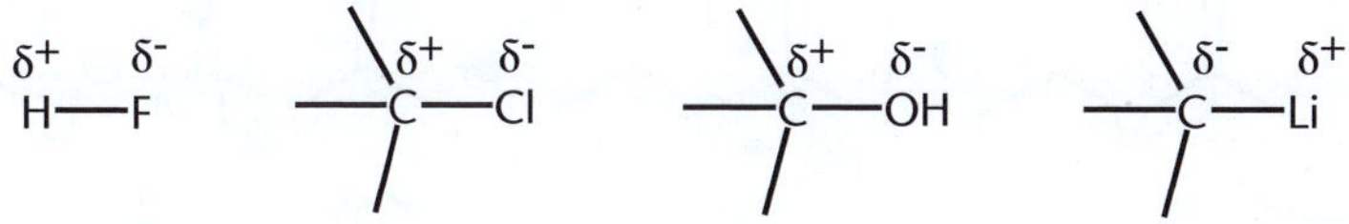

COURS

2 Site donneur et site accepteur de doublet d'électrons

- Un site d'une espèce chimique est **potentiellement** un site donneur d'un doublet d'électrons s'il répond à au moins un des critères suivants :

– il possède un doublet non liant et une charge nulle ou négative ;

– il comporte une double liaison entre deux atomes de carbone.

- Un site d'une espèce chimique est **potentiellement** un site accepteur d'un doublet d'électrons s'il répond à au moins un des critères suivants :

– il possède une lacune électronique avec une charge nulle ou positive ;

– il est déficitaire en électrons dans une liaison (simple ou multiple) polarisable.

Remarque

Un atome, à qui il manque un doublet d'électrons pour vérifier l'octet, possède une lacune électronique.

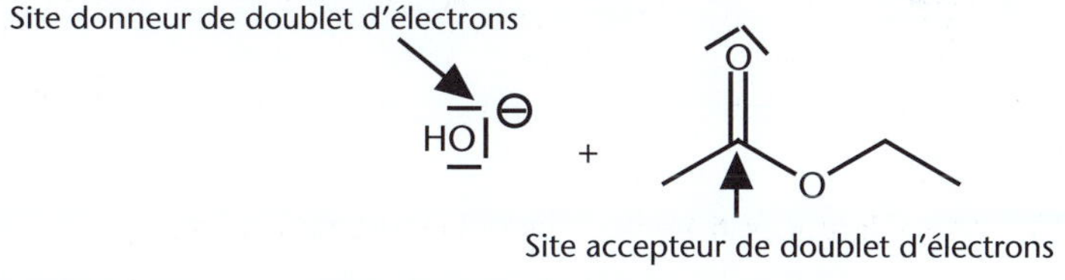

3 Applications aux mécanismes réactionnels

- Les réactions polaires peuvent être modélisées par la création d'une liaison covalente entre un site donneur d'un doublet d'électrons et un site accepteur d'un doublet d'électrons.

Le mécanisme réactionnel est une construction théorique interprétant au niveau moléculaire le passage des réactifs aux produits lors d'une synthèse.

• Lors de l'écriture d'un mécanisme réactionnel, une flèche courbe représente le mouvement d'un doublet d'électron (doublet non liant ou doublet liant). La flèche courbe a comme origine un site donneur de doublet d'électron et elle est dirigée vers un site accepteur de doublet d'électrons.

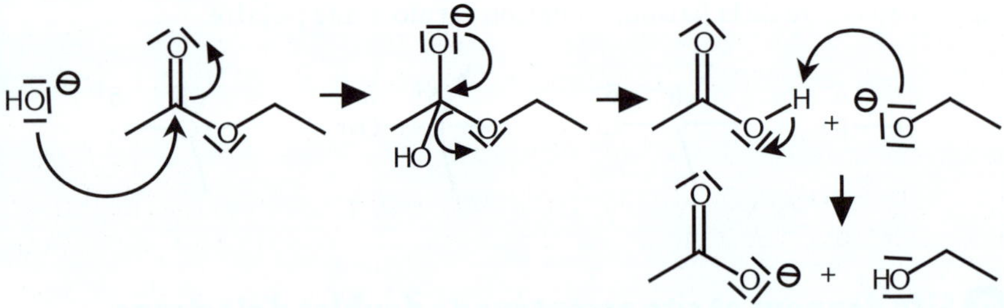

QCM et questions courtes

1 Vrai ou faux ?

➔ Corrigé p. 239

1. Le groupe -CHO correspond au groupe hydroxyle ☐ Vrai ☐ Faux

2. L'éthanoate de méthyle possède la fonction amide. ☐ Vrai ☐ Faux

3. Lors d'une modification de chaîne, un groupe caractéristique peut être modifié. ☐ Vrai ☐ Faux

4. Lors d'une réaction d'élimination, deux liaisons simples disparaissent et un doublet liant est créé, dans l'espèce chimique principale. ☐ Vrai ☐ Faux

5. Lorsque deux atomes liés entre eux ont la même électronégativité, la liaison qu'ils forment est apolaire ☐ Vrai ☐ Faux

6. Une liaison simple entre deux atomes de carbone peut être considérée comme un site donneur de doublet d'électrons. ☐ Vrai ☐ Faux

7. Dans un mécanisme réactionnel, une flèche correspond au mouvement d'un électron. ☐ Vrai ☐ Faux

Exercices d'entraînement

2 Le groupe caractéristique d'un alcool

★ 10 min ➔ Corrigé p. 239

1. Trouver le nom des molécules suivantes :

a)

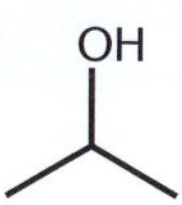

b)

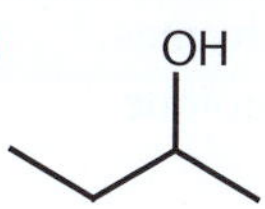

c)

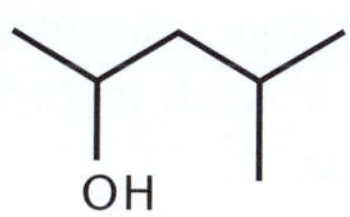

> **Astuce**
> Il faut d'abord placer la chaîne principale avec le groupe caractéristique, puis placer en dernier les substituants.

2. Trouver la formule topologique des molécules suivantes :

a) Pentan-1-ol **b)** 2-Méthylbutan-2-ol **c)** 2,3-Diméthylbutan-2-ol

3 Le groupe caractéristique d'un aldéhyde

★ 10 min ➔ Corrigé p. 239

1. Trouver le nom des molécules suivantes :

a)

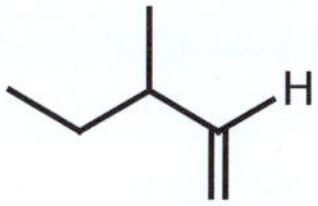

b)

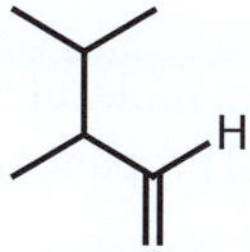

c)

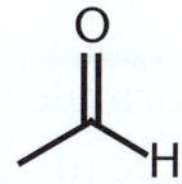

2. Trouver la formule topologique des molécules suivantes :

a) Propanal **b)** 3-Méthylpentanal **c)** Méthylpropanal

4 Le groupe caractéristique d'une cétone

★ 10 min ➔ Corrigé p. 240

1. Trouver le nom des molécules suivantes :

a)

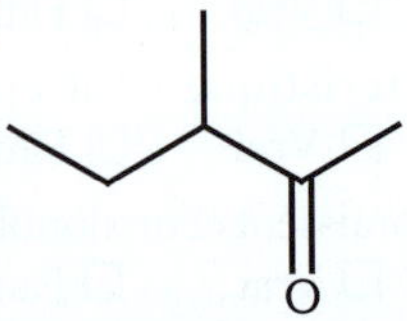

b)

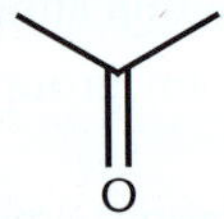

c)

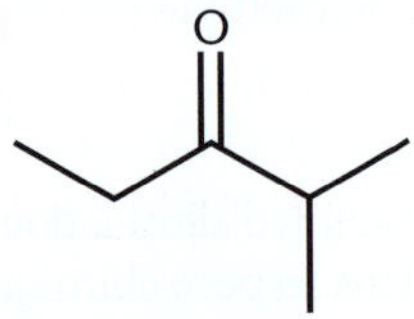

2. Trouver la formule topologique des molécules suivantes :

a) Butanone **b)** Méthylbutanone **c)** Diméthylbutanone

5 Le groupe caractéristique d'un acide carboxylique

★ 10 min ➔ Corrigé p. 240

1. Trouver le nom des molécules suivantes :

a)

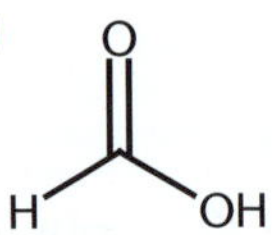

b)

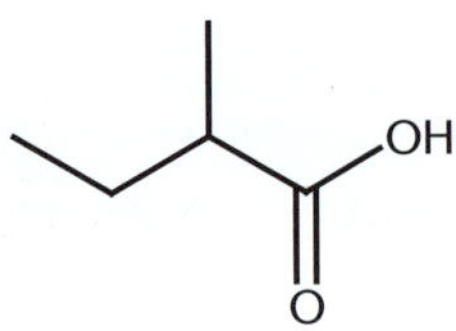

c)

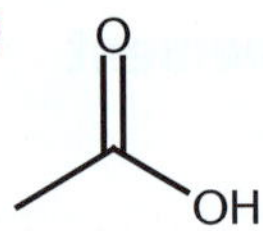

Astuce
L'atome de carbone du groupe -COOH est considéré comme étant le premier atome de carbone de la chaîne principale.

2. Trouver la formule topologique des molécules suivantes :

a) Acide propanoïque **b)** Acide méthylpropanoïque

c) Acide 2-éthylpentanoïque

6 Le groupe caractéristique d'un ester

★ 10 min ➔ Corrigé p. 240

1. Trouver le nom des molécules suivantes :

a)

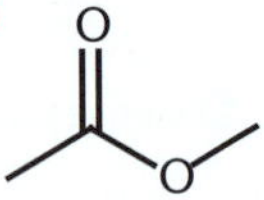

b)

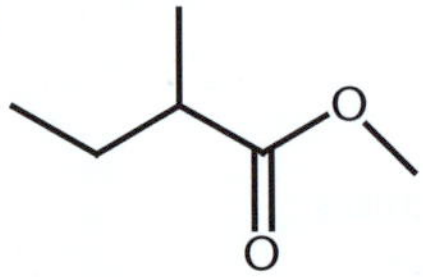

c)

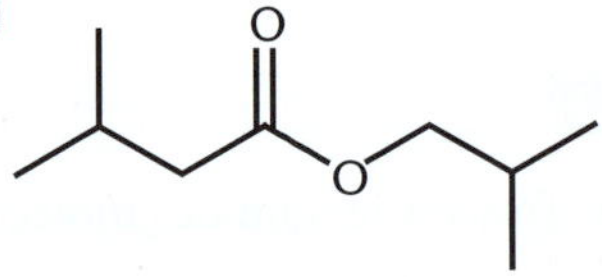

2. Trouver la formule topologique des molécules suivantes :

a) Méthanoate de méthyle **b)** Propanoate d'éthyle

c) Éthanoate de 1-éthylpropyle

7 Le groupe caractéristique d'un amide

★ 10 min ➔ Corrigé p. 240

1. Trouver le nom des molécules suivantes :

a)

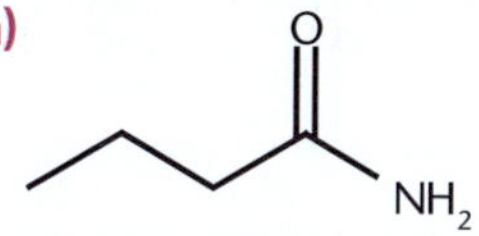

b)

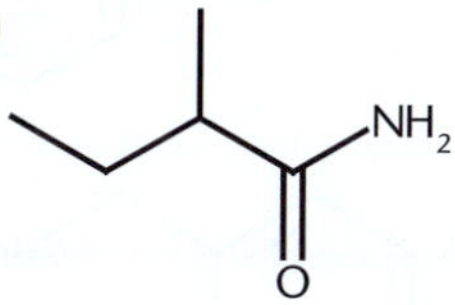

c)

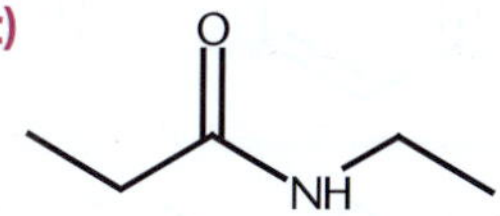

2. Trouver la formule topologique des molécules suivantes :

a) Propanamide **b)** N-Méthyléthanamide **c)** N,N-Diméthylpropanamide

8 Le groupe caractéristique d'une amine

★ 10 min ➔ Corrigé p. 240

1. Trouver le nom des molécules suivantes :

a)

b)

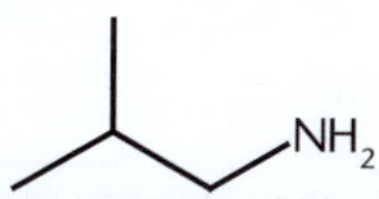

c)

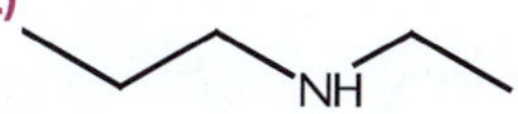

2. Trouver la formule topologique des molécules suivantes :

a) Propanamine **b)** N-Méthyléthanamine **c)** N,N-Diméthyléthanamine

9 Modification de chaîne et modification de groupe caractéristique

★ 5 min ➔ Corrigé p. 241

Indiquer dans chaque exemple si ce sont des modifications de chaînes ou des modifications de groupes caractéristiques.

a)

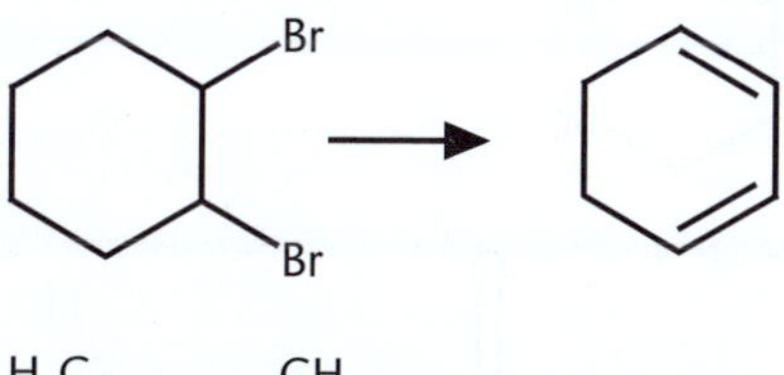

> **Remarque**
> Il est possible d'observer plusieurs modifications de chaînes ou de groupes caractéristiques dans une même molécule.

b)

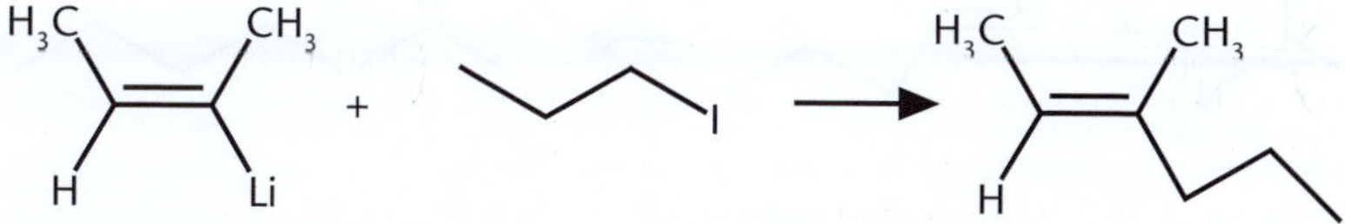

c) 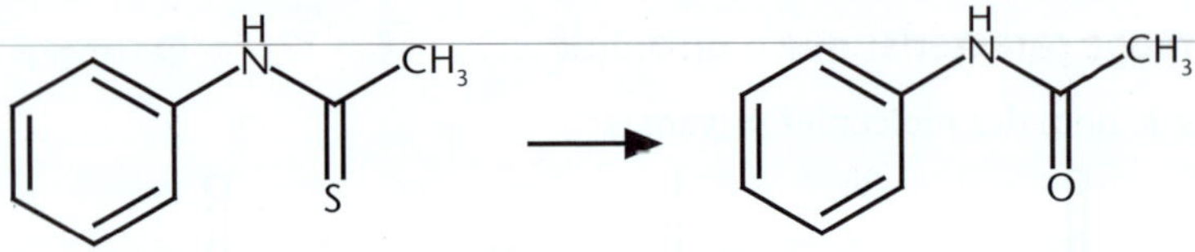

d) 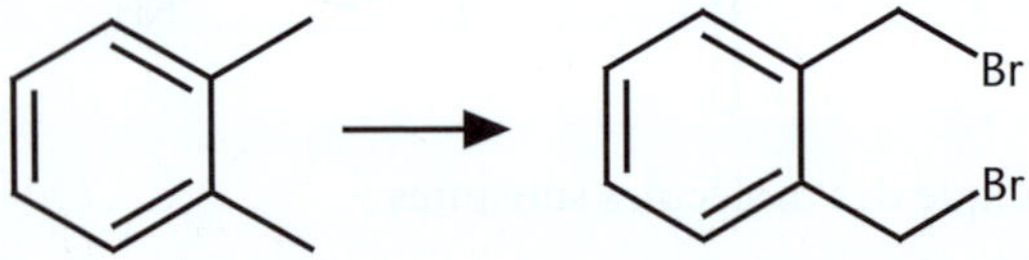

10 Détermination de la catégorie d'une réaction ★★ 10 min ➲ Corrigé p. 241

Indiquer si les réactions suivantes sont des substitutions, des additions ou des éliminations.

a) 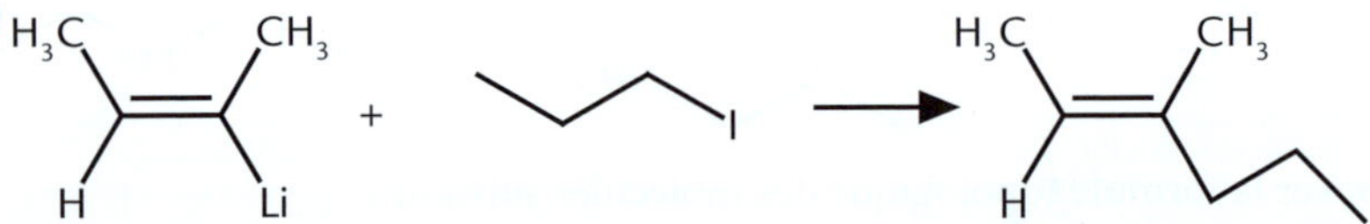

b) 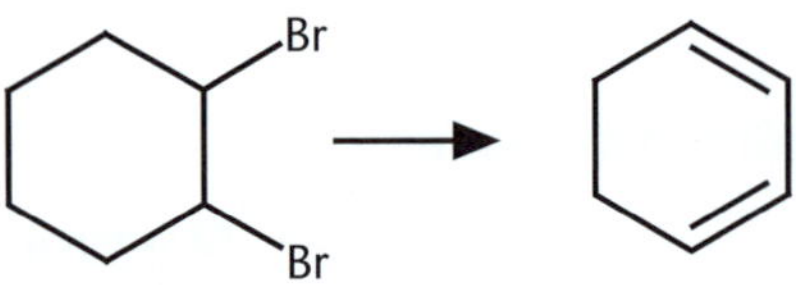

Remarque

Il est possible d'observer des di-additions, des di-substitutions ou des di-éliminations.

c) 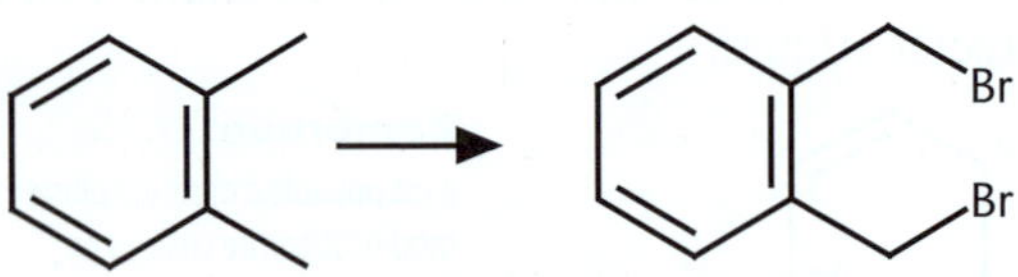

d) 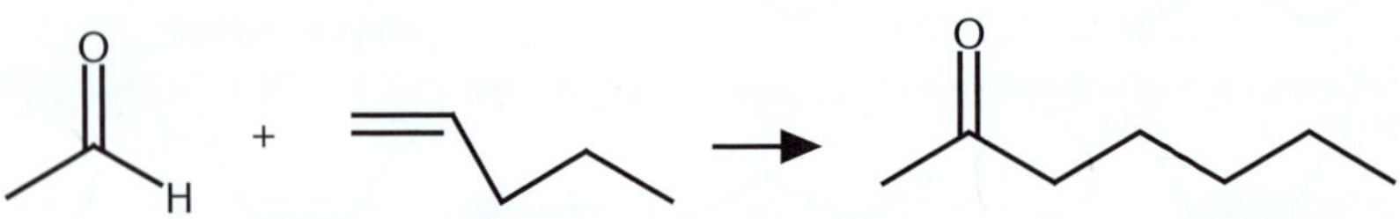

Exercice de type bac

PRÉPARER L'ÉPREUVE ÉCRITE

11 Réaction d'aldolisation

★★★ 25 min Corrigé p. 242

On fait réagir la molécule **A** sur elle-même en milieu basique pour donner **D**.

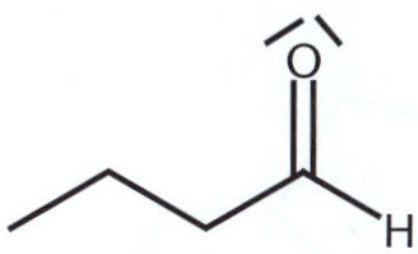

A

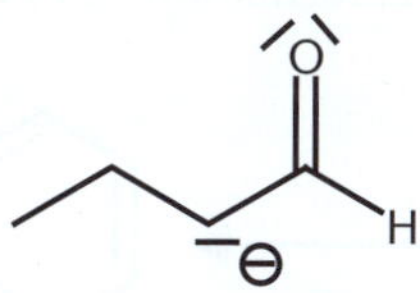

B

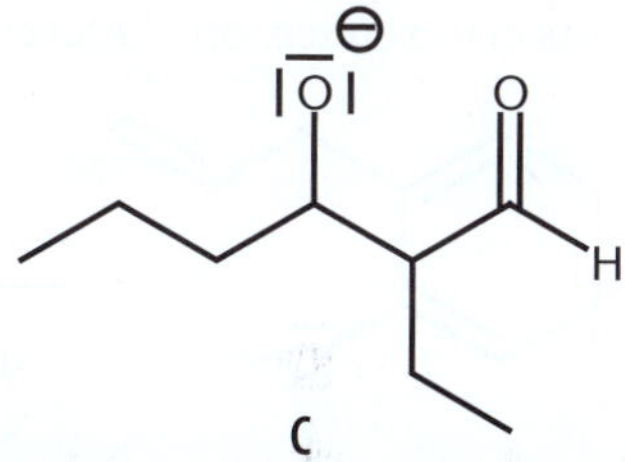

C

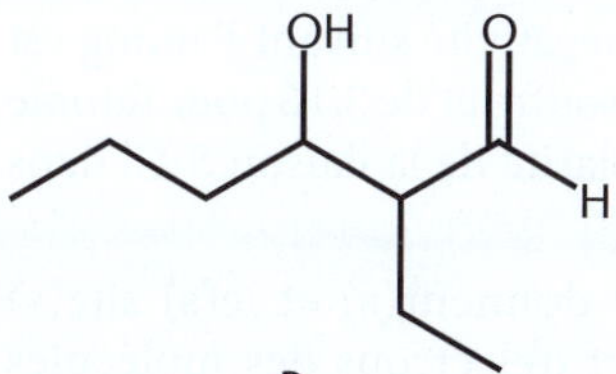

D

1. Quel est le groupe caractéristique contenu dans la molécule **A** ?

Donner le nom de la molécule **A**.

2. Sachant que l'électronégativité suivant Pauling est de 2,55 pour l'atome de carbone et de 3,44 pour l'atome d'oxygène, donner la polarité de la liaison C=O dans la molécule **A**.

3. En milieu basique, une partie des molécules **A** donne le composé **B**.

Repérer la molécule comportant le site donneur et celle possédant le site accepteur de doublet d'électrons parmi **A** et **B**.

4. Lorsque **A** réagit avec **B**, c'est la molécule **C** qui est obtenue, puis finalement **D**. Indiquer la catégorie de réaction mise en œuvre.

5. À partir de **A** et de **B**, proposer un mécanisme permettant d'expliquer la formation de **C**.

Pour aller plus loin

12 Formation d'un hétérocycle

★★★ 25 min ➔ Corrigé p. 244

Un très grand nombre de substances naturelles et de médicaments sont des hétérocycles, constitués d'un cycle comprenant au moins un hétéroatome, comme l'oxygène ou l'azote par exemple.

Dans cet exercice, on s'intéresse à la formation de l'hétérocycle suivant :

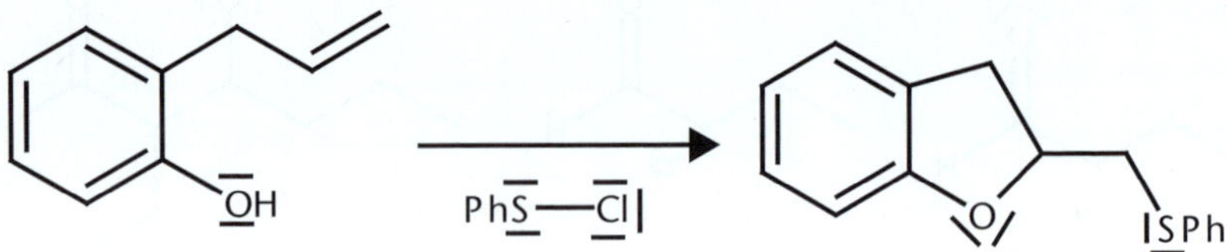

A B C

1. Sachant que l'électronégativité suivant Pauling est de 2,58 pour l'atome de soufre et de 3,16 pour l'atome de chlore, donner la polarité de la liaison S-Cl dans la molécule **B**.

2. Repérer le(s) site(s) donneur(s) et le(s) site(s) accepteur(s) de doublet d'électrons des molécules **A** et **B**.

> **Astuce**
> Pour repérer tous les sites donneurs et accepteurs de doublets d'électrons des molécules **A** et **B**, il faut se référer à la molécule **C**.

3. À partir de **A** et de **B**, proposer un mécanisme réactionnel permettant d'expliquer la formation de **C'**.

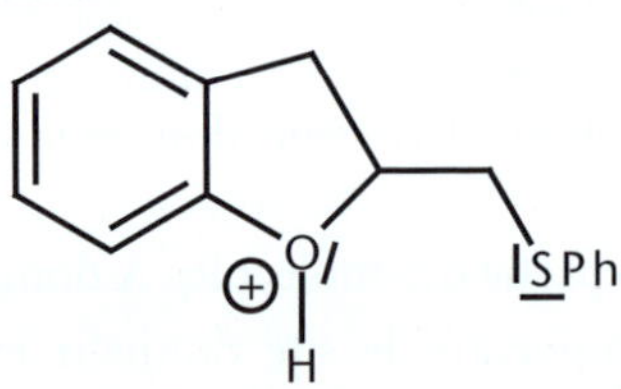

C'

4. On considère que le milieu réactionnel contient une base que l'on représente de la façon suivante : $\overline{\text{Base}}$.

Indiquer la réaction entre **C'** et la base conduisant à **C**.

QCM et questions courtes

1 Vrai ou faux ?

1. Faux → Le groupe hydroxyle correspond au groupe –OH.

2. Faux → L'éthanoate de méthyle possède la fonction ester.

3. Vrai → Un groupe caractéristique peut être modifié lors d'une modification de chaîne, à condition qu'il y ait apparition ou disparition d'une liaison entre deux atomes de carbone au sein de l'espèce chimique principale.

4. Vrai.

5. Vrai → C'est le cas de la liaison entre deux atomes d'hydrogène.

6. Faux → Il faut soit un doublet non liant sur un atome possédant une charge nulle ou négative, soit une double liaison entre deux atomes de carbone.

7. Faux → Une flèche courbe concerne le mouvement d'un doublet d'électrons.

Exercices d'entraînement

2 Le groupe caractéristique d'un alcool

1. a) Propan-2-ol **b)** Butan-2-ol **c)** 4-Méthylpentan-2-ol

2. a)

b)

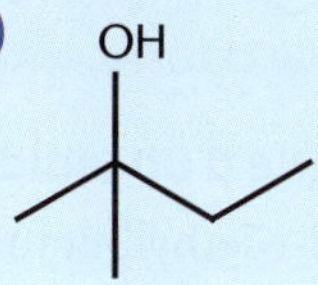

c)

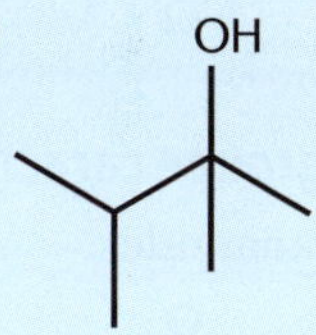

3 Le groupe caractéristique d'un aldéhyde

1. a) 2-Méthylbutanal **b)** 2,3-Diméthylbutanal **c)** Éthanal

2. a)

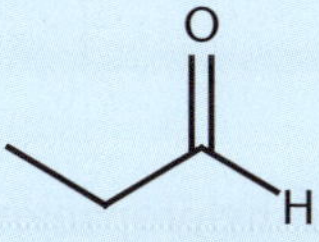

b)

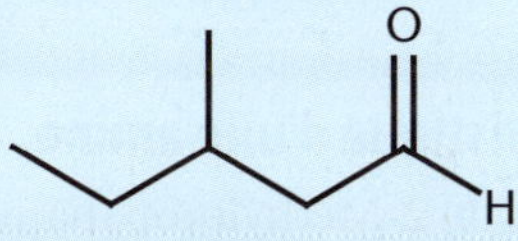

c)

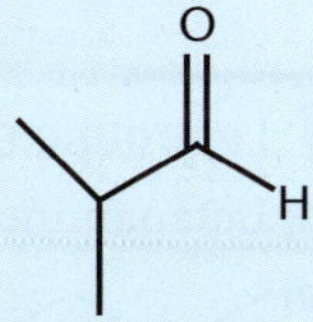

4 Le groupe caractéristique d'une cétone

1. a) 3-Méthylpentan-2-one **b)** Propanone **c)** 2-Méthylpentan-3-one

2. a)

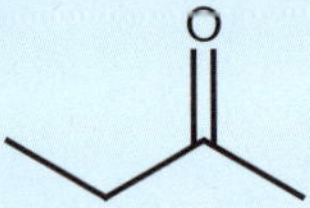

b)

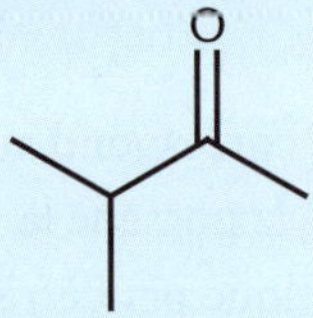

c)

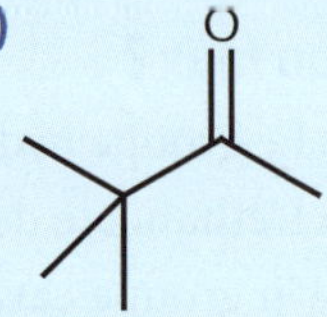

5 Le groupe caractéristique d'un acide carboxylique

1. a) Acide méthanoïque **b)** Acide 2-méthylbutanoïque **c)** Acide éthanoïque

2. a)

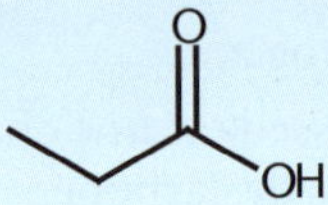

b)

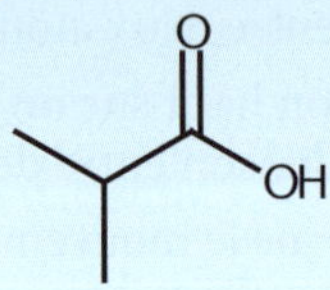

c)

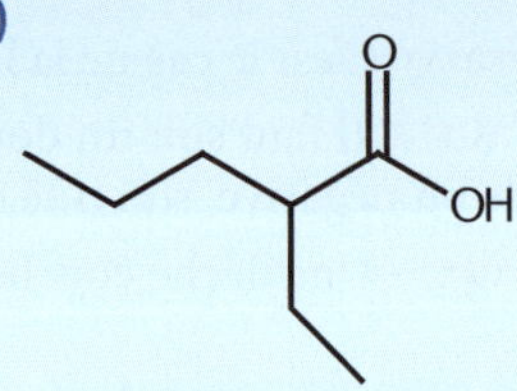

6 Le groupe caractéristique d'un ester

1. a) Éthanoate de méthyle **b)** 2-Méthylbutanoate de méthyle

c) 3-Méthylbutanoate de 2-méthylpropyle

2. a)

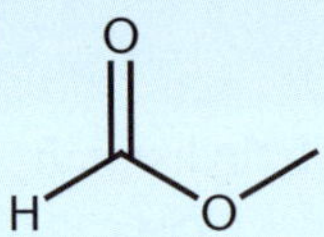

b)

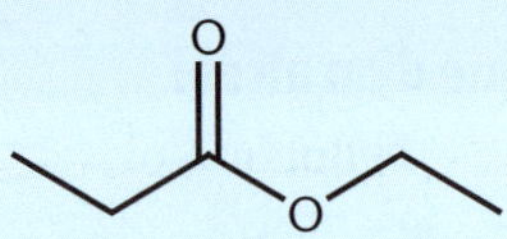

c)

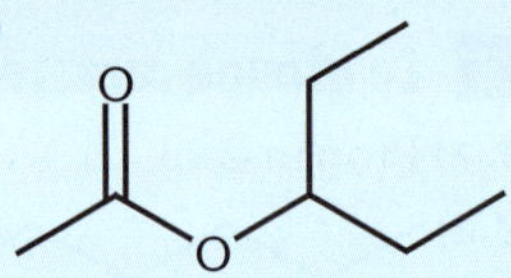

7 Le groupe caractéristique d'un amide

1. a) Butanamide **b)** 2-Méthylbutanamide **c)** N-Éthylpropanamide

2. a)

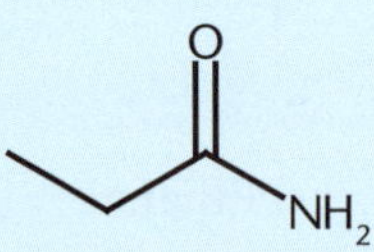

b)

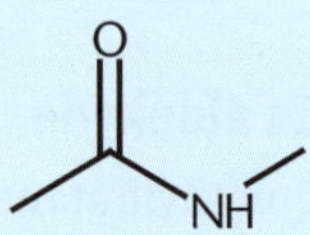

c)

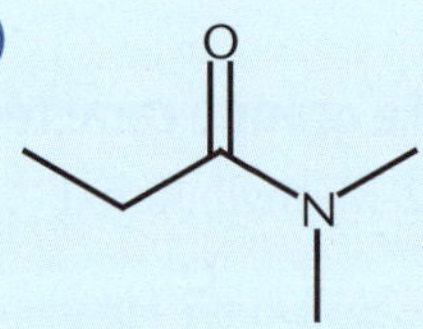

8 Le groupe caractéristique d'une amine

1. a) Butanamine **b)** 2-Méthylpropanamine **c)** N-Éthylpropanamine

2. a)

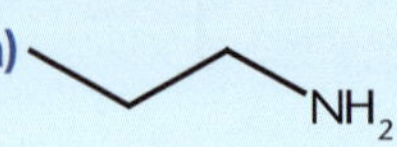

b)

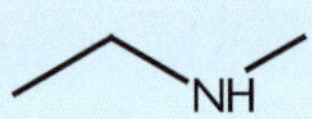

c)

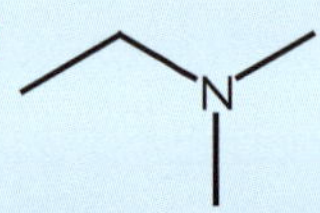

9 Modification de chaîne et modification de groupe caractéristique

a) Modification de chaîne (formation de deux doubles liaisons carbone-carbone).

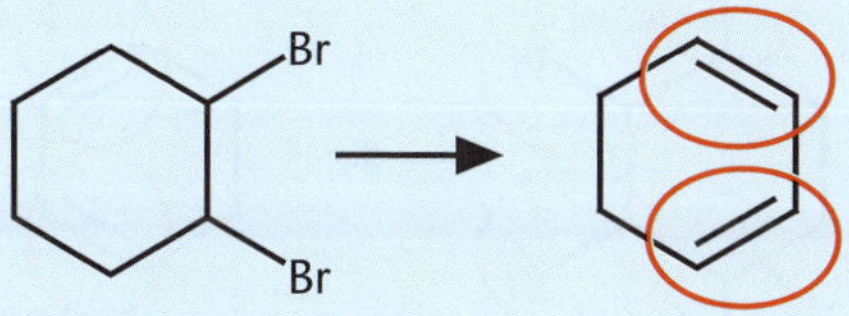

b) Modification de chaîne (formation d'une liaison simple carbone-carbone).

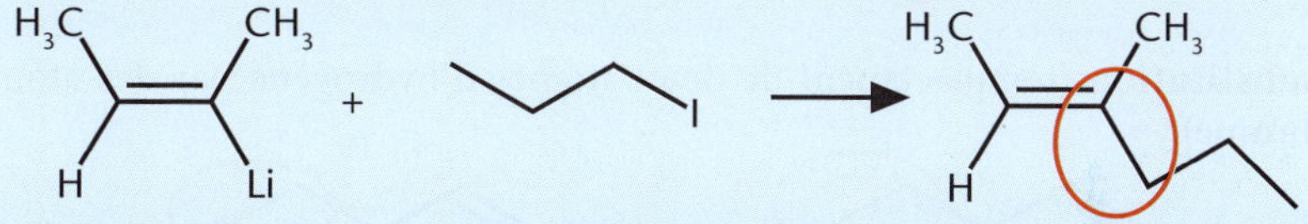

c) Modification de groupe caractéristique (pas d'apparition ou de disparition de liaison carbone-carbone).

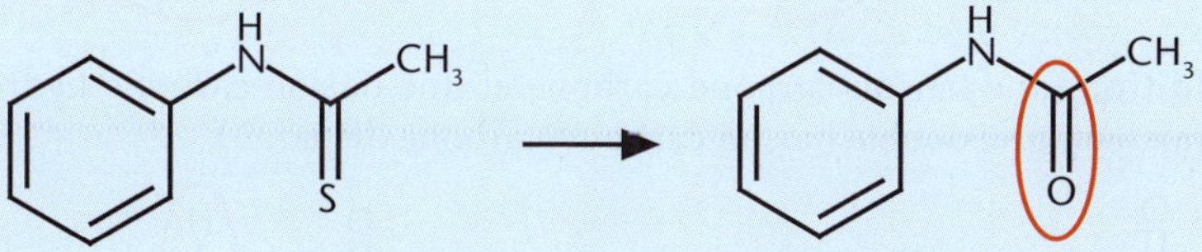

d) Modification de groupe caractéristique (pas d'apparition ou de disparition de liaison carbone-carbone).

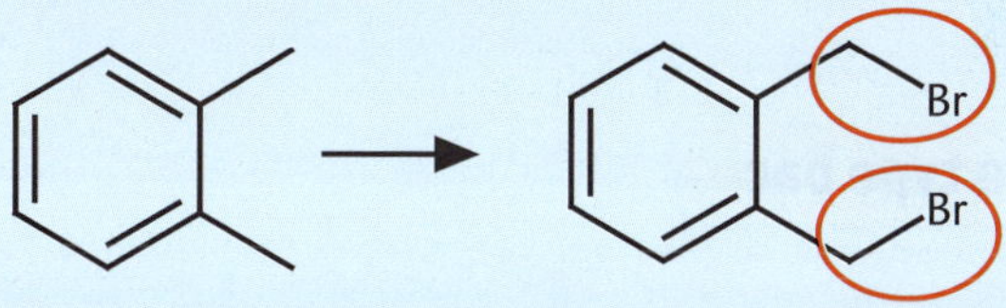

10 Détermination de la catégorie d'une réaction

a) Substitution (remplacement d'un atome par un groupe d'atomes).

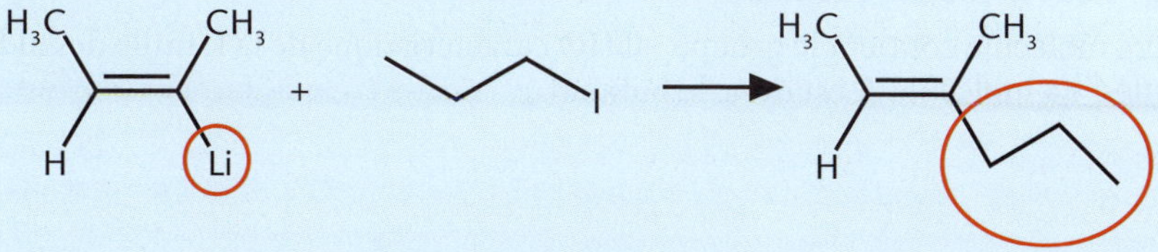

b) Élimination (disparition de deux liaisons carbone-brome et de deux liaisons carbone-hydrogène, formation de deux liaisons doubles carbone-carbone).

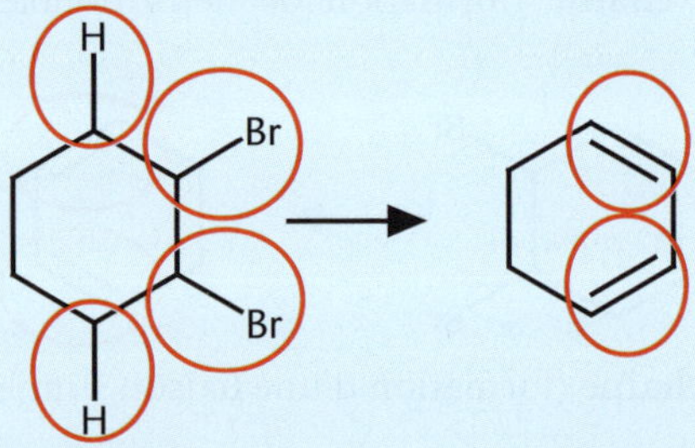

c) Substitution (remplacement de deux atomes d'hydrogène par des atomes de brome).

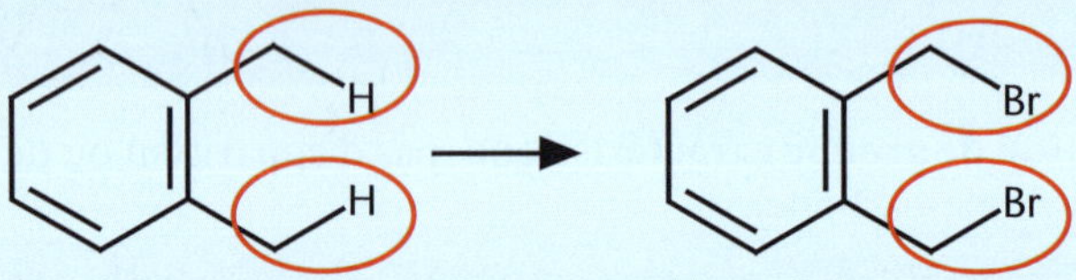

d) Addition (une liaison carbone-carbone et une liaison carbone-hydrogène apparaissent, une double liaison carbone-carbone disparaît).

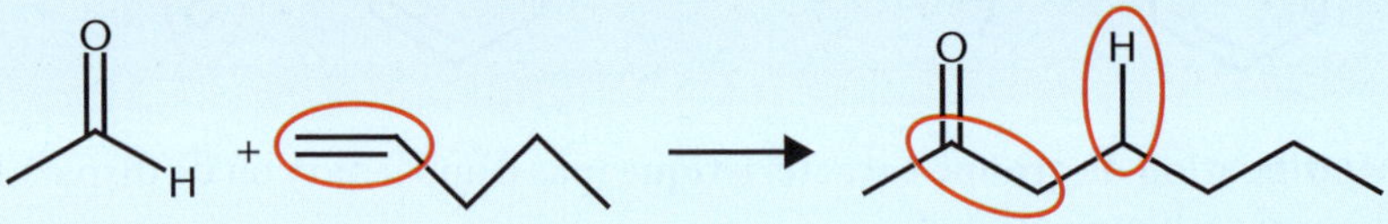

Exercice de type bac

PRÉPARER L'ÉPREUVE ÉCRITE

11 Réaction d'aldolisation

1. La molécule contient le groupe –CHO caractéristique de la famille des aldéhydes. La molécule **A** est donc le butanal.

2.

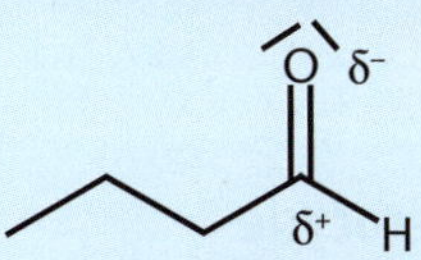

A

L'atome de carbone est moins électronégatif que l'atome d'oxygène. L'atome de carbone sera donc chargé δ^+ et l'atome d'oxygène δ^-.

3.

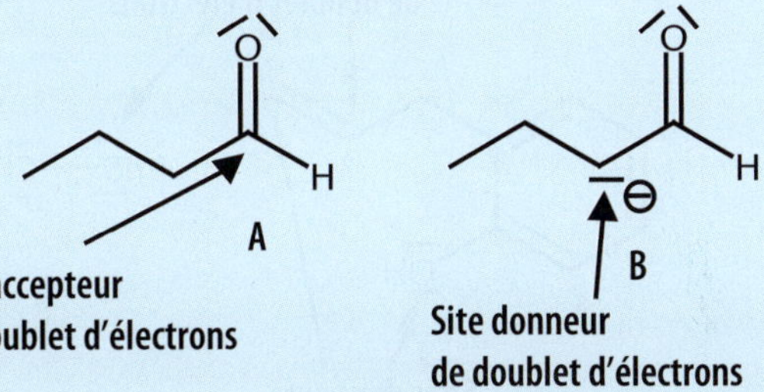

La molécule **B** possède un doublet non liant et une charge négative sur un atome de carbone. Elle possède donc un site donneur de doublet d'électrons.

La molécule **A** possède un site accepteur d'un doublet d'électrons, car elle a un site déficitaire en électrons dans la liaison double C=O qui est polarisée.

4. C'est une réaction d'addition car une liaison carbone-carbone et une liaison oxygène-hydrogène se forment alors qu'une double liaison carbone-oxygène disparaît.

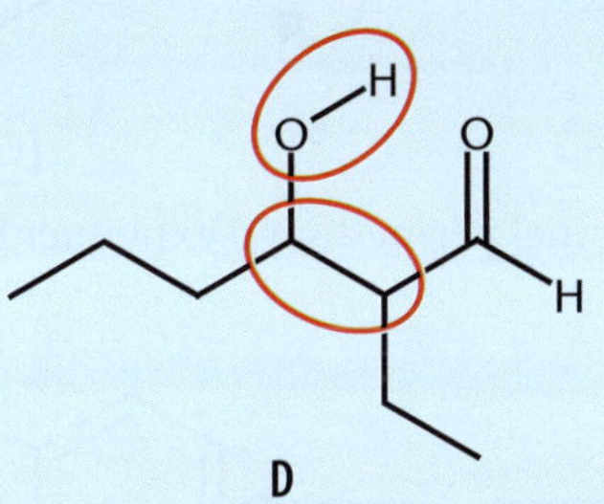

D

5.

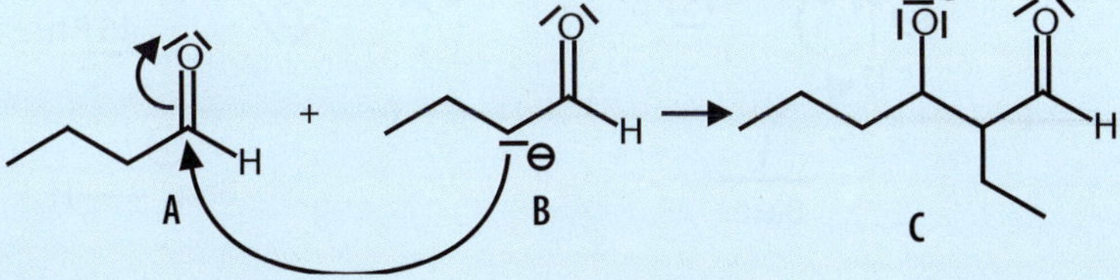

Pour aller plus loin

12 Formation d'un hétérocycle

1. La polarité de la liaison S-Cl dans la molécule **B** est $\overset{\delta^+}{\text{PhS}}-\overset{\delta^-}{\text{Cl}}$.

2. D'après la molécule **C**, on trouve les sites donneurs accepteurs de doublets d'électrons suivants :

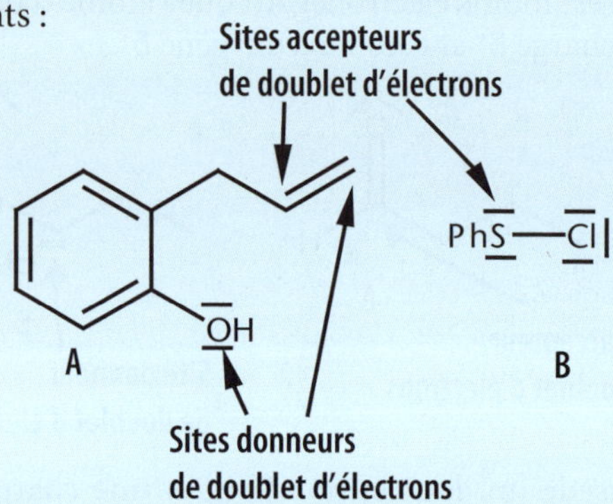

3. Le mécanisme réactionnel permettant d'expliquer la formation de **C'** est le suivant :

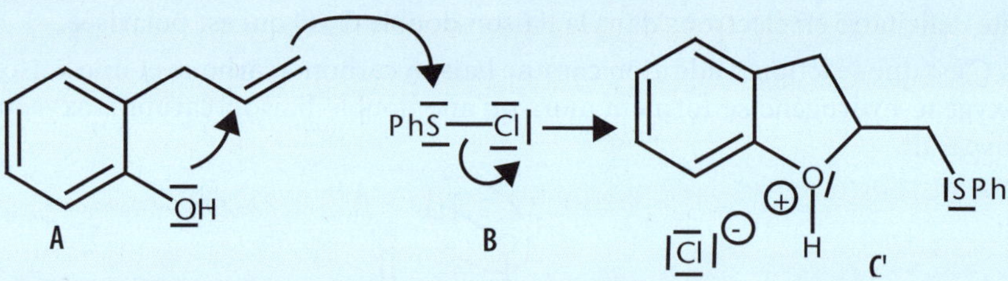

4. Le mécanisme réactionnel permettant d'expliquer la formation de **C** à partir de **C'** est le suivant :

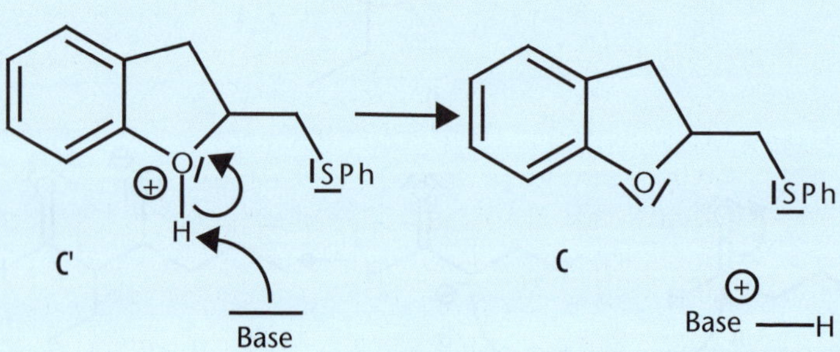

CHAPITRE 13

pH d'une solution et réactions acide-base

COMPÉTENCES EXIGIBLES

- Mesurer le *pH* d'une solution aqueuse.
- Reconnaître un acide, une base dans la théorie de Brönsted.
- Utiliser les symbolismes →, ← et ⇄ dans l'écriture des réactions chimiques pour rendre compte des situations observées.
- Identifier l'espèce prédominante d'un couple acide-base connaissant le *pH* du milieu et le pK_a du couple.
- Mettre en œuvre une démarche expérimentale pour déterminer une constante d'acidité.
- Calculer le *pH* d'une solution aqueuse d'acide fort ou de base forte de concentration usuelle.
- Mettre en évidence l'influence des quantités de matière mises en jeu sur l'élévation de température observée.
- Extraire et exploiter des informations pour montrer l'importance du contrôle du *pH* dans un milieu biologique.

1 *pH* de solutions aqueuses

- Le caractère acide d'une solution aqueuse est lié à la concentration d'ions oxonium H_3O^+ dans cette solution : plus cette concentration est grande, plus la solution est acide.

- Toute solution aqueuse contient des ions oxonium H_3O^+ mais leur concentration peut varier de plusieurs ordres de grandeur. Pour représenter toutes ces valeurs sur un même axe, on utilise une grandeur logarithmique sans unité, le *pH*. Dans une solution aqueuse diluée : $\boldsymbol{pH = -\log [H_3O^+]}$.

- La concentration des ions oxonium H_3O^+ (en $mol{\cdot}L^{-1}$) peut être déduite du *pH* : $\mathbf{[H_3O^+] = 10^{-pH}}$.

- La concentration des ions oxonium H_3O^+ et le *pH* sont des grandeurs qui varient en sens inverse.

Vocabulaire
La notion de *pH* a été introduite par Soërensen (1868-1939). C'est l'abréviation de **p**otentiel **H**ydrogène.

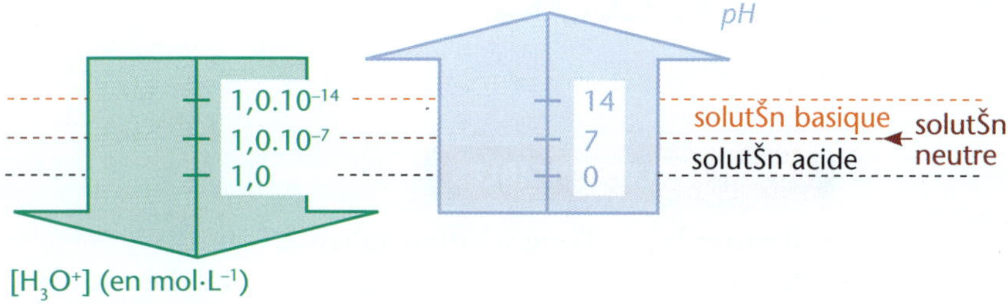

À savoir

À 25 °C, une solution **acide** contient des ions oxonium H_3O^+ à une concentration supérieure à 10^{-7} $mol{\cdot}L^{-1}$.
À 25 °C, une solution **basique** ou **neutre** contient aussi des ions H_3O^+ à une concentration inférieure ou égale à 10^{-7} $mol{\cdot}L^{-1}$.

2 Acides et bases selon la théorie de Brönsted

- Un **acide** est une espèce chimique capable de **fournir un proton H^+**. L'espèce engendrée est une base.

- Une **base** est une espèce chimique capable de **capter un proton H^+**. L'espèce engendrée est un acide.

- Deux espèces conjuguées forment un **couple acide/base** auquel est associé une demi-équation acido-basique.

Exemples

La demi-équation du couple ion oxonium/eau s'écrit $H_3O^+_{(aq)} = H_2O_{(l)} + H^+$.
La demi-équation du couple eau/ion hydroxyde s'écrit $H_2O_{(l)} = HO^-_{(aq)} + H^+$.

3 Réactions acide-base

Une **réaction acide-base** est un échange **de protons** entre l'acide d'un premier couple acido-basique et la base d'un deuxième couple.

1 Réactions quasi totales

• Si l'acide ou la base a quasiment **disparu à l'état final d'une réaction entre cet acide ou cette base et l'eau**, on dit que cette réaction est **quasi totale**. Cet acide ou cette base est alors qualifié d'**acide fort** ou de **base forte**.

• Par exemple, l'acide nitrique HNO_3 est un acide fort. Sa réaction avec l'eau est totale et elle s'écrit :

$$HNO_{3(aq)} = NO_3{}^-{}_{(aq)} + H^+$$
$$H_2O_{(l)} + H^+ = H_3O^+{}_{(aq)}$$
$$\overline{HNO_{3(aq)} + H_2O_{(l)} \rightarrow NO_3{}^-{}_{(aq)} + H_3O^+{}_{(aq)}}$$

Notation
L'utilisation du symbole « → » dans une équation signifie que la réaction est quasi totale.

• Le *pH* d'une solution d'**acide fort** de concentration en soluté apporté *C* est égal à $\boldsymbol{pH = -\log [H_3O^+]_{final} = -\log C}$ car, étant donné qu'un acide fort est entièrement dissocié dans une solution aqueuse :

$$[H_3O^+]_{final} = [HNO_3]_{initial} = C.$$

• La réaction d'un acide fort avec une base forte dans l'eau est quasi totale. Cette réaction est **exothermique** : elle transfère de l'énergie à l'environnement extérieur.

Sécurité

Si le mélange réactionnel contient une grande quantité de matière d'acide et de base forts, l'énergie thermique dégagée par la réaction peut être importante et il peut y avoir des risques de brûlures !

2 Réactions équilibrées

• Si l'acide ou la base est **encore présent à l'état final d'une réaction entre cet acide ou cette base et l'eau**, on dit que cette réaction est équilibrée. Cet acide ou cette base est alors appelé **acide faible** ou **base faible**.

- Par exemple, l'acide éthanoïque CH_3CO_2H est un acide faible. Sa réaction avec l'eau est équilibrée et elle s'écrit :

$$CH_3CO_2H_{(aq)} = CH_3CO_2^-{}_{(aq)} + H^+$$
$$H_2O_{(l)} + H^+ = H_3O^+{}_{(aq)}$$
$$CH_3CO_2H_{(aq)} + H_2O_{(l)} \leftrightarrows CH_3CO_2^-{}_{(aq)} + H_3O^+{}_{(aq)}$$

Notation

L'utilisation du symbole « ⇆ » dans une équation signifie que la réaction est équilibrée.

- Le *pH* d'une solution d'**acide faible** de concentration en soluté apporté *C* est donc **inférieur à – log *C*** car un acide faible n'est pas entièrement dissocié dans une solution aqueuse : $[H_3O^+]_{final} < C$.

Remarque

S'il y a peu ou pas de produits formés à l'état final d'une réaction, la réaction est peu ou pas avancée. On peut alors utiliser le symbole « ← » dans l'écriture de l'équation de la réaction mais on utilise le plus souvent le même symbole que pour une réaction équilibrée : « ⇆ ».

4 État d'équilibre d'un système chimique

1 Constante d'acidité

- À l'état final d'une réaction équilibrée, les réactifs et les produits sont encore présents dans le mélange réactionnel et leurs quantités de matière n'évoluent plus au cours du temps : on est à l'**état d'équilibre du système chimique**.

Vocabulaire

L'état final d'une réaction équilibrée est équivalent à son état d'équilibre. Pour caractériser cet état, on peut utiliser indifféremment la notation « f » ou « éq ».

- Dans le cas d'une réaction équilibrée entre un acide faible HA et l'eau : $HA_{(aq)} + H_2O_{(l)} \rightleftarrows A^-{}_{(aq)} + H_3O^+{}_{(aq)}$, l'état d'équilibre est caractérisé par la **constante d'acidité K_a** du couple HA/A^- correspondant. À l'état d'équilibre, les concentrations (en $mol{\cdot}L^{-1}$) des espèces acide HA et basique A^- n'évoluent plus ; elles vérifient la relation :

$$K_a = \frac{[H_3O^+]_{éq} \cdot [A^-]_{éq}}{[HA]_{éq}}$$

- Un couple acide/base peut être défini par sa constante d'acidité K_a ou par son pK_a : $\boldsymbol{pK_a = -\log K_a}$.

À savoir

La constante d'acidité K_a et le pK_a d'un couple acide/base dépendent uniquement de la température. Ils ne dépendent pas de l'état initial du système chimique.

2 Produit ionique de l'eau

- L'eau est à la fois une base faible et un acide faible. Elle peut réagir avec elle-même suivant la réaction, équilibrée, d'**autoprotolyse de l'eau** : $2\ H_2O_{(l)} \rightleftarrows H_3O^+_{(aq)} + HO^-_{(aq)}$.
- La constante d'équilibre de cette réaction d'autoprotolyse est appelée le **produit ionique de l'eau K_e**.

À 25 °C, $\mathbf{K_e = [H_3O^+] \,.\, [HO^-] = 1{,}0.10^{-14}}$.

On peut aussi définir le pK_e :

$$pK_e = -\log K_e = 14.$$

Piège à éviter

Seules les espèces chimiques aqueuses interviennent dans les formules des constantes d'équilibre. L'eau, qui est un solvant, liquide, n'y figure pas.

À savoir

Avec le produit ionique de l'eau $K_{éq}$, on peut déterminer le *pH* d'une solution aqueuse d'une base forte de concentration en soluté apporté *C* : $pH = -\log [H_3O^+]_{éq} = -\log \dfrac{K_e}{[HO^-]_{éq}} = -\log \dfrac{K_e}{C}$.

5 Comparaison des acides et des bases en solution aqueuse

- À 25 °C, le pK_a d'un couple acide faible/base faible est compris entre 0 et 14.
- Pour des solutions aqueuses d'acide de même concentration apportée, plus le pK_a est faible (et donc plus le K_a est grand), plus l'acide est dissocié et plus le *pH* de la solution est faible.
- Pour des solutions aqueuses de bases de même concentration apportée, plus le pK_a est élevé (et donc plus le K_a est faible), plus la base est dissociée et plus le *pH* de la solution est grand.

Remarque

À 25 °C, le pK_a d'un couple acide fort/base faible est inférieur à 0 et le pK_a d'un couple acide faible/base forte est supérieur à 14.

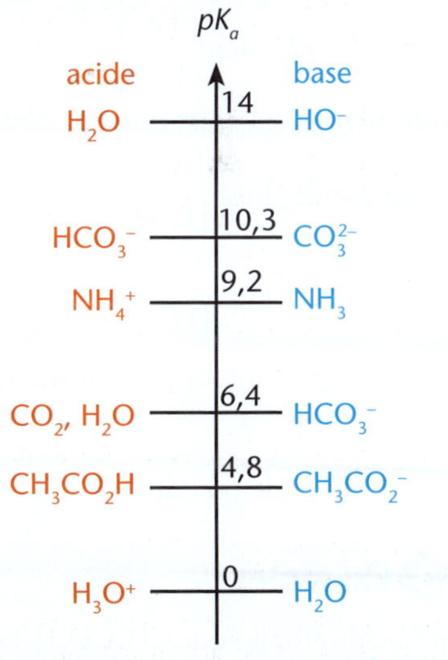

pK_a de couples acide/base à 25 °C

COURS

6 Prédominance de l'acide ou de sa base conjuguée

1 Relation entre pH et pK_a

• En solution aqueuse, les concentrations à l'équilibre de l'acide et de la base conjuguée du couple HA/A^- vérifient la relation :

$$K_a = \frac{[H_3O^+]_{éq} \cdot [A^-]_{éq}}{[HA]_{éq}}.$$

Ainsi $[H_3O^+]_{éq} = K_a \cdot \dfrac{[HA]_{éq}}{[A^-]_{éq}}$

$$-\log([H_3O^+]_{éq}) = -\log K_a - \log\left(\frac{[HA]_{éq}}{[A^-]_{éq}}\right).$$

$$\boldsymbol{pH = pK_a + \log\left(\frac{[A^-]_{éq}}{[HA]_{éq}}\right)}$$

Astuce mathématique

$$\log\left(\frac{[A^-]_{éq}}{[HA]_{éq}}\right) = -\log\left(\frac{[HA]_{éq}}{[A^-]_{éq}}\right)$$

2 Domaines de prédominance

• La relation précédente permet de définir trois domaines différents :

– si $pH = pK_a$, $\log\left(\dfrac{[A^-]_{éq}}{[HA]_{éq}}\right) = 0 \Leftrightarrow [A^-]_{éq} = [HA]_{éq}$, l'acide et sa base conjuguée ont même concentration en solution ;

– si $pH < pK_a$, $\log\left(\dfrac{[A-]_{éq}}{[HA]_{éq}}\right) < 0 \Leftrightarrow [A^-]_{éq} < [HA]_{éq}$, l'espèce acide HA prédomine ;

– si $pH > pK_a$, $\log\left(\dfrac{[A^-]_{éq}}{[HA]_{éq}}\right) > 0 \Leftrightarrow [A^-]_{éq} > [HA]_{éq}$, l'espèce basique A^- prédomine.

• Le diagramme de prédominance s'écrit alors :

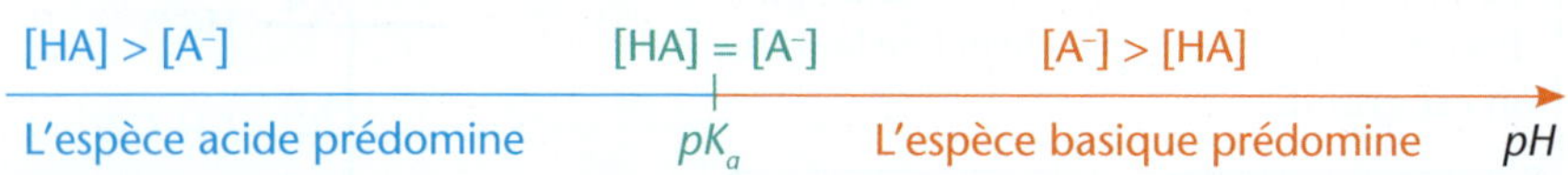

3 Exemples

• L'acide éthanoïque CH_3CO_2H est un **acide carboxylique**. C'est un acide faible. Le pK_a de son couple acide éthanoïque/ion éthanoate est égal à 4,8.

- L'éthylamine $CH_3CH_2NH_2$ est une **amine**. C'est une base faible. Le pK_a de son couple ion éthylammonium/éthylamine est égal à 10,7.

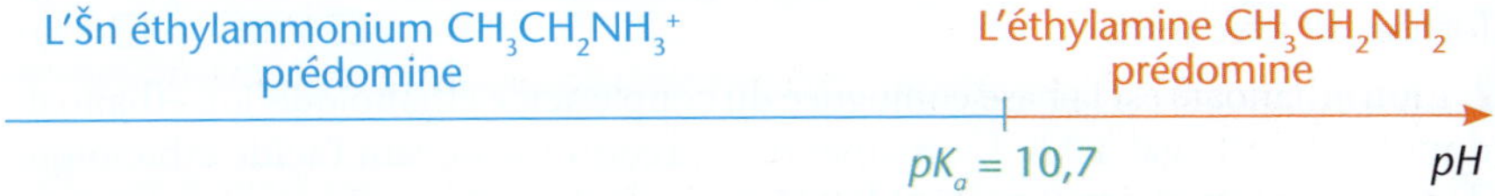

- L'alanine CH_3 $CH(NH_3^+)$ COO^- est un **acide α-aminé**. Il possède une fonction acide $-NH_3^+$ et une fonction basique $-COO^-$. Il est caractérisé par deux couples acide-base différents :
  → CH_3 $CH(NH_3^+)$ $COOH/CH_3$ $CH(NH_3^+)$ COO^- de $pK_{a1} = 2,3$;
  → CH_3 $CH(NH_3^+)$ COO^-/CH_3 $CH(NH_2)$ COO^- de $pK_{a2} = 9,9$.

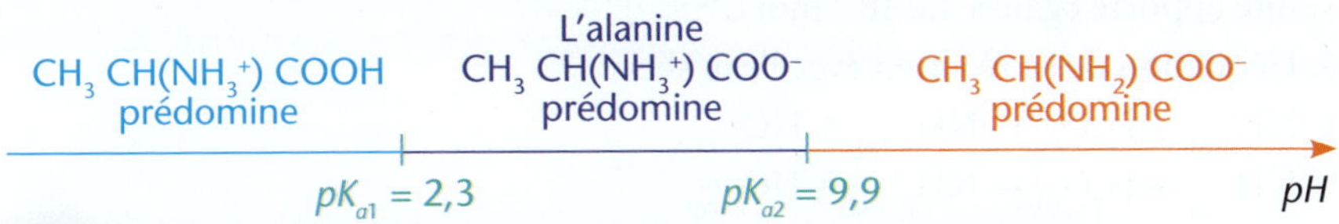

7 Importance du contrôle du *pH* dans un milieu biologique

- L'alanine est un acide α-aminé jouant notamment un rôle dans la production des lymphocytes (globules blancs). Pour permettre une bonne production de lymphocytes, l'alanine doit prédominer devant ses formes acide et basique conjugués. Pour cela, le *pH* de son milieu biologique doit se situer entre 2,3 et 9,9.

Le contrôle du *pH* des milieux biologiques est donc essentiel. Le *pH* du sang humain, par exemple, doit être maintenu dans une plage très étroite autour de 7,4.

Pour contrôler le *pH*, des **solutions tampons** sont présentes dans les milieux biologiques. Ce sont des solutions dont **le *pH* varie très peu lorsqu'on y ajoute une petite quantité d'acide fort, de base forte, ou lorsqu'on les dilue de façon modérée.**

Par exemple, dans le plasma sanguin, ce sont plusieurs couples acide/base ayant des concentrations voisines pour l'acide et sa base conjuguée qui exercent un effet tampon.

Remarque
Ce sont les couples CO_2, H_2O/HCO_3^- de pK_a 6,3 à 37 °C et $H_2PO_4^-/HPO_4^{2-}$ de pK_a 7,2 à 37 °C ainsi que d'autres couples faisant intervenir notamment l'hémoglobine qui contrôlent le *pH* sanguin.

QCM et questions courtes

1 Vrai ou faux ?

➔ Corrigé p. 258

1. Plus le pK_a d'un couple acide/base est grand, plus l'acide de ce couple réagit fortement avec l'eau. ☐ Vrai ☐ Faux

2. L'ion éthanoate est la base conjuguée du couple acide éthanoïque/ion éthanoate dont le pK_a est égal à 4,8. L'ion éthanoate prédomine devant l'acide éthanoïque dans une solution aqueuse dont le pH est égal à 6.

☐ Vrai ☐ Faux

2 Faites votre choix !

➔ Corrigé p. 258

En solution aqueuse, l'ammoniac NH_3 est une base faible de concentration en soluté apporté égale à $1{,}0 \cdot 10^{-3}$ mol·L^{-1}.

1. L'équation de sa réaction avec l'eau s'écrit :

a) $NH_{3(aq)} + H_2O_{(l)} \rightleftarrows NH_4^+{}_{(aq)} + HO^-{}_{(aq)}$

b) $NH_{3(aq)} + H_2O_{(l)} \rightarrow NH_4^+{}_{(aq)} + HO^-{}_{(aq)}$

c) $NH_{3(aq)} + H_2O_{(l)} \rightleftarrows NH_2^-{}_{(aq)} + H_3O^+{}_{(aq)}$

d) $NH_{3(aq)} + H_2O_{(l)} \rightarrow NH_2^-{}_{(aq)} + H_3O^+{}_{(aq)}$

2. La valeur du pH de cette solution est :

a) inférieure à 3 ; **b)** égale à 3 ; **c)** entre 3 et 7 ;

d) entre 7 et 11 ; **e)** égale à 11 ; **f)** supérieure à 11.

Exercices d'entraînement

3 Mélange acide faible-base faible

★ 15 min ➔ Corrigé p. 259

On mélange dans un même erlenmeyer une solution aqueuse d'acide fluoroéthanoïque et une solution aqueuse de triméthylamine. Le pH du mélange réalisé vaut 6,1.

Données : pK_a (acide fluoroéthanoïque/ion fluoroéthanoate) = 2,6 ;

pK_a (ion triméthylammonium / triméthylamine) = 9,9.

1. Quelles sont les espèces chimiques présentes dans le mélange ?

> **Astuce**
> N'oubliez pas qu'une solution aqueuse contient beaucoup d'eau.

2. À l'aide de diagrammes de prédominance, déterminer si c'est la forme acide ou basique des différentes espèces chimiques qui prédomine.

3. La réaction acide-base ayant eu lieu a entraîné une élévation de température. Que faudrait-il faire pour augmenter encore davantage la température ?

4 Indicateur coloré de *pH*

★★ 20 min ➔ Corrigé p. 259

On dispose d'une solution d'indicateur coloré, le vert de bromocrésol, préparée à partir de la forme acide de l'indicateur, notée HInd. Sa concentration molaire apportée est égale à $C_0 = 2{,}90 \cdot 10^{-4}$ mol·L^{-1}.

On mesure le *pH* de la solution : 4,2.

> **Remarque**
> Un indicateur coloré de *pH* est constitué d'un couple acide-base $HInd/Ind^-$ dont les couleurs de l'acide et de la base conjuguée sont différentes.

> **À savoir**
> La formule des ions oxonium est H_3O^+.

1. Quelle est la concentration molaire en ions oxonium de cette solution ?

2. Écrire l'équation de la réaction entre la forme acide de l'indicateur coloré HInd et l'eau.

3. Déterminer le taux d'avancement final de la réaction de l'acide HInd avec l'eau.

4. La forme acide de l'indicateur coloré est-elle un acide faible ou un acide fort ? Justifier la réponse.

Sujets de type bac

PRÉPARER L'ÉPREUVE ÉCRITE

5 L'alcalinisation urinaire chez les chiens

★★ 20 min ➔ Corrigé p. 260

> Le *pH* normal de l'urine des chiens est légèrement acide. […]
>
> Bien que les chiens y soient selon toute apparence moins prédisposés que les chats, l'alcalinisation urinaire peut entraîner la cristallisation des sels dans l'urine, qui elle-même entraîne la formation de calculs dans le système urinaire (lithiase urinaire). […] Cela peut également conduire à des modifications de la flore bactérienne, et donc des chances accrues de contracter des infections urinaires.
>
> Les tendances à l'alcalinisation, la lithiase urinaire et les infections urinaires peuvent être combattues avec des acidifiants urinaires, comme les asperges, les pois, le riz brun, l'avoine,
>
> •••

les lentilles, les fèves, le maïs, les choux de Bruxelles, [...] les céréales (hormis le millet), et le gluten de blé (utilisé dans les recettes de granulés). [...]

Les vitamines ont également des vertus bénéfiques, [comme] la vitamine C (acide ascorbique) [qui est aussi] un acidifiant urinaire. On peut piler des cachets ou utiliser de l'acide ascorbique en poudre. La BSAVA (*British Small Animal Veterinary Association*) recommande un dosage de 50-80 mg/kg toutes les 24 heures pour les chats et les chiens. Le tampon du *pH* néglige leur efficacité, c'est pourquoi de la vitamine C non tamponnée devrait être utilisée. Si d'autres acidifiants urinaires sont aussi utilisés, alors les doses peuvent être diminuées.

D'après Andrew Knight, *L'Alimentation végétarienne pour chiens.*
(http://www.vegepets.info/translations/francais/pages_fr/vegetarian_canine_diets_fr.htm)

Aide
L'alcalinisation est le fait de rendre basique une solution.

1. Quels sont les acidifiants urinaires cités dans le texte ?

2. Pourquoi est-il quelquefois utile de donner des acidifiants à un chien ?

3. Pourquoi faut-il donner à un chien ayant une urine trop basique de la vitamine C non tamponnée ?

4. La consommation d'eau en grande quantité peut-elle diminuer l'alcalinisation de l'urine d'un chien ? Justifier la réponse.

6 Maintien de la valeur du *pH* du sang ★★★ 30 min ➔ Corrigé p. 261

Extrait du baccalauréat ; conforme au nouveau programme

Le sang est constitué d'un liquide plasmatique (contenant entre autres les globules et les plaquettes), qui peut être assimilé à une solution aqueuse ionique dont le *pH* (d'une valeur voisine de 7,4) est quasiment constant et ne peut subir que de très faibles fluctuations. Dans le cas contraire, de fortes fluctuations nuiraient gravement à la santé.

Le maintien de la valeur du *pH* se fait par deux processus :

– le premier met en œuvre un ensemble d'espèces chimiques régulatrices dont notamment le couple acide-base $CO_2, H_2O/HCO_3^-$ (couple dioxyde de carbone dissous/ion hydrogénocarbonate) grâce à la réaction équilibrée :

$$CO_2, H_2O_{(aq)} + H_2O_{(l)} \rightleftarrows HCO_3^-{}_{(aq)} + H_3O^+{}_{(aq)} \quad \text{(réaction 1) ;}$$

– le deuxième processus physico-chimique est la respiration.

À une température de 37 °C, on donne :

- *pH* d'un sang artériel « normal » : 7,4 ;

- $pK_a\,(CO_2, H_2O/HCO_3^-) = 6,1$.

1. Donner l'expression de la constante d'acidité K_{a1} associée au couple régulateur (réaction 1).

En déduire la relation entre le *pH* et le pK_{a1} du couple $CO_2, H_2O/HCO_3^-$.

2. Calculer alors la valeur du rapport $\frac{[HCO_3^-]}{CO_2, H_2O}$ dans le sang artériel normal.

Aide au calcul
$10^{1,3} = 20$.

3. Lors d'un effort physique, la concentration en dioxyde de carbone dissous dans le sang, au voisinage du muscle, augmente.

Comment devrait varier le *pH* du sang ?

Pour éviter cette variation du *pH* du sang, l'hémoglobine contenue dans ce dernier et la respiration interviennent pour éliminer l'excès de dioxyde de carbone. En effet, le transport des gaz dissous dans le sang peut être modélisé par l'équilibre :

$$HbO_{2\,(aq)} + CO_{2\,(aq)} \rightleftarrows HbCO_{2\,(aq)} + O_{2\,(aq)} \qquad \text{(réaction 2)}$$

où HbO_2 représente l'hémoglobine du sang oxygénée.

Au voisinage du muscle, lorsque la concentration en dioxyde de carbone CO_2 dissous dans le sang augmente, l'hémoglobine se charge en dioxyde de carbone : il y a formation de $HbCO_2$. Puis, au voisinage du poumon, la quantité de dioxygène O_2 dissous augmente. La réaction 2 a donc lieu dans le sens inverse.

4. Expliquer comment la respiration permet de maintenir constante la valeur du *pH* sanguin.

Comment résoudre cette question ?

Il faut expliquer le « cycle » de l'hémoglobine entre le muscle et le poumon.

PRÉPARER L'ÉPREUVE PRATIQUE

7 Détermination expérimentale du pK_a d'un indicateur coloré

★★★ 20 min Corrigé p. 262

Extrait du baccalauréat ; conforme au nouveau programme

Compétence expérimentale évaluée : valider

Le bleu de bromophénol est un indicateur coloré dont la forme acide, notée HIn, est jaune et dont la forme basique, notée In^-, est bleue. Le protocole suivi pour déterminer expérimentalement son pK_a est donné ci-après.

On réalise plusieurs solutions contenant du bleu de bromophénol ayant des *pH* différents et on mesure par spectrophotométrie l'absorbance *A* de chaque solution.

À la longueur d'onde λ utilisée par le spectrophotomètre, seule la forme basique In^- absorbe. En sachant que l'absorbance *A* d'une solution est liée à la concentration effective [X] en espèce absorbante par $A = k.[X]$ où *k* est une constante, un élève trouve les valeurs des concentrations de HIn et In^- en fonction du *pH* qu'il note sur le graphique ci-dessous.

Remarque

Il faut étudier le chapitre 17 pour avoir plus d'informations sur la spectrophotométrie. Cette compétence n'est toutefois pas nécessaire ici pour résoudre cet exercice.

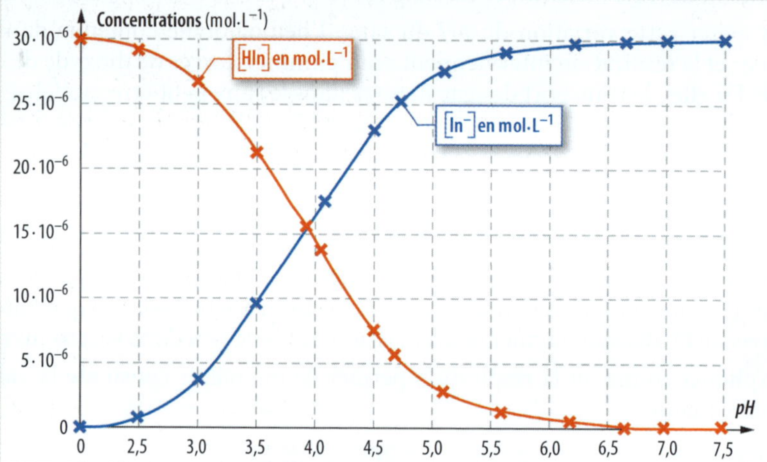

1. Quelle est la valeur du pK_a du bleu de bromophénol ? Justifier la réponse.

2. D'autres élèves réalisent la même expérience et trouvent des valeurs de pK_a différentes pour le même indicateur coloré. D'où peuvent provenir ces différences de résultats ?

Pour aller plus loin

8 Le *pH* de l'eau distillée

★★★ 40 min Corrigé p. 263

Le but de cet exercice est de comprendre pourquoi le *pH* d'une eau distillée laissée à l'air libre diminue.

1. *pH* de l'eau pure à 25 °C

Dans toute solution aqueuse se produit la réaction d'autoprotolyse de l'eau.

a) Écrire l'équation de cette réaction et exprimer la constante d'équilibre K_e associée à l'équation précédente. Quel nom donne-t-on à cette constante K_e ?

À 25 °C, des mesures de conductivité électrique montrent que pour de l'eau pure : $[H_3O^+]_{éq}$, = $[HO^-]_{éq}$ = $1,0 \cdot 10^{-7}$ mol·L^{-1}.

b) Retrouver la valeur de K_e et la valeur du *pH* de l'eau pure à 25 °C.

2. Eau distillée laissée à l'air libre dans un laboratoire

De l'eau fraîchement distillée et laissée quelque temps à l'air libre dans un bécher, à 25 °C, voit son *pH* diminuer progressivement puis se stabiliser à la valeur de 5,7. La dissolution lente et progressive dans l'eau distillée du dioxyde de carbone présent dans l'air permet d'expliquer cette diminution du *pH*. Un équilibre s'établit entre le dioxyde de carbone présent dans l'air et celui qui est dissous dans l'eau distillée (noté CO_2, H_2O).

Remarque

C'est pour cette raison que très peu d'eaux minérales et du robinet ont un *pH* neutre égal à 7. La plupart des eaux potables ont un *pH* inférieur à 7.

Dans la suite de l'exercice, on ne tiendra pas compte de la réaction entre les ions hydrogénocarbonate $HCO_3^-{}_{(aq)}$ et l'eau.

Le couple dioxyde de carbone dissous/ion hydrogénocarbonate est :

$$CO_2, H_2O/HCO_3^-{}_{(aq)} \text{ de } pK_a \text{ égal à } 6,4.$$

Déterminer la valeur de la concentration initiale du dioxyde de carbone dissous *C* pour de l'eau distillée de *pH* = 5,7.

3. Influence de la composition atmosphérique

Dans un mélange gazeux, comme l'air, chacun des gaz qui le constitue contribue à la pression du mélange proportionnellement à sa quantité de matière. C'est la pression partielle du gaz considéré.

L'atmosphère terrestre possède actuellement un pourcentage moyen en quantité de CO_2 de 0,038 %. De plus, la concentration d'un gaz dissous dans l'eau est proportionnelle à sa pression partielle quand l'équilibre du système chimique est atteint. Dans le cas du dioxyde de carbone, on a :

$$[CO_2, H_2O]_{éq} = k.\,p_{CO_2} \qquad \text{avec } k = 3,4 \cdot 10^{-7} \text{ mol·L}^{-1}\text{·Pa}^{-1}.$$

Pour une pression atmosphérique de $1,013.10^5$ Pa, indiquer si l'air du laboratoire où a eu lieu la préparation de l'eau distillée possède un pourcentage en dioxyde de carbone plus petit ou plus grand que 0,038 %.

CORRIGÉS

QCM et questions courtes

1 Vrai ou faux ?

1. Faux → Plus le pK_a d'un couple acide/base est grand, plus l'acide de ce couple est faible et **moins il réagit fortement avec l'eau.**

2. Vrai → L'ion éthanoate est la base conjuguée du couple acide éthanoïque/ion éthanoate dont le pK_a est égal à 4,8.

L'ion éthanoate prédomine dans une solution aqueuse le contenant avec l'acide éthanoïque si **le pH de cette solution est supérieur au pK_a** du couple.

C'est bien le cas ici : 6 > 4,8.

2 Faites votre choix !

En solution aqueuse, l'ammoniac NH_3 est une base faible de concentration en soluté apporté égale à $1{,}0{\cdot}10^{-3}$ mol·L^{-1}.

1. a) L'équation de sa réaction avec l'eau s'écrit :

$$NH_{3(aq)} + H_2O_{(l)} \rightleftarrows NH_4{}^+{}_{(aq)} + HO^-{}_{(aq)}$$

En effet, **l'ammoniac NH_3 est une base** susceptible de capter un proton H^+ et **l'eau H_2O** est ici **un acide** capable de céder un proton H^+. De plus, comme l'ammoniac est une base faible, la réaction de l'ammoniac avec l'eau est équilibrée.

Rappel
L'utilisation du symbole « ⇄ » dans une équation signifie que la réaction est équilibrée.

2. d) Si l'ammoniac était une base forte, la réaction précédente serait totale et $[HO^-]_{max} = 1{,}0{\cdot}10^{-3}$ mol·L^{-1}.

Ainsi $pH_{max} = -\log([H_3O^+]_{max}) = -\log\left(\frac{K_e}{[HO^-]_{max}}\right)$

$\boldsymbol{pH_{max} = pK_e + \log([HO^-]_{max}) = 14 - 3{,}0 = 11.}$

Or, comme l'ammoniac est une base faible, la réaction avec l'eau est équilibrée et $[HO^-]_f < [HO^-]_{max}$.

Ainsi, $\boldsymbol{pH_f < pH_{max}}$.

De plus, comme il y a production d'ions hydroxyde HO^-, la solution est basique, ce qui signifie que le pH de la solution est **supérieur à 7**.

La valeur du pH de cette solution se situe donc **entre 7 et 11**.

Exercices d'entraînement

3 Mélange acide faible-base faible

1. Les espèces chimiques présentes dans le mélange sont **l'eau, l'acide fluoroéthanoïque, l'ion fluoroéthanoate** (qui est le produit de la réaction équilibrée entre l'acide fluoroéthanoïque et l'eau), **la triméthylamine, l'ion triméthylammonium** (qui est le produit de la réaction équilibrée entre la triéthylamine et l'eau), **l'ion oxonium** et **l'ion hydroxyde** (qui résultent de la réaction d'autoprotolyse de l'eau).

> **Astuce**
> Dans une solution aqueuse, il ne faut pas oublier que l'eau est l'espèce majoritaire et qu'elle se dissocie (faiblement) en ion oxonium (ou hydronium) H_3O^+ et en ion hydroxyde HO^-.

2. D'après le diagramme de prédominance du couple acide fluoroéthanoïque/ion fluoroéthanoate, l'**ion fluoroéthanoate prédomine.**

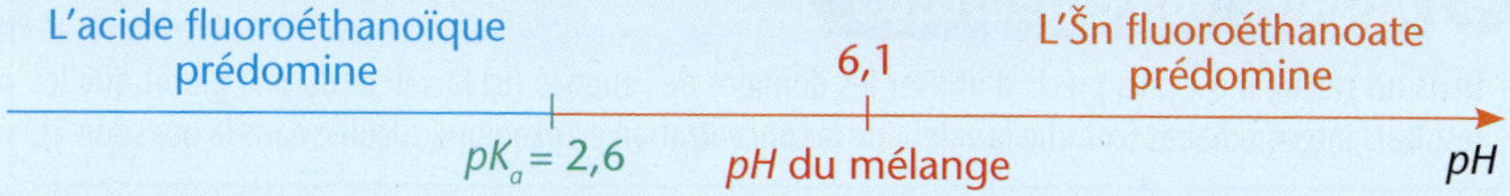

D'après le diagramme de prédominance du couple ion triméthylammonium/triméthylamine, **l'ion triméthylammonium prédomine.**

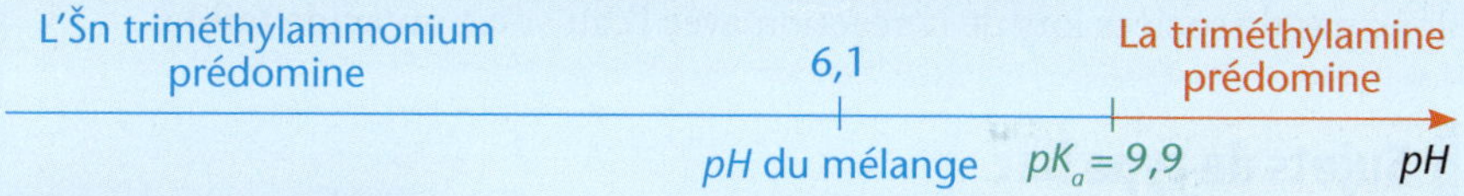

> **Remarque**
> Dans les couples acide/base de l'eau (H_3O^+/H_2O et H_2O/HO^-), c'est l'eau qui prédomine car le mélange est aqueux, c'est-à-dire que l'eau est un solvant présent en très grande quantité.

3. Pour augmenter encore davantage la température, il faut mélanger des solutions aqueuses **plus concentrées** d'acide fluoroéthanoïque et de triméthylamine.

4 Indicateur coloré de *pH*

1. On trouve que la concentration molaire en ions oxonium de cette solution est égale à :

$$[H_3O^+] = 10^{-pH} = 10^{-4,2} = 6,3 \cdot 10^{-5} \text{ mol} \cdot \text{L}^{-1}.$$

2. L'équation de la réaction entre la forme acide de l'indicateur coloré HInd et l'eau s'écrit :

$$HInd_{(aq)} + H_2O_{(l)} \rightleftarrows Ind^-_{(aq)} + H_3O^+_{(aq)}.$$

3. Le taux d'avancement final de la réaction de l'acide HInd avec l'eau s'écrit :

$$\tau = \frac{x_f}{x_{max}}.$$

Si la réaction était quasi totale, HInd serait totalement consommé : $x_{max} = C_0 V$.

Dans l'état final d'équilibre :

$$x_f = [H_3O^+]_f \cdot V = [H_3O^+]_{éq} \cdot V.$$

D'où $\tau = \dfrac{[H_3O^+]_{éq} \cdot V}{C_0 \cdot V} = \dfrac{[H_3O]_{éq}}{C_0}$

$$\tau = \frac{10^{-4,2}}{2,90 \cdot 10^{-4}} = 2,1 \cdot 10^{-1} = \mathbf{21\%}.$$

Piège à éviter

Il ne faut pas confondre x_f (ou $x_{éq}$), l'avancement « réel » à l'état final (ou à l'état d'équilibre), avec x_{max}, l'avancement si la réaction était quasi totale.

Application numérique

Dans un calcul, il est plus précis d'utiliser les données de l'énoncé (ici la valeur du *pH*) plutôt que les résultats intermédiaires (comme la valeur de la concentration en oxonium calculée dans la question **1**).

4. D'après la réponse à la question précédente, **τ < 100 %**, la transformation est équilibrée. Toutes les molécules de la forme acide de l'indicateur coloré ne sont donc pas dissociées lors de la réaction avec l'eau : c'est un **acide faible**.

Sujets de type bac

PRÉPARER L'ÉPREUVE ÉCRITE

5 L'alcalinisation urinaire chez les chiens

1. Les acidifiants urinaires cités dans le texte sont **les asperges, les pois, le riz brun, l'avoine, les lentilles, les fèves, le maïs, les choux de Bruxelles, les céréales (hormis le millet), le gluten de blé et la vitamine C**.

2. Si les urines d'un chien sont basiques, des sels peuvent cristalliser dans l'urine, ce qui forme des calculs dans le système urinaire et augmente les chances de contracter des infections urinaires. Pour éviter cela, il est quelquefois utile de donner des acidifiants à un chien car **les acidifiants vont réagir avec les espèces basiques et avec l'eau et rendre l'urine neutre ou acide**, ce qui est meilleur pour la santé du chien.

3. La vitamine C tamponnée contient **une solution tampon qui permet d'atténuer la diminution du *pH* due à l'acide ascorbique**. Or on donne justement de la vitamine C à un chien pour diminuer le *pH* de ses urines. Il est donc important de lui donner de la vitamine C non tamponnée.

À savoir

Une solution tampon est une solution dont le *pH* varie très peu lorsqu'on y ajoute une petite quantité d'acide fort, de base forte ou d'eau.

4. La consommation d'eau en grande quantité peut diminuer l'alcalinisation de l'urine d'un chien. En effet, cela va **diluer les urines basiques** du chien et donc diminuer leur *pH*.

6 Maintien de la valeur du *pH* du sang

1. L'expression de la constante d'acidité K_{a1} associée au couple régulateur (réaction 1) s'écrit :

$$\boldsymbol{K_{a1}} = \frac{[HCO_3^-]_{éq} \cdot [H_3O^+]_{éq}}{[CO_2, H_2O]_{éq}}.$$

À savoir

L'eau liquide ne figure pas dans la formule de la constante d'acidité K_{a1} (seules les espèces aqueuses y figurent).

On trouve alors que :

$$pK_{a1} = -\log K_{a1} = -\log \frac{[HCO_3^-]_{éq} \cdot [H_3O^+]_{éq}}{[CO_2, H_2O]_{éq}}$$

$$pK_{a1} = -\log \frac{[HCO_3^-]_{éq}}{[CO_2, H_2O]_{éq}} - \log [H_3O^+]_{éq}$$

$$pK_{a1} = -\log \frac{[HCO_3^-]_{éq}}{[CO_2, H_2O]_{éq}} + pH.$$

Ainsi $\boldsymbol{pH = pK_{a1} + \log \frac{[HCO_3^-]_{éq}}{[CO_2, H_2O]_{éq}}}$.

2. D'après l'expression précédente : $\log \frac{[HCO_3^-]_{éq}}{[CO_2, H_2O]_{éq}} = pH - pK_{a1}$.

Ainsi, la valeur du rapport $\frac{[HCO_3^-]_{éq}}{[CO_2, H_2O]_{éq}}$ dans le sang artériel normal est égale à :

$$\frac{[HCO_3^-]_{éq}}{[CO_2, H_2O]_{éq}} = 10^{pH-pKa1} = 10^{7,4-6,1} = 10^{1,3} = \mathbf{20.}$$

3. Lors d'un effort physique, comme la concentration en dioxyde de carbone dissous dans le sang $[CO_2, H_2O]$ augmente, le rapport $\frac{[HCO_3^-]_{éq}}{[CO_2, H_2O]_{éq}}$ diminue.

CORRIGÉS

Or, d'après la question **1.**, $pH = pKa_1 + \log \frac{[HCO_3^-]_{éq}}{[CO_2, H_2O]_{éq}}$.
Ainsi, **le *pH* du sang diminue.**

4. Lors d'un effort physique, la réaction 2 a lieu dans le sens direct : l'hémoglobine oxygénée HbO_2 réagit avec le dioxyde de carbone au niveau du muscle et empêche une augmentation du dioxyde de carbone dissous dans le sang. Il n'y a ainsi **pas de baisse du *pH*.**

La respiration apporte ensuite du dioxygène O_2 dans le sang au voisinage du poumon. **La réaction 2 a alors lieu en sens inverse**, ce qui permet à l'hémoglobine de se « régénérer » en libérant le dioxyde de carbone CO_2.

Enfin, l'hémoglobine du sang oxygénée HbO_2 est acheminée par le sang vers les muscles où la réaction 2 avec le dioxyde de carbone se produit à nouveau dans le sens direct, ce qui permet d'éviter une diminution du *pH* sanguin en cas d'effort physique, etc.

PRÉPARER L'ÉPREUVE PRATIQUE

7 Détermination expérimentale du pK_a d'un indicateur coloré

1. On peut montrer que $pH = pK_a + \log \frac{[In^-]}{[HIn]}$.
Ainsi, $\boldsymbol{pH = pK_a}$ **si $[In^-] = [HIn]$.**

Or, d'après les graphiques expérimentaux réalisés par un élève, $[In^-] = [HIn]$ si $pH = 3{,}9$.

Remarque
La démonstration de cette relation se trouve dans le cours.

D'après les résultats de cet élève, le pK_a du bleu de bromophénol est donc égal à **3,9**.

2. D'autres élèves ont trouvé des valeurs de pK_a différentes.

Ces différences de résultats peuvent être dues par exemple à :

– **une préparation peu précise des différentes solutions** de *pH* différents ;

– **des mesures d'absorbance réalisées avec le spectrophotomètre peu précises** ;

– **une erreur de calcul** de certains élèves pour trouver les valeurs des concentrations de HIn et In^- à partir des absorbances mesurées ;

– **une erreur d'interprétation du graphique** par certains élèves des concentrations de HIn et In^- en fonction du *pH* permettant de déterminer le pK_a du bleu de bromophénol.

Remarque

Les deux dernières explications données sont des erreurs qu'il est possible d'éviter.

En revanche, même s'il est possible de limiter les imprécisions dues à la préparation des solutions et à la mesure de l'absorbance des solutions, il est impossible d'éliminer totalement ces deux premières causes d'incertitudes expérimentales.

CORRIGÉS

Pour aller plus loin

8 Le *pH* de l'eau distillée

1. *pH* de l'eau pure à 25 °C

a) L'équation de l'autoprotolyse de l'eau s'écrit :

$$2\,H_2O_{(l)} \rightleftarrows H_3O^+_{(aq)} + HO^-_{(aq)}.$$

La constante d'équilibre associée à cette équation, appelée le **produit ionique de l'eau**, est égale à $K_e = [H_3O^+]_{éq} \cdot [HO^-]_{éq}$.

b) D'après les données de l'énoncé, $K_e = 1{,}0.10^{-7} \times 1{,}0.10^{-7} = \mathbf{1{,}0.10^{-14}}$.

Le *pH* de l'eau pure est alors égal à :

$$pH = -\log([H_3O^+]_{éq}) = -\log(1{,}0 \cdot 10^{-7}) = 7{,}0.$$

2. Eau distillée laissée à l'air libre dans un laboratoire

La réaction équilibrée entre le dioxyde de carbone dissous et l'eau est la suivante : $CO_2, H_2O_{(aq)} + H_2O_{(l)} \rightleftarrows HCO_3^-{}_{(aq)} + H_3O^+_{(aq)}$.

Sa constante d'équilibre vaut $K_a = \dfrac{[H_3O^+]_{éq} \cdot [HCO_3^-]_{éq}}{[CO_2, H_2O]_{éq}}$.

De plus, avec un tableau d'évolution, on peut montrer que :

$$[HCO_3^-]_{éq} = [H_3O^+]_{éq} = 10^{-pH}.$$

D'où $K_a = \dfrac{10^{-pH} \times 10^{-pH}}{[CO_2, H_2O]_{éq}} = \dfrac{10^{-2\,pH}}{[CO_2, H_2O]_{éq}}$.

Ainsi : $[CO_2, H_2O]_{éq} = \dfrac{10^{-2\,pH}}{K_a} = \dfrac{10^{-2\,pH}}{10^{-pKa}} = 10^{(pK_a - 2\,pH)}$

Rappel

$K_a = 10^{-pKa}$.

Comme le *pH* d'une eau distillée laissée à l'air libre vaut 5,7, on trouve que la valeur de la concentration à l'équilibre du dioxyde de carbone dissous est égale à :

$$[CO_2, H_2O]_{éq} = 10^{(6{,}4 - 2 \times 5{,}7)} = 10^{-5{,}0} = \mathbf{1{,}0 \cdot 10^{-5}\ mol \cdot L^{-1}}.$$

Ensuite, à partir d'un tableau d'évolution, on peut montrer que :

$$[CO_2,H_2O]_{éq} = \frac{C \cdot V - x_{éq}}{V} = C - [H_3O^+]_{éq} = C - 10^{-pH}.$$

D'où $C = [CO_2,H_2O]_{éq} + 10^{-pH}$

$C = 1{,}0 \times 10^{-5} + 10^{-5{,}7} = \mathbf{1{,}2 \cdot 10^{-5}\ mol \cdot L^{-1}}$

Notation
La valeur de la concentration initiale du dioxyde de carbone dissous est notée *C*.

Ainsi, la valeur de la concentration initiale du dioxyde de carbone dissous vaut $1{,}2 \cdot 10^{-5}$ mol·L^{-1} pour de l'eau distillée de $pH = 5{,}7$.

3. Influence de la composition atmosphérique

La valeur moyenne de la concentration du dioxyde de carbone dissous dans une solution aqueuse est égale à :

$$[CO_2,H_2O]_{éq} = k.\ p_{CO_2} = 3{,}4 \cdot 10^{-7} \times \frac{0{,}038}{100} \times 1{,}013 \cdot 10^5 = \mathbf{1{,}3 \cdot 10^{-5}\ mol \cdot L^{-1}}.$$

Chiffres significatifs

Les données sont exprimées avec deux chiffres significatifs : le résultat doit donc être lui aussi exprimé avec deux chiffres significatifs.

Dans la question **2.**, on a trouvé que la concentration du dioxyde de carbone dissous dans l'eau distillée laissée au laboratoire valait :

$$[CO_2, H_2O]_{éq} = 1{,}0 \cdot 10^{-5}\ mol \cdot L^{-1}.$$

Cette concentration est plus faible en dioxyde de carbone dissous que celle obtenue avec de l'air à 0,038 % de CO_2.

Piège à éviter
Ne confondez pas la valeur de la concentration à l'équilibre et la valeur de la concentration initiale.

Étant donné que la concentration en dioxyde de carbone dissous est proportionnelle au pourcentage en dioxyde de carbone, on en conclut que **l'air du laboratoire possède un pourcentage en dioxyde de carbone inférieur à 0,038 %**.

CHAPITRE 14

Transferts d'énergie entre systèmes macroscopiques

COMPÉTENCES EXIGIBLES

- Extraire et exploiter des informations sur un dispositif expérimental permettant de visualiser les atomes et les molécules.
- Évaluer des ordres de grandeurs relatifs aux domaines microscopique et macroscopique.
- Savoir que l'énergie interne d'un système macroscopique résulte de contributions microscopiques.
- Connaître et exploiter la relation entre la variation d'énergie interne et la variation de température pour un corps dans un état condensé.
- Interpréter les transferts thermiques dans la matière à l'échelle microscopique.
- Exploiter la relation entre le flux thermique à travers une paroi plane et l'écart de température entre ses deux faces.
- Établir un bilan énergétique faisant intervenir transfert thermique et travail.

COURS

1 Du macroscopique au microscopique

1 Les limites du microscope optique

● Les tailles des molécules sont très variables suivant les molécules considérées. De la plus petite, le dihydrogène H_2, aux macromolécules (polymères, ADN), les dimensions varient énormément. On peut toutefois considérer que l'ordre de grandeur de la dimension d'une molécule est le **nanomètre**.

Unités à connaître

Le micromètre : 1 µm = $1 \cdot 10^{-6}$ m.
Le nanomètre : 1 nm = $1 \cdot 10^{-9}$ m.
Le picomètre : 1 pm = $1 \cdot 10^{-12}$ m.

● De la même manière, pour les atomes, on considère que **10^{-10} m** (une centaine de picomètres) constitue un bon ordre de grandeur.

● Un microscope optique ne permet pas de visualiser des atomes ou des molécules. En lumière visible, le microscope optique ne pourra jamais s'affranchir du phénomène de la **diffraction** qui limitera sa précision.

Histoire des sciences

Anton Von Leeuwenhoek (1632–1723) réalise la première observation de microbes à l'aide d'un microscope optique.

Rappel (chapitre 3)

La diffraction se produit si le rapport $\frac{\lambda}{a}$ n'est pas négligeable et donc si la longueur d'onde est du même ordre que la dimension de l'obstacle ou de l'ouverture. Pour la lumière visible (400 nm à 800 nm), les plus petits objets observables par un microscope optique auront une taille caractéristique de l'ordre d'une centaine de nanomètres, soit de l'ordre de 10^{-7} m.

2 Comment visualiser des molécules et des atomes ?

● Le microscope à effet tunnel (STM pour *Scanning Tunneling Microscope*) a été mis au point en 1981 par des chercheurs d'IBM (prix Nobel en 1986). Ils parvinrent à montrer des « images » d'une surface de silicium à l'échelle atomique.

● Ce microscope doit son nom à la propriété quantique de la matière qui est à la base de son fonctionnement, l'effet tunnel. Une pointe métallique est positionnée avec une grande précision près de la surface à observer. L'effet tunnel se produit ensuite, engendrant un courant électrique (circulation d'électrons) entre la surface et la pointe. L'analyse de ce courant par un ordinateur permet de reconstituer une « image » de la surface avec une précision nanométrique.

• D'autres microscopes, toujours plus précis, ont depuis été mis au point, comme le microscope à force atomique. Ces instruments permettent de travailler à l'échelle microscopique et ont ouvert la porte aux nanotecÚologies.

3 La constante d'Avogadro et les ordres de grandeur

• **À notre échelle**, appelée **l'échelle macroscopique**, les dimensions des atomes sont si petites que le moindre échantillon contient un nombre colossal d'atomes ou de molécules. Par exemple, un morceau de sucre contient environ 10^{22} molécules de saccharose.

• Une mole d'entités contient le nombre d'Avogadro d'entités, soit $N_A = 6{,}02{\cdot}10^{23}$ entités pour une mole, c'est-à-dire $\boldsymbol{N_A = 6{,}02{\cdot}10^{23}\ \mathrm{mol}^{-1}}$.

• L'ordre de grandeur est la puissance de dix la plus proche de la grandeur considérée. Ainsi, l'ordre de grandeur du nombre d'atomes dans une mole d'atomes est de 10^{24} entités. Un morceau de sucre contient donc environ un centième de mole de molécule de saccharose.

Doc. Projet Avogadro : comptage du nombre d'atomes dans une sphère de silicium très pure (*National Physical Laboratory*, GB)

2 Transferts d'énergie

1 L'énergie interne d'un système

• L'énergie interne d'un système est une grandeur **macroscopique**. Elle mesure l'énergie stockée par un système, autrement que sous forme d'énergie cinétique ou d'énergie potentielle.

Remarque

L'énergie interne est associée à l'état d'un système. On la note U.

• Cette énergie interne du système, grandeur macroscopique, est la somme des énergies des particules qui constituent ce système au **niveau microscopique**.

Méthodologie

Il faut connaître ici l'origine microscopique de l'énergie interne. En revanche, il faut éviter de mêler dans une même explication des points de vue macroscopique et microscopique. Ces « pêle-mêle » nuisent souvent à l'argumentation et entraînent des confusions. On se place soit dans le domaine macroscopique, soit dans le domaine microscopique…

2 Les variations de l'énergie interne

- Si le système étudié est un corps **dans un état condensé**, c'est-à-dire **un solide ou un liquide**, la variation de son énergie interne dépend de sa variation de température.

Remarque

Dans les états condensés, les corps subissent des variations de volume relativement faibles, ce qui permet de simplifier les expressions.

- Supposons qu'un corps de masse m et de capacité thermique massique c passe d'une température initiale T_i à une température finale T_f, la variation de l'énergie interne de ce corps ΔU est égale à :

$$\boldsymbol{\Delta U = m \times c \times (T_f - T_i)}$$

avec ΔU en joules (J) ; m en kg ; T_f et T_i en kelvins (K) (ou en °C) et c en $J \cdot kg^{-1} \cdot K^{-1}$ (ou en $J \cdot kg^{-1} \cdot °C^{-1}$).

Rappel

La variation d'une grandeur s'exprime toujours par une relation du type « état final – état initial ». On écrit ainsi parfois $\Delta U = m \times c \times \Delta T$.

3 Les transferts thermiques

- Si le système étudié est en contact matériel avec un corps de température différente, il s'effectuera un transfert d'énergie, appelé transfert thermique Q (en joules), du fait de cette seule différence de température.

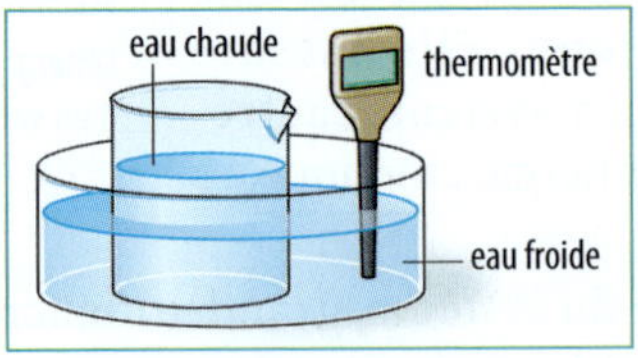

Doc. La température de l'eau froide augmente, celle de l'eau chaude diminue. Il se produit un transfert thermique (chaleur) de l'eau chaude vers l'eau froide jusqu'à ce que l'équilibre thermique soit atteint.

→ Ne pas confondre transfert thermique et température

Le terme de transfert thermique est préféré à « chaleur ». Dans la vie courante, « la chaleur » est souvent confondue avec un état de température ; le transfert thermique est un échange d'énergie entre deux systèmes et ne peut être assimilé à la température d'un système.

- Le transfert thermique entre ces deux corps se produit toujours du corps le plus chaud vers le corps le plus froid. Si les deux corps sont à la même température, le transfert thermique cesse, on parle d'équilibre thermique.

→ Comment interpréter la capacité thermique massique *c* d'un corps à l'aide des transferts thermiques ?

c correspond au transfert thermique nécessaire pour faire varier de 1 °C une masse de 1 kg d'un corps. Pour l'eau, $c_{eau} = 4,18\ kJ{\cdot}kg^{-1}{\cdot}°C^{-1}$: il faut *fournir* une énergie de 4,18 kJ à une masse d'eau de 1 kg pour élever sa température d'un degré celsius.

- La température d'un corps est une grandeur macroscopique. Au niveau microscopique, elle mesure l'agitation des atomes ou des molécules qui constituent le corps.
- On peut ainsi expliquer le transfert thermique, notion macroscopique, au niveau microscopique : les particules du corps qui possède la température la plus élevée sont celles qui possèdent la plus grande agitation, c'est-à-dire la plus grande énergie cinétique.
- Au voisinage de la surface de contact entre les deux corps, ces particules vont transférer une part de leur énergie aux particules du corps de température la plus basse.

Ce gain d'énergie cinétique des particules va impliquer, au niveau macroscopique, une élevation de la température du corps. Par opposition, le corps de température initiale plus élevée va voir sa température baisser, puisque ses particules perdent de l'énergie cinétique en transférant une part de cette énergie cinétique.

L'équilibre macroscopique des températures correspondra ainsi à un équilibre énergetique au niveau microscopique.

• Le transfert thermique par **conduction** se fait de proche en proche, il n'y a pas de déplacement de matière.

• Le transfert thermique par **convection** se fait par des mouvements de matière (courants de convection) au sein d'un gaz ou d'un liquide. Ce mode de transfert ne concerne pas les solides.

• Un transfert thermique peut également se faire par **rayonnement**. Dans ce cas, le transfert thermique s'effectue par l'intermédiaire d'une onde électromagnétique.

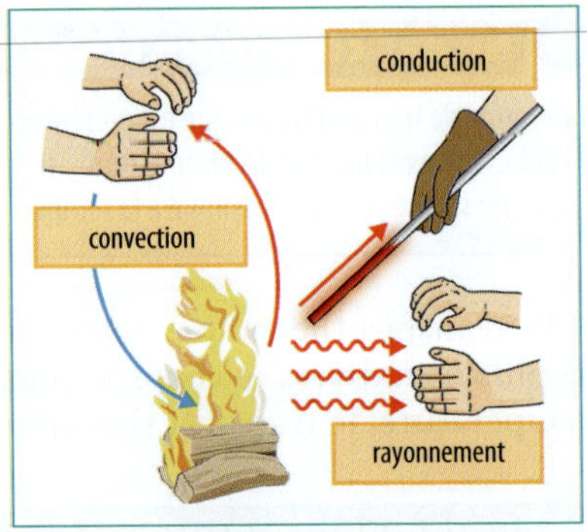

Doc. Les différents transferts thermiques

Remarque

Une onde électromagnétique peut se propager dans le vide. Les transferts d'énergie par rayonnement sont donc les seuls qui ne nécessitent pas de milieu matériel pour se dérouler. C'est le cas des transferts d'énergie entre le Soleil et la Terre.

4 Les flux thermiques

• Pour caractériser la vitesse à laquelle un transfert thermique Q s'effectue, on définit le flux thermique, noté Φ, comme le rapport de la variation d'énergie interne du système étudié par la durée du transfert thermique :

$$\boldsymbol{\Phi} = \frac{Q}{\Delta t}$$

avec Q en joules (J), Δt en secondes (s) et Φ en watts (W).

Remarque

Un watt (W) correspond ainsi au transfert d'un joule en une seconde.

• La résistance thermique d'une paroi mesure la capacité de cette paroi à s'opposer à un transfert thermique. Elle se note souvent R_{th} **et s'exprime en kelvin par watt** ($\mathbf{K \cdot W^{-1}}$).

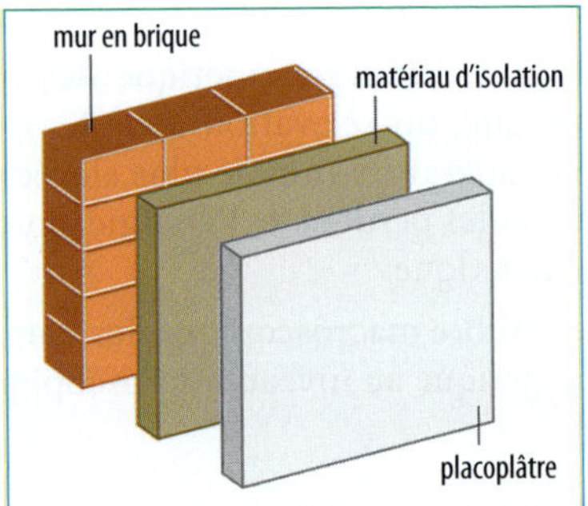

Doc. La résistance thermique d'une paroi

Elle dépend de la surface, de l'épaisseur de la paroi et du matériau qui la constitue : $R_{th} = \dfrac{e}{\lambda \times S}$

avec R_{th} en K·W^{-1}, λ la conductivité thermique du matériau constituant la paroi en W·m^{-1}·K^{-1}, S la surface de la paroi en m^2 et e l'épaisseur de la paroi en m.

Remarque

La relation fait intervenir une différence de températures. Comme θ, la température, en degré celsius, est reliée à la température absolue par :

$$\theta = T + 273{,}15.$$

On a $T_{chaude} - T_{froide} = \theta_{chaude} - \theta_{froide}$.

De plus, les résistances thermiques s'additionnent.

- Le flux thermique traversant une paroi par conduction obéit à la loi :

$$\Phi = \frac{(T_{chaude} - T_{froide})}{R_{th}} > 0$$

avec Φ le flux thermique en watts (W), R_{th} la résistance thermique de la paroi en K·W^{-1}, $T_{chaude} - T_{froide}$ la différence de température entre la pièce chaude et la pièce froide en kelvins ou en degrés celsius (K ou °C, $T_{chaude} - T_{froide} > 0$).

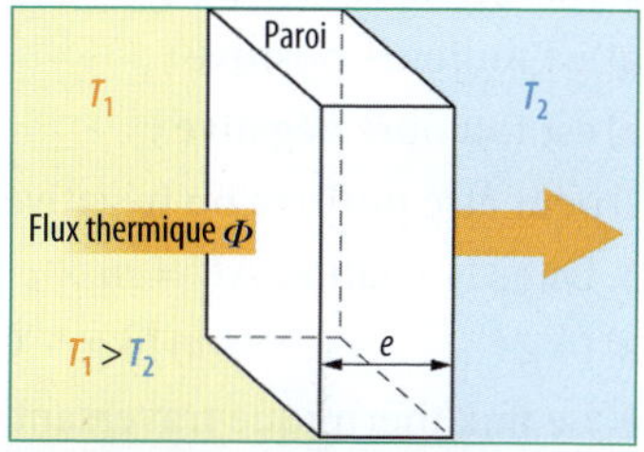

Doc. L'énergie est transférée de la pièce chaude vers la pièce froide

- Le transfert thermique se fera toujours de la pièce chaude à la pièce froide à travers cette paroi, le transfert thermique est irréversible.

5 Bilans d'énergie

- L'énergie totale d'un système E est donnée par la relation:

$$E = E_c + E_p + U = E_m + U$$

avec E_c l'énergie cinétique du système, E_p la somme des énergies potentielles du système, U l'énergie interne du système et E_m l'énergie mécanique du système ($E_m = E_c + E_p$).

- Si l'énergie totale d'un système varie, c'est que ce système a reçu ou cédé de l'énergie, par travail W ou par transfert thermique Q (en joules). La variation de son énergie totale ΔE est égale à :

$$\Delta E = \Delta U + \Delta E_c + \Delta E_p = W + Q$$

avec ΔE, ΔU, ΔE_c, ΔE_p, W et Q en joules (J).

- Si un système n'échange pas de travail W et de transfert thermique Q avec l'extérieur, alors l'énergie totale de ce système est conservée : on dit que ce système est isolé.

QCM et questions courtes

1 QCM

➔ Corrigé p. 277

1. La constante d'Avogadro $N_A = 6{,}02 \cdot 10^{23}$ mol^{-1} a pour ordre de grandeur :

a) 6,02 mol^{-1} ; **b)** 10^{23} mol^{-1} ; **c)** 10^{24} mol^{-1}.

2. La variation de l'énergie interne d'un système :

a) est toujours positive ;

b) est toujours négative ;

c) peut être positive ou négative.

3. Dans la relation $\Delta U = m \times c \times (T_f - T_i)$, c s'exprime en :

a) J·kg^{-1} ; **b)** J·kg^{-1}·°C^{-1} ; **c)** J·kg^{-1}·K^{-1}.

4. Le flux thermique traversant une paroi :

a) est indépendant de l'épaisseur de la paroi ;

b) est indépendant de la matière constituant la paroi ;

c) dépend de la différence de température entre les deux milieux situés de part et d'autre de cette paroi.

5. Un mur de résistance thermique $R_{th} = 6{,}3 \cdot 10^{-2}$ K·W^{-1} sépare deux espaces de températures $\theta_1 = 5{,}0$ °C et $\theta_2 = 20$ °C. Le flux thermique Φ *traversant* ce mur vaut :

a) $2{,}4 \cdot 10^2$ W ; **b)** $2{,}4 \cdot 10^2$ J.

Exercices d'entraînement

2 Variations de température

★ 10 min ➔ Corrigé p. 277

1. On coupe un radiateur contenant de l'eau à la température $\theta = 45$ °C dans une pièce à température supposée constante (en première approximation) $\theta' = 20$ °C.

a) Dans quel sens se font les échanges thermiques entre l'eau et la pièce ?

b) Quelle sera la température de l'eau dans le radiateur lorsque l'équilibre thermique sera atteint ?

2. L'eau d'un chauffe-eau passe de la température $\theta_1 = 18$ °C à la température $\theta_2 = 60$ °C.
Déterminer la variation de l'énergie interne d'un volume $V = 600$ L d'eau.

Données : masse volumique de l'eau $\mu_{eau} = 1{,}0 \cdot 10^3$ kg·m^{-3} ; capacité thermique massique de l'eau $c_{eau} = 4{,}18$ kJ·kg^{-1}·°C^{-1}.

3 Le nombre d'Avogadro

★★★ 20 min Corrigé p. 278

La contrepartie de l'extrême petitesse des atomes est leur très grand nombre. Dans un centimètre cube d'eau, il y a autant d'atomes d'oxygène et d'hydrogène que de gouttelettes d'eau dans la Méditerranée. Visiter l'atome, c'est en quelque sorte passer de l'échelle de la Méditerranée à celle d'une goutte d'eau. Cette « multitude » est reflétée par la valeur du nombre d'Avogadro. Ce nombre, qui représente le nombre de molécules dans 18 g d'eau, ou d'atomes dans 56 grammes de fer, vaut $N = 6{,}022{\cdot}10^{23}$, soit 602 mille milliards de milliards. Le nombre d'atomes présents dans le corps humain est environ 10 000 fois plus élevé. Il faut garder en mémoire ces multitudes faramineuses. [...]

D'après www.laradioactivite.com/fr/site/pages/lenombredavogadro.htm

Données : masse d'un atome d'hydrogène $m_H = 1{,}0$ u ; masse d'un atome d'oxygène $m_O = 16$ u avec $1\ u = 1{,}66{\cdot}10^{-27}$ kg (unité de masse atomique) ; masse volumique de l'eau $\mu_0 = 1{,}0{\cdot}10^3\ kg{\cdot}m^{-3}$.

1. Le texte affirme « Dans un centimètre cube d'eau, il y a autant d'atomes d'oxygène et d'hydrogène que de gouttelettes d'eau dans la Méditerranée ».

a) Déterminer la masse d'eau m correspondant à un volume $V = 1{,}0\ cm^3$. Donner ensuite l'ordre de grandeur de cette masse.

b) En déduire l'ordre de grandeur du nombre de molécules d'eau dans un centimètre cube d'eau. On le notera N.

c) Expliquer pourquoi N représente aussi l'ordre de grandeur du nombre d'atomes d'oxygène et d'hydrogène.

2. Quel est l'ordre de grandeur du nombre d'atomes présents dans le corps humain ?

3. Quel est le volume d'eau contenant autant de molécules d'eau qu'il y a d'atomes dans un corps humain ?

4 Peut-on voir les atomes ?

★★ 20 min Corrigé p. 278

Peut-on les voir ?

On peut « voir » un atome isolé par la lumière qu'il diffuse. On sait en effet piéger un seul atome dans des champs magnétiques et provoquer sa fluorescence avec un laser : on voit alors une petite tache lumineuse. Pour autant, on ne peut pas distinguer des atomes les uns des autres à l'œil nu, puisque leur taille est de l'ordre de 0,1 nanomètre, c'est-à-dire un dixième de millionième de millimètre. Inutile d'essayer un microscope optique : les lois de l'optique montrent que les plus petits détails qu'on peut discerner avec de la lumière sont de l'ordre de la longueur d'onde utilisée. La lumière visible ayant une longueur d'onde comprise entre 0,4 et 0,8 millième de millimètre, on est très loin de l'échelle atomique... L'invention du microscope électronique, dans les années 1930, a changé la situation. Son principe est de remplacer la lumière par des électrons rapides (de longueur d'onde beaucoup plus petite) [...]

●●●

●●●
La visualisation des atomes est devenue plus facile grâce aux microscopes « à champ proche », apparus dès 1982. Il en existe plusieurs types (à effet tunnel, à force atomique, etc.). Leur principe commun : une pointe très fine se déplace immédiatement au-dessus de la surface examinée. La pointe enregistre alors les variations du signal (courant électrique pour le microscope à effet tunnel, force mécanique pour le microscope à force atomique, etc.) dues aux variations du relief. [...]

D'après Maurice MASHAAL, www.larecherche.fr

1. Vérifier l'affirmation « leur taille est de l'ordre de 0,1 nanomètre, c'est-à-dire un dixième de millionième de millimètre » en exprimant l'ordre de grandeur de la taille des atomes en millimètres.

2. Expliquer la phrase « les lois de l'optique montrent que les plus petits détails qu'on peut discerner avec de la lumière sont de l'ordre de la longueur d'onde utilisée ».

3. Pour une longueur d'onde de 400 nm, quelle serait la limite d'observation par un microscope optique ? On donnera un ordre de grandeur de la dimension de l'objet.

4. Quel est le type de « signal » enregistré par la pointe d'un microscope à effet tunnel ?

5. Déduire de la question **4.** une condition indispensable à l'observation de la surface d'un matériau par un microscope à effet tunnel.

6. Dans la dernière phrase du texte, il est question d'images. En quoi diffèrent principalement les microscopes « à champ proche » des microscopes optiques ?

5 Bilans énergétiques

★★ 20 min ➔ Corrigé p. 279

On plonge un verre contenant une masse m_1 *de* cent grammes d'éthanol de température initiale $\theta_1 = 50$ °C dans un récipient contenant une masse m_2 de cinq cent grammes d'eau de température initiale $\theta_2 = 15$ °C.

On suppose que le système {verre – eau - éthanol– récipient} est isolé. On négligera l'énergie interne des parois de verre des deux récipients.
Données : les capacités thermiques massiques de l'eau et de l'éthanol :

$c_{\text{eau}} = 4{,}18\ \text{kJ·kg}^{-1}\text{·°C}^{-1}$; $c_{\text{éthanol}} = 2{,}46\ \text{kJ·kg}^{-1}\text{·°C}^{-1}$.

1. Quelle approximation réalise-t-on en supposant ce système isolé ?

2. Exprimer la variation de l'énergie interne du système ΔU.

3. Déduire de la question **2.** une relation entre la variation de l'énergie interne de l'éthanol du verre ($\Delta U_{\text{éthanol}}$) et la variation de l'énergie interne de l'eau (ΔU_{eau}).

4. Que peut-on dire des températures finales de l'eau et de l'éthanol ?

5. En déduire l'expression puis la valeur de cette température finale θ_F.

Exercice de type bac

PRÉPARER L'ÉPREUVE ÉCRITE

6 Bilans thermiques dans la salle de classe ★★★ 35 min ➔ Corrigé p. 280

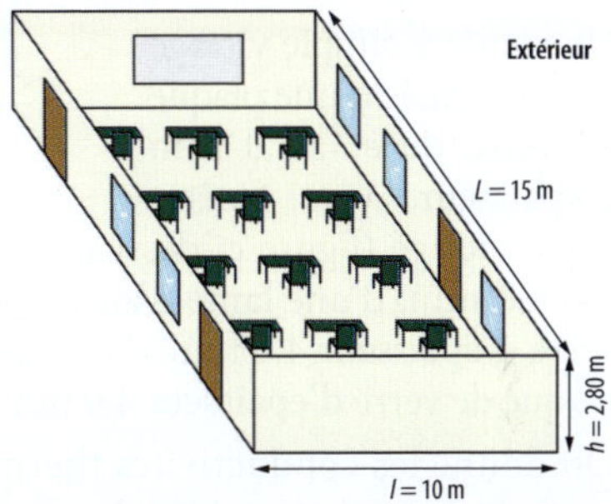

Considérons une salle de classe de longueur $L = 15$ m, de largeur $l = 10$ m et de hauteur $h = 2{,}80$ m (voir le schéma ci-contre). Sa température est $\theta_{int} = 20$ °C. Trois des quatre murs de la salle sont au contact avec d'autres salles à la même température, le quatrième est au contact de l'extérieur (« mur extérieur »). La température extérieure est $\theta_{ext} = 5{,}0$ °C.

On négligera dans la suite les transferts thermiques autres que les transferts par conduction. La salle de classe possède trois portes identiques de surface unitaire $S_{porte} = 2{,}0$ m² et cinq fenêtres de simple vitrage de surface unitaire $S_{fen} = 1{,}5$ m². Elle dispose de neufs radiateurs de même puissance thermique P_1. On admet que la puissance thermique des radiateurs est égale au flux thermique.

Données :

Nature de la paroi	Fenêtre	Mur extérieur	Plafond	Porte	Sol
R_{th} (en K·W⁻¹)	$2{,}2 \cdot 10^{-3}$	$5{,}6 \cdot 10^{-2}$	$2{,}3 \cdot 10^{-2}$	$5{,}0 \cdot 10^{-1}$	$1{,}0 \cdot 10^{-2}$

Partie A – Bilan thermique de la salle de classe

1. Calculer les surfaces du sol et du plafond. Déterminer le flux thermique total Φ_1 pour l'ensemble de ces deux parois.

2. Quelle est la surface du mur en contact avec l'extérieur S_{ext} ? Calculer le flux thermique Φ_2 pour ce mur.

3. Parmi les cinq fenêtres et les trois portes, lesquels de ces éléments échangent un transfert thermique ?

Calculer le flux thermique total Φ_3 associé à ces différents éléments.

4. En déduire le flux thermique perdu par la salle de classe, Φ_{pertes}.

5. D'où proviennent principalement les pertes ? Comment l'expliquer ?

6. Quelle doit-être la puissance fournie par chaque radiateur pour que la température de la salle demeure constante ?

Partie B – Quelles fenêtres pour la salle ?

Les fenêtres de la salle sont en simple vitrage. On cherche à évaluer l'intérêt du remplacement de ces fenêtres par des fenêtres triples vitrages.

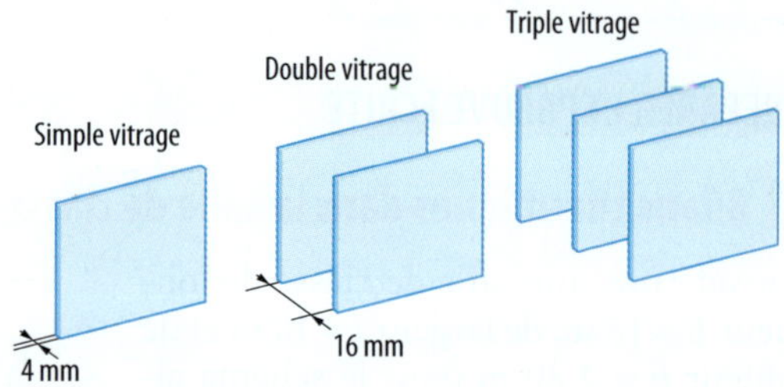

Une fenêtre simple vitrage est constituée d'une plaque de verre de e = 4,0 mm d'épaisseur. Une fenêtre triple vitrage (figure ci-dessus) est constituée d'une plaque de verre d'épaisseur e = 4,0 mm, d'une lame d'air d'épaisseur e' = 16 mm, d'une seconde plaque de verre d'épaisseur 4,0 mm, d'une lame d'air d'épaisseur 16 mm et d'une dernière plaque de verre d'épaisseur 4,0 mm (on parle d'un vitrage 4–16–4–16–4).

On donne les conductivités thermiques de l'air $\lambda_{air} = 2{,}5.10^{-2}$ W·m^{-1}·K^{-1}, et du verre $\lambda_{verre} = 1{,}2$ W·m^{-1}·K^{-1}. La résistance thermique d'un matériau est liée à sa conductivité thermique λ et à son épaisseur e par $R_{th} = \dfrac{e}{S\lambda}$.

1. Calculer la résistance thermique d'une fenêtre de la salle, pour un simple vitrage et pour un triple vitrage.
Retrouvez-vous la valeur indiquée dans le tableau de la partie **A** ?

2. Calculer le flux thermique par conduction pour la fenêtre simple vitrage Φ_{simple}, puis pour la fenêtre triple vitrage Φ_{triple}.

3. Déduire de la question **2.** lequel de ces deux vitrages offre la meilleure isolation thermique.

4. Quelle puissance thermique des radiateurs « économiserait-on » si on remplaçait les trois fenêtres simples vitrages donnant sur l'extérieur par des fenêtres triples vitrages ?

Pour aller plus loin

7 Maison passive

★★★ 1 h ➔ Corrigé p. 282

Qu'est-ce qu'une maison passive ?

Rechercher des informations pertinentes sur ce sujet, puis répondre à cette question dans un langage scientifique en utilisant les termes de transfert thermique, de conductivités thermiques, etc.

QCM et questions courtes

1 QCM

1. c) $N_A = 6{,}02{\cdot}10^{23}$ mol^{-1} ≈ $10{\cdot}10^{23}$ mol^{-1} ≈ **10^{24} mol^{-1}**.

2. c) L'énergie interne du système peut augmenter (variation positive) ou diminuer (variation négative).

> **Remarque**
>
> Δgrandeur = grandeur(état final) – grandeur(état initial).
>
> Si Δgrandeur > 0, alors grandeur(état final) > grandeur(état initial), la grandeur augmente…

3. c) et **d)** On peut établir $c = \dfrac{\Delta U}{m\,(T_f - T_i)}$ avec ΔU en joules, m en kg et en °C ou en K. On en déduit que c a pour unités J/[kg·°C] ou J/[kg·K] soit J·kg^{-1}·°C^{-1} ou J·kg^{-1}·K^{-1}.

4. c) D'après la formule du flux thermique, ce flux dépend des températures citées. La réponse **b)** est évidemment fausse car la résistance thermique dépend de la matière constituant la paroi.

> **Piège à éviter**
>
> La résistance thermique dépend également de l'épaisseur de la paroi. Pour un matériau donné, la résistance thermique sera d'autant plus grande que la paroi sera épaisse (*cf.* exercice 6).

5. a) $\Phi = \dfrac{(T_{\text{chaude}} - T_{\text{froide}})}{R_{\text{th}}} = \dfrac{\theta_2 - \theta_1}{R_{\text{th}}} = \dfrac{(20 - 5{,}0)}{6{,}3 \cdot 10^{-2}} 2{,}4 \cdot 10^2\,\text{W}.$

Exercices d'entraînement

2 Variations de température

1. a) Le transfert thermique s'effectue toujours du système de température la plus grande vers le système de température la plus basse, ici **de l'eau du radiateur vers la pièce**.

b) Si la température de la pièce demeure constante, l'équilibre thermique sera atteint lorsque **les températures des deux systèmes seront égales**, soit lorsque la température de l'eau du radiateur sera de **20 °C**.

2. La variation ΔU de l'énergie interne d'un volume $V = 600$ L d'eau est égale à :

$\Delta U = m \times c\,(\theta_f - \theta_i)$; si $\mu_{eau} = 1{,}0{\cdot}10^3$ kg·m^{-3} alors $m = m_{eau}V$.

$\Delta U = \mu_{eau} \times V \times c\,(\theta_2 - \theta_1) = 1{,}0 \times 600 \times 4{,}18\,(60 - 18)$

$\mathbf{\Delta U = 1{,}1{\cdot}10^5\ J = 1{,}1{\cdot}10^2\ kJ.}$

Remarque

$1{,}0{\cdot}10^3$ kg·m^{-3} = 1,0 kg·L^{-1}.

3 Le nombre d'Avogadro

1. a) $m = \mu_0\, V$; $\mu_0 = 1{,}0$ kg·L^{-1} et $V = 1{,}0$ cm^3 = 1,0 mL = $1{,}0{\cdot}10^{-3}$ L.

À savoir

Pour les conversions de volume, il est conseillé de retenir la correspondance 1 cm^3 = 1 mL.

$m = 1{,}0 \times 1{,}0{\cdot}10^{-3}$ = **$1{,}0{\cdot}10^{-3}$ kg. L'ordre de grandeur de cette masse est 10^3 kg.**

b) La masse d'une molécule d'eau est $m(H_2O) = m_O + 2m_H$.

D'où $N = m/m(H_2O) = m/(m_O + 2m_H) \approx 10^3/[(16 + 2)\ 1{,}66{\cdot}10^{-27}]$

$N \approx 10^3/(3{\cdot}10^{-26}) \approx 3{\cdot}10^{28} \approx \mathbf{10^{28}}$.

c) Si il y a 10^{28} molécules d'eau dans 1 mL, il y a 10^{28} molécules H_2O.

10^{28} étant un ordre de grandeur, il y aura aussi 10^{28} atomes d'oxygène et 10^{28} atomes d'hydrogène (et non $2{\cdot}10^{28}$ car c'est un ordre de grandeur).

2. Le texte indique qu'il y a environs 10 000 fois plus d'atomes dans le corps humain que d'atomes dans une mole, soit $10\,000 \times 6{,}02{\cdot}10^{23}$ et donc $10^4{\cdot}10^{24}$, **10^{28} atomes dans le corps humain.**

3. D'après la question **1. b)**, il y a 10^{28} molécules d'eau dans 1 cm^3 d'eau. Le volume d'eau demandé est donc **1 cm^3**.

4 Peut-on voir les atomes ?

1. 0,1 nm = $0{,}1{\cdot}10^{-9}$ m = 10^{-10} m = $10^{-7}{\cdot}10^{-3}$ m = 10^{-7} mm.

Un millionième correspond à 10^{-6}, 10^{-7} est **donc un dixième de millionième.**

2. Si la longueur d'onde est de l'ordre de la dimension d'un objet (un « détail » ici...), le phénomène de diffraction va se manifester. La lumière ne se propage plus de manière rectiligne et l'image formée se trouve ainsi altérée de manière importante. **La diffraction est la limite théorique d'utilisation de tout appareil optique.**

3. Si $\lambda = 400$ nm, la limite d'observation par un microscope optique sera un objet de dimension $a = 400$ nm = **$4{,}00{\cdot}10^{-7}$ m $\approx 10^{-7}$ m.**

4. La point du microscope à effet tunnel permet le déplacement des électrons « rapides », le signal évoqué est donc un signal électrique, un **courant électrique**.

5. **La surface du matériau doit être conductrice du courant électrique** pour que les électrons puissent circuler.

6. **L'image d'un microscope à champ proche est reconstituée après analyse du signal tandis que l'image du microscope optique est observée directement par l'œil.** Les microscopes à champ proche ne produisent pas d'image au sens optique du terme.

5 Bilans énergétiques

1. En supposant le système isolé, on néglige les transferts thermiques vers *l'extérieur* (vers les systèmes en contact avec une partie du système étudié). On **néglige surtout les transferts thermiques entre l'air et le système.**

Remarque

Cette approximation sera plus ou moins réaliste suivant la température de l'air. Si on compare la température finale calculée avec cette hypothèse avec la température de l'air, on pourra conclure sur la validité de l'hypothèse. Si ces deux températures sont très différentes, l'hypothèse est irréaliste, dans le cas contraire l'équilibre thermique obtenu entre l'atmosphère et le système valide l'hypothèse.

2. Si le système est isolé, son énergie totale est conservée.

De plus, ce système étant immobile, son énergie mécanique est constante.

On en déduit donc que son **énergie interne est conservée** : $\Delta U = 0$.

3. $\Delta U = \Delta U_{\text{eau}} + \Delta U_{\text{éthanol}}$; on néglige les énergies internes des parois de verre.

D'où $0 = \Delta U_{\text{eau}} + \Delta U_{\text{éthanol}}$ et finalement, $\boldsymbol{\Delta U_{\text{eau}} = -\Delta U_{\text{éthanol}}}$.

4. Lorsque l'équilibre thermique est obtenu, les températures de l'eau et de l'éthanol sont **égales** et valent θ_F.

5. $\Delta U_{\text{eau}} = -\Delta U_{\text{éthanol}}$ soit $m_1 \times c_{\text{eau}} \times (\theta_F - \theta_2) = -m_2 \times c_{\text{éthanol}} \times (\theta_F - \theta_1)$

$$m_1 \times c_{\text{eau}} \times \theta_F - m_1 \times c_{\text{eau}} \times \theta_2 = -m_2 \times c_{\text{éthanol}} \times \theta_F + m_2 \times c_{\text{éthanol}} \times \theta_1$$

$$m_1 \times c_{\text{eau}} \times \theta_F + m_2 \times c_{\text{éthanol}} \times \theta_F = m_2 \times c_{\text{éthanol}} \times \theta_1 + m_1 \times c_{\text{eau}} \times \theta_2$$

$$\theta_F\,(m_1 \times c_{\text{eau}} + m_2 \times c_{\text{éthanol}}) = m_2 \times c_{\text{éthanol}} \times \theta_1 + m_1 \times c_{\text{eau}} \times \theta_2$$

$$\boldsymbol{\theta_F = \frac{m_2 \times c_{\text{éthanol}} \times \theta_1 + m_1 \times c_{\text{eau}} \times \theta_2}{m_1 \times c_{\text{eau}} + m_2 \times c_{\text{éthanol}}}}$$

$$\theta_F = \frac{100 \cdot 10^{-3} \times 2{,}46 \cdot 10^3 \times 50 + 500 \cdot 10^{-3} \times 4{,}18 \cdot 10^3 \times 15}{500 \cdot 10^{-3} \times 4{,}18 \cdot 10^3 + 100 \cdot 10^{-3} \times 2{,}46 \cdot 10^3}$$

$\boldsymbol{\theta_F = 18{,}6\ °\text{C} \approx 19\ °\text{C}.}$

Astuce

On fait passer les termes en θ_F dans le premier terme.

Remarque

Le calcul ci-dessus est présenté dans les unités du Système International, masses en kg et capacités thermiques massiques en $J \cdot kg^{-1} \cdot K^{-1}$. Si on exprime les masses en grammes et les capacités thermiques massiques en $kJ \cdot kg^{-1} \cdot K^{-1}$, les facteurs 10^3 et 10^{-3} se simplifient et les unités restent cohérentes…

Exercice de type bac

PRÉPARER L'ÉPREUVE ÉCRITE

6 Bilans thermiques dans la salle de classe

À savoir
Le flux thermique total est la somme des flux thermiques à travers chaque paroi.

A. 1. $S_{sol} = S_{plafond} = L \times l = 15 \times 10 = 1{,}5 \cdot 10^2\ m^2$.

$$\Phi_1 = \Phi_{sol} + \Phi_{plafond} = \frac{(\theta_{int} - \theta_{ext})}{R_{th-sol}} + \frac{(\theta_{int} - \theta_{ext})}{R_{th-plafond}}$$

$$\Phi_1 = (\theta_{int} - \theta_{ext}) \cdot \left(\frac{1}{R_{th-sol}} + \frac{1}{R_{th-plafond}}\right)$$

$$\Phi_1 = (20 - 5{,}0) \times \left(\frac{1}{1{,}0 \cdot 10^{-2}} + \frac{1}{2{,}3 \cdot 10^{-2}}\right) = 2{,}2 \cdot 10^3\ W = \mathbf{2{,}2\ kW}.$$

2. $S_{ext} = L \times h - S_{porte} - 3 \times S_{fen}$.

Remarque

Le mur extérieur est percé d'une porte et de trois fenêtres. Il faut donc soustraire les surfaces de ces éléments de la surface calculée.

$S_{ext} = 15 \times 2{,}80 - 2{,}0 - 3 \times 1{,}5 = \mathbf{36\ m^2}$.

$$\Phi_2 = \frac{(\theta_{int} - \theta_{ext})}{R_{th-mur}} = \frac{(19 - 5{,}0)}{5{,}6 \cdot 10^{-2}} == \mathbf{2{,}7 \cdot 10^2\ W = 0{,}27\ kW}.$$

3. Une porte et trois fenêtres sont en contact avec l'extérieur.

$$\Phi_3 = \frac{(\theta_{int} - \theta_{ext})}{R_{th-porte}} + 3 \times \frac{(\theta_{int} - \theta_{ext})}{R_{th-fen}} = \frac{19 - 5{,}0}{5{,}0 \cdot 10^{-1}} + 3 \times \frac{19 - 5{,}0}{2{,}2 \cdot 10^{-3}} = = \mathbf{2{,}0 \cdot 10^4\ W}$$

$\mathbf{\Phi_3 = 20\ kW}$.

4. $\Phi_{pertes} = \Phi_1 + \Phi_2 + \Phi_3 = 2{,}2 + 0{,}27 + 20 =$ **22 kW**.

5. Les fenêtres constituent ici la principale source de pertes thermiques (90 % des pertes).

Remarque
Le bilan est ici effectué en kW, unité plus adaptée à l'étude. Il peut toutefois être effectué en watts.

6. Pour maintenir une température de la salle constante, il est nécessaire de compenser le flux thermique perdu par l'apport des radiateurs :

$$\Phi_{pertes} = \Phi_{radiateurs} = 9P_1 \text{ et } P_1 = \Phi_{pertes} / 9 = \mathbf{2{,}4\ kW.}$$

B. 1. Pour un simple vitrage, $R_{th\text{-}simple} = \dfrac{e}{S\,\lambda_{verre}} = \dfrac{4{,}0 \cdot 10^{-3}}{1{,}2 \times 1{,}5}$.

$\mathbf{R_{th\text{-}simple} = 2{,}2 \cdot 10^{-3}\ K \cdot W^{-1}}$**, on retrouve la valeur du tableau.**

Pour un triple vitrage, $R_{th\text{-}triple} = R_{th\text{-}verre} + R_{th\text{-}air} = \dfrac{3 \times e}{S_{fen} \times \lambda_{verre}} + \dfrac{2 \times e'}{S_{fen} \times \lambda_{air}}$.

Remarque

Pour une fenêtre triple vitrage, la résistance thermique totale est la somme des résistances thermiques des différentes parties du vitrage. On dénombre ainsi trois parois de verre d'épaisseur *e* et deux couches d'air d'épaisseur *e'*. Toutes ces parois ont la même surface S_{fen}.

$$R_{th\text{-}triple} = \frac{3 \times 4{,}0 \cdot 10^{-3}}{1{,}5 \times 1{,}2} + \frac{2 \times 16 \cdot 10^{-3}}{1{,}5 \times 2{,}5 \cdot 10^{-2}} = \mathbf{0{,}86\ K \cdot W^{-1}.}$$

2. $\Phi_{simple} = \dfrac{\theta_{int} - \theta_{ext}}{R_{th-simple}} = \dfrac{19 - 5{,}0}{2{,}2 \cdot 10^{-3}} = \mathbf{6{,}8 \cdot 10^3\ W = 6{,}8\ kW.}$

$\Phi_{triple} = \dfrac{\theta_{int} - \theta_{ext}}{R_{th-triple}} = \dfrac{19 - 5{,}0}{8{,}6 \cdot 10^{-1}} = \mathbf{1{,}7 \cdot 10^1\ W = 1{,}7 \cdot 10^{-2}\ kW}$

3. Le triple vitrage offre une isolation thermique bien meilleure. On évaluc lc rapport des deux pertes : $\dfrac{\theta_{simple}}{\theta_{triple}} = 3{,}9 \cdot 10^2 \approx 10^2$ (ordre de grandeur).

Le triple vitrage offre, dans la situation de cette étude, des pertes thermiques par conduction 100 fois moins importantes que le simple vitrage.

4. Pour trois fenêtres simples vitrages, $\Phi_{simple-total} = 3 \times \Phi_{simple} = 20$ kW.

Remarque

On retrouve la valeur de la question A. 3, notée Φ_3.

Pour trois fenêtres triples vitrages, $\Phi_{triple-total} = 3 \times \Phi_{triple} = 5{,}1.10^{-2}$ kW.

Le remplacement proposé permettrait d'économiser une puissance thermique :

$$P_{économisée} = \Phi_{simple-total} - \Phi_{triple-total} = \mathbf{20\ kW.}$$

Remarque

Avec la précision de nos valeurs, tout se passe comme si le passage à trois fenêtres triples vitrages éliminait totalement les pertes thermiques. Certains termes ont été simplifiés dans l'étude. Ils minimisent les pertes du simple vitrage en siuation réelle.

Pour aller plus loin

7 Maison passive

Le concept de la maison passive est d'origine allemand. L'objectif final est d'obtenir une maison pour laquelle le chauffage est « quasiment » inutile. D'un point de vue tecÚique, le « PassivHausInstitut » impose trois critères impératifs, trois standards qui peuvent être atteints de différentes manières :

• L'énergie interne de la maison perdue par transfert thermique ne doit pas dépasser 54 MJ/m²/an.

> **Remarque**
>
> Dans les textes, on trouve « 15kWh/m²/an de chauffage. 1 kWh est une énergie, elle correspond à un flux thermique Φ de 15 kW pendant une heure, soit pendant $\Delta t = 1$ h $= 3\,600$ s. On obtient ainsi pour l'énergie interne perdue, $Q = \Phi \times \Delta t = 15 \times 10^3 \times 3\,600 = 5{,}4 \times 10^7$ J $= 54$ MJ pour un m².

• La consommation totale en énergie primaire, comprenant le chauffage, l'eau chaude, l'électroménager, ne doit pas dépasser une énergie de 430 MJ/m²/an (120 kWh/m²/an).

• Pour limiter au maximum les transferts thermiques vers l'extérieur en hiver (et vers l'intérieur en été), la maison doit avoir une très bonne étanchéité à l'air.

Pour obtenir de tels résultats, il est nécessaire d'optimiser le mode d'isolation, en choisissant des matériaux de fortes résistances thermiques (ou de faibles conductivités thermiques avec une épaisseur assez importante), et en utilisant un vitrage particulièrement performant (souvent du triple vitrage avec parfois de l'argon à la place de l'air pour augmenter encore la résistance thermique et diminuer encore le flux thermique). La bonne étanchéité couplée à une exigence de renouvellement de l'air amène souvent à l'utilisation d'une VMC double flux dans laquelle l'air intérieur et l'air extérieur échangent une partie de leur énergie interne par transferts thermiques. D'autres aménagements sont encore utilisés pour respecter les critères fixés (chauffe-eau solaire par exemple, puits canadien…).

CHAPITRE 15

Transferts quantiques d'énergie et dualité onde-particule

COMPÉTENCES EXIGIBLES

- Connaître le principe de l'émission stimulée et les principales propriétés du laser (directivité, monochromaticité, concentration spatiale et temporelle de l'énergie).
- Mettre en œuvre un protocole expérimental utilisant un laser comme outil d'investigation ou pour transmettre de l'information.
- Associer un domaine spectral à la nature de la transition mise en jeu.
- Savoir que la lumière présente des aspects ondulatoire et particulaire.
- Extraire et exploiter des informations sur les ondes de matière et sur la dualité onde-particule.
- Connaître et utiliser la relation $p = \frac{h}{\lambda}$.
- Identifier des situations physiques, où le caractère ondulatoire de la matière est significatif.
- Extraire et exploiter des informations sur les phénomènes quantiques pour mettre en évidence leur aspect probabiliste.

1 Laser et applications

1 Les limites de la mécanique classique et la quantification de l'énergie (rappels de Première S)

- L'énergie d'un atome ne varie pas de manière continue, contrairement à ce que prévoit la mécanique newtonienne.

Remarque
Cela signifie qu'un atome ne peut pas acquérir n'importe quelle énergie.

- L'énergie des atomes varie de manière discrète, elle ne peut prendre que certaines valeurs particulières. L'état fondamental de l'atome correspond au niveau d'énergie le plus bas. Par convention, on affecte à l'ionisation de l'atome l'énergie nulle (schéma ci-contre).

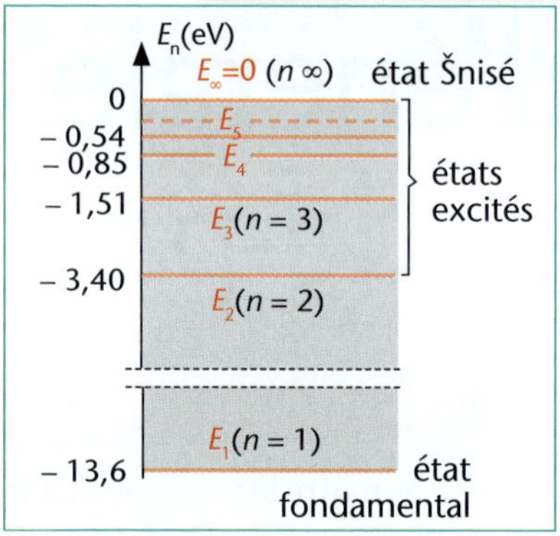

Doc. Les niveaux d'énergie de l'atome d'hydrogène
Toutes les énergies sont négatives. L'énergie $E = 0$ correspond à l'atome d'hydrogène ionisé H^+.

- La lumière est constituée de photons qui sont des particules de **masse nulle** et d'énergie.
$E = \mathrm{h} \times \nu = \mathrm{h} \times \dfrac{c}{\lambda}$, avec E en joules (J), h la constante de Planck (h = $6{,}62 \cdot 10^{-34}$ J·s), ν la fréquence en hertz (Hz), c la célérité de la lumière (c = 3,0·108 m·s^{-1}), λ la longueur d'onde en mètres. On dit que **le photon est un « grain d'énergie »**.

- Un atome passe du niveau d'énergie E_i au niveau d'énergie E_f supérieur ($E_i < E_f$) en **absorbant un photon** : $E_f - E_i = \mathrm{h} \times \nu$. La raie correspondante est une raie noire d'absorption sur le fond coloré du spectre atomique.

- Un atome passe du niveau d'énergie E_i au niveau d'énergie E_f inférieur ($E_i > E_f$) **en émettant un photon** : $E_i - E_f = \mathrm{h} \times \nu$. La raie correspondante est une raie d'émission colorée sur le fond noir du spectre atomique.

→ Remarque

Les niveaux d'énergie étant caractéristiques d'un atome, les raies d'absorption et d'émissions d'un atome lui sont propres. Les spectres d'émissions ou d'absorption constituent la « signature » d'un atome. Un atome ne peut absorber que les raies qu'il est capable d'émettre et réciproquement (voir par exemple les spectres du sodium ci-après).

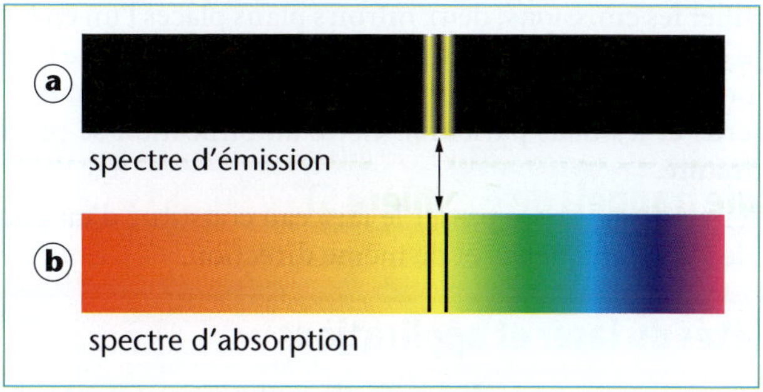

Doc. Spectres du sodium

2 Le principe de l'émission stimulée

- Si un électron d'un atome peut rester suffisament longtemps dans un niveau d'énergie E' (niveau à longue durée de vie correspondant à un état excité), la désexcitation de l'atome peut être déclenchée par un photon dont l'énergie $h \times \nu$ correspond à la transition électronique d'énergie $E' - E = h \times \nu$.
- Cette désexcitation de l'atome se produit alors avec production d'un photon d'énergie $h \times \nu$ et on obtient ainsi **deux photons** de même fréquence, de même direction ; cette émission est une **émission stimulée**.

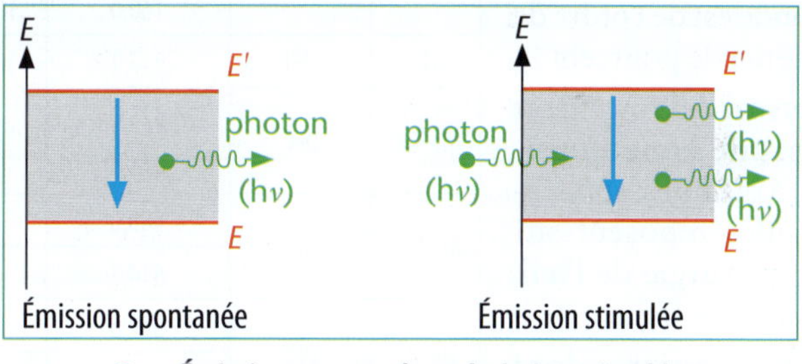

Doc. Émission spontanée et émission stimulée

3 Le laser

- L'origine du mot laser est l'expression anglaise ***l****ight* ***a****mplification by* ***s****timulate* ***e****mission of* ***r****adiation.*
- Pour obtenir un laser à partir de l'émission stimulée, il est nécessaire d'obtenir un grand nombre de désexcitations par émission stimulée. Les atomes passent ainsi du niveau d'énergie E au niveau d'énergie E' puis à nouveau au niveau d'énergie E. En ce sens, le laser est un **oscillateur**.

• Pour amplifier les émissions, deux miroirs plans placés l'un en face de l'autre permettent d'engendrer, sous certaines conditions, un système bouclé conduisant à une forte amplification (le principe est analogue à celui de l'effet larsen pour les micros et les haut-parleurs). Cette amplification se produit dans la **cavité résonnante**.

• L'un des deux miroirs laisse passer le faisceau constitué d'un grand nombre de photons de même fréquence et de même direction.

4 Propriétés du laser et applications

• Les faisceaux lasers sont très **directifs**, ils sont pratiquement cylindriques et peuvent **se propager sur de très grandes distances**.

Remarque

À la sortie du système optique, la lumière du laser subit le phénomène de diffraction qui fait diverger le faisceau. En pratique, cette divergence est très faible et la diffraction peut être très souvent négligée, la longueur d'onde d'un laser restant très petite devant l'ouverture du système optique.

• La lumière d'un laser peut être considérée comme **monochromatique**. Pour un laser de lycée, la précision de la longueur d'onde est de l'ordre de 0,2 milliardième de pourcent !

• Le laser permet de **concentrer l'énergie en une zone quasi-ponctuelle** ; certaines applications médicales reposent sur ce principe (chirurgie de l'œil, dermoabrasion des tissus…).

Gaz	Excitation	Longueur d'onde (nm)	Puissance (W)	
H_2	DEI	116,1	5 000 (crête)	ULTRAVIOLET
		160,0	10^6 (crête)	ULTRAVIOLET
N_2	DEI	337,1	10^6 (crête)	ULTRAVIOLET
He-Cd	DEC	325,0	0,05	ULTRAVIOLET
		441,6	0,03	VISIBLE
Ar (Ar^+)	DEC	488,0	10	VISIBLE
		514,5	10	VISIBLE
He-Ne	DEC	632,8	0,01	VISIBLE
		3 390	0,02	INFRAROUGE
H_2O	DEC	28 000	0,01	INFRAROUGE
HCN	DEC	336 000	0,1	INFRAROUGE

• Suivant la manière dont l'excitation des atomes se produit, on distingue deux grands types de laser : les lasers à excitation continue (DEC, décharge électrique continue) et les lasers impulsionnels (DEI, décharge électrique impulsionnelle). Les lasers DEC mettent en jeu une énergie relativement faible en un temps donné, soit une puissance faible ; les lasers DEI permettent d'obtenir une forte concentration de l'énergie dans le temps, une puissance élevée pendant une durée très courte.

Remarque

Le projet ELI (*Extreme Light Infrastructure*) de l'Union européenne vise à mettre au point un laser d'une puissance de 200 milles millions de mégawatt pour une impulsion de durée de 10^{-18} s, voire de 10^{-21} s !

5 Domaine spectral et nature de la transition mise en jeu

- Les transitions entre les niveaux d'énergie atomiques mettent le plus souvent en jeu des photons dans le domaine des ultraviolets ou du visible (voir le tableau ci-avant).
- Les transitions de niveaux d'énergie moléculaires conduisent le plus souvent à des photons dont la fréquence les situe dans le domaine de l'infrarouge (voir le tableau ci-avant).

6 Dualité onde-particule de la lumière

- Nous avons déjà vu que la lumière pouvait être diffractée. Cette observation montre que la lumière est une onde.
- Einstein a montré (1905, effet photoélectrique) que la lumière était constituée de particules, les photons.
- La lumière possède ainsi cette nature double : on parle de **dualité onde-particule** (ou onde-corpuscule).

Comment comprendre cette dualité ?

Il serait vain de tenter de projeter notre conception de notre univers habituel sur ce domaine de la matière. Il n'est tout simplement pas possible de comprendre la nature quantique de la matière en « plaquant » sur cette échelle des raisonnements inspirés par nos sens à l'échelle macroscopique… Il nous faut accepter que l'univers qui nous est directement perceptible n'est finalement qu'une exception, un cas très particulier à l'échelle de l'univers…

2 Ondes de matière

1 Dualité onde-particule dans la matière

- Toutes les particules possèdent la même dualité que le photon : elles sont à la fois des particules et des ondes.
- Suivant le phénomène mis en jeu, l'aspect ondulatoire sera plus ou moins important mais la double nature de la matière ne disparaît pas pour autant.

- Pour une particule de quantité de mouvement p, l'onde associée aura pour longueur d'onde λ.

La relation $\boldsymbol{p} = \dfrac{\mathbf{h}}{\boldsymbol{\lambda}}$ permet alors de relier les aspects particulaire et ondulatoire de la matière, avec p la quantité de mouvement de la particule en kilogrammes mètres par seconde ($kg{\cdot}m{\cdot}s^{-1}$), h la constante de Planck ($h = 6{,}62{\cdot}10^{-34}$ J·s) et λ la longueur d'onde en mètres (m).

2 Quelques cas pratiques

Rappel
Les interférences sont étudiées dans le chapitre 3 et la microscopie à effet tunnel est évoquée dans le chapitre 14.

- Dès 1927, Davisson et Germer réalisent une expérience d'interférences d'électrons.
- La microscopie à effet tunnel utilise cet effet quantique pour visualiser de très petites entités.
- Depuis, des interférences ont été réalisées avec un photon unique et des expériences sont en cours pour observer une figure d'interférences avec un seul électron.
- La mécanique quantique contredit le « déterminisme newtonien », la notion de position cédant place à une **probabilité de présence**. Le principe d'incertitude d'Heisenberg, énonce qu'**il est impossible de connaître parfaitement et simultanément la valeur de la vitesse et la position d'une particule.** Si on connaît parfaitement la vitesse d'un électron, on ne sait pas exactement où il se trouve (« limite » ondulatoire) ; si on connaît parfaitement la position d'un électron, on ne sait rien de sa vitesse (« limite » corpusculaire).
- La miniaturisation actuelle des composants électroniques entraîne l'émergence d'un champ de recherche encore réservé à des horizons lointain, celui des « ordinateurs quantiques ».

QCM et questions courtes

Données : h = 6,62·10^{-34} J·s ; c = 3,0·10^{8} m·s^{-1} ; 1 eV = 1,6·10^{-19}J.

1 QCM

Corrigé p. 297

1. Pour provoquer une émission stimulée pour un atome donné, l'atome doit se trouver :

a) dans l'état fondamental. **b)** dans un état excité.

2. La quantité de mouvement p d'un photon est donnée par :

a) $p = \frac{\lambda}{h}$. **b)** $p = \frac{h}{\lambda}$.

3. Un photon de longueur d'onde 500 nm a pour énergie :

a) 4,0·10^{-19} J. **b)** 3,3·10^{-40} J. **c)** 9,9·10^{-32} J.

Unités
1 nm = 10^{-9} m.

4. La diffraction d'électrons met en évidence :

a) le caractère particulaire (ou corpusculaire) des électrons.

b) le caractère ondulatoire des électrons.

2 Dualité onde-particule

Corrigé p. 297

Un faisceau d'électrons de masse m = 9,11·10^{-31} kg est envoyé sur une ouverture de petite dimension. La vitesse v des électrons est de 20 % de celle de la lumière.

1. Déterminer la quantité de mouvement p des électrons.

2. En déduire la longueur d'onde λ associée à l'onde de matière constituée par les électrons.

3 Énergie, fréquence et longueur d'onde d'un photon

Corrigé p. 297

Lors d'une émission stimulée, on cherche à provoquer la transition du niveau d'énergie E_1 = –0,86 eV au niveau E_2 = –1,38 eV de l'atome de sodium.

1. Déterminer la longueur d'onde λ des photons nécessaires à cette émission stimulée.

Piège à éviter

Ne pas laisser les énergies en électronvolts dans la relation entre l'énergie et la longueur d'onde : il faut les convertir en joules !

2. En déduire la fréquence ν de la radiation correspondante. Cette radiation est-t-elle dans le domaine du visible ?

Exercices d'entraînement

4 Un laser à colorant

★ 10 min Corrigé p. 298

La « Rhodamine 6G » est utilisée dans des lasers à colorants. Elle présente une gamme spectrale de 555 nm à 585 nm. On donne $h = 6{,}62 \cdot 10^{-34}$ J·s et $c = 3{,}0 \cdot 10^{8}$ m·s^{-1}.

1. Dans quel domaine spectral un tel laser va-t-il émettre ?

2. Calculer l'écart maximal entre les niveaux d'énergie de la molécule de Rhodamine 6G mis en jeu dans l'émission d'un faisceau laser.

3. Exprimer cette différence d'énergie en électronvolts, eV. On rappelle qu'un électronvolt équivaut à $1{,}6 \cdot 10^{-19}$ joules.

Astuce
L'énergie du photon est d'autant plus grande que sa longueur d'onde est faible.

5 Un laser pour mesurer le temps

★★ 30 min Corrigé p. 298

De l'aluminium pour une horloge ultraprécise

Des chercheurs américains ont construit une horloge atomique d'une précision inégalée, fondée sur une fréquence appartenant au domaine optique.

L'horloge à césium, qui matérialise actuellement la seconde et sert de référence mondiale, pourrait être supplantée bientôt. Des chercheurs du *National Institute of Standards and TecÚology* (NIST, l'Institut américain des étalons et de la tecÚologie), à Boulder dans le Colorado, ont en effet construit une nouvelle horloge 100 fois plus précise : elle ne devrait pas varier de plus d'une seconde sur... 3,7 milliards d'années !

Comme l'horloge à césium, cette nouvelle horloge est fondée sur les propriétés quantiques d'un atome, en l'occurrence un ion d'aluminium, piégé par des champs électriques. On envoie sur cet ion une onde lumineuse cohérente afin de l'exciter, c'est-à-dire de le faire passer de son état d'énergie fondamental vers un état d'énergie supérieur. Pour cela, on règle la fréquence de l'onde jusqu'à ce qu'elle corresponde à la différence d'énergie entre les deux niveaux. L'onde stabilisée sur cette fréquence de transition peut alors constituer une référence pour matérialiser une seconde de façon très stable sur la durée, car elle oscille à une fréquence fixe connue.

Toutefois, alors que dans l'horloge à césium, la fréquence est de l'ordre de $9 \cdot 10^{9}$ hertz, c'est-à-dire dans le domaine des micro-ondes, dans l'horloge à ion aluminium, elle est de l'ordre de 10^{15} hertz, c'est-à-dire dans le domaine optique.

Marie-Neige Cordonnier, *De l'aluminium pour une horloge ultraprécise, Pour la Science.fr*, 23 février 2010.

D'après : http://www.pourlascience.fr/ewb_pages/a/actualite-de-l-aluminium-pour-une-horloge-ultraprecise-24475.php

1. Exprimer l'ordre de grandeur de la précision de l'horloge atomique à aluminium.

2. Expliquer la phrase « on règle la fréquence de l'onde jusqu'à ce qu'elle corresponde à la différence d'énergie entre les deux niveaux ».

3. Que se passe-t-il si la fréquence de l'onde « ne correspond » pas exactement à la différence d'énergie entre les deux niveaux ?

4. Calculer l'ordre de grandeur de la longueur d'onde d'un photon de fréquence $\nu = 10^{15}$ Hz.

> **Astuce**
> L'ordre de grandeur est la puissance de dix la plus proche de la valeur de la grandeur.

5. Déduire de la question **4.** une justification de l'expression « horloge optique ».

Données : h = $6{,}62 \cdot 10^{-34}$ J·s ; $c = 3{,}0 \cdot 10^{8}$ m·s^{-1}.

6 Ondes de matière et probabilités

★★ 25 min ➲ Corrigé p. 299

L'évolution de la microélectronique

Le silicium, matériau de base de toute l'industrie électronique, est un élément abondant, puisqu'il est extrait du sable par purification (94 % de la croûte terrestre est composée de silice !). Il est cristallisé sous la forme de barreaux de 20 à 30 cm de diamètre, lesquels seront découpés en tranches de moins d'un millimètre d'épaisseur. Sur ces tranches sont fabriquées en même temps des centaines de puces, par photolithographie. […] Les traits les plus fins obtenus aujourd'hui industriellement ont une épaisseur de 45 nanomètres, ce qui permet de disposer et de connecter des millions de composants de base – les transistors – par circuit et de multiplier ainsi les fonctionnalités. Cette tecÚique de photolithographie est limitée par les phénomènes de diffraction et de longueur d'onde du faisceau de lumière utilisé. Des améliorations sont en cours de test pour augmenter la précision. Par exemple, la longueur d'onde des lumières utilisées à travers les pochoirs a été diminuée pour descendre du bleu au bleu profond, puis à l'ultraviolet. […]

On peut également graver des motifs sur les puces au moyen de faisceaux d'électrons, mais les dessins doivent alors être tracés les uns après les autres. La lithographie à faisceau d'électrons (*e-beam*) permet d'atteindre une résolution nanométrique, car la longueur d'onde des électrons est de l'ordre de quelques nanomètres. C'est idéal pour produire le pochoir initial qui sera réutilisé des milliers de fois en lithographie optique, ou pour la fabrication de circuits expérimentaux en laboratoire… mais pas pour la production en masse de puces. La photolithographie atteindra ses limites tecÚiques lorsque les détails les plus fins mesureront de 10 à 20 nm, ce qui devrait arriver à l'horizon de 2015. À cette échelle, des effets dus à la physique quantique se manifesteront et perturberont le fonctionnement des circuits ; par exemple, des électrons pourront sauter d'un « fil » à l'autre par effet tunnel. […]

LP n° 18, *Le Nanomonde*, site www.cea.fr.

Données : masse de l'électron $m = 9{,}11 \cdot 10^{-31}$ kg ; h = $6{,}62 \cdot 10^{-34}$ J·s.

1. Expliquer en quoi le fait de diminuer la longueur d'onde permet de gagner en précision (premier paragraphe du texte).

2. Si la longueur d'onde des électrons est de quelques nanomètres, en déduire l'ordre de grandeur de leur vitesse.

> **Unités**
> Pensez à convertir la longueur d'onde en mètres.

3. Dans l'effet tunnel, qui est un effet quantique, une particule est capable de franchir une barrière de potentiel. À cette échelle, on substitue à la vision de la mécanique classique (position par exemple) une probabilité de présence. La probabilité de présence de l'électron de l'autre côté de la barrière n'est pas nulle, l'électron peut traverser la barrière à l'image d'un passage sous une montagne dans un tunnel.

a) En quoi l'effet tunnel pourrait-il perturber la tecÚique de gravure ?

b) Citer un dispositif dans lequel l'effet tunnel n'est pas une limitation mais constitue un formidable intérêt.

c) D'autres phénomènes quantiques peuvent intervenir avec des électrons. Que pourrait-il se passer si on envoyait un faisceau d'électrons dans un dispositif constitué de « deux fentes très fines » ?

Exercices de type bac

PRÉPARER L'ÉPREUVE ÉCRITE

7 Autour d'un texte de Brahic

★★★ 55 min ➔ Corrigé p. 300

Extrait du baccalauréat ; conforme au nouveau programme

Voici un extrait du livre d'André Brahic, *Lumières d'étoiles*, Éd. Odile Jacob.

> La lumière blanche mélange toutes les couleurs de l'arc-en-ciel. Comme on passe continûment d'une couleur à une autre en changeant graduellement de nuance, on dit que la lumière blanche possède un spectre continu. C'est le cas de la lumière émise par un corps chaud qui contient toutes les couleurs à des doses différentes. Plus la température est forte, plus la couleur dominante se déplace du micro-onde vers les X.
>
> Mais les astronomes ont remarqué dès le NLaaa^{e} siècle la présence de fines bandes noires dans la lumière solaire. Il manque des couleurs très précises et spécifiques, comme si elles ne nous étaient pas parvenues. Après quelques tâtonnements, ils ont compris que ces raies sombres trahissaient la présence d'éléments chimiques sur le trajet des rayons lumineux. Joseph von Fraunhofer fut le premier, en 1814, à observer ces disparitions de lumière et à les attribuer à un phénomène d'absorption par un gaz situé entre la source d'émission et l'observateur. [...]
>
> Pour résoudre ce problème, il faut faire appel à la nature ondulatoire de l'électron et ranger l'onde de chaque électron autour du noyau comme des livres sur les étagères d'une bibliothèque. Chaque étage correspond à une énergie spécifique pour laquelle l'électron est
>
> ●●●

●●●

stable. Un livre ne peut pas être entre deux étagères, sinon il tombe, de même les électrons peuvent avoir certaines énergies bien définies, mais ils ne peuvent pas se trouver dans un état intermédiaire. Pour passer d'un niveau à un autre plus élevé, un électron absorbe un photon lumineux qui lui apporte l'énergie supplémentaire dont il a besoin pour « grimper » sur une autre étagère. Inversement, quand il « redescend », il rend cette énergie sous forme d'un photon. Dans cette bibliothèque particulièrement riche, chaque atome est unique et caractéristique. On peut donc à distance reconnaître la présence d'un atome aux couleurs des photons qu'il émet ou absorbe lorsque ses électrons changent d'« étagère ».

Données : $c = 2{,}997 \cdot 10^{8}$ m·s^{-1} ; h = $6{,}62 \cdot 10^{-34}$ J·s ; 1 eV = $1{,}6 \cdot 10^{-19}$ J.

1. D'après le texte : « Plus la température est forte, plus la couleur dominante se déplace du micro-onde vers les X ».

a) Donner les valeurs limites des longueurs d'onde dans le vide du spectre visible en précisant les couleurs concernées.

b) Quelle est la relation entre la longueur d'onde dans le vide d'une radiation monochromatique et sa fréquence ? On précisera les unités.

c) On donne les fréquences des micro-ondes et des rayons X :

$$\nu_{\text{micro-ondes}} = 3{,}0 \cdot 10^{14} \text{ Hz} ; \qquad \nu_{X} = 3{,}0 \cdot 10^{18} \text{ Hz.}$$

Calculer l'ordre de grandeur des longueurs d'onde correspondantes dans le vide.

d) Indiquer en justifiant laquelle de ces deux radiations est la plus énergétique.

2. D'après le texte : « Joseph von Fraunhofer fut le premier, en 1814, à observer ces disparitions de lumière ». Voici un extrait du spectre qu'il a observé, où l'on peut observer des raies noires sur un fond coloré continu, nommées A, B, C, D, E, F_1, F_2, G, H et I.

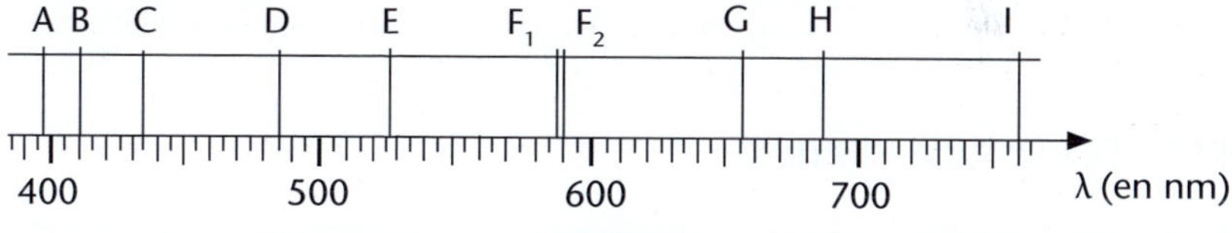

Figure 1

a) Les raies observées ci-dessus sont-elles des raies d'émission ou d'absorption ?

b) On donne des longueurs d'onde d'émission de quelques éléments.

Élément chimique	**Longueur d'onde λ (en nm) de certaines raies caractéristiques**					
Hydrogène H	410,1	434,0	486,1	656,3		
Hélium He	447,2	471,3	492,2	501,6	587,6	667,8
Sodium Na	589,0	589,6				

Quels sont les éléments que l'on peut retrouver dans les couches superficielles du Soleil ? Justifier la réponse.

3. D'après le texte : « Chaque étage correspond à une énergie spécifique pour laquelle l'électron est stable. Un livre ne peut pas être entre deux étagères, sinon il tombe, de même les électrons peuvent avoir certaines énergies bien définies, mais ils ne peuvent pas se trouver dans un état intermédiaire. »

Quelle propriété de l'énergie d'un atome est évoquée dans cette partie du texte ?

4. On donne le diagramme de niveaux d'énergie de l'hydrogène sur la *figure* 2. On rappelle que l'état fondamental d'un atome correspond à l'état dans lequel il possède le moins d'énergie.

a) Quel est le niveau d'énergie de l'état fondamental de l'atome d'hydrogène ?

b) Calculer la variation d'énergie lorsque l'atome d'hydrogène passe de $E_1 = -0,37$ eV à $E_2 = -3,39$ eV.

c) Convertir en joules la variation d'énergie calculée dans la question **b)**.

d) Sur le diagramme de la *figure* 2, représenter cette transition par une flèche

Figure 2

e) Calculer la fréquence du photon correspondant à cette variation d'énergie.

f) Ce photon est-il libéré ou absorbé par l'atome d'hydrogène ?

g) Donner le nom de la radiation du spectre de la *figure* 1 correspondant à cette transition.

PRÉPARER L'ÉPREUVE PRATIQUE

8 Monochromaticité et directivité d'un laser ★★★ 50 min ➔ Corrigé p. 301

Compétences expérimentales évaluées : analyser, valider

L'objectif de l'expérience est de vérifier les indications d'une notice concernant un laser, et plus particulièrement d'évaluer sa directivité et sa monochromaticité.

Vous disposez du matériel suivant : laser « rouge » sur support réglable ; fente calibrée d'ouverture $a = 40$ µm (connue à 5 % près) ; décamètre (gradué au centimètre) ; écran ; règle graduée au millimètre ; table d'un peu plus de trois mètres de long.

1. Étude de la directivité du laser

Pour une distance laser-écran $D = 3{,}0$ m, l'expérimentateur mesure sur l'écran une tache de diamètre d telle que $2 \text{ mm} \leq d \leq 4 \text{ mm}$.
On supposera le faisceau laser quasi ponctuel à la sortie de l'appareil.

a) À quel phénomène doit-on cet élargissement du faisceau ?

b) L'indication de la notice, « divergence angulaire 1 mrad », est-elle compatible avec les résultats de la mesure ? Justifier.

Comment résoudre cette question ?

1. On admettra que pour un petit angle a, exprimé en radians, on peut réaliser l'approximation des petits angles : $\tan(a) \approx a$.

2. Réaliser un schéma du faisceau divergent à la sortie de l'appareil et y reporter les données de l'expérience.

3. En utilisant la tangente, puis l'approximation citée en 1, déterminer la divergence expérimentale.

2. Étude de la monochromaticité du laser

a) Que devrait-on observer sur un écran si on fait passer le faisceau laser dans la fente fine ?

b) Montrer que $d = 2 \times \lambda \times \dfrac{D}{a}$ avec d la largeur du phénomène observé sur l'écran en mètres, les autres grandeurs étant données par ailleurs et exprimées ici en unités du Système International.

Astuce

Exprimer de deux manières le demi-angle de diffraction :
– à l'aide d'une relation trigonométrique et de l'approximation des petits angles d'une part (en fonction de d et D) ;
– à l'aide du cours sur la diffraction (en fonction de λ et de a).

c) Quelle précaution pourrait-on prendre pour limiter les effets de la divergence du faisceau sur la mesure de d ?

d) Proposer un protocole expérimental précis et détaillé afin de mesurer la longueur d'onde du laser à partir du matériel disponible sur la table.

3. Étude des résultats expérimentaux

Le constructeur indique $\lambda = (632{,}8 + 1{,}3 \cdot 10^{-9})$ nm. La mesure de la largeur de la tache effectuée sur l'écran est $d = 9{,}5$ cm.

a) Déterminer une valeur expérimentale de la longueur d'onde.

b) En estimant les erreurs de mesures commises, déterminer un encadrement pour la valeur expérimentale de la longueur d'onde.

c) Cet encadrement est-il cohérent avec l'indication du constructeur ? Justifier la réponse.

d) Est-il possible de retrouver expérimentalement le terme $\Delta\lambda = 1{,}3 \cdot 10^{-9}$ nm ? Pourquoi ?

e) Le laser étudié vous semble-t-il monochromatique ? Quelle(s) autre(s) propriété(s) connaissez-vous concernant ce dispositif ?

Pour aller plus loin

9 Des moles de photons

★★★ 30 min Corrigé p. 304

Rappel
L'énergie de *N* photons est le produit de la puissance par la durée considérée.

1. Un laser de lycée de puissance constante $P = 1$ mW émet une lumière de longueur d'onde $\lambda = 500$ nm. Combien de photons cette source émet-elle par seconde ?

2. Exprimer ce résultat en nombre de moles de photons par seconde.

3. Le projet ELI (*Extreme Light Infrastructure*) de l'Union européenne est consacré à la mise au point d'un laser à décharge électrique impulsionnelle (DEI) d'une puissance $P' = 200 \cdot 10^9$ MW pour une impulsion d'une durée minimale $\Delta t = 10^{-21}$ s. Reprendre les questions **1.** et **2.** pour le laser ELI. On donne une valeur moyenne de la longueur d'onde pour ELI : $\lambda' = 1\,000$ nm.

4. On peut estimer avec un bon ordre de grandeur qu'une mole de photons par seconde arrive sur une surface de $s = 300$ m² de la Terre sous éclairement maximal du Soleil.
À quelles surfaces équivaudraient les deux lasers précédents ?

5. Reprendre la question **4.** pour un laser de puissance identique à ELI mais fonctionnant pendant une seconde. Convertir cette puissance en hectares.
Données : nombre d'Avogadro $N_A = 6{,}02 \cdot 10^{23}$ mol^{-1} ; 1 ha = 10 000 m².

QCM et questions courtes

1 QCM

1. b) Pour provoquer une émission stimulée pour un atome donné, **l'atome doit se trouver dans un état excité.**

2. b) La quantité de mouvement p d'un photon est donnée par $\boldsymbol{p} = \frac{h}{\lambda}$.

3. a) Un photon de longueur d'onde 500 nm a pour énergie **4,0·10⁻¹⁹ J :**

$$E = \frac{h \times c}{\lambda} = \frac{6,62 \cdot 10^{-34} \times 3,0 \cdot 10^{8}}{500 \cdot 10^{-9}} = \mathbf{4,0{\cdot}10^{9}\,J}.$$

4. b) La diffraction d'électrons met en évidence **le caractère ondulatoire des électrons.**

2 Dualité onde-particule

1. La quantité de mouvement des électrons est $p = m \times v = \boldsymbol{m \times 0,20 \times c}$.

$p = 9,11 \times 10^{-31} \times 0,20 \times 3,0{\cdot}10^{8} = \mathbf{5,5{\cdot}10^{-23}\ kg{\cdot}m{\cdot}s^{-1}}$.

2. La longueur d'onde est égale à :

$$\lambda = \frac{\mathbf{h}}{\boldsymbol{p}} = \frac{6,62 \cdot 10^{-34}}{5,5 \cdot 10^{-23}} = \mathbf{1,2{\cdot}10^{-11}\ m}.$$

3 Énergie, fréquence et longueur d'onde d'un photon

1. L'énergie du photon doit être égale à la différence d'énergie entre les deux niveaux d'énergie de l'atome de sodium, soit :

$$E = E_1 - E_2 = h \times \frac{c}{\lambda} \text{ et } \lambda = h \times \frac{c}{(E_1 - E_2)}$$

$$= 6,62{\cdot}10^{-34} \times \frac{3,0 \cdot 10^{8}}{[(-0,86 + 1,38) \times 1,6 \cdot 10^{-19}]}.$$

$$\boldsymbol{\lambda = 2,4{\cdot}10^{-6}\ m}.$$

→ Piège à éviter

Dans cette relation, l'énergie doit être absolument en joules et non en électronvolts !

2. $\nu = \frac{c}{\lambda} = \frac{3,0 \cdot 10^{8}}{2,4 \cdot 10^{-6}} = \mathbf{1,3{\cdot}10^{14}\ Hz}$. Pour déterminer si la radiation est dans le visible, on raisonne sur la longueur d'onde : $\lambda = 2,4{\cdot}10^{3}$ nm, la radiation se situe au-delà de 800 nm, **elle n'est pas dans le visible.**

À savoir

$c = \frac{\lambda}{t} = \lambda \times f$

$c = \lambda \times \nu$ ici car on note le plus souvent la fréquence avec la lettre grecque « nu » en physique quantique.

Exercices d'entraînement

4 Un laser à colorant

1. Les longueurs d'ondes comprises entre 555 nm et 585 nm sont dans **le domaine du visible** (vert – jaune).

Rappel

Le domaine du visible s'étend de 400 nm (violet) à 800 nm (rouge).

2. L'énergie des photons émis dans cette émission stimulée est égale à la différence d'énergie entre le niveau le plus excité, *E'*, et le niveau le moins excité, *E* : $E = h \times c/\lambda = E' - E$. Cet écart $E' - E$ sera d'autant plus grand que la longueur d'onde λ sera faible.

Remarque

$E' - E$ varie en $\frac{1}{\lambda}$ donc pour une faible longueur d'onde, $E' - E$ sera grande.

Pour $\lambda = 555$ nm, on aura :

$$E' - E = \frac{h \times c}{\lambda} = \frac{6{,}62 \cdot 10^{-34} \times 3{,}0 \cdot 10^{8}}{555 \cdot 10^{-9}} = \mathbf{3{,}6 \cdot 10^{-19}\ J}.$$

3. En électronvolt, cette différence d'énergie vaut :

$$E' - E = \frac{3{,}6 \cdot 10^{-19}}{1{,}6 \cdot 10^{-19}} = \mathbf{2{,}2\ eV}.$$

5 Un laser pour mesurer le temps

1. L'ordre de grandeur de la précision de l'horloge est de 10^{-17} car :

$$\frac{1}{3{,}7 \times 10^{9} \times 365 \times 24 \times 3\,600} \approx \frac{1}{4 \times 10^{9} \times 4 \times 100 \times 2 \times 10 \times 4 \times 1\,000}$$

$$\approx \frac{1}{100 \times 10^{9} \times 100 \times 10 \times 1\,000} \approx \mathbf{10^{-17}}.$$

Remarques

- La précision, sans unité, est le rapport de la dérive de l'horloge, une seconde, sur la durée considérée, 3,7 milliards d'années.
- Au dénominateur, on a $4 \times 4 \times 2 \times 4 = 32 \times 4 \approx 100 = 10^2$, en ordre de grandeur.

2. L'énergie du photon mis en jeu est égale à la différence d'énergie entre les deux niveaux d'énergie, $E' - E = h \times \nu$ avec les notations du cours.

3. Si la fréquence de l'onde « ne correspond » pas exactement à la différence d'énergie entre les deux niveaux, **le photon ne pourra être absorbé par un ion aluminium et celui-ci restera dans son état fondamental.**

4. Si $\nu = 10^{15}$ Hz, l'ordre de grandeur de la longueur d'onde vaut :

$$\lambda = \frac{c}{\nu} = \frac{3{,}0 \cdot 10^{8}}{10^{15}} = \mathbf{10^{-7}\ m.}$$

5. L'ordre de grandeur de la longueur d'onde des photons est la centaine de nanomètres, c'est **l'ordre de grandeur de la longueur d'onde d'un photon du domaine optique** (visible entre 400 nm et 800 nm).

Remarques

Si la longueur d'onde du photon est dans le domaine des infrarouges, on parle tout de même du domaine optique (infrarouge – visible – ultraviolet).

6 Ondes de matière et probabilités

1. Si on diminue la longueur d'onde, à obstacle donné, on **diminue l'importance de la diffraction**, car $\theta_{max} = \lambda/a$ caractérise la demi-ouverture angulaire de la tache centrale de diffraction (avec a la largeur de l'obstacle).

2. Si $\lambda \approx 1$ nm $= 10^{-9}$ m, $p = \mathrm{h}/\lambda$, soit $m \times v = \mathrm{h}/\lambda$ et $v = \mathrm{h}/(\mathrm{m} \times \lambda)$ avec v la vitesse des électrons et m leur masse.

L'ordre de grandeur de la vitesse des électrons est donc égal à :

$$v = \frac{10 \cdot 10^{-34}}{10^{-30} \times 10^{-9}} = \mathbf{10^{6}\ m{\cdot}s^{-1}}.$$

Remarques

Plus la longueur d'onde associée à l'onde de matière constituée par les électrons sera faible, plus la vitesse des électrons sera élevée. Ici, $v \approx c/1\,000$, un millième de la vitesse de la lumière dans le vide.

3. a) Le texte précise que les électrons peuvent « **sauter d'un fil à l'autre** » grâce à l'effet tunnel, rendant la gravure impossible.

b) Dans la **microscopie à effet tunnel**, cet effet quantique permet de reconstituer une « image » d'une surface conductrice de très petite dimension (électron passe de la surface à la pointe du microscope par effet tunnel).

c) Si on envoyait un faisceau d'électrons dans un dispositif constitué de « deux fentes très fines », on pourrait observer dans certains cas une **figure d'interférence d'électrons** avec une distribution des probabilités de présence des électrons rappelant la figure d'interférence en optique (« franges » brillantes et « franges » sombres devenant « forte probabilité de présence des électrons » et « probabilité de présence des électrons quasi nulle »).

Exercices de type bac

PRÉPARER L'ÉPREUVE ÉCRITE

7 Autour d'un texte de Brahic

1. a) Pour le spectre visible, les longueurs d'ondes sont comprises entre **400 nm (violet)** et **800 nm (rouge)**.

b) $\lambda = \frac{c}{n}$ avec λ la longueur d'onde en mètres ; ν la fréquence en hertz et c la célérité de la lumière dans le vide en mètres par seconde.

c) $\lambda_{\text{micro-ondes}} = \frac{c}{\nu_{\text{micro-ondes}}}$; $\lambda_{\text{micro-ondes}} = \frac{2,997 \cdot 10^{8}}{3,0 \cdot 10^{14}} \approx$ **10^{-6} m.**

Pour les micro-ondes, l'ordre de grandeur de la longueur d'onde est le **micromètre.**

$\lambda_{\text{RAYONS X}} = \frac{c}{\nu_{x}}$; $\lambda_{\text{RAYONS X}} = \frac{2,997 \cdot 10^{8}}{3,0 \cdot 10^{14}} \approx$ **10^{-10} m.**

L'ordre de grandeur de la longueur d'onde des rayons X est de **10^{-10} m**, soit le **dixième de nanomètre.**

d) $E = \text{h} \times \frac{c}{\lambda}$, l'énergie d'un photon sera d'autant plus grande que sa longueur d'onde est faible ; $\lambda_{\text{micro-ondes}} > \lambda_{\text{RAYONS X}}$ et donc **l'énergie transportée par des rayons X est plus importante que celle transportée par des micro-ondes**.

2. a) Dans le spectre, on observe des raies noires sur un fond coloré, le fond du spectre continue de la lumière blanche, il s'agit de **raies d'absorption**.

b) Un élément chimique émet les mêmes longueurs d'ondes que celles qu'il est capable d'absorber.

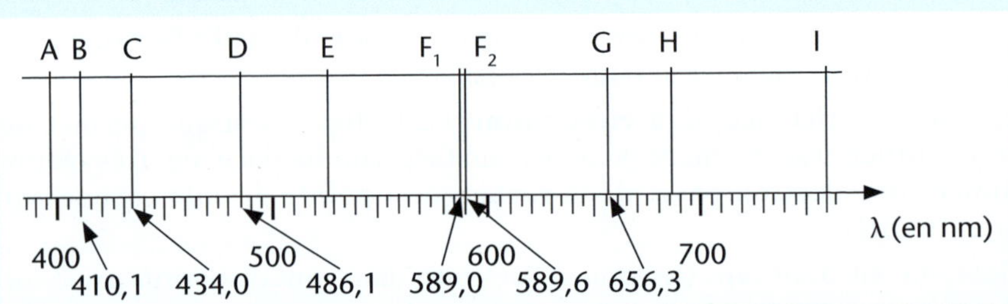

On retrouve ainsi dans l'atmosphère du Soleil, la chromosphère, toutes les raies de **l'hydrogène** et toutes les raies du **sodium**. On peut conclure que ces deux éléments sont **présents dans cette zone**.

3. On dit que l'énergie d'un atome est **quantifiée**, car elle ne peut prendre que quelques valeurs, elle **varie de manière discrète** et non continue.

4. a) Le niveau d'énergie de l'état fondamental de l'atome d'hydrogène E_0 est le niveau d'énergie la plus faible :

$\mathbf{E_0 = -13{,}6\ eV}$ (voir le schéma ci-contre).

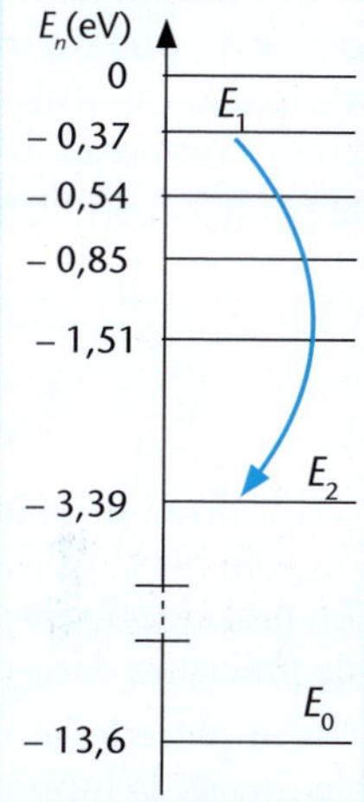

b) $\Delta E = E_{Final} - E_{Initial} = E_2 - E_1 = -3{,}39 + 0{,}37 = \mathbf{-3{,}02\ eV}$.

Remarques

Par convention de signes, si une variation d'énergie est négative, le système perd de l'énergie (dans le cas contraire il en reçoit de l'extérieur). L'énergie perdue par le système est donc transférée vers l'extérieur, on parle parfois de « convention égoïste ».

c) $\Delta E = -3{,}02 \times 1{,}6{\cdot}10^{-19} = \mathbf{-4{,}8{\cdot}10^{-19}\ J}$.

d) On représente sur la schéma la transition demandée.

e) $|\Delta E| = h \times \nu$, d'où $\nu = |\Delta E|/h = \dfrac{4{,}8 \cdot 10^{-19}}{6{,}62 \cdot 10^{-34}} = \mathbf{7{,}3 \cdot 10^{14}\ Hz}$.

f) La transition effectuée dans ce cas correspond à une perte d'énergie par l'atome, cette énergie va se dissiper vers l'extérieur par **une émission** d'un photon dont l'énergie est égale à la différence d'énergie entre les deux niveaux considérés.

g) $\lambda = \dfrac{c}{\nu} = \dfrac{2{,}997 \cdot 10^8}{7{,}3 \cdot 10^{14}} = 4{,}1{\cdot}10^{-7}\ \text{m} = \mathbf{4{,}1{\cdot}10^2\ nm}$. On retrouve la raie notée *B* du spectre donné.

PRÉPARER L'ÉPREUVE PRATIQUE

8 Monochromaticité et directivité d'un laser

1. a) L'élargissement du faisceau est lié à la *diffraction* du faisceau laser à la sortie du système optique.

b)

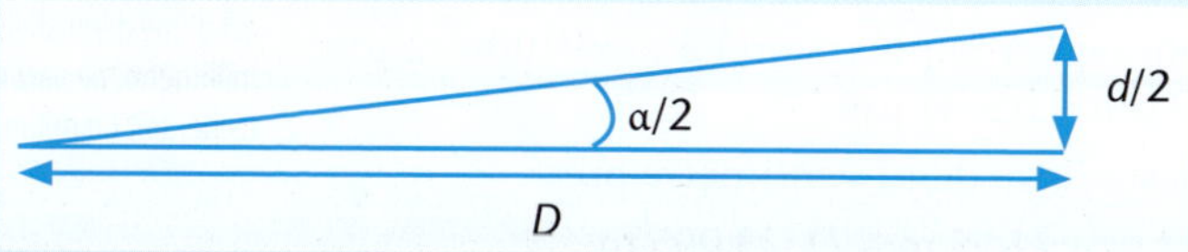

tan (α/2) = d/(2D), d'après l'approximation des petits angles, avec α en radians, tan (α/2) = α/2 et $\alpha = d$/D ; pour 2 mm ≤ d ≤ 4 mm.

CORRIGÉS

$2{\cdot}10^{-3} \leq \alpha = d/D \leq 4{\cdot}10^{-3}/3{,}0$ soit $0{,}67$ mrad $\leq \alpha \leq 1{,}3$ mrad. La valeur indiquée par le constructeur, 1 mrad, est comprise dans cette intervalle, donc **la mesure est cohérente**.

2. a) Compte tenu de la taille de la fente, a du même ordre que λ, on **devrait observer une figure de diffraction**. Le faisceau étant ponctuel, pour une fente verticale, on observerait une tache centrale brillante, puis une alternance de zone d'ombre et de taches brillantes régulièrement espacées.

b) Si on reprend la figure du **1. b)** pour un demi-angle de diffraction θ, on peut écrire $\theta = \frac{d}{2D}$ d'une part, et $\theta = \frac{\lambda}{a}$ d'autre part (diffraction d'une onde).

D'où, $\frac{d}{2 \times D} = \frac{\lambda}{a}$ et ainsi $\boldsymbol{d = 2 \times \lambda \times \frac{D}{a}}$.

c) Il suffirait de **placer la fente à proximité immédiate de la sortie du laser** afin de pouvoir considérer que le faisceau lumineux initial est quasiment ponctuel. En pratique, la très faible divergence du faisceau laser ne pose pas de problème de précision dans ces mesures.

d) On place le laser sur support à une extrémité de la table, en prenant soin de diriger la lumière du laser dans une direction protégée (absence d'une personne dans cette direction). On ajuste éventuellement la position du laser en observant l'image du faisceau sur un écran situé de l'autre côté de la table.

On place la fente calibrée devant le laser de manière à ce que $D = 3{,}0$ m précisément. On mesure ensuite la largeur d de la tache centrale de diffraction.

Pendant toute la manipulation, on prendra soin de ne pas regarder directement de la direction de la source laser.

3. Le constructeur indique $\lambda = (632{,}8 \pm 1{,}3{\cdot}10^{-9})$ m. La mesure de la largeur de la tache effectuée sur l'écran est $d = 9{,}5$ cm.

a) On a $\frac{d}{2 \times D} = \frac{\lambda}{a}$, soit $\frac{d \times a}{2 \times D} = \lambda$, d'où :

$$\lambda = \frac{9{,}5 \cdot 10^{-2} \times 40 \cdot 10^{-6}}{2 \times 3{,}0} = \mathbf{6{,}3 \cdot 10^{-7}\ m}.$$

b) d est mesurée au demi-millimètre près :

$$9{,}45 \text{ cm} \leq d \leq 9{,}55 \text{ cm}.$$

a est connue à 5 % près, soit à $5 \times 40/100 = 2$ µm près : 39 µm $\leq a \leq$ 41 µm.

D est mesurée au demi-centimètre près :

$$2{,}995 \text{ m} \leq D \leq 3{,}005 \text{ m}.$$

$39{\cdot}10^{-6} \times 9{,}45{\cdot}10^{-2}/2 \leq a \times d/2 \leq 41{\cdot}10^{-6} \times 9{,}55{\cdot}10^{-2}/2$

$1/3{,}005 \leq 1/D \leq 1/2{,}995$

Remarque

La règle est graduée au millimètre. On admet que l'erreur de lecture est d'une demi-division, un demi-millimètre, de part et d'autre de la tache, soit un millimètre.

Remarques

Pour passer de l'encadrement de D à celui de $\frac{1}{D}$, il est nécessaire d'inverser les deux bornes de l'intervalle.

$$\frac{39\times10^{-6}\times9,45\times10^{-2}}{2\times3,005}\leq\frac{d\times a}{2\times D}=\lambda\leq\frac{41\times10^{-6}\times9,55\times10^{-2}}{2\times2,995}$$

$$6,132\cdot10^{-7}\,\text{m}\leq\lambda\leq6,537\cdot10^{-7}\,\text{m}$$

$$\mathbf{6,13\cdot10^{-7}\,m\leq\boldsymbol{\lambda}\leq6,54\cdot10^{-7}\,m.}$$

Méthodologie

Dans un encadrement de ce type, lié à des incertitudes de mesure, il faut arrondir par défaut le terme de gauche et par excès le terme de droite. Dans le cas présent, la règle correspond aux habitudes d'arrondis à la valeur la plus proche.

c) Le constructeur indique $\lambda = (632,8 \pm 1,3\cdot10^{-9})$ m, soit :

$$(6,328-1,3\cdot10^{-11})\cdot10^{-7}\,\text{m}\leq\lambda\leq(6,328+1,3\cdot10^{-11})\cdot10^{-7}\,\text{m}$$

$$6,328\cdot10^{-7}\,\text{m}\leq\lambda\leq6,328\cdot10^{-7}\,\text{m}.$$

L'erreur donnée par le constructeur est si faible que nous pouvons considérer qu'il donne $\lambda_{\text{Théorique}} = 6,328\cdot10^{-7}$ m et **cette valeur est bien comprise dans l'intervalle donné en question b), donc l'encadrement obtenu est cohérent avec l'indication du constructeur**.

d) Il n'est évidemment pas possible de retrouver expérimentalement le terme $\Delta\lambda = 1,3\cdot10^{-9}$ nm, car cette incertitude sur la longueur d'onde du laser est très faible et conduirait à une différence de largeur de tache centrale de diffraction bien inférieure à notre précision de mesure.

e) $\frac{\Delta\lambda}{\lambda}$ est très faible, on peut considérer le laser comme **monochromatique** avec une très grande précision.

Remarques

Si on calcule $\frac{\Delta\lambda}{\lambda}$, on obtient $2,0\cdot10^{-12}$ soit $0,2\cdot10^{-9}$ % ; le laser rouge est monochromatique à 0,2 milliardième de pourcent près. On retrouve la valeur donnée dans le cours (paragraphe **I.4**).

Le faisceau laser est **directif** (vérification dans la première partie de l'exercice) et permet de **concentrer l'énergie dans l'espace et dans le temps**.

Pour aller plus loin

9 Des moles de photons ?

1. On calcule d'abord l'énergie d'un photon, $E = \mathrm{h} \times \nu = \mathrm{h} \times \dfrac{c}{\lambda}$, pour N photons : $E_N = N \times \mathrm{h} \times \dfrac{c}{\lambda}$.

La puissance du laser est le rapport de l'énergie des photons par la durée, soit :

$$P = \frac{E_N}{\Delta t} = N \times \mathrm{h} \times \frac{c}{\lambda \times \Delta t} \quad \text{et} \quad \boldsymbol{N = P \times \Delta t \times \frac{\lambda}{\mathrm{h} \times c}}.$$

Pour $\Delta t = 1$ s, $N = 1{,}0{\cdot}10^{-3} \times \dfrac{500 \cdot 10^{-9}}{6{,}62 \cdot 10^{-34} \times 3{,}0 \cdot 10^{8}}$

$\boldsymbol{N = 2{,}5{\cdot}10^{15}}$ **photons par seconde.**

2. La quantité de matière de photons sera $n = \dfrac{N}{N_\mathrm{A}} = \dfrac{2{,}5 \cdot 10^{15}}{6{,}02 \cdot 10^{23}} = \boldsymbol{4{,}2{\cdot}10^{-9}}$ **mol.**

3. Il suffit ici de reprendre les expressions précédentes avec la nouvelle puissance et la nouvelle longueur d'onde, $\boldsymbol{N' = P' \times \Delta t \times \dfrac{\lambda'}{\mathrm{h} \times c}}$.

$N' = 200{\cdot}10^{9}{\cdot}10^{6} \times 10^{-21} \times \dfrac{1\,000 \cdot 10^{-9}}{6{,}62 \cdot 10^{-34} \times 3{,}0 \cdot 10^{8}} = \boldsymbol{1{,}0{\cdot}10^{15}}$ **photons par seconde.**

> **Remarques**
>
> On trouve sensiblement le même ordre de grandeur du nombre de photons mise en jeu dans le laser de lycée et le laser de puissance ELI ! La différence tient en la durée de fonctionnement. Eli concentre ce flux de photon pendant une durée extraordinairement faible (d'où la forte puissance) mais possède finalement une énergie faible (de l'ordre de 1 joule).

$n' = \dfrac{N'}{N_\mathrm{A}} = \dfrac{10 \cdot 10^{15}}{6{,}02 \cdot 10^{23}} = \boldsymbol{1{,}7{\cdot}10^{-9}}$ **mol.**

4. Les surfaces sont directement proportionnelles aux quantités de matière de photons, soit :

$S = n \times s = 4{,}2{\cdot}10^{-9} \times 300 = 1{,}3{\cdot}10^{-6}\ \mathrm{m}^2 = \boldsymbol{1{,}3\ \mathrm{mm}^2}$;

$S' = n' \times s = 1{,}7{\cdot}10^{-9} \times 300 = 5{,}1{\cdot}10^{-7}\ \mathrm{m}^2 = \boldsymbol{0{,}51\ \mathrm{mm}^2}$.

Ces surfaces sont évidemment très faibles (flux de photons « solaires » important).

5. Il suffit de multiplier S' par 10^{21} :

$$S'' = 5{,}1{\cdot}10^{-7} \times 10^{21} = 5{,}1{\cdot}10^{14}\ \mathrm{m}^2 = \frac{5{,}1 \cdot 10^{14}}{10\,000} = \boldsymbol{5{,}1{\cdot}10^{10}\ \mathrm{ha}},$$

soit 51 milliards d'hectare (environ 4 fois la superficie terrestre).

CHAPITRE 16

Enjeux énergétiques et apport de la chimie au respect de l'environnement

COMPÉTENCES EXIGIBLES

- Extraire et exploiter des informations sur des réalisations ou des projets scientifiques répondant à des problématiques énergétiques contemporaines.
- Faire un bilan énergétique dans les domaines de l'habitat ou du transport.
- Argumenter sur des solutions permettant de réaliser des économies d'énergie.
- Extraire et exploiter des informations en lien avec :
  - la chimie durable ;
  - la valorisation du dioxyde de carbone ;

  pour comparer les avantages et les inconvénients de procédés de synthèse du point de vue du respect de l'environnement.

1 Enjeux énergétiques

1 Généralités

- L'énergie d'un système s'exprime en joules (J) et peut prendre différentes formes, comme par exemple, une énergie cinétique, une énergie potentielle de pesanteur, une énergie électrique ou une énergie interne.

2 Chaînes de conversion

- Dès qu'un système change d'état, il y a transfert ou conversion d'énergie. Par exemple :

– lors de la chute d'une bille initialement immobile, une partie de l'énergie potentielle de pesanteur de la bille se convertit en énergie cinétique de la bille puisque la bille prend de la vitesse ;

– lors du chauffage de l'eau dans une bouilloire, une partie de l'énergie électrique de la résistance de la bouilloire est transférée en énergie interne de l'eau : l'eau chauffe ;

– dans le moteur à combustion d'une voiture, une partie de l'énergie du carburant est convertie en énergie mécanique : la voiture avance (énergie cinétique) et elle peut monter en haut d'une montagne (énergie potentielle de pesanteur).

Remarque
On parle de transfert thermique entre deux systèmes plutôt que de chaleur (voir chapitre 14) pour ne pas confondre la chaleur avec la température qui est caractéristique d'un système.

3 Nouvelles chaînes de conversion

Aujourd'hui, les enjeux énergétiques demandent à répondre aux besoins humains tout en respectant au maximum l'avenir du monde. Ainsi, de nouvelles tecÚologies ont été mises au point et de nouvelles chaînes énergétiques ont été développées.

- Les panneaux photovoltaïques convertissent l'énergie du Soleil en énergie électrique.

Doc. Panneaux photovoltaïques

- Les éoliennes ou les éoliennes sous-marines convertissent l'énergie cinétique du vent ou de l'eau en énergie électrique.
- Les pompes à chaleur ou les climatiseurs convertissent une énergie électrique en énergie interne de l'air d'une habitation.
- La géothermie permet de transférer l'énergie interne de la Terre en énergie interne de l'air d'une habitation.

Bien comprendre

Un panneau solaire simple permet de chauffer un fluide via un échangeur, lequel ira ensuite chauffer l'eau du circuit domestique. En revanche, un panneau solaire photovoltaïque permet de produire de l'électricité grâce à l'effet photovoltaïque propre aux semi-conducteurs.

4 Économies d'énergie et bilan de puissances

- Très souvent, on perd de l'énergie par des phénomènes dissipatifs non voulus, tel que les frottements ou l'effet Joule. Ces pertes sont généralement dues à des transferts thermiques non désirés. Un bilan énergétique permet de chiffrer ces pertes afin de les minimiser. Un tel bilan est souvent exprimé en termes de puissances qui par définition mesurent les énergies moyennes consommées ou apportées pendant une seconde.

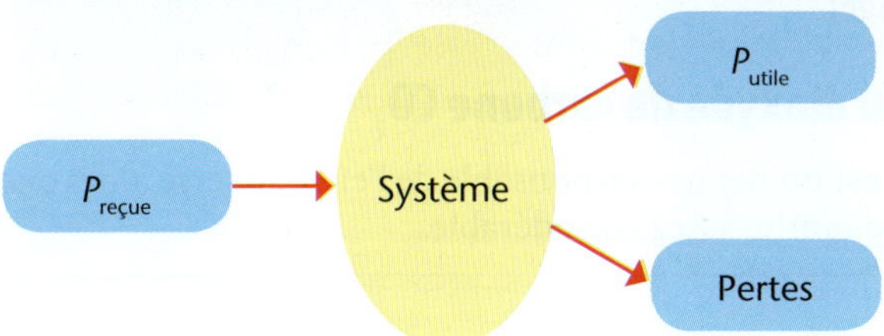

À savoir

L'énergie comme la puissance ne se crée pas, ni ne se perd : il ne peut exister uniquement des transferts d'énergie ou de puissance.

Le bilan donne $P_{\text{reçue}} = P_{\text{utile}} + \text{Pertes}$.

5 Unité usuelle de l'énergie

Le kilowattheure (kWh) est une unité d'énergie, utilisée notamment par EDF. Cela correspond par exemple à l'énergie consommée en une heure par un appareil de 1 000 W.

Remarque

1 kWh correspond également à l'énergie consommée en 10 heures par un appareil consommant une puissance électrique de 100 W.

Unités légales

La puissance se mesure en watts (W) et l'énergie en joules (J).

2 Apport de la chimie au respect de l'environnement

1 Une chimie durable

• Un des principaux enjeux de notre siècle est la prise en compte des conséquences de notre activité sur l'environnement. Une chimie durable et vivable peut apporter des solutions, comme par exemple :

– l'utilisation d'agro-ressources;

– le choix de solvants et de réactifs moins toxiques ;

– la production de nouveaux matériaux à partir de plantes abondantes (sachets plastiques à base de maïs par exemple) ;

– l'économie d'atomes (la limitation des déchets) ;

Doc. Le colza est utilisé pour produire du biocarburant

– le traitement des déchets par transformation chimique afin de stocker une espèce sous une forme non nocive ou en vue d'une réutilisation dans une autre chaîne chimique (recyclage).

2 La valorisation du dioxyde de carbone CO_2

• Le dioxyde de carbone est un des gaz responsable de l'effet de serre alors que nous en produisons une quantité assez considérable.

À savoir

N'oublions pas que l'effet de serre est indispensable à la vie sur Terre. C'est l'excès d'effet de serre qui est préjudiciable à l'environnement. De plus, rappelons également que le dioxyde de carbone est indispensable à la photosynthèse des plantes.

• Il convient donc de revaloriser le dioxyde de carbone en le réutilisant intelligemment :

– en tant que réfrigérant ;

– sous forme de fluide supercritique aux propriétés remarquables ;

– dans la fabrication de plastiques biodégradables, de polycarbonates ;

– dans la culture de micro-algues pour la production de biomasse (combustibles d'origine végétale).

QCM et questions courtes

1 QCM

➔ Corrigé p. 316

Indiquez la ou les réponse(s) exacte(s).

1. L'unité légale de l'énergie est :

a) la calorie ; **b)** le watt ; **c)** le joule.

2. Si un système change d'état, il y a forcément eu :

a) création d'énergie ;

b) conversion ou transfert d'énergie ;

c) rien.

3. La chimie durable est :

a) une réaction chimique longue ;

b) une chimie vivable sur le long terme ;

c) une chimie intelligente.

2 Vrai ou faux ?

➔ Corrigé p. 316

1. La chimie est toujours nocive. ☐ Vrai ☐ Faux

2. Le moteur est un convertisseur d'énergie. ☐ Vrai ☐ Faux

3. Toute ressource d'énergie est renouvelable. ☐ Vrai ☐ Faux

4. Le pétrole est une ressource d'énergie renouvelable. ☐ Vrai ☐ Faux

5. La principale source d'énergie primaire en France est le nucléaire. ☐ Vrai ☐ Faux

Exercices d'entraînement

3 Moteur thermique

★ 5 min ➔ Corrigé p. 316

Quel type de conversion énergétique effectue un moteur thermique ?
Justifier votre réponse.

4 Convertisseur d'énergie

★ 5 min ➔ Corrigé p. 317

Donner un exemple de convertisseur d'énergie cinétique en énergie électrique. Justifier votre réponse.

5 Un bilan de puissance

★ 20 min Corrigé p. 317

Chez un constructeur automobile, une nouvelle tecÚologie de récupération d'énergie est brevetée depuis quelques années.

Il s'agit de récupérer l'énergie au freinage, qui est purement dissipative.

> **Aide**
> Une énergie cinétique est exprimée en joules si la masse est en kg et la vitesse en $m{\cdot}s^{-1}$.

1. Calculer l'énergie cinétique d'un véhicule de 1,7 tonnes lancé à 130 $km{\cdot}h^{-1}$.

2. Sous quelle forme est dissipée l'énergie lors du freinage ?

6 Maison BBC

★ 20 min Corrigé p. 317

Un Bâtiment Basse Consommation (BBC) est un label donné à une habitation, qui doit répondre à des normes particulières de consommation énergétiques. Cette réglementation thermique s'adresse aux constructions neuves (ou extensions de constructions) des bâtiments résidentiels et non résidentiels.

Ci-dessous les valeurs de consommation seuil pour prétendre à ces labels, exprimées en $kWh{\cdot}m^{-2}{\cdot}an^{-1}$:

- bâtiment à haute performance énergétique (BHPE) : 96 ;
- bâtiment à très haute performance énergétique (BTHPE) : 80 ;
- bâtiment basse consommation (BBC) : 50 ;
- bâtiment à énergie passive (BEPAS) : moins de 15 ;
- bâtiment à énergie positive (BEPOS) : qui produit de l'énergie.

1. Le prix du kWh chez EDF est en moyenne de 10 centimes d'euros.
Calculer le budget énergétique annuel, pour une maison de 100 m^2, en considérant une consommation d'énergie d'origine purement électrique :

- dans le cadre d'une habitation BHPE ;
- dans le cadre d'une habitation BBC.

2. Une habitation n'ayant pas une isolation optimale peut consommer jusqu'à 200 $kWh{\cdot}m^{-2}{\cdot}an^{-1}$, et jusqu'à 400 dans des situations extrêmes.

Calculer l'économie réalisée sur un an pour une superficie de 100 m^2, entre le cas extrême ci-dessus et une habitation répondant au label BBC.

3. Donner un exemple de système permettant de produire de l'énergie.

7 Une histoire d'atomes

★ 10 min ➔ Corrigé p. 317

La synthèse de l'aspirine se fait au moyen de la réaction : acide salicylique + anhydride acétique ⇆ aspirine + acide acétique.

Dans ces conditions, pour 5,4 g d'anhydride acétique et 3,5 g d'acide salicylique, on obtient 4,4 g d'aspirine et 1,5 g d'acide acétique.

Aide
L'économie d'atomes (EA) est égale à :
EA = m (produit désiré) / $\Sigma\, m$ (de tous les produits formés).

1. Peut-on calculer le rendement de la réaction avec ces seules valeurs ? Justifier.

2. Calculer l'économie d'atomes (EA) réalisée.

8 Pertes thermiques

★ 20 min ➔ Corrigé p. 318

Dans une habitation, les pertes par transfert thermique au travers des cloisons sont les principales causes de pertes énergétiques.

Ces pertes dépendent du type de matériau employé pour isoler les parois. Voici ci-dessous la conductivité thermique de différents matériaux.

Matériau	bois	air	polystyrène	laine de verre	liège	paille
Conductivité thermique ($W \cdot m^{-1} \cdot K^{-1}$) pour 20 °C	0,20	0,026	0,036	0,037	0,04	0,035

1. Quel est le matériau le plus isolant ?

2. Le choix du matériau est-il le seul paramètre à prendre en compte dans l'isolation thermique d'une habitation ? Si non, quels autres paramètres faut-il aussi prendre en compte ?

3. Expliquer un des avantages des fenêtres à double vitrage.

9 Efficacité énergétique

★★ 15 min ➔ Corrigé p. 318

L'efficacité d'un lave-vaisselle est exprimée en terme de consommation d'énergie électrique pour laver 12 couverts. Ces valeurs sont exprimées en kWh.

A	B	C	D	E	F	G
< 1,06	< 1,25	< 1,45	< 1,65	< 1,85	< 2,05	> 2,05

1. Convertir la consommation électrique d'une classe A et C en joules (J).

2. Pour un couple dont la moyenne est de 12 couverts par semaine, calculer la consommation électrique hebdomadaire et annuelle en joules de deux lave-vaisselle de classe A et C.

3. Estimer la différence de consommation annuelle du lave-vaisselle pour ce couple entre un appareil de classe A et C.

10 Un bilan de CO_2

★★ 20 min ➔ Corrigé p. 318

Une Porsche rejette 500 g de dioxyde de carbone CO_2 par kilomètre, une Peugeot 207 en rejette 166 g par kilomètre.

1. Effectuer un bilan du rejet de dioxyde de carbone pour les deux véhicules pour un trajet annuel de 10 000 km.

2. La consommation moyenne d'un véhicule à moteur diesel est de l'ordre de 4,1 L/100 km actuellement (voire moins), celle d'un véhicule essence est de 6,0 L /100 km. Le prix moyen du gasoil est de 1,30 €/L et celui de l'essence de 1,46 €/L.

Calculer la consommation de carburant par personne pour le voyage d'une famille de quatre personnes, partant à 850 km de chez eux, avec l'utilisation d'un véhicule de type essence ou diesel.

3. Calculer le budget carburant de cette famille pour leur voyage.

4. Un véhicule électrique permet de parcourir 100 km pour moins de 1 € !

Calculer alors le budget « carburant » de cette famille pour le même voyage.

5. Pourquoi cette solution ne convient pas pour partir en vacances actuellement ?

6. Connaissez-vous une solution qui réalise un bon compromis ?

Exercice de type bac

PRÉPARER L'ÉPREUVE ÉCRITE

11 Construire, oui mais comment ?

★★ 50 min ➔ Corrigé p. 319

Choix de chauffage

Aujourd'hui, de nombreuses personnes construisent leur habitation, certains sont auto-entrepreneurs, de part l'intérêt économique, mais aussi pour la liberté dans les choix de conception. Ces choix existent à différents niveaux et donnent lieu à des compromis : esthétiques, pratiques, financiers, envies personnelles...

Un exemple marquant est le choix du chauffage. On peut opter pour le fioul domestique largement répandu, mais lui préférer le bois, pour l'aspect chaleureux et plus esthétique de la cheminée. Certains se tourneront vers des tecÚiques plus récentes telles que la géothermie, les pompes à chaleur ou le solaire. Aujourd'hui, le stère de bois (1 m³) revient en moyenne à 45 € et permet de chauffer autant que 200 L de fioul.

•••

Le fioul domestique est quand à lui directement produit à partir de pétrole et a aussi subit la hausse qu'on connaît pour le carburant automobile ; il se vend en moyenne à 0,8 € le litre.

Énergie	Coût du kWh (€ TTC)
Soleil	0
bois en bûche	0,043
fioul domestique	0,083

À ces coûts doivent s'ajouter, le coût d'achat de l'équipement ainsi que l'entretien qui peut aller du simple ou double selon l'équipement. Mais cela permet de dégager certaines tendances, les quantités d'émission de CO_2 peuvent, et doivent aussi être un critère déterminant dans toute logique éco-citoyenne. N'oublions pas que de nombreuses aides existent pour de tels investissements, l'État en particulier tend à encourager de telles démarches par des déductions fiscales ou des prêts à taux intéressants.

Choix de l'isolation

Avant de parler d'isolation, il faut savoir que les transferts thermiques peuvent se faire par trois grands phénomènes physiques : la **convection**, qui est un transport de matière à l'échelle macroscopique, la **conduction** qui transfère de l'énergie thermique par contact de proche en proche, et le **rayonnement** qui est un transfert thermique à distance. Outre le chauffage, le choix de l'isolation est tout autant primordial. En effet, pourquoi chauffer intensément et de manière efficace si une grande partie de l'énergie consommée est « perdue » en chauffant l'extérieur. Ainsi, le premier choix possible est le type d'isolation : extérieur ou intérieur. L'isolation sur la façade extérieure est certes plus coûteuse mais présente l'avantage d'être plus efficace. L'isolation intérieure est limitée par la dalle et crée ainsi des ponts thermiques : les transferts thermiques ne diminuent pas mais s'engouffrent dans ces mauvais raccords thermiques. Vient ensuite le choix du matériau d'isolation, si le polystyrène expansé est largement répandu, d'autres tecÚiques sont tout autant efficaces, ainsi l'isolation en paille ou bois sont possibles aussi. L'isolant principal reste l'air, qui ajouté à la multiplication de couches, permet une efficacité optimale tout en restant une solution « respirante ». D'autres se tourneront vers des méthodes plus draconiennes, rendant l'habitation totalement hermétique, mais cela contraint à renouveler l'air ambiant par un système de VMC (Ventilation Mécanique Contrôlée), là aussi plusieurs choix sont possibles. Notons enfin que ces habitations permettent une utilisation dite passive du chauffage, c'est-à-dire ne consommant aucune énergie. En effet, la seule activité humaine dégage de la chaleur sous la forme d'un rayonnement invisible dans un domaine appelé infrarouge.

Choix de la localisation

Le choix du terrain de construction est le premier choix à effectuer. Il tient énormément compte de l'intérêt que l'on porte pour le lieu de vie, mais il peut se trouver plus économique. Ainsi, on peut effectuer un bilan financier : dans un premier choix, un terrain proche de la ville et de son lieu de travail peut sembler hors de prix à l'achat, mais le trajet plus court, la possibilité des transports en commun et le plus faible rejet de CO_2, peuvent le rendre intéressant. À l'inverse, un terrain plus éloigné de grands axes routiers sera souvent moins cher à l'achat, mais les commodités moins nombreuses, le trajet (en distance et en temps passé sur la route) plus long, rendent le budget transport plus conséquent, sans parler de l'empreinte carbone (taux d'émission de CO_2) plus conséquente.

1. De quelle grandeur le kWh est-elle l'unité ?

2. Convertir 1 kWh en joules (J).

3. Citer les différentes causes de pertes thermiques dans une habitation.

4. Effectuer un bilan de dépenses pour le chauffage d'une habitation nécessitant 5 000 kWh annuel, dans le cas du bois en bûches, puis du fioul domestique.

5. Quels inconvénients présente le chauffage au bois ?

6. Donner un exemple de transfert thermique par convection, dans la vie quotidienne.

7. Sous quelle forme de transfert thermique le Soleil chauffe-t-il principalement la Terre ?

8. L'Homme émet un rayonnement électromagnétique, responsable de pertes thermiques pour le corps.

Dans quelle gamme de longueurs d'ondes se présente ce rayonnement ?

9. En isolant des vitres avec du double vitrage, quel type de transfert thermique limite-t-on ?

10. Effectuer un bilan sous forme de diagramme pour une chaudière au fioul.

11. « Le chauffage solaire ne coûte rien. » Est-ce vrai ? Pourquoi ?

12. Quel type de transfert thermique utilise-t-on dans le cas du chauffage solaire ?

13. Quels sont les facteurs influençant les performances de ce type de chauffage ?

Pour aller plus loin

12 La fin des ampoules à incandescence

★★★ 30 min ➔ Corrigé p. 320

Rappel
Dans le langage courant, la chaleur correspond au transfert thermique.

Les ampoules à incandescence sont progressivement retirées du marché depuis 2009 et elles seront totalement interdites à la vente en 2012. Expliquons cette interdiction en effectuant des bilans énergétiques.

Les ampoules à incandescence convertissent environ 95 % d'énergie sous forme de chaleur. Leur rendement est de l'ordre de 14 à 25 lumens·watt^{-1} (moyenne de 20 lumens·watt)$^{-1}$. Leur durée de vie moyenne est de 1 000 h.

Les ampoules à basse consommation fluo-compactes qui remplacent les lampes à incandescence utilisent quant à elles le principe de la fluorescence : elles contiennent du mercure en faible quantité qui émet dans l'ultraviolet. Leur rendement est de l'ordre de 60 lumens·watt^{-1}.

•••

Leur durée de vie moyenne est de 10 000 h. Elles dégagent moins de chaleur. Elles sont à 93 % recyclables (taxe de recyclage de 0,25 € incluse dans le prix) et elles sont en moyenne cinq fois plus chères à l'achat. Les allumages répétés réduisent leur durée de vie. Il semblerait que les ampoules les plus puissantes soient à déconseiller comme lampe de bureau car une pollution électromagnétique en émane, mais des filtres anti-radiations ont déjà été mis au point par les fabricants.

Des ampoules de type LED ou DEL (diodes électroluminescentes) sont également commercialisées. Leur rendement lumineux est au moins égale à celui des ampoules fluo-compactes, leur durée de vie dépasse les 30 000 h, mais leur prix d'achat est jusqu'à dix fois plus cher que les ampoules fluo-compactes !

1. Si on s'intéresse à une ampoule à incandescence ayant un prix d'achat de 1,80 € et sachant que EDF facture actuellement environ 10 cts le kWh, estimer les dépenses d'un utilisateur sur un an, pour un éclairage quotidien de quatre heures, avec une intensité lumineuse de 800 lumens.

2. Répondre à la même question pour l'ampoule fluo-compacte. Conclure.

3. Estimer la durée de vie en jours ou années de chacune des ampoules (ampoule à incandescence, ampoule fluo-compacte et ampoule DEL) pour un éclairage quotidien de quatre heures.

4. Soit Δt l'éclairage quotidien. Soit d sa durée de vie et p son prix d'achat. Établir une formule donnant le coût total annuel d'une ampoule de 100 W, en fonction de ces paramètres.

CORRIGÉS

QCM et questions courtes

1 QCM

1. a) L'unité légale de l'énergie est le joule (J), tandis que le kilowattheure (kWh) est l'unité usuelle utilisée par EDF.

2. b) Si un système change d'état, il y a forcément eu conversion ou transfert d'énergie.

3. b) et **c)** La chimie durable est une chimie intelligente car mieux pensée et une chimie vivable sur le long terme.

2 Vrai ou Faux ?

1. Faux → Cela dépend de l'utilisation qu'on en fait.

2. Vrai → Il convertit une énergie interne du carburant en énergie mécanique et thermique.

3. Faux → De nombreuses ressources d'énergie sont non renouvelables.

4. Faux → En réalité, le pétrole se renouvelle en plusieurs millions d'années : il n'est donc pas renouvelable à l'échelle humaine.

5. Vrai → Le nucléaire est la principale source d'énergie primaire en France.

Exercices d'entraînement

3 Moteur thermique

Un moteur thermique effectue la conversion de l'énergie du carburant en **énergie mécanique** (la voiture avance) et **interne** (le moteur chauffe).

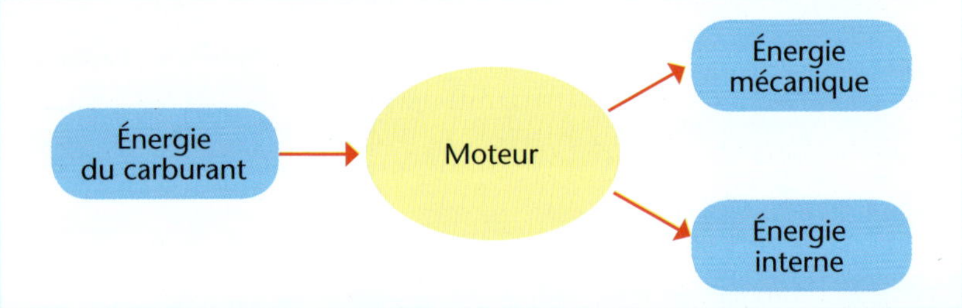

4 Convertisseur d'énergie

Un **microphone** convertit l'**énergie cinétique** de sa membrane (qui bouge suivant les vibrations de l'air dues à l'onde sonore) en **énergie électrique** (visualisable sur un oscilloscope par exemple).

De même, un **alternateur** convertit une **énergie cinétique** due à la rotation du rotor en **énergie électrique** par un phénomène d'induction.

5 Un bilan de puissance

1. L'énergie cinétique du véhicule est donnée par la relation :

$$E_c = \frac{1}{2} m v^2 \quad \text{avec } m \text{ en kg et } v \text{ en m·s}^{-1}.$$

Les conversions préalables à faire sont :

$$1{,}7 \text{ t} = 1{,}7{\cdot}10^3 \text{ kg et } 130 \text{ km/h} = 130{\cdot}10^3/3\,600 \text{ m·s}^{-1} = 36{,}0 \text{ m·s}^{-1}.$$

L'application numérique donne $E_c = \frac{1}{2} \times 1{,}7{\cdot}10^3 \times 36{,}0^2 = \mathbf{1{,}1{\cdot}10^6\ J = 1{,}1\ MJ}$.

2. L'énergie au freinage est dissipée sous forme de **transfert thermique**, les disques des freins chauffent.

6 Maison BBC

1. Le budget énergétique annuel est égal à :

- $100 \times 96 \times 0{,}10 =$ **960 €** en moyenne pour une habitation BHPE ;
- $100 \times 50 \times 0{,}10 =$ **500 €** en moyenne pour une habitation BBC.

2. Dans une situation d'isolement extrêmement mal conçue, la consommation est de $400 \times 100 = 4{,}00{\cdot}10^4$ kWh par an ; dans le cadre d'une habitation BBC, celle-ci est de $96 \times 100 = 9{,}6{\cdot}10^3$ kWh. Avec un kilowattheure facturé 10 cts d'euro par EDF, le budget énergétique passe de 4 000 € et 960 €. On réalise donc une économie d'environ **3 000 €** sur un an !

3. On peut citer les **panneaux photovoltaïques**, qui convertissent l'**énergie solaire** en **énergie électrique**.

7 Une histoire d'atomes

1. On ne peut pas calculer le rendement avec ces seules valeurs, car il est défini à partir des quantités de matière des espèces chimiques et non à partir de leurs masses.

2. L'économie d'atomes (EA) est définie par :

$$\text{EA} = m \text{ (produit désiré)} / \Sigma\, m \text{ (de tous les produits formés)}$$
$$= \frac{4{,}4}{4{,}4 + 1{,}5} = 0{,}75 = \mathbf{75\ \%}.$$

Il y a donc 75 % de produit désiré.

CORRIGÉS

8 Pertes thermiques

1. L'air est le matériau **le plus isolant** des matériaux présentés dans le tableau, car sa **conductivité thermique est la plus faible.**

2. Le choix du matériau n'est pas le seul paramètre à prendre en compte dans l'isolation thermique d'une habitation. Il faut aussi tenir compte de l'**épaisseur des cloisons**, de la **superposition de couches.**

3. Dans le double vitrage, une couche d'air supplémentaire **augmente la résistance thermique** de la fenêtre et donc son isolation.

Remarque

Il existe différents types de double vitrage, le principe étant d'enfermer de l'air, un gaz ou de pousser un début de vide entre les deux parois vitrées. La succession de ces couches en fait une très bonne isolation comparée au simple vitrage. Il a été montré que le triple vitrage n'apporte qu'un gain moindre par la suite.

9 Efficacité énergétique

1. Par définition : 1 kWh = 1 kW × 1 heure = 1 kW × 3 600 s = 1 000 × 3 600 kWs.

Or, l'énergie $E = P$. Ainsi, Δt est exprimée en joules si P est en watts et Δt en secondes. Donc on a :

– pour la classe A : < 1,06 × 1 000 × 3 600 = **$3{,}82 \cdot 10^6$ J = 3,82 MJ** ;

– pour la classe C : < 1,45 × 1 000 × 3 600 = **$5{,}22 \cdot 10^6$ J = 5,22 MJ.**

2. Sur une semaine, on a directement la consommation donnée par le tableau (12 couverts), soit respectivement 3,82 MJ et 5,22 MJ. Sur un an, on obtient la consommation en considérant 52 semaines annuelles, soit **199 MJ et 271 MJ.**

3. Ce qui nous donne le bilan pour un couple, sur un an :

une différence de 271,44 – 198,64 = 72,80 MJ.

Soit une économie sur la classe C de $\dfrac{72{,}80}{271{,}44}$ = **27 % environ** (et autant d'économies financières) !

10 Un bilan de CO_2

1. Soit un trajet annuel de 10 000 km. La Porsche rejette :

10 000 × 500 = **$5{,}00 \cdot 10^6$ g = 5,00 tonnes de CO_2 par an.**

Et la Peugeot 207 :

10 000 × 166 = **$1{,}66 \cdot 10^6$ g = 1,66 tonne de CO_2.**

2. Soit un trajet de 850 km et un aller-retour de 1 700 km. La consommation est de :
– pour un véhicule essence : $6{,}0 \times 17 = 1{,}0 \cdot 10^2$ L ;
– pour le véhicule diesel : $4{,}1 \times 17 = 70$ L.
Soit des consommations par personne de :
pour un véhicule essence : $\frac{1{,}0 \cdot 10^2}{4}$ = **36 L par personne environ** ;
pour le véhicule diesel : $\frac{70}{4}$ = **17 L par personne environ.**

3. Soit des budgets de carburant pour l'ensemble de la voiture de :
pour un véhicule essence : $1{,}0 \cdot 10^2 \times 1{,}46 =$ **$1{,}5 \cdot 10^2$ € (environ 150 euros)** ;
pour le véhicule diesel : $70 \times 1{,}30 =$ **91 €**.

4. Pour un véhicule électrique, on a alors un budget de moins de **17 €** !

5. Les véhicules électriques ne sont pas encore parfaitement adaptés au départ en vacances, car l'**autonomie** de ce type de véhicule est **plus faible** que celle véhicule à carburant fossile, la recharge doit être plus régulière et elle prend plus de temps. De plus, les bornes électriques ne sont pas suffisamment répandues.

6. Les **véhicules de type hybride** associent les deux systèmes, pour diminuer la consommation tout en garantissant une bonne autonomie. Classiquement, le moteur électrique est sollicité lors de faibles vitesses, ou pour de franches accélérations, alors qu'il se recharge via l'alternateur lors de l'utilisation en moteur purement « essence ».

Exercice de type bac

PRÉPARER L'ÉPREUVE ÉCRITE

11 Construire, oui mais comment ?

1. Le kilowattheure (kWh) est l'unité d'une **énergie**.

2. $1 \text{ kWh} = 1\,000 \times 3\,600 = 3\,600 \cdot 10^3$ J = **3 600 kJ**.

3. On peut citer les pertes au travers des **cloisons**, celles au niveau des **fenêtres**, les flux d'airs entraînant également des transferts thermiques lors de l'**aération de l'habitation**.

4. Pour un chauffage au bois en bûches : $0{,}043 \times 5\,000 =$ **220 € environ**.
Et pour le fioul domestique : $0{,}083 \times 5\,000 =$ **410 € environ**.

5. Le bois **doit être stocké**, il salit facilement (cendres) et il est issu directement des forêts dont les ressources **ne sont pas inépuisables**. Sa combustion **rejette du CO_2** qui est un des gaz responsable de l'effet de serre.

6. Tout mouvement **macroscopique de fluide chaud correspond à un transfert thermique par convection** : l'agitation de l'eau d'une baignoire pour homogénéiser la température ou l'agitation du café pour homogénéiser la dissolution du sucre sont de la convection. On peut aussi citer les courants des grandes masses d'airs en altitude qui ont un impact direct sur la température de l'air.

7. Le Soleil transfère de l'énergie thermique à la Terre sous forme de **rayonnement**. En effet, dans l'espace, le vide exclut toute forme de convection ou de conduction.

8. L'Homme émet un rayonnement électromagnétique invisible à l'œil nu, qui se situe dans l'**infrarouge** (avec des longueurs d'ondes, au-dessus de 800 nm).

9. Avec du double vitrage, le rajout d'une couche d'air limite la conduction thermique.

10.

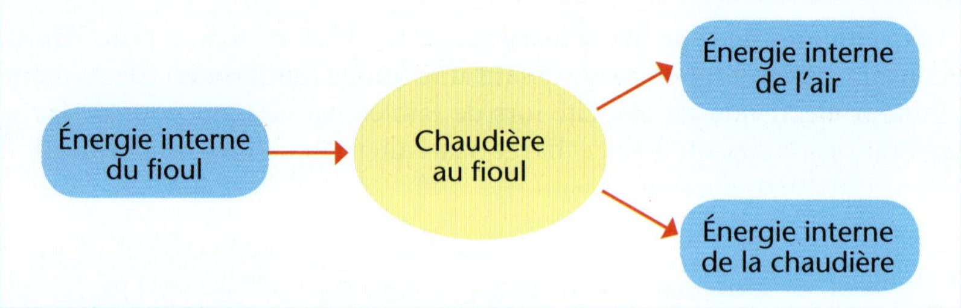

11. Non, l'**installation** représente un budget conséquent, ainsi que l'entretien, néanmoins la ressource énergétique est gratuite.

12. Le Soleil transfère de l'énergie à la Terre par **rayonnement thermique**.

13. Une installation de chauffage par panneaux solaires sera d'autant plus performante si les conditions suivantes sont réunies :

- **bonne exposition au rayonnement solaire** ;
- **temps d'exposition quotidien important** ;
- etc.

Pour aller plus loin

12 La fin des ampoules à incandescence

1. Soit un éclairage de 800 lumens. Le rendement moyen des ampoules à incandescence est de l'ordre de 20 lumens par watt, donc pour un éclairement de 800 lumens, il nous faut une ampoule de 40 W.

Pour un temps d'allumage de quatre heures par jour, on a alors :

$4 \times 365 = 1{,}5 \cdot 10^3$ h annuelles. Soit $40 \times 1{,}5 \cdot 10^3 = 6{,}0 \cdot 10^4$ Wh d'énergie consommée.

Ce que EDF nous facture : $6{,}0 \cdot 10^4 \times 10^{-3} \times 0{,}10 = 6{,}0$ €.

Mais l'ampoule n'a une durée de vie que de 1 000 h en moyenne, on peut donc considérer une utilisation de 1,5 ampoules sur un an. Soit un coût d'achat de $15 \times 1{,}80 = 2{,}7$ €.

Ainsi, pour 800 lumens d'éclairage annuel, l'utilisateur dépense 8,7 € avec une ampoule à incandescence.

2. L'ampoule fluo-compacte permet d'utiliser une ampoule trois fois moins puissante pour le même éclairage, soit $\frac{800}{60} = 13$ W environ. Le temps d'éclairage n'est quant à lui pas changé : $1{,}5 \cdot 10^3$ h annuelles.

Cette ampoule consomme donc en un an : $13 \times 1{,}5 \cdot 10^3 = 2{,}0 \cdot 10^4$ Wh.

Ce que EDF facture : $2{,}0 \cdot 10^4 \times 10^{-3} \times 0{,}10 = 2{,}0$ €.

L'ampoule a aussi une durée de vie plus importante (10 000 h) et on peut considérer que seulement l'utilisation de 0,15 ampoule par an. Mais son coût d'achat est cinq fois plus important que celui d'une ampoule à incandescence, soit $5 \times 1{,}80 = 9{,}00$ €, ce qui correspond à un coût annuel de $9 \times 0{,}15 = 1{,}4$ € par an.

Au final, pour 800 lumens d'éclairage, l'utilisateur optant pour cette solution dépense au final 3,4 € par an.

En conclusion, l'ampoule fluo-compacte, bien qu'ayant un prix d'achat cinq fois plus élevé (et même dix fois plus élevé dans les cas extrêmes), demeure plus intéressante économiquement. De plus, le nombre d'ampoules utilisées est plus faible et cette solution s'avère plus intéressante en terme de recyclage également.

3. Pour un éclairage quotidien de quatre heures, on a alors une moyenne de 1 500 h annuelles. La durée de vie moyenne d'une ampoule à incandescence est de 1 000 h, soit une ampoule et demie à utiliser par an. Donc sa durée de vie est de $\frac{2}{3}$ de un an = 0,67 an ou **240 jours**.

Pour l'ampoule fluo-compacte, on est à $\frac{1\,500}{10\,000} = 15\ \%$ de sa durée de vie, ainsi sa durée de vie est de **6 ans**, soit dix fois plus que l'ampoule à incandescence.

Concernant l'ampoule à LED, on a $\frac{1\,500}{30\,000} = 5\ \%$ de la durée de vie. D'où une durée de vie de **20 ans** !

4. Le coût annuel doit tenir compte de deux paramètres : le **prix à l'achat** et la **consommation électrique totale.**

Le prix à l'achat est *p*, mais il faut éventuellement acheter plusieurs ampoules dans l'année, ceci dépendant directement de la durée de vie. Le nombre d'ampoules à acheter en un an est donc donné par : le temps d'utilisation annuel, donné par l'éclairage journalier moyen Δt à multiplier par le nombre de jour ; que l'on divise par la durée de vie d d'une ampoule, soit $\boldsymbol{\frac{365 \times \Delta t}{d}}$. Au final, pour le premier terme de la formule on multiplie le nombre d'ampoules à acheter en un an par le prix p d'une ampoule, soit $\frac{365 \times \Delta t \times p}{d}$.

Le second terme exprimant le coût de la consommation électrique dépend notamment de la durée d'utilisation annuelle, soit $365 \times \Delta t$. L'ampoule a une puissance de 100 W, ce qui signifie que si on éclaire pendant une heure avec cette ampoule, la consommation électrique est de 100 Wh. Ainsi, en multipliant la durée d'utilisation annuelle par 100, on obtient directement la consommation électrique annuelle en Wh, Il suffit alors de multiplier par 10^{-3}, pour avoir cette consommation en kWh. EDF facture le kWh à 0,10 € : en multipliant la consommation électrique annuelle exprimée en kWh par le prix du kWh, on obtient donc le coût de la consommation électrique, soit :

$$365 \times \Delta t \times 100 \times 10^{-3} \times 0{,}10 = \boldsymbol{365 \times \Delta t \times 10 \times 10^{-3}}.$$

Soit finalement le coût total annuel donné par la somme de ces deux termes :

$$\text{Coût annuel} = 365 \times \Delta t \times \frac{p}{d} + 365 \times \Delta t \times 10 \times 10^{-3}$$

$$= \boldsymbol{365 \times \Delta t \times \left(\frac{p}{d} + 10^{-2}\right)}.$$

CORRIGÉS

CHAPITRE 17

Dosages par étalonnage et par titrage

COMPÉTENCES EXIGIBLES

- Pratiquer une démarche expérimentale pour déterminer la concentration d'une espèce à l'aide de courbes d'étalonnage en utilisant la spectrophotométrie et la conductimétrie, dans le domaine de la santé, de l'environnement ou du contrôle de la qualité.
- Établir l'équation de la réaction support de titrage à partir d'un protocole expérimental.
- Pratiquer une démarche expérimentale pour déterminer la concentration d'une espèce chimique par titrage par le suivi d'une grandeur physique et par la visualisation d'un changement de couleur, dans le domaine de la santé, de l'environnement ou du contrôle de la qualité.
- Interpréter qualitativement un changement de pente dans un titrage conductimétrique.

COURS

1 Dosages par étalonnage

1 Définition

- **Doser par étalonnage** une espèce chimique dans une solution aqueuse consiste à **déterminer la concentration** en soluté apporté de cette espèce chimique en **mesurant une grandeur physique** de cette solution et en **la comparant avec une courbe d'étalonnage**.
- La courbe d'étalonnage est une courbe donnant les valeurs d'une grandeur physique en fonction de la concentration de la solution étudiée.

2 Dosage par étalonnage d'une espèce chimique colorée

- Si l'espèce chimique à doser est colorée, elle absorbe de la lumière et on peut utiliser la **spectrophotométrie** en mesurant **l'absorbance de la solution**.

Rappel
La spectrophotométrie a déjà été étudiée en Première.

- D'après la **loi de Beer-Lambert**, à la longueur d'onde λ, l'absorbance (sans unité) d'une solution contenant une espèce chimique colorée X est égale à :

$$\boldsymbol{A = \varepsilon_\lambda \cdot l \cdot [X]}$$

avec ε_λ le coefficient d'absorption molaire de l'espèce chimique colorée (en $L \cdot mol^{-1} \cdot cm^{-1}$), l la longueur de la solution traversée par la lumière (en cm) et $[X]$ la concentration de l'espèce colorée de la solution (en $mol \cdot L^{-1}$).

À savoir
La mesure d'absorbance d'une solution s'effectue avec un spectrophotomètre à la longueur d'onde d'absorption maximale λ_{max}. Cette longueur d'onde d'absorption maximale correspond à la couleur complémentaire de la couleur de la solution (voir l'étoile des couleurs complémentaires du chapitre 4).

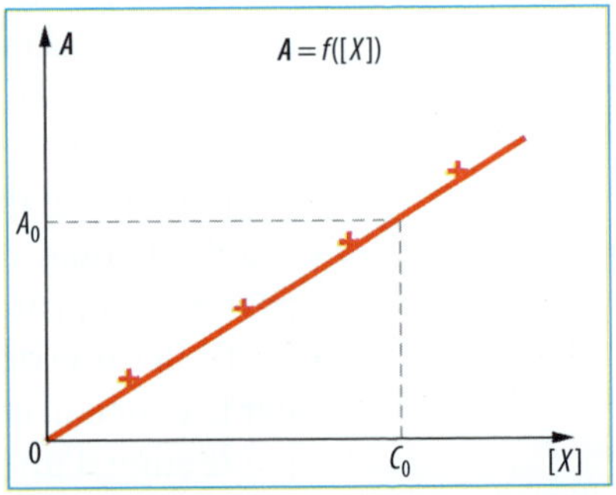

Doc. Dosage par étalonnage d'une espèce chimique colorée

- Si les solutions sont diluées, la courbe d'étalonnage $A = f([X])$ est une droite passant par l'origine.
- En mesurant l'absorbance A_0 d'une solution contenant une espèce colorée de concentration inconnue C_0, on détermine la concentration inconnue C_0 sur la courbe d'étalonnage.

3 Dosage par étalonnage d'une espèce chimique ionique

• Si l'espèce chimique à doser est une espèce ionique, elle conduit le courant électrique et on peut utiliser la **conductimétrie** en mesurant la **conductivité de la solution**.

À savoir

Les espèces chimiques qui conduisent le courant électrique dans une solution sont les **ions**.
La conductivité σ d'une solution, en siemens par mètre ($S \cdot m^{-1}$), est la grandeur physique qui représente la capacité de la solution à conduire le courant électrique : plus la conductivité d'une solution est grande, plus le courant électrique circule facilement dans cette solution.

• D'après la **loi de Kohlrausch**, la conductivité σ d'une solution diluée ionique (en $S \cdot m^{-1}$) est égale à $\sigma = \sum_{i=1}^{n} \lambda_i [X_i]$ avec X_i (i de 1 à n) les n **ions** présents dans cette solution, λ_i les conductivités molaires ioniques (en $S \cdot m^2 \cdot mol^{-1}$) et $[X_i]$ les concentrations des ions présents dans la solution (en $mol \cdot m^{-3}$).

Piège à éviter

Dans la loi de Kohlrausch, les concentrations sont exprimées en $mol \cdot m^{-3}$.
Il faut penser à convertir : $1\ mol \cdot L^{-1} = 1 \cdot 10^3\ mol \cdot m^{-3}$.

Remarque

Les conductivités molaires ioniques des ions oxonium $H_3O^+(aq)$ et hydroxyde $HO^-(aq)$ sont supérieures à celles de tous les autres ions.

Ions	λ (en $S \cdot m^2 \cdot mol^{-1}$)
H_3O^+	$35{,}0 \cdot 10^{-3}$
HO^-	$19{,}9 \cdot 10^{-3}$
Cl^-	$7{,}63 \cdot 10^{-3}$
Na^+	$5{,}01 \cdot 10^{-3}$

Doc. Conductivités molaires ioniques de quelques ions

• Si les solutions sont diluées, la courbe d'étalonnage $\sigma = f([X])$ peut être une droite passant par l'origine.

• En mesurant la conductivité σ_0 d'une solution contenant une espèce ionique de concentration inconnue C_0, on détermine la concentration inconnue C_0 sur la courbe d'étalonnage.

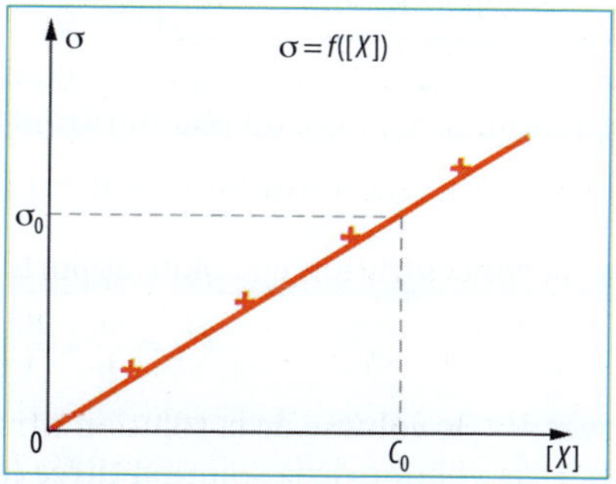

Doc. Dosage par étalonnage d'une espèce chimique ionique

2 Dosages par titrage

1 Définition

- **Doser par titrage** une espèce chimique A dans une solution aqueuse consiste à **déterminer la concentration** en soluté apporté de cette espèce chimique **en la faisant réagir** avec une quantité connue d'une espèce chimique B.
- La réaction support de titrage entre les espèces titrée et titrante est **unique, rapide et quasi totale** :

$$a\,\mathrm{A} + b\,\mathrm{B} \rightarrow c\,\mathrm{C} + d\,\mathrm{D}$$

Vocabulaire
L'espèce chimique A, de concentration inconnue, est appelée l'espèce titrée et l'espèce chimique B est appelée l'espèce titrante.

2 Équivalence dans un titrage

- **À l'équivalence**, les réactifs titré et titrant ont été introduits **dans les proportions stœchiométriques** : ils sont tous les deux **entièrement consommés**.

→ Autre définition de l'équivalence
À l'équivalence, il y a changement de réactif limitant (le réactif limitant est le réactif titrant avant l'équivalence et le réactif titré après l'équivalence).

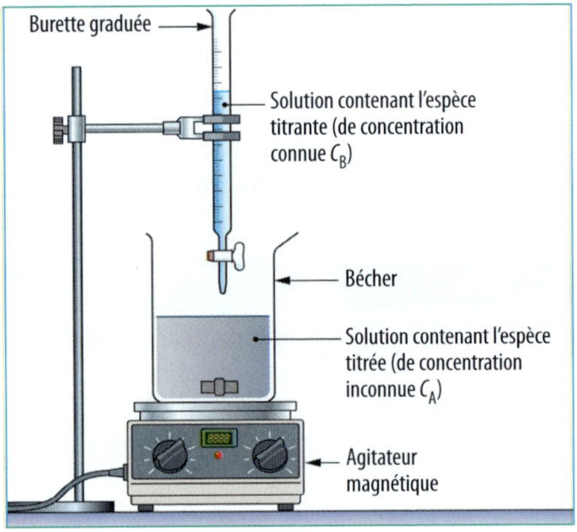

Doc. Schéma d'un dispositif expérimental de titrage

- En calculant l'avancement à l'équivalence x_E, on trouve la relation entre la quantité de matière du réactif titrant versé à l'équivalence $n_{B,E}$ et la quantité de matière du réactif titré initialement introduite $n_{A,i}$: $\dfrac{n_{A,i}}{a} = \dfrac{n_{B,E}}{b}$.
- La concentration en soluté apporté du réactif titré C_A est alors égale à :

$$C_A = \frac{a}{b} \times \frac{n_{B,E}}{V_A} = \frac{a}{b} \times \frac{C_B \cdot V_{B,E}}{V_A}$$

avec $V_{B,E}$ le volume de la solution titrante versé à l'équivalence (en L ou en mL) et V_A le volume de la solution titrée (en L ou en mL).

Remarque

Contrairement au dosage par étalonnage, le dosage par titrage est une mesure destructive, c'est-à-dire que l'espèce titrée est consommée, « détruite », à la fin du titrage.

3 Titrage conductimétrique

• Lorsque la conductivité σ de la solution titrée varie lors de l'ajout de la solution titrante, on peut effectuer un titrage conductimétrique en mesurant la conductivité de la solution titrée au fur et à mesure des ajouts de la solution titrante.

• On peut déterminer le volume équivalent $V_{B,E}$ grâce à **l'intersection de deux droites de pentes différentes de la courbe** $\sigma = f(V_B)$ obtenue.

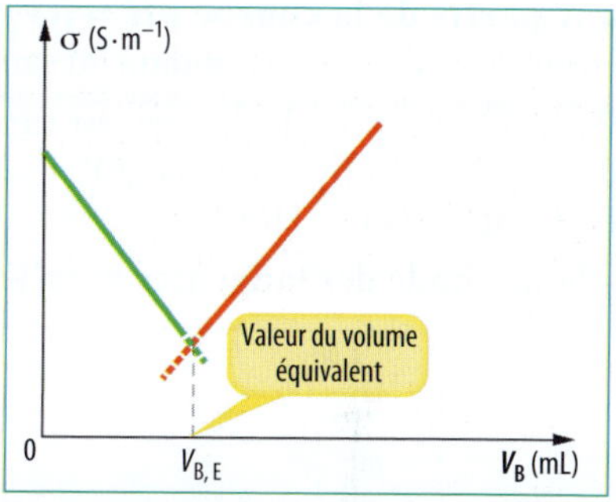

Doc. $\sigma = f(V_B)$

• Par exemple, dans le cas du dosage d'un agent digestif, la bétaïne® contenant de l'acide chlorhydrique ($H_3O^+ + Cl^-$), par une solution titrante d'hydroxyde de sodium ($Na^+ + HO^-$), l'équation de la réaction support de titrage s'écrit $H_3O^+_{(aq)} + HO^-_{(aq)} \rightarrow 2\,H_2O_{(l)}$. On observe alors :

– **une diminution de la conductivité avant l'équivalence** car, lors de chaque ajout de la solution titrante ($Na^+ + HO^-$), **des ions oxonium H_3O^+ sont remplacés par des ions sodium Na^+** dans la solution titrée (et $\lambda(Na^+) < \lambda(H_3O^+)$). En effet, lors de leur ajout dans la solution titrée, les ions hydroxyde HO^- disparaissent immédiatement en réagissant avec les ions oxonium H_3O^+ présents dans la solution. Seuls les ions spectateurs sodium Na^+ sont donc réellement ajoutés dans le mélange et ils remplacent les ions H_3O^+ qui disparaissent ;

– **une augmentation de la conductivité après l'équivalence** car, lors de chaque ajout de la solution titrante ($Na^+ + HO^-$), **les concentrations des ions HO^- et des ions Na^+ augmentent dans le mélange réactionnel**.

Bien comprendre

• Avant l'équivalence, les ions hydroxyde HO^- sont les réactifs limitants. Ils réagissent donc avec les ions oxonium H_3O^+.

• Après l'équivalence, les ions hydroxyde HO^- versés sont en excès : ils ne réagissent plus et ils restent dans la solution titrée.

À savoir

Toutes les espèces ioniques participent à la conductivité de la solution et notamment les ions spectateurs (ici les ions sodium Na^+ et les ions chlorure Cl^-) qui n'apparaissent pas dans l'équation de la réaction support de titrage.

4 Titrage *pH*-métrique

- Lorsque le *pH* de la solution titrée varie lors de l'ajout de la solution titrante, on peut effectuer un titrage *pH*-métrique en mesurant le *pH* de la solution titrée au fur et à mesure des ajouts de la solution titrante.
- **À partir de la courbe $pH = f(V_B)$** obtenue, on peut déterminer le volume équivalent $V_{B,E}$ correspondant au **saut de *pH*** suivant deux méthodes différentes.

Par exemple, pour le dosage par titrage *pH*-métrique de la bétaïne®, contenant de l'acide chlorhydrique ($H_3O^+ + Cl^-$), par une solution titrante d'hydroxyde de sodium ($Na^+ + HO^-$) :

– la **méthode des tangentes parallèles** donne le point équivalent E :

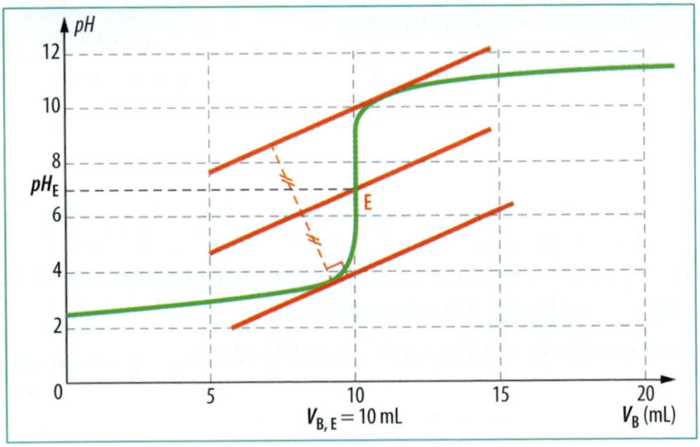

– le tracé de la courbe dérivée $\frac{dpH}{dV_B}$ donne le volume équivalent $V_{B,E}$:

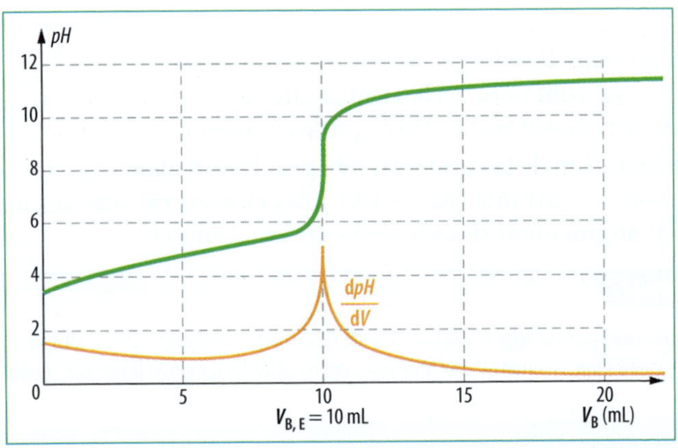

5 Titrage colorimétrique

- Si le réactif titré ou titrant est coloré, la couleur de la solution titrée varie lors de l'ajout de la solution titrante. **L'équivalence est repérée par le changement de couleur** de la solution titrée.

- Si les réactifs titré et titrant sont incolores, on peut utiliser un **indicateur de fin de réaction** qui donne une couleur différente à la solution titrée avant et après l'équivalence.

- Par exemple, les **indicateurs colorés acido-basiques** ont une couleur différente suivant la valeur du *pH*. En mettant quelques gouttes d'un indicateur coloré acido-basique, dont **la zone de virage comprend le *pH* à l'équivalence pH_E**, on peut déterminer l'équivalence d'un titrage.

Indicateur coloré acido-basique	Couleur de la forme acide	Zone de virage	Couleur de la forme basique
Hélianthine	rouge	2,4-4,4 (orange)	jaune
Bleu de bromophénol	jaune	3,0-4,6 (vert)	bleu
Bleu de bromothymol	jaune	6,0-7,6 (vert)	bleu
Phénolphtaléine	incolore	8,2-9,9 (rose)	rouge

Doc. Exemples d'indicateurs colorés acido-basiques

- Ainsi, on peut utiliser le bleu de bromothymol pour le dosage par titrage colorimétrique de la bétaïne® par une solution titrante d'hydroxyde de sodium ($Na^+ + HO^-$) car le *pH* à l'équivalence de ce titrage (égal à 7,0) est compris dans la zone de virage de cet indicateur coloré.

Détermination du pH_E

On trouve la valeur du *pH* à l'équivalence grâce à la méthode des tangentes parallèles du titrage *pH*-métrique de la page précédente.

Remarque

Il existe d'autres types d'indicateurs de fin de réaction, comme par exemple le noir ériochrome T, qui est bleu, et qui peut former un ion complexe rouge avec le calcium, avec le magnésium ou avec d'autres ions métalliques.

QCM et questions courtes

1 Dosage par étalonnage ou par titrage ?

➔ Corrigé p. 336

1. Pour mesurer la concentration des ions hydrogénocarbonate dans une eau minérale, on fait réagir ces ions avec une solution d'acide chlorhydrique en présence d'un indicateur coloré acido-basique adapté. Le changement de couleur de la solution permet de repérer l'équivalence du dosage et de calculer la concentration désirée. Cette mesure correspond à :

a) un dosage par étalonnage.

b) un dosage par titrage.

2. Un élève souhaite mesurer la concentration d'une espèce chimique dans une solution avant d'utiliser cette même solution pour d'autres expériences. La mesure de cette concentration doit s'effectuer avec :

a) un dosage par étalonnage.

b) un dosage par titrage.

2 Conduction du courant électrique dans une solution

➔ Corrigé p. 336

Dans une solution aqueuse, le passage du courant électrique est dû :

a) au déplacement des molécules d'eau.

b) au déplacement des ions présents dans la solution.

c) au déplacement des électrons présents dans la solution.

d) à la présence de particules métalliques dans la solution.

Exercices d'entraînement

3 Concentration d'une solution d'acide chlorhydrique

★ 10 min ➔ Corrigé p. 336

La conductivité d'une solution d'acide chlorhydrique (H_3O^+ + Cl^-) de concentration C vaut $\sigma = 1{,}37\ \text{mS}\cdot\text{cm}^{-1}$.

Calculer la concentration C, en $\text{mol}\cdot\text{L}^{-1}$, de cette solution.

Astuce

Dans la loi de Kohlrausch, la conductivité est exprimée en $\text{S}\cdot\text{m}^{-1}$ et les concentrations sont exprimées en $\text{mol}\cdot\text{m}^{-3}$.

Données : $\lambda_{H_3O^+} = 35{,}0\cdot10^{-3}\ \text{S}\cdot\text{m}^2\cdot\text{mol}^{-1}$; $\lambda_{Cl^-} = 7{,}63\cdot10^{-3}\ \text{S}\cdot\text{m}^2\cdot\text{mol}^{-1}$.

4 Dosage par étalonnage spectrophotométrique

★★ 15 min Corrigé p. 337

Le but de l'exercice est d'illustrer le dosage d'une solution S_1 contenant des ions cuivre (II) : $Cu^{2+}_{(aq)}$, ce type de solution étant parfois utilisée en hydrométallurgie. Pour cela, on prépare un ensemble de solutions de sulfate de cuivre ($Cu^{2+}_{(aq)}$ + $SO_4{}^{2-}_{(aq)}$) de concentrations différentes. La teinte bleue de ces solutions est due à la présence des ions $Cu^{2+}_{(aq)}$. On mesure l'absorbance des solutions préparées. Les points expérimentaux sont présentés sur le graphique ci-dessous.

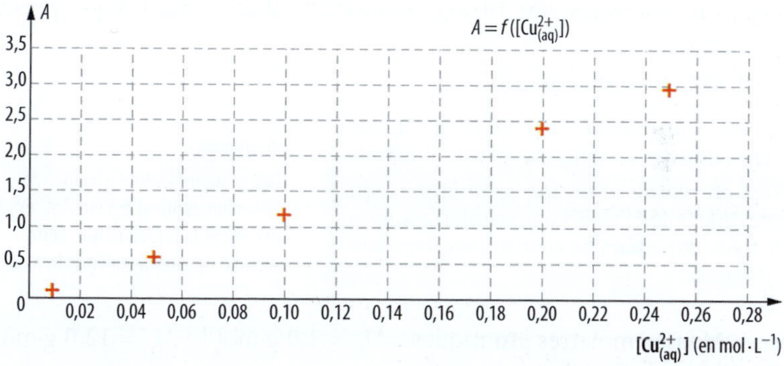

On prélève ensuite V_1 = 25,0 mL de la solution S_1 que l'on introduit dans une fiole jaugée de volume V_2 = 50,0 mL dont on complète le niveau avec de l'eau distillée. Après homogénéisation, l'absorbance de cette solution S_2 est mesurée : on trouve A = 1,5.

Déterminer la concentration C_1 en ions $Cu^{2+}_{(aq)}$ de la solution S_1.

Piège à éviter
Graphiquement, on détermine la concentration C_2 de la solution S_2. Il faut ensuite calculer C_1 à partir de C_2.

Exercices de type bac

PRÉPARER L'ÉPREUVE ÉCRITE

5 De la vitamine C dans de la rose

★★ 35 min Corrigé p. 337

Extrait du baccalauréat ; conforme au nouveau programme

Le fruit de la rose ou de l'églantier est nommé cynorhodon. Il est très utilisé en phytothérapie pour prévenir la fatigue et renforcer les défenses immunitaires. Il contient des tanins, les vitamines A et B et il est aussi très riche en vitamine C, appelée aussi acide ascorbique. On trouve en pharmacie de l'extrait de cynorhodon sous forme de gélules.

La formule de l'acide ascorbique est :

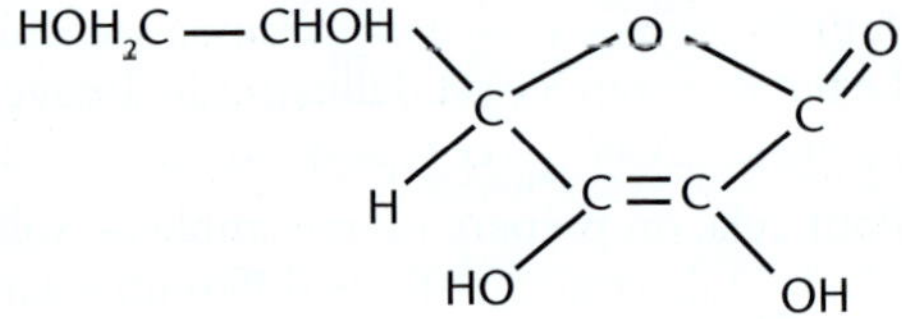

Dans la suite de l'exercice, on notera l'acide ascorbique sous la forme AH, acide du couple AH/A^-. On désire comparer l'apport en vitamine C d'une gélule de cynorhodon, produit naturel, avec celui d'un comprimé de type Laroscorbine 500®, produit de synthèse.

Pour cela, on détermine par titrage, la quantité d'acide ascorbique présente dans une gélule.

Protocole expérimental suivi :

On dissout dans l'eau le contenu d'une gélule de cynorhodon dans une fiole jaugée de 100,0 mL.

Puis, on réalise le titrage *pH*-métrique du contenu de la fiole à l'aide d'une solution aqueuse d'hydroxyde de sodium de concentration molaire $C_b = 0{,}10$ mol.L^{-1}.

Rappel

Une solution aqueuse d'hydroxyde de sodium contient des ions hydroxyde HO^- et des ions sodium Na^+. Cette solution est aussi appelée de la soude.

Données : Masses molaires atomiques : $M_H = 1{,}0$ g·mol^{-1} ; $M_C = 12{,}0$ g·mol^{-1} ; $M_O = 16{,}0$ g·mol^{-1}.

1. Calculer la masse molaire moléculaire de l'acide ascorbique notée M_{AH}.

2. Écrire l'équation de la réaction support du titrage.

3. Définir par une phrase l'équivalence acido-basique.

4. Donner la relation entre les quantités de matière des réactifs introduits à l'équivalence.

Le suivi du titrage permet le tracé de la courbe ci-contre.

5. En précisant la méthode employée, déterminer les coordonnées du point d'équivalence de ce titrage.

Évolution du *pH* en fonction du volume V_b de solution d'hydroxyde de sodium ajouté

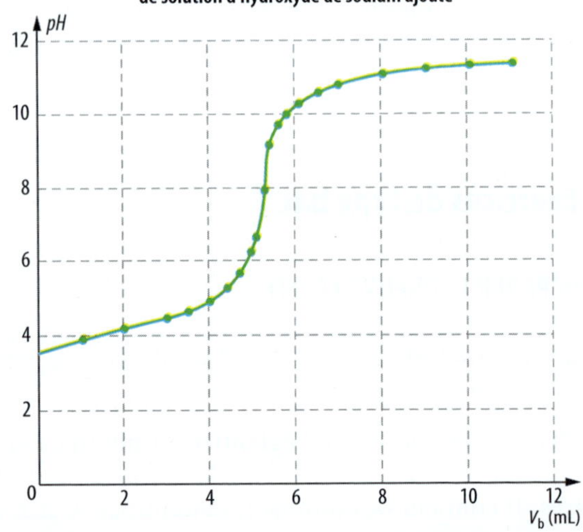

6. En déduire la quantité de matière en acide ascorbique n_{AH} contenue dans une gélule de cynorhodon.

7. En déduire la masse m_{AH} d'acide ascorbique présente dans une gélule.

8. Un comprimé de Laroscorbine 500® contient 500 mg d'acide ascorbique. Quel est, entre la gélule de cynorhodon et le comprimé de Laroscorbine, le composant le plus riche en vitamine C ?

6 Ions chlorure dans l'eau de mer

★★★ 35 min ➔ Corrigé p. 339

Extrait du baccalauréat ; conforme au nouveau programme

L'Artémia est le nom scientifique d'un petit crustacé qui possède la particularité de pouvoir vivre dans des milieux très salés tels que certains lacs et marais salants. Pour se développer, les Artémia ont besoin de vivre dans un milieu marin dont la teneur (ou la concentration massique) moyenne en ions chlorure Cl^- est supérieure à 30 g.L^{-1}. Dans ces conditions, leur développement n'est pas compromis car les prédateurs aquatiques ne supportent pas des conditions salines aussi élevées.

Avant d'implanter un élevage d'Artémia dans des marais salants du Sud de la France, on se propose de déterminer la concentration en ions chlorure d'un prélèvement d'eau d'un marais de la zone choisie. Cette eau contient exclusivement des ions sodium et des ions chlorure.

La méthode utilisée permet de doser les ions chlorure par précipitation avec les ions argent Ag^+.

La réaction de précipitation $Ag^+_{(aq)} + Cl^-_{(aq)} \rightleftarrows AgCl_{(s)}$ peut être considérée comme totale. Le chlorure d'argent formé est un solide blanc.

L'équivalence du dosage sera déterminée de deux manières : en utilisant un indicateur coloré et en mesurant la conductivité lors du dosage.

Partie A – Dosage colorimétrique

L'indicateur coloré de fin de réaction est préparé en dissolvant quelques grains de dichlorofluorescéine dans un mélange eau-éthanol (méthode de Fajans). La solution obtenue a une couleur jaune. La présence d'ions sodium Na^+, chlorure Cl^- ou nitrate NO_3^- ne modifie pas la couleur de la dichlorofluorescéine. En revanche, en présence d'ions Ag^+, la solution de dichlorofluorescéine prend une couleur rose-rouge.

1. Principe du dosage

On veut doser un volume V_1 d'une solution S_1 d'ions chlorure par une solution S_2 de nitrate d'argent de concentration C_2.

Expliquer brièvement comment déterminer l'équivalence.

Astuce
Il peut être utile de rappeler la définition de l'équivalence pour répondre à cette question.

2. Exploitation du dosage

En septembre 2003, après un été caniculaire, on a prélevé un échantillon d'eau dans un marais salant de la zone prévue pour implanter l'élevage d'Artémia. On dilue 10 fois cette eau pour obtenir la solution S_1 à doser.

On réalise le dosage d'un volume $V_1 = 10{,}0$ mL de solution S_1 par une solution S_2 de nitrate d'argent de concentration $C_2 = 1{,}00 \cdot 10^{-1}$ mol·L^{-1}. Le volume de nitrate d'argent versé à l'équivalence est $V_E = 15{,}2$ mL.

a) Déterminer la concentration molaire des ions chlorure dans l'eau du marais.

b) Cette eau est-elle favorable au développement des Artémia ?

Donnée : masse molaire atomique du chlore : $M(\text{Cl}) = 35{,}5$ g·mol^{-1}.

Piège à éviter
Il ne faut pas confondre la concentration des ions chlorure dans la solution S_1 avec la concentration dans l'eau du marais.

Partie B – Dosage conductimétrique

Données : conductivités molaires ioniques à 25 °C : $\lambda(\text{Cl}^-) = 7{,}63 \cdot 10^{-3}$ S·m^2·mol^{-1} ; $\lambda(\text{Ag}^+) = 6{,}19 \cdot 10^{-3}$ S·m^2·mol^{-1} ; $\lambda(\text{NO}_3^-) = 7{,}14 \cdot 10^{-3}$ S·m^2·mol^{-1} ; $\lambda(\text{Na}^+) = 5{,}01 \cdot 10^{-3}$ S·m^2·mol^{-1}.

On a reporté ci-dessous l'évolution de la conductivité σ au cours du dosage en fonction du volume V de nitrate d'argent versé.

Suivi par conductimétrie du dosage des ions chlorure

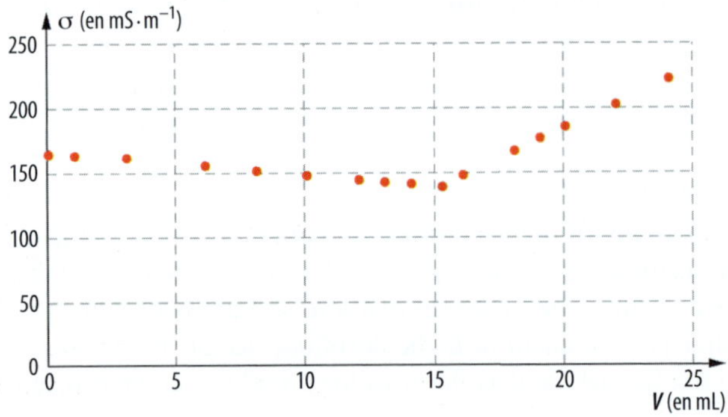

1. Déterminer graphiquement le point d'équivalence E du dosage.

2. Justifier, sans calculs, la diminution de la conductivité avant l'équivalence et son augmentation après l'équivalence.

PRÉPARER L'ÉPREUVE PRATIQUE

7 Dilution

★ 10 min ➔ Corrigé p. 341

Compétence expérimentale évaluée : analyser

Dans l'exercice précédent, on dilue 10 fois l'eau d'un marais salant pour obtenir une solution S_1 à doser.

Proposer un protocole expérimental permettant d'obtenir 50,0 mL de cette solution S_1.

Méthode
Il est nécessaire de nommer précisément le matériel expérimental utilisé lors de la proposition d'un protocole expérimental.

Pour aller plus loin

8 Dosage par titrage indirect

★★★ 30 min ➔ Corrigé p. 341

Pour doser une solution S_1, parfois utilisée en hydrométallurgie, contenant des ions cuivre (II) $Cu^{2+}_{(aq)}$, on peut effectuer un dosage par étalonnage comme dans l'exercice 4. On peut aussi utiliser un dosage par titrage indirect qui met en jeu deux réactions successives.

On prélève d'abord un volume V_1 = 20,0 mL de la solution S_1 que l'on place dans un erlenmeyer, et on ajoute une solution d'iodure de potassium ($K^+ + I^-$) de telle sorte que les ions iodure $I^-_{(aq)}$ soient en excès par rapport aux ions cuivre (II) $Cu^{2+}_{(aq)}$.

La réaction chimique mise en jeu est modélisée par l'équation **(1)** :

$$2\,Cu^{2+}_{(aq)} + 4\,I^-_{(aq)} \rightarrow 2\,CuI_{(s)} + I_{2\,(aq)}$$

On titre ensuite le diode formé $I_{2(aq)}$ par une solution de thiosulfate de sodium ($2\,Na^+ + S_2O_3^{2-}$), l'erlenmeyer étant placé sous une burette graduée contenant une solution de thiosulfate de sodium de concentration en soluté apporté : $C = 0{,}40\ mol{\cdot}L^{-1}$.

L'équivalence est alors repérée grâce à la décoloration d'empois d'amidon ajouté et le volume de solution de thiosulfate de sodium ajouté est $V_E = 12{,}4$ mL.
La réaction chimique mise en jeu lors de ce titrage est modélisée par l'équation **(2)** :

$$I_{2(aq)} + 2\,S_2O_3^{2-}{}_{(aq)} \rightarrow S_4O_6^{2-}{}_{(aq)} + 2\,I^-_{(aq)}$$

Déterminer la concentration C_1 de la solution S_1 en ion cuivre (II).

Astuce
On pourra éventuellement s'aider de plusieurs tableaux d'avancement pour trouver C_1.

QCM et questions courtes

1 Dosage par étalonnage ou par titrage ?

1. b) La mesure de la concentration des ions hydrogénocarbonates dans une eau minérale est un **dosage par titrage** étant donné qu'il y a une réaction entre les réactifs titrant et titré.

2. a) La mesure de la concentration d'une espèce chimique doit s'effectuer avec un **dosage par étalonnage** si l'on souhaite que celui-ci soit **non destructif**.

2 Conduction du courant électrique dans une solution

b) Dans une solution aqueuse, le passage du courant électrique est dû au **déplacement des ions** présents dans la solution.

Piège à éviter

Il n'y a pas d'électrons libres dans une solution aqueuse. C'est dans les fils électriques métalliques que le passage du courant électrique est dû aux électrons.

Exercices d'entraînement

3 Concentration d'une solution d'acide chlorhydrique

D'après la loi de Kohlrausch, la conductivité de la solution d'acide chlorhydrique ($H_3O^+ + Cl^-$) est égale à :

$$\sigma = \lambda_{H_3O^+} \,.\, [H_3O^+] + \lambda_{Cl^-} \,.[Cl^-]$$

$$\sigma = \lambda_{H_3O^+} \,.\, C + \lambda_{Cl^-} \,.\, C = (\,\lambda_{H_3O^+} + \lambda_{Cl^-}) \,.\, C.$$

Ainsi, la concentration C de cette solution d'acide chlorhydrique vaut :

$$C = \frac{\sigma}{\lambda_{H_3O^+} + \lambda_{Cl^-}} = \frac{1{,}37 \cdot 10^{-1}}{35{,}0 \cdot 10^{-3} + 7{,}63 \cdot 10^{-3}}$$

$C = 3{,}21$ mol·m^{-3} = **3,21·10^{-3} mol·L^{-1}.**

Unités

1 mS·cm^{-1} = 10^{-1} S·m^{-1} ;
1 mol·m^{-3} = 10^{-3} mol·L^{-1}.

→ Chiffres significatifs

Toutes les données sont exprimées avec trois chiffres significatifs. La concentration calculée est donc elle aussi donnée avec trois chiffres significatifs.

4 Dosage par étalonnage spectrophotométrique

Après avoir tracé la droite d'étalonnage sur le graphique, on trouve que pour une absorbance $A = 1{,}5$, la concentration C_2 en ions cuivre (II) Cu^{2+} de la solution S_2 est égale à $C_2 = 0{,}125\ mol{\cdot}L^{-1}$.

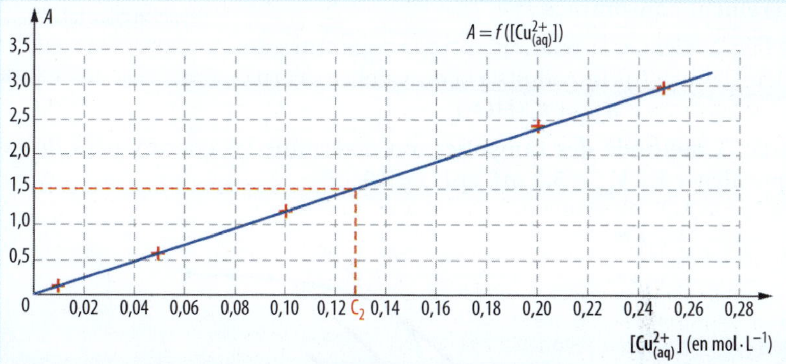

Or, la solution S_2 a été obtenue par dilution de la solution S_1.

La quantité de matière d'ions cuivre (II) étant conservée durant une dilution, on trouve que $C_1 \cdot V_1 = C_2 \cdot V_2 \Leftrightarrow C_1 = \dfrac{C_2 \cdot V_2}{V_1} = \dfrac{0{,}125 \times 50{,}0}{25{,}0} = 2{,}50{\cdot}10^{-1}\ mol{\cdot}L^{-1}$.

La concentration de la solution S_1 en ions cuivre (II) est donc égale à **$2{,}50{\cdot}10^{-1}\ mol{\cdot}L^{-1}$**.

Exercices de type bac

PRÉPARER L'ÉPREUVE ÉCRITE

5 De la vitamine C dans de la rose

1. La masse molaire moléculaire de l'acide ascorbique est égale à :

$$M_{AH} = M_{C_6H_8O_6} = 6 \times 12{,}0 + 8 \times 1{,}0 + 6 \times 16{,}0 = \mathbf{176{,}0\ g{\cdot}mol^{-1}}.$$

Chiffres significatifs

Le résultat est exprimé avec quatre chiffres significatifs alors que certaines données n'en ont que deux. En effet, lors d'une addition, on tient plutôt compte du nombre de chiffres après la virgule.

2. L'équation de la réaction de support du titrage s'écrit :

$$AH_{(aq)} + HO^-_{(aq)} \rightleftarrows A^-_{(aq)} + H_2O_{(l)}.$$

À noter

Il est possible de remplacer la double flèche dans cette équation par une flèche, car une réaction de titrage est par définition quasi totale.

3. À l'équivalence, les réactifs titrant et titré ont été **entièrement consommés.**

4. À l'équivalence, la relation entre les quantités de matière des réactifs introduits à l'équivalence s'écrit :

$$\boldsymbol{n_{AH} = n_E(HO^-)}.$$

5. Avec la **méthode des tangentes**, on détermine les coordonnées du point d'équivalence E : $\boldsymbol{V_{bE} = 5{,}2}$ **mL ;** $\boldsymbol{pH_E = 7{,}9}$.

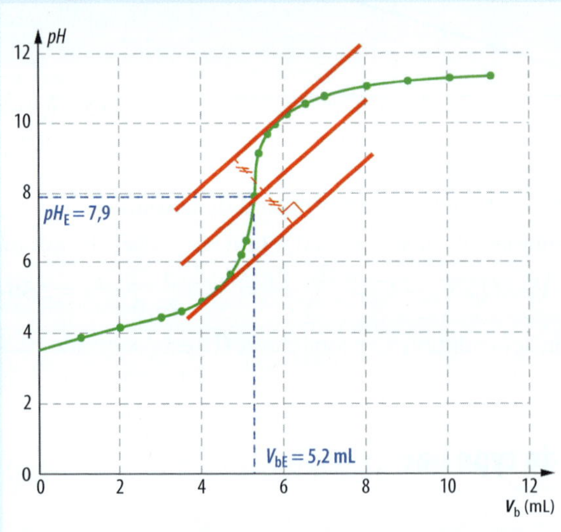

6. La quantité de matière d'acide ascorbique n_{AH} contenue dans une gélule de cynorhodon est égale à :

$$n_{AH} = n_E(HO^-) = C_b \cdot V_{bE} = 0{,}10 \times 5{,}2{\cdot}10^{-3}$$

$$\boldsymbol{n_{AH} = 5{,}2{\cdot}10^{-4}} \textbf{ mol.}$$

7. La masse m_{AH} d'acide ascorbique présente dans une gélule de cynorhodon vaut :

$$m_{AH} = n_{AH} \cdot M_{AH} = 5{,}2{\cdot}10^{-4} \times 176{,}0 = 0{,}092 \text{ g} = \textbf{92 mg}.$$

8. Un comprimé de Laroscorbine 500® contient 500 mg de vitamine C. Il est donc **plus riche en vitamine C** que la gélule de cynorhodon qui n'en contient que 92 mg.

6 Ions chlorure dans l'eau de mer

Partie A – Dosage colorimétrique

1. Principe du dosage

Avant l'équivalence, les ions argent titrants constituent le réactif limitant : ils sont entièrement consommés et la solution est jaune.

À l'équivalence, les réactifs titrant et titré sont entièrement consommés (la solution titrée est toujours jaune).

Après l'équivalence, il y a changement de réactif limitant : les ions argent versés sont en excès et la solution est rose-rouge.

On peut donc déterminer l'équivalence lorsque la couleur de la solution titrée **passe du jaune au rose-rouge**.

2. Exploitation du dosage

a) À l'équivalence, les réactifs titrant et titré sont entièrement consommés. Ainsi, d'après l'équation de la réaction support de titrage : $n_i(Cl^-) = n_E(Ag^+)$.

D'où $C_1 \cdot V_1 = C_2 \cdot V_E \Leftrightarrow C_1 = \dfrac{C_2 \cdot V_E}{V_1}$ avec C_1 la concentration apportée en ions chlorure de la solution S_1.

L'eau du marais est dix fois plus concentrée que la solution S_1.
Sa concentration C_0 est donc égale à :

$$C_0 = 10 \cdot C_1 = 10 \cdot \frac{C_2 \cdot V_E}{V_1}$$
$$= 10 \,.\, \frac{1,00 \cdot 10^{-1} \times 15,2}{10,0}$$
$$= \mathbf{1,52\ mol \cdot L^{-1}}.$$

Remarque

Pour déterminer la concentration C_0, il est possible d'utiliser indifféremment dans le calcul précédent les valeurs des deux volumes V_E et V_1 en mL ou en L. Il faut en revanche utiliser la même unité pour ces deux volumes.

b) La concentration massique t_0 en ions chlorure de l'eau du marais vaut :

$$t_0 = C_0 \cdot M_{Cl}$$
$$= 1,52 \times 35,5$$
$$= \mathbf{54,0\ g \cdot L^{-1}}.$$

D'après l'énoncé, les Artémia peuvent se développer si $\boldsymbol{t_0 > 30\ g \cdot L^{-1}}$: ce marais est donc **favorable** à leur développement.

CORRIGÉS

Partie B – Dosage conductimétrique

1. On trace deux droites pour relier les différents points du graphique. **Ces deux droites se coupent** en un point dont l'abscisse indique le volume équivalent.

On retrouve V_E **= 15,2 mL.**

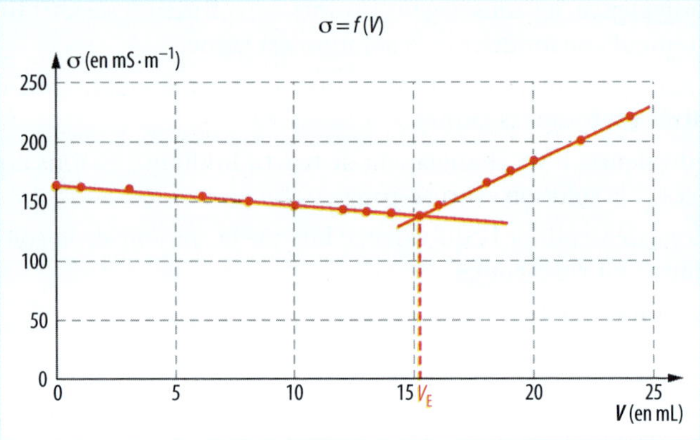

2. Avant l'équivalence, lors de chaque ajout de la solution titrante de nitrate d'argent ($Ag^+ + NO_3^-$) :

– la concentration des ions chlorure diminue car les ions Cl^- titrés réagissent avec les ions argent Ag^+ versés ;

– la concentration des ions nitrate $NO_3^-{}_{(aq)}$ augmente car ce sont des ions spectateurs versés dans le mélange réactionnel.

Ainsi, on peut dire qu'avant l'équivalence, **les ions chlorure Cl^- sont remplacés par des ions nitrate NO_3^-** dans la solution titrée. Or, d'après les données de l'énoncé, **$\lambda(NO_3^-) < \lambda(Cl^-)$: la conductivité du mélange réactionnel diminue** donc.

Après l'équivalence, lors de chaque ajout de la solution titrante de nitrate d'argent ($Ag^+ + NO_3^-$), **les concentrations des ions argent et des ions nitrate augmentent** car les ions Ag^+ sont en excès et les ions NO_3^- sont spectateurs. **La conductivité du mélange réactionnel augmente** donc.

Remarque

Dans ces explications, on n'a pas tenu compte de la dilution du mélange réactionnel due à l'ajout de la solution titrante dans la solution titrée.

PRÉPARER L'ÉPREUVE PRATIQUE

7 Dilution

Un protocole expérimental permettant d'obtenir 50,0 mL d'une solution-fille S_1 diluée 10 fois peut être le suivant :
- verser de l'eau du marais salant dans un bécher ;
- prélever avec une **pipette jaugée 5,0 mL** d'eau du marais salant ;
- verser l'eau prélevée dans **une fiole jaugée de 50,0 mL** ;
- ajouter un peu d'eau distillée dans la fiole jaugée ;
- boucher la fiole jaugée et agiter ;
- ajouter à nouveau de l'eau distillée dans la fiole jusqu'au **trait de jauge** ;
- boucher la fiole jaugée et **agiter** une dernière fois.

La solution-fille S_1 est prête !

L'astuce du prof

La quantité de matière n d'ions chlorure est la même dans la solution-mère prélevée (de concentration C_1 et de volume prélevé V_1) et dans la solution-fille (de concentration C_2 et de volume V_2).
Ainsi $n = C_1V_1 = C_2V_2 \Leftrightarrow V_1 = \frac{C_2V_2}{C_1}$. De plus, la solution-fille doit être diluée 10 fois : $C_2 = \frac{C_1}{10}$.
Le volume de solution-mère à prélever est donc égal à :

$$V_1 = \frac{C_1V_2}{10C_1} = \frac{V_2}{10} = \frac{50,0}{10} = 5,0 \text{ mL}.$$

Pour aller plus loin

8 Dosage par titrage indirect

Les ions iodure $I^-_{(aq)}$ sont en excès par rapport aux ions cuivre $Cu^{2+}_{(aq)}$. Tous les ions cuivre (II) sont donc consommés lors de la réaction quasi totale **(1)** et on trouve, d'après l'équation **(1)**, que $n_i(Cu^{2+}) = 2\, n_{f1}(I_2)$.

Méthode

Il s'agit d'un dosage par titrage indirect : on ne titre pas directement les ions cuivre (II) Cu^{2+} mais le diiode formé lors de la réaction (1).

De plus, d'après l'équation **(2)** de la réaction support du titrage, les quantités de matière des réactifs titrant et titré sont liées par la relation à l'équivalence :

$$n_{f1}(I_2) = \frac{n_E(S_2O_3^{2-})}{2}.$$

Ainsi $n_i(Cu^{2+}) = 2\, n_{f1}(I_2) = 2.\ \frac{n_E(S_2O_3^{2-})}{2} = n_E(S_2O_3^{2-})$.

Comme, d'après les données de l'énoncé :

$$n_i(Cu^{2+}) = C_1 \cdot V_1 \qquad \text{et} \qquad n_E(S_2O_3^{2-}) = C \cdot V_E,$$

on trouve que $C_1 \,.\, V_1 = C \cdot V_E$.

La concentration C_1 de la solution S_1 en ion cuivre (II) est donc égale à :

$$C_1 = \frac{C.V_E}{V_1} = \frac{0,40 \times 12,4}{20,0} = \mathbf{2,5 \cdot 10^{-1}\ mol \cdot L^{-1}}.$$

Remarque

On retrouve bien le même résultat que dans l'exercice 4.

CHAPITRE 18

Stratégie et sélectivité en chimie organique

COMPÉTENCES EXIGIBLES

- Effectuer une analyse critique de protocoles expérimentaux pour identifier les espèces mises en jeu, leurs quantités et les paramètres expérimentaux.
- Justifier le choix des tecÚiques de synthèse et d'analyse utilisées.
- Comparer les avantages et les inconvénients de deux protocoles.
- Extraire et exploiter des informations :
  - sur l'utilisation de réactifs chimiosélectifs ;
  - sur la protection d'une fonction dans le cas de la synthèse peptidique ;

  pour mettre en évidence le caractère sélectif ou non d'une réaction.
- Pratiquer une démarche expérimentale pour synthétiser une molécule organique d'intérêt biologique à partir d'un protocolc.
- Identifier des réactifs et des produits à l'aide de spectres et de tables fournis.

1 Protocole de synthèse organique

1 Identification des réactifs, du solvant, du catalyseur, des produits

• Les **réactifs** sont introduits dans le milieu réactionnel directement ou progressivement à l'aide d'une ampoule de coulée. Leur quantité de matière diminue progressivement au fur et à mesure du déroulement de la réaction chimique. Les réactifs apparaissent à gauche lors de l'écriture de l'équation de la réaction. Dans certains cas, seul le réactif principal est indiqué à gauche, un autre réactif est précisé au-dessus ou en dessous de la flèche précisant le sens de la réaction.

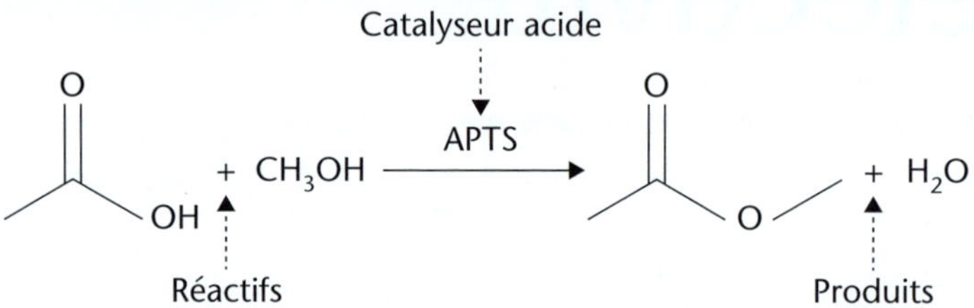

Remarque
Ceci est l'écriture « classique » de l'équation d'une réaction.

• Un **solvant** est introduit en excès par rapport aux réactifs et aux produits. Il permet généralement d'obtenir un milieu homogène dans le but d'augmenter la vitesse de la réaction en solubilisant les réactifs.

Il existe des cas ou plusieurs solvants sont utilisés (on parle de co-solvants) afin de mettre en contact des réactifs non miscibles entre eux. Certaines fois, c'est un des réactifs qui joue le rôle de solvant.

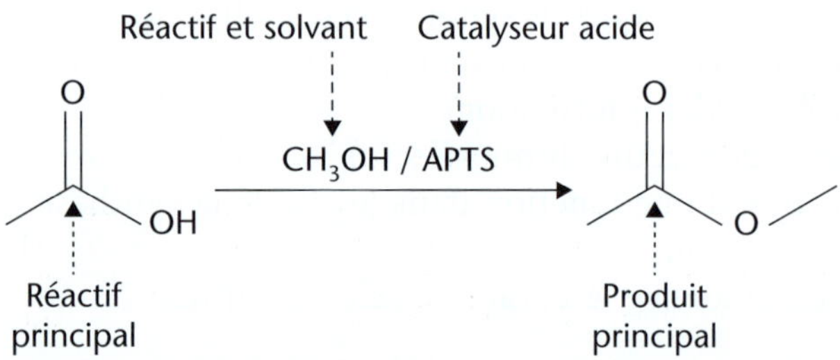

Remarque
Ceci est l'écriture « simplifiée » de l'équation d'une réaction.

• Un **catalyseur** accélère une réaction chimique possible sans intervenir dans l'équation bilan. Un catalyseur reste inchangé lors de la transformation chimique, il faut donc généralement l'introduire en petite quantité. Lorsqu'il est introduit en trop forte proportion, des réactions secondaires risquent d'être aussi favorisées.

• Les **produits** sont obtenus au fur et à mesure du déroulement de la réaction. Dans certains cas, ils peuvent être solides et précipiter progressivement ou distiller au fur et à mesure qu'ils se forment si une distillation est associée au montage réactionnel. Ils apparaissent à droite lors de l'écriture de l'équation de la réaction. Certaines fois, seul le produit principal est précisé. Les produits secondaires de la réaction sont éliminés lors des étapes de purification ainsi que les réactifs n'ayant pas réagi.

2 Détermination des quantités de matière des espèces chimiques mises en jeu et du réactif limitant

• La quantité de matière n d'une espèce chimique, dont on connaît la masse m, est obtenue à partir de la masse molaire moléculaire M par la relation :

$$n = m / M.$$

La quantité de matière n d'une espèce chimique à l'état gazeux, dont on connaît le volume V, est obtenue à partir du volume molaire V_m par la relation :

$$n = V / V_m.$$

La quantité de matière n d'une espèce chimique à l'état liquide, dont on connait le volume V, est obtenue à partir de la masse volumique ρ et de la masse molaire moléculaire M par la relation :

$$n = \rho \times V / M.$$

> **Remarques**
> • V_m est définie à partir de la loi des gaz parfaits : $V_m = \frac{V}{n} = \frac{RT}{P}$.
> • ρ peut être déduite de la densité d. $\rho = d \times 1$ (g·cm^{-3}).

• Lorsqu'un réactif disparaît, la réaction chimique ne peut plus continuer. Ce réactif est appelé **réactif limitant**. L'avancement x est alors égal à l'avancement maximal x_{max}. Un tableau d'avancement peut être utile pour trouver le réactif limitant et l'avancement maximal.

Équation de la réaction		$HCOOH$ +	CH_3OH ⟶	$HCOOCH_3$ +	H_2O
	Avancement	n_{HCOOH}	n_{CH_3OH}	n_{HCOOCH_3}	n_{H_2O}
État initial (mol)	0	0,10	0,15	0	0
État final (mol)	$x_{max} = 0{,}10$	$0{,}10 - x_{max} = 0$	$0{,}15 - x_{max} = 0{,}05$	$x_{max} = 0{,}10$	$x_{max} = 0{,}10$

Dans cet exemple, c'est l'acide méthanoïque HCOOH qui est le réactif limitant.

3 Choix des paramètres expérimentaux : température, solvant, durée de la réaction, *pH*

• L'augmentation de la température permet souvent d'augmenter la vitesse d'une réaction chimique et donc de diminuer la durée de réaction. Le chauffage peut permettre aussi la dissolution d'un réactif solide dans le solvant. La durée de réaction peut être estimée lors d'un suivi par chromatographie sur couche mince (CCM) en suivant la disparition du réactif limitant par exemple.

Remarque

Certains solides cristallisent en chauffant, c'est le cas du carbonate de calcium (calcaire) dans l'eau.

- Les solvants **polaires** (trichlorométhane $HCCl_3$, éthanol CH_3CH_2OH, eau) permettent de dissoudre les espèces chimiques partiellement chargées ou ioniques. Les solvants **apolaires** (cyclohexane C_6H_{12}, pentane CH_3-$(CH_2)_3$-CH_3) dissolvent préférentiellement les espèces chimiques comportant des chaînes hydrogénocarbonées importantes. Enfin, un solvant **protique** (éthanol, eau) est capable de libérer un proton H^+ et de mettre en place des liaisons hydrogène. Il permet de bien solubiliser les anions.

- Il est possible de faire varier le *pH* afin de solubiliser des réactifs (dissolution d'une base en milieu acide par exemple) ou pour faire précipiter un produit de réaction non soluble.

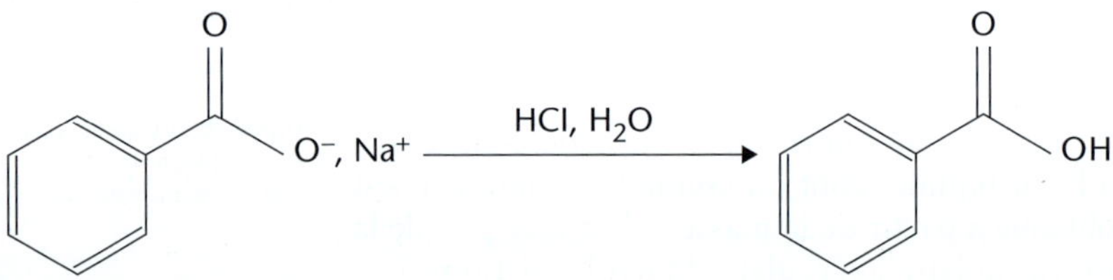

Benzoate de sodium — Acide benzoïque

Le benzoate de sodium est soluble dans l'eau alors que l'acide benzoïque est peu soluble dans ce même solvant et il précipite (formation d'un solide blanc).

4 Choix du montage, de la technique de purification, de l'analyse du produit

- Un montage de **chauffage à reflux** est couramment utilisé.

Un support élévateur permet de monter ou descendre le montage afin de suspendre ou rétablir le chauffage du milieu réactionnel.

Un chauffe-ballon permet de chauffer un milieu réactionnel, mais il faut penser à rajouter de la pierre ponce dans le ballon afin d'homogénéiser le milieu. En cas de dissolution difficile d'un des réactifs, un agitateur chauffant muni d'un cristallisoir rempli d'eau (bain-marie) peut être utilisé. Un barreau aimanté est dans ce cas introduit dans le ballon.

Un ballon monocol est utilisé s'il n'est pas nécessaire d'introduire des réactifs au fur et à mesure du déroulement de la réaction chimique. Des ballons bicol, voire tricol, permettent de rajouter une ampoule de coulée et une sonde de température.

Un réfrigérant à eau permet de liquéfier les vapeurs chaudes qui reviennent à l'état liquide (reflux). Elles retombent dans le milieu réactionnel. Cela permet d'éviter de perdre à l'extérieur du ballon des espèces chimiques et un solvant éventuellement volatils. Il existe aussi un réfrigérant à air. Il se présente sous la forme d'un long tube. Il peut être utilisé dans le cas de mélanges qui ne sont pas chauffés au reflux.

En sortie du réfrigérant, il est possible de rajouter des pièges afin d'éviter les traces d'humidité dans le milieu réactionnel si un milieu anhydre est obligatoire (sans eau), de neutraliser des traces d'ammoniac dégagées lors de la réaction chimique par exemple…

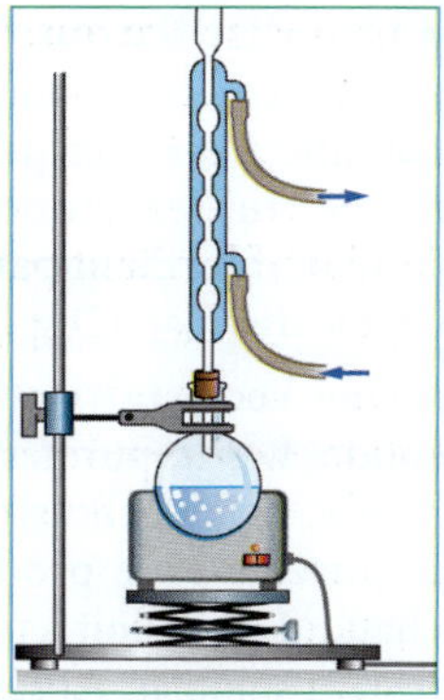

Doc. Chauffage à reflux

- Le montage d'**entraînement à la vapeur** (ou hydrodistillation) est utilisé lorsqu'une espèce chimique est non soluble avec l'eau mais qu'elle peut être entraînée par de la vapeur d'eau. Quelquefois, une ampoule de coulée est ajoutée au dispositif afin de compléter en eau le milieu réactionnel au fur et à mesure qu'elle est entraînée. Le distillat obtenu en sortie de colonne comporte un mélange contenant de l'eau et l'espèce chimique désirée. On peut utiliser ce montage pour extraire le limonène des écorces d'orange par exemple.

Vocabulaire

On parle quelquefois de la distillation d'un hétéroazéotrope.

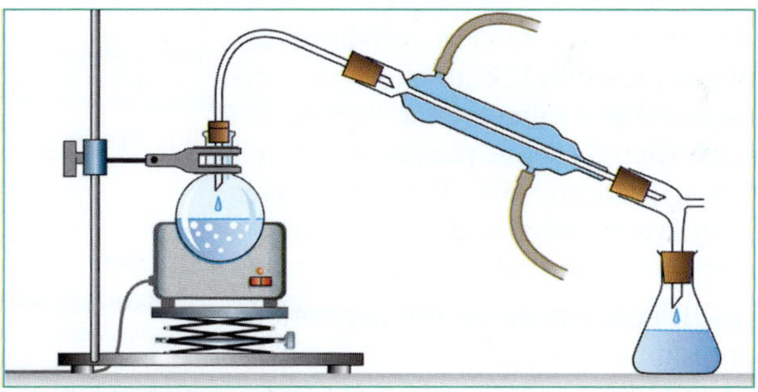

Doc. Entraînement par la vapeur

- **L'extraction liquide-liquide** est effectuée avec une ampoule à décanter. Cette tecÚique permet d'extraire une espèce chimique d'un solvant vers un autre solvant dans lequel elle est plus soluble. Le solvant extracteur est plus facile à éliminer. Les deux solvants ne sont pas miscibles et c'est le solvant qui a la densité la plus élevée qui constitue la phase inférieure.

- Une **distillation fractionnée** est utilisée pour purifier un mélange de substances chimiques qui ont des températures d'ébullition différentes. La colonne à distiller permet de séparer les espèces chimiques. L'évolution de la température en tête de colonne est suivie à l'aide d'un thermomètre. Le réfrigérant droit permet de liquéfier les vapeurs. Le liquide coule ensuite dans un récipient : c'est le distillat. C'est l'espèce chimique la plus volatile qui distille en premier.

- Une **recristallisation** permet de purifier un solide. Les impuretés étant emprisonnées dans le solide, il faut choisir un solvant dans lequel les impuretés et le produit solide soient solubles à chaud. Le produit à purifier doit être insoluble à froid tandis que les impuretés restent solubles. Après la dissolution à chaud du solide impur dans le minimum de solvant chaud, il faut refroidir lentement le mélange. Le solide cristallisé est filtré sous vide avec un filtre BücÜer, une fiole à vide et une trompe à eau.

Remarque
Il faut rincer le solide avec le minimum de solvant froid.

- La **chromatographie sur couche mince** (CCM) est utilisée pour analyser des échantillons. Elle permet de séparer et d'identifier par comparaison les espèces chimiques présentes dans un mélange. Dans l'exemple, le dépôt *a* correspond à un produit de référence pur. On obtient une seule tache. Le dépôt *b* et le dépôt *c* ne sont pas des produits purs, mais ils contiennent tous les deux l'espèce chimique présente dans le dépôt *a*.

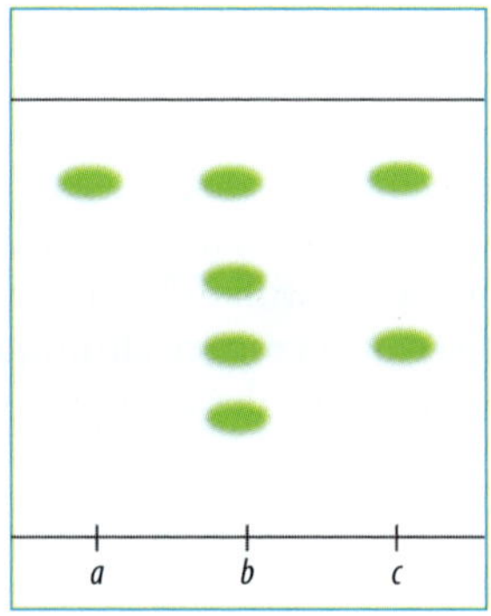

Doc. Plaque de CCM

- Le **point de fusion** est une caractéristique des espèces chimiques présentes à l'état solide. Il correspond au passage de l'état solide à l'état liquide. On utilise un banc Köfler. C'est une plaque graduée en température. Il faut au préalable l'étalonner avec un solide étalon ayant un point de fusion proche de l'espèce chimique à analyser.

- Les **spectres IR et RMN** du proton permettent d'analyser le produit obtenu. Ils sont souvent utilisés dans des laboratoires de recherche pour caractériser une molécule.

Rappel
Les spectres IR, RMN et la chromatographie sur couche mince ont été respectivement étudiés dans les chapitres 4 et 10.

5 Calcul du rendement

- La masse maximale de produit est déterminée à partir de la masse molaire moléculaire du produit ainsi que l'avancement maximal.

Remarque
Il est possible d'utiliser la même relation avec les quantités de matière :

$$r = 100 \times \frac{n_{\text{obtenue}}}{n_{\text{maximale}}}.$$

Le rendement correspond au rapport de la masse de produit obtenu par la masse maximale de produit qu'il est possible d'obtenir :

$$r = 100 \times \frac{m_{\text{obtenue}}}{m_{\text{maximale}}}.$$

6 Aspects liés à la sécurité

- Il existe neuf pictogrammes de sécurité qui permettent de communiquer sur les dangers spécifiques de certains produits.

Danger d'explosion

Danger d'incendie

Produit comburant

Gaz sous pression

Danger de corrosion

Toxicité aiguë

Dangers pour la santé

Dangers sur la santé

Dangers pour l'environnement

- Les mentions de danger sont codifiées par une lettre H suivie de trois chiffres. Par exemple, H225 signifie liquide et vapeurs très inflammables.

Les conseils de prudence sont codifiés par une lettre P suivie de trois chiffres. Par exemple, P102 signifie : tenir hors de portée des enfants.
Il est possible d'associer plusieurs conseils de prudence.

Il existe d'autres phrases qui complètent les mentions de danger et les conseils de prudence. Elles sont codifiées par les lettres EUH suivies de trois chiffres. Par exemple, EUH014 signifie : réagit violemment au contact de l'eau.

7 Coûts

• Pour que les coûts liés à un protocole de synthèse organique restent raisonnables, il faut trouver un compromis subtil entre plusieurs paramètres :
- le temps de réaction et le temps de chauffage ;
- la nature des réactifs et le rendement obtenu ;
- le solvant utilisé et le coût de retraitement des déchets ;
- le nombre d'étapes et le rendement de chaque étape ;
- …

2 Composé polyfonctionnel

1 Réactif chimiosélectif

• Un réactif chimiosélectif va se comporter différemment avec deux fonctions présentes sur une même molécule. Les vitesses de réaction associées seront d'autant plus éloignées que le réactif sera chimiosélectif.

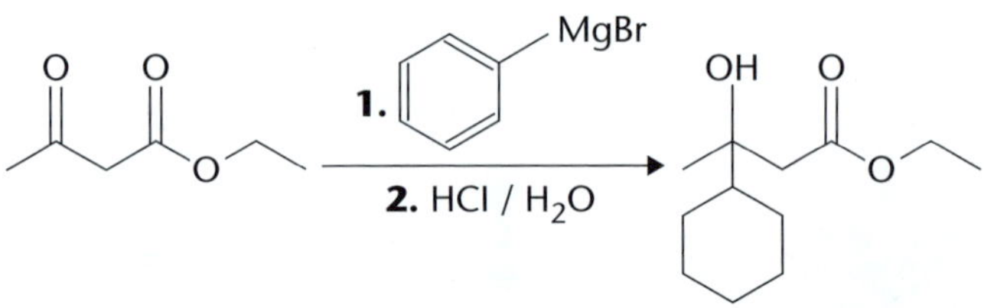

Ici, le réactif, représenté en haut de la flèche, réagit sélectivement sur le carbonyle de la fonction cétone et pas sur le carbonyle de la fonction ester.

Remarque
Il s'agit ici d'une réaction d'addition.

2 Protection de fonctions

• Les acides aminés sont des acides carboxyliques avec un groupe amino sur le carbone placé en α de la fonction COOH. On parle d'acides α-aminés ou de 2-aminoacides. Les protéines sont constituées d'une association de 20 acides aminés différents. Ils sont repérés par un code de trois lettres.

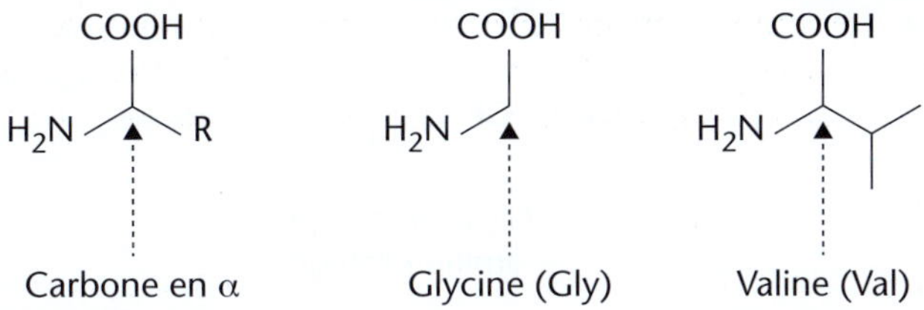

- Les 2-aminoacides s'associent par l'intermédiaire de liaisons peptidiques pour conduire à des peptides. Une liaison peptidique est formée par la réaction du groupe carboxylique d'un 2-aminoacide avec le groupe amino d'un autre 2-aminoacide.

Lorsque le nombre de 2-aminoacides associés devient grand, on obtient des polypeptides qui conduisent à des protéines.

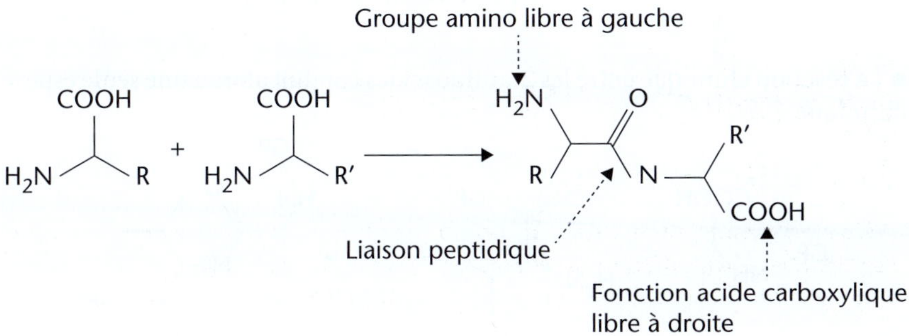

- Un peptide est représenté conventionnellement avec le groupe amino libre d'un 2-aminoacide à gauche et le groupe carboxylique libre d'un autre 2-aminoacide à droite.

Lorsqu'on veut synthétiser la glycylvaline issue de l'association de la glycine et la valine, on obtient de multiples possibilités incontrôlables :

Gly + Val $\xrightarrow[- H_2O]{}$ Gly-Gly + Val-Val + Gly – Val + Val-Gly + Gly-Gly-Gly + Val-Val-Val + …

Produit recherché (Gly – Val)

- Il faut donc protéger le groupe amino de la glycine et le groupe carboxylique de la valine.

Remarque
Gly-Val est aussi appelé un dipeptide.

Gly

Gly avec groupe amino protégé

> **Remarque**
> GP ou GP' représentent un groupe protecteur.

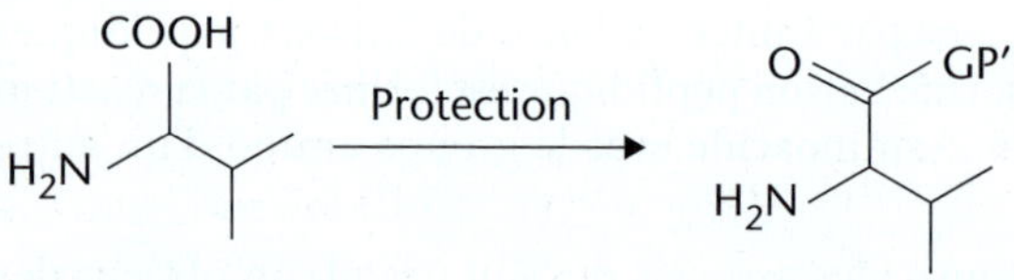

Valine (Val)

Val avec fonction acide carboxylique protégée

- La réaction chimique entre les 2-aminoacides conduit alors à une seule espèce chimique.

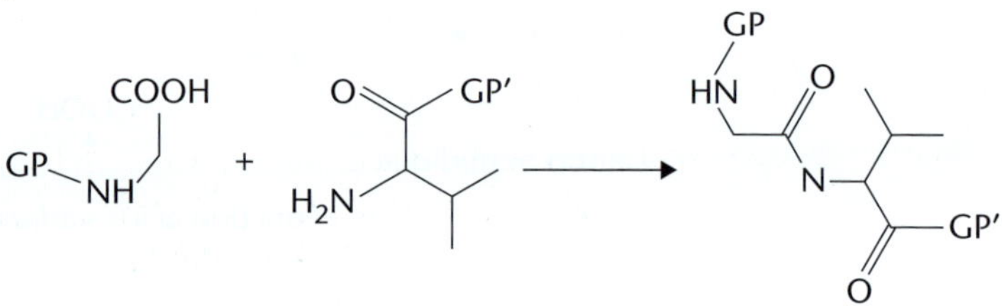

- La déprotection du groupe amino et du groupe carboxylique permet ensuite d'obtenir le peptide Gly-Val recherché.

> **Remarque**
> Bien souvent, il faut aussi activer le groupe carboxylique afin d'augmenter sa réactivité.

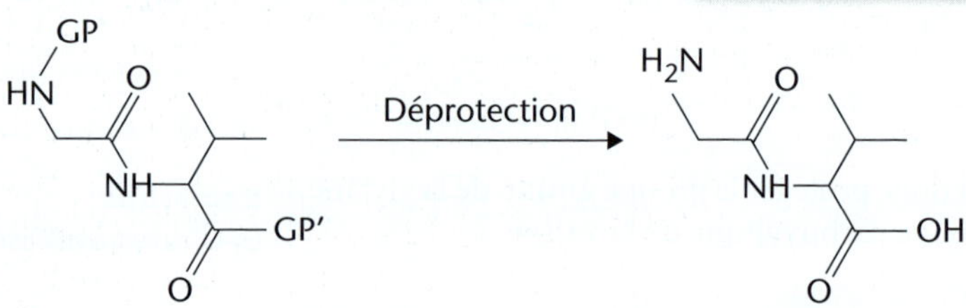

Gly-Val

QCM et questions courtes

1 Vrai ou faux ?

➔ Corrigé p. 361

Cocher la (ou les) bonne(s) réponse(s).

1. Un catalyseur intervient dans l'équation bilan. ☐ Vrai ☐ Faux

2. Les solvants polaires protiques sont adaptés pour solubiliser des espèces chimiques ioniques. ☐ Vrai ☐ Faux

3. On adapte généralement une ampoule de coulée en haut d'un réfrigérant. ☐ Vrai ☐ Faux

4. Une recristallisation permet de purifier un solide. ☐ Vrai ☐ Faux

5. Un filtre Köfler est utilisé pour réaliser une filtration sous vide. ☐ Vrai ☐ Faux

6. Il faut connaître le réactif limitant pour calculer le rendement d'une réaction chimique. ☐ Vrai ☐ Faux

Exercices d'entraînement

2 Synthèse de l'aspirine

★★ 25 min ➔ Corrigé p. 361

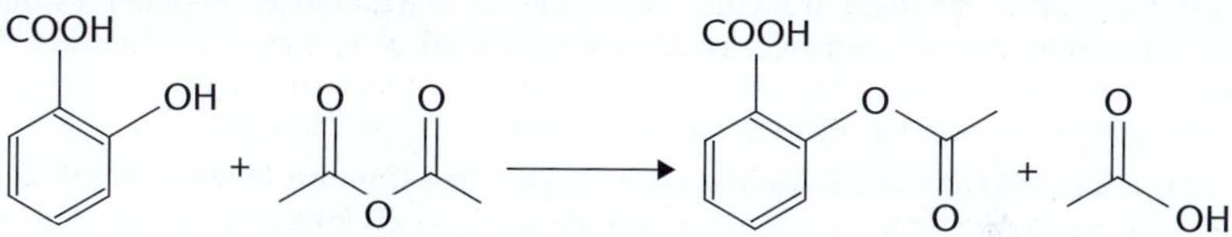

Pour synthétiser l'aspirine suivant la réaction ci-dessus, on peut suivre le protocole expérimental suivant :

> Introduire dans un ballon bicol 6,0 g d'acide salicylique, 10 mL d'anhydride éthanoïque et quelques gouttes d'acide sulfurique concentré. Adapter un réfrigérant à eau et chauffer à 60 °C au bain-marie pendant 30 minutes.
>
> Une fois le chauffage réalisé, laisser refroidir jusqu'à température ambiante, puis ajouter 120 mL d'eau glacée. Placer ensuite le ballon dans un bain d'eau glacée et attendre environ 10 minutes. Filtrer ensuite sous vide le mélange obtenu à l'aide d'un filtre BücÜer. Rincer les cristaux à l'aide d'eau glacée. Placer ensuite les cristaux dans une étuve. On obtient une masse d'aspirine de 4,0 g.

Données : $M_{\text{acide salicylique}} = 138\ \text{g·mol}^{-1}$; $M_{\text{anhydride éthanoïque}} = 102\ \text{g·mol}^{-1}$;
$\rho_{\text{anhydride éthanoïque}} = 1{,}08\ \text{g·cm}^{-3}$; $M_{\text{aspirine}} = 164\ \text{g·mol}^{-1}$.

1. Calculer la quantité de matière d'acide salicylique.

2. Calculer la quantité de matière d'anhydride éthanoïque. En déduire le réactif limitant.

3. Quel est le rôle de l'acide sulfurique ?

4. Calculer la masse maximale d'aspirine qu'il est possible d'obtenir.

5. En déduire le rendement en aspirine.

6. Quel est l'intérêt du chauffage ?

7. Pourquoi faut-il refroidir le ballon et rincer le solide à l'eau glacée ?

> **Astuce**
> Il faut relier la solubilité de l'aspirine à la température du mélange.

3 Purification et analyse de l'aspirine

★★★ 25 min ➲ Corrigé p. 362

L'aspirine est synthétisée par réaction entre l'acide salicylique et un excès d'anhydride éthanoïque en présence d'acide sulfurique. Elle est obtenue, après traitement, sous forme solide. On considère que l'excès d'anhydride éthanoïque est entièrement hydrolysé sous forme d'acide éthanoïque et que ce dernier est éliminé par les opérations de lavages lors du traitement. Il est possible de purifier l'aspirine par une opération de recristallisation. Il faut suivre pour cela le protocole ci-dessous.

> Dissoudre une masse de 4 g d'aspirine dans 4 mL d'éthanol chaud. Ajouter éventuellement le minimum d'éthanol chaud si le solide n'est pas entièrement dissous. Une fois la solubilisation terminée, ajouter environ 10 mL d'eau chaude. Laisser reposer jusqu'à température ambiante, puis refroidir le tout dans un bain d'eau glacée. Filtrer sur BücÜer, rincer avec de l'eau glacée, puis sécher le solide obtenu à l'étuve.
>
> Le solide est analysé à l'aide d'un banc Köfler. Une CCM est réalisée en utilisant un éluant constitué de 6 mL d'acétate d'éthyle, 4 mL de cyclohexane et 1 mL d'acide méthanoïque. Le produit obtenu est solubilisé au préalable dans un peu d'acétate d'éthyle.
>
> Enfin, l'acide salicylique donne immédiatement une coloration violette en présence d'une solution contenant des ions fer (III) Fe^{3+}.

Données : Températures de fusion $F_{\text{aspirine}} = 135$ °C ; $F_{\text{acide salycilique}} = 158$ °C.

1. Quelle est la principale impureté présente dans l'aspirine avant recristallisation ?

2. Quelles doivent être les solubilités de l'aspirine à froid et à chaud dans l'éthanol ?

3. Quelles doivent être les solubilités de l'impureté à froid et à chaud dans l'éthanol ?

4. Quel est le rôle de l'eau chaude, ajoutée lorsque la totalité du solide est dissous dans l'éthanol chaud ?

> **Astuce**
> L'ajout d'eau a surtout un rôle à froid.

5. Quelle information donne le bac Köfler ? Quelle précaution faut-il prendre avant de l'utiliser ?

6. Quels sont les échantillons à analyser en CCM ? Discuter des résultats éventuels si l'aspirine obtenue est pure ou non pure.

7. Quel peut être l'intérêt du test avec les ions fer (III) Fe^{3+} ?

Exercices de type bac

PRÉPARER L'ÉPREUVE ÉCRITE

4 Oxydation de la benzoïne en benzile

★★★ 40 min ➔ Corrigé p. 362

On propose d'étudier deux protocoles expérimentaux permettant de synthétiser du benzile à partir de la benzoïne.

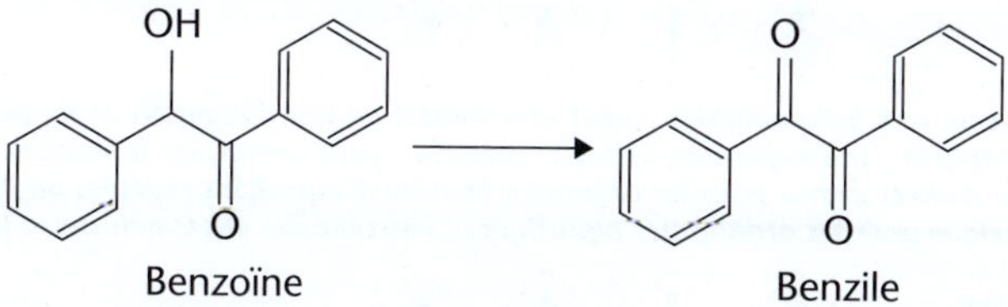

<u>Protocole n° 1 :</u> Utilisation de l'acide nitrique

Introduire dans un ballon monocol de 250 mL, 4,0 g de benzoïne, 20 mL d'acide acétique et 10 mL d'acide nitrique concentré. Adapter un réfrigérant ainsi qu'un piège pour les vapeurs d'acide nitrique.

Chauffer au bain-marie à 100 °C en agitant pendant 90 minutes. Laisser refroidir à température ambiante et manipuler ensuite avec précaution le ballon sous la hotte à cause des vapeurs d'acide nitrique.

Verser le contenu du ballon dans un bécher et ajouter 150 mL d'eau glacée. Agiter afin de faire précipiter le produit. Filtrer le mélange réactionnel sous vide à l'aide d'un filtre BücÜer, puis sécher sommairement les cristaux obtenus entre deux feuilles de papier filtre.

Recristalliser le benzile brut dans le méthanol. Mettre le solide obtenu à l'étuve à 80 °C. On obtient un rendement de 75 %.

Mesurer le point de fusion du benzile à l'aide d'un banc Köfler. Réaliser une analyse chromatographique en utilisant un éluant constitué d'un mélange d'hexane et d'éther diéthylique (1 pour 2 en volume). La révélation est effectuée sous UV à 254 nm.

Protocole n° 2 : Utilisation de l'acétate de cuivre II

Introduire dans un ballon monocol de 250 mL, 4,0 g de benzoïne, 8,40 g d'acétate de cuivre dihydraté, 30 mL d'acide acétique glacial et 10 mL d'eau. Adapter un réfrigérant. Porter le mélange à reflux pendant 20 min. Filtrer le mélange réactionnel encore chaud sous vide à l'aide d'un filtre BücÜer. Transvaser le filtrat dans un bécher de 250 mL, rincer la fiole à l'eau froide et refroidir le bécher avec un bain d'eau glacée. Filtrer le mélange réactionnel sous vide à l'aide d'un filtre BücÜer, puis sécher sommairement les cristaux obtenus entre deux feuilles de papier filtre. Recristalliser le benzile brut dans de l'éthanol à 95°. Mettre le solide obtenu à l'étuve à 80 °C. On obtient un rendement de 85 %.

Mesurer le point de fusion du benzile à l'aide d'un banc Köfler. Réaliser une analyse chromatographique en utilisant un éluant constitué d'un mélange de cyclohexane et d'éther diéthylique (1 pour 2 en volume). La révélation est effectuée sous UV à 254 nm.

Données toxicologiques de quelques espèces chimiques

Hexane

Danger

Liquide et vapeurs très inflammables ; peut être mortel en cas d'ingestŠn et de pénétratŠn dans les voies respiratoires ; provoque une irritatŠn cutanée ; peut provoquer somnolence ou vertiges ; risque présumé d'effets graves pour les organes à la suite d'expositŠns répétées ou d'une expositŠn prolongée ; toxique pour les organismes aquatiques ; entraîne des effets néfastes à long terme.

Cyclohexane

Danger

Liquide et vapeurs très inflammables ; peut être mortel en cas d'ingestŠn et de pénétratŠn dans les voies respiratoires ; provoque une irritatŠn cutanée ; peut provoquer somnolence ou vertiges ; très toxique pour les organismes aquatiques ; entraîne des effets néfastes à long terme.

Méthanol

Dangereux

Liquide et vapeurs très inflammables ; toxique en cas d'ingestŠn ; toxique par contact cutané ; toxique par inhalatŠn ; risque avéré d'effets graves pour les organes.

Éthanol

Danger

Liquide et vapeurs très inflammables.

Acide nitrique

Danger

Peut aggraver un incendie ; comburant ; provoque des brûlures de la peau et des lésŠns oculaires graves.

Acétate de cuivre dihydraté

AttentŠn

Nocif en cas d'ingestŠn ; provoque une irritatŠn cutanée ; provoque une sévère irritatŠn des yeux ; peut irriter les voies respiratoires ; très toxique pour les organismes aquatiques.

Caractéristiques physiques de quelques espèces chimiques :

Benzoïne : $M = 212\ g{\cdot}mol^{-1}$; température de fusion $F = 133$ °C. Peu soluble dans l'eau. Très soluble dans le méthanol et l'éthanol à chaud et à froid.

Benzile : $M = 210\ g{\cdot}mol^{-1}$; $F = 95$ °C. Insoluble dans l'eau. Très soluble dans le méthanol et l'éthanol à chaud, peu soluble à froid.

Acide nitrique concentré : $M = 63\ g{\cdot}mol^{-1}$; $d = 1{,}40$; pureté : 65 % en masse.

Acide acétique : $M = 60\ g{\cdot}mol^{-1}$; $d = 1{,}05$.

Acétate de cuivre dihydraté : $M = 218\ g{\cdot}mol^{-1}$.

Étude du protocole n° 1

1. Déterminer la quantité de matière de benzoïne introduite.

2. Déterminer la quantité de matière d'acide nitrique introduite. En déduire le réactif limitant.

3. Trouver la masse de benzile obtenue.

4. Quel est le rôle des 150 mL d'eau glacée ?

5. Pourquoi est-ce que le méthanol est utilisé pour effectuer la recristallisation ?

Astuce
Il faut trouver la masse maximale de benzile obtenue et utiliser le rendement.

Étude du protocole n° 2

6. Quelle est l'utilité d'un chauffage au reflux ?

7. Comparer les données relatives aux risques toxicologiques de certaines espèces chimiques utilisées dans les deux protocoles.

8. Comparer les deux protocoles, conclure.

Méthode
Il faut comparer les réactifs utilisés, le solvant de recristallisation et l'éluant de chromatographie.

PRÉPARER L'ÉPREUVE PRATIQUE

5 Synthèse de la lidocaïne

★★★ 35 min ➔ Corrigé p. 363

Compétences expérimentales évaluées : analyser, valider

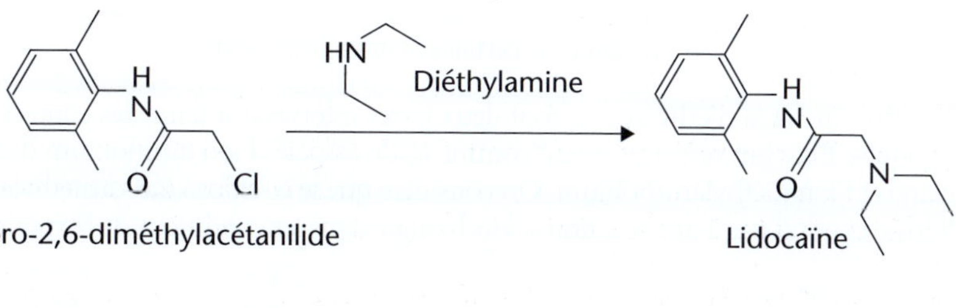

α-Chloro-2,6-diméthylacétanilide

Lidocaïne

La lidocaïne est un anesthésique local utilisé en chirurgie dentaire. Il est synthétisé à partir de l'α-chloro-2,6-diméthylacétanilide et de la diéthylamine. Le solvant utilisé est le pentane. En fin de réaction, le milieu réactionnel contient de la lidocaïne, de la diéthylamine, l'ion diéthylammonium et l'α-chloro-2,6-diméthylacétanilide.

Remarque
Le milieu réactionnel n'est pas homogène initialement.

1. On réalise une première filtration du milieu réactionnel. Quelle est l'espèce chimique solide qui est récupérée ?

2. Proposer un protocole expérimental permettant de purifier la lidocaïne en utilisant les données fournies. On doit obtenir en fin de traitement une phase organique constituée uniquement de lidocaïne en solution dans le pentane.

Astuce
Pensez à des traitements acides et basiques.

3. Interpréter le spectre de RMN du proton de la lidocaïne.

Données :

Espèce chimique	Caractéristiques	Espèce chimique	Caractéristiques
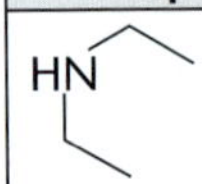 Diéthylamine	Très soluble dans l'eau et soluble dans le pentane	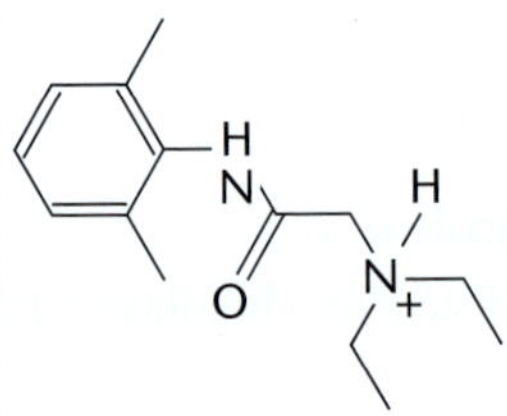 Ion ammonium de la lidocaïne	Soluble dans l'eau, insoluble dans le pentane
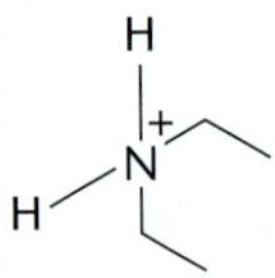 Ion diéthylammonium	Très soluble dans l'eau, insoluble dans le pentane		
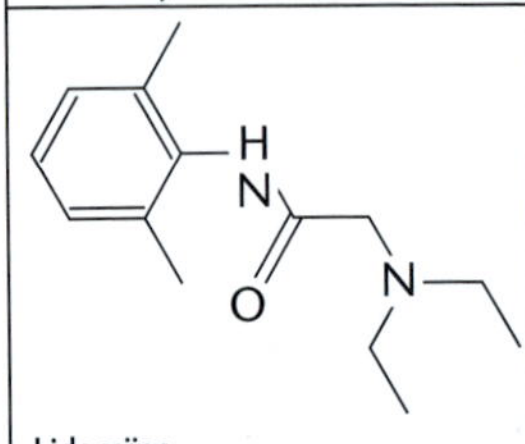 Lidocaïne	Peu soluble dans l'eau, soluble dans le pentane	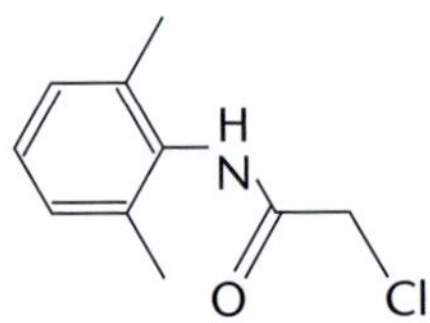 α-Chloro-2,6-diméthylacétanilide	Insoluble dans l'eau, soluble dans le pentane

Solubilité de certaines espèces chimiques

La lidocaïne et la diéthylamine sont deux bases intervenant dans des couples acido-basiques. Elles ont respectivement comme acide associés l'ion ammonium de la lidocaïne et l'ion diéthylammonium. On considère que le α-chloro-2,6-diméthylacétanilide ne conduit pas à une réaction acido-basique dans les conditions de l'expérience.

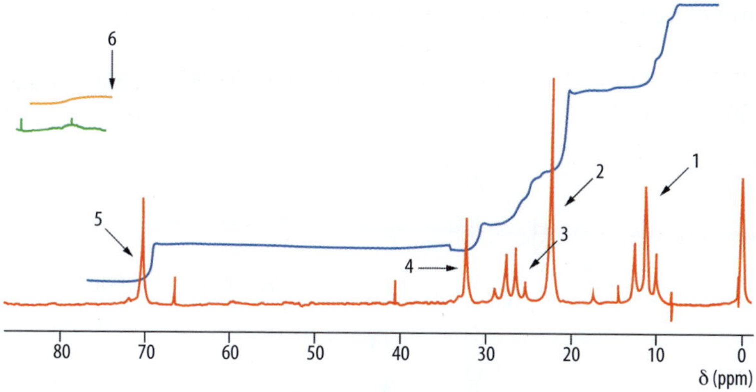

Spectre RMN du proton de la lidocaïne

Environnement des protons	Déplacement chimique δ (en ppm)
CH_3	0,9
CH_2-NR_2	2,5
CH_3-Ar	2,3 - 2,4
CH_2-$CONR_2$	2,1 - 2,2
RCONHR′	6,0 - 8,5
Ar-H	6,5 - 8,2

Ar représente un groupe aromatique.

Déplacement chimique du proton

Pour aller plus loin

6 Le procédé Merrifield

★★★ 15 min ➔ Corrigé p. 364

La synthèse en phase solide de Merrifield permet d'automatiser la synthèse des polypeptides. On utilise pour cela un polystyrène modifié sur lequel est fixé un acide aminé qui a sa fonction amine protégée (étape **1**). Les produits intermédiaires étant fixés sur le polymère, il est facile de les purifier par simple lavage, puis de filtrer le tout. Par des procédés de protections-déprotections, il est possible d'obtenir des peptides très longs. La synthèse de l'insuline a ainsi pu être réalisée en assemblant 51 acides aminés en seulement quelques jours grâce à un procédé automatisé.

1. Pourquoi faut-il protéger certaines fonctions des acides aminés en synthèse peptidique ?

2. Expliquer la chronologie des étapes de couplages des acides aminés dans le procédé Merrifield.

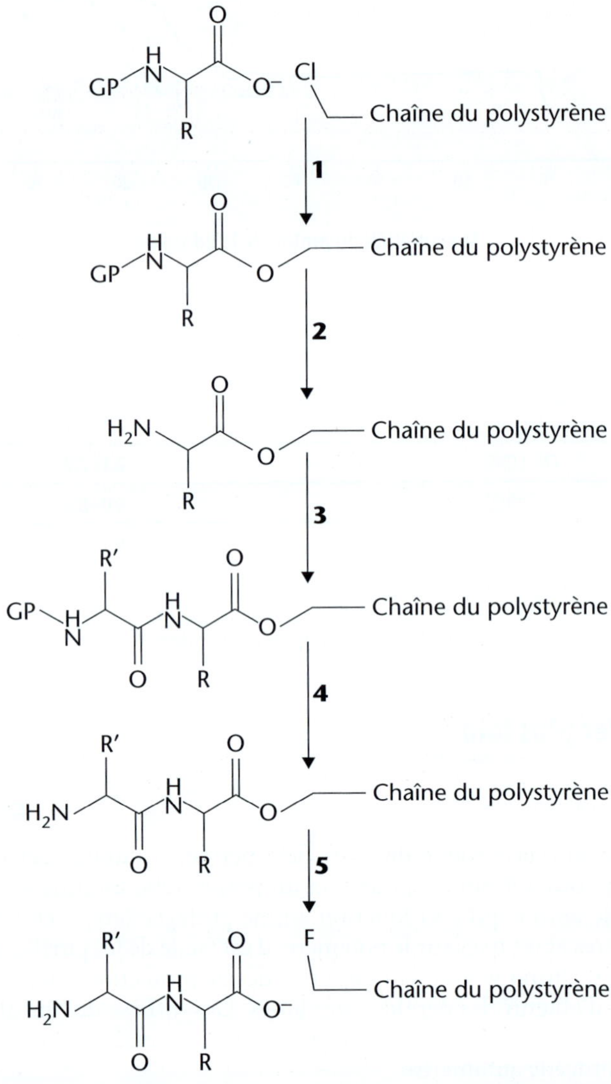

QCM et questions courtes

1 Vrai ou faux ?

1. Faux → Par définition, un catalyseur n'intervient pas dans l'équation bilan.

2. Vrai → Un solvant polaire solubilise les ions et un solvant protique solubilise spécifiquement les anions.

3. Faux → Une ampoule de coulée est adaptée au col d'un ballon bicol ou tricol.

4. Vrai → Par définition, une recristallisation permet de purifier un solide.

5. Faux → C'est un filtre BücÜer qui est utilisé pour réaliser une filtration sous vide. Un banc Köfler permet de mesurer le point de fusion d'un solide.

6. Vrai → La connaissance du réactif limitant permet de calculer la masse maximale de produit obtenue en fin de réaction.

Exercices d'entraînement

2 Synthèse de l'aspirine

1. La quantité de matière d'acide salicylique est égale à :
$n_{\text{acide salicylique}} = m_{\text{acide salicylique}} / M_{\text{acide salicylique}} = 6{,}0 / 138 = \mathbf{4{,}3 \cdot 10^{-2}\ mol.}$

2. La quantité de matière d'anhydride éthanoïque est égale à :

$$n_{\text{anhydride éthanoïque}} = \rho_{\text{anhydride éthanoïque}} \times V_{\text{anhydride éthanoïque}} / M_{\text{anhydride éthanoïque}}$$
$$n_{\text{anhydride éthanoïque}} = 1{,}08 \times 10 / 10^2 = \mathbf{1{,}1 \cdot 10^{-1}\ mol.}$$

→ Chiffres significatifs

La donnée la moins précise est le volume d'anhydride éthanoïque, exprimé avec deux chiffres significatifs. La quantité de matière d'anhydride éthanoïque est donc elle aussi donnée avec deux chiffres significatifs.

L'acide salicylique est donc le **réactif limitant**, car l'acide salicylique et l'anhydride éthanoïque ont le même coefficient stœchiométrique :

$$n_{\text{anhydride éthanoïque}} > n_{\text{acide salicylique}}.$$

3. L'acide sulfurique n'intervient pas dans l'écriture de l'équation de la réaction. Il est introduit en petite quantité. Il s'agit d'un **catalyseur**.

4. La masse maximale d'aspirine qu'il est possible d'obtenir est :

$$m_{\text{maximale}} = n_{\text{acide salicylique}} \times M_{\text{aspirine}} = 4{,}3 \cdot 10^{-2} \times 164 = \mathbf{7{,}1\ g}.$$

5. Le rendement en aspirine vaut donc :

$r = 100 \times m_{aspirine} / m_{maximale} = 100 \times 4{,}0 / 7{,}1 =$ **56 %.**

6. Le chauffage permet d'**augmenter la vitesse de la réaction chimique.**

> **Vocabulaire**
> On dit que la température est un facteur cinétique.

7. L'aspirine précipite lorsque la température diminue. On rince avec de l'eau glacée afin d'**éviter de solubiliser de l'aspirine.**

3 Purification et analyse de l'aspirine

1. Il s'agit de l'**acide salicylique.**

2. L'aspirine doit être **soluble dans l'éthanol chaud** et **peu soluble dans l'éthanol froid.**

3. L'acide salicylique doit être **soluble dans l'éthanol chaud et froid.**

4. L'ajout d'eau **chaude** permet de **diminuer encore plus la solubilité de l'aspirine** dans le mélange eau/éthanol lors du refroidissement dans l'eau glacée. L'acide salicylique reste soluble à chaud et à froid dans le mélange eau/éthanol.

5. Le banc Köfler permet de **connaître le point de fusion** du solide obtenu. Si on trouve 135 °C, cela veut dire que l'aspirine obtenue est **pure**. Il faut **étalonner** au préalable le banc Köfler avec un étalon ayant un point de fusion proche de 135 °C.

6. Il faut analyser un **échantillon d'aspirine pure, d'acide salicylique pur et de solide obtenu**. Si le solide obtenu est **pur**, on n'obtient qu'**une seule tache** au même niveau que celle de l'échantillon d'aspirine pure. Si le solide obtenu n'est **pas pur**, on obtient **deux taches**. La seconde se trouve au même niveau que celle de l'acide salicylique pur.

7. Si l'aspirine obtenue est **pure**, sa solution aqueuse ne **conduit pas à une coloration violette en présence d'ions Fe^{3+}.**

Exercices de type bac

PRÉPARER L'ÉPREUVE ÉCRITE

4 Oxydation de la benzoïne en benzile

1. La quantité de matière de benzoïne est égal à :

$n_{benzoïne} = m_{benzoïne} / M_{benzoïne} = 4{,}0 / 212 =$ **$1{,}9 \cdot 10^{-2}$ mol.**

2. La quantité de matière d'acide nitrique est égal à : $\rho_{acide} = d_{acide} \times 1\ g{\cdot}cm^{-3}$.

$n_{acide} = p_m \times \rho_{acide} \times V_{acide} / M_{acide} = 0{,}65 \times 1{,}40 \times 10 / 63 =$ **$1{,}4 \cdot 10^{-1}$ mol.**

> **Remarque**
> P_m correspond au pourcentage massique.

La benzoïne est donc le **réactif limitant.**

CORRIGÉS

3. $m_{\text{maximale}} = n_{\text{benzoïne}} \times M_{\text{benzile}} = 1{,}9 \cdot 10^{-2} \times 210 = \mathbf{4{,}0\ g}$.
$r = 100 \times m_{\text{benzile}} / m_{\text{maximale}}$.
$m_{\text{benzile}} = r \times m_{\text{maximale}} / 100 = 75 \times 4{,}0 / 100 = \mathbf{3{,}0\ g}$.
La masse de benzile est donc égale à 3,0 g.

4. L'eau glacée permet de faire **précipiter le benzile**, car il est insoluble dans l'eau. **La benzoïne**, principale impureté, **précipite aussi**, car elle est peu soluble dans l'eau.

5. La **benzoïne** et le **benzile** sont **solubles à chaud dans le méthanol**. La **benzoïne** reste **très soluble à froid** dans le méthanol et le **benzile précipite**. En filtrant à froid sur BücÚer, les cristaux de benzile restent dans le filtre alors que la benzoïne se retrouve dans le filtrat.

Remarque
Il faut utiliser le minimum de méthanol afin d'éviter de trop solubiliser du benzile à froid.

6. Un chauffage à reflux permet de **récupérer les vapeurs chaudes** qui se liquéfient en refroidissant. On **augmente la vitesse de la réaction** en chauffant le milieu réactionnel.

7. L'**acétate de cuivre dihydraté** est codifié en « **attention** » alors que l'**acide nitrique** est codifié en « **danger** ». D'autre part, le protocole n° 1 conseille de manipuler sous la hotte à cause des vapeurs d'acide nitrique.

Le méthanol utilisé dans la recristallisation est codifié en « dangereux » avec une toxicité par ingestion, contact cutané et inhalation. L'éthanol est codifié en « danger ». C'est un solvant très inflammable comme le méthanol mais qui **ne présente pas la même toxicité**.

Le cyclohexane et l'hexane sont tous les deux codifiés en « danger » mais l'hexane possède un ***risque présumé d'effets graves pour les organes à la suite d'expositions répétées ou d'une exposition prolongée*** **que ne possède pas le cyclohexane**. Enfin, le cyclohexane est plus toxique pour les organismes aquatiques que l'hexane.

Remarque
Les produits organiques sont obligatoirement recyclés et récupérés dans des bidons.

8. Le **protocole n° 2** donne un **meilleur rendement** et un **temps de réaction plus court** tout en utilisant des espèces chimiques moins toxiques. C'est donc un protocole **plus adapté** à la synthèse du benzile.

PRÉPARER L'ÉPREUVE PRATIQUE

5 Synthèse de la lidocaïne

1. On filtre sous vide, à l'aide d'un filtre BücÚer, le milieu réactionnel afin de **se débarrasser de l'ion diéthylammonium** qui n'est pas soluble dans le pentane.

Le filtrat contient alors de la lidocaïne, de la diéthylamine, et l'α-chloro-2,6-diméthylacétanilide.

2. On fait un **traitement acide** pour **transformer** respectivement, la **lidocaïne** et la **diéthylamine en ion ammonium de la lidocaïne** et **l'ion diéthylammonium**.

On **sépare la phase aqueuse et la phase organique** à l'aide d'une ampoule à décanter. La phase organique contient l'α-chloro-2,6-diméthylacétanilide et la phase aqueuse contient l'ion ammonium de la lidocaïne et l'ion diéthylammonium.

On fait un **traitement basique** de la phase aqueuse. L'**ion ammonium de la lidocaïne** et l'**ion diéthylammonium** se **transforment** respectivement en **lidocaïne** et **diéthylamine.** La lidocaïne est peu soluble dans l'eau et la diéthylamine est très soluble dans l'eau. On réalise une **extraction** de la phase aqueuse avec du **pentane** à l'aide d'une ampoule à décanter. La **phase aqueuse** contient la **diéthylamine** et la **phase organique** ne contient plus que la **lidocaïne**.

Remarque
Ces opérations permettent de purifier la lidocaïne.

3. Le triplet **1** correspond aux protons des **deux groupes CH_3** reliés aux deux groupes CH_2. L'intégration correspond à 6H. Le singulet **2** correspond aux protons des **deux groupes CH_3** reliés au groupe aromatique. L'intégration correspond aussi à 6H. Le quadruplet **3** correspond aux protons des **deux groupes CH_2** reliés aux deux groupes CH_3. L'intégration correspond à 4H. Le singulet **4** correspond aux protons du **groupe CH_2** entre la fonction carbonyle et l'atome d'azote. L'intégration correspond à 2H. Le singulet élargi **5** correspond aux trois protons des **groupes CH** du noyau aromatique. L'intégration correspond à 3H. Le signal **6** correspond au **proton relié à l'azote**. Son intégration correspond à 1H.

Pour aller plus loin

6 Le procédé Merrifield

1. Lorsqu'on ne protège pas le groupe carboxylique et le groupe amino des deux acides aminés qui réagissent entre eux, on obtient un **trop grand nombre de possibilités de réactions**. Le mélange réactionnel comporte le dipeptide obtenu avec des **espèces chimiques issues de couplages non souhaités**.

Remarque
Si on veut obtenir un couplage de plus de deux acides aminés, après l'étape 4, on revient à l'étape 3 autant de fois que nécessaire.

2. L'étape **1** correspond à la **fixation** de l'acide aminé sur le polymère. L'étape **2** correspond à la **déprotection** du groupe amino de l'acide aminé. L'étape **3** correspond au **couplage** du second acide aminé qui a son groupe amino protégé. L'étape **4** correspond à la **déprotection** du groupe amino. L'étape **5** correspond à la **libération** du dipeptide.

CHAPITRE 19

Transmettre et stocker l'information

COMPÉTENCES EXIGIBLES

- Identifier les éléments d'une chaîne de transmission d'informations.
- Recueillir et exploiter des informations concernant des éléments de chaînes de transmission d'informations et leur évolution récente.
- Associer un tableau de nombres à une image numérique.
- Mettre en œuvre un protocole expérimental utilisant un capteur (caméra ou appareil photo numériques par exemple) pour étudier un phénomène optique.
- Reconnaître des signaux de nature analogique et des signaux de nature numérique.
- Mettre en œuvre un protocole expérimental utilisant un échantillonneur-bloqueur et/ou un convertisseur analogique numérique (CAN) pour étudier l'influence des différents paramètres sur la numérisation d'un signal (d'origine sonore par exemple).
- Exploiter des informations pour comparer les différents types de transmission.
- Caractériser une transmission numérique par son débit binaire.
- Évaluer l'affaiblissement d'un signal à l'aide du coefficient d'atténuation.
- Mettre en œuvre un dispositif de transmission de données (câble, fibre optique).
- Expliquer le principe de la lecture par une approche interférentielle.
- Relier la capacité de stockage et son évolution au phénomène de diffraction.

1 Transmission d'informations

❶ Éléments d'une chaîne de transmission d'informations

• Une chaîne de transmission d'informations peut se présenter de manière simplifiée comme suit :

• Le signal transmis peut être, par exemple, une onde électromagnétique émise et reçue par l'intermédiaire d'antennes ou un faisceau lumineux se propageant dans une fibre optique.

❷ Propagation du signal

• La propagation d'un signal peut être **libre** (sans contraintes), comme par exemple une onde électromagnétique se propageant dans toutes les directions depuis un émetteur. Elle peut aussi être **guidée**, en imposant des limites spatiales à la propagation. Par exemple, la transmission peut se faire au moyen d'un câble électrique ou par l'intermédiaire d'une fibre optique.

❸ Quelques caractéristiques d'une transmission

• Une chaîne de transmission peut être caractérisée par son **débit binaire**, exprimé en octets par seconde : plus le débit binaire est élevé, plus la transmission d'informations est rapide. L'**atténuation** caractérise quant à elle la diminution de l'amplitude du signal pour une distance donnée. On utilise de façon standard le décibel par kilomètre ($dB{\cdot}km^{-1}$) comme unité. Une atténuation de $-3 dB{\cdot}km^{-1}$ correspond à une diminution de moitié de l'amplitude du signal par kilomètre.

2 Signaux analogiques et numériques

• Un **signal analogique** est un signal continu, directement proportionnel à la grandeur physique associée, comme par exemple un signal électrique « image » d'une onde sonore. Un signal analogique constitué d'une **infinité de valeurs**.

Vocabulaire

Une grandeur physique peut être mesurée ou calculée à l'échelle macroscopique, c'est-à-dire à l'échelle humaine.

- Un **signal numérique** passe toujours par un codage de l'information. La conversion analogique numérique s'effectue au moyen d'un convertisseur analogique numérique (CAN). Alors qu'un signal analogique est continu, avec toutes les valeurs d'amplitude permises, un signal numérique est **quantifié** et **discret**. Un signal numérique contient un **nombre fini de valeurs** avec une quantité élémentaire de base présentant une taille minimale non nulle. Un signal numérique contient **moins d'informations** qu'un signal analogique mais il peut être **transmis plus fidèlement**.

Remarque
Un signal électrique est créé à partir d'une onde sonore par l'intermédiaire d'un microphone.

3 Conversion analogique-numérique

- La conversion analogique-numérique est la **transformation d'un signal analogique en signal numérique**, par l'intermédiaire de **l'échantillonnage** et de la **quantification**. Plus la finesse de ces étapes est importante, plus le signal numérique est fidèle et proche du signal analogique. En pratique, on utilise un convertisseur analogique-numérique (CAN) qui comporte un échantillonneur bloqueur. Ce dernier se charge de capturer une valeur à un instant donné et de la maintenir constante lors de l'enregistrement numérique.

1 Échantillonnage et quantification d'un signal

- **L'échantillonnage** consiste à **capturer des valeurs ponctuelles d'amplitude du signal analogique à des intervalles de temps réguliers**. On obtient alors un signal numérique discret : on dit que le signal obtenu est quantifié. La **quantification** correspond à la **plus petite valeur d'amplitude possible** pour le signal numérique. Seules les valeurs capturées sont enregistrées, le reste de l'information est perdu. Il faut réaliser un **compromis entre la qualité du signal numérisé et la taille du fichier numérique**.

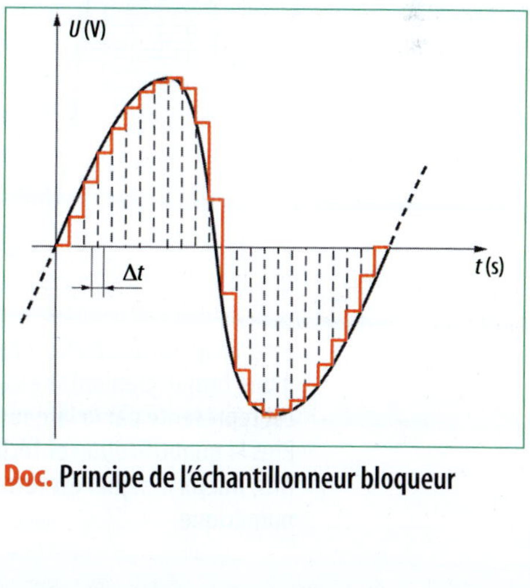

Doc. Principe de l'échantillonneur bloqueur

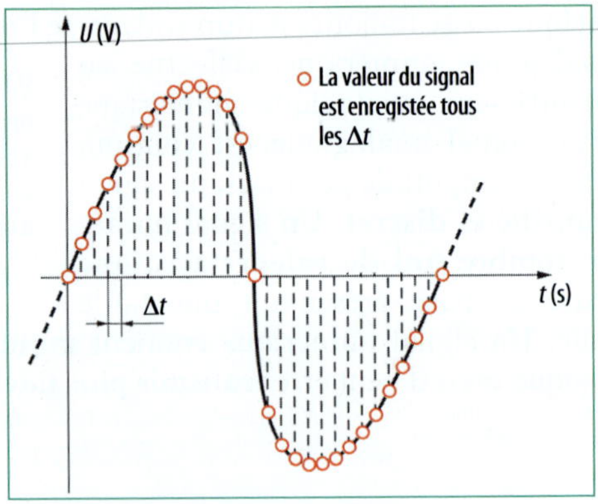

Doc. Échantillonnage avec valeurs discrètes

2 Analogie

- La numérisation est le passage à un signal discret et quantifié. On peut donc la représenter par un empilement de briques qui essaierait de suivre une courbe. Plus les briques sont fines et petites, plus le signal continu peut être traduit fidèlement.

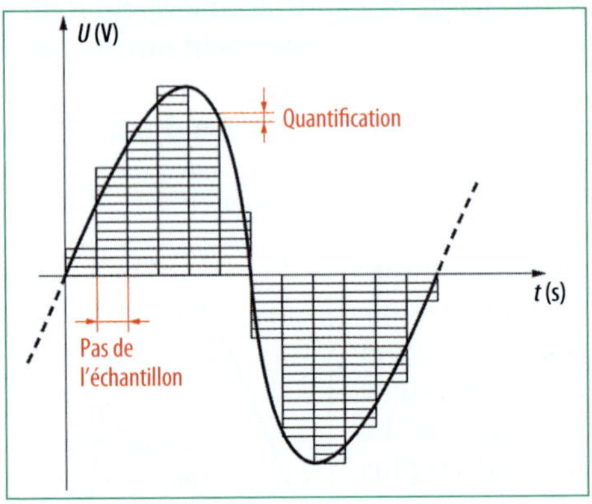

Doc. La quantification est reliée à la hauteur d'une brique élémentaire et l'échantillonnage est représenté par la largeur d'une brique. Plus la quantification et l'échantillonnage sont fins, mieux le signal est retranscrit sous forme numérique

3 Exemples de conversions analogique-numérique

- L'intervalle de temps fixe entre deux enregistrements est le **pas**. Plus le **pas** est petit, plus l'échantillonnage est fin.

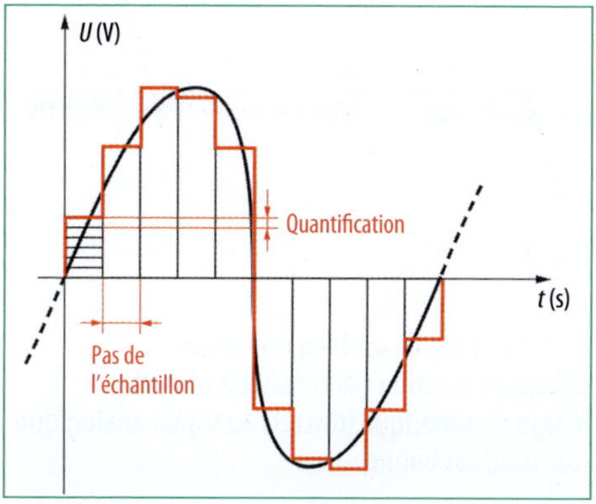

Doc. Ici, l'échantillonnage est assez grossier, avec un pas important : le signal analogique est mal traduit par le signal numérique

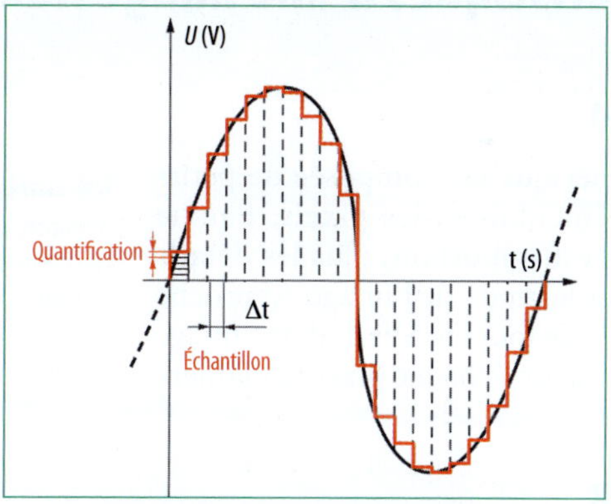

Doc. Le même signal mais numérisé plus finement, l'échantillonnage est deux fois plus grand, le pas deux fois plus petit, la quantification n'a pas changée

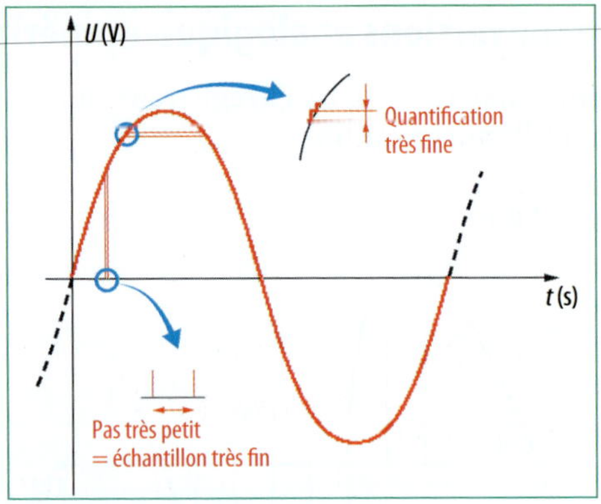

Doc. Ici, le signal est bien numérisé, et l'approximation qui consiste à identifier le signal numérique (discret) au signal analogique (continu) est bonne

4 Caractéristiques d'une image numérique

1 Pixelisation

• Une image numérique est composée de petits carrés colorés élémentaires, les **pixels**. Plus le nombre de pixels est important, plus les détails sont visibles et plus le rendu de l'image est proche de la réalité. On recrée tous les détails d'une image en donnant une couleur à chaque pixel de manière individuelle.

Remarque
Attention, la qualité finale de l'image ne dépend pas uniquement du nombre de pixels mais aussi de l'exposition ou de la fidélité de l'image à la réalité par exemple.

2 Codage RVB

• Chaque pixel est un carré coloré. Pour lui attribuer cette couleur, on code en RVB (Rouge, Vert, Bleu) et on utilise le principe de la **synthèse additive**, en additionnant trois couleurs primaires dans différentes proportion. On peut ainsi récréer toute une palette de couleurs.

Remarque
Exemple pour avoir un pixel magenta (mélange de rouge et de bleu), on code une valeur de 0 pour le vert et 255 pour le rouge et le bleu.

• Les proportions de ces couleurs correspondent à un nombre compris entre 0 et 255. Le nombre de couleurs représentables par ce système est donc théoriquement :

$$256 \times 256 \times 256 = 16{,}7.10^6,$$

soit plus de 16 millions de couleurs.

3 Niveaux de gris

• Les niveaux de gris permettent d'afficher une image couleur en noir et blanc. Le niveau de gris correspond à une concentration de points de trames (le point d'encre sur le papier) en imprimerie.

Plus cette concentration est élevée, plus la couleur tend vers le noir.

À l'inverse, plus cette concentration est faible, plus la zone est blanche. On définit ainsi la valeur de gris correspondant à une couleur comme :

$$\text{Gris} = \frac{\text{Rouge} + \text{Vert} + \text{Bleu}}{3}$$

où l'on remplace les couleurs par la valeur de leur proportion (entre 0 et 255).

→ Bien comprendre

En synthèse additive, l'addition des trois couleurs primaires dans les proportions maximales (255) donne du blanc. Ainsi, la valeur de gris : 255 $\left(\frac{255 + 255 + 255}{3}\right)$ correspond au blanc, tandis que la valeur de gris 0 correspond à un pixel noir.

5 Stockage optique

1 Principe de codage

• Un compact disc (CD) est constitué de plusieurs couches de matériaux ayant chacune un rôle différent : réfléchir la lumière, contenir les données, protéger l'ensemble des couches précédentes. En langage binaire, on remplace un nombre décimal (relié à une information telle que l'amplitude d'un signal par exemple) **par un nombre binaire composé d'une succession de 0 et de 1**. Sur un CD, les 0 et les 1 correspondent à des creux et à l'absence de creux.

2 Lecture

Rappel
LASER, qui signifie « *Light Amplification by Stimulated Emission of Radiation* », soit en français « lumière amplifiée par l'émission stimulée de radiations » a déjà été étudié dans le chapitre 15.

• La lecture d'un CD repose sur un **principe interférentiel**. On envoie un faisceau LASER sur un système qui le sépare en deux et lui fait prendre deux chemins différents (on parle de chemin optique). L'un des deux faisceaux LASER va directement sur une diode réceptrice tandis que l'autre va se réfléchir sur le CD avant de revenir sur la diode.

• Si le rayon ne rencontre pas de creux, il est réfléchi et reste en phase avec le premier rayon, la diode perçoit un maximum d'intensité lumineuse et émet un courant électrique (interprété comme un 1).

Si le rayon rencontre un creux, il y a un déphasage d'une demi-longueur d'onde, on parle d'interférences destructives et l'intensité lumineuse est minimale. La diode n'émet pas de courant (interprété comme un 0).

3 Écriture

Remarque
R signifie *Recordable* en anglais, qui peut se traduire par inscriptible en français.

• L'écriture d'un CD de type R se fait au moyen d'un faisceau lumineux convergent de puissance réglable. L'une des couches du CD est photosensible, sa température change en fonction de l'intensité lumineuse reçue.
Ainsi, en concentrant une lumière intense à **certains endroits, on fait brûler la couche chimique**, et on « grave » des creux.

4 Capacité de stockage

Remarque
La diffraction se caractérise aussi par la présence de tâches secondaires et cela présente un autre intérêt : celui de guider le spot lumineux principal sur la piste lors de la lecture. Les tâches secondaires fonctionnent ainsi comme un guide.

• La capacité de stockage d'un CD dépend du nombre et de la taille des creux et des absences de creux sur le disque. Pour que le CD soit en mesure de fonctionner dans un lecteur ou un graveur, la taille des creux doit être proche de celle du faisceau LASER.

• Pour que le faisceau LASER soit le plus fin possible, on utilise des lentilles convergentes mais il y a toujours un **phénomène de diffraction** et le point lumineux souhaité est en réalité une tâche d'étendue spatiale non nulle.

La taille de cette tâche est proportionnelle à la longueur d'onde et à la taille caractéristique de l'objet diffractant (la distance focale de la lentille ici). Ainsi, **pour augmenter la capacité de stockage d'un CD**, il faut **réduire la taille de la tâche du faisceau LASER** en :

- diminuant la distance focale de la lentille ;
- diminuant la longueur d'onde de la lumière utilisée.

Remarque
L'octet est l'unité de base du codage informatique binaire. Il correspond à une succession de 8 chiffres (0 et 1) et permet de mesurer la taille numérique d'un fichier.

C'est ce qui a été fait lors du passage du CD au DVD, puis plus récemment aux Blu-ray. La longueur d'onde du LASER est passée de l'infrarouge au rouge, puis au bleu (λ = 780 nm, 635 nm puis 405 nm respectivement) et les capacités standards de stockage ont alors augmenté de 700 Mo, à 4,5 Go puis à 25 Go.

QCM et questions courtes

1 QCM

Corrigé p. 383

Indiquez la (ou les) réponse(s) exacte(s).

1. La transmission d'informations peut se faire par propagation :

a) libre ; **b)** instantanée ; **c)** guidée.

2. Une chaîne de transmission est caractérisée par :

a) sa longueur ; **b)** son débit binaire ; **c)** son atténuation.

3. Les données sur un CD sont :

a) codées de façon binaire ; **b)** lues par interférences optiques ;

c) lues par une lumière polychromatique.

4. La capacité de stockage d'un CD :

a) dépend du rayon du disque ; **b)** dépend de l'épaisseur du disque ;

c) est limitée par un phénomène de diffraction.

2 Vrai ou faux ?

Corrigé p. 383

1. La vitesse de transmission dépend directement du débit binaire.

☐ Vrai ☐ Faux

2. La qualité d'une image numérique ne dépend pas de sa résolution.

☐ Vrai ☐ Faux

3. Le codage RVB permet de recréer une infinité de couleurs.

☐ Vrai ☐ Faux

4. On augmente la capacité de stockage d'un CD en augmentant la longueur d'onde du LASER qui lit ou grave le CD.

☐ Vrai ☐ Faux

Exercices d'entraînement

3 Vitesse de transmission

★ 5 min Corrigé p. 383

Une ligne de transmission permet de transférer un fichier numérique de 3,5 Go en 5 min 50 s. Évaluer le débit binaire de cette ligne exprimée en $Mo{\cdot}s^{-1}$.

Unités

$1\ Go{\cdot}s^{-1} = 1{\cdot}10^9\ o{\cdot}s^{-1}$.

$1\ Mo{\cdot}s^{-1} = 1{\cdot}10^6\ o{\cdot}s^{-1}$.

4 Caractéristiques d'une ligne

★ 5 min ➲ Corrigé p. 383

À quelle atténuation en décibels correspond une amplitude de signal divisée par quatre ?

5 Débit binaire

★ 5 min ➲ Corrigé p. 384

Les fibres optiques permettent d'atteindre des débits de l'ordre de 10 $Mo{\cdot}s^{-1}$. Combien d'octets peut-on transmettre en une heure ?

6 Modes d'une fibre optique

★ 10 min ➲ Corrigé p. 384

On distingue deux catégories de fibres optiques : les fibres multimodes, premières sur le marché, permettant de transmettre plusieurs modes de transmission (comme les modes de vibrations d'une corde de Melde), et les fibres monomode ne permettant la propagation uniquement sur un volume très restreint au cœur de la fibre. Les fibres monomode permettent des débits plus importants et des transmissions à plus longues distances.

1. Quelle caractéristique d'une ligne de transmission influe sur la longueur possible de transmission ?

2. En quelle unité s'exprime-t-elle ?

3. Quelle est l'autre grandeur caractéristique d'une ligne de transmission ?

4. Que mesure-t-elle ?

7 Niveaux de gris

★★ 10 min ➲ Corrigé p. 384

Les niveaux de gris, permettent le passage d'une image couleur à une image dite « en niveaux de gris ».

1. Rappeler comment obtenir la valeur de niveau de gris à partir de la couleur d'un pixel.

2. Un niveau de gris donné correspond-il à une seule couleur initiale ?

3. Quelles sont les deux valeurs limites de niveau de gris ?

4. À quelles couleurs correspondent-elles ?

8 RVB

★★ 5 min ➲ Corrigé p. 384

Le codage RVB permet d'obtenir une large gamme de couleurs.

1. Rappeler le principe d'affichage des couleurs au moyen du système RVB.

2. Comment obtenir un pixel blanc ?

3. Comment obtenir un pixel noir ?

9 Niveaux de gris

★★ 15 min ➔ Corrigé p. 385

Une image en niveaux de gris peut se représenter par une matrice (un tableau indiquant la position de chaque pixel), dont chaque pixel est associé à sa valeur en niveau de gris. Voici un tel tableau de 5 × 5 pixels.

255	182	170	250	240
134	150	177	102	115
100	100	100	100	100
40	31	90	12	12
7	34	43	13	0

1. À quelle couleur correspond le premier pixel en haut à gauche ?

2. Identifier le pixel noir.

3. Dans quelle zone, l'image est-elle la plus sombre ?

10 Codage binaire

★★★ 25 min ➔ Corrigé p. 385

La valeur de la quantité d'une couleur est codée en format binaire, et très souvent par octet. Un octet est une série de huit chiffres (0 ou 1) appelés des bits.

1. Combien de combinaison de bits différentes peut-on obtenir pour un octet ?

2. En déduire combien de valeurs possibles on peut donner à une couleur primaire.

3. Retrouver alors le nombre de couleurs accessibles par un codage RVB sous huit bits.

4. Si le codage se faisait en seize bits, par combien serait multiplié le nombre de combinaisons possibles ?

5. Quel serait le nombre de couleurs accessibles ? Que penser de ce résultat ?

11 Lecture de DVD

★★ 35 min ➔ Corrigé p. 385

Les DVD sont commercialisés depuis le début des années 2000. Ils permettent une qualité plus élevée grâce à leur capacité plus élevée de l'ordre de 4,7 Go.

Astuce
La capacité de stockage d'un DVD est liée au phénomène de la diffraction lumineuse.

1. La taille physique du disque de DVD est-elle plus grande que celle d'un CD ?

2. Comment obtient-on une capacité de stockage plus élevée ?

3. La longueur d'onde du LASER utilisé est de 635 nm. Dans quel domaine optique se situe cette radiation monochromatique ?

4. Que se passe-t-il lorsque deux ondes lumineuses se superposent en phase ?

> **Rappel**
> Les notions de « phase » et « d'opposition de phase » ont déjà été vues dans le chapitre 3 sur les interférences.

5. Que se passe-t-il lorsque deux ondes lumineuses se superposent en opposition de phase ?

6. À combien de longueurs d'ondes de décalage correspond une opposition de phase ?

7. Au vu des questions précédentes, comment interpréter un 0 ou un 1 en langage binaire, à l'aide d'une lecture optique ?

8. La profondeur de gravure de la couche de stockage du DVD a-t-elle une importance ? Justifier.

12 Chaîne de transmission

★ 10 min ➔ Corrigé p. 386

On souhaite éclairer un faux plafond de telle sorte à recréer un ciel étoilé. On dispose de lampes halogènes, de diodes électroluminescentes (DEL), de fils électriques et de fibres optiques.

1. Proposer un dispositif permettant cette réalisation avec un câblage purement électrique.

2. Proposer une alternative avec le matériel qu'il reste, et justifier son intérêt.

Exercices de type bac

PRÉPARER L'ÉPREUVE ÉCRITE

13 Vers des Blu-ray à plus grande capacité

★★ 40 min ➔ Corrigé p. 386

• En 2010

Une employée de Sharp présente le nouveau disque Blu-ray triple couche, à Tokyo, le 16 juillet 2010. Selon le constructeur, il pourra contenir quatre saisons d'une série télévisée. De la taille et de l'aspect d'un CD, ce premier disque triple couche au monde a une capacité de 100 Go, soit le double des disques DVD double couche actuellement commercialisés. Il sera mis en vente au Japon le 30 juillet 2010 pour le prix de 5 000 yens (60 dollars).

Sharp vendra également des lecteurs enregistreurs compatibles avec ce format, qui permet l'enregistrement de 12 heures d'émissions diffusées sur la télévision numérique terrestre, ou 8,6 heures sur les chaînes satellitaires, qui offrent une qualité d'image haute définition.

•••

Avec une qualité d'image moins bonne, la durée d'enregistrement peut être multipliée par dix, pouvant ainsi contenir sur un seul disque jusqu'à quatre saisons complètes d'une série télévisée. Le Blu-ray, une tecÚologie concurrente du DVD, a connu son essor avec la 3D car il est le seul capable de lire des enregistrements en 3D.

• En 2011...

Nous vous parlions l'an dernier des prochains disques Blu-ray, lesquels étaient appelés à supporter plus de 100 Go de données. L'attente touche à sa fin, car Panasonic vient enfin d'annoncer la disponibilité de tels disques.

Si Sharp, TDK ou Verbatim avaient promis un BDXL (disque de grande capacité) à usage unique, Panasonic propose le premier modèle réinscriptible, sous l'appellation LM-BE100J. La galette comprend actuellement trois couches distinctes de 33 Go chacune et pourra accueillir une centaine de milliards d'octets en tout. On ignore cependant le nombre potentiel de réécritures. En revanche, on en connaît le prix approximatif qui sera de plus de 80 € l'unité, à noter que très peu de lecteurs/graveurs récents supportent ces disques.

Vu le prix, on ne peut se priver de sourire vis-à-vis des autres supports de stockages. Il est clair que ces modèles sont destinés avant tout à la sauvegarde et à la vidéo, surtout que ces BDXL sont décrits comme plus résistants aux rayures que leurs grands frères.

• Principe

L'idée de départ est assez simple, si on ne veut pas augmenter le rayon des disques, pourquoi ne pas empiler les données sur plusieurs couches ? C'est ce qui est déjà fait avec les DVD double couche. Mais ici on pousse la tecÚologie plus loin, en proposant une triple couche. Un empilement complexe des différents substrats chimiques, permet de laisser passer une partie du faisceau Laser sur chaque couche, et de tripler ainsi le stockage possible. Bien évidemment, la puissance du faisceau LASER doit être plus importante que pour un disque à une seule couche.

• Questionnement

On peut se demander, quelle clientèle est visée avec ce nouveau support car l'achat d'un lecteur/graveur compatible doit être considéré, autant que le coût plus important de cette tecÚologie. De plus, lorsqu'on sait que la majorité des appareils multimédias actuels utilisent des disques durs classiques, ayant une capacité de stockage d'au moins 500 Go, on peut réellement se demander l'intérêt de tels Blu-ray. Les disques durs utilisent un autre principe physique, mais là encore pour augmenter la capacité de stockage on passe d'un plateau (disque sur lequel sont enregistrées les données) à deux, voire trois. Certes le Blu-ray permet une portabilité plus importante... encore que les disques durs externes de petites taille sont en pleine expansion.

1. À l'aide du document précédent, donner le « poids » numérique d'une saison d'une série télévisée.

2. En considérant une moyenne de 25 épisodes par saison, quelle est la taille moyenne d'un épisode ?

Astuce
Le « poids » numérique correspond au nombre d'octets nécessaires à la numérisation.

3. Quelle durée nécessaire pour transférer 5 épisodes par le biais d'une ligne de transmission ayant une atténuation de -1 dB·km^{-1} et un débit binaire de 500 Mo·s^{-1} ?

4. Comment « graver » un Blu-ray ?

5. Un DVD réinscriptible à simple couche coûte actuellement environ 5 €. Un élève souhaite effectuer une sauvegarde de toutes ses photos de vacances, dont la taille totale est de 160 Go.

Effectuer un bilan du coût en disques, entre la solution Blu-ray à haute capacité et le choix d'un DVD simple couche.

La profondeur de gravure d'un Blu-ray est-elle la même que celle d'un DVD ? Justifier la réponse.

7. Quels inconvénients présentent ces nouveaux Blu-ray ?

PRÉPARER L'ÉPREUVE PRATIQUE

14 Expérimentation physique et webcam ★★ 20 min ➔ Corrigé p. 388

Compétences expérimentales évaluées : analyser, valider.

Une webcam se présente sensiblement comme un appareil photo. Elle capture 30 images par secondes. Le système optique constitué d'une ou plusieurs lentilles, permet de créer l'image de la scène sur le capteur CCD, lequel renvoie l'information au système informatique, pour une exploitation logicielle par la suite. On souhaite étudier l'influence de différents paramètres sur le phénomène de diffraction.

1. Rappeler la condition nécessaire à l'obtention d'un phénomène de diffraction.

2. À l'aide du matériel suivant, proposer un protocole expérimental permettant l'observation de la diffraction par voie informatique et réaliser un schéma de ce montage

<u>*Matériel à disposition*</u> : source LASER, prisme, fente rectangulaire, lampe halogène, webcam, lentilles, écran, ordinateur, spectrophotomètre.

3. Pour un système diffractant donné, comment peut-on diminuer le phénomène de diffraction ?

4. Les Blu-ray ont une capacité de stockage plus importante qu'un DVD classique. À l'aide des observations précédentes, justifier l'appellation « Blu-ray ».

Pour aller plus loin

15 Transmission par fibre optique

★★★ 50 min ➔ Corrigé p. 389

• Réseaux et communications

On peut dire sans se tromper que la fibre optique est à la base de l'explosion des communications planétaires modernes. Qu'il s'agisse de téléphonie ou d'Internet, la « toile d'araignée » n'est pas en fil de soie mais en fil de verre.

• Principe

Grossièrement, la fibre optique est composée :

• d'un fil de verre très fin, le cœur (quelques microns), d'un seul tenant, parfois très long (jusqu'à plusieurs centaines de kilomètres) ;

• d'une gaine qui emprisonne la lumière dans le cœur en la réfléchissant pratiquement sans pertes (généralement, une enveloppe transparente d'indice de réfraction inférieur) ;

• d'un fourreau de protection qui peut réunir plusieurs dizaines à plusieurs centaines de fibres ;

• d'un système de connexion très spécifique (sinon la lumière butte aux extrémités et ne sort pas).

La durée de vie d'un tel conducteur est estimée à au moins 20 ans. Le signal électrique à transmettre, à l'origine du conduit par des conducteurs métalliques est transformé en signal lumineux à l'aide d'un transceiver. Le transceiver utilise une LED ou un LASER pour produire la lumière. Pour l'opération inverse, consistant à convertir le signal lumineux en signal électrique, on utilise un détecteur, généralement une photodiode.

Vocabulaire

Une LED est une diode électroluminescente (*Light Emitting Diode* en anglais). On utilise aussi l'abréviation DEL.

• Avantages de la fibre optique

Les intérêts du procédé de transmission par fibre optique sont nombreux :

– une masse faible (ce paramètre est important, aussi bien pour réduire le poids qu'exercent les installations complexes dans les bâtiments, que pour réduire la traction des longs câbles à leur extrémités) ;

– une insensibilité aux interférences extérieures (proximité d'un néon ou d'un câble haute tension, par exemple), notamment électromagnétiques. De plus, les fibres optiques ne gênèrent pas d'ondes et un signal propagé par fibre optique ne peut *a priori* pas être écouté par des moyens électroniques, ni être piraté de manière efficace ;

– pas d'échauffement (alors qu'à haute fréquence, le cuivre composant les fils électriques chauffe et doit être refroidi pour permettre des débits élevés) ;

– une atténuation de 0,5 $dB{\cdot}km^{-1}$ en moyenne comparés aux 9 $dB{\cdot}km^{-1}$ du signal ADSL dans un câble de type électrique. L'atténuation sur le signal est très faible, ce qui permet une transmission de plus d'un kilomètre avec des fibres multimodes (LED dans le visible), et plus de dix kilomètres avec des fibres monomodes (LED LASER infrarouge) ; •••

– une vitesse de transmission très élevée et une bande passante élevée permettant le traitement rapide de grandes quantités d'informations ;

– un diamètre très faible permettant de réunir un plus grand nombre de fibres dans le même diamètre qu'un câble de cuivre ;

– les transmissions par fibres optiques ne peuvent absolument pas générer d'étincelles (ce qui n'est pas le cas lors d'un signal électrique), ce qui rend l'emploi de fibres optiques dans des milieux explosifs extrêmement sécurisant ;

– le verre n'est quasiment pas sensible à la corrosion, et seules les connexions peuvent être altérées avec le temps.

Remarque

La bande passante quantifie la quantité d'informations que l'on peut transmettre en même temps. Plus la bande passante est grande, plus on peut transmettre d'informations.

• Inconvénients de la fibre optique

– le déploiement de la technologie en est à ses débuts, ainsi tous les travaux d'aménagements sont à faire ;

– la pose de câbles en fibre optique est sensiblement plus onéreux que la pose de câbles métalliques, et nettement plus cher au niveau des dispositifs d'émission et de réception.

• Une affaire de mode

En optique, le mode est le nombre de chemins (pour simplifier). Dans une fibre multimode, la lumière peut emprunter un grand nombre de chemins (voir schéma). Dans une fibre monomode, la lumière suit un trajet direct, et conserve vitesse et cohérence. La fibre monomode est donc une fibre plus performante que la fibre multimode, mais elle nécessite l'utilisation de sources lumineuses (LASER) très puissantes.

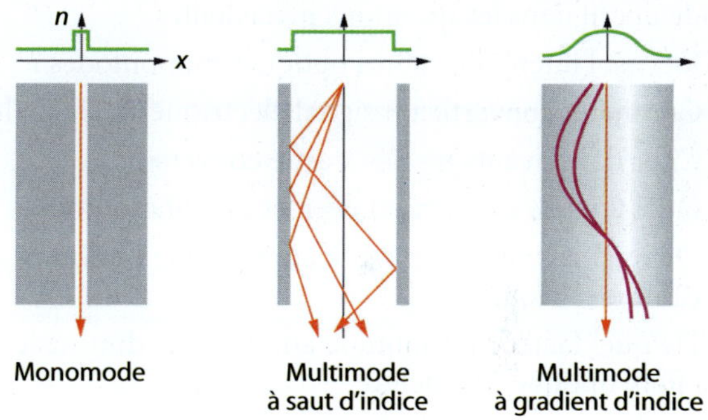

Fibre monomode et multimode : principe

D'après www.guideinformatique.com/fiche-fibre_optique-506.htm

1. Dans le texte, il est question d'une « réflexion quasiment sans pertes », de quel phénomène physique s'agit-il ?

2. Un rayon incident de lumière monochromatique pénètre la fibre au point I avec un angle d'incidence i_1, elle repart dans le cœur en faisant un angle i_2 avec la normale. Puis elle frappe la gaine au point J faisant un angle j_1 avec la normale et est totalement réfléchie à nouveau dans le cœur avec un angle j_2. Le cœur de la fibre a un indice de réfraction n_2 et la gaine un indice de réfraction n_1.

Faire un schéma d'une coupe de cette fibre optique, en faisant apparaître les indices sur celui-ci. Tracer la normale à la surface d'entrée au point I, puis la normale à la surface de séparation au point J. Indiquer également les différents angles.

3. Quelle relation lie l'angle d'incidence i_1 et l'angle réfracté i_2 ?

4. Que peut-on dire des angles j_1 et j_2 ? Justifier la réponse.

5. Quelle relation lie les angles i_2 et j_1 ?

6. Calculer la valeur de l'angle j_2 pour $i_1 = 30°$, $n_1 = 1{,}2$ et $n_2 = 1{,}65$.

7. Exprimer en fonction des différents paramètres, la différence de chemin optique ΔL entre le mode direct et le mode décrit dans les questions précédentes, en considérant une longueur de fibre optique de $l = 10$ m.

Astuce

Le chemin optique est défini comme la distance L parcourue par un rayon lumineux multipliée par l'indice de réfraction que le rayon a rencontré lors de son trajet.

8. En utilisant les données précédentes, calculer la différence de chemin optique entre le mode direct et le mode décrit dans les questions précédentes.

9. Quel est l'intérêt des fibres optiques monomodes ?

10. Comment convertir un signal électrique en signal lumineux ?

11. Citer deux avantages liés à cette conversion.

12. Quel type de conversion permet une photodiode ?

13. De quel facteur l'amplitude aurait-t-elle diminuée au bout de 100 km dans un câble électrique ?

14. De quel facteur l'amplitude aurait-t-elle diminuée au bout de 100 km dans une fibre optique ? Conclure.

CORRIGÉS

QCM et questions courtes

1 QCM

1. a) et **c)** La transmission d'informations peut se faire par propagation libre ou guidée, mais jamais de façon instantanée.

2. b) et **c)** Une chaîne de transmission est caractérisée par son débit binaire et son atténuation.

3. a) et **b)** Les données sur un CD sont codées de façon binaire et lues par interférences optiques, donc en lumière monochromatique.

4. a) et **c)** La capacité de stockage d'un CD dépend du rayon du disque et est limitée par un phénomène de diffraction.

2 Vrai ou faux ?

1. Vrai → Plus le débit binaire est important, plus la vitesse de transmission de l'information est importante.

2. Faux → La résolution numérique influence la qualité d'une image.

> **Remarque**
> D'autres paramètres, comme l'exposition par exemple, influent aussi sur la qualité d'une image.

3. Faux → Tout dépend du codage employé. Sous 8 bits, on peut coder plus de $16{\cdot}10^6$ couleurs (ce qui est déjà beaucoup).

4. Faux → Si on augmente la longueur d'onde du faisceau lumineux qui lit ou grave le CD, le phénomène de diffraction augmente et la capacité de stockage du CD diminue.

Exercices d'entraînement

3 Vitesse de transmission

Un fichier de 3,5 Go est transmis en 5 min 50 s, soit 350 s. D'où un débit binaire de $\frac{3{,}5 \cdot 10^9}{350} = \mathbf{1{,}0{\cdot}10^7\ o.s^{-1}}$, soit $\mathbf{10\ Mo{\cdot}s^{-1}}$.

4 Caractéristiques d'une ligne

Une atténuation de –3 dB correspond à une amplitude de signal divisée par deux, ainsi une amplitude de signal **divisée par quatre**, correspond à une **atténuation de –6 dB**.

5 Débit binaire

Soit un débit binaire de 10 $Mo{\cdot}s^{-1}$. En une heure, il y a 3 600 s, soit un potentiel de transmission de $10 \times 3\,600 =$ **$3{,}6{\cdot}10^4$ Mo = 36 Go**.

6 Modes d'une fibre optique

1. Il s'agit de l'**atténuation**, qui limite la longueur de transmission possible. En effet, l'amplitude du signal diminue progressivement, jusqu'à être nulle (il n'y a plus de signal).

2. L'atténuation s'exprime en **$dB{\cdot}km^{-1}$**.

3. L'autre grandeur physique qui caractérise une ligne de transmission est le **débit binaire**, exprimé en un multiple de $o{\cdot}s^{-1}$.

4. Elle mesure directement la **vitesse de transmission de l'information**.

7 Niveaux de gris

1. La valeur du niveau de gris correspondant à une couleur codée en RVB est donnée par la relation :
$\mathbf{\frac{R+V+B}{3}}$, où R, V et B sont les valeurs des couleurs rouge, vert et bleu comprises entre 0 et 255.

2. De part la formule, on remarque qu'une valeur de niveau de gris peut correspondre à plusieurs couleurs initiales, par exemple :

$$\frac{255+0+0}{3} = \frac{0+0+255}{3} = \frac{0+255+0}{3},$$

qui correspondent respectivement aux niveaux de gris pour le rouge, bleu et vert.

3. Les deux valeurs limites de niveau de gris sont **0** et **255**.

4. Elles correspondent respectivement au **noir et au blanc**.

8 RVB

1. L'affichage par codage RVB repose sur la **synthèse additive**. En additionnant des couleurs primaires différentes (rouge, vert et bleu) en différentes proportions, il se crée une nouvelle couleur.

2. Un pixel blanc est obtenu par la **superposition des trois couleurs primaires** dans les proportions maximales, soit 255 pour le rouge, vert et bleu.

3. Sur le même principe, le noir s'obtient par **l'absence de lumière**, ainsi on additionne aucune valeur de rouge, vert et bleu, soit 0 pour leur valeurs en codage binaire.

9 Niveaux de gris

1. Le pixel en haut à gauche présente un niveau de gris de 255, soit $\frac{255 + 255 + 255}{3}$, d'où la superposition dans les proportions maximales de rouge, vert et bleu, ce qui correspond à un **pixel blanc**.

2. Le pixel noir est l'absence de lumière, donc correspond à un niveau de gris égal à 0, il s'agit donc du **pixel en bas à droite**.

3. Les zones les plus sombres correspondent à un niveau de gris le plus bas, autrement dit à un minimum de lumière, soit la **zone du bas de l'image**, tandis que la zone du haut est la plus éclairée

10 Codage binaire

1. Un octet comporte 8 chiffres qui peuvent prendre la valeur 0 ou 1, on a donc 2^8 = **256 combinaisons possibles**.

2. Une couleur primaire peut donc voir son intensité varier sur 256 valeurs possibles.

3. En mélangeant trois couleurs primaires dans des proportions différentes, on a alors $256 \times 256 \times 256$ combinaisons de couleurs possibles, soit **$1{,}67 \cdot 10^7$**.

4. En codant les couleurs primaires sous 16 bits, on a 16 chiffres qui peuvent prendre la valeur de 0 ou 1, soit alors 2^{16} combinaisons possibles. Autrement dit, dans le mélange de trois couleurs primaires $2^{16} \times 2^{16} \times 2^{16} = 2^{48} =$ **$3 \cdot 10^{14}$** couleurs possibles, soit environ **10^7 fois plus de couleurs** !

5. Il y aurait environ **$3 \cdot 10^{14}$ couleurs**. C'est un nombre de nuances très élevé dont on ne perçoit pas toutes les différences, mais qui peut donner un rendu des couleurs plus fidèle à la réalité.

11 Lecture de DVD

1. Non, un CD et un DVD ont la **même taille** physiquement.

2. Pour obtenir une capacité de stockage plus élevée, il faut **diminuer la taille du spot** lumineux de lecture en **limitant le phénomène de diffraction**, pour ainsi pouvoir graver des creux plus fins. Cela est possible par la diminution de la longueur d'onde du Laser.

> **Remarque**
> On aurait aussi pu augmenter la taille physique du disque en augmentant son rayon, et donc sa capacité. Mais quel est l'intérêt d'avoir des CD de plus de 1 m de rayon ?...

3. Une radiation à 635 nm se situe dans le **rouge du visible**, voire l'infrarouge proche.

4. Si deux ondes lumineuses se superposent en phase en un même point, il y a des **interférences constructives**, l'intensité lumineuse est alors maximale.

5. En opposition de phase, il y a un déphasage d'une demi-longueur d'onde, et donc **interférences destructives**, l'intensité lumineuse est alors minimale.

6. En opposition de phase, il y a une demi-longueur d'onde de décalage, de déphasage.

7. On peut interpréter un maximum d'intensité lumineuse comme un 1 binaire et un minimum d'intensité lumineuse comme un 0.

> **Remarque**
> Il ne s'agit là que d'une convention, on aurait très bien pu coder le maximum d'intensité lumineuse comme un 0 et le minimum comme un 1.

8. Oui, la profondeur de gravure a une importance, il faut qu'elle corresponde à un quart de longueur d'onde du LASER utilisé pour la lecture, afin d'avoir un déphasage d'une demi-longueur d'onde pour le trajet aller-retour dans la cavité, et ainsi obtenir des interférences destructives.

12 Chaîne de transmission

1. On peut imaginer un montage électrique standard, utilisant l'alimentation du secteur et des DEL incrustées dans le plafond, il faut autant de DEL que d'étoiles voulues dans le ciel étoilée. De plus, pour éviter que toute la chaîne ne fonctionne plus uniquement à cause d'une DEL, il faut préférer un montage en dérivation et ainsi augmenter le nombre de fils électriques, donc le coût.

2. On peut imaginer une solution alternative. En branchant uniquement une lampe halogène dans le faux plafond, puis en envoyant cette lumière dans des fibres optiques, dont le trajet termine au niveau du ciel étoilé du plafond. Ainsi, si la lampe présente un problème, il suffit de changer uniquement une ampoule. Il faut certes prévoir autant de fibres optiques que d'étoiles dans le ciel, mais le câblage est direct et ne nécessite pas de retour électrique (doublage du nombre de fils) comme dans le montage électrique en dérivation.

Exercices de type bac

PRÉPARER L'ÉPREUVE ÉCRITE

13 Vers des Blu-ray à plus grande capacité

1. D'après le document, le « poids » numérique de quatre saisons d'une série télévisée est d'environ 100 Go, soit pour une seule série, **25 Go en moyenne**.

2. Si on considère une moyenne de 25 épisodes par saison, le « poids » numérique d'un épisode est d'**1 Go**.

3. Il s'agit de transférer cinq épisodes de 1 Go chacun, soit un « poids » numérique total de 5 Go de données, par le biais d'une ligne de transmission présentant un débit binaire de 500 Mo·s^{-1}. La durée d'un tel transfert est de :

$$\frac{5 \cdot 10^9}{500 \cdot 10^6} = \mathbf{1{\cdot}10^1\ s.}$$

4. Pour graver un Blu-ray, c'est-à-dire y inscrire des données, on utilise un LASER de plus forte puissance que celui utilisé lors de la lecture afin de **brûler localement la couche chimique contenant les données**, on crée ainsi des alvéoles sous la forme de creux, qui permettent le codage de l'information en langage binaire.

5. Un DVD simple couche peut stocker jusqu'à 25 Go de données et coûte environ 5 €. Un Blu-ray inscriptible de grande capacité peut stocker jusqu'à 100 Go de données et coûte 80 € environ.

Pour stocker l'intégralité de ses photos de vacances, l'élève doit disposer de 160 Go. Ainsi, il faut $\frac{160}{25}$ = 6,4, soit **7 DVD** et $\frac{160}{100}$ = 1,6, soit **2 Blu-ray**.

Ce qui revient alors à :

- 7 × 5 = **35 €** pour la solution DVD ;
- 2 × 80 = **160 €** pour la solution Blu-ray.

La différence de prix est nette, néanmoins le nombre de support physique est largement inférieur, ce qui peut présenter un avantage pour certains.

6. La profondeur des alvéoles d'un Blu-ray n'est pas la même que celle d'un DVD. Elle doit correspondre à un quart de longueur d'onde du faisceau Laser utilisé, pour que l'aller-retour du faisceau lumineux entraîne un déphasage d'une demi-longueur d'onde et des interférences destructives, ce qui est à la base de la lecture d'information. Comme les DVD et les Blu-ray ont tous deux des faisceaux LASER de longueurs d'onde différentes, la profondeur de gravure est forcément différente.

7. Ces nouveaux Blu-ray à haute capacité utilisent des lecteurs/graveurs spécifiques, ce qui représente un **coût d'investissement** pour l'utilisation de cette tecÚologie. Il existe des solutions moins onéreuses pour stocker de l'information en grande quantité, tels que les disques durs. Il est vrai cependant que leur portabilité est un avantage, mais la **non-compatibilité** avec les lecteurs de Blu-ray classiques reste un inconvénient dans le cadre du partage de données.

PRÉPARER L'ÉPREUVE PRATIQUE

14 Expérimentation physique et webcam

1. On peut observer un phénomène de diffraction en lumière monochromatique si la **taille caractéristique de l'objet diffractant est de l'ordre de grandeur de la longueur d'onde de la radiation lumineuse**.

2. Un faisceau Laser est envoyé sur une fente rectangulaire. On peut observer la figure de diffraction directement sur un écran, ou l'envoyer sur une webcam, dont la plaque CCD se charge de transmettre l'image de la figure de diffraction à l'ordinateur.

L'étude peut ensuite se faire par l'aide d'un logiciel, comme sur le schéma ci-dessous.

Remarque
Une cellule CCD (*Charged-Coupled Device*) est une plaque composée d'un matériau semi-conducteur sensible à l'intensité lumineuse, ce qui permet de convertir un signal lumineux en signal électrique exploitable par voie informatique.

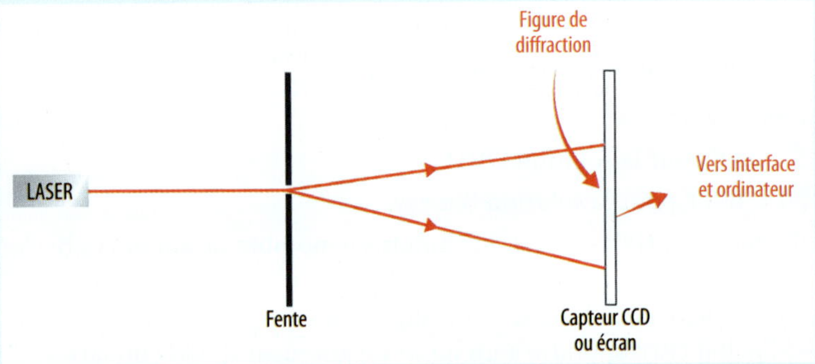

3. Pour un système diffractant donné, le phénomène de diffraction diminue si la **longueur d'onde du rayon lumineux utilisé diminue**.

4. Pour une taille donnée de DVD ou de Blu-ray, la capacité de stockage d'un disque est d'autant plus grande que les sillons de gravure sont fins. Pour cela, la tache du spot de lecture doit être suffisamment fine. Or la taille de cette tache est limitée par le phénomène de diffraction : dans les Blu-ray, on diminue ce phénomène par l'utilisation d'un LASER de longueur d'onde la plus faible possible (dans le bleu).

À savoir

Les longueurs d'onde des rayons lumineux visibles sont approximativement comprises entre 400 et 800 nm. La longueur d'onde d'un rayon lumineux bleu est d'environ 400 nm.

15 Transmission par fibre optique

1. Il s'agit d'un phénomène de **réflexion totale**.

2. Le schéma est le suivant :

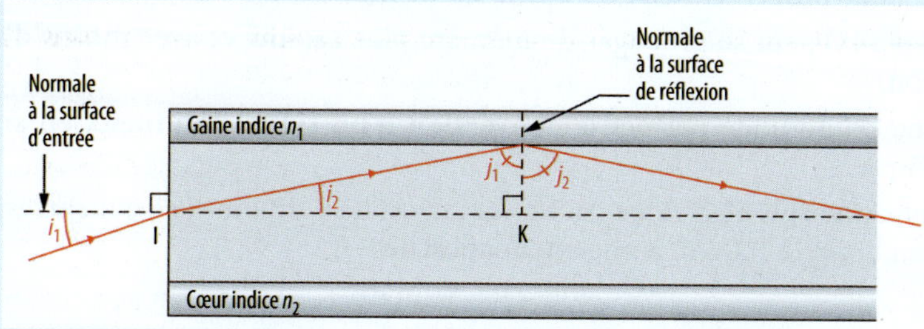

3. Il s'agit de la deuxième loi de Descartes : $\boldsymbol{n_1 \sin(i_1) = n_2 \sin(i_2)}$.

4. Les angles j_1 et j_2 sont **égaux**. En effet, d'après la troisième loi de Descartes, l'angle d'incidence est égal à l'angle réfléchi.

5. En se plaçant dans le triangle rectangle IJK, on remarque que i_2 et j_1 sont complémentaires, donc $\boldsymbol{i_2 + j_1 + 90° = 180°}$.

6. On a $j_2 = j_1 = 90 - i_2$. Or, $n_{air} \sin(i_1) = n_2 \sin(i_2)$.

Donc $j_2 = 90 - \arcsin\left[\dfrac{n_{air}}{n_2 \sin(i_1)}\right]$.

Finalement, $j_2 = 90 - \arcsin\left[\dfrac{1}{1{,}65 \times \sin(30)}\right] = $ **72°**.

7. Soit un trajet direct de $l = 10$ m. Le chemin optique du mode direct L est alors égal à $L = l \times n_2$. De plus, le chemin optique pour un mode subissant plusieurs réflexions L' est égal à $L' = \dfrac{n_2 \times l}{\cos(i_2)}$.

Soit une différence entre les deux modes de :

$$\Delta L = L - L' = \frac{n_2 \times 1}{\cos(i_2)} - n_2 \times 1$$

$$\Delta L = n_2 \times l \times \left[\frac{1}{\cos(i_2)} - 1\right].$$

Ainsi, $\boldsymbol{\Delta L = n_2 \times l \times} \left[\dfrac{1}{\cos\left(arc\sin\left(\dfrac{n_{air}\sin(i_1)}{n_2}\right)\right)} - 1\right]$.

8. $\Delta L = 1{,}2 \times 10 \times \left[\dfrac{1}{\cos\left(arc\sin\dfrac{1}{1{,}65\sin(30)}\right)} - 1\right] = $ **0,59 m**.

Le chemin optique parcouru dans le mode direct est d'environ 60 cm plus court pour une longueur de ligne de 10 m.

9. Les fibres optiques monomodes permettent des **débits binaires plus importants.**

10. Un signal électrique peut être converti en signal lumineux par le biais d'une **diode électroluminescente ou d'une diode LASER**.

11. Le signal peut se propager de manière plus **rapide**, et avec **moins d'atténuation**.

12. Une photodiode permet la **conversion d'un signal lumineux en signal électrique**.

13. Dans un câble électrique, l'atténuation est de 9 $dB{\cdot}km^{-1}$, ce qui correspondrait au bout de 100 km à une atténuation de :

$$100 \times 9 = 9{\cdot}10^2 \text{ dB}.$$

Or on sait qu'une atténuation de –3 dB correspond à une amplitude de signal divisée par deux. Ici, on a –900 dB, soit une amplitude de signal divisée par 300 fois plus $\left(\frac{900}{3}\right)$, soit une **amplitude divisée par un facteur 600** !

14. Dans le cas de la fibre optique, on aurait une atténuation au bout de 100 km de $100 \times 0{,}5 = 50$ dB.

Soit alors une amplitude de signal divisée par :

$$2 \times \left(\frac{50}{3}\right) = \mathbf{33} \text{ environ.}$$

Le signal est **environ 20 fois moins atténué** que dans un câble électrique. Cependant, l'atténuation importante au bout de 100 km justifie l'emploi de répétiteurs, qui amènent un gain positif au signal, lui redonnant l'amplitude de départ.

CHAPITRE 20

Créer et innover

COMPÉTENCE EXIGIBLE

- Rédiger une synthèse de documents pouvant porter sur :
  - sur l'actualité scientifique et tecÚologique ;
  - sur des métiers ou des formations scientifiques et tecÚiques ;
  - sur les interactions entre la science et la société.

Ce chapitre ne nécessite aucune connaissance particulière.

Il est constitué de deux exercices permettant de préparer l'épreuve écrite du baccalauréat.

Exercices de type bac

PRÉPARER L'ÉPREUVE ÉCRITE

1 Des progrès dans le monde du réseau ★★★ 50 min ➔ Corrigé p. 399

Doc. 1 Quelques différences entre Ethernet, Wi-Fi et USB

La question de la différence entre une connexion Ethernet, USB ou Wi-Fi se pose souvent. Les deux liaisons filiaires Ethernet et USB sont relativement similaires. Néanmoins, certains avantages existent pour l'Ethernet qui n'a pas besoin de drivers spécifiques. L'USB lui mobilise des ressources processeur que tous les périphériques USB se partagent et la connexion USB est assurée uniquement pendant l'exécution d'un programme.

Entre les connexions avec et sans fil, la différence est plus notable. TecÚiquement, les différentes normes de Wi-Fi sont appelées : « 802.11... », suivi de lettres. Dans la majorité des cas, du Wi-Fi 802.11b peut suffire. Il accepte un débit réel de 6 Mbits·s^{-1}. Pour de l'ADSL dégroupé (incluant une offre TV et donc du transport de données vidéos demandeuses en débits), du Wi-Fi 802.11g est nécessaire, supportant un débit jusqu'à 30 Mbits·s^{-1}. Enfin, est apparu récemment le Wi-Fi 802.11n, qui est nécessaire pour profiter du très haut débit sans fil. Comme les modèles récents sont compatibles avec les tecÚologies qui le sont moins, vous trouverez la description tecÚique sous cette forme : 802.11 a/b/g/n.

Doc. 2 Présentation du Wi-Fi ac lors du *Consumer Electronic Show* de Las Vegas en 2012

Le successeur du 802.11n affiche des débits théoriques trois fois plus rapides. Le Wi-Fi 802.11n supporte un débit théorique maximal de 600 Mbit·s^{-1} (150 Mbit·s^{-1} par canal sur quatre canaux). Le 802.11 ac propose un débit théorique maximal de 1,3 Gbit·s^{-1}. Avec une antenne, on pourrait ainsi atteindre 450 Mbit·s^{-1} contre 150 Mbit·s^{-1} pour le 802.11n.

Comparaison des performances sans fil		
Configuration des antennes	802.11n	802.11 ac
Un flux (1x1)	150 Mbits·s^{-1}	450 Mbits·s^{-1}
Deux flux (2x2)	300 Mbits·s^{-1}	900 Mbits·s^{-1}
Trois flux (3x3)	–	1,3 Gbits·s^{-1}

Pour atteindre ces performances (théoriques, rappelons-le), la nouvelle norme délaisse la bande des 2,4 GHz, trop souvent soumise à des perturbations naturelles ou liées à d'autres appareils. Elle utilise une bande passante plus large au-delà des 5 GHz, qui est moins caution aux interférences (causées par d'autres appareils tels que le micro-ondes par exemple) et offre surtout 23 canaux non superposés, soit presque huit fois plus que le 802.11n. L'autre nouveauté est la multiplication des antennes. Une innovation déjà présente sur le 802.11n avec la tecÚique baptisée Mimo (*Multiple Input, Multiple Output*).

●●●

Pour augmenter les débits, une antenne était alors utilisée pour transmettre et l'autre pour recevoir. Toutefois, en pratique, avec le 802.11n, le débit était souvent limité à 72 Mbits·s^{-1} car les dispositifs Wi-Fi bon marché ne disposaient bien souvent que d'une seule antenne.

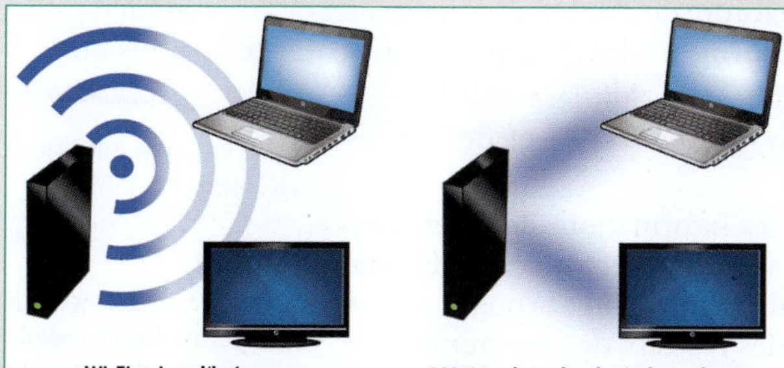

Wi-Fi aujourd'hui

802.11ac la technologie *beamforming*

Vocabulaire
Le routeur est l'appareil se chargeant de redistribuer le réseau local par connexions filiaires ou Wi-Fi.

Mais le 802.11 ac possède un autre atout, la tecÚologie dite de *beamforming*. Il s'agit de former un rayon directionnel, entre le routeur et l'équipement connecté. Le routeur Wi-Fi localise approximativement l'appareil et renforce l'émission dans sa direction. Cela évite non seulement d'arroser la pièce à pleine puissance, mais réduit également les interférences.

Les premiers appareils (portables, smartphones et routeurs) fonctionnant avec ce standard devraient arriver dans le courant de l'année 2012. L'occupation massive du marché devrait, elle, se faire au fil de l'année 2013.

Le 802.11 ac en cinq points :
- jusqu'à 1,3 Gbit·s^{-1}, soit trois fois plus rapide que le 802.11n ;
- six fois plus économe en énergie que le 802.11n ;
- plus fiable et performant ;
- meilleure couverture, d'où une réduction des zones non couvertes ;
- rétro-compatible avec les Wi-Fi 802.11 a et n (en 5 GHz).

Doc. 3 L'ingénieur système et réseau

Avec le boom des systèmes de communication, l'ingénieur réseau ne manque pas de travail ! Dans une entreprise, ce professionnel est responsable du bon fonctionnement de l'ensemble des réseaux de télécommunication.

Vocabulaire
Un bug désigne tout problème informatique.

Besoin d'une connexion sans fil ? d'un nouveau serveur interne ?

L'ingénieur réseau est là ! Il peut créer un système de toutes pièces en fonction des besoins des utilisateurs. Il est ensuite responsable de son bon fonctionnement et de son optimisation : il peut, par exemple, y intégrer une nouvelle messagerie, des antivirus plus récents... Réactif, il intervient au moindre « bug ». Dans un secteur où les tecÚologies évoluent sans cesse, le tecÚicien doit être curieux et garder un œil sur les nouveautés.

1. Que représentent les débits exprimés dans les documents précédents ? Pourquoi cette donnée est-elle importante ?

2. Sachant que la diffusion d'un film Haute Définition (HD) à la télévision nécessite des débits de l'ordre de 250 Mo·min^{-1}, discuter de l'utilisation du Wi-Fi et en particulier de la norme à adopter dans le cadre d'une telle diffusion.

3. Rappeler la fréquence de la lumière visible, puis comparer l'énergie des ondes Wi-Fi et des ondes lumineuses.

4. En vous basant sur les informations données dans les *documents* et sur vos compétences, rédiger une synthèse argumentée d'environ 40 lignes pour justifier le caractère essentiel des réseaux de communication dans notre quotidien, l'utilité des progrès réalisés et l'intérêt des nouveaux métiers dans ce domaine.

Aide

1 octet est composé de 8 bits.
1 o = 8 bits

Rappel

En Première, nous avons vu que l'énergie *E* (en J) d'une onde de fréquence *v* (en Hz) vaut $E = h\nu$ avec h la constante de Planck.

Comment rédiger une synthèse de documents ?

Pour rédiger une synthèse de documents, il faut d'abord comprendre la question posée. Ici, on demande de mettre en avant le caractère essentiel des réseaux dans le monde d'aujourd'hui, ainsi que l'utilité de leurs progrès constants et des nouveaux métiers créés pour satisfaire ces nouveaux besoins.

Pour cela, on peut s'appuyer sur les exemples, et sur leur importance dans le quotidien. On peut insister aussi sur l'évolution constante et rapide de ces tecÚologies, et sur le développement de nouveaux métiers liés à ce secteur.

Ensuite, il faut exploiter les différents documents présentés ici :
- le *document* 1 décrit de façon générale les différentes connexions standards existantes pour relié un réseau ;
- le *document* 2 évoque les dernières avancées en termes de débits et de tecÚologies dans le domaine du sans-fil ;
- le *document* 3 présente un métier lié à ce domaine.

2 Des progrès dans le monde automobile ★★★ 50 min Corrigé p. 401

Doc. 1 Moteur diesel

Fruit des travaux menés par l'ingénieur allemand Rudolf Diesel entre 1893 et 1897, le moteur diesel est un moteur à combustion interne dont l'allumage n'est pas commandé mais spontané, par phénomène d'auto-inflammation. La réaction chimique a lieu dans les cylindres et dans lesquels la combustion du carburant (l'oxydation vive de l'hexadécane) par le dioxygène présent dans l'air dégage de l'énergie thermique et des résidus de combustion :

$$2\,C_{16}H_{34} + 49\,O_2 \rightarrow 32\,CO_2 + 34\,H_2O$$

En pratique, on considère qu'il faut prévoir 15 g d'air pour brûler 1 g de combustible.

Doc. 2 Différence entre moteur essence et moteur diesel

La principale différence entre un moteur du type diesel et un moteur à essence réside dans le mode d'inflammation du carburant. L'essence a besoin d'une étincelle pour s'enflammer tandis que le diesel fonctionne par auto-inflammation.

Quel que soit le moteur (dit à explosion), on utilise un gaz inflammable pour libérer une énergie permettant de faire avancer le véhicule. La méthode d'inflammation n'étant pas la même selon le combustible, la phase d'explosion ne peut donc se dérouleur de la même manière.

Phase d'explosion d'un moteur essence : le combustible comprimé dans la chambre de combustion est enflammé par une étincelle électrique.

Phase d'explosion d'un moteur diesel : le diesel à besoin d'atteindre le point d'auto-inflammation. La chambre de combustion est remplie d'air fortement comprimée (la pression atteint les 35 bars et la température est alors de 600 °C), puis le combustible est injecté directement dans ces conditions de température et de pression.

Les avantages de l'un correspondant aux inconvénients de l'autre et vice-versa, nous nous baserons dans le cas d'un moteur diesel.

• Les avantages d'un moteur diesel

Le couple moteur est plus important et il reste constant pour des vitesses faibles.

Les risques d'incendies sont plus faibles car le point d'inflammation est beaucoup plus élevé que celui de l'essence.

Aide

Le couple mesure la capacité des forces à faire tourner un système autour d'un axe.

Les gaz d'échappement sont moins toxiques car ils contiennent moins d'oxyde de carbone.

Le rendement est plus élevé, lequel peut être encore amélioré par l'utilisation d'un turbocompresseur, dont le principe repose sur la suralimentation. Le procédé permet d'augmenter la quantité d'air (donc d'oxygène) introduite dans le moteur. Le compresseur chargé de comprimer l'air admission est entraîné généralement par une turbine qui récupère une partie de l'énergie des gaz d'échappement, environ 25 % de l'énergie fournie par le carburant.

• Les inconvénients d'un moteur diesel

Les composants mécaniques doivent être surdimensionnés (très hautes pressions et températures).

Le bruit de fonctionnement est plus important. Il nécessite un refroidissement plus efficace.

Le démarrage à froid est moins bon qu'un moteur à essence (d'où l'utilisation de bougies de préchauffage).

Les premiers moteurs diesel étaient beaucoup plus lourds, et bien moins puissants que leurs homologues à essence, mais ceci a grandement été amélioré par les nouvelles tecÚologies mises au point et grâce à des conceptions en aluminium.

Les normes européennes d'émission définissent des limites de rejets aux constructeurs dans lesquels on peut citer les benzopyrènes et les benzoanthracènes, tous deux cancérigènes.

Aide

La famille des NO_x, comporte toutes les molécules de formules brutes NO_x où x désigne un chiffre. Ce sont des gaz, pour la majorité polluants.

• • •

Le rejet de gaz de la famille des NO_x, NO_2 en particulier, doit être contrôlé, car ils se combinent à l'humidité des muqueuses nasales pour former de l'acide nitrique, et entraînent de graves troubles respiratoires. Les pots catalytiques et les filtres à particules (FAP) se démocratisent pour limiter tout cela.

Doc. 3 Voiture électrique

Une voiture électrique est une automobile mue par la force électromotrice de moteurs électriques, alimentée soit par une batterie d'accumulateurs, soit par une pile à combustible, soit par un moteur thermique générateur. La voiture est généralement équipée d'un ou plusieurs moteurs électriques dont la puissance totale peut aller de 15 kW à plus de 200 kW selon la taille du véhicule, l'usage et les performances recherchées.

Une batterie d'accumulateurs fournit l'énergie provenant : soit de la recharge par câble depuis une source extérieure, soit de la décélération du véhicule, le moteur fonctionnant alors en générateur. L'autonomie du véhicule dépendra directement de la capacité de la batterie, du type de trajet (plat, varié, urbain...), du mode de conduite et des accessoires utilisés (phares, chauffage, climatisation, essuie-glaces, autres accessoires...).

En l'état actuel de la tecÚologie, et selon le volume qui leur est dédié, les batteries permettent d'assurer une autonomie comprise entre 100 et 300 km, et nécessitent des temps de recharge d'environ 8 heures, mais des systèmes de recharge rapide sont aussi possibles pour des besoins professionnels (taxis, bus ou autres...).

Parmi les freins à la démocratisation de ce type de véhicules, on peut citer : le coût de la batterie bien plus chère qu'un simple réservoir à essence, le développement d'équipements collectifs pour la recharge hors de chez soi répondant à des critères de rapidité, de simplicité mais aussi de sécurité, l'autonomie encore limitée, bien que cette dernière va en s'améliorant.

Il y a aussi un problème d'alimentation en électricité : en Europe, un remplacement complet du parc par des véhicules électriques entraînerait un accroissement des besoins de 15 % environ. Faute d'investissement dans les énergies renouvelables, ce surplus risque de provenir principalement du charbon et du nucléaire.

En 2011, le réseau électrique n'ayant pas été prévu pour une augmentation importante de la demande d'électricité, celle-ci ne pourrait être satisfaite, économiquement, que la nuit entre 22 h et 6 h du matin, et plutôt en été. Selon des associations indépendantes, si on souhaitait électrifier la totalité du parc automobile français, composé d'environ 36 millions de voitures en 2011, il faudrait produire environ 100 millions de MWh électriques par an supplémentaires, soit l'équivalent de 17 réacteurs nucléaires.

Des solutions intermédiaires existent, le « *vehicle to grid* » est un concept qui permet d'utiliser l'énergie stockée dans les véhicules électriques afin de soutenir le réseau électrique en période de pic de consommation ou en cas d'urgence (orage, coupure de câble...). L'énergie stockée dans la batterie du véhicule pourrait également suppléer aux exigences électriques de l'habitation.

À savoir

Les sources primaires d'énergie en France sont à plus de 80 % d'origine nucléaire.

Cette technologie nécessite que le chargeur embarqué dans le véhicule ainsi que l'interface entre le véhicule et le réseau électrique soient bidirectionnels (l'énergie circule dans les deux sens). À l'utilisation, une voiture électrique ne produit pas directement de gaz polluants ni de gaz à effet de serre, est peu bruyante à basse vitesse, ne consomme pas d'autre énergie à l'arrêt que celle des équipements annexes (chauffage, climatisation, sonorisation, phares, équipements de sécurité, etc.). Cependant, cela reste un objet tecÚique source potentielle de pollutions dans le cadre de sa fabrication.

Le bilan écologique est très différent selon la propreté de l'énergie primaire utilisée, sachant que tout le spectre est possible (charbon, éolien, gaz, hydraulique, nucléaire, pétrole, solaire...), et que cela peut dépendre tant de la saison que du mode de recharge (rapide de jour ou lente de nuit, en hiver ou en été, la production électrique sollicitée n'est pas la même). Néanmoins, en France par exemple, compte tenu de la provenance de l'énergie (d'origine à plus de 80 % nucléaire), un véhicule électrique émet moins de 20 g de $CO_2 \cdot km^{-1}$ du puits à la roue, contre 160 $g \cdot km^{-1}$ en moyenne pour un véhicule thermique, mais nécessairement plus de déchets radioactifs. Ce chiffre est moins favorable en Europe (100 $g \cdot km^{-1}$) et dans le monde (130 $g \cdot km^{-1}$), où sont utilisées des centrales à énergie fossile (charbon principalement). Il se pose aussi la question de la fin de vie et du recyclage des batteries, beaucoup plus volumineuses que celles d'un véhicule thermique.

Aide
Il faut aussi prendre en considération la chaîne de production du véhicule, dont l'activité dégage du CO_2.

En 2010 et 2011, Toyota et EDF ont testé une nouvelle voiture hybride dérivée de la Prius, en vue d'une future commercialisation. L'expérimentation a lieu dans la ville de Strasbourg. Cette voiture essence hybride est rechargeable sur une prise électrique domestique, ce qui permettra pour les petits trajets de rouler exclusivement à l'électricité, la propulsion essence étant dans ce cas réservée aux trajets plus longs.

Selon l'ONG Transport & Environnement, les ventes de véhicules électriques ne devraient commencer à être notables que vers 2030 pour atteindre environ 25 % des véhicules neufs en 2050.

1. On parle dans le *document* 2 d'oxyde de carbone. Quel est le nom officiel de cette molécule ?

2. D'après le *document* 1, dans un moteur diesel, on considère qu'il faut 15 g d'air pour 1 g de combustible. Retrouver ce rapport à partir de l'équation de réaction présentée dans ce document.

Données : masses molaires atomiques (en $g \cdot mol^{-1}$) : $M_H = 1{,}0$; $M_C = 12$; $M_N = 14$; $M_O = 16$.

3. En vous basant sur les informations données dans les *documents* et sur vos compétences personnelles, rédiger une synthèse argumentée de 30 lignes pour expliquer l'intérêt en France de l'utilisation de véhicules diesel.

Comment rédiger une synthèse de documents ?

Pour rédiger une synthèse de documents, il faut d'abord comprendre la question posée. Ici, on demande de comparer les différents véhicules à l'aide des documents, et d'en dégager une tendance à l'utilisation du diesel en France.

Par exemple, on peut commencer à présenter le fonctionnement d'un moteur à explosion, puis comparer les moteurs à essence et diesel en confrontant leur avantages et inconvénients respectifs.

On peut ensuite ouvrir la discussion sur les véhicules électriques, discuter de leurs avantages, mais des nombreux freins à la commercialisation de masse de ces derniers.

Pour cela, il faut exploiter les *documents* proposés :
– le *document* 1 décrit de façon générale le fonctionnement d'un moteur thermique ;
– le *document* 2 présente les différences, avantages et inconvénients d'un moteur diesel face à un moteur à essence ;
– le *document* 3 présente le véhicule électrique et insiste sur les contraintes posées par ce type de véhicules.

Dans l'ensemble des *documents* et en particulier dans le *document* 3, il faut extraire les informations concernant les consommations énergétiques, ainsi qu'un bilan de rejets polluants.

Enfin, il faut rédiger la réponse. On attend une réponse rédigée en trois parties. Une première partie sur la comparaison des moteurs diesel et essence, une seconde sur la comparaison des moteurs thermiques et électrique, une troisième développant une discussion sur les besoins énergétiques et sur les rejets de polluants.

Exercices de type bac

PRÉPARER L'ÉPREUVE ÉCRITE

1 Des progrès dans le monde du réseau

1. Les débits exprimés dans les *documents* précédents représentent des **débits binaires de lignes de transmission**. Cette donnée est importante car elle est directement liée à la **vitesse de transmission des informations**.

2. La diffusion d'un film HD nécessite un débit minimum de 250 $Mo{\cdot}min^{-1}$, soit 250/60 = 4 $Mo{\cdot}s^{-1}$. Les débits exprimés dans le *document* 2 sont en $bit{\cdot}s^{-1}$. Comme 1 octet (o) = 8 bits, le **Wi-Fi 802.11n** permet un débits de 72 $Mbits{\cdot}s^{-1}$, soit 72/8 = 9 $Mo{\cdot}s^{-1}$, ce qui est **suffisant pour la transmission d'un film HD**. Il n'est donc pas nécessaire d'utiliser le nouveau Wi-Fi 802.11ac qui est encore plus performant pour transmettre un film HD. Cependant, celui-ci est nécessaire si trois personnes veulent visualiser simultanément sur trois écrans différents trois films HD différents.

3. Les longueurs d'ondes des ondes dans le domaine de la lumière visible sont comprises entre 400 et 800 nm. De plus, on sait que $\boldsymbol{\lambda = cT = c/f}$. La fréquence d'une onde de longueur d'onde λ est donc égale à $\boldsymbol{f = c/\lambda}$ avec c la célérité de la lumière dans le vide ($c = 3{,}0{\cdot}10^8$ $m{\cdot}s^{-1}$).

> **Aide**
> La lumière visible est une onde électromagnétique de longueur d'onde dans le vide comprise entre 400 et 800 nm.

Ainsi, le domaine de fréquences des ondes correspondant au domaine de la lumière visible est compris entre $(3{,}0{\cdot}10^8)/(800{\cdot}10^{-9})$ et $(3{,}0{\cdot}10^8)/(400{\cdot}10^{-9})$, soit environ **entre 10^{14} et 10^{15} Hz**. Sachant que l'énergie d'une onde électromagnétique de fréquence ν est donnée par la relation $\boldsymbol{E = h\nu}$ et que les ondes Wi-Fi sont des ondes électromagnétiques de fréquence de l'ordre du GHz (10^9 Hz), on peut montrer que **les ondes lumineuses sont 10^5 fois plus énergétiques que les ondes Wi-Fi** étant donné que la fréquence de la lumière visible est environ 10^5 fois plus grande. L'impact sur l'organisme des ondes Wi-Fi est donc faible *a priori*.

4. *Les titres indiqués entre crochets sont là pour vous aider. Ils peuvent figurer sur votre copie, mais ne sont pas obligatoires. Dans la rédaction de la réponse, noter un titre général et des sous-titres : introduction, etc.*

Les réseaux de communications, outil indispensable de nos jours

[Introduction]

Les communications et les échanges virtuels sont le quotidien de nombreuses personnes, tant sur le plan professionnel que personnel. Elles sont aujourd'hui indispensables dans le monde qui nous entoure et leur simplicité d'utilisation en fait une tecÚologie accessible à tous.

[Les solutions existantes]

Pour cela, de très bons réseaux de transport d'informations existent actuellement. Par exemple, les connexions filiaires Ethernet, USB ou sans-fil comme le Wi-Fi permettent un accès aisé à Internet où que l'on soit.

[Les progrès du sans fil]

La tendance est actuellement au sans-fil car les avantages sont nombreux : plus de câbles qui traînent, un réseau plus propre dans son installation, une facilité d'utilisation des équipements portables et une accessibilité à Internet quel que soit l'endroit où l'on se trouve ! De nombreux progrès ont été réalisés dans ce domaine (*documents* 1 et 2). Les débits pour les différentes normes Wi-Fi sont ainsi passés de 6 $Mbits{\cdot}s^{-1}$ à 100 $Mbits{\cdot}s^{-1}$ en quelques années.

En effet, les besoins évoluent et sont de plus en plus importants tels l'apparition de flux de vidéos Haute Définition (HD) ayant un grand « poids » numérique. Ainsi, le Wi-Fi 802.11ac s'est développé en 2012 avec un débit encore plus important. De plus, ces nouvelles tecÚologies permettent de cibler le matériel d'utilisation, et de ne pas inonder la pièce d'ondes Wi-Fi, lesquelles sont quelquefois sujettes à des critiques. Néanmoins, notons que ces ondes sont des ondes électromagnétiques comparables aux ondes lumineuses et d'énergie plus faible ! Enfin, les dernières versions du Wi-Fi permettent des performances plus élevées, tout en réduisant la consommation électrique, ce qui est profitable aux équipements mobiles, lesquels, fonctionnant sur batterie, voient leur autonomie augmenter.

> **Rappel**
> Le « poids » numérique d'un fichier informatique est étudié dans le chapitre 19.

[Un métier du domaine du réseau]

L'intérêt et le besoin en tecÚologies du réseau ont également permis l'essor de nouveaux métiers. Il y a bien sûr les ingénieurs qui inventent et développent les systèmes de communication de demain mais il y a aussi, par exemple, des ingénieurs réseau, dont le métier est défini dans le *document* 3, qui sont indispensables au bon fonctionnement des réseaux et à la maintenance de ceux-ci dans les entreprises. Ainsi, les utilisateurs professionnels de ces réseaux peuvent travailler, se connecter avec le monde entier et profiter des dernières avancées tecÚologiques sans devoir gérer les bugs, malheureusement encore inévitables avec ces nouvelles tecÚologies.

[Conclusion]

Les réseaux de communication et de transferts de données se sont considérablement développés durant les dix dernières années, suivant ainsi les besoins croissants des utilisateurs. Il serait impossible aujourd'hui de se passer de ces tecÚologies en progrès constant qui nécessitent tout de même la présence des professionnels formés pour que celles-ci restent accessibles à tous.

2 Des progrès dans le monde automobile

1. L'oxyde de carbone n'est rien d'autre que le **monoxyde de carbone**, gaz inodore, incolore et hautement toxique.

2. L'équation de réaction est donnée dans le *document* 1 :

$$2\ C_{16}H_{34} + 49\ O_2 \rightarrow 32\ CO_2 + 34\ H_2O$$

Cette équation indique que 2 moles de carburant $C_{16}H_{34}$ réagissent avec 49 moles de dioxygène. On vérifie que les masses annoncées correspondent à ces proportions. Pour cela, on calcule les quantités de matières correspondantes :

$n_{carburant} = m/M_{carburant}$

$n_{carburant} = 1/(16 \times 12 + 32 \times 1{,}0) = 4{,}5{\cdot}10^{-3}$ mol.

$n_{air} = n(O_2) + n(N_2) = m_{air}/(0{,}20 \times M_{O_2} + 0{,}80 \times M_{N_2})$

$n_{air} = 15/(0{,}20 \times 32 + 0{,}80 \times 28) = 5{,}2{\cdot}10^{-1}$ mol,

soit $n(O_2) = 0{,}20 \times 5{,}2{\cdot}10^{-1} = 1{,}0{\cdot}10^{-1}$ mol.

Astuce

On considère ici que l'air est composé à 20 % de dioxygène et 80 % de diazote.

Le rapport des quantités de matière calculé $n(O_2)/n_{carburant}$ est égal à **22**, ce **qui est dans l'ordre de grandeur attendu** d'après l'équation de la réaction (49/2 = 25).

3. *Les titres indiqués entre crochets sont là pour vous aider. Ils peuvent figurer sur votre copie, mais ne sont pas obligatoires. Dans la rédaction de la réponse, noter un titre général et des sous-titres : introduction, etc.*

L'intérêt de l'utilisation de véhicules diesel en France

[Introduction]

L'Homme a toujours eu besoin de se déplacer, et les voitures ont rapidement pris une place indispensable dans nos vies. Face aux différentes solutions existantes, essayons d'expliquer l'intérêt pour le moteur diesel en France.

[Comparaison d'un moteur diesel et essence]

Le *document* 1 présente les avantages et inconvénients d'un moteur diesel et essence. La principale différence réside dans la méthode d'inflammation du mélange carburant-air. Ainsi, dans un moteur diesel, le risque d'incendie est plus faible, de même que les rejets plus faibles en monoxyde de carbone (CO). Le rendement du moteur est plus élevé grâce à la suralimentation et le couple moteur est plus important. Les récents progrès dans le domaine ont aussi permis de réduire voire d'éliminer quelques inconvénients du moteur diesel face au moteur essence, tel que le bruit de fonctionnement.

→ Remarque

Cette tendance varie selon les pays. En effet, en France le prix du litre de gazoil est plus intéressant que celui de l'essence, mais ce n'est pas le cas partout dans le monde.

[Comparaison d'un moteur thermique et électrique]

Les moteurs diesel et essence sont des moteurs thermiques, mais depuis quelques années se développent aussi des moteurs électriques. Le *document* 2 indique les nombreux avantages de ce type de motorisation, à savoir le prix d'utilisation plus faible, les rejets en polluants inexistants, l'absence de bruit de fonctionnement. Le principal inconvénient reste encore l'autonomie de ce type de véhicule, qui selon le *document* 3, est de l'ordre de quelques centaines de kilomètres. Ainsi, les bornes de recharges doivent être nombreuses et toute l'infrastructure routière et autoroutière doit être repensée et réaménagée.

[Discussion sur les besoins énergétiques et les rejets polluants]

L'étude du *document* 3 apprend qu'il faut bien faire attention au bilan énergétique lorsqu'on envisage le choix d'un véhicule électrique. En effet, même si le tarissement de l'énergie fossile est un réel problème contemporain, l'utilisation de l'électricité se fait par conversion d'une source primaire d'énergie, laquelle est principalement d'origine nucléaire en France. Les problèmes de stockage de déchets radioactifs se posent alors. De plus, si le parc automobile électrique devient plus important, les besoins en électricité augmenteraient considérablement. En France, on ne peut répondre pleinement à cette demande, et la recharge des véhicules ne serait possible que de nuit et préférentiellement en été. Le surplus de demande en électricité nécessiterait également l'installation de l'équivalent de 17 réacteurs nucléaires, ce qui remettrait en avant le problème des sources d'énergie en France.

Un véhicule électrique ne rejette absolument aucun polluant. Cependant, il faut prendre aussi en considération la chaîne de fabrication et de recyclage, et noter que la construction est coûteuse en énergie. Il est toutefois vrai qu'à l'utilisation, les rejets de polluants atmosphériques tels que le dioxyde de carbone ou les gaz de la famille des NO_x sont inexistants en comparaison d'un moteur thermique, ce qui reste le principal avantage des moteurs électriques.

[Conclusion]

Quel que soit le choix du véhicule utilisé, chacun présente des avantages et des inconvénients. Même si d'un point de vue écologique, l'avantage revient au moteur électrique, ce dernier présente encore des inconvénients. Les véhicules hybrides sont un bon compromis mais ils commencent à peine à émerger. Ainsi, le choix des Français se fait surtout aujourd'hui entre les moteurs à essence et diesel. Malgré les rejets de particules polluantes, ces derniers sont alors plébiscités en France notamment à cause du rendement du moteur plus intéressant et du prix du litre de carburant plus faible.

CHAPITRE 21

L'eau

Enseignement de SPÉCIALITÉ

MOTS CLÉS

- **Eau et environnement**
  - Mers ; océans ; climat ; traceurs chimiques
  - Érosion ; dissolution ; concrétion
  - Surveillance et lutte physico-chimique contre les pollutions ; pluies acides
- **Eau et ressources**
  - Production d'eau potable ; traitement des eaux
  - Ressources minérales et organiques dans les océans ; hydrates de gaz
- **Eau et énergie**
  - Pile à combustible
  - Production de dihydrogène

Les mots clés sous-tendent des connaissances nouvelles complétant l'enseignement spécifique. Nécessaires à la compréhension des sujets étudiés, ces connaissances ne sont cependant pas exigibles au baccalauréat.

1 Eau et environnement

- 72 % de la surface du globe est recouverte d'eau, dont 97 % d'eau salée sous forme de **mers et d'océans**. Leur salinité est due à la présence importante de sels dissous tel que le chlorure de sodium ($Na^+ + Cl^-$) dont la concentration massique moyenne est de 35 $g \cdot L^{-1}$ dans les océans.

- Tout comme l'atmosphère, l'océan joue un rôle important sur le **climat** notamment au travers des courants marins, comme le Gulf Stream, qui répartissent la chaleur autour du globe. Dans les courants de surface, l'énergie thermique stockée en été dans l'eau est restituée dans l'atmosphère en hiver.

Rappel
Les transferts thermiques sont étudiés dans le chapitre 14.

- Les **traceurs chimiques** sont des outils très utilisés en océanographie pour étudier la circulation et le mélange des masses d'eau, comprendre les processus d'échange et de transport de matière organique et minérale. Leur étude permet notamment d'estimer les conséquences du réchauffement climatique sur les grands courants océaniques. On distingue les traceurs naturels (silicate, nitrate, phosphate), des traceurs issus de l'activité humaine (gaz fréon CCl_2F_2 utilisé dans les années 1980 par l'industrie du froid). Certains radioéléments (Ra, Nd) sont utilisés en tant que traceurs isotopiques.

Vocabulaire
Un radioélément est un noyau radioactif qui se désintègre.

- **L'érosion** est l'ensemble des actions de l'atmosphère et de l'eau entraînant la dégradation du relief.

- **La dissolution** est la mise en solution d'un composé (soluté) dans un solvant. L'eau naturelle contient de nombreuses substances dissoutes majoritairement sous forme d'ions.

→ Exemples d'équations de dissolution de sels dans l'eau

$NaCl_{(s)} \rightleftarrows Na^+_{(aq)} + Cl^-_{(aq)}$ $\qquad$ $MgBr_{2(s)} \rightleftarrows Mg^{2+}_{(aq)} + 2\,Br^-_{(aq)}$

- **Une concrétion** est une masse minérale formée par précipitation autour d'un fragment de matériau. Au fond des océans, les dépôts de sédiments marins (coquillages) forment des couches de calcaire (carbonate de calcium $CaCO_3$). Les stalactites et stalagmites visibles dans les grottes se forment par précipitation du carbonate de calcium présent dans l'eau qui ruisselle. Par exemple, l'équation de précipitation du carbonate de calcium est $Ca^{2+}_{(aq)} + CO_3^{2-}{}_{(aq)} \rightleftarrows CaCO_{3(s)}$.

Vocabulaire
La précipitation est la formation d'un solide par combinaison d'ions présents en solution.

● Les pollutions de l'eau sont nombreuses et de diverses origines : pesticides, nitrates, phosphates liés à l'agriculture ; métaux lourds (plomb, fluor, arsenic, mercure), plastifiants et divers produits chimiques liés à l'industrie ; médicaments, hormones rejetés dans les égouts, etc. Divers organismes comme les Agences de l'Eau sont en charge de la **surveillance des pollutions** en France. **Les méthodes physico-chimiques** les plus employées pour détecter et mesurer les concentrations des polluants sont la **chromatographie en phase liquide ou gazeuse**, la **résonance magnétique nucléaire** et la **spectrométrie de masse**. Des procédés physiques (**décantation**, **précipitation**, **filtration**) et chimiques (**ozonation**, **acidification**, **chloration**) sont utilisés dans les stations d'épuration et de traitements pour assainir l'eau.

> **Vocabulaire**
> • La **spectrométrie de masse** est une tecÚique d'analyse qui permet de connaître la masse d'espèces chimiques par ionisation.
> • La **décantation** est une tecÚique de séparation par action de la gravité.
> • L'**ozonation** désigne la réaction d'oxydation des molécules organiques par l'ozone de formule O_3.

> **Rappels**
> La résonance magnétique nucléaire et chromatographie (sur couche mince) sont respectivement étudiées dans les chapitres 4 et 10.

● L'automobile et les industries rejettent des oxydes de soufre (SO et SO_2) et d'azote (NO et NO_2) qui réagissent avec le dioxygène de l'atmosphère et l'eau des nuages pour former de l'acide sulfurique ($2\ H_3O^+ + SO_4^{2-}$) et de l'acide nitrique ($H_3O^+ + NO_3^-$). Les **pluies acides** formées endommagent les forêts, et entraînent la disparition de la faune et de la flore des cours d'eau.

2 Eau et ressources

● Pour qu'une eau soit déclarée « eau potable », elle doit répondre à une cinquantaine de critères relatifs à son aspect et à sa composition physico-chimique. Les critères de potabilité varient selon les pays. La production d'eau potable fait appel à différentes filières de traitement selon la nature de l'eau et selon sa teneur en pollutions particulaires (matières en suspension, phytoplanctons, micro-organismes) et dissoutes (matières organiques, micropolluants, métaux). Dans le cas d'eaux souterraines de bonne qualité, une chloration peut suffire. Pour les eaux de moins bonne qualité, des filières de

> **Vocabulaire**
> La distillation est une tecÚique de séparation. Par chauffage, les espèces se vaporisent successivement, puis se condensent en formant le distillat.

traitement plus complexes sont utilisées. Le dessalement d'eau de mer est actuellement en plein essor ; il se fait par distillation ou par osmose inverse (passage de l'eau de mer à travers une fine membrane arrêtant les sels dissous).

- Les principales étapes de **traitement des eaux** sont la décantation et la filtration pour l'élimination des matières en suspension ; l'ozonation et la filtration sur charbon actif pour l'oxydation des matières organiques dissoutes et l'élimination des micropolluants ; la chloration, l'ozonation par ultraviolet (UV), l'ultrafiltration sur membrane et l'utilisation de bactéries pour la désinfection (élimination des virus et bactéries).

Rappel
Les réactions d'oxydoréduction ont été vues en Première. Elles sont caractérisées par un transfert d'électrons entre un oxydant et un réducteur.

- **Les océans** sont une source gigantesque de **ressources minérales** (fer, manganèse) **et organiques** (poissons, crustacés, algues, phytoplanctons). Alors que les stocks de poissons sont actuellement menacés par la surpêche et la pollution, des perspectives nouvelles s'ouvrent en médecine avec la découverte de nouvelles molécules actives. Les ressources minières, présentes dans le plancher océanique et dans les nodules polymétalliques, pourraient prendre le relais des réserves terrestres en voie d'épuisement, et suscitent la convoitise des états.

Vocabulaire
Les nodules polymétalliques sont des concrétions rocheuses constituées de nombreux métaux (fer, manganèse, etc.) qui reposent sur les fonds marins.

- Les **hydrates de gaz**, présents en abondance dans les sédiments des fonds marins, sont des molécules de gaz (comme le méthane CH_4) entourées d'un réseau de molécules d'eau disposées en « cage ». Les hydrates sont semblables à de la glace et constituent une source d'énergie fossile aujourd'hui encore peu exploitée.

3 Eau et énergie

- Pour limiter la pollution automobile liée à l'utilisation du pétrole, des prototypes de voitures propulsées à l'hydrogène sont à l'essai. Leurs moteurs sont équipés d'une **pile à combustible** qui crée de l'électricité et de l'eau à partir de dihydrogène et de dioxygène ($2H_2 + O_2 \rightleftarrows 2H_2O$). Le dihydrogène s'oxyde au contact d'un catalyseur en platine en libérant des électrons et des protons captés par le dioxygène. Des problèmes de distribution et de stockage du dihydrogène (gaz hautement inflammable) limitent l'essor de cette tecÚologie.

Rappel
Les catalyseurs ont été étudiés dans le chapitre 10.

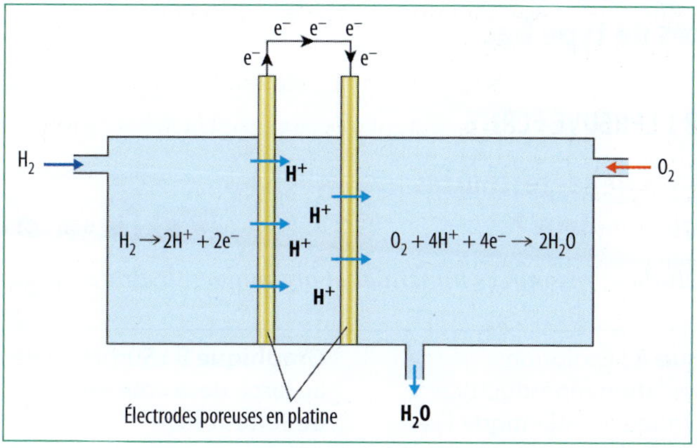

Doc. Schéma d'une pile à combustible

- Le **dihydrogène peut être produit par l'électrolyse de l'eau** ($2\ H_2O \rightleftharpoons 2\ H_2 + O_2$) qui présente de bons rendements, mais s'avère très coûteuse. La majeure partie du dihydrogène est fabriquée à l'échelle industrielle par la décomposition du méthane en présence de vapeur d'eau très chaude ($CH_4 + 2\ H_2O \rightleftharpoons 4\ H_2 + CO_2$). Des recherches s'orientent actuellement vers l'utilisation de microalgues pour la synthèse de dihydrogène par photosynthèse.

Vocabulaire

L'électrolyse est une réaction d'oxydoréduction forcée par l'application d'une tension électrique entre deux électrodes.

Exercices de type bac

PRÉPARER L'ÉPREUVE ÉCRITE

1 L'océan : quelles ressources pour quels enjeux ?

★★ 30 min ➔ Corrigé p. 420

Mots clés étudiés : ressources minérales et organiques, hydrates de gaz

Graphique A : Évolution de la population reproductrice de thon rouge en Atlantique Est et Méditerranée

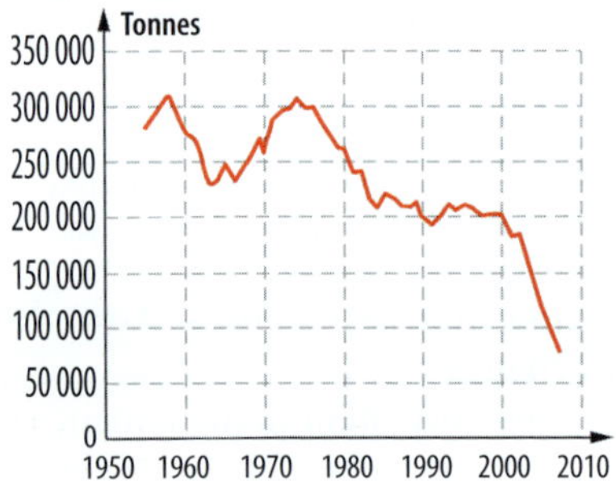

Graphique B : Surpêche de morue au large de la côte Est de Terre-Neuve

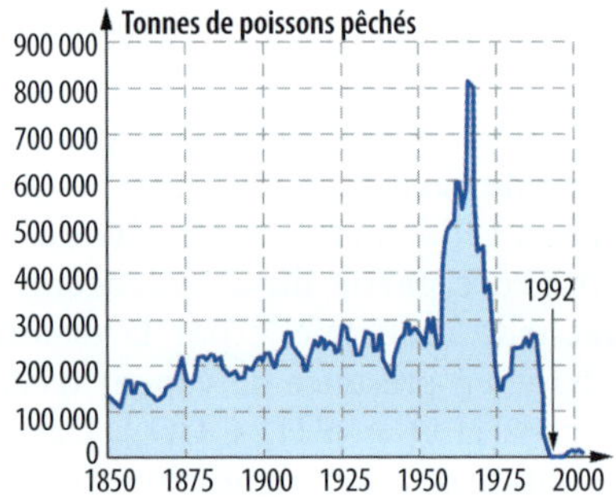

Graphique C : État des stocks mondiaux de poissons en 2004

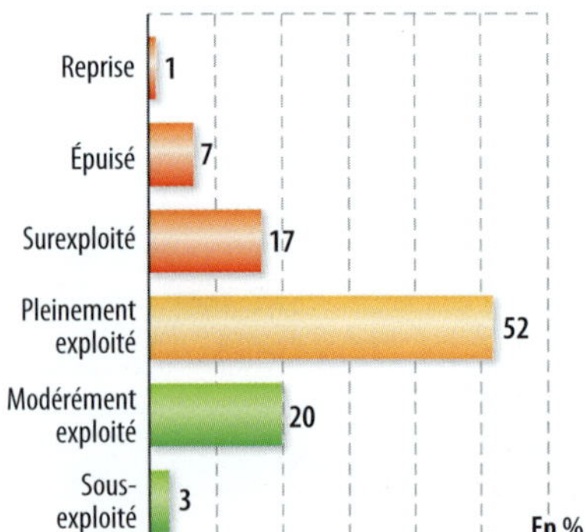

Document D : Impact de la surpêche sur la biodiversité

Doc. 1 L'épuisement des stocks de poissons

Graphique A : Évolution des cours du cuivre

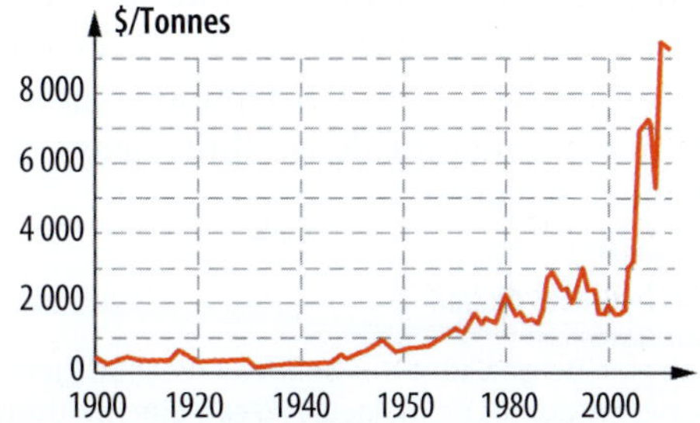

Graphique B : Prévision des dates d'épuisement des richesses terrestres

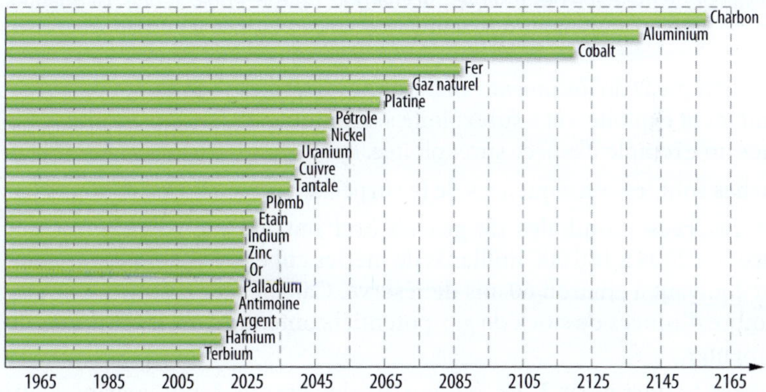

Doc. 2 Les ressources minières terrestres

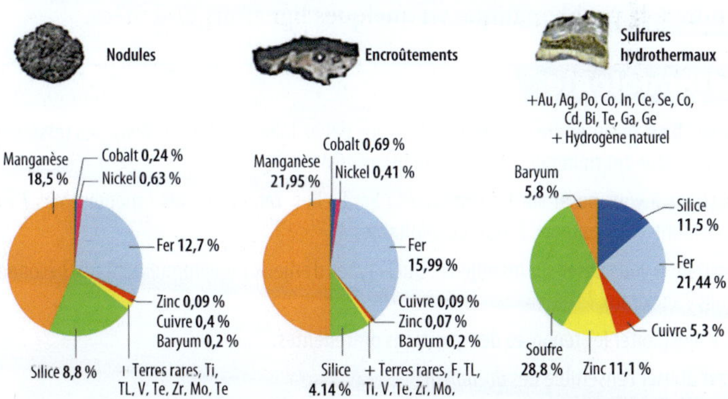

Figure d'après IFREMER, extraite du document sur les ressources minérales marines profondes, synthèse d'une étude prospective à l'horizon 2030.

Doc. 3 Les ressources minérales des grands fonds

L'exploitation de ces gisements, situés aux alentours de 4 000 m de profondeurs, a longtemps été jugée complexe et peu rentable.

Ces ressources, classées « patrimoine mondial de l'humanité », attisent aujourd'hui la convoitise de nombreux pays, mais seule une infime partie est actuellement exploitée.

Doc. 4 Les hydrates de gaz

Les hydrates de gaz sont des solides cristallins gelés composés de molécules de gaz (méthane) entourées de molécules d'eau que l'on trouve dans les fonds marins et les sols gelés arctiques. Ces poches de gaz constituent un fabuleux trésor énergétique, deux fois l'équivalent de méthane des réserves de charbon, pétrole et gaz réunis. La quantité de méthane présente sous forme d'hydrates est estimée à 20 millions de km^3.

1. Le graphique D du *document* 1 mentionne les termes « pleinement exploité » et « surexploité ». Expliquer et donner un exemple d'espèce surexploitée.

2. Quelles sont les conséquences de la surpêche ?

3. Les réserves mondiales de gaz naturel ont été évaluées en 2008 à 180 000 milliards de mètres cubes, ce qui équivaut à environ 60 ans de réserve. Calculer le nombre d'années de stock de gaz potentiel contenus dans les hydrates de gaz. Commenter.

Aide

Commencez par déterminer la consommation mondiale annuelle de gaz naturel.

Utilisez la valeur donnée par le *document* 4.

$1\ km^3 = 10^9\ m^3$.

4. D'après le *document* 3, les ressources des grands fonds marins « attisent aujourd'hui la convoitise de nombreux pays ». Expliquer.

5. Répondre à la problématique en quelques lignes argumentées.

Méthodologie

- Vous devez bien comprendre la question. Ici, vous devez faire un état des lieux des ressources océaniques organiques et minérales (diversité et quantités).
- Les questions à vous poser sur les ressources : Sont-elles renouvelables ? inépuisables ? Toutes les ressources sont-elles connues ? toutes exploitables ?
- Les questions à vous poser sur les enjeux : Quels types d'enjeux ? environnementaux ? économiques ? politiques ? sociétaux ?
- Pensez à réexploiter les réponses des questions précédentes.
- Essayez d'utiliser l'ensemble des *documents*.
- Vous pouvez apporter vos propres arguments. Les *documents* sont une base pour votre réflexion.

2 La chimiodiversité marine

★ 30 min ➔ Corrigé p. 421

Mot clé étudié : ressources organiques des océans

La chimiodiversité marine se caractérise par la présence d'éléments chimiques inhabituels ou très rares dans les organismes dulçaquicoles ou terrestres. Il est ainsi permis d'envisager une « spécificité marine » pour certains groupes d'organismes qui possèdent abondamment des métabolites possédant ces éléments chimiques particuliers et en quantités notables. [...] Les groupements marins oxygénés les plus originaux, et pratiquement sans aucun équivalent terrestre, sont les hydroperoxydes et peroxydes linéaires et cycliques. Ces composés sont en général très instables et souvent considérés par les chimistes comme des explosifs. La présence de peroxydes naturels est quasi générale chez les éponges *Homoscleromorpha* (...). Élément majeur de l'eau de mer, le soufre est omniprésent dans les organismes marins (...). Les polysaccharides sulfatés isolés des algues rouges sont largement utilisés comme agent texturants – épaississants et gélifiants – dans diverses industries, notamment en agroalimentaire où ils sont identifiables par les sigles E406 (agars) et E407 (carraghénanes) visibles sur les emballages. [...] Les terpènes sont largement répandus dans la nature, mais une des caractéristiques des terpènes marins est la présence d'azote engagé dans des groupes fonctionnels très inhabituels ou inconnus dans les terpènes d'origines terrestres. Enfin, la présence d'arsenic dans des substances naturelles est tout à fait exceptionnelle, du fait de la toxicité de cet élément. Cependant, certaines algues brunes incorporent de l'arsenic de l'eau de mer dans des dérivés glucidiques que l'on retrouve dans les mollusques herbivores qui consomment ces algues.

D'après *BIOFUTUR*, n° 301, juillet-août 2009, p. 31-32.

Vocabulaire

- Un organisme dulçaquicole est un organisme vivant en eau douce.
- Un métabolite est une substance chimique qui participe ou qui résulte du métabolisme d'un organisme vivant.

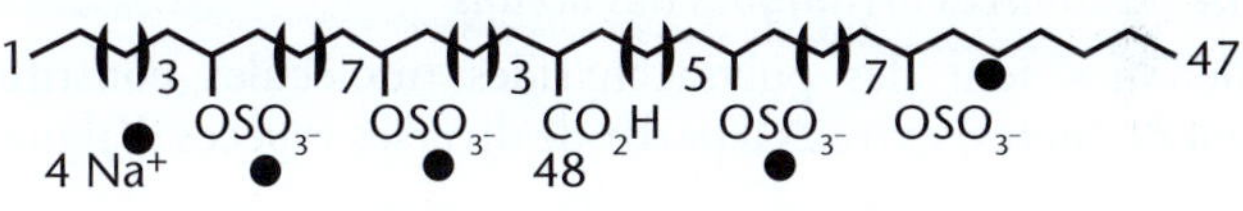

Dérivé polysulfaté (algues)

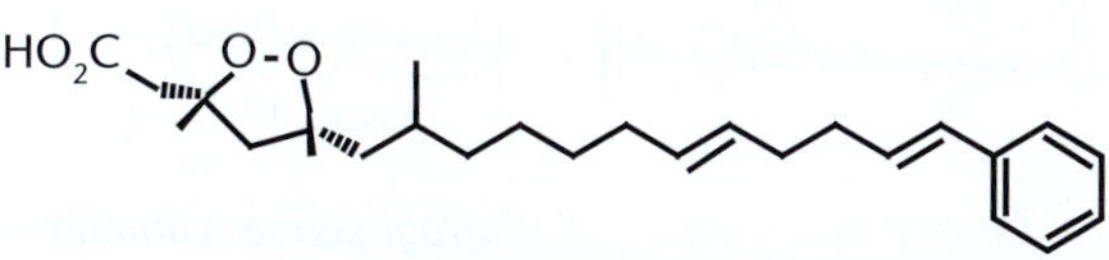

Peroxyde cyclique (éponges)

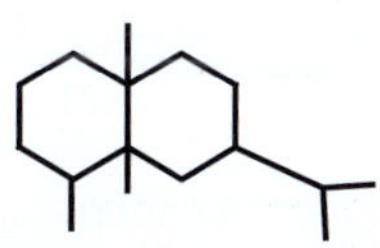

Stybtelline (éponge Stybtella)

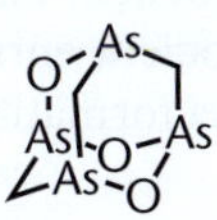

Arsénicine A, (éponges)

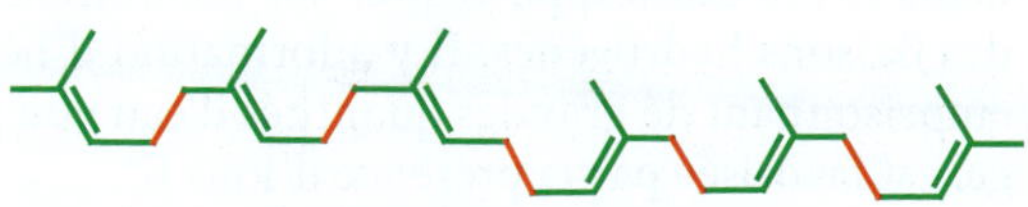

Squalène (foie de requin)

1. Expliquer l'expression « spécificité marine ».

2. Repérer un groupement peroxyde sur une molécule marine.

3. Repérer un groupement sulfaté sur une molécule marine.

4. Préciser le nombre et la nature de l'élément constituant la longue chaîne du dérivé polysulfaté. Cette chaîne est-elle hydrophile ou hydrophobe ?

5. Dénombrer les unités isoprènes présentes dans la molécule de squalène.

Rappel

Hydrophile : qui aime l'eau.
Hydrophobe : qui n'aime pas l'eau.

À savoir

Les ions ont une grande affinité avec l'eau, les groupements carbonés sont peu miscibles avec l'eau.

Remarque

Terpène : molécule possédant une unité isoprène à 5 atomes de carbone de structure : 

L'unité isoprène peut ou non posséder une double liaison C=C.

6. Sur la molécule de stybtelline, repérer une unité isoprène classique et une unité qui sort de l'ordinaire.

7. Expliquer en quoi la présence de l'élément arsenic dans certaines éponges marines est exceptionnelle.

3 Structure chimique des carraghénanes

★★ 30 min Corrigé p. 422

Mot clé étudié : ressources organiques des océans

Les carraghénanes sont des polysaccharides (molécules constituées d'un enchaînement de sucres) extraits à partir de diverses espèces d'algues rouges.

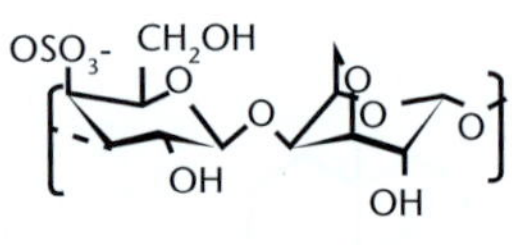

Carraghénane Kappa

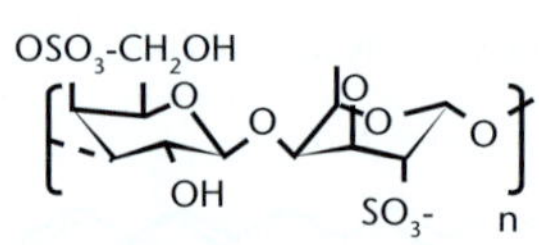

Carraghénane Iota

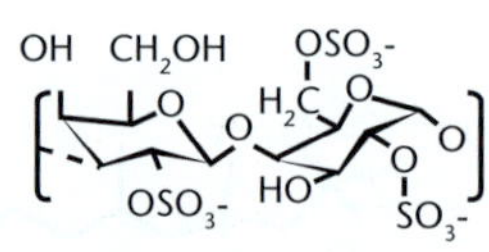

Carraghénanes Lambda

Dans le cas des Kappa et Iota, les macromolécules se rapprochent en créant des liaisons hydrogènes. Il y a formation d'hélices qui s'associent entre elles, emprisonnant de grandes quantités d'eau : un gel se forme. La formation d'un gel est favorisée par la présence d'ions K^+.

Gel de carraghénane : liquide emprisonné par une structure solide.

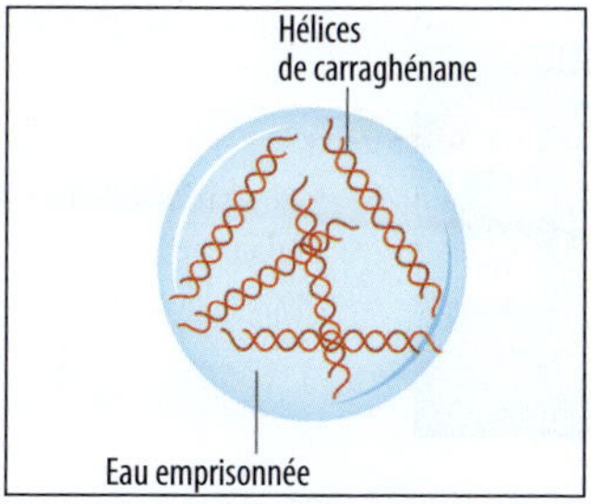

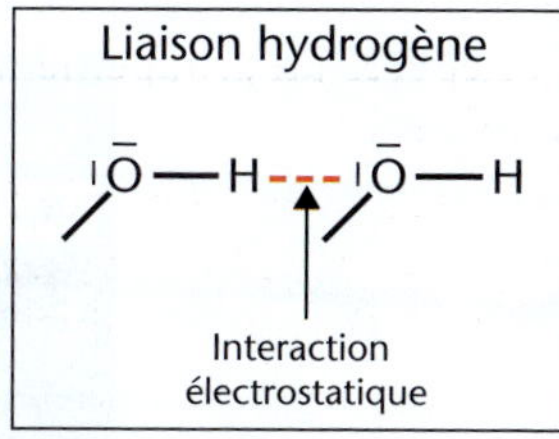

1. Les carraghénanes sont des macromolécules. Justifier cette appellation. Quelle autre appellation pourrait-on employer ?

2. Que signifie la notation ***n*** dans les formules moléculaires ?

3. Classer les trois types de carraghénanes par ordre croissant de solubilité en justifiant.

4. Les carraghénanes Lambda n'ont pas de propriétés gélifiantes. Proposer une explication.

> **Aide**
> Plus une molécule comporte de groupements hydrophiles, plus elle est soluble dans l'eau.

5. Pourquoi peut-on qualifier la liaison hydrogène d'interaction électrostatique ?

6. Schématiser de manière simple la formation de liaisons hydrogènes dans l'association d'hélices.

7. Expliquer pourquoi la présence d'ions K^+ favorise la gélification.

4 L'acidification des océans

★★ 40 min ➔ Corrigé p. 422

Mots clés étudiés : dissolution, concrétion

Graphique A : Évolution de la concentration atmosphérique en dioxyde de carbone

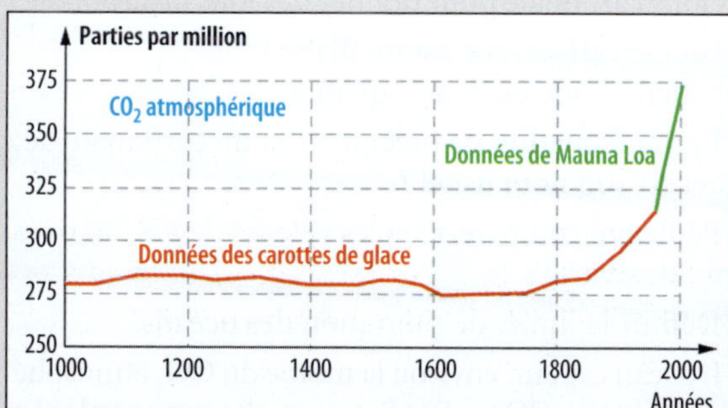

•••

Schéma B : Remontée de la limite de saturation

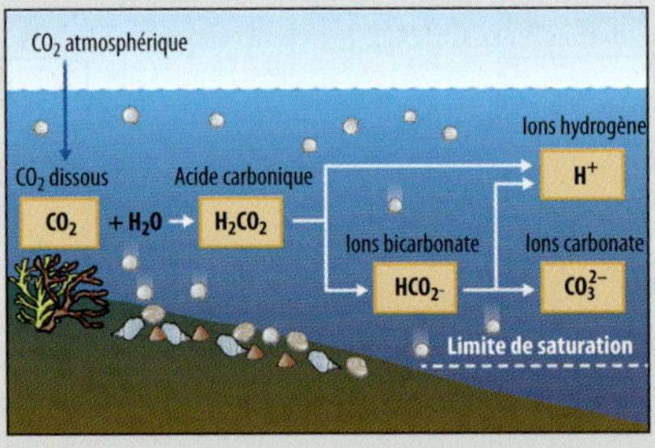

L'absorption de gaz carbonique par les océans a entraîné une baisse du pH des eaux de surface de 0,1 par rapport à leur valeur de l'époque préindustrielle : elles sont plus acides. […] Ces modifications de pH, même minimes, seront nocives pour certaines formes de vie marine, en particulier pour les organismes calcaires qui utilisent du carbonate dissous dans l'eau pour fabriquer le carbonate de calcium ($CaCO_3$) de leur coquille (ou d'autres parties dures de leur corps). Si une partie du gaz carbonique absorbé par les océans se dissocie en ions carbonate, ces ions devraient être disponibles en plus grande quantité. Cependant, il n'en est rien car les ions hydrogène augmentent également et réagissent avec les ions carbonate pour donner des ions bicarbonate. Au total, on observe une diminution de la concentration en ions carbonate quand le *pH* de l'eau diminue.

D'après Scott Doney, *Pour la Science*, n° 73, octobre-décembre 2011, p. 105.

Remarque

L'ion H^+ peut être assimilé à l'ion oxonium H_3O^+.

1. Expliquer le phénomène d'acidification des océans.

2. À quelle baisse de concentration molaire correspond la baisse de 0,1 du *pH* des océans ?

3. Écrire l'équation de la réaction correspondant à la phrase « (…) les ions hydrogène (…) réagissent avec les ions carbonate pour donner des ions bicarbonate ».

4. L'acide carbonique est un diacide.
Justifier à l'aide de demi-équations.

5. Écrire l'équation de précipitation du carbonate de calcium.
Quel est son nom usuel ?

6. Pourquoi compare-t-on les valeurs de *pH* des océans avec celles de « l'époque préindustrielle » ?

7. Définir la limite de saturation des océans.

8. L'océan captant environ la moitié du CO_2 atmosphérique, il est souvent qualifié de « pompe à CO_2 ». Expliquer quelles en sont les implications.

Rappel

Le *pH* est étudié chapitre 13.

À savoir

Un acide est capable de libérer un proton H^+.

Méthodologie

Commencer par expliquer l'expression « pompe à CO_2 ». Faire le lien entre le graphique A et le schéma B (CO_2 atmosphérique et CO_2 dissous). Penser aux conséquences sur la biodiversité marine et sur le réchauffement climatique.

PRÉPARER L'ÉPREUVE PRATIQUE

5 Dosage des nitrates dans l'eau

★★★ 50 min Corrigé p. 423

Mots clés étudiés : surveillance et lutte physico-chimiques contre les pollutions

Compétences expérimentales évaluées : analyser, valider

Le taux limite d'ions nitrates d'une eau potable est fixé à 50 mg·L^{-1}. On souhaite vérifier que la concentration en ions nitrates NO_3^- dans l'eau de nappes phréatiques de la région parisienne ne dépasse pas cette norme.

A. Protocole 1 : Dosage des nitrates par bandelettes test

Préparer 250 mL de solution mère de nitrate de sodium de concentration $C_0 = 8{,}00 \cdot 10^{-3}$ mol·L^{-1} à partir du solide $NaNO_3$ anhydre. Préparer par dilution 10,0 mL de solutions filles de concentrations suivantes :

Solution	$[NO_3^-] = C$ (en mol·L^{-1})	V_0 (en mL)	$[NO_3^-] = t$ (en mg·L^{-1})	Couleur des bandelettes test
1	$C_1 = 4{,}0 \cdot 10^{-3}$		$t_1 =$	
2	$C_2 = 1{,}6 \cdot 10^{-3}$		$t_2 =$	
3	$C_3 = 4{,}0 \cdot 10^{-4}$		$t_3 =$	
4	$C_4 = 1{,}6 \cdot 10^{-4}$		$t_4 =$	

Plonger une bandelette test dans chaque solution fille, puis tester l'eau de la nappe phréatique : la bandelette testant l'eau de la nappe phréatique prend une coloration comprise entre les teintes des tubes témoins 3 et 4.

Données : Masses molaires (en g·mol^{-1}) : Na = 23,0 ; N = 14,0 ; O = 16,0.

Échelle de teintes : NO_3^- nitrate (mg/L)

500	250	100	50	25	10	0

1. Proposer un mode opératoire pour préparer la solution mère et les solutions filles.

2. Compléter la troisième colonne du tableau.

3. Les résultats obtenus par lecture sur l'échelle de teintes sont-ils conformes aux valeurs attendues ?

4. L'eau testée est-elle potable ? Justifier la réponse.

Remarque

Précisez toujours la verrerie utilisée dans le mode opératoire.

À savoir

Lors d'une dilution, il y a conservation de la quantité de matière : $n_{\text{mère}} = n_{\text{fille}}$.

B. Protocole 2 : Dosage des nitrates par spectrophotométrie

Les nitrates forment avec le salicylate de sodium un composé qui, en présence de tartrate double de sodium et de potassium, est coloré en jaune de manière stable pendant une heure.

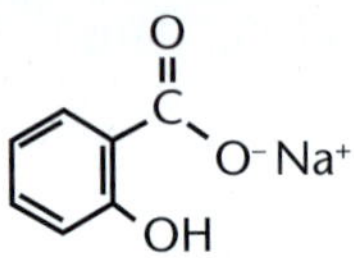

Salicylate de sodium

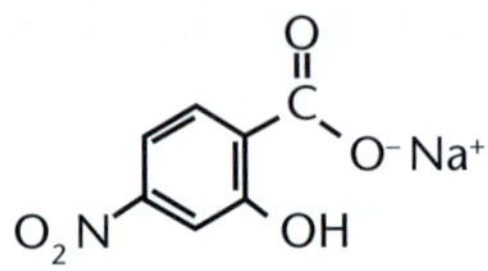

Paranitrosalicylate de sodium

Le protocole est complexe et comporte de nombreuses étapes telles qu'une dissolution, plusieurs dilutions, une évaporation à sec. Il nécessite notamment l'utilisation d'acide sulfurique concentré et de soude à 10 mol·L^{-1}.

D'après *Écolochimie*, p. 144-148.

Le but du protocole est l'obtention de la droite d'étalonnage suivante :

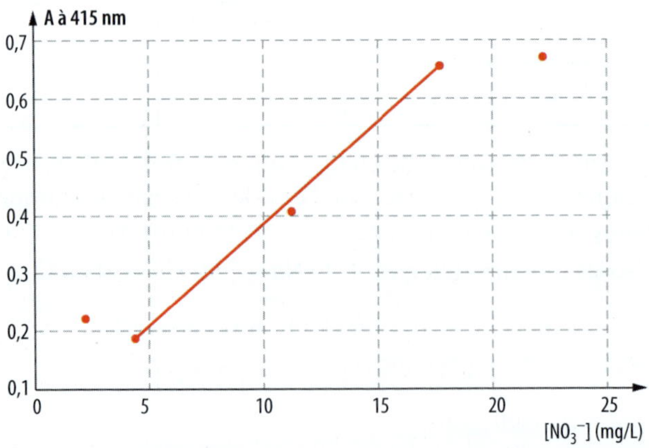

Tableau A : Résultats d'analyse d'échantillons

Eau	Volvic	Cachan	Vieux-Champagne	Gurcy
A **(pour λ = 415 nm)**	0,259	0,297	0,173	0,377
$[NO_3^-]$ (en $mg \cdot L^{-1}$)	6,40	7,46	3,99	
$[NO_3^-]$ avant dilution (en $mg \cdot L^{-1}$)	6,40	29,8	16,0	

1. Nommer le type de réaction entre le salicylate de sodium et l'ion nitrate.

2. Pourquoi réalise-t-on les mesures d'absorbance à une longueur d'onde égale à 415 nm ?

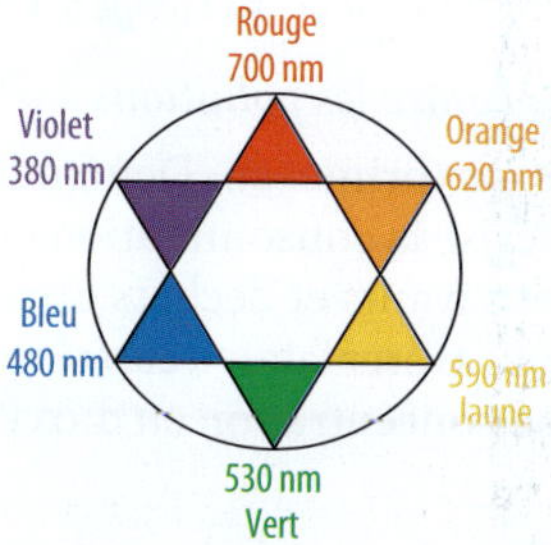

Diagramme des couleurs complémentaires

À savoir

Une solution est colorée si elle absorbe une partie des radiations de la lumière blanche. La couleur de la solution correspond à la couleur des radiations lumineuses transmises.

Aide

L'étoile des couleurs complémentaires permet d'expliquer la couleur des solutions. Si une solution absorbe majoritairement des longueurs d'onde aux alentours de 700 nm, elle absorbe les couleurs rouges et apparaîtra verte (couleur complémentaire du rouge).

3. L'équation de la droite est $A = 35{,}8 \cdot 10^{-3}\ C + 0{,}03$. Est-ce en accord avec la loi de Beer-Lambert ?

Rappel

La loi de Beer-Lambert a été étudiée dans le chapitre 17 : $A = \varepsilon\, l\, C$ avec A l'absorbance (sans unité), ε le coefficient d'extinction molaire ($L \cdot mol^{-1} \cdot cm^{-1}$), l la longueur de la cuve (cm), C la concentration molaire ($mol \cdot L^{-1}$).

Méthodologie

- Une droite qui passe par l'origine traduit une fonction linéaire d'équation $y = ax$. Elle rend compte d'une relation de proportionnalité entre x et y.
- L'expérience donne une valeur d'ordonnée à l'origine $b = 0{,}03$. Comparer b avec la valeur attendue dans le cas d'une proportionnalité.

4. Pourquoi a-t-on réalisé des dilutions dans le tableau A ?
Donner la valeur du facteur de dilution.

5. Compléter la dernière colonne du tableau A en expliquant la démarche.

6. Comparer les deux protocoles expérimentaux. Lequel vous semble le plus approprié à la situation ?

Méthodologie

Raisonner en termes de praticité, rapidité, précision, dangerosité des réactifs, coût, mise en œuvre, résultat attendu.

Pour aller plus loin

6 Dosage du dioxygène dissous par la méthode de Winkler

★★★ 60 min Corrigé p. 424

Mot clé étudié : surveillance et lutte physico-chimique contre les pollutions

La pollution liée au rejet de matières organiques s'exprime en Demande Chimique en Oxygène (DCO). Cet indicateur caractérise la consommation en dioxygène dissous dans l'eau par tous les organismes vivants et déchets organiques. Une diminution de l'oxygénation des eaux peut s'avérer fatale à certaines espèces aquatiques. Une eau d'excellente qualité a une concentration en dioxygène dissous supérieure à 7 $mg \cdot L^{-1}$.

Protocole de dosage : Dans un erlenmeyer de 250 mL rempli à ras bord d'eau, introduire 1,0 g d'hydroxyde de sodium NaOH et 1,4 g de chlorure de manganèse solide $MnCl_2$. Boucher rapidement, agiter pendant 30 minutes. L'hydroxyde de manganèse (II) formé est oxydé par le dioxygène dissous, il y a formation d'un précipité brun de $Mn(OH)_3$:

$$4\ Mn(OH)_{2\ (s)} + O_{2\ (aq)} + 2\ H_2O_{(l)} \rightleftarrows 4\ Mn(OH)_{3\ (s)} \quad \textbf{(1)}$$

On ajoute de l'acide sulfurique concentré pour dissoudre les hydroxydes du manganèse :

$$Mn(OH)_{3\ (s)} + 3\ H^+_{(aq)} \rightleftarrows Mn^{3+}_{(aq)} + 3\ H_2O_{(l)} \quad \textbf{(2)}$$
$$Mn(OH)_{2\ (s)} + 2\ H^+_{(aq)} \rightleftarrows Mn^{2+}_{(aq)} + 2\ H_2O_{(l)}$$

On admet qu'au pH où se trouve la solution, le dioxygène dissous ne peut plus oxyder le manganèse (II). On ajoute un large excès d'iodure de potassium $KI_{(s)}$. Doser $V_0 = 50{,}0$ mL de cette solution par une solution de thiosulfate de sodium de concentration $C = 1{,}0 \cdot 10^{-2}$ $mol \cdot L^{-1}$, en présence d'empois d'amidon.

On obtient à l'équivalence $V_E = 11{,}0$ mL.

Données : Masses molaires (en $g \cdot mol^{-1}$) : Na = 23 ; O = 16 ; H = 1,0 ; Cl = 35,5 ; Mn = 55.
Couples oxydant/réducteur : $I_{2\ (aq)}/I^-_{(aq)}$; $S_4O^{2-}_{6\ (aq)}/S_2O^{2-}_{3\ (aq)}$; $Mn^{3+}_{(aq)}/Mn^{2+}_{(aq)}$

1. Écrire l'équation de précipitation de l'hydroxyde de manganèse (II).

2. Montrer que les ions hydroxyde sont en excès par rapport aux ions manganèse (II).

3. Pourquoi demande-t-on de « boucher rapidement » l'erlenmeyer ?

4. Lequel de ces réactifs $Mn(OH)_2$ ou O_2 doit être en excès ?

5. Est-il nécessaire de reboucher l'erlenmeyer après l'ajout d'acide sulfurique ?

6. Écrire l'équation notée **(3)** de la réaction d'oxydoréduction se produisant entre les ions iodure I^- et les ions manganèse (III) Mn^{3+}.

Rappel
Dans un couple d'oxydoréduction, l'oxydant est noté en premier : Oxydant/Réducteur.

Remarque
Vérifiez toujours que l'équation est équilibrée en éléments et en charges.

Astuce
Pensez à regarder les coefficients stœchiométriques.

Méthodologie

- Écrire une demi-équation d'oxydoréduction pour chaque couple (équilibrer avec des électrons e^-).
- Trouver l'équation-bilan en combinant les deux demi-équations (multiplier par des coefficients si nécessaires pour éliminer les électrons).

7. Écrire l'équation, notée (4), de la réaction de dosage.

8. Quel est le rôle de l'empois d'amidon ?

Aide
Utilisez le volume équivalent V_E de solution de thiosulfate ajoutée.

9. Calculer la concentration molaire en diiode présent dans la solution dosée.

10. En déduire la concentration molaire en ion Mn^{3+}.

Astuce
Utilisez l'équation (3).

11. Calculer les concentrations molaire et massique en dioxygène dissous. Commenter.

Astuce
Utilisez les équations (1) et (2).

12. À l'aide des équations **(1)**, **(2)** et **(3)**, trouver une équation-bilan entre O_2 et I^-.

13. En déduire le rôle des ions Mn^{3+}.

Exercices de type bac

PRÉPARER L'ÉPREUVE ÉCRITE

1 L'océan : quelles ressources pour quels enjeux ?

1. Le terme « pleinement exploité » signifie que **la reproduction de l'espèce parvient tout juste à compenser la pêche.** Le terme « surexploité » signifie que **le renouvellement de l'espèce ne suffit plus à garantir la survie de l'espèce.** La quantité de poissons pêchés est supérieure au renouvellement des stocks. Le graphique A du *document* 1 donne un exemple d'espèce surexploitée ; la surpêche de thon rouge entraîne une diminution importante de la population reproductrice.

2. La surpêche entraîne un épuisement des stocks de poissons. D'après le graphique C du *document* 1, en 2004, 7 % des stocks étaient épuisés. Le graphique B du *document* 1 montre que la surpêche a entraîné en 1992 la disparition de la morue au large de la côte est de Terre-Neuve. Le *document* D montre que **la surpêche entraîne une modification de la biodiversité marine.** Les grands poissons sont remplacés par de plus petits et on observe une uniformisation des espèces (les méduses remplacent une grande variété de poissons).

> **Remarque**
> La disparition d'une seule espèce de poissons peut entraîner des disparitions en cascades d'autres espèces animales et végétales et provoquer ainsi la déstabilisation d'écosystèmes entiers.

3. La production de gaz est de 180 000 milliards de mètres cubes, ce qui équivaut à environ 60 ans de réserve.

$$\frac{180\,000}{60} = 3\,000 \text{ milliards de mètres cubes par an}$$
$$= 3{\cdot}10^{12}\ \text{m}^3 \text{ de gaz produit chaque année.}$$

20 millions de $\text{km}^3 = 2{\cdot}10^{16}\ \text{m}^3$ de méthane sous forme d'hydrates.

On divise la quantité de méthane présente sous forme d'hydrates par la quantité de gaz produite annuellement :

$$\frac{2 \cdot 10^{16}}{3 \cdot 10^{12}} = 6{,}7{\cdot}10^3 \text{ ans} = \mathbf{6\,700\ ans}.$$

Cette valeur très importante laisse entrevoir de grandes perspectives.

4. Le graphique B du *document* 2 montre que **les réserves terrestres de gaz naturel seront épuisées en 2070**, à l'instar de nombreux métaux qui seront épuisés d'ici quelques dizaines d'années. **La demande en ressources continue d'augmenter** comme le montre le graphique A du *document* 2 sur lequel on observe **une envolée des prix du cuivre** depuis les années 2000. Le calcul de la question précédente a montré que la quantité de méthane contenue dans les hydrates est considérable et le *document* 3 précise que « seule une infime partie [des ressources minières des grands fonds] est actuellement exploitée ». L'exploitation des ressources minières et des hydrates de gaz est donc un enjeu de taille pour les états.

5. L'océan contient des **ressources renouvelables gigantesques** pour l'alimentation humaine, mais qui sont actuellement **en voie d'appauvrissement.** La surpêche provoque un épuisement des stocks de poissons qui peut à terme **entraîner des tensions entre pays et au sein des populations.** La surpêche a également des **effets sur la biodiversité marine** dont les conséquences peuvent être importantes sur l'environnement. D'après le *document* 2, **l'océan regorge de ressources minières** (manganèse, fer, cobalt) **et gazières** (méthane dans les hydrates de gaz), mais qui ne sont **pas encore très exploitées.** Ces ressources considérables (6 700 ans de méthane) permettraient de compenser l'épuisement des stocks terrestres. La disponibilité de ces ressources est un enjeu majeur pour le développement des pays. D'après le *document* 2, elles sont classées « patrimoine mondial de l'humanité », ce qui a pour conséquence une course à leur exploitation entre les pays, **pouvant entraîner des conflits.**

2 La chimiodiversité marine

1. L'expression « spécificité marine » signifie que l'on trouve certains composés chimiques de façon quasiment exclusive dans les océans.

2. Groupement peroxyde **-O-O-**.

3. Groupements sulfatés : **$-OSO_3^-$**

4. La chaîne est constituée de **47 atomes de carbone**. C'est une **chaîne hydrophobe** malgré la présence de quelques groupes sulfatés hydrophiles.

5. Le squalène comporte **6 unités isoprène**.

À savoir

En formule topologique, chaque pointe de la chaîne en zig-zag correspond à un atome de carbone.

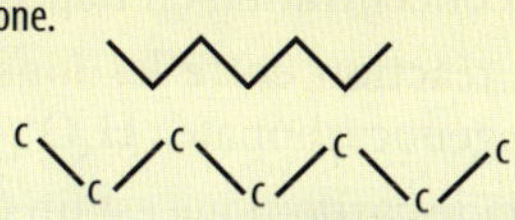

7. Unité isoprène classique : 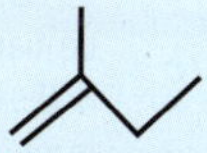 Unité isocyanide : 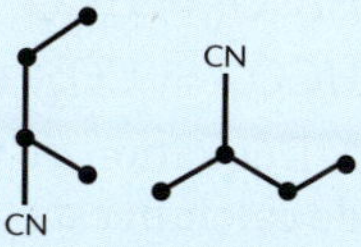

8. La présence d'arsenic dans les éponges est exceptionnelle car **l'arsenic est un poison**.

3 Structure chimique des carraghénanes

1. Les carraghénanes sont constituées d'un **enchaînement répétitif d'un grand nombre de motifs**. Ce sont des molécules géantes. On pourrait les appeler **polymères**.

2. La notation *n* dans les formules moléculaires représente le **nombre de motifs du polymère**.

3. Kappa < Iota < Lambda. **Plus une molécule comporte de groupements sulfatés hydrophiles, plus elle est soluble dans l'eau.**

4. **La carraghénane Lambda est très soluble dans l'eau**, elle n'aura pas tendance à former des hélices avec d'autres molécules.

5. La liaison hydrogène peut être qualifiée d'interaction électrostatique car **la liaison O-H est polarisée** (l'oxygène est plus électronégatif que l'hydrogène).

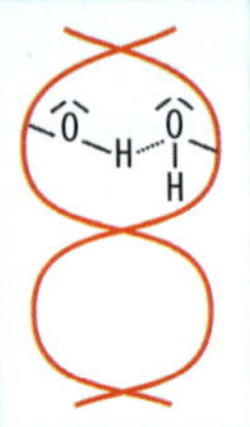

6. Les hélices de carraghénanes sont formées grâce à des liaisons hydrogènes.

7. Les ions K^+ permettent la neutralisation des groupements $-SO_3^-$. Il n'y a **plus de répulsion électrostatique entres groupements $-SO_3^-$**, le rapprochement des chaînes de macromolécules est favorisé.

4 L'acidification des océans

1. Le CO_2 présent dans l'atmosphère se dissout dans l'eau sous forme d'acide carbonique. Cet acide se décompose en ions bicarbonate, carbonate et oxonium H_3O^+ responsable de l'acidité. Plus il y a d'ions oxonium H_3O^+ en solution, plus une solution est acide.

2. La concentration en ions oxonium est $[H_3O^+] = 10^{-0,1} = \mathbf{0,8\ mol{\cdot}L^{-1}}$.

3. La réaction entre les ions oxonium et les ions carbonate forme des ions hydrogénocarbonate : $H_3O^+_{(aq)} + CO_{3\ (aq)}^{2-} \rightleftarrows HCO_{3\ (aq)}^{-} + H_2O_{(l)}$

4. L'acide carbonique est un diacide, car **il peut libérer deux ions H^+** :

$H_2CO_3 \rightleftarrows HCO_3^- + H^+$;

$HCO_3^- \rightleftarrows CO_3^{2-} + H^+$.

Remarque
On écrit la libération des deux ions H^+ de manière successive. La base conjuguée HCO_3^- formée dans la première équation joue le rôle d'acide dans la deuxième équation.

5. L'équation de précipitation du carbonate de calcium est :

$$Ca^{2+}_{(aq)} + CO_{3\ (aq)}^{2-} \rightleftarrows CaCO_{3(s)}.$$

Le nom usuel du carbonate de calcium est le **calcaire**.

6. On compare le *pH* des océans avec « l'époque préindustrielle », car le rejet de CO_2 dans l'atmosphère, responsable de l'augmentation de l'acidité des océans, a augmenté de façon très importante avec le développement des industries. Le graphique A montre une croissance exponentielle de la concentration en CO_2 atmosphérique à partir des années 1900.

7. Pour que les coquillages se forment, il faut que l'eau de mer soit saturée en ions carbonate. En-dessous d'une limite de saturation, l'eau de mer n'est plus assez riche en ions carbonate et les ions restent en solution au lieu de précipiter. La limite de saturation correspond à la concentration en ions carbonate de l'eau de mer en-dessous de laquelle les coquillages ne peuvent plus se former.

8. L'océan dissout une partie du CO_2 atmosphérique. En jouant ce rôle de pompe à CO_2, il absorbe une partie des énormes quantités de CO_2 produites par l'activité humaine depuis 150 ans (graphique A), réduisant ainsi en partie le réchauffement climatique. D'après le schéma B, une conséquence importante est l'acidification des océans qui entrave l'élaboration de structures carbonatées par de nombreux organismes marins (coquillages, coraux). Leur survie est menacée avec pour conséquence un appauvrissement de la biodiversité marine.

PRÉPARER L'ÉPREUVE PRATIQUE

5 Dosage des nitrates dans l'eau

A. 1. La masse de nitrate de sodium à peser est :

$\boldsymbol{m}(\mathbf{NaNO_3}) = C_0 \times V \times M = 8{,}00 \cdot 10^{-3} \times 250 \cdot 10^{-3} \times (23{,}0 + 14{,}0 + 3 \times 16{,}0) = \mathbf{0{,}170\ g}$.

Protocole expérimental : introduire 0,170 g de nitrate de sodium dans une **fiole jaugée de 250 mL**, ajouter de l'eau distillée, dissoudre le solide. Compléter jusqu'au trait de jauge, homogénéiser.

Pour compléter le tableau, il faut calculer les volumes de solution mère à introduire dans chaque tube à essais :

$n_0 = n_1$, $C_0 \times V_0 = C_1 \times V_1$,

$$\boldsymbol{V_0} = \frac{C_1 \times V_1}{C_0} = \frac{4{,}00 \cdot 10^{-3} \times 10{,}0}{8{,}00 \cdot 10^{-3}} = \mathbf{5{,}00\ mL} \text{ pour la solution 1.}$$

> **À savoir**
> Lors d'une dilution, la concentration de la solution fille est plus faible que celle de la solution mère, mais la quantité de matière n'est pas modifiée : $n_{\text{mère}} = n_{\text{fille}}$.

De la même manière, on calcule $\boldsymbol{V_0} = \mathbf{2{,}00\ mL}$ pour la solution 2, $\boldsymbol{V_0} = \mathbf{0{,}500\ mL}$ pour la solution 3, $\boldsymbol{V_0} = \mathbf{0{,}200\ mL}$ pour la solution 4.

2. Pour compléter la troisième colonne du tableau, on calcule la concentration massique à partir de la concentration molaire :

$$t_1 = C_1 \times M(NO_3^-)$$
$$= 4{,}00 \cdot 10^{-3} \times (14{,}0 + 3 \times 16{,}0)$$
$$= 0{,}248 \text{ g}\cdot\text{L}^{-1} = \mathbf{248 \text{ mg}\cdot\text{L}^{-1}}.$$

De la même manière, on calcule $\boldsymbol{t_2} = \mathbf{99{,}2 \text{ mg}\cdot\text{L}^{-1}}$; $\boldsymbol{t_3} = \mathbf{24{,}8 \text{ mg}\cdot\text{L}^{-1}}$, $\boldsymbol{t_4} = \mathbf{9{,}92 \text{ mg}\cdot\text{L}^{-1}}$.

On utilise une burette graduée (plusieurs dilutions et graduations précises) **et des tubes à essais.**

Démonstration

Par définition, $C = \frac{n}{V}$ et $n = \frac{m}{M}$, d'où $C = \frac{m}{M \times V}$, donc $m = C \times V \times M$.

Par définition, $t = \frac{m}{V}$, donc $t = \frac{C \times V \times M}{V}$, d'où $\mathbf{t = C \times M}$.

3. Les résultats obtenus avec les bandelettes test **sont bien conformes** aux concentrations attendues.

4. L'eau est potable car d'après la couleur obtenue, la concentration en ions nitrates de l'échantillon testé est inférieure à la norme autorisée (< 50 mg·L^{-1}).

B. 1. Il s'agit d'une **réaction de substitution** (un hydrogène du cycle benzénique est remplacé par un groupement nitro - NO_2).

2. Pour une meilleure précision, les mesures d'absorbance sont réalisées à l'absorbance maximale de 415 nm. La lumière envoyée sur l'échantillon est violette. Le violet est absorbé, l'œil perçoit la couleur complémentaire transmise : l'échantillon est jaune.

Remarque

L'équation de Beer-Lambert peut également être vérifiée pour des longueurs différentes de λ_{max}.

3. ε et l sont des constantes et l'ordonnée à l'origine b est très proche de 0. On peut considérer qu'**absorbance et concentration sont proportionnelles, la loi de Beer-Lambert est vérifiée.**

4. Des dilutions sont nécessaires dans le tableau A pour que les concentrations des échantillons puissent **entrer dans la gamme d'étalonnage** ; facteur de dilution $\boldsymbol{f} = \frac{29{,}8}{7{,}46} = \mathbf{4}$.

5. On reporte la mesure d'absorbance de l'échantillon dilué sur la droite d'étalonnage. On lit la concentration en nitrates en abscisses, on multiplie cette valeur par le facteur de dilution.

Attention

N'oubliez pas que les eaux ont toutes été diluées par 4 lors du protocole expérimental.

Eau de Gurcy : $[NO_3^-]$ = 10 mg·L^{-1},

$[NO_3^-]$ avant dilution = 40 mg·L^{-1}.

6. Le protocole 1 est rapide et facile, mais peu précis. Le protocole 2 est long et demande une vigilance particulière (produits corrosifs « soude à 10 mol·L^{-1} », « acide sulfurique concentré »). Il permet néanmoins des résultats plus précis, mais que dans une certaine gamme (points aberrants à retirer de la modélisation). On souhaite vérifier que la concentration en ions nitrates ne dépasse pas la valeur de 50 mg·L^{-1}, **il n'est pas nécessaire de connaître avec précision la teneur en nitrates : un test sur bandelette paraît approprié.**

Pour aller plus loin

6 Dosage du dioxygène dissout par la méthode de Winkler

1. L'équation de précipitation de l'hydroxyde de manganèse est :

$$Mn^{2+}_{(aq)} + 2\ HO^-_{(aq)} \rightleftarrows Mn(OH)_{2(s)}$$

2. La quantité de matière d'ions hydroxyde introduite est :

$$\boldsymbol{n(HO^-)} = \frac{m}{M(NaOH)} = \frac{1,0}{(23+16+1,0)} = \mathbf{2,5 \cdot 10^{-2}\ mol.}$$

Chiffres significatifs

L'énoncé donne des valeurs avec deux chiffres significatifs, on donnera donc tous les résultats numériques avec deux chiffres significatifs.

La quantité de matière d'ions manganèse introduite est :

$$\boldsymbol{n(Mn^{2+})} = \frac{m}{M(MnCl_2)} = \frac{1,4}{(55+2\times 35,5)} = \mathbf{1,1 \cdot 10^{-2}\ mol.}$$

D'après l'équation de précipitation, il faut deux fois plus de HO^- que de Mn^{2+}, c'est-à-dire :

$$2,2 \cdot 10^{-2}\ mol.$$

Attention

Pour une mole d'ions Mn^{2+} consommée, on consomme deux moles d'ions HO^-.

On en a mis $2,5 \cdot 10^{-2}$ mol, **HO^- est bien en excès.**

3. On rebouche rapidement l'erlenmeyer pour éviter que le dioxygène de l'air ne se dissolve dans la solution.

4. $Mn(OH)_2$ doit être en excès : **tout le dioxygène dissous doit réagir** avec $Mn(OH)_2$.

5. On peut laisser l'erlenmeyer ouvert, car il n'y a plus d'oxydation possible par O_2 dissout en milieu acide « On admet qu'au *pH* (...), le dioxygène dissous ne peut plus oxyder le manganèse (II) ».

6. On écrit l'équation **(3)** à partir des deux demi-équations rédox :

$$2\ I^- = I_2 + 2\ e^-$$

$$2\ Mn^{3+} + 2\ e^- = 2\ Mn^{2+}$$

$$2\ Mn^{3+} + 2\ I^- \rightleftarrows I_2 + 2\ Mn^{2+}\ \mathbf{(3)}.$$

CORRIGÉS

7. On écrit l'équation **(4)** à partir des deux demi-équations rédox :

$$I_2 + 2\,e^- = 2\,I^-$$
$$2\,S_2O_3^{2-} = S_4O_6^{2-} + 2\,e^-$$
$$I_2 + 2\,S_2O_3^{2-} \rightarrow 2\,I^- + S_4O_6^{2-}\ \textbf{(4)}.$$

Remarque

L'équation **(4)** est une réaction de dosage (donc quasiment totale), on peut mettre une flèche simple.

8. L'empois d'amidon joue le rôle d'indicateur de fin de réaction ; il donne une couleur violette foncée en présence de diiode.

9. On calcule la concentration en diode présent dans la solution dosée en utilisant l'équivalence du dosage :

$$n(I_2) = \frac{n(S_2O^-)}{2} = \frac{C \times V_E}{(2V_0)}$$

$$\boldsymbol{n(I_2)} = \frac{1{,}0 \cdot 10^{-2} \times 11 \cdot 10^{-3}}{2 \times 50 \cdot 10^{-3}}$$
$$= \mathbf{1{,}1 \cdot 10^{-3}\ mol \cdot L^{-1}}.$$

À savoir

À l'équivalence, les réactifs ont réagi dans les proportions stoechiométriques.

10. D'après l'équation **(3)**, $n(I_2) = \dfrac{n(Mn^{3+})}{2}$.

D'où $\boldsymbol{n(Mn^{3+}) = 2{,}2 \cdot 10^{-3}\ mol \cdot L^{-1}}$.

Piège à éviter

À l'équivalence, on écrit l'égalité entre les quantités de matière introduites ; les coefficients stœchiométriques passent donc au dénominateur.

11. D'après l'équation **(2)** :

$$n(Mn^{3+}) = n(Mn(OH)_3).$$

D'après l'équation **(1)** :

$$n(O_2) = n(Mn(OH)_3)/4.$$

Ainsi, $\mathbf{[O_2]} = \dfrac{[Mn^{3+}]}{4} = \mathbf{5{,}5 \cdot 10^{-4}\ mol \cdot L^{-1}}$.

On trouve donc que la concentration massique en dioxygène est égale à :

$$t_{O_2} = [O_2] \times M(O_2) = 5{,}5 \cdot 10^{-4} \times (16 \times 2) = 0{,}018\ g \cdot L^{-1} = \mathbf{18\ mg \cdot L^{-1}}.$$

t_{O_2} **> 7 mg.L^{-1} : l'eau est d'excellente qualité.**

12. On remplace 4 $Mn(OH)_3$ de l'équation **(1)** à l'aide de l'équation **(2)**, puis on remplace 4 Mn^{3+} à l'aide de l'équation **(3)**.

On obtient $\mathbf{4\,Mn(OH)_2 + O_2 + 4\,I^- + 12\,H^+ \rightleftarrows 2\,I_2 + 4\,Mn^{2+} + 10\,H_2O}$.

13. Mn^{3+} n'apparaît pas dans le bilan, il joue le rôle de **catalyseur**.

CHAPITRE 22

Son et musique
Enseignement de SPÉCIALITÉ

MOTS CLÉS

- **Instruments de musique :** à cordes, à vent, à percussion, électroniques, acoustique musicale, gammes, harmonies, traitement du son
- **Émetteurs et récepteurs sonores :** voix, acoustique physiologique, microphone, enceintes acoustiques, casque audio, reconnaissance vocale
- **Son et architecture :** auditorium, salle sourde, isolation phonique, acoustique active, réverbération

Les mots clés sous-tendent des connaissances nouvelles complétant l'enseignement spécifique. Nécessaires à la compréhension des sujets étudiés, ces connaissances ne sont cependant pas exigibles au baccalauréat.

1 Instruments de musique

- **Les Instruments de musique** doivent remplir deux fonctions : **vibrer** et **émettre**. Ils créent un son qui est une **onde progressive mécanique périodique**. Il existe trois grandes familles d'instruments de musique.

– **Les instruments à cordes :** le violon, le violoncelle sont des instruments à cordes frottées ; la harpe et la guitare sont à cordes pincées et le piano est à cordes frappées.

– **Les instruments à vent :** la flûte, la clarinette, le saxophone ou le hautbois sont des « bois » ; la trompette, le trombone ou le cor sont des « cuivres ».

– **Les instruments à percussion :** les cymbales ou tambour sont des membranophones ; le triangle ou le xylophone sont des idiophones.

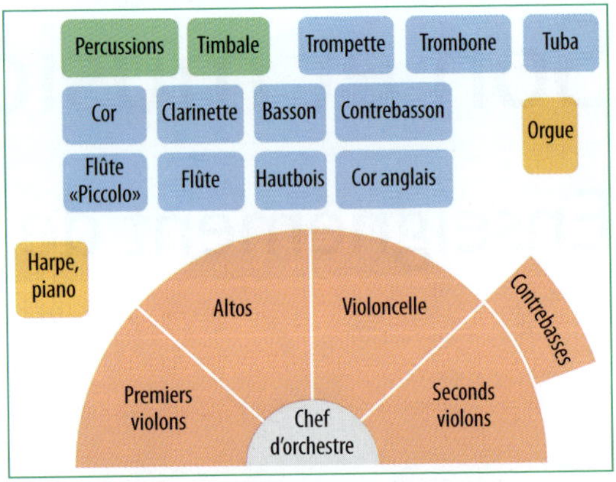

Doc. Composition d'un orchestre symhonique

Chaque son produit par ces différents instruments est caractérisé par un niveau d'intensité sonore (en décibels audibles dBA), une hauteur (en hertz Hz) et un timbre (lié aux harmoniques du son).

> **Rappel**
> Le niveau d'intensité sonore, la hauteur et le timbre sont définis dans les chapitres 1 et 2.

- **Les instruments électroniques** utilisent des signaux électriques de mêmes caractéristiques que les sons naturels (amplitude, fréquence) pour produire des sons amplifiés par un émetteur sonore électrique, le haut-parleur. Il est possible de recréer électroniquement l'ensemble des sons naturels proposés par les instruments de musique. Par exemple, l'Electronic Wind Instrument (EWI) reproduit le son du saxophone.

- **L'acoustique musicale** est le domaine de la physique qui étudie les sons musicaux. Elle peut être **architecturale** (auditorium), **structurale** (caractérisation de milieu matériel de propagation), **environnementale** (lutte contre les nuisances sonores, isolation phonique) ou encore **physiologique** (étude de l'audition).

- Un son musical de fréquence fondamentale f_0 peut avoir des harmoniques de fréquences $2\,f_0$, $3\,f_0$, $4\,f_0$... Ce son musical a un timbre très semblable à celui du son de fréquence $2\,f_0$ et on entend presque la même note. En musique, ces deux sons ont le même nom (par exemple do_1 et do_2) et on dit que ces deux notes sont séparées d'une octave. Dans une octave, les notes sont rangées par fréquence croissante : la **gamme musicale** correspond à l'ensemble ordonné des intervalles musicaux correspondant aux rapports entre les fréquences de deux notes.

Exemples de gamme

Le clavier d'un piano couvre environ 7 octaves. Chaque octave est découpée en douze intervalles égaux matérialisés par de touches noires et blanches correspondant chacune à un demi-ton. La gamme utilisée est appelée la gamme tempérée : on passe d'un demi-ton au suivant en multipliant sa fréquence par un coefficient fixe, la racine 12e de 2 : $\sqrt[12]{2}$.

Il existe d'autres gammes comme par exemple la gamme diatomique ou la gamme de Pythagore.

- **L'harmonie** peut prendre différentes significations :

– elle caractérise la possibilité qu'a un instrument de musique de jouer plusieurs notes simultanément ;

– dans un sens le plus large, elle désigne traditionnellement une des quatre composantes de la musique, les trois autres composantes étant le rythme, la mélodie et le timbre ;

– finalement, une harmonie (orchestre d'harmonie) est un orchestre composé, pour l'essentiel, d'instruments à vent, bois et cuivres.

Rappel

Un son complexe est une somme de sons purs de fréquences f, $2f$, $3f$…
La fréquence f correspond à la fréquence du fondamental et caractérise la hauteur du son. Les autres fréquences sont les fréquences des harmoniques.

- **Le traitement du son** est l'analyse et la modification électronique d'un ensemble de sons musicaux captés par un récepteur sonore (microphone) et traité par un système informatique ou électronique.

- **L'analyse** permet de mesurer l'intensité du son et d'obtenir le spectre de Fourier donnant accès aux amplitudes et aux fréquences du fondamental et des harmoniques.

- **Le traitement** permet la modification des paramètres obtenus par l'analyse. Le son peut être déformé (modification de la fréquence du fondamental),

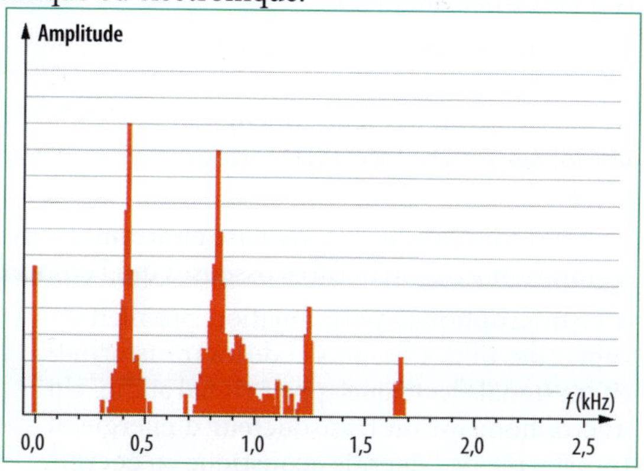

Doc. Spectre de Fourier d'un son musical

amplifié ou atténué (modification de l'amplitude du signal et donc de l'intensité du son). Il est également possible de créer et mélanger des sons par le traitement.

2 Émetteurs et récepteurs sonores

● Comme les sons musicaux, **la voix** peut être caractérisée par trois paramètres acoustiques :

– la hauteur tonale ou fréquence fondamentale, exprimée en hertz (Hz) : plus la voix est grave, plus la fréquence fondamentale est faible ;

– le niveau d'intensité sonore, exprimé en décibels audibles (dBA) ;

– le timbre.

Remarque

La fréquence usuelle de la voix parlée est :
– chez l'homme, de 75 Hz pour les voix les plus graves à 140 Hz pour les plus aiguës, en moyenne autour de 100 Hz ;
– chez la femme de 170 Hz à 250 Hz, en moyenne autour de 200 Hz ;
– chez l'enfant, aux alentours de 300 Hz, chez le bébé aux alentours de 440 Hz (le La_3 du diapason).

● **L'acoustique physiologique** est l'étude de l'audition. L'oreille est le capteur du son présent chez tous les animaux. Chaque espèce possède une oreille capable de capter un intervalle de fréquence spécifique. L'être humain capte des fréquences comprises entre 20 Hz et 20 kHz. L'onde sonore stimule l'oreille de deux manières :

– par voie ou conduction aérienne en transitant dans le conduit auditif jusqu'au tympan (membrane sensorielle réceptrice de l'onde sonore) ;

– par voie ou conduction osseuse en stimulant directement l'oreille interne par « vibration » des structures osseuses qui l'entourent.

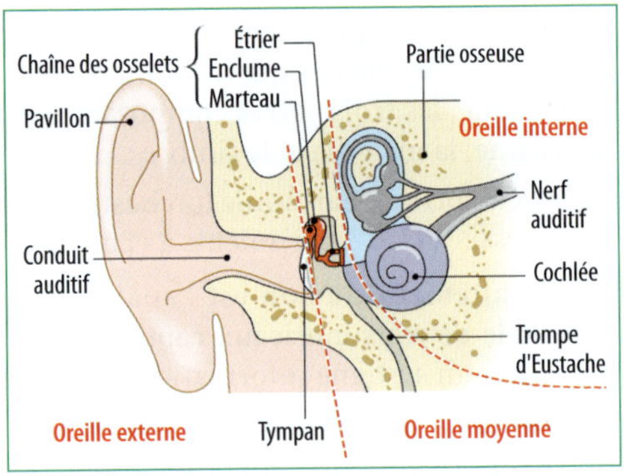

Doc. L'oreille : trois entités complémentaires

● **Le microphone** a pour fonction première de capter des ondes sonores et de les transformer en un signal électrique appelé signal audio. Un microphone est un transducteur d'énergie, il transforme de l'énergie acoustique en énergie électrique.

Vocabulaire

Un transducteur est un dispositif convertissant une grandeur physique en une autre grandeur physique.

● **Les enceintes acoustiques** sont des émetteurs sonores dédiés à une bonne restitution du son audible par l'homme. Elles sont caractérisées par un nombre de voies (chaque voie correspondant à un haut-parleur dédié à un intervalle de fréquence), une caisse de résonance (spécificité acoustique de l'enceinte) et une impédance d'entrée (spécificité électrique de l'enceinte).

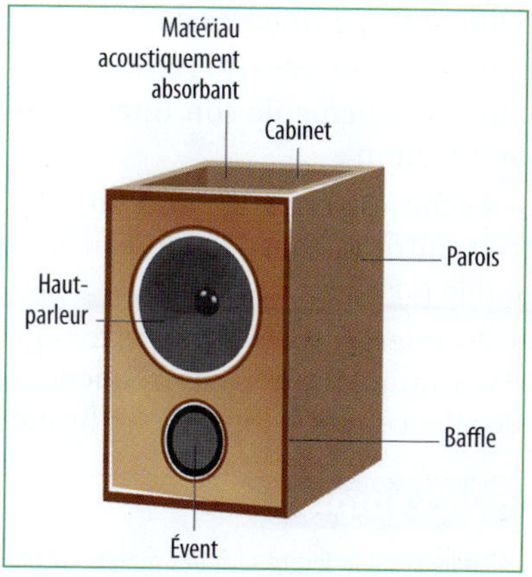

Doc. **Structure d'une enceinte acoustique**

● **Le casque audio** est un système portable de restitution sonore. Il est au contact du système auditif. Il peut être circum-aural (autour de l'oreille), supra-aural (sur l'oreille) ou intra-aural (dans le conduit auditif). Il est caractérisé par un nombre de voies et une impédance d'entrée. Il n'y a pas de caisse de résonance.

● **La reconnaissance vocale** est un système de traitement du son dédié à l'analyse de la voix humaine. Il existe deux principales tecÚiques de reconnaissance :

– le traitement acoustique qui numérise le signal et le traite par analyse de Fourier ;

– l'apprentissage automatique qui compare des séquences enregistrées à une base de séquences connues.

Histoire des sciences

Les travaux sur la reconnaissance de la parole datent du début du NN^e siècle. Le premier système de reconnaissance de la parole date de 1952.

3 Son et architecture

● **Les auditoriums** sont conçus afin d'obtenir la meilleure qualité acoustique possible. Leur architecture est conçue de manière à réfléchir les ondes sonores à une puissance suffisamment élevée, tout en restituant un son naturel, dépourvu de **réverbération** excessive, d'échos de certaines fréquences et d'effets d'interférences (ou de distorsion). Pour cela, un bon auditorium doit être constitué dans les mêmes proportions de matériaux phoniquement absorbant et réfléchissant.

COURS

Différents paramètres doivent donc être pris en compte :

– **le temps de réverbération** est le temps nécessaire à un son pour être réduit au millionième de son intensité initiale. Il doit être important dans un bon auditorium ;

– **l'écho** est dû à la concavité des murs et du plafond. Il est associé à une concentration spatiale du son en un point de l'auditorium. Il doit être le plus faible possible ;

– les interférences peuvent, lorsqu'elles sont destructives, annuler certaines fréquences et créer des points de silence. Elles doivent être limitées au maximum.

Rappel
Les interférences sont étudiées dans le chapitre 3.

Exemples

- Le liège ou le feutre sont des matériaux phoniquement absorbants : ils absorbent la majeure partie des ondes sonores émises (ils peuvent malgré tout réfléchir un peu les sons graves, de basse fréquence).
- La pierre ou les métaux sont des matériaux phoniquement réfléchissants : ils réfléchissent la majeure partie des ondes sonores émises.

- **L'acoustique active** consiste à contrôler l'acoustique d'une salle grâce à l'électroacoustique et l'électronique. L'acoustique active permet de corriger certains défauts de la salle, et de lui conférer une variabilité. Ainsi, l'utilisateur adapte à la demande l'acoustique à chaque type de spectacle.

- **Une salle sourde** est une salle exempte d'échos et de réverbération. Le son émis est totalement absorbé par les parois d'une telle salle grâce à l'organisation des différents matériaux qui recouvrent murs et plafond. C'est un lieu d'étude pour mesurer les caractéristiques acoustiques d'un matériau.

Vocabulaire
En acoustique, une salle sourde est aussi appelée chambre anéchoïque.

- **L'isolation phonique**, ou acoustique, a pour objectif d'éviter la propagation du son et en particulier du bruit. Une bonne isolation phonique est réalisée par assemblage de plusieurs matériaux isolants et absorbants phoniquement (l'étanchéité de cette structure est alors un paramètre important de la qualité de cette isolation). En général, plus un matériau est dense, plus son isolation phonique est grande.

À savoir
Contrairement à un son musical, un bruit est une onde sonore non périodique.

Exercices de type bac

PRÉPARER L'ÉPREUVE ÉCRITE

1 Étude comparée de la sonorisation d'un quartet de jazz et d'un groupe de rock

★★★ 50 min ➔ Corrigé p. 444

Mots clés étudiés : instruments de musique, acoustique musicale traitement du son, auditorium

Problématique : On cherche à mettre évidence les exigences propres à la sonorisation d'un groupe de jazz dans une salle et d'un groupe de rock en plein air. On s'appuiera sur cette étude comparée pour proposer une solution de sonorisation d'un sextet classique lors d'un festival en plein air.

Doc. 1 Sonorisation d'un quartet de jazz

• Objectifs

On présente dans ce document les informations nécessaires à la sonorisation d'un orchestre de jazz (piano, basse, batterie, saxophone) avec mixage pour le public et pour les musiciens (retour de scène).

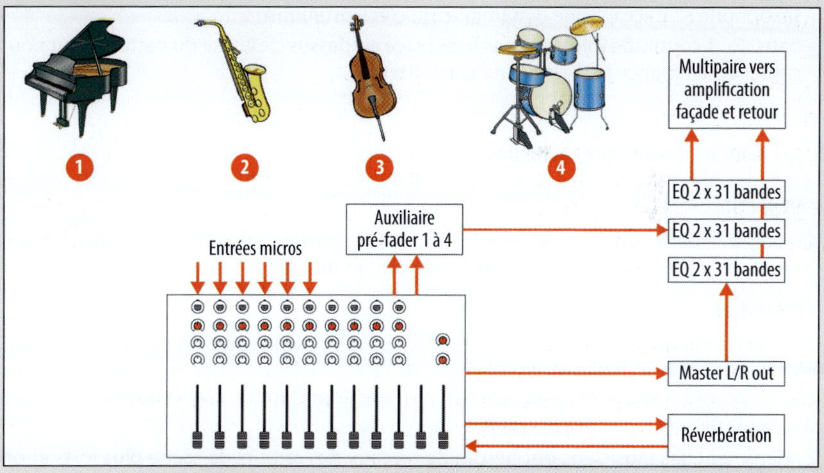

Schéma de sonorisation d'un quartet de jazz

• Présentation du quartet

Les instruments utilisés par les musiciens de jazz sont le plus souvent acoustiques et pour laquelle le respect des timbres et sonorités de chaque musicien est indispensable.

La sonorisation doit prendre en compte ces caractéristiques. Le son acoustique des instruments doit être fidèlement reproduit et amplifié d'une manière naturelle. La qualité du matériel de diffusion et les microphones doivent être de qualité irréprochable.

• Matériel nécessaire

Le concert met en jeu deux espaces distincts à sonoriser :

D'une part, la salle, de taille moyenne (quelques centaines d'auditeurs), doit être équipée d'un système de diffusion avec une grande qualité de reproduction. On équipera le lieu d'enceintes en nombre suffisant afin d'obtenir une couverture équilibrée pour tous les auditeurs. La musique de jazz ne nécessite pas de caissons de basses supplémentaires. Bien évidemment, les instruments seront sonorisés par des microphones très linéaires et de préférence électrostatiques. Il est intéressant de programmer une réverbération artificielle optimale pour accentuer l'espace sonore.

D'autre part, la scène (retours de scène) nécessite une sonorisation spécifique car bien souvent les jazzmen aiment jouer très proches les uns des autres. Ils n'ont donc pas vraiment besoin de nombreux retours de scène. Seule leur fidélité acoustique est indispensable.

La prise de son des instruments est un élément clé du processus de sonorisation :

- piano : 2 microphones électrostatiques : un pour l'aigu et l'autre pour le grave ; ils seront placés dans le piano ;
- contrebasse : 1 microphone directif et/ou un microphone dynamique devant l'instrument ;
- saxophone : 1 microphone dynamique ou électrostatique ;
- batterie : 1 couple de microphones fixes placé au-dessus de la tête du batteur suffit pour capter en ambiance l'ensemble du son batterie.

Doc. 2 Concert de musiques actuelles

• Objectifs

On présente dans ce document les informations nécessaires à la sonorisation d'un groupe de rock/pop avec mixage pour le public et pour les musiciens (retour de scène).

• Principes

Dans le cas du groupe de rock/pop, les niveaux de pression acoustique recherchés sont plus importants qu'en jazz ou en classique, surtout pour les fréquences graves. Il est donc souhaitable et nécessaire de rajouter un nombre important de caissons de basses pour donner la dimension « rock » au son.

Évidemment, les musiciens ont besoin de niveaux des retours de scène plus forts et on installera souvent un, voire deux retours « bains de pieds » par musicien.

• Matériel nécessaire

La gestion du son sera répartie en deux postes

D'une part, le mixeur façade (en anglais FOH-*Front Of House*) pour le public doit gérer des enceintes de forte puissance.

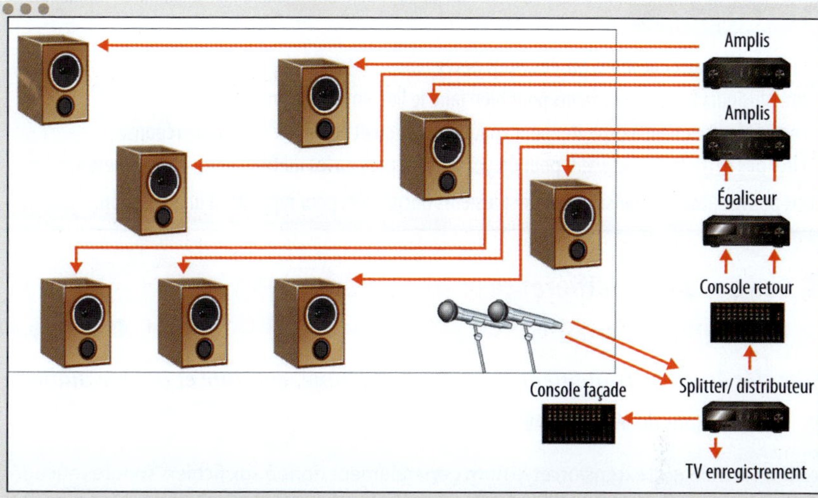

Schéma de connexion pour la sonorisation d'un concert rock

D'autre part, le mixeur des retours de scène (Monitors), placé à proximité ou sur la scène, devra distribuer à chaque musicien un mixage personnel en fonction de ses besoins. La console de retours devra posséder un nombre suffisant d'envois auxiliaires (8, 16, voire 24 selon la composition du groupe). Chaque HP de retour de scène devra être optimisé pour éliminer les problèmes de Larsen dus à la forte amplification demandée.

La modulation des micros, pour la diffusion en salle ou en radio/TV, sera organisée par deux postes de mixage :

D'une part en utilisant un câblage en parallèle : la modulation des microphones est adressée à chaque console par l'intermédiaire du boîtier de scène (patch).

D'autre part en utilisant un distributeur de modulations (splitter) :
actif / appareil électronique qui multiplie la modulation micro sans perte de niveau.
passif / on utilise des transformateurs à plusieurs bobinages qui recréent un ou plusieurs nouveaux signaux, sans perte ni liaison entre les masses. C'est ce système qui doit être impérativement employé lorsque l'on doit redistribuer la modulation micros vers d'autres postes tels que cars et régie radio ou TV.

1. Extraire des *documents* les caractéristiques nécessaires à la sonorisation d'un groupe musical.

2. Faire une étude comparée de la sonorisation d'un groupe de jazz et rock.

3. Proposer, par analogie, un protocole de sonorisation d'un sextet de musique classique lors d'un festival classique en plein air.

Aide
Pensez à faire un tableau comparatif.

Méthode

Pour répondre aux questions posées, vous devez :
– lire plusieurs fois les *documents* pour bien faire le lien entre chacun ;
– repérer le *document* à exploiter pour chaque question et l'indiquer dans votre réponse ;
– citer des extraits de *document* pour étayer vos réponses en les mettant entre « guillemets ».
Vous pouvez aussi utiliser si nécessaire plusieurs documents pour répondre à une question.

2 Comprendre la différence entre numérisation et compression numérique

★★★ 50 min Corrigé p. 445

Mots clés étudiés : traitement du son, microphone, enceinte et casque audio

Doc. 1 Définitions du MP3 et WAV

• **MP3 :** le MP3 est l'extension et le nom généralement donné aux fichiers sonores encodés au format de compression MPEG Audio Layer 3. Mondialement apprécié pour ses capacités de compression selon un facteur 12 et la très faible altération du son qui demeure proche de la qualité CD, le format MP3 date de 1991. Développé par le Fraunhofer Institute en Allemagne, il demeure paradoxalement partie intégrante des spécifications MPEG 1 et MPEG 2, ne constituant pas une nouvelle spécification distincte.

• **WAV :** il existe un format audio non compressé, PCM, qui est généralement stocké sous forme de .WAV sur Windows ou sous .Aiff sur Mac OS. WAV et AIFF sont des formats de fichiers flexibles conçus pour stocker plus ou moins n'importe quelle combinaison de taux d'échantillonnage ou de bitrates (bit rate). Ce sont les formats de fichiers appropriés pour le stockage et la réalisation d'enregistrements originaux.

Le format WAV (ou WAVE) (*WAVEform audio format*) est une extension de fichiers audio, il s'agit d'un conteneur capable de recevoir des formats variés. Il est basé sur le format de fichier RIFF, lequel est semblable au format IFF. Mono ou stéréo, il a été mis au point par Microsoft et IBM.

Doc. 2 Numérisation du son

La numérisation d'un son permet de dématérialiser le support du signal sonore et de s'affranchir de la perte de qualité liée au support de celui-ci. Le signal analogique supporte mal les copies et les manipulations et se dégrade progressivement par perte d'information.

Rappel
La numérisation d'un son est aussi étudiée dans le chapitre 19.

Le premier procédé de numérisation a été inventé dans les années 1920 par la société Bell Telephon (USA). Il se nomme le PCM (*Pulse Coded Modulation*). Il a été développé dans le but d'augmenter le débit des lignes téléphoniques. Ce n'est qu'en 1960 que le procédé s'est généralisé et ce n'est qu'à la fin de années 1970, que l'industrie audio l'a utilisé.

•••

À la différence du signal analogique, le signal numérique est discontinu : il n'est pas défini à tout instant, ni pour toutes les amplitudes. Il peut être représenté sous la forme d'une liste de nombres, codée en binaire (0 ou 1).

Le codage PCM est un procédé de numérisation professionnel. Les formats Mini disc, MP3, sont des formats compressés, grand public, nettement inférieur en qualité aux codages PCM…

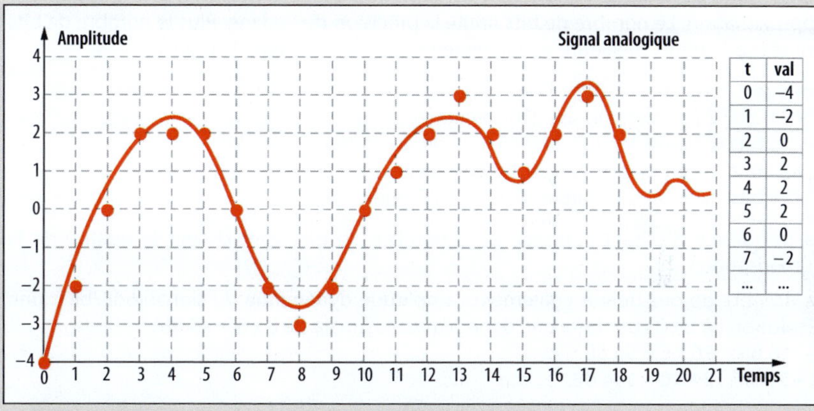

Exemple d'échantillonnage

• Qu'est-ce que l'échantillonnage ?

L'utilisation d'un convertisseur analogique/numérique (A/D) va permettre la conversion du signal analogique en signal numérique. Ce convertisseur mesure des valeurs du signal à intervalle de temps régulier et les code en binaire. Il construit donc un tableau de valeurs correspondant au signal numérique. Le nombre de ces valeurs par seconde correspond à la fréquence d'échantillonnage.

La théorie de la numérisation et de l'échantillonnage montre qu'il faut suivre certaines règles pour optimiser le résultat. Ainsi, le théorème de Nyquist-Shannon précise que la fréquence d'échantillonnage doit être égale ou supérieure à 2 fois la fréquence maximale contenue dans ce signal. Or, nous percevons les sons jusqu'à environ 20 000 Hz. La fréquence d'échantillonnage doit donc être au moins de l'ordre de 40 000 Hz. (Les fréquences aiguës sont codées moins précisément que les graves.)

Fréquences d'échantillonnage normalisées

- 32 kHz pour la radio FM en numérique ;
- 44,1 kHz pour le CD-audio ;
- 48 kHz pour le DAT ;
- 96 kHz pour le matériel actuel professionnel.

• Qu'est-ce que la quantification ?

Le signal analogique peut prendre toutes les valeurs d'amplitude ; ce n'est pas le cas en numérique. Les valeurs déterminées à intervalle de temps régulier sont codées en binaire, et sont donc entières. Lors d'une numérisation, on définit un intervalle de *N* valeurs destiné à couvrir l'ensemble des valeurs d'amplitude possibles. Ce nombre *N* est codé en binaire sur 8, 16, 20 ou 24 bits selon la résolution du convertisseur A/N.

L'amplitude de chaque échantillon est alors représentée par un nombre entier par approximation. Le nombre de bits limite la précision du codage. Plus le nombre de bits utilisés sera grand, meilleure sera la ressemblance avec le signal original.

Codage :
- 8 bits = 2 puissance 8, soit 256 valeurs ;
- 16 bits = 2 puissance 16, soit 65 536 valeurs-format CD-Audio ;
- 20 bits = 2 puissance 20, soit 1 048 576 valeurs ;
- 24 bits = 16 777 216 valeurs-format DVD-audio.

La fréquence d'échantillonnage et le nombre de bits vont définir la qualité de la numérisation.

Le nombre de bits définit également l'amplitude dynamique du signal (6dB/bit) : une résolution de 8 bits donnera une dynamique maximale de 8 x 6 = 48 dB ;
- 16 bits : 16 x 6 = 96 dB ;
- 24 bits : 24 x 6 = 144 dB.

Plus l'encodage est important, plus la dynamique sera élevée et le bruit de fond limité.

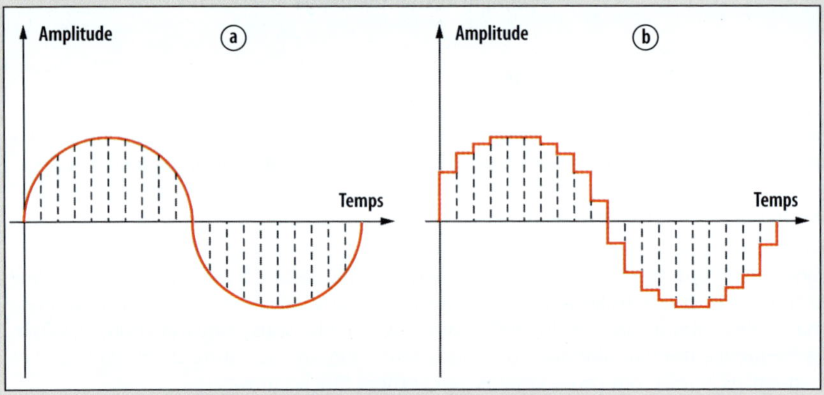

Signal analogique (a) et signal numérique (b)

Qu'est-ce que le sur-échantillonnage ?

Le signal numérique n'a pas la même allure lisse du signal analogique. Il a une allure en forme de marches d'escalier ou de succession de petits rectangles accolés.

Pour redonner une belle allure au signal, il faut donc le lisser de façon analogique, avec des circuits électroniques. On peut aussi réaliser un lissage numérique par interpolation, à l'aide de circuits intégrés spécialisés. Cette opération s'appelle le « sur-échantillonnage » ou « oversampling ». Elle peut être répétée jusqu'à 128 fois sur le même signal numérique.

Quels sont finalement les avantages de la numérisation ?

La dynamique (plage des amplitudes reproduites de triple piano à triple forte) et la bande passante (plage des fréquences reproduites) sont désormais très bonnes.

Le signal étant codé sous forme de nombres, les parasites ou bruits de fond électriques ou mécaniques n'ont plus d'influence sur la qualité du son.

La copie, le traitement et la mémorisation du signal n'entraînent pas de perte de qualité. On peut faire plusieurs copies numériques, sans dégradation notable du signal.

En cas d'erreur de lecture due aux défectuosités du support, aux saletés, aux rayures, aux empreintes de doigts, aux fluctuations mécaniques (baladeurs), des circuits de détection et de correction d'erreurs entrent automatiquement en service.

Conclusion

La chaîne de numérisation est double. Il faut capter le son analogique, le convertir en son numérique, le transporter. Puis il faut de nouveau le convertir en son analogique pour pouvoir le diffuser.

On comprend donc que le son reste associé à un signal analogique. Les émetteurs et les récepteurs sonores sont donc indispensables. Les casques audios, les enceintes et les microphones gardent donc toute leur importance !

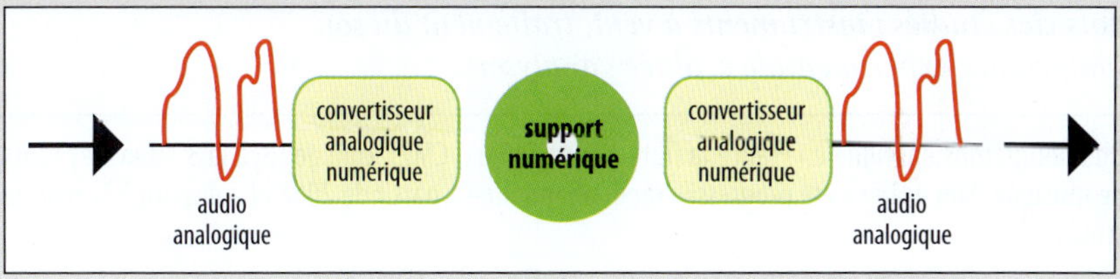

À partir de vos connaissances et des *documents* précédents, répondre aux questions suivantes.

Rappel
La numérisation d'un son est aussi étudiée dans le chapitre 19.

1. Qu'est-ce que la numérisation d'un son ?

2. Expliquer pourquoi un son analogique est plus précis et plus détaillé qu'un son numérique.

3. Quelle est la date du premier codage d'un son ?

4. Toutes les fréquences sonores sont-elles codées de la même façon ?

5. Justifier le choix d'une fréquence d'échantillonnage de 44,1 kHz pour le CD-audio ?

6. Qu'est-ce que le bruit de fond ?

7. Quel est le rôle du sur-échantillonnage ?

8. Représenter une chaîne complète de transmission du son en faisant apparaître les signaux numériques et analogiques, ainsi que les pertes d'informations possibles.

9. Suite à l'étude complète des *documents* 2 et 3, comparer les deux formats de fichiers MP3 et WAV. Préciser clairement leurs différences.

Méthode

- Commencez d'abord par lire toutes les questions posées avant de d'étudier les *documents*.
- Lisez ensuite plusieurs fois les *documents* pour bien faire le lien entre chacun.
- Pour chaque question, repérez le paragraphe du *document* à exploiter et indiquez-le dans votre réponse.

PRÉPARER L'ÉPREUVE PRATIQUE

3 La flûte à bec : souffler n'est pas jouer ★★ 30 min Corrigé p. 447

Mots clés étudiés : instruments à vent, traitement du son
Compétence expérimentale évaluée : analyser

On a longtemps enseigné en France la flûte à l'école (CM1, CM2), collège (6e à la 3e) dans les cours de musique. Son usage a été progressivement abandonné à partir de 2008 et a disparu à la rentrée scolaire 2011.

Le but de cet exercice est d'analyser et d'expérimenter une des causes probables de l'abandon de la pratique systématique de la flûte à bec dans le domaine de l'enseignement : **la justesse et la tenue des notes produites associées au contrôle du souffle.**

Doc. 1 La justesse d'une note

La justesse d'une note est associée à la précision de la hauteur de la note produite. La tenue d'une note est associée à une note dont la hauteur ne varie pas dans le temps. La hauteur d'une note de musique correspond, en physique, à la fréquence de l'onde sonore périodique associée à cette note.

On donne ci-dessous le tableau permettant d'établir la correspondance entre la hauteur et la fréquence associée de quelques notes de la gamme tempérée (les notes produites par un clavier électronique par exemple) que l'on peut jouer avec une flûte à bec.

Hauteur de la note	la#$_3$	la#$_3$	si$_3$	do$_4$	do#$_4$	ré$_4$	ré#$_4$	mi$_4$	fa$_4$	fa#$_4$	sol$_4$	sol#$_4$	la$_4$	la#$_4$
Fréquence (en Hz)	440	466	494	523	554	587	622	659	698	740	783	831	880	932

Deux notes successives dans le tableau, par exemple **si$_3$** et **do$_4$**, sont séparées par une hauteur de demi-ton en musique, ce qui correspond à un rapport en fréquence de $\frac{523}{494} = \sqrt[12]{2} = 1{,}06$.

Deux notes sont à l'octave l'une de l'autre si le rapport de leurs fréquences vaut 2 : par exemple la note **la$_4$** est à l'octave supérieure de la note **la$_3$** car $\frac{880}{440} = 2$.

Doc. 2 TecŸique de souffle

L'intonation est directement liée à la force du vent envoyé dans l'embouchure (pression faible = sons bas, pression forte = sons hauts). Par la seule force du vent, on peut obtenir plus d'un demi-ton de variation pour un même doigté. Maîtriser cet aspect tecÚique demande donc beaucoup de savoir-faire et de subtilité pour obtenir l'intonation adéquate et la qualité de timbre désirée.

D'après http://www.ecolemusiquenogentais.fr/

Doc. 3 Les bois octaviant

La flûte, le saxophone, le hautbois, et encore bien d'autres, sont prédisposés au saut d'octave. Ils octavient. On entend alors une note dont le nom est le même mais plus aiguë d'une octave.

D'après http://fr.wikipedia.org/

Octavier : en musique, se dit d'un instrument qui fait entendre par accident l'octave supérieure d'un son au lieu de ce son lui-même.

D'après http://www.mediadico.com/

Matériel mis à disposition

- Un ordinateur muni d'un logiciel d'acquisition de données, d'un logiciel tableur-grapheur et du logiciel libre Audacity.
- Une interface d'acquisition de mesures.
- Un oscilloscope numérique.
- Un ensemble micro-casque audio branché sur l'entrée microphone et la sortie audio de la carte son de l'ordinateur.
- Un microphone à électret et son module amplificateur avec sorties en fiches bananes.
- Une flûte à bec d'étude soprano dont tous les trous sont bouchés avec du ruban adhésif et donc théoriquement capable de produire la note do4 avec un contrôle du souffle permettant de jouer juste.

À partir des *documents* 1, 2, 3 et de la liste de matériel, on souhaite réaliser une expérience permettant de vérifier une des informations contenues dans les *documents* 2 ou 3 concernant la justesse ou la tenue d'une note produite par la flûte à bec.

1. Analyser le problème

Pour les *documents* 2 et 3, identifier les effets possibles d'un mauvais contrôle du souffle sur la hauteur de la note produite et les conséquences sur la fréquence associée.

	Effet d'un mauvais contrôle du souffle sur la hauteur de la note	Conséquence de l'effet sur la fréquence de l'onde sonore associée à la note
***Document* 2**		
***Document* 3**		

2. Formuler un protocole expérimental

À partir de la liste de matériel, proposer un protocole expérimental pour réaliser une expérience permettant l'acquisition (ou l'enregistrement) de sons produits par la flûte et la vérification d'un seul des effets identifiés dans le tableau précédent.

→ Méthode

Le protocole expérimental doit expliciter la façon dont on va utiliser le matériel, les logiciels et les mesures, ainsi que les éventuels calculs à effectuer pour vérifier l'effet retenu. Un schéma pourra également être proposé.

Pour aller plus loin

4 Intensité sonore et pression acoustique ★★★ 20 min Corrigé p. 449

Mot clé étudié : acoustique physiologique

Attention : ne pas confondre intensité sonore en $W \cdot m^{-2}$ et niveau d'intensité sonore en dBA.

L'intensité sonore I d'une onde acoustique est liée à la variation de pression de l'air ΔP (pression acoustique), par la relation $I = \frac{(\Delta P)^2}{2 \cdot \rho \cdot c}$ où ρ est la masse volumique du milieu de propagation et c la célérité du son dans ce milieu (air à 20 °C).

1. Quelles sont les unités de ΔP, ρ et c ? En déduire celle de I.

2. Le seuil d'audibilité est 0 dBA, celui de la douleur 120 dBA. Quelles sont les valeurs des intensités sonores respectives ?

3. Quelle est la variation maximale de pression que peut supporter l'oreille humaine sans douleur ? Comparer aux variations de pression météorologique et conclure.

Données : $\rho(\text{air}) = 1{,}2\ kg \cdot m^{-3}$, $c = 344\ m \cdot s^{-1}$ et $I_0 = 10^{-12}\ W \cdot m^{-2}$.

CORRIGÉS

Exercices de type bac

PRÉPARER L'ÉPREUVE ÉCRITE

1 Étude comparée de la sonorisation d'un quartet de jazz et d'un groupe de rock

1. La première partie du *document* 1 permet d'identifier les deux types de sonorisation permettant de caractériser la sonorisation d'un groupe musical.

> **Méthode**
> Il faut commencer par traduire les informations présentes dans les *documents* sous forme de liste.

Deux types de sonorisation :
- **en salle ;**
- **en scène.**

> **À savoir**
> L'acoustique d'une salle est fondamentale. Elle crée de la réverbération, de l'écho ou encore des interférences.

Les paragraphes « principes » des deux *documents* nous informent ensuite sur la nature des groupes et leur fonctionnement.

Le type de groupe :
- **jazz** : petit groupe jouant près les uns des autres.
- **rock** : groupe de taille moyenne jouant plus loin les uns des autres.

Le type de son :
- **Jazz** : son acoustique/naturel.
- **Rock** : son électrique/amplifié.

> **Méthode**
> À ce moment-là, il est nécessaire de rédiger une réponse claire à la question sans forcément utiliser les informations tecÚiques relatives à la sonorisation.

Après analyse des informations contenues dans les *documents*, il est possible de présenter les caractéristiques nécessaires à la sonorisation d'un groupe musical :
- **choix de l'espace à sonoriser** : scène ou salle ;
- **taille du groupe** : petit ou moyen ou grand ;
- **organisation du jeu du groupe** : proche ou plus lointain ;
- **nature du son** : acoustique ou électrique ;
- **type de musique** : jazz, rock ou classique.

> **Rappel**
> *N* musiciens émettant chacun un niveau sonore I_0 génèrent un niveau sonore :
> $$I_{total} = I_0 + 10\ \text{Log}(N).$$

2. Pour faire une étude comparée de la sonorisation d'un groupe de jazz et rock, réalisons un tableau comparatif en nous basant sur les caractéristiques établies dans la question **1** et les informations tecÚiques des *documents*.

Caractéristiques	Rock	Jazz	Classique
Espace à sonoriser : scène	niveaux retours forts	retours faible	rock/jazz
Espace à sonoriser : public	amplifié/gros sons	qualité de reproduction	rock/jazz
Taille du groupe	moyen	petit	rock
Organisation du groupe	jeu loin	jeu proche/intimiste	rock
Nature du son	électrique	acoustique	jazz

3. Pour réaliser le protocole de sonorisation d'un sextet de musique classique lors d'un festival en plein air, il faut utiliser les informations tecÚiques des *documents*. Nous allons commencer par remplir la colonne « classique » du tableau crée précédemment en notant « jazz » ou « rock » dans les cases.

Nous pourrons alors établir un protocole par analogie.

Objectifs : sonorisation de l'orchestre avec mixage pour le public et pour les musiciens. La gamme de fréquence est plus importante que pour le rock. Il est nécessaire de sonoriser également les différents instruments sans trop insister sur les graves (basses fréquences).

> **Méthode**
> On utilise la même structure que dans les *documents* : objectifs, principes et matériel nécessaire.

Principes : un sextet utilise des instruments acoustiques pour lesquelles le respect des timbres et sonorités de chaque musicien est essentiel. On cherchera à reproduire ici le son acoustique.

Matériel nécessaire : amplification importante lié au festival en plein air. Matériel d'une grande fidélité. Chaque musicien dispose d'un retour faible, optimisé avec atténuation des effets Larsen. Les microphones utilisés sont les mêmes que ceux utilisés en jazz.

2 Comprendre la différence entre numérisation et compression numérique

1. La numérisation est la transformation électronique du signal analogique qui convertit les informations sonores en un signal numérique, discret et quantifié.

2. Un son analogique est plus précis car il peut être décrit par une infinité de variation d'amplitude. Dans le cas du numérique, la description (le codage) se base uniquement sur deux valeurs (binaire).

> **Rappel**
> En audio, le premier support analogique a été le disque vinyle. 33 tours ou 45 tours, il se rayait, se déformait, dégradant ainsi la qualité de restitution sonore.

> **Astuce**
> On peut faire une analogie avec les ordres de grandeur. Le son analogique est associé à un nombre avec un grand nombre de chiffres significatifs. Le son en numérique serait son ordre de grandeur.

3. Le premier type de codage remonte aux **années 1920**, par la société Bell Telephon.

4. Dans le paragraphe « échantillonnage », on peut lire que **les fréquences aiguës sont codées moins précisément** que les graves.

5. Le theorème de Nyquist-Shannon impose que la fréquence d'échantillonnage soit au moins **deux fois supérieure à la fréquence maximale du signal** ; soit supérieure à 2 × 20 000 Hz. La fréquence de 44 100 Hz est donc judicieusement choisie.

> **Rappel**
> L'oreille humaine est capable d'entendre des sons dont la fréquence est comprise entre 20 HZ (fréquence grave) et 20 000 HZ (fréquence aiguë).

6. Un bruit de fond est un **signal sonore non périodique**. Il est perturbateur de la qualité de restitution sonore. C'est donc un **bruit parasite** généré par le codage numérique. Il est limité par un encodage plus important.

7. Le rôle du sur-échantillonnage est de **« lisser » le signal numérique**. On cherche ainsi à se rapprocher au maximum du signal analogique.

> **Vocabulaire**
> L'encodage est la double opération successive d'acquisition et de numérisation d'un signal sonore.

8. Reprenons la chaîne de la transmission de l'information.

- On chante ou parle : **signal sonore.**
- Il est capté par un **microphone qui transforme ce signal en signal électrique (analogique).**
- Ce signal est **numérisé,** puis **stocké ou transmis**.
- Il est ensuite **converti à nouveau en signal analogique**.
- Puis il est transmis à un haut-parleur ou un casque audio.
- Le haut-parleur ou le casque audio convertissent alors le **signal analogique en signal sonore perceptible**.

> **Rappel**
> Le chapitre 19 permet de définir toutes les notions nécessaires à la réponse de cette question.

Chaque étape est **susceptible de perdre de l'information**.

9. La dernière question consiste à faire une étude comparée entre différents formats de son numérique. On comprend d'abord que le son numérisé est de toute façon dégradé. La taille d'un fichier son numérisé est grande. Il est donc nécessaire de la compresser. L'opération de compression dégrade également le signal.

> **Remarque**
> La taille d'un fichier WAV est de 40 Mo alors que celle d'un fichier MP3 est de 5 Mo.
> 1 minute de son sur un CD non compressé correspond à 8 Mo.

- **Le format WAV** est le nom du fichier du son non compressé. La taille de ce fichier est grande, très grande. C'est cependant le **signal le plus proche du signal analogique**. C'est le fichier présent sur un disque CD.

• **Le format MP3** est le nom du fichier son compressé. La taille de ce fichier est beaucoup plus petite. Ce qui le rend **stockable et transportable** plus facilement.

Remarque

Il existe bien sur d'autres formats :

Format	AAC	WMA	AIFF	Apple Lossless	FLAC
Taille	3,99 Mo	3,9 Mo	43,5 Mo	25,4 Mo	26 Mo

On rappelle que le format MP3 est celui utilisé pour les baladeurs du même nom !

PRÉPARER L'ÉPREUVE PRATIQUE

3 La flûte à bec : souffler n'est pas jouer

1. Analyser le problème.

	Effet d'un mauvais contrôle du souffle sur la hauteur de la note	**Conséquence de l'effet sur la fréquence de l'onde sonore associée à la note**
Document 2	**Exemple de réponse possible :** La hauteur de la note peut augmenter de plus de un demi-ton lorsque que l'on souffle faiblement à plus fortement.	**Exemple de réponse possible :** La fréquence de l'onde sonore peut augmenter dans un rapport de plus de 1,06 soit une variation de plus de 6 %.
Document 3	**Exemple de réponse possible :** Si on souffle trop fort dans la flûte, alors la note produite se retrouve une octave plus haut que la note attendue.	**Exemple de réponse possible :** Si on souffle trop fort dans la flûte, alors la fréquence de l'onde sonore produite sera deux fois plus élevée que la fréquence attendue

2. Formuler un protocole expérimental.

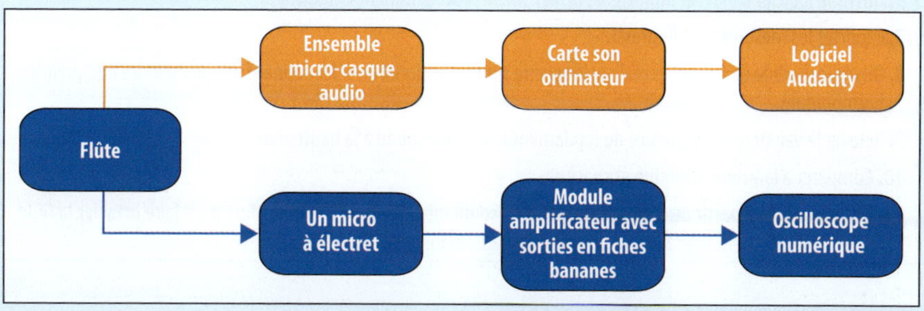

Nous proposons, sur le schéma ci-dessus, deux lignes distinctes d'analyse du son de la flûte, l'objectif final étant la mise en évidence de la modification des caractéristiques du son naturel de la flûte en fonction de la tecÚique de souffle employée. Le son de la flûte sera capté par un microphone et converti en signal électrique (analogique) envoyé **vers la carte son de l'ordinateur** ou **vers l'oscilloscope**. Le signal électrique (analogique) sera alors converti en signal numérique. L'utilisation du **logiciel d'acquisition Audacity** nous permet d'analyser le signal numérique et de connaître sa fréquence et son amplitude. Le **logiciel d'analyse des signaux de l'oscilloscope** permet la même analyse.

• Les mesures à prendre sont une acquisition de référence avec une note émise de façon optimale, plusieurs acquisitions avec un mauvais contrôle du souffle.

• Les grandeurs à mesurer sont la fréquence f (en Hz) du son fondamental, le niveau d'intensité sonore (en dBA) de la note émise.

• Les calculs à faire sont l'écart relatif en fréquence et en amplitude entre la note correctement émise et la note avec un mauvais contrôle du souffle.

À savoir

L'écart relatif entre une mesure et sa valeur théorique ou vraie est égal à :

$$e = \left| \frac{V_{\text{mesure}} - V_{\text{theorie}}}{V_{\text{theorie}}} \right|.$$

De façon plus précise, on peut donner le protocole expérimental suivant si on décide par exemple d'utiliser le logiciel Audacity, le logiciel Regavi et le logiciel Regressi.

1. Brancher le microphone à électret directement sur l'entrée micro de la carte son de l'ordinateur ou, mieux encore, utiliser le microphone de l'ensemble micro-casque déjà branché sur l'entrée micro de la carte son.
2. Ouvrir le logiciel Audacity et faire un essai d'enregistrement rapide pour contrôle du niveau d'entrée en soufflant dans la flûte.
3. Souffler dans la flûte de manière régulière et modérée pour obtenir une note tenue et juste, puis déclencher simultanément l'enregistrement pendant quelques secondes.
4. Contrôler le signal de l'acquisition sur l'écran et recommencer si nécessaire.
5. Sélectionner une seconde d'enregistrement correcte et exporter la sélection audio au format.wave dans le dossier ECE Flûte situé sur le bureau de l'ordinateur.
6. Ouvrir le logiciel Regavi et importer le fichier .wave précédemment enregistré.
7. Exporter les mesures sous Regressi.
8. Ouvrir le module de Fourier et réaliser le spectre sur tout le signal en sélectionnant uniquement les huit premiers harmoniques.
9. Relever la valeur de la fréquence du fondamental qui correspond à la hauteur de la note.
10. Comparer à la valeur attendue et conclure.
11. Recommencer à partir de l'étape 3 jusque 8 en soufflant cette fois ci soit plus fort pour faire octavier la flûte, soit très doucement pour obtenir une note de hauteur instable.

CORRIGÉS

Pour aller plus loin

4 Intensité sonore et pression acoustique

1. L'unité de ΔP est le Pascal (Pa). Celle de ρ est le $kg{\cdot}m^{-3}$ et enfin celle de c est le $m{\cdot}s^{-1}$. L'unité de l'intensité sonore I se détermine en effectuant une analyse dimensionnelle.

$$[I]=\left[\frac{(\Delta P)^2}{2\rho\cdot c}\right]$$
$$=\frac{[\Delta P]^2}{[\rho]\cdot[c]}$$
$$=[\Delta P]^2\cdot[\rho]^{-1}\cdot[c]^{-1}.$$

Rappel
Il faut bien distinguer dimension et unité. Une grandeur physique n'a qu'une dimension mais peut avoir plusieurs unités.

La dimension de ΔP est celle d'une force ($M.L.T^{-2}$) divisée par une surface (L^2).

La dimension de ρ est celle d'une masse (M) divisée par un volume (L^3).

La dimension de c est celle d'une distance (L) divisée par un temps (T).

Ce qui conduit à :

$$[I]=\frac{M^2\cdot L^2\cdot T^{-4}}{L^4}\cdot\frac{M^{-1}}{L^{-3}}\cdot\frac{L^{-1}}{T^{-1}}$$
$$=M\cdot T^{-3}.$$

L'unité de I se déduit donc de celles de ΔP, ρ et c : I est en $\mathbf{kg{\cdot}s^{-3}}$ ou encore $\mathbf{W{\cdot}m^{-2}}$. Les deux unités sont équivalentes.

Piège à éviter
Ne confondez pas le logarithme décimal log et le logarithme naturel (népérien) ln.

2. Il est nécessaire d'utiliser la formule qui donne le niveau sonore en fonction de l'intensité sonore :

$$L=10\log\left(\frac{I}{I_0}\right).$$

On en déduit $I=I_0 10^{\left(\frac{L}{10}\right)}$, ce qui permet de trouver :

- $I_{min}=I_0$ pour 0 dBA ;
- $I_{max}=1\ W{\cdot}m^{-2}$. pour 120 dBA.

3. Nous utilisons maintenant la formule qui relie I et ΔP.

À partir de $I=\dfrac{\Delta P^2}{2\cdot\rho\cdot c}$, on peut donc déterminer $\Delta P=\sqrt{2\cdot\rho\cdot c\cdot I}$.

On peut calculer :

$\Delta P_{max} = \sqrt{2\rho c\, I_{max}} = 2{,}9 \cdot 10^{1}$ Pa ;

$\Delta P_{min} = \sqrt{2\rho c\, I_{min}} = 2{,}9 \cdot 10^{-5}$ Pa ;

Cette variation maximale de pression correspond à **quelques dizaines de pascals** alors que les variations de pression atmosphérique sont de l'ordre de **quelques centaines de pascals.**

Pour comparer ces deux situations (onde sonore et météorologique), il est important et capital de considérer l'intervalle de temps qui caractérise la variation de pression. Cet intervalle de temps est **beaucoup plus court dans le cas de l'onde sonore** (de l'ordre de quelques millisecondes) que dans la situation météorologique (de l'ordre de quelques heures). La puissance effective est donc bien plus **importante et destructrice dans le cas des ondes sonores**.

À savoir

La puissance P correspond à une énergie E divisée par un temps de transfert Δt de cette énergie :

$$P = \frac{\Delta E}{\Delta t}.$$

CHAPITRE 23

Matériaux
Enseignement de SPÉCIALITÉ

MOTS CLÉS

- **Cycle de vie**
  - Élaboration, vieillissement, corrosion
  - Protection, recyclage, élimination
- **Structure et propriétés**
  - Conducteurs, supraconducteurs, cristaux liquides, semi-conducteurs, photovoltaïques
  - Membranes, colles et adhésifs, tensioactifs, émulsions, mousses
- **Nouveaux matériaux**
  - Nanotubes, nanoparticules, matériaux nanostructurés
  - Matériaux composites, céramiques, verres
  - Matériaux biocompatibles, textiles innovants

Les mots clés sous-tendent des connaissances nouvelles complétant l'enseignement spécifique. Nécessaires à la compréhension des sujets étudiés, ces connaissances ne sont cependant pas exigibles au baccalauréat.

1 Cycle de vie des matériaux

Dans le cycle de vie des matériaux, plusieurs mots clés sont à comprendre.

- **L'élaboration** désigne le travail de recherche et de développement d'un matériau, afin qu'il réponde à des exigences tecÚiques, réglementaires et environnementales par exemple. L'élaboration précède la phase de production d'un matériau.

- **Le vieillissement** désigne l'évolution des propriétés physico-chimiques des matériaux. Il peut être dû à des contraintes mécaniques, à des variations thermiques ou à des réactions chimiques (oxydation par le dioxygène de l'air ou les rayonnements solaires).

- **La corrosion** désigne le phénomène d'oxydation des matériaux par le dioxygène de l'air. Par exemple, la rouille est un mélange d'oxydes de fer issus de l'oxydation du fer métallique. Il est alors possible de **protéger** les métaux de la corrosion en les revêtant d'une couche protectrice (dépôt de zinc sur le fer par galvanisation) ou en les associant à un métal plus réducteur (protection du fer par un bloc de zinc).

> **Rappel**
> Les réactions d'oxydo-réduction ont été vues en Première. Elles sont caractérisées par un transfert d'électrons entre un oxydant, qui est souvent le dioxygène de l'air, et un réducteur.

> **Remarque**
> Les deux méthodes de protection sont étudiées dans l'exercice « *Pour aller plus loin* ».

- **Le recyclage** est un procédé qui permet de récupérer les déchets pour les réintroduire dans le cycle de production dont ils sont issus. Il permet d'économiser les matières premières naturelles, de réduire le volume des déchets, et donc de diminuer les risques de pollutions.

- **L'élimination** désigne les processus de traitement et de revalorisation des matériaux en fin de vie.

2 Structure et propriétés des matériaux

Il existe un très grand nombre de matériaux ayant des structures et des propriétés diverses et variées.

- **Les conducteurs** sont des matériaux qui conduisent très bien le courant électrique. Les métaux (cuivre, fer) sont pour la plupart de très bons conducteurs. La conduction se fait par l'intermédiaire d'électrons mobiles.

- **Les supraconducteurs** (métaux, alliages, oxydes de cuivre) sont des matériaux qui ont une excellente conductance (résistance nulle) en dessous d'une certaine température. Ils sont notamment utilisés dans les bobines supraconductrices du train en lévitation japonais Maglev, et dans certains câbles haute tension.

- **Les semi-conducteurs** (silicium, germanium) sont des matériaux qui ont une conductivité intermédiaire entre celle des conducteurs et celle des isolants. La conduction se fait grâce aux électrons et aux trous (défauts d'électrons considérés comme porteurs de charge positive). Leurs propriétés électriques peuvent être améliorées par l'ajout de dopants (bore, phosphore). Ils sont utilisés en électronique dans les diodes et les transistors, et dans les cellules photovoltaïques des panneaux solaires.

- **Les cellules photovoltaïques** permettent de produire de l'énergie électrique à partir d'énergie solaire. Un panneau solaire est constitué de cellules photovoltaïques contenant un semi-conducteur (silicium). L'énergie des photons permet la formation de paires électrons-trous dans le matériau semi-conducteur et la création de courant électrique.

Remarque
Le modèle ondulatoire décrit la lumière comme une onde électromagnétique. Le modèle corpusculaire décrit la lumière comme un flux de photons.

- **Les cristaux liquides** sont caractérisés par un état intermédiaire entre l'état solide, bien ordonné, et l'état liquide, plus désordonné. Ils sont constitués de molécules organiques qui comportent au moins deux parties qui se différencient par leurs structures (une partie rigide et une partie flexible) et par leurs propriétés (une partie hydrophile et une partie hydrophobe). Leurs propriétés sont exploitées dans les écrans d'ordinateurs et de téléviseurs.

Vocabulaire
Hydrophile : bonne affinité avec l'eau.
Hydrophobe : pas d'affinité avec l'eau.

- **Les membranes** sont des fines couches de matière poreuse qui permettent l'arrêt ou le passage sélectif de substances d'un mélange. Elles sont utilisées dans des dispositifs de séparation comme l'ultrafiltration (élimination des polluants de l'eau) et l'osmose inverse (dessalement de l'eau de mer).

Vocabulaire
L'osmose est un phénomène de diffusion de matière à travers une membrane.

- **Les colles et les adhésifs** sont des matériaux qui permettent de faire adhérer deux objets. Certains adhésifs mettent en jeu des mécanismes physiques : adhérence des pattes des geckos sur les aspérités des surfaces planes par interactions électrostatiques (liaisons intermoléculaires), colles néoprène ou polyuréthane qui favorisent le contact intime entre deux matériaux par évaporation d'un solvant. D'autres adhésifs mettent en jeu des réactions chimiques : réaction de polymérisation dans les colles cyanoacrylates.

Remarque
Les geckos sont des petits lézards qui peuvent se déplacer sur des surfaces lisses et sur les plafonds.

Vocabulaire
Une polymérisation est une réaction chimique qui permet de synthétiser des macromolécules nommées polymères à partir d'entités nommées monomères.

• **Les tensioactifs** sont des espèces chimiques qui permettent de solubiliser deux phases non miscibles. Un tensioactif possède une partie hydrophobe (longue chaîne carbonée) et une partie hydrophile (tête ionique). Ils sont présents dans les détergents (shampooings, savons, lessives).

• **Les émulsions** sont des mélanges, homogènes au niveau macroscopique mais hétérogènes au niveau microscopique, de deux liquides non miscibles. Exemples : micro-gouttelettes d'huile dans l'eau, mayonnaise, lait, peinture.

Rappel
Un mélange est homogène lorsqu'on observe une phase.
Un mélange est hétérogène lorsqu'on distingue deux phases.

• **Les mousses** sont des dispersions de gaz dans un faible volume de liquide. Les mousses ont une durée de vie limitée et peuvent être stabilisées par des tensioactifs.

3 Les nouveaux matériaux

Les sciences physiques permettent d'améliorer constamment notre quotidien. Pour cela, de nouveaux matériaux sont créés pour satisfaire à tous nos besoins.

• **Les nanotubes** sont des tubes creux constitués d'atomes de carbone dont le diamètre interne est de l'ordre du nanomètre et la longueur de l'ordre de quelques micromètres. Ils présentent une légèreté, une résistance et une conductivité électrique exceptionnelles qui laissent entrevoir de nombreuses applications comme par exemple le renforcement des matériaux, l'utilisation en tant que nouveau support de catalyse ou en tant que matériau semi-conducteur en électronique.

• **Les nanoparticules** sont des petits objets de dimensions nanométriques (10^{-9} m). Il s'agit souvent d'agrégats de molécules. Par exemple, des nanoparticules d'argent sont utilisées dans des vêtements pour leur propriété antibactérienne ; des nanoparticules d'oxyde de titane sont utilisées dans les crèmes solaires pour leur propriété réfléchissante.

• **Les matériaux nanostructurés** possèdent une structure nanométrique qui leur confère des propriétés particulières. Il peut s'agir de nanocomposites (nano-objets incorporés dans un matériau), de matériaux nanoporeux (membranes), ou de colloïdes (suspension homogène de petites particules).

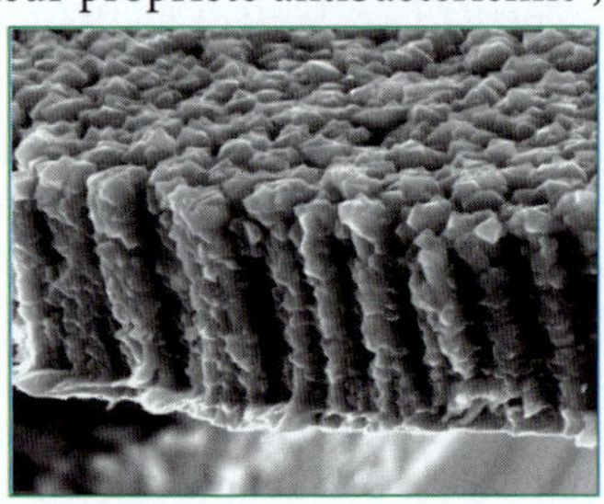

Doc. Électrode nano-architecturée de magnétique sur cuivre

- **Les matériaux composites** sont des assemblages d'au moins deux matériaux non miscibles. Ils possèdent les caractéristiques des différents matériaux qui les constituent. Par exemple, le béton armé est constitué de béton et d'acier ; l'aéronautique utilise des polymères renforcés avec des fibres de carbone.

- **Les céramiques** sont des matériaux qui ne sont ni métalliques, ni organiques. Ils sont habituellement durs et résistants (même si des imperfections peuvent les rendre fragiles), de conductivité thermique faible. Par exemple, les silicates d'aluminium sont utilisés dans le bâtiment (briques, tuiles, carreaux), le nitrure de silicium Si_3N_4 est utilisé comme abrasif industriel, ou la cordiérite $Al_3Mg_2AlSi_5O_{18}$, très résistante aux transferts thermiques, constitue le support des pots d'échappement catalytiques des automobiles.

Rappel

La conductivité thermique est étudiée dans le chapitre 14.

- **Les verres** sont des matériaux transparents de structure amorphe (pas d'organisation ordonnée de la matière au niveau microscopique). Il existe des verres organiques (à base de polycarbonate) et métalliques, mais les plus courants sont les verres minéraux constitués le plus souvent d'oxyde de silicium SiO_2 (silice) et de fondants, qui abaissent la température de fusion de la silice.

Vocabulaire

Un abrasif est un matériau dur qui permet d'user par frottement un autre matériau.

- **Les matériaux biocompatibles** sont des matériaux bien tolérés par l'organisme humain ; ils sont d'un grand intérêt médical. Par exemple, les céramiques telles que l'alumine Al_2O_3 ou la zircone ZnO_2 sont utilisées dans les prothèses de hanches ; le polylactate, polymère issu de l'acide lactique, est utilisé comme fil de suture résorbable ; le collagène d'origine naturelle est utilisé en cosmétologie.

- **Les textiles innovants** présentent des propriétés spécifiques (autonettoyant, thermorégulateur, anti-UV, anti-tâche, amincissant, biodégradable) ; on parle de textiles « intelligents ». Par exemple, il existe des vêtements en fibre d'ortie, des vêtements amincissants contenant des molécules de caféine micro-encapsulées, des textiles autonettoyants contenant des matériaux superhydrophobes.

Exercices de type bac

PRÉPARER L'ÉPREUVE ÉCRITE

1 Fabrication et utilisation du verre : la nature peut-elle inspirer les chimistes ?

★★ 40 min Corrigé p. 469

Mots clés étudiés : verres, matériaux biocompatibles

Doc. 1 **Procédé traditionnel de fabrication du verre**

Le verre est un matériau transparent et cassant, qui devient pâteux lorsqu'on le chauffe de quelques centaines de degrés. [...] Dans un verre, contrairement aux cristaux, les atomes ne sont pas disposés régulièrement. [...] Un verre est un solide désordonné, que l'on qualifie aussi d'amorphe. La silice est [...] le composé indispensable pour faire du verre. [...] Mais sa température de fusion très élevée, environ 1 750 °C, rend la fabrication difficile et onéreuse avec de la silice pure. On ajoute donc des « fondants » [...] qui abaissent sa température de fusion.

D'après *La Recherche*, octobre 2004, n° 379, p. 89.

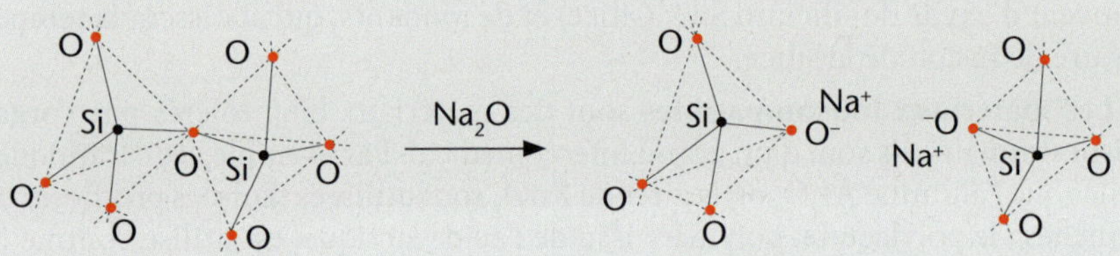

Remarque

La formule SiO_2 laisse penser que la silice est constituée d'un atome de silicium et de deux atomes d'oxygène, mais il ne s'agit que d'une formule qui indique le rapport de stœchiométrie. Chaque atome de silicium est entouré de 4 atomes d'oxygène dans un environnement tétraédrique.

Doc. 2 **Des capsules de verre pour micro-algues**

Depuis plusieurs millions d'années, des algues microscopiques présentes en abondance dans le plancton marin fabriquent du verre dans des conditions très douces. Ces diatomées – formées d'une seule cellule – s'entourent d'un exosquelette de silice amorphe, nommé frustule, semblable à du verre, qu'elles synthétisent à température ambiante à partir de traces de silice dissoutes dans l'eau. [...] Partant de la silice dissoute sous forme d'acide silicique $Si(OH)_4$, il suffit d'éliminer une molécule d'eau entre deux entités pour former un oxygène « pontant » entre deux atomes de silicium [...]. Si l'on poursuit

•••

cette réaction, que l'on nomme polycondensation, tous les oxygènes deviennent pontants et l'on obtient la silice SiO_2. Cette réaction a lieu dans chaque diatomée (…) à température ambiante (moins de 20 °C). (…) Elle est rapide, puisqu'elle dure moins de deux heures.

D'après Jacques Livage et Thibaud Coradin, *Le verre biologique inspire les chimistes*, *Pour la Science*, n° 371, sept. 2008.

Doc. 3 Deux procédés de fabrication du verre

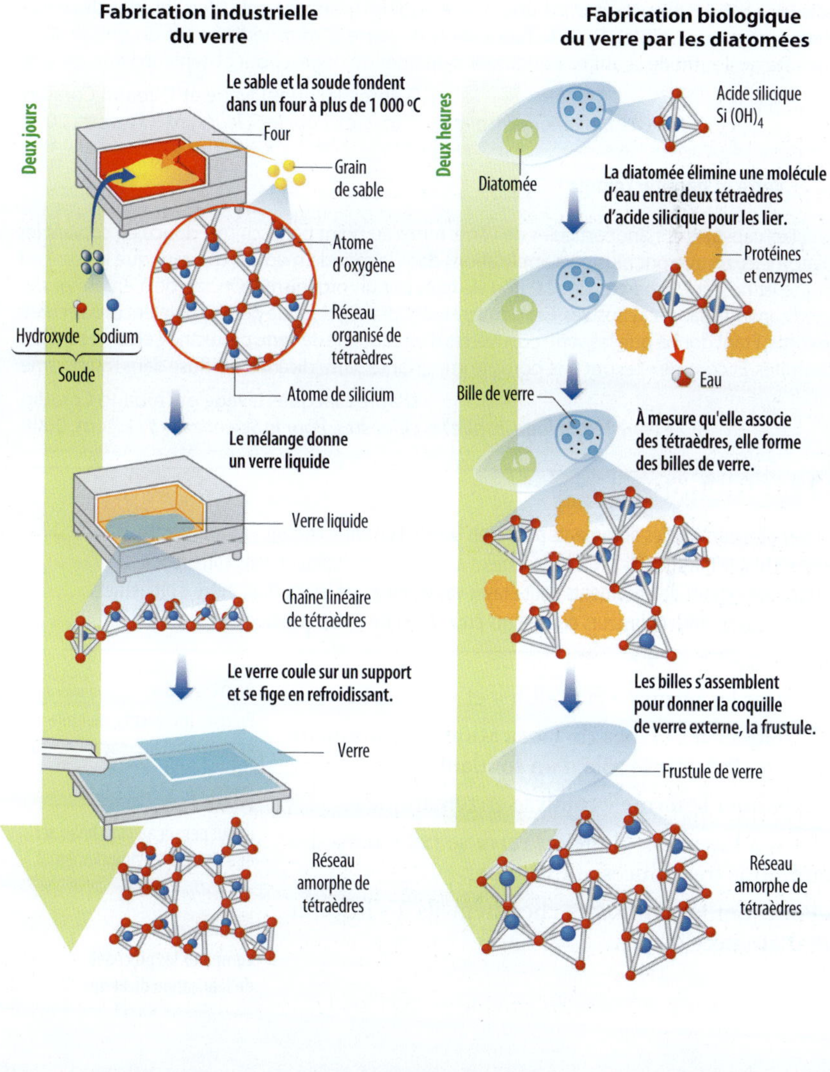

Doc. 4 Un procédé de fabrication du verre inspiré des algues

La réaction biologique de synthèse du verre, en solution aqueuse, n'est pas facile à contrôler (les diatomées disposent de molécules particulières, des protéines et enzymes, pour faciliter la réaction). C'est pourquoi les spécialistes de la chimie douce utilisent d'autres précurseurs moléculaires à la place de l'acide silicique ; ce sont les alcoxydes $Si(OR)_4$ où R est un groupe chimique simple (méthyle CH_3 ou éthyle C_2H_5). Après hydrolyse et par élimination des groupes méthyle, ils obtiennent en solution de l'acide silicique qui polymérise progressivement. Les particules intermédiaires dites colloïdales forment des sols (des solides dispersés dans une phase liquide), puis des gels (des liquides dispersés dans une phase solide). Pour la fabrication du verre, l'intermédiaire est un gel de silice hydraté qu'il suffit de chauffer à quelques centaines de degrés pour obtenir un verre poreux.

D'après Jacques Livage et Thibaud Coradin,
Le verre biologique inspire les chimistes, Pour la Science, n° 371, sept. 2008.

Doc. 5 Verre et nanotecŸologie

Les capsules et nanoparticules de verre, mises au point par la chimie douce en copiant les diatomées, trouveront plusieurs applications dans le monde médical, d'autant que le verre est inerte et ne déclenche pas de réaction de rejet par un organisme. On sait déjà enfermer des médicaments dans ces capsules. Ces dernières sont petites, de sorte qu'elles peuvent circuler dans le corps. Étant donné qu'elles sont recouvertes d'une couche de verre protectrice, elles ne sont pas détruites. Et comme elles ont une porosité importante, le médicament diffuse dans l'organisme.

D'après Jacques Livage et Thibaud Coradin,
Le verre biologique inspire les chimistes, Pour la Science, n° 371, sept. 2008.

Méthodologie

- Lisez plusieurs fois les documents pour bien faire le lien entre chacun.
- Pour chaque question, repérez le document à exploiter et l'indiquer dans votre réponse.
- Citez des extraits de documents pour étayer vos réponses en les mettant entre « guillemets ».
- Vous pouvez utiliser plusieurs documents pour répondre à une question.

1. Définir les termes « cristallin » et « amorphe ».
2. Expliquer les étapes de fabrication traditionnelle du verre. Préciser le rôle d'un fondant.
3. Expliquer le terme « catalyse enzymatique ».
4. La synthèse biologique du verre se fait « dans des conditions très douces ». Expliquer.
5. Pourquoi les chimistes cherchent-ils à s'inspirer des diatomées ?

Méthode
Précisez les réactifs, leur rôle et les conditions réactionnelles.

Aide
Il faut penser au coût financier et à l'impact environnemental.

Méthode
Comparez les procédés de fabrication du verre.

6. Répondre à la problématique en quelques lignes argumentées.

Aide
Exploitez l'ensemble des documents.

2 Du crayon aux nanotecÚologies, quelles évolutions du carbone pour quelles applications ?

★★★ 40 min ➔ Corrigé p. 470

Mots clés étudiés : nanotubes, nanoparticules, matériaux nanostructurés

Doc. 1 Les formes graphitiques du carbone

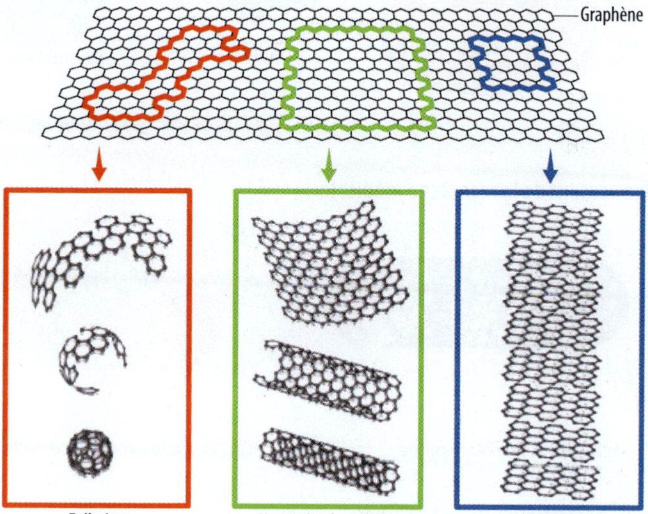

D'après *La Recherche*, janvier 2009 n° 426, infographie Bruno Bourgeois.

Doc. 2 Des tubes de carbone ultralégers

En plus des traditionnelles fibres de carbone, certaines raquettes contiennent des nanotubes. Cela confère à leur cadre plus de légèreté tout en conservant sa rigidité, car les nanotubes de carbone sont cent fois plus résistants que l'acier et six fois plus légers. […] On en trouve aussi dans certaines raquettes de badminton, certains clubs et balles de golf, battes de base-ball, crosses de hockey et cadres de vélo…

D'après *Science et Vie*, Hors-Série n° 253, déc. 2010, p. 56.

Doc. 3 **Fabrication des nanotubes de carbone par l'industriel français Arkema**

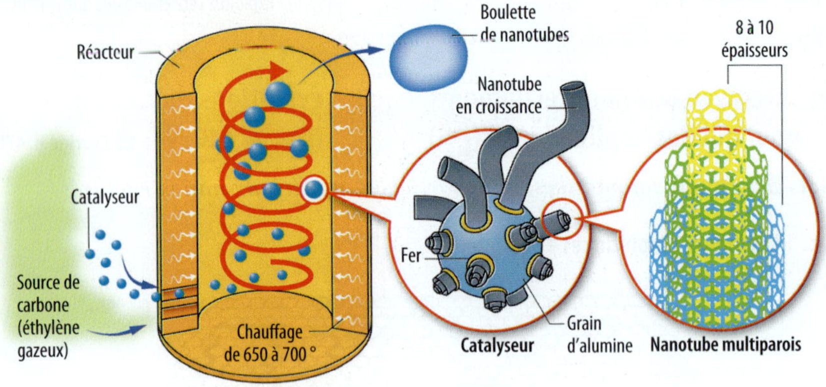

D'après infographie Philippe Mouche.

Doc. 4 **Développement de la recherche médicale**

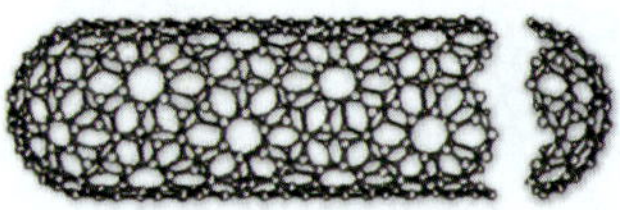

schéma A : nanocapsule

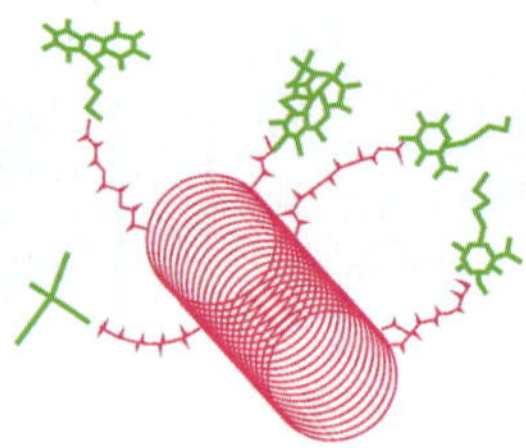

schéma B : support à la croissance cellulaire

Doc. 5 **Propriétés électriques des nanotubes**

Selon le nombre de feuillets de graphène et la géométrie de leur enroulement, les propriétés électriques des nanotubes de carbone sont totalement différentes. Certains sont isolants, d'autres semi-conducteurs, d'autres encore conducteurs métalliques.

1. Le graphite constitue la mine des crayons à papier. Expliquer le fonctionnement du crayon au niveau microscopique.

2. Outre le domaine sportif, l'industrie automobile s'intéresse de près aux nanotubes. Expliquer.

3. Pourquoi la fabrication de nanotubes a nécessité des années de recherche et développement ?

Aide
Les liaisons intermoléculaires sont environ 100 fois plus faibles que les liaisons intramoléculaires.

Méthode
Recoupez les informations de plusieurs *documents*.

4. Les chercheurs travaillent encore à l'amélioration du procédé de fabrication des nanotubes. Expliquer.

Aide
Raisonnez en échelle nanométrique.

5. Quelles pourraient être les applications des nanotubes en médecine ?

6. Répondre à la problématique en quelques lignes argumentées.

3 Le phénomène de supraconductivité ★★ 25 min ➔ Corrigé p. 471

Mots clés étudiés : conducteurs, supraconducteurs

Doc. 1 Évolution de la résistance d'un matériau supraconducteur avec la température

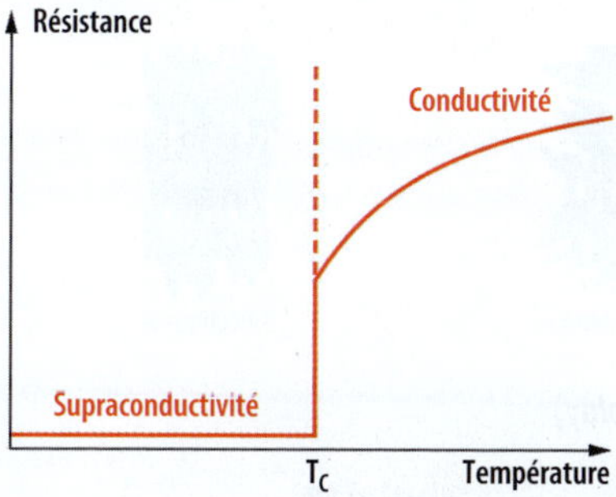

Doc. 2 Conduction électrique dans un métal conducteur

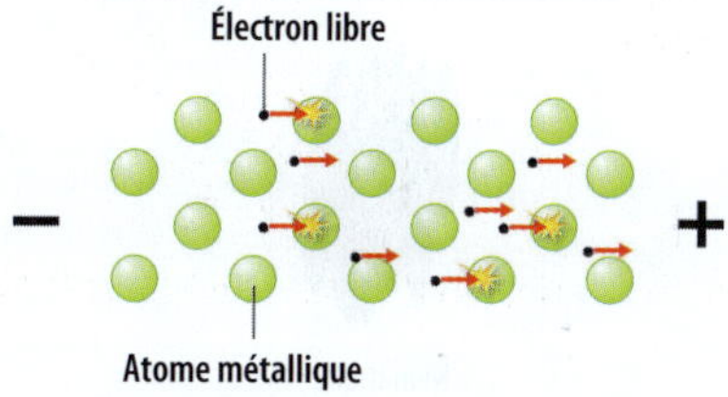

1. Comment évolue la résistance électrique d'un conducteur avec la température ? Proposer une explication.

2. Dans un réseau de distribution d'électricité, environ 10 % de l'énergie est perdue dans les lignes. Expliquer et nommer le phénomène responsable.

3. Des fils supraconducteurs limiteraient ces pertes. Expliquer.

Doc. 3 Paires de Cooper

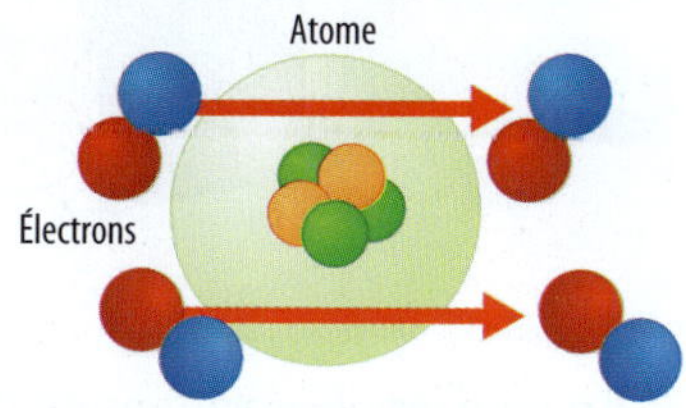

4. Définir la température critique T_c d'un matériau supraconducteur.

5. La conduction électrique des supraconducteurs peut être expliquée en partie par la formation de paires de Cooper. De quoi s'agit-il ? En quoi ce phénomène est-il *a priori* étonnant ?

4 Utilisations des cristaux liquides

★★★ 40 min Corrigé p. 471

Mot clé étudié : cristaux liquides

Doc. 1 Températures de fusion

En 1888, le botaniste autrichien Reinitzer étudiait à Prague des cristaux de benzoate de cholestérol, extraits de calculs biliaires, qui ne se comportaient pas comme des cristaux habituels : ils fondaient à 145,5 °C en se transformant en un fluide laiteux qui devenait ensuite un liquide parfaitement clair à 178,5 °C.

D'après Michel Mitov, La Recherche, n° 352, avril 2002, p. 48.

Doc. 2 Structure des cristaux liquides

Doc. 3 Principe d'un écran LCD (*Liquid Cristal Display*)

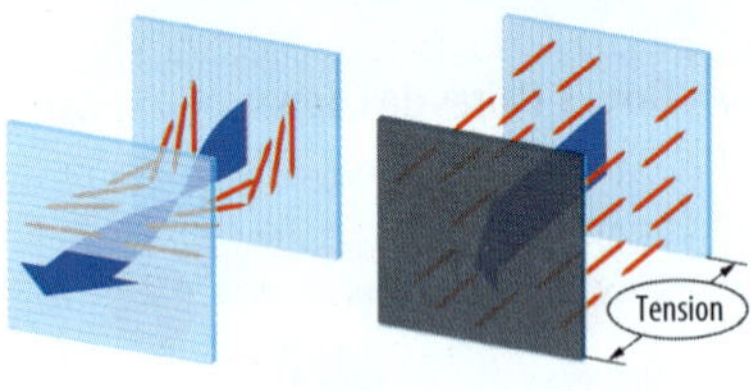

Vocabulaire
Un polariseur est un film polymère qui ne laisse passer qu'une seule orientation de la lumière.

Remarque
Deux polariseurs placés perpendiculairement ne laissent pas passer la lumière.

1. En quoi les observations de Reinitzer étaient-elles surprenantes ?

2. Les cristaux liquides sont parfois nommés « quatrième état de la matière ». Justifier cette appellation.

3. Attribuer les phrases suivantes aux différentes phases des cristaux liquides :

a) Les molécules y sont doublement organisées.

b) Sa phase est la moins ordonnée.

c) Il s'agit d'un empilement de plans où règne un ordre nématique.

4. La phase cholestérique est parfois appelée « phase nématique chirale ». Expliquer.

Définition
Une substance chirale présente une asymétrie (présence d'un carbone asymétrique ou asymétrie dans l'arrangement spatial des atomes et molécules).

5. Quel est le type de cristaux liquides utilisé dans les écrans LCD ?

6. Quelle est l'influence de l'application d'une tension électrique sur les cristaux liquides ?

7. Expliquer le principe de fonctionnement des écrans LCD.

8. Les propriétés des cristaux liquides sont utilisées dans des verres intelligents. Proposer une application de ces verres.

5 L'osmose inverse

★★ 25 min Corrigé p. 472

Mot clé étudié : membranes

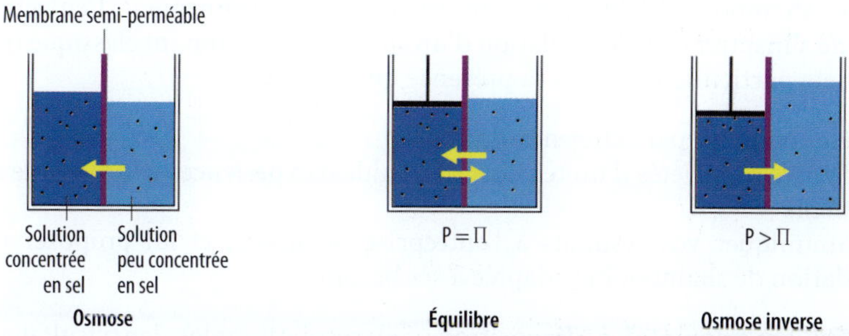

L'osmose est un phénomène naturel de transfert de solvant à travers une membrane sous l'effet d'une différence de concentration. Le solvant diffuse au travers de la membrane (constituée de polymères) pour diluer la solution très concentrée en ions. La pression osmotique est donnée par la relation : $\pi = i \cdot C \cdot R \cdot T$ avec i le nombre d'espèces ioniques constituant le soluté ; C la concentration molaire de soluté (en $mol \cdot m^{-3}$) ; R la constante des gaz parfaits ($R = 8{,}31\ J \cdot mol^{-1} \cdot K^{-1}$) ; T la température (en kelvins K) ; π la pression osmotique (en pascals Pa).

1. Expliquer le terme « membrane semi-perméable ».

2. Expliquer la dénomination « osmose inverse ».

3. Proposer une définition de la pression osmotique π.

4. Calculer la pression osmotique en bar de l'eau de mer (assimilée à une solution à 3 % en masse de chlorure de sodium) à 25 °C.

> **Astuce**
> On considèrera que la densité de l'eau de mer vaut 1, c'est-à-dire qu'un litre d'eau de mer pèse un kilogramme.

5. L'osmose inverse est notamment utilisée dans les pays du Golfe Persique. Expliquer.

Données : $M_{Na} = 23\ g \cdot mol^{-1}$; $M_{Cl} = 35{,}5\ g \cdot mol^{-1}$; $1\ bar = 10^5\ Pa$; $25\ °C = 298\ K$.

PRÉPARER L'ÉPREUVE PRATIQUE

6 Formulation d'un shampooing biologique

★★★ 30 min Corrigé p. 473

Mots clés étudiés : tensioactifs, émulsions, mousses
Compétences expérimentales évaluées : s'approprier, analyser, valider, communiquer

Situation problème : L'entreprise Naturelia, spécialisée dans la vente de produits biologiques, souhaite diversifier la gamme de ses produits en développant un shampoing biologique respectueux de l'environnement. L'entreprise souhaite s'inspirer de la formulation d'un shampoing hydratant classique mais s'inquiète particulièrement de la présence de tensioactif.

Vous êtes employé par cette entreprise pour :
– étudier les propriétés d'un tensioactif à l'aide d'expériences et de l'étude des documents ;
– communiquer vos résultats à l'entreprise Naturelia, et lui proposer une formulation de shampooing adaptée à ses besoins.

Matériel expérimental à disposition : glycérol (liquide), laurylsulfate de sodium (solide), eau, eau savonneuse, huile, petit morceau de tissu, béchers, tubes à essais.

laurylsulfate de sodium

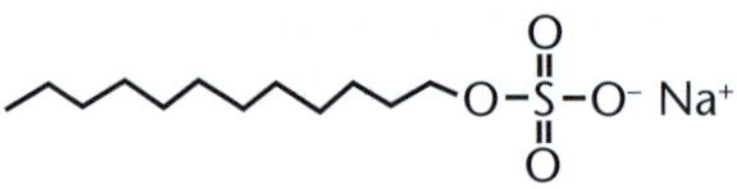

glycérol

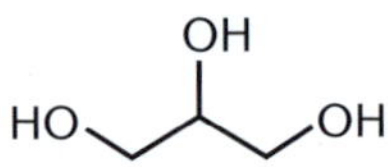

(propriété hydratante)
synthétisé à partir d'éthylène ou extrait d'huÕe de colza

huile

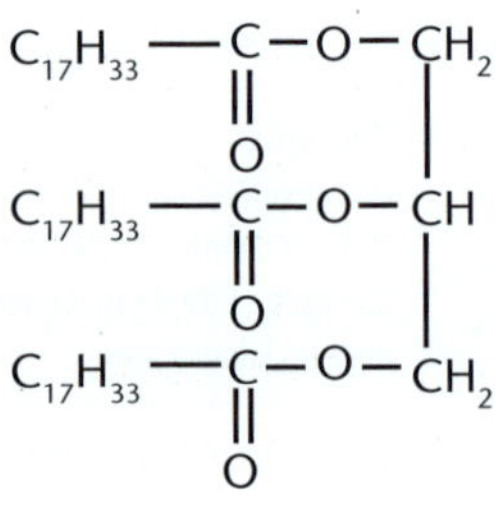

savon

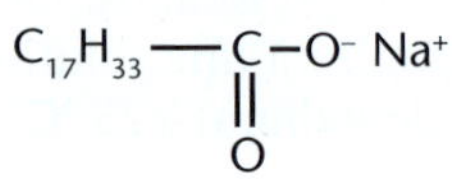

Documents à disposition

Doc. 1 Étiquette d'un shampooing hydratant classique

Ingrédients : *Aqua, sodium lauryl sulfate, glycérol, colorants et parfums de synthèse.*

Doc. 2 Effet d'un tensioactif sur la tension superficielle

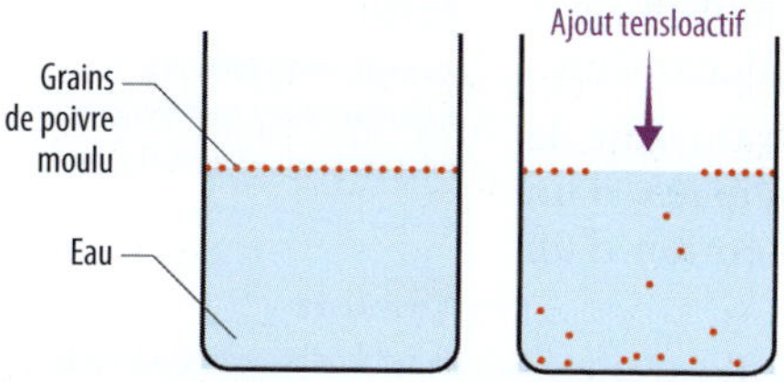

Définition

La tension superficielle est une force qui existe à l'interface entre deux milieux ; les molécules d'un milieu cherchant à minimiser le contact avec les molécules d'un milieu différent. La tension superficielle est à l'origine de la forme sphérique des gouttes de liquides ou de la capacité de certains insectes à se déplacer sur l'eau.

Doc. 3 Pouvoir mouillant

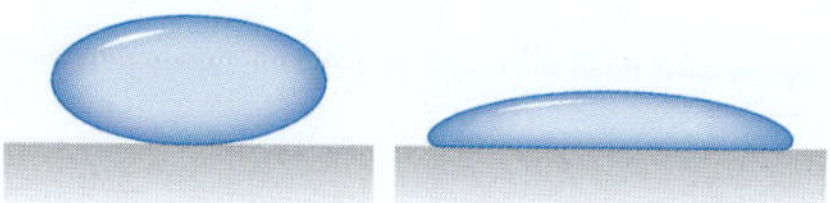

Faible pouvoir mouillant — Fort pouvoir mouillant

Doc. 4 Formation de micelle

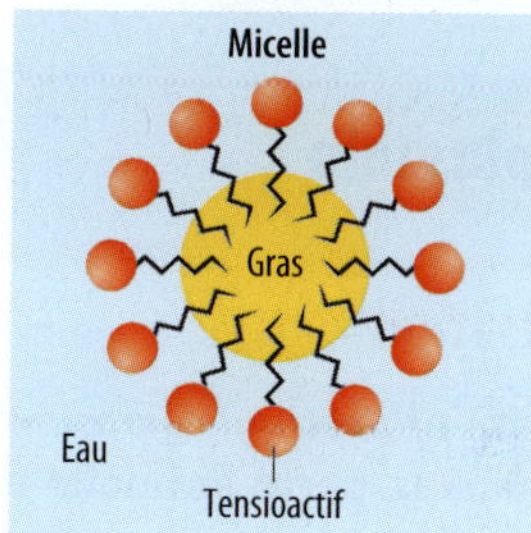

Note

Un tensioactif est constitué d'une tête hydrophile et d'une chaîne carbonée hydrophobe.

Doc. 5 Propriétés de quelques tensioactifs

Tensioactif	*sodium lauryl sulfate*	*sodium cocoyl glutamate*	*cocoamidopropylbétaïne*
Origine	issu de la pétrochimie	synthétisé à partir de coco et de sucre	synthétisé à partir de coco
Propriétés	irritant, non toxique, moyennement biodégradable	doux, non toxique, biodégradable	toxicité des impuretés, biodégradable
Prix	bas	très élevé	moyen

1. Proposer des expériences mettant en évidence les pouvoirs mouillant, émulsifiant et dégraissant d'un détergent.

Vocabulaire

- Un **détergent** est un composé chimique doté de propriétés tensioactives. L'eau savonneuse, le liquide-vaisselle, le shampooing sont des détergents.
- Une **émulsion** est un mélange de deux liquides non miscibles sous forme de fines gouttelettes (exemple : dispersion de gouttelettes d'huile dans l'eau).

2. Expliquer les pouvoirs mouillant, émulsifiant et dégraissant d'un tensioactif à l'aide des documents.

3. Proposer des expériences montrant que la présence des trois ingrédients principaux d'un shampooing est indispensable à l'obtention d'un mélange homogène.

4. Rédiger une note à l'attention de l'entreprise Naturelia pour lui communiquer vos résultats et lui proposer une formulation de shampooing adaptée à ses besoins.

Astuce
Les ingrédients présents majoritairement sont toujours notés en premier sur l'étiquette.

À savoir
Un mélange homogène est constitué d'une seule phase. Un mélange hétérogène est constitué de plusieurs phases non miscibles.

Pour aller plus loin

7 La galvanisation

★★★ 30 min Corrigé p. 474

Mots clés étudiés : protection, corrosion

On estime à 20 % la perte annuelle de la production mondiale d'acier sous forme de rouille. L'oxydation du fer métallique par le dioxygène de l'air est favorisée en milieu humide et salé.

Expérience 1

Ion	Réactif	Observation
ion zinc (II) : $Zn^{2+}{}_{(aq)}$	ion hexacyanoferrate (III) $[Fe(CN)_6]^{3-}$	précipité blanc
ion fer (II) : $Fe^{2+}{}_{(aq)}$	ion hexacyanoferrate (III) $[Fe(CN)_6]^{3-}$	couleur bleue
ion hydroxyde : $HO^{-}{}_{(aq)}$	phénolphtaléine	couleur rose

Expérience 2

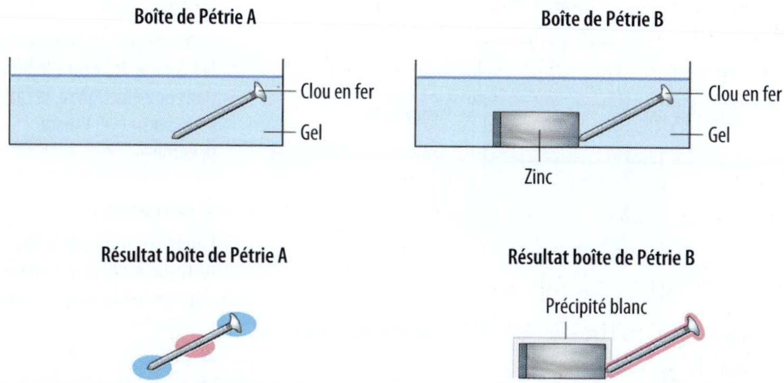

Composition du gel : eau salée, gélifiant, solution d'hexacyanoferrate (III) de potassium, phénolphtaléine.

Données : potentiels rédox standards :

$Fe^{2+}_{(aq)}/Fe_{(s)} = -0,44$ V ; $Zn^{2+}_{(aq)}/Zn_{(s)} = -0,76$ V ;

$O_2/HO^- = 0,40$ V ;

masse volumique du zinc $\rho = 7,14$ g·cm^{-3} ;

$M_{Zn} = 65,4$ g·mol^{-1} ;

$N_A = 6,02 \cdot 10^{23}$ mol^{-1} ;

charge élémentaire : $e = 1,60 \cdot 10^{-19}$ C ;

1 Faraday = 96 500 C·mol^{-1}.

Aide

Plus le potentiel standard d'un couple est élevé, plus l'oxydant du couple est fort. Plus le potentiel standard d'un couple est faible, plus le réducteur du couple est fort.

1. Exploiter les expériences pour expliquer pourquoi les constructeurs de bateaux fixent des blocs de zinc sur la coque en acier des navires.

→ Méthodologie

Observez les couleurs obtenues dans les boîtes de Pétri et interprétez-les à l'aide de l'expérience 1. Déduisez-en les demi-équations d'oxydoréduction se déroulant dans les différentes zones des boîtes de Pétri. Écrivez les équations-bilan.

Pour écrire une équation-bilan, il faut faire réagir l'oxydant le plus fort d'un couple avec le réducteur le plus fort de l'autre couple. Le nombre d'électrons libérés par le réducteur doit être égal au nombre d'électrons captés par l'oxydant.

L'un des procédés utilisés pour protéger l'acier de la corrosion est de l'isoler de l'atmosphère en le recouvrant d'un revêtement métallique. La galvanisation est réalisée par électrolyse.

Expérience 3

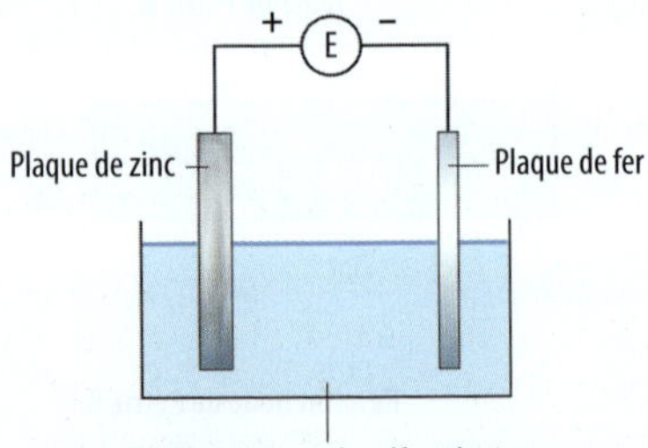

2. Expliquer le principe de la galvanisation en complétant le schéma.

Le fond d'une coque en acier d'un bateau a une surface totale de 10,0 m^2. On souhaite déposer une couche de zinc de 0,100 mm d'épaisseur. L'intensité I du courant est maintenue constante et égale à 1,00 kA.

3. Calculer la durée de l'électrolyse.

Attention

Dans une pile, la cathode est la borne + et l'anode la borne –. Dans une électrolyse, la cathode est la borne – et l'anode la borne +.

À retenir

L'anode est toujours le lieu de l'oxydation, la cathode est toujours le lieu de la réduction.

À savoir

L'intensité du courant est la charge électrique Q traversant le circuit pendant une durée Δt.

Définition

Le Faraday est la charge électrique d'une mole d'électrons.

Méthodologie

Commencez par déterminer la masse de zinc à déposer, puis utilisez une demi-équation d'oxydoréduction pour en déduire la quantité de matière d'électrons nécessaire.

Exercices de type bac

PRÉPARER L'ÉPREUVE ÉCRITE

1 Fabrication et utilisation du verre : la nature peut-elle inspirer les chimistes ?

1. Le premier schéma du *document* 3 montre que la **silice a une structure très ordonnée**, les tétraèdres qui la constituent sont parfaitement organisés dans l'espace, c'est une structure cristalline. Le *document* 3 montre un **réseau amorphe de tétraèdres. Il n'y a pas d'organisation ordonnée de la matière à l'échelle microscopique**.

2. D'après le *document* 3, le verre est fabriqué traditionnellement à partir de sable qui contient la silice SiO_2 et de soude NaOH qui joue le rôle de fondant. Le schéma du *document* 1 nous montre qu'un fondant permet de rompre la liaison Si-O. Il faudra moins d'énergie pour passer de l'état solide à l'état liquide, un fondant permet d'abaisser la température de fusion de la silice. La synthèse se fait à haute température (1 000 °C) et dure deux jours.

3. Le *document* 4 dit que « les diatomées disposent de molécules particulières, des protéines et enzymes, pour faciliter la réaction ». On remarque également que la **réaction est très rapide** (deux heures). Le deuxième schéma du *document* 3 montre que les enzymes ne sont pas dégradées par la réaction. Une substance qui facilite et accélère une réaction sans être consommée est un catalyseur. On peut dont bien parler de « catalyse enzymatique ».

4. Le *document* 2 parle de conditions douces, car la synthèse peut se faire à **basse température** « température ambiante (moins de 20 °C) » et en **solution aqueuse diluée** « à partir de traces de silice dissoutes dans l'eau ».

5. D'après le *document* 3, **la synthèse industrielle du verre se fait à haute température et nécessite deux jours ; la synthèse biologique a lieu à température ambiante en deux heures**. Les chimistes cherchent à s'inspirer des diatomées pour réduire les coûts énergétique et financier (réaction plus rapide et moins coûteuse).

6. La fabrication traditionnelle du verre requiert beaucoup d'énergie (réaction à 1 000 °C d'après le *document* 3) et de temps (deux jours). Les chimistes se sont inspirés de la nature en utilisant des alcoxydes à la place de l'acide silicique et en **récréant des conditions proches de la synthèse du verre observée dans les micro-algues** (température ambiante et réaction très rapide d'après le *document* 2). Les diatomées sont enfermées dans une capsule de verre très fine et poreuse qui a donné l'idée aux chimistes d'**enfermer des médicaments** dans des capsules similaires pour l'appliquer à la délivrance de médicaments dans le corps humain (*document* 5). La nature a bien inspiré les chimistes pour la fabrication et l'utilisation du verre.

2 Du crayon aux nanotecÚologies, quelles évolutions du carbone pour quelles applications ?

1. En appuyant la mine d'un crayon sur le papier, **des feuillets de graphène se détachent**. Le graphite est un matériau friable, ses feuillets ne sont liés que par des liaisons faibles (forces de Van der Waals).

2. On cherche actuellement à réduire la consommation des automobiles pour limiter l'impact environnemental. D'après le *document* 2, « **les nanotubes de carbone sont cent fois plus résistants que l'acier et six fois plus légers** ». Leurs propriétés physique et mécanique en font un matériau adapté aux exigences de l'industrie automobile.

À savoir
Les forces de Van der Waals sont des forces très faibles de nature électrostatique qui s'établissent entre molécules au niveau microscopique.

3. La fabrication de nanotubes a nécessité des années de recherche et développement, car il a fallu développer des procédés particuliers adaptés à la fabrication d'objets nanométriques. Le *document* 3 montre qu'il faut un **système de chauffage adapté** à la vaporisation sous forme atomique de l'éthylène. Il a fallu **développer des catalyseurs adaptés** (nature du catalyseur et taille nanométrique), le *document* 3 montre des microgouttelettes de fer qui servent de support à la croissance des nanotubes.

4. Le *document* 5 dit que « selon le nombre de feuillets de graphène et la géométrie de leur enroulement, les propriétés électriques des nanotubes de carbone sont totalement différentes ». Dans le *document* 3, on voit que **le nombre de parois de nanotubes n'est pas contrôlé** « 8 à 10 parois ». Les chercheurs doivent travailler sur le contrôle du nombre de parois des nanotubes pour qu'ils puissent être utilisés en électronique par exemple en tant que semi-conducteurs.

5. Le schéma A du *document* 4 montre une nanocapsule de carbone, on pourrait l'utiliser pour enfermer des médicaments et les diffuser dans l'organisme jusqu'aux organes malades. Le schéma B du *document* 4 montre une accroche de molécules sur les nanotubes de carbone. Il suggère une utilisation en tant que support de croissance des cellules du corps humain.

6. À partir de la structure de base de la mine de crayon (assemblage de feuillets de graphène), les chimistes ont créé de nouvelles de structures telles que les fullerènes et les nanotubes de carbone. De nouvelles méthodes de synthèse ont été développées par les industriels (*document* 3 : croissance des nanotubes sur des catalyseurs en fer par Arkema). La structure des nanotubes peut être, par exemple, mise à profit en médecine pour l'encapsulage de médicaments (schéma A *document* 4). L'évolution de la structure des matériaux en carbone a abouti à la découverte de nouvelles propriétés chimiques (schéma B *document 4* : utilisation en médecine comme support pour la régénération de cellules) et de nouvelles propriétés physiques (*document* 2 : légèreté et résistance des nanotubes de carbone utilisés dans les équipements sportifs).

3 Le phénomène de supraconductivité

1. D'après le *document* 1, **la résistance électrique d'un conducteur augmente avec la température.** Il y a davantage d'agitation thermique, de mouvements désordonnés d'électrons et de chocs des électrons avec les atomes du métal.

2. Les chocs des électrons sur les atomes métalliques entraînent une perte d'énergie. Ce phénomène est nommé **effet Joule** (dissipation d'énergie électrique sous forme de chaleur).

Remarque
La température s'explique au niveau microscopique par une agitation moléculaire.

À savoir
L'effet Joule est une perte d'énergie électrique sous forme d'énergie thermique. Il a lieu dans tous les matériaux conducteurs.

3. Le *document* 1 montre que **les matériaux supraconducteurs ont une résistance nulle**. Ils ne s'opposent pas au passage du courant électrique. Leur utilisation dans les lignes électriques limiterait les pertes d'énergie.

4. D'après le *document* 1, **la température critique est la température en dessous de laquelle un matériau présente une résistance électrique nulle**, il devient supraconducteur.

5. D'après le *document* 3, les paires de Cooper sont une **association de deux électrons**. Ce phénomène paraît surprenant car d'un point de vue électrostatique, deux charges de même signe se repoussent.

4 Utilisations des cristaux liquides

1. Les observations de Reinitzer sont étonnantes, car le passage de l'état solide à l'état liquide ne se fait pas pour une température de fusion mais pour **deux températures différentes**. Il observe un état intermédiaire entre l'état solide et l'état liquide.

2. On observe sur les schémas du *document* 2 que l'arrangement spatial des molécules n'est ni parfaitement ordonné comme dans un solide, ni complètement désordonné comme dans un liquide. On peut bien parler de « quatrième état de la matière ».

3. a) cholestérique ; b) nématique ; c) smectique A.

CORRIGÉS

4. La phase cholestérique présente un arrangement de type hélicoïdal. **Cet arrangement n'est pas superposable à son image dans un miroir.** Il possède des propriétés optiques liées à sa chiralité.

> **Note**
> Deux molécules chirales possèdent des propriétés optiques différentes.

5. Les cristaux liquides utilisés dans les écrans LCD ont un arrangement spatial hélicoïdal. Ce sont des cristaux cholestériques.

> **Vocabulaire**
> Des molécules polarisables peuvent s'orienter dans l'espace sous l'effet d'un champ électrique.

6. L'application d'une tension provoque un **alignement des molécules de cristaux liquides**. Les cristaux se polarisent.

7. En l'absence de tension électrique, les cristaux laissent naturellement passer la lumière, le pixel est allumé. En présence d'une tension électrique, les cristaux emprisonnés entre deux polariseurs ne permettent plus le passage de la lumière. Les deux polariseurs positionnés à 90° bloquent la lumière. Le pixel apparaît noir.

8. Les verres intelligents peuvent être utilisés dans des vitres de bureau. Sans tension, la vitre est transparente ; sous tension, elle devient opaque et permet à l'utilisateur de s'isoler.

5 L'osmose inverse

1. On voit sur les schémas que le nombre d'ions en solution dans chaque compartiment reste constant, alors que le volume de solution varie. **La membrane ne laisse passer que le solvant (eau) mais pas les solutés (ions)** ; c'est une membrane semi-perméable.

> **Vocabulaire**
> Une membrane semi-perméable bloque certains composés et en laisse passer d'autres.

2. On utilise le terme d' « osmose inverse » pour signifier que l'on **force le système à aller à l'opposé de son fonctionnement naturel**. En appliquant une pression, on force l'eau à passer de la solution la plus concentrée à la solution la moins concentrée.

3. La pression osmotique π est la **pression à appliquer pour atteindre l'état d'équilibre entre les deux compartiments** : les flux de solvant s'annulent.

4. 1 m^3 d'eau de mer contient 10^3 L et pèse 10^3 kg $= 10^6$ g.

Ainsi, la masse de chlorure de sodium dans 1 m^3 d'eau de mer est égale à $\boldsymbol{m} = 10^6 \times \frac{3}{100} = \mathbf{3 \cdot 10^4\ g}$.

Cela correspond à une quantité de matière :

$$n = \frac{m}{M} = \frac{3 \cdot 10^4}{(23 + 35{,}5)} = 513 \text{ mol.}$$

La concentration vaut $C = 513$ mol·m^{-3}.

> **À savoir**
> Une densité de 1 signifie que 1 L a une masse de 1 kg.

> **Unités**
> La concentration molaire s'exprime en mol·L^{-1}, mais ici elle s'exprime exceptionnellement en mol·m^{-3}.

La pression osmotique en bar de l'eau de mer est donc égale à :

$$\pi = i \cdot C \cdot R \cdot T = 2 \times 513 \times 8{,}31 \times 298$$
$$= 2{,}5 \cdot 10^6 \text{ Pa} = \mathbf{25\ bar}.$$

Piège à éviter
On considère que l'eau de mer contient deux espèces ioniques (Na^+ et Cl^-) donc $i = 2$.

5. L'osmose inverse est utilisée dans les pays arides pour **dessaler l'eau de mer**.

CORRIGÉS

PRÉPARER L'ÉPREUVE PRATIQUE

6 Formulation d'un shampooing biologique

1. Dans un bécher, poser un petit morceau de tissu à la surface de l'eau, puis à la surface de l'eau savonneuse. Le morceau de tissu mouille plus rapidement dans le cas de l'eau savonneuse : **un détergent augmente le pouvoir mouillant**.

Dans un tube à essais, mélanger de l'eau et de l'huile ; agiter. On observe d'abord une dispersion de gouttelettes d'huile dans l'eau, puis l'huile remonte à la surface sous forme de gouttes de tailles plus importantes. Reproduire l'expérience avec de l'eau savonneuse, l'huile reste sous forme de dispersion de gouttelettes : **un détergent augmente le pouvoir émulsifiant.**

Au fond d'un tube à essais, déposer un petit morceau de tissu imbibé d'huile et agiter. Les gouttelettes d'huile restent accrochées au tissu. Reproduire l'expérience avec de l'eau savonneuse, les gouttelettes d'huile se décrochent du tissu : **un détergent augmente le pouvoir dégraissant.**

2. D'après le *document* 2, on remarque qu'**un tensioactif abaisse la tension superficielle de l'eau** (le poivre tombe au fond du bécher).

- Un tensioactif a un pouvoir mouillant : le *document* 3 montre que dans le cas d'un pouvoir mouillant fort, **la goutte de liquide s'étale davantage sur un support** ; la tension superficielle est abaissée.
- Un tensioactif a un pouvoir émulsifiant : le *document* 4 montre **une gouttelette d'huile stabilisée sous forme de micelle** en milieu aqueux par l'action d'un tensioactif.
- Un tensioactif a un pouvoir dégraissant : le *document* 4 montre que **le tensioactif s'accroche à l'huile par sa chaîne carbonée hydrophobe** ; la tête polaire soluble dans l'eau permet d'éliminer les graisses lors du lavage.

À savoir
Une chaîne carbonée a une bonne affinité avec l'huile. Les ions ont une bonne affinité avec l'eau.

3. Dans un tube à essais, le glycérol et le tensioactif forment un mélange hétérogène. L'eau, le glycérol et le tensioactif forment un mélange homogène.

CORRIGÉS

4. À l'aide d'expériences, nous pouvons conclure que les tensioactifs sont incontournables pour la fabrication d'un shampooing. Ils possèdent des propriétés mouillantes (adhérence et étalement du shampooing sur les cheveux), émulsionnantes (décollement et dispersion des saletés) et dégraissantes (saletés éliminées dans l'eau de lavage). Nous vous proposons d'utiliser un tensioactif **coûteux** mais répondant à vos attentes, le sodium cocoyl glutamate, **biodégradable** et **issu de produits naturels** (*document* 5). Proposition de formulation d'un shampooing biologique hydratant : ***Aqua, sodium cocoyl glutamate, glycérol (extrait d'huile de colza), colorants et parfums naturels***.

Astuce
Proposer des additifs (colorants et parfums) naturels plutôt que des produits issus de l'industrie pétrochimique.

Pour aller plus loin

7 La galvanisation

1. Dans la boîte de Pétri A, le clou en fer présente une coloration bleue à ses extrémités et une coloration rose en son centre. On en déduit, d'après le *document* 1, qu'il y a eu **formation d'ion $Fe^{2+}_{(aq)}$ aux extrémités et d'ions $HO^{-}_{(aq)}$ au centre.**

Les demi-équations d'oxydo-réduction s'écrivent :
- aux extrémités : $Fe_{(s)} = Fe^{2+}_{(aq)} + 2\,e^{-}$
- au centre : $O_{2\,(dissout)} + 2\,H_2O_{(l)} + 4\,e^{-} = 4HO^{-}_{(aq)}$

Réflexe
Vérifiez toujours qu'une équation est équilibrée en éléments et en charges.

D'après les valeurs des potentiels standards, l'oxydant le plus fort $O_{2(dissout)}$ réagit avec le réducteur le plus fort $Fe_{(s)}$.
Ainsi, l'équation-bilan est la suivante :

$$O_{2(dissout)} + 2\,H_2O_{(l)} + 2\,Fe_{(s)} \rightleftarrows 2\,Fe^{2+}_{(aq)} + 4\,HO^{-}_{(aq)}$$

Le clou en fer est oxydé.

Dans la boîte de Pétri B, le clou en fer présente une coloration rose uniforme et le bloc de zinc est entouré d'un précipité blanc. On en déduit, d'après le *document* 1, qu'**il y a eu formation d'ions $HO^{-}_{(aq)}$ au niveau du clou en fer et formation d'ion $Zn^{2+}_{(aq)}$ au niveau du bloc de zinc.**

Les demi-équations d'oxydo-réduction s'écrivent :
- sur le clou : $O_{2(dissout)} + 2\,H_2O_{(l)} + 4\,e^{-} = 4\,HO^{-}_{(aq)}$
- sur le bloc de zinc : $Zn_{(s)} = Zn^{2+}_{(aq)} + 2\,e^{-}$

D'où l'équation bilan : $O_{2(dissout)} + 2\ H_2O_{(l)} + 2\ Zn_{(s)} \rightleftarrows 2\ Zn^{2+}{}_{(aq)} + 4\ HO^-{}_{(aq)}$

Le bloc de zinc est oxydé.

Les constructeurs de bateaux fixent des blocs de zinc sur la coque en acier des bateaux pour protéger le fer de la corrosion. **C'est le zinc qui s'oxyde à la place du fer.**

2. Le générateur impose une tension aux plaques métalliques. À la borne + (anode), le défaut d'électrons imposé entraîne la libération d'électrons par oxydation du zinc. À la borne – (cathode), l'excédent d'électrons imposé est utilisé pour la réduction du zinc à la surface de la plaque de fer. **Le fer est protégé de la corrosion par électrodéposition d'une couche de zinc.**

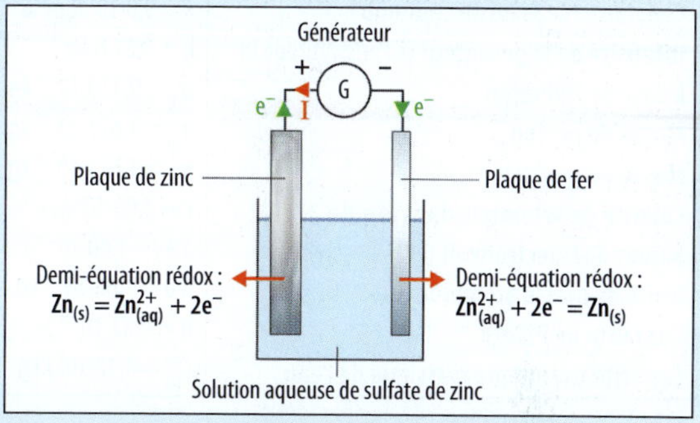

3. Le volume de zinc à déposer est égal à :

$$V = S \times H = 10{,}0 \times 0{,}100 \cdot 10^{-3} = 1{,}00 \cdot 10^{-3}\ m^3.$$

Comme la masse volumique vaut $\rho = 7{,}14\ g \cdot cm^{-3} = 7{,}14 \cdot 10^6\ g \cdot m^{-3}$.

La masse de zinc à déposer est égale à $m = \rho \times V$.

$\boldsymbol{m} = 7{,}14 \cdot 10^6 \times (1{,}00 \cdot 10^{-3}) = \mathbf{7{,}14 \cdot 10^3\ g}$.

On trouve donc une quantité de matière de zinc : $n = \dfrac{m}{M}$.

$\boldsymbol{n} = \dfrac{7{,}14 \cdot 10^3}{65{,}4} = \mathbf{109\ mol}$.

Or, d'après la demi-équation d'oxydoréduction sur le bloc de zinc, il faut consommer deux moles électrons pour former une mole de zinc.

> **Remarque**
> Le Faraday est la charge d'une mole d'électrons, donc $Q = n_{e-} \times F$.
> La charge s'exprime en coulomb C.

D'où $\boldsymbol{n_{e-}} = 2\ n = \mathbf{218\ mol}$.

Ainsi, la durée de l'électrolyse est égale à :

$$\Delta t = \frac{Q}{I} = \frac{n_{e_r} \times F}{I} = \frac{218 \times 96\,500}{1{,}0 \cdot 10^3} = 2{,}11 \cdot 10^4\ s = \mathbf{5\ h\ 51\ min}.$$

CONSTANTES ET VALEURS NUMÉRIQUES UTILES

Charge élémentaire	$e \approx 1{,}60 \cdot 10^{-19}$ C
Constante de gravitation universelle	$G \approx 6{,}67 \cdot 10^{-11}$ N·m²·kg⁻²
Constante d'Avogadro	$N_A \approx 6{,}02 \cdot 10^{23}$ mol⁻¹
Constante de la loi de Coulomb	$k = 9{,}0 \cdot 10^{9}$ N.m².C⁻²
Intensité de la pesanteur (à Paris, altitude 0)	$g = 9{,}81$ N·kg⁻¹
Masse de l'électron	$m_e = 9{,}110 \cdot 10^{-31}$ kg
Masse du proton	$m_p = 1{,}673 \cdot 10^{-27}$ kg
Masse du neutron	$m_n = 1{,}675 \cdot 10^{-27}$ kg
Célérité de la lumière dans le vide	$c \approx 3{,}00 \cdot 10^{8}$ m·s⁻¹
Valeur de l'électronvolt (eV)	1 eV= $1{,}60 \cdot 10^{-19}$ J
Unité de masse atomique (u)	1 u = $1{,}66 \cdot 10^{-27}$ kg
Contante de Planck	h = $6{,}62 \cdot 10^{-34}$ J·s
Capacité thermique massique de l'eau	$C_{eau} = 4{,}18 \cdot 10^{3}$ J.kg⁻¹.K⁻¹

SOUS-MULTIPLES D'UNE UNITÉ

Rapport	10^{-18}	10^{-15}	10^{-12}	10^{-9}	10^{-6}	10^{-3}
Préfixe	atto (a)	femto (f)	pico (p)	nano (n)	micro (µ)	milli (m)
Exemple	aJ (attojoule) 10^{-18}	fm (femtomètre) 10^{-15} m	pJ (picojoule) 10^{-12}	ns (nanoseconde) 10^{-9}	µm (micromètre) 10^{-6} m	mA (milliampère) 10^{-3} A

MULTIPLES D'UNE UNITÉ

Rapport	10^{3}	10^{6}	10^{9}	10^{12}	10^{15}	10^{18}
Préfixe	kilo (k)	méga (M)	giga (G)	téra (T)	peta (P)	exa (E)
Exemple	kA (kiloampère) 10^{3} A	MV (mégavolt) 10^{6} V	GW (gigawatt) 10^{9} W	TJ (térajoule) 10^{12} J	Pm (petamètre) 10^{15} m	Em (examètre) 10^{18} m

QUELQUES GRANDEURS ASTRONOMIQUES

Masse du Soleil	$M_S \approx 1{,}98 \cdot 10^{30}$ kg
Masse de la Terre	$M_T \approx 5{,}98 \cdot 10^{24}$ kg
Masse de la Lune	$M_L \approx 7{,}35 \cdot 10^{22}$ kg
Distance moyenne Terre-Lune	$d_{TL} \approx 3{,}85 \cdot 10^{8}$ m
Distance moyenne Terre-Soleil	1 u.a. $\approx 1{,}50 \cdot 10^{11}$ m

CLASSIFICATION PÉRIODIQUE DES ÉLÉMENTS

Légende : numéro atomique → Z ; X ← symbole de l'élément ; nom ; M ← masse molaire « atomique » de l'élément ($g \cdot mol^{-1}$)

- métaux
- non-métaux
- gaz nobles
- Lanthanides et Actinides

colonnes → / périodes ↓	1	2	3	4	5	6	7	8	9	10	11	12	13	14	15	16	17	18
1	H 1 hydrogène 1,0																	He 2 hélium 4,0
2	Li 3 lithium 6,9	Be 4 béryllium 9,0											B 5 bore 10,8	C 6 carbone 12,0	N 7 azote 14,0	O 8 oxygène 16,0	F 9 fluor 19,0	Ne 10 néon 20,2
3	Na 11 sodium 23,0	Mg 12 magnésium 24,3											Al 13 aluminium 27,0	Si 14 silicium 28,1	P 15 phosphore 31,0	S 16 soufre 32,1	Cl 17 chlore 35,5	Ar 18 argon 39,9
4	K 19 potassium 39,1	Ca 20 calcium 40,1	Sc 21 scandium 45,0	Ti 22 titane 47,9	V 23 vanadium 50,9	Cr 24 chrome 52,0	Mn 25 manganèse 54,9	Fe 26 fer 55,8	Co 27 cobalt 58,9	Ni 28 nickel 58,7	Cu 29 cuivre 63,5	Zn 30 zinc 65,4	Ga 31 gallium 69,7	Ge 32 germanium 72,6	As 33 arsenic 74,9	Se 34 sélénium 79,0	Br 35 brome 79,9	Kr 36 krypton 83,8
5	Rb 37 rubidium 85,5	Sr 38 strontium 87,6	Y 39 yttrium 88,9	Zr 40 zirconium 91,2	Nb 41 niobium 92,9	Mo 42 molybdène 95,9	Tc 43 technétium (98)	Ru 44 ruthénium 101,1	Rh 45 rhodium 102,9	Pd 46 palladium 106,4	Ag 47 argent 107,9	Cd 48 cadmium 112,4	In 49 indium 114,8	Sn 50 étain 118,7	Sb 51 antimoine 121,7	Te 52 tellure 127,6	I 53 iode 126,9	Xe 54 xénon 131,3
6	Cs 55 césium 132,9	Ba 56 baryum 137,3	La	Hf 72 hafnium 178,5	Ta 73 tantale 180,9	W 74 tungstène 183,9	Re 75 rhénium 186,2	Os 76 osmium 190,2	Ir 77 iridium 192,2	Pt 78 platine 195,1	Au 79 or 197,0	Hg 80 mercure 200,6	Tl 81 thallium 204,4	Pb 82 plomb 207,2	Bi 83 bismuth 209,0	Po 84 polonium ≈209	At 85 astate ≈210	Rn 86 radon ≈222
7	Fr 87 francium ≈223	Ra 88 radium ≈226	Ac	Ku 104 Kurtchatovium ≈261	Ha 105 Hahnium ≈262	Sg 106 seaborgium ≈266	Ns 107 Nielsbohrium ≈264	Hs 108 hassium ≈269	Mt 109 meitnerium ≈268	X 110 – –								

La = Lanthanides (57 à 71) ; Ac = Actinides (89 à 103)

INDEX

Annexes

R

S

T

U-V-Z

MIXTE
Papier issu de sources responsables
FSC® C022030
FSC www.fsc.org

N° éditeur : 10181971
Dépôt légal : juin 2012
Imprimé en France
par Loire Offset Titoulet à Sain